YEYA XITONG SHIYONG WEIXIU YU GUZHANG ZHENDUAN

液压系统使用维修与故障诊断

刘延俊　薛　钢　编著

化学工业出版社
·北京·

内容简介

本书在系统介绍液压元件及液压系统概念与应用的基础上，全面介绍了其常见故障及故障的分析、排除方法。同时本书进一步充实了液压元件的参数计算和选用过程、液压系统的设计计算及故障诊断实例等，保证了本书内容的专业性和逻辑性。本书还通过海洋装备液压系统故障分析与排除实例，增进读者对先进液压技术的认识与了解。

本书适合液压系统或者液压设备工程技术人员及相关工作人员参阅使用，也可作为应用型工科院校的教学参考书或者硕士课程实践类教材使用。

图书在版编目（CIP）数据

液压系统使用维修与故障诊断/刘延俊，薛钢编著. —北京：化学工业出版社，2022.6（2024.3重印）
ISBN 978-7-122-41213-3

Ⅰ.①液… Ⅱ.①刘… ②薛… Ⅲ.①液压系统-维修②液压系统-故障诊断 Ⅳ.①TH137

中国版本图书馆CIP数据核字（2022）第060541号

责任编辑：曾 越　　文字编辑：陈小滔 孙月蓉
责任校对：田睿涵　　装帧设计：张 辉

出版发行：化学工业出版社（北京市东城区青年湖南街13号 邮政编码100011）
印 装：涿州市般润文化传播有限公司
787mm×1092mm 1/16 印张22¾ 字数602千字 2024年3月北京第1版第2次印刷

购书咨询：010-64518888　　售后服务：010-64518899
网 址：http://www.cip.com.cn
凡购买本书，如有缺损质量问题，本社销售中心负责调换。

定 价：128.00元

前　言

随着工业自动化的发展，液压设备以它独特的优势在国民经济各个行业得到了广泛的应用。由于液压系统具有完全不同于其他机械系统的特殊性，工作液体都在封闭的管路内工作，不像其他机械系统那样直观，它的故障具有隐蔽性、多样性、不确定性和因果关系复杂性等特点，故障出现后不易查找原因。液压系统一旦发生故障，不仅导致设备受损、产品质量下降、生产线停工，而且可能危及人身安全、污染环境，造成巨大的经济损失。因此，如何保证液压系统的正常运行，怎样及时发现故障，甚至如何提前发现故障的征兆，都是液压技术人员以及操作使用人员亟待解决的问题。

为了推动我国液压技术的发展，提升液压设计与使用人员的整体水平，本书从液压元件与系统的实际应用出发，结合笔者长期从事液压系统设计、制造、安装调试以及故障诊断与排除的经验，全面介绍了液压元件及系统的使用与常见故障的维修技术，同时对液压系统的设计、安装、调试、使用、维护、故障诊断步骤及方法做了介绍。

本书共分 12 章。第 1 章介绍液压元件与传动系统组成、应用以及故障诊断技术的发展趋势；第 2 章介绍液压油的特性、选用，以及污染防治技术。第 3 至第 6 章分别介绍了液压泵、液压马达、液压缸、液压控制元件和液压辅助元件的结构、原理、选用、常见故障与维修方法。第 7 章介绍几种液压基本回路的应用以及常见故障与排除方法。第 8 章在介绍十余个液压系统故障诊断过程与方法的基础上，对液压系统常见故障与排除方法的共性进行了总结。第 9 章介绍几种典型的海洋装备液压系统的主要工作原理、应用环境、常见故障及其排除方法。第 10 章介绍液压系统的安装、清洗、调试、使用与维护；第 11 章介绍液压系统的设计步骤和故障诊断步骤、方法与实例。第 12 章介绍液压元件的检测标准以及测试方法与实例。

本书在编写过程中，充实了液压元件的参数计算和选用过程、液压系统的设计计算及故障诊断实例等，保证了本书内容的专业性和逻辑性。本书第 9 章中的许多实例是编著者在液压技术与海洋工程交叉领域科研、设计、制造、调试、故障诊断与维修方面所做的工作以及工作经验总结，如海上仪器锚泊浮台用波浪能发电装置液压系统、海底底质声学现场探测设备液压系统、 ARGO 剖面浮标浮力驱动液压系统等，这些实例旨在提高读者对海洋装备液压技术的认识，激发读者对海洋工程领域的探索热情。

本书可供从事液压系统设计、制造和液压设备的使用和维护的工程技术人员、现场工作人员参阅使用，也可作为应用型工科院校的教学参考书或者硕士课程实践类教材。

本书由山东大学机械工程学院、高效洁净机械制造教育部重点实验室、海洋研究院刘延俊、薛钢编著。在编写过程中秦健、王登帅、王若宏、杨维、石振杰、王伟、张振全、王元之、房志杰、贾华、王雨、白发刚等参与了本书文献资料搜集、文稿录入整理和部分插图的绘制等工作。

感谢本书编写过程中给予大力支持的单位及个人，特别感谢山东拓普液压气动有限公司为本书的编写提供了大量翔实的技术资料和应用实例。由于笔者学识水平有限，书中缺点在所难免，不妥之处恳请广大读者和从事液压技术工作的专家及同行们批评指正。

编著者

目　录

第 1 章
液压元件及传动系统概述

1.1 液压传动系统的组成

1.1.1 液压元件在液压传动系统中的作用

液压传动系统和机械传动系统相比，由于具备功率密度高、结构小巧、配置灵活、组装方便、可靠耐用等特点，因此在国民经济的各个行业中得到了广泛应用。液压传动系统是以运动着的液体作为工作介质，通过能量转换装置，将原动机的机械能转变为液体的压力能，然后通过封闭管道、调节控制元件，再通过另一能量装置，将液体的压力能转变为机械能的系统。液压传动系统实际上包含液压传动和液压控制两方面的内容，两者是相互联系的，很难截然分开。

图 1-1 所示为一个典型的涂胶设备液压传动系统，它由以下五个部分组成：

① 能源装置　它把原动机的机械能转变成液体的压力能。如图 1-1 中的液压泵 4，它给液压系统提供压力油，使整个系统能够动作起来。液压泵最常见的驱动动力是电动机提供的。

② 执行装置　它将液压油的压力能转变成机械能，并对外做功。常用的执行元件是液压缸或液压马达，如图 1-1 中的液压缸 9。

③ 调节控制装置　它们是调节、控制液压系统中液压油的压力、流量和流动方向的。如图 1-1 实例中，电磁换向阀 8、节流阀 7、溢流阀 10 等液压元件都属于这类装置。

④ 辅助装置　它们是除上述三项以外的其他装置，如图 1-1 中的油箱 1、滤油器 2、空气滤清器 11 等。它们对保证液压系统可靠、稳定、持久工作有重要作用，同时显示液压系统的压力、液位、流量等工作状态。

⑤ 工作介质　包括液压油或其他合成液体。

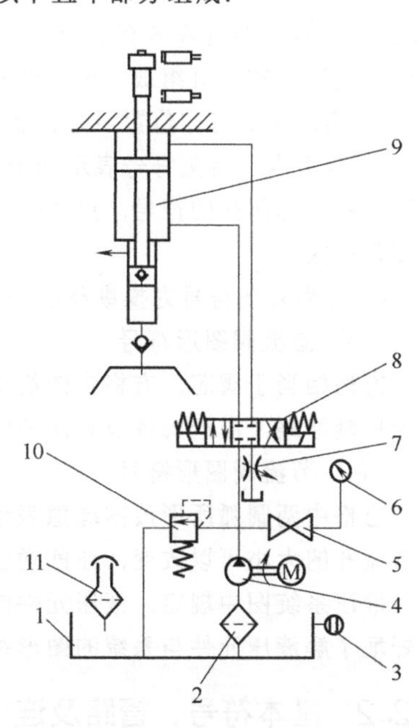

图 1-1　涂胶设备液压传动系统图

1—油箱；2—滤油器；3—液位计；4—液压泵；5—压力表开关；6—压力表；7—节流阀；8—电磁换向阀；9—液压缸；10—溢流阀；11—空气滤清器

1.1.2 液压元件的基本参数

液压元件的工作能力由其性能参数决定，液压元件的基本参数与液压元件的种类有关，不同的液压元件具有不同的性能参数，其共性的参数与压力和流量相关。

（1）公称压力

公称压力是标志液压元件承载能力大小的参数。液压元件的公称压力指其在额定工作状态下的名义压力，液压元件的公称压力单位为 MPa（10^6Pa）。

（2）公称流量

公称流量是标志液压元件流通性能的参数，指液压阀在额定工作状态下通过的名义流量，常用单位 L/min。

公称压力、公称流量一般在液压元件或液压站的铭牌上已经表示出来，使用液压元件时，工作压力和通过液压元件的流量不要超过其公称压力和公称流量。

1.2　液压传动系统的图形符号

1.2.1　概述

图 1-1 中各元件均用符号来表示，这些符号只表示元件的职能，不表示元件的结构和参数。GB/T 786.1—2009 给出了液压元件的职能符号。

为便于大家看懂用职能符号表示的液压系统图。现将图 1-1 中出现的液压元件的主要图形符号介绍如下。

（1）液压泵图形符号

由一个圆加上一个实心三角来表示，三角箭头向外，表示液压油的输出方向。图中圆上无箭头的为定量泵，有箭头的为变量泵。

（2）换向阀的图形符号

为改变液压油的流动方向，换向阀的阀芯位置要变换，它一般可变动 2～3 个位置，例如图 1-1 实例中电磁换向阀 8 有 3 个工作位置，阀上的外接通路数为 4。根据阀芯可变动的位置数和阀体上的通路数，可组成三位四通阀。其图形意义为：

① 换向阀的工作位置用方格表示，有几个方格即表示几位阀。

② 方格内的箭头符号表示油流的连通情况（有时与油液流动方向一致），“T”“⊥”是表示油液被阀芯闭死的符号，这些符号在一个方格内和方格的交点数即表示阀的通路数，也就是外接管路数。

③ 方格外的符号为操纵阀的控制符号，控制形式有手动、电动和液动等。

（3）溢流阀图形符号

方格相当于阀芯，方格中的箭头表示油流的通道，两侧的直线代表进出油管。图中的虚线表示控制油路，溢流阀就是利用控制油路的液压力与另一侧弹簧力相平衡的原理进行工作的。

（4）节流阀图形符号

方格中两圆弧所形成的缝隙表示节流孔道，油液通过节流孔使流量减少，图形上的箭头表示节流孔的大小可以改变，亦即通过该阀的流量是可以调节的。

液压系统图中规定：液压元件的图形符号应以元件的静止状态或零位来表示。为了使读者更好地了解液压元件与系统的图形符号，下面分别介绍各液压元件的结构要素。

1.2.2　基本符号、管路及连接（表 1-1）

表 1-1　基本符号、管路及连接

名称	符号	名称	符号
工作管路	————————	控制管路	— — — — — — — — — — —

续表

名称	符号	名称	符号
连接管路		密闭式油箱	
交叉管路		直接排气	
软管总成		带连接措施的排气口	
组合元件线			
管口在液面以上的油箱		带单向阀的快换接头（连接状态）	
		不带单向阀的快换接头（连接状态）	
管口在液面以下的油箱		单通路旋转接头	
管端连接于油箱底部		三通路旋转接头	1 2 3 1 2 3

1.2.3　控制机构和控制方法（表 1-2）

表 1-2　控制机构和控制方法

名称	符号	名称	符号
按钮式人力控制		双作用电磁铁	
手柄式人力控制		比例电磁铁	
踏板式人力控制		加压或泄压控制	
顶杆式机械控制		内部压力控制	
弹簧控制		外部压力控制	
滚轮式机械控制		液压先导控制	
单作用电磁铁		电-液先导控制	
气压先导控制		电-气先导控制	

1.2.4 泵、马达和缸（表 1-3）

表 1-3 泵、马达和缸

名称	符号	名称	符号
单向定量液压泵	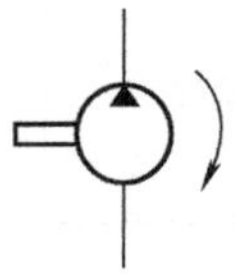	压力补偿变量泵	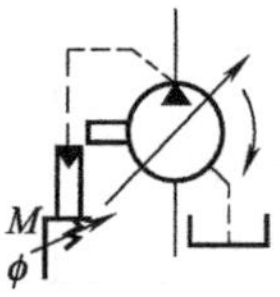
双向定量液压泵	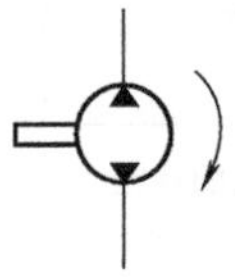	单向缓冲缸(可调)	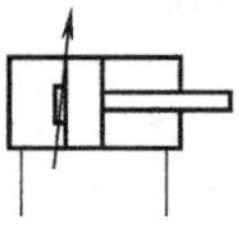
单向定量马达	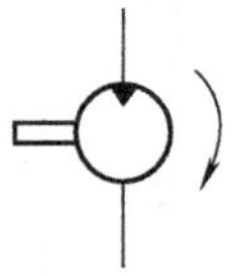	单向变量液压泵	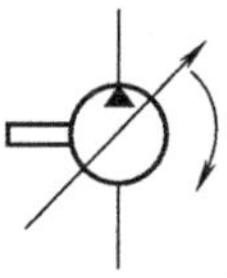
双向定量马达	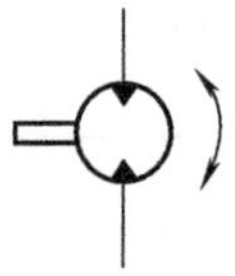	双向变量液压泵	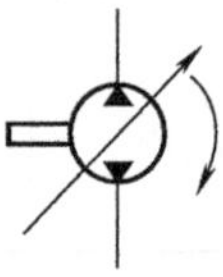
单向变量马达	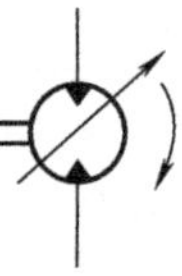	摆动马达	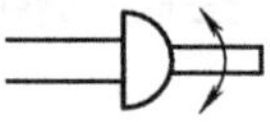
双向变量马达	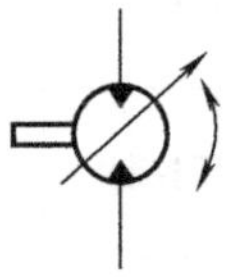	单作用弹簧复位缸	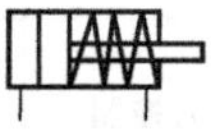
定量液压泵-马达	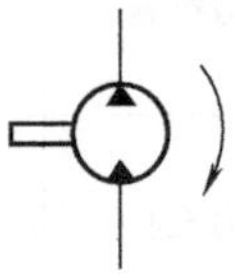	单作用伸缩缸	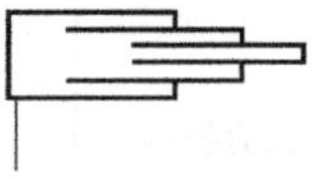
变量液压泵-马达	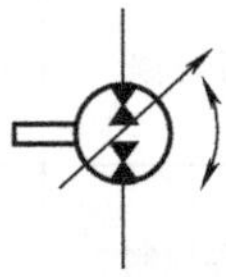	双作用单杆缸	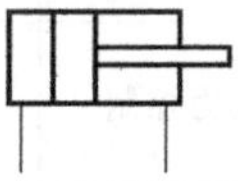
液压源		双作用双杆缸	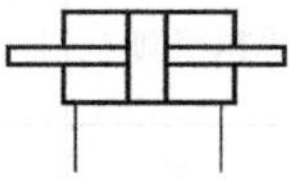
		双向缓冲缸(可调)	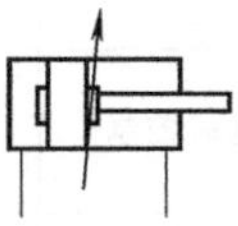
		双作用伸缩缸	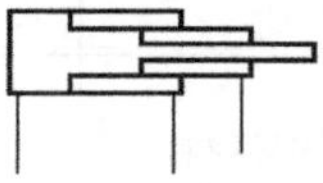

1.2.5　控制元件（表 1-4）

表 1-4　控制元件

名称	符号	名称	符号
直动式溢流阀	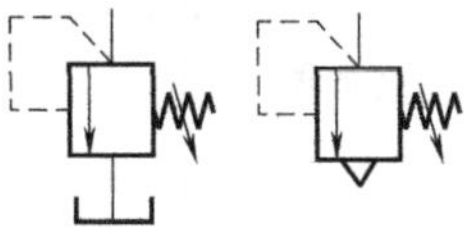	先导式减压阀	
先导式溢流阀	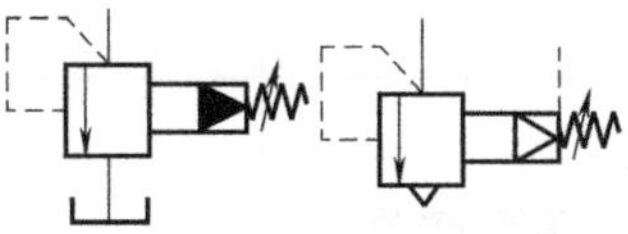	直动式顺序阀	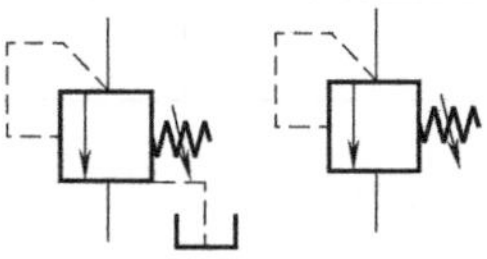
先导式比例、电磁溢流阀	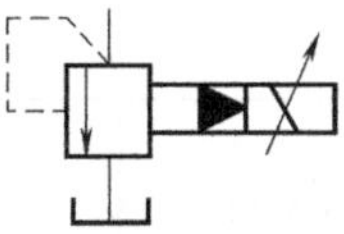	先导式顺序阀	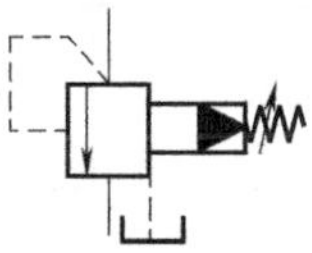
直动式减压阀	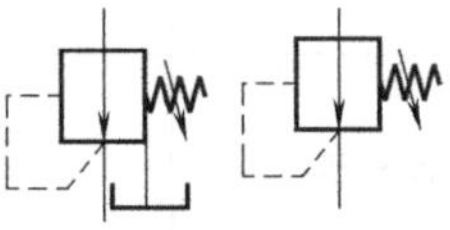	卸荷阀	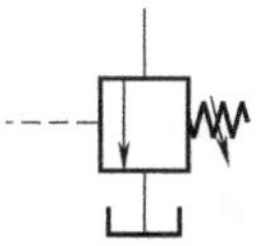
双向溢流阀	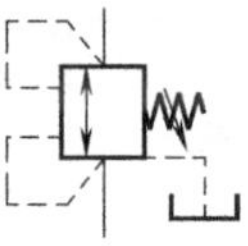	溢流减压阀	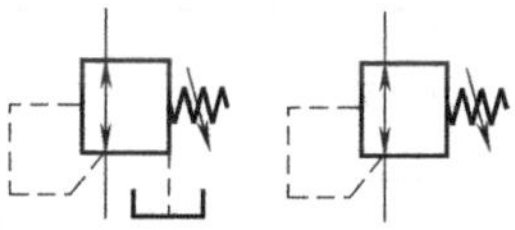
不可调节流阀		旁通型调速阀	详细符号　简化符号 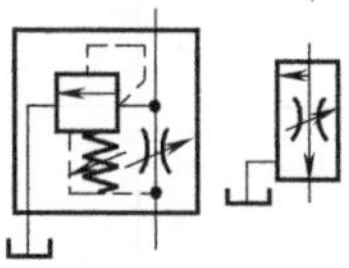

1.2.6　辅助元件（表 1-5）

表 1-5　辅助元件

名称	符号	名称	符号
过滤器	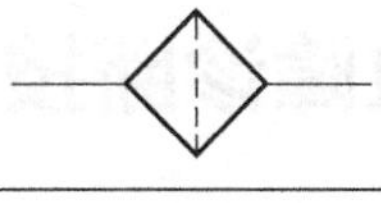	加热器	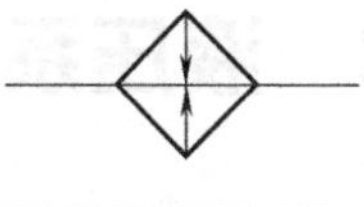
磁芯过滤器	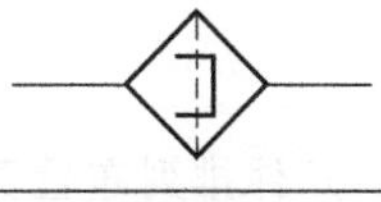	流量计	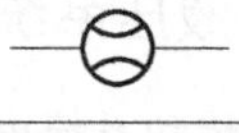
污染指示过滤器	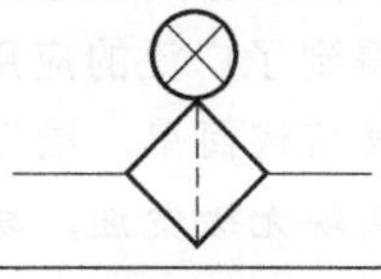	压力继电器	详细符号　一般符号 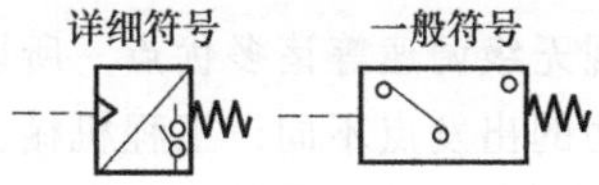
冷却器	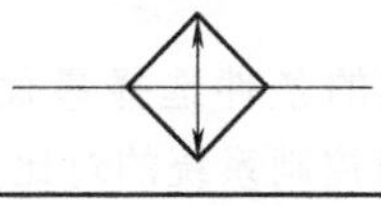	压力指示器	

续表

名称	符号	名称	符号
蓄能器（一般符号）		空气过滤器	
蓄能器（气体隔离式）			
压力计		油雾分离器	
液位计			
温度计		空气干燥器	
电动机	M	油雾器	
原动机	M	气源调节装置	
行程开关	详细符号 一般符号	消声器	
分水排水器		气-液转换器	
		气压源	

1.3 液压系统的应用特点与故障诊断技术的发展趋势

1.3.1 液压系统的应用特点

液压传动系统由于具有易于实现回转、直线运动，元件排列布置灵活方便，可在运行中实现无级调速等诸多优点，所以在国民经济各部门中都得到了广泛的应用。但各部门应用液压传动的出发点不同：工程机械、压力机械采用的原因是其结构简单，输出力量大；航空工业采用的原因是其重量轻，体积小；机床中采用主要是其可实现无级变速，易于实现自动化，其往复运动能实现频繁换向。

在实际应用过程中，设计者经常会遇到按照给定的条件选择最优控制系统及其元件的问题，为了正确地选用控制系统，表1-6给出了几种常用控制系统的对比资料。

表 1-6 液压、气动、电气系统的对比

对比项目	系统		
	液压	气动	电气
功率密度	大	中	小
系统尺寸	采用高压时最小	中	大
运动平稳性	好	差	中
重复定位精度	高	低	中
传动系统总效率	70%左右	小于 30%	小于 90%
传递信号速度/(m/s)	1000	360 以内	300000
输出装置动作时间/s	0.06～0.1	0.02～0.1	0.05～0.15
蓄能装置	采用蓄能器	采用简单压力容器	采用蓄电池
磁场的影响	无影响	无影响	引起误动作

1.3.2 液压系统故障诊断的发展趋势

随着数据处理技术、计算机技术、网络技术和通信技术的飞速发展以及不同学科之间的融合，液压系统的故障诊断技术已经逐渐从传统的主观分析方法，向着虚拟化、高精度化、状态化、智能化、网络化、交叉化的方向发展。

(1) 虚拟化

虚拟化是指监测与诊断仪器的虚拟化。传统仪器是由工厂制造的，其功能和技术指标都是由厂家设定好的，用户只能操作使用，仪器的功能和技术指标一般是不可更改的。随着计算机技术、微电子技术和软件技术的迅速发展和不断更新，在国际上出现了在测试领域挑战整个传统测试测量仪器的新技术，这就是虚拟仪器技术。

“软件就是仪器”，反映了虚拟仪器技术的本质特征。一般来说，基于计算机的虚拟仪器系统主要是由计算机、软面板及插在计算机内外扩槽中的板卡或标准机箱中的模块等硬件组成，有些虚拟仪器还包括传统的仪器。由于其开发环境友善，具有开放性和柔性，若想增加新的功能，可由用户根据自己的需要对软件做适当的改变即可实现，十分方便，用户可以不必懂得总线技术和掌握面向对象的语言，这些特点使得将其应用于液压系统乃至整个机械设备监测与诊断仪器及系统成为一个新的发展方向。

(2) 高精度化

高精度化是指在信号处理技术方面提高信号分析的信噪比。不同类型的信号具有不同的特点，即使是同一类型的信号也可以从不同的角度进行描述和分析，以揭示事物不同侧面之间的内在规律和固有特性。对于液压系统而言，其信号、系数通常是瞬态的、非线性的、突变的，而传统的时域和频域分析只适用于稳态信号的分析，因此往往不能揭示其中隐含的故障信息，这就需要寻找一种能够同时表现信号时域和频域信息的方法，时频分析就应运而生。小波分析就是这种分析的一种典型应用，将小波理论应用于这些信号的处理上，可以大大提高其分辨率。可以预见，信号分析处理技术的发展必将带动故障诊断技术的高精度化。

(3) 状态化

状态化是对监测与诊断而言。据美国设备维修专家分析，有将近 1/3 的维修费用属于维修过剩造成的费用，原因在于：目前普遍采用的预防性定期检修的间隔周期是根据统计结果确定，在这个周期内仅有 2%的设备可能出现故障，而 98%的设备还有剩余的运行寿命，这种谨慎的定期大修反而增加了停机率。美国航空公司对 235 套设备普查的结果表明，66%的设备由于人的干预破坏了原来的良好配合，降低了可靠性，造成故障率上升。因此，将预防性定期维修逐步过渡到状态维修已经成为提高生产率的一条重要途径，也是现代设备管理的需要。随着科技的发展，可以利用传感技术、电子技术、计算机技术、红外测温技术和超声波技术，跟踪液体流经管路时的流速、压力、噪声的综合载体信号产生的时差流量信号和压力信号，并结合现场的各种传感器，对液压系统动态参数（压力、流量、温度、转速、密封性能）进行在线实时监测。这就能从根本上克服目前对液压系统“解体体检”的弊端，并能实现监测与诊断的状态化，解决维修不足与维修过剩的矛盾。

（4）智能化

随着人工智能技术的迅速发展，特别是知识工程、专家系统和人工神经网络在诊断领域中的进一步应用，人们已经意识到其所能产生的巨大的经济和社会效益。液压系统故障所呈现的隐蔽性、多样性、成因的复杂性和进行故障诊断所需要的知识，对领域专家实践经验和诊断策略的严重依赖，使得研制智能化的液压故障诊断系统成为当前的趋势。以数据处理为核心的过程将被以知识处理为核心的过程所替代。同时信号检测、数据处理与知识处理的统一的实现，使得先进技术不再是少数专业人员才能掌握的技术，而是一般设备操作工人所使用的工具。

（5）网络化

随着社会的进步，现代大型液压系统非常复杂、十分专业，需要设备供应商的参与才能对它的故障进行快速有效的诊断，而设备供应商和其它专家往往身处异地，这就使建立基于 Internet 的远程在线监测与故障诊断成为开发液压系统故障诊断的必然趋势。远程分布式设备状态监测和故障诊断系统的典型结构如图 1-2 所示。

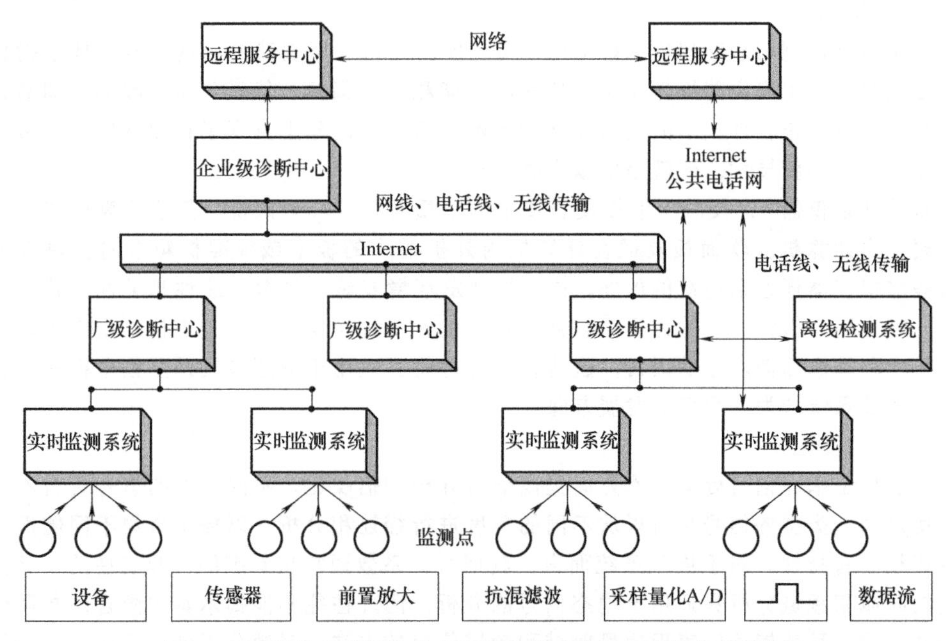

图 1-2 远程分布式设备状态监测和故障诊断系统的典型结构

首先在企业的各个分厂的重要关键液压设备上建立实时监测点，实时监测系统进行在线监测并采集故障诊断所需的设备状态数据，并上传到厂级诊断中心；同时在企业内部建立企业级诊断中心，在技术力量较强的科研单位和设备生产厂家建立远程诊断中心。当然，并不是所有的诊断系统都需要建立企业级诊断中心。一般来说，对于生产规模比较大和分散的企业（如跨国企业等）可以构建企业级诊断中心，而对于小型的企业通常不需要。此外，对于数据传输时是采用专用网线、电话线，还是无线传输，这得根据企业的实际情况了。

当液压设备出现异常时，实时监测系统首先做出反应，实行报警并采取一些应急措施，并在厂级诊断中心进行备案和初步的诊断；厂级诊断中心不能自行处理的，则开始进入企业级诊断（没有企业级诊断中心的，则直接进入远程诊断中心）；而对于企业级诊断中心也不能解决的故障，则由企业级诊断中心通过计算机网络或卫星将获得的故障信息送到远程诊断中心，远程诊断中心的领域专家或专家系统软件通过对传过来的数据进行分析，得出故障诊断结论和解决方案，并通过网络反馈给用户。

当前，在构建远程故障诊断系统时，很少把设备制造厂家列为主要角色之一。这就意味着在进行设备的故障诊断时，不能充分利用到设备设计制造的有关数据资料。无论是从设备使用方，还是从设备生产方来说，这都会造成一种无形的损失。对设备使用方来说，他们无法充分享受设备的售后服务；而对于设备生产方，则难以从大量的设备运行历史记录中发现有价值的知识用于设备的优化设计和制造，同时丧失树立企业良好形象的机会。因此，在构建远程故障诊断系统时，为了充分发挥设备生产厂家在远程诊断中的作用，需要各分布式的设备生产厂家的积极参与，实现更大范围的资源共享。

(6) 交叉化

交叉化是指设备的故障诊断技术与人体医学诊断技术的发展交叉化。从广义上看，机械设备的故障诊断与人体的医学诊断一样，它们之间应该具有相通之处。特别是液压系统，更是如此。因为液压系统的组成与人体的构成具有许多可比性：液压油如同人的血液，液压泵如同人的心脏，压力表如同人的眼睛，执行元件如同人的四肢，而控制系统和传感器就如同人的大脑和神经，不断根据执行元件的反馈信息发出各种控制指令。

同整个机械设备的故障诊断技术相比，人体的医学诊断发展至今，已经发展得相当完美。机械设备的故障诊断技术自 20 世纪 60 年代开始发展至今，它借鉴人体医学诊断技术，可以使我们在设备诊断技术上取得突破，少走许多弯路。远程故障诊断从医学领域成功向机械设备领域的扩展就是一个很好的例子。此外，油液分析类似液压系统的抽血化验，所以笔者为了引起使用者对液压油清洁度的重视，在给学生授课以及给相关液压控制系统的用户进行培训和解决现场系统故障时，经常做出这样的比喻："油液被污染的液压系统就相当于人患了白血病。"目前虽说油液分析已应用得比较广泛，但从人体的血检所能获得的信息来看，油液中所能获取的设备故障信息远远不止目前的这些，应该进行深入的研究。随着科学技术的进一步发展，这必然为人们所认识。

综上所述，液压设备往往是结构复杂且高精度的机、电、液一体化的综合系统，系统具有机液耦合、非线性、时变性等特点。引起液压故障的原因较多，这加大了故障诊断的难度。但是液压系统故障有着自身的特点与规律，正确把握液压系统故障诊断技术的发展方向，深入研究液压系统的故障诊断技术，不仅具有很强的实用性，而且具有很重要的理论意义。

第2章 液压油的选用与污染防治

液压油是液压传动与控制系统中用来传递能量的液体工作介质，除了传递能量外，它还起着润滑相对运动的部件和保护金属不被锈蚀的作用。液压油对液压系统的作用就像血液对人体一样重要。所以，合理地选择、使用、维护、保管液压油是关系到液压设备工作可靠性、耐久性和工作性能好坏的重要问题，也是减少液压设备出现故障的有力措施。据统计，液压系统故障率的75%以上是由于液压油的污染造成的，所以为了正确地使用与维护液压系统，应当首先了解液压油的性质、液压油污染的原因以及防治措施。

2.1 液压油的物理性质

2.1.1 液压油的密度

单位体积液体的质量称为液体的密度。通常用 ρ 表示，其单位为 kg/m^3。

$$\rho=\frac{m}{V} \tag{2-1}$$

式中 V——液体的体积，m^3；

m——液体的质量，kg。

密度是液体的一个重要物理参数。常用液压油的密度约为 $900kg/m^3$，在实际使用中可认为密度不受温度和压力的影响。

2.1.2 液压油的可压缩性

液体的体积随压力的变化而变化的性质称为液体的可压缩性。其大小用体积压缩系数 k 表示。

$$k=-\frac{1}{\mathrm{d}p}\times\frac{\mathrm{d}V}{V} \tag{2-2}$$

即：单位压力变化时，所引起体积的相对变化率称为液体的体积压缩系数。由于压力增大时液体的体积减小，即 $\mathrm{d}p$ 与 $\mathrm{d}V$ 的符号始终相反，为保证 k 为正值，所以在上式的右边加一个负号。 k 值越大液体的可压缩性越大，反之液体的可压缩性越小。

液体体积压缩系数的倒数称为液体的体积弹性模量，用 K 表示。即：

$$K=\frac{1}{k}=-\frac{V}{\mathrm{d}V}\mathrm{d}p \tag{2-3}$$

K 表示液体产生单位体积相对变化量所需要的压力增量。可用其说明液体抵抗压缩能力的大小。在常温下，纯净液压油的体积弹性模量 $K=(1.4\sim2.0)\times10^3$MPa，数值很大，故一般可以认为液压油是不可压缩的。若液压油中混入空气，其抵抗压缩能力会显著下降，并严重影响液压系统的工作性能。因此，在分析液压油的可压缩性时，必须综合考虑液压油本身的可压缩性、混在油中空气的可压缩性以及盛放液压油的封闭容器（包括管道）的容积变形等因素的影响，常用等效体积弹性模量表示，在工程计算中常取液压油的体积弹性模量 $K=0.7\times10^3$MPa。

在变动压力下，液压油具有可压缩性的作用，极像一个弹簧：外力增大，体积减小；外力减小，体积增大。当作用在封闭容器内液体上的外力发生 ΔF 变化时，如液体承压面积 A 不变，则液柱的长度必有 Δl 的变化（见图 2-1）。在这里，体积变化为 $\Delta V=A\Delta l$，压力变化为 $\Delta p=\Delta F/A$，此时液体的体积弹性模量为

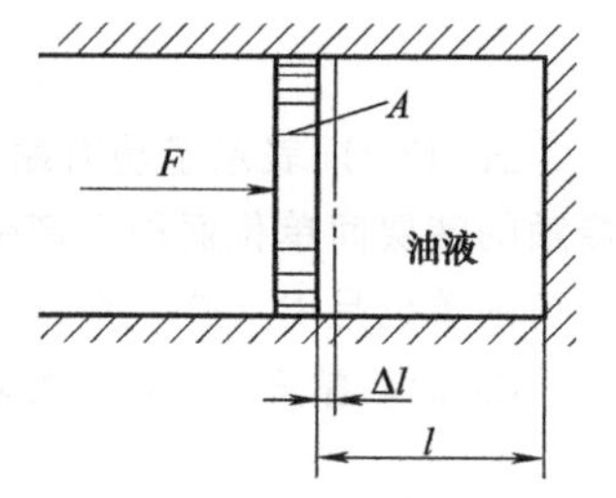

图 2-1　油液弹簧刚度计算

$$K=-\frac{V\Delta F}{A^2\Delta l}$$

液压弹簧刚度 k_h 为

$$k_h=-\frac{\Delta F}{\Delta l}=\frac{A^2}{V}K \tag{2-4}$$

液压油的可压缩性对液压传动系统的动态性能影响较大，但当液压传动系统在静态（稳态）下工作时，一般可以不予考虑。

2.1.3　液压油的黏性

（1）黏性的定义

液体在外力作用下流动（或具有流动趋势）时，分子间的内聚力要阻止分子间的相对运动而产生一种内摩擦力，这种现象称为液体的黏性。黏性是液体固有的属性，只有在流动时才能表现出来。

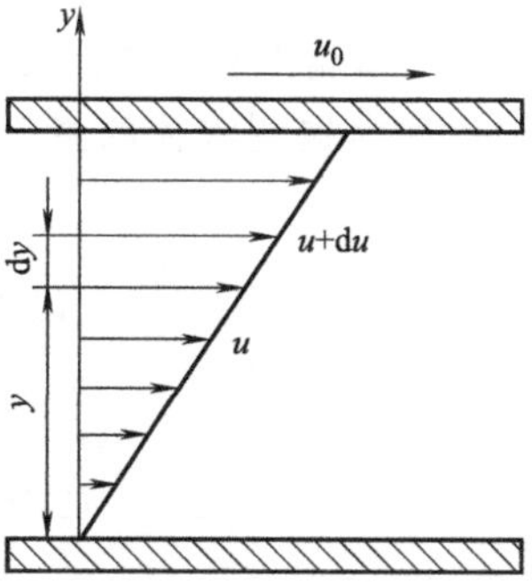

图 2-2　液体的黏性

液体流动时，由于液体和固体壁面间的附着力以及液体本身的黏性会使液体各层间的速度大小不等。如图 2-2 所示，在两块平行平板间充满液体，其中一块板固定，另一块板以速度 u_0 运动。结果发现两平板间各层液体速度按线性规律变化。最下层液体的速度为零，最上层液体的速度为 u_0。实验表明，液体流动时相邻液层间的内摩擦力 F_f 与液层接触面积 A 成正比，与液层间的速度梯度 du/dy 成正比，并且与液体的性质有关。即

$$F_f=\mu A\frac{du}{dy} \tag{2-5}$$

式中　μ——由液体性质决定的系数，Pa·s；

A——接触面积，m^2；

du/dy——速度梯度，s^{-1}。

其应力形式为

$$\tau=\mu\frac{du}{dy} \tag{2-6}$$

τ 称为摩擦应力或切应力。

这就是著名的牛顿内摩擦定律。

（2）黏度

液体黏性的大小用黏度表示。常用的表示方法有三种，即动力黏度、运动黏度和相对黏度。

① 动力黏度（或绝对黏度）μ：动力黏度就是牛顿内摩擦定律中的 μ，由式（2-5）可得

$$\mu=\frac{F_{f}}{A\frac{du}{dy}} \tag{2-7}$$

式（2-7）表示了动力黏度的物理意义，即液体在单位速度梯度下流动或有流动趋势时，相接触的液层间单位面积上产生的内摩擦力。在国际单位制中的单位为 Pa· s（N· s/m^2），工程上用的单位是 P（泊）或 cP（厘泊）。换算关系为 1Pa· s＝10P＝10^{3}cP。

② 运动黏度 ν：液体的动力黏度 μ 与其密度 ρ 的比值称为液体的运动黏度，即

$$\nu=\frac{\mu}{\rho} \tag{2-8}$$

液体的运动黏度没有明确的物理意义，但在工程实际中经常用到。因为它的单位只有长度和时间的量纲，所以被称为运动黏度。在国际单位制中的单位为 m^2/s，工程上用的单位是 cm^2/s（斯，St）或 mm^2/s（厘斯，cSt）。

$$1m^2/s=10^4St=10^6cSt$$

液压油的牌号，常有它在某一温度下的运动黏度的平均值来表示。国家标准把 40℃时运动黏度以 cSt 为单位的平均值作为液压油的牌号。例如 46 号液压油，就是在 40℃时，运动黏度的平均值为 46cSt 的液压油。

③ 相对黏度

动力黏度与运动黏度都很难直接测量，所以在工程上常用相对黏度。所谓相对黏度就是采用特定的黏度计在规定的条件下测量出来的黏度。由于测量的条件不同，各国采用的相对黏度也不同，我国、德国等国家用恩氏黏度，美国用赛氏黏度，英国用雷氏黏度。

恩氏黏度用恩氏黏度计测定，即将 200mL、温度为 t（℃）的被测液体装入黏度计的容器内，由其下部直径为 2.8mm 的小孔流出，测出流尽所需的时间 t_1（s），再测出 200mL、20℃蒸馏水在同一黏度计中流尽所需的时间 t_2（s），这两个时间的比值称为被测液体的恩氏黏度。即

$$E=\frac{t_1}{t_2} \tag{2-9}$$

恩氏黏度与运动黏度的关系为

$$\nu=\left(7.31E-\frac{6.31}{E}\right)\times 10^{-6} \tag{2-10}$$

（3）黏度与压力的关系

液体所受的压力增大时，其分子间的距离将减小，内摩擦力增大，黏度也随之增大。对于一般的液压系统，当压力在 20MPa 以下时，压力对黏度的影响不大，可以忽略不计。当压力较高或压力变化较大时，黏度的变化则不容忽视。石油型液压油的黏度与压力的关系可用下列公式表示：

$$\nu_0=\nu_0(1+0.003p) \tag{2-11}$$

式中　ν_p——油液在压力 p 时的运动黏度；

ν_0——油液在（相对）压力为零时的运动黏度。

（4）黏度与温度的关系

油液的黏度对温度的变化极为敏感，温度升高，油的黏度显著降低。油的黏度随温度变化的性质称为黏温特性。不同种类的液压油有不同的黏温特性，黏温特性较好的液压油，黏度随温度的变化较小，因而油温变化对液压系统性能的影响较小。液压油黏度与温度的关系可用下式表示：

$$\mu_t=\mu_0 e^{-\lambda(t-t_0)} \tag{2-12}$$

式中 μ_t——温度为 t 时的动力黏度；

μ_0——温度为 t_0 的动力黏度；

λ ——油液的黏温系数。

油液的黏温特性可用黏度指数VI来表示，VI值越大，表示油液黏度随温度的变化越小，即黏温特性越好。一般液压油要求VI值在 90 以上，精制的液压油及有添加剂的液压油，其值可大于 100。液压油液的黏度对温度的变化十分敏感，如图 2-3 所示，温度升高，黏度下降，这个变化率直接影响液压油的使用，特别是一些需要保压的液压系统应特别注意这一特性。

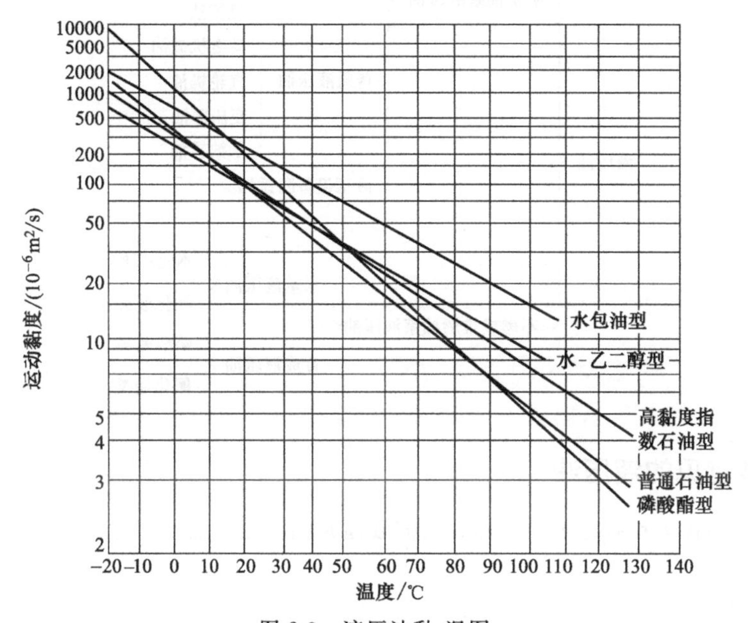

图 2-3 液压油黏-温图

2.2 液压油的分类与选用

2.2.1 液压油的分类

液压油的分类方法很多，例如可以按照液压油的用途、制造方法分类，本书按照其抗燃特性进行分类。

目前，我国各种液压设备所采用的液压油，按抗燃特性可分为两大类：一类为矿物油系；一类为不燃或难燃油系。矿物油系主要是由提炼后的石油加入各种添加剂精制而成。根据其性能和使用场合不同，矿物油系液压油有多种牌号，如 10 号航空液压油、11 号柴油机油、 20 号机械油、 30 号汽轮机油、 40 号精密机床液压油等。其优点是润滑性能好、腐蚀性小、化学安定性较好，故被大多数液压设备的液压系统所采用。

不燃或难燃油系可分为水基液压油与合成液压油两种。水基液压油的主要成分是水，且加入了某些防锈、润滑等添加剂。其优点是价格便宜，不怕火、不燃烧。缺点是润滑性能差，腐蚀性大，适用温度范围小，所以只在液压机（水压机）、矿山机械中的液压支架等特殊场合下使用。合成液压油是由多种磷酸酯（磷酸三丁酯、磷酸三甲苯酚酯等）和添加剂化学方法合成，目前国内已经研制成功 4611、 4612 等多个品种。优点是润滑性能较好、凝固点低、防火性能好。缺点是价格较贵，有的油品有毒。合成液压油多数应用在钢铁厂、压铸车间、火车发电厂和飞机等容易引起火灾的场合。

液压油分类如下：

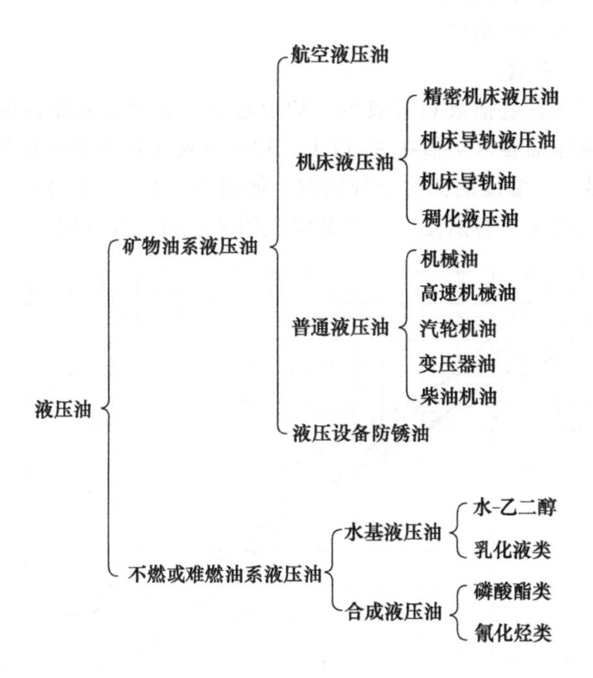

2.2.2 几种常见的液压油

国产液压油的种类和牌号多种多样。目前我国常用的液压油包括普通润滑油、专用液压油和抗燃液压油。

(1) 机械油

机械油是一种工业用中质润滑油。它是由浅度精制的润滑油馏分制成，除加适量的将凝剂外，少数厂还加有抗泡剂。这种油按50℃时的运动黏度分为七个牌号（10号、20号、30号、40号、50号、70号、90号）。机械油的主要缺点是氧化安全性、抗泡沫和抗乳化能力以及黏温特性和抗磨性较差，容易因为氧化而生成胶质沉淀物，使用寿命短（换油期约为半年），只能用于要求不高的液压系统中，如8MPa以下的中低压系统。过去由于专用液压油生产和推广不足，所以机械油在液压系统中应用很普遍。

(2) 汽轮机油

汽轮机油又称为透平油，是浅黄色透明液体，它是用比机械油精制程度深的润滑油分馏后，加0.3%的抗氧化剂调和而成。这种油按50℃时的运动黏度分为20号、30号、40号、45号、55号。汽轮机油的主要优点是因加入抗氧化添加剂，在高温下有较好的抗空气氧化性，在高温下酸值也不会增高，与混入的水分能迅速完全分离，抗乳化性好，并且酸性低、灰分少、机械杂质少、使用寿命长（换油期约为一年）。汽轮机油适用于要求较高的液压传动系统（一般应用在8MPa以下较精密的中低液压系统）。价格约比机械油高$\frac{1}{3}\sim\frac{1}{2}$，产量比较少（只有机械油的$\frac{1}{10}$），要酌情选用。

(3) 变压器油

变压器油经过高度精制，机械杂质和水分的含量极少，酸性及灰分低，黏度和凝固点也较低（黏度在50℃下小于9.6mm^2/s，凝固点低于−25℃），并具有高度的抗氧化性。变压器油常用于低温、轻载、低压系统中，价格与汽轮机油相仿。

（4）柴油机油

柴油机油按 100℃时的运动黏度分为 8 号、 11 号、 14 号、 16 号、 20 号等几个牌号。油中加有抗氧化、抗腐蚀和使发动机清洁的添加剂，润滑性能好，黏温特性优良，一般在工程机械、起重运输机械、拖拉机及林业机械的液压系统中应用。夏季常用 11 号，冬季用 8 号。

（5）11 号汽缸油

11 号汽缸油是一种重工业润滑油，适用于低速、重负荷及周围环境温度很高的液压传动系统。

（6）普通液压油（即精密机床液压油）

普通液压油采用汽轮机油分馏作基础油，并加入抗氧化、抗磨损、抗泡沫、防锈蚀等添加剂，其黏温特性好，是一种精制润滑油。这种油按 50℃时的运动黏度分为 20 号、 30 号、 40 号等几个牌号，适用于精密机床液压系统，换油期达一年以上。但是由于这种油凝点为 −10℃，所以不适合在低温条件下工作，只适用于室内设备的液压系统（只适用于 0℃以上的工作环境）。过去这种油仅用于精密机床液压系统中，而在其他的机床液压系统中，普遍采用各种牌号的机械油。从使用效果、油液寿命、经济效果看，普遍采用机械油是不合理的，因此今后在机床液压系统中，应尽量采用精密机床液压油，以改变过去不合理状况。

（7）液压-导轨油

这种油的基础油与精密机床液压油相同，除精密机床液压油所具有的全部添加剂外，还加入了防爬行性能的添加剂，所以具有较好的防爬行性能。当液压系统中的工作油液要兼具机床导轨面的润滑作用时，宜选用这种油液。有静压导轨的机床必须选用这种油作为导轨部分的工作油。

（8）低凝液压油

这种油用低凝点的机械油或汽轮机油，加入抗氧化、抗腐蚀、降凝点和增黏等添加剂调和而成。低温条件下该油有较好的启动性能，在正常温度下又具有满意的工作性能，其黏度指数在 130 以上，而且抗剪切性能好，适用于环境温度为 −15℃以下的高压、低温液压系统或环境温度变化较大的户外液压设备（凝点为 −30℃）。广泛应用于建筑机械、工程机械、起重运输机械的液压系统中。

（9）数控液压油

这是由低黏度的变压器分馏后并加有抗磨损、抗氧化、增黏等添加剂调和而成。这种油的突出优点是黏度指标可达 175 以上，主要应用于数控机床及电液脉冲马达上。

（10）抗磨液压油

抗磨液压油的基础油与液压油相同，仅针对摩擦金属材料的不同，加入一定数量的抗磨剂（如钢对钢加二烷基二硫代磷酸锌；对含有银或青铜材料的零件用只含硫、磷的抗磨剂），此外还加有抗氧、抗磨、抗泡、抗锈等添加剂，总量在 1.5%～3%时，抗磨效果比较好。适用于高、中压液压系统，特别适用于高压叶片泵。因其凝点为 −25℃，故适用于 −15℃以上的工作环境。

抗磨液压油现在已有两代产品。第一代是以二烷基二硫作为极压添加剂，称为有灰型或锌型；第二代是以硫磷或化合物作为极压添加剂，称为无灰型。有灰型价格低，已在高压系统中得到广泛应用。无灰型在各方面性能比有灰型好，但价格昂贵。随着添加剂的改善，无灰型终究要代替有灰型。

（11）舵机液压油

舵机液压油适用于船舶舵机的液压系统，是一种专用液压油。

（12）航空液压油

这是一种经过特殊加工的石油基润滑油。油中加有增加黏度指数和润滑性添加剂，凝固点低，黏度性能好、无腐蚀、不损伤密封物，具有良好的润滑性能。该油分 10 号、12 号、15 号、18 号和 4611、4612-1 等品种。前四种是经特殊加工的石油基精制矿物油；后几种属于多种磷酸酯的合成油。这些牌号油的共同特点是闪点高、凝点低、工作温度范围大。10 号航空油（YH-10）可在－50～＋100℃环境温度下工作；12 号可在－50～＋150℃环境温度下工作。这两种油呈鲜红色，俗称“红油”。10 号航空油的密度为 0.818g/cm^3，在－50℃时的运动黏度不大于 1250mm^2/s，＋100℃时为 5.8mm^2/s。一般在飞机液压系统和液压伺服控制系统中应用，价格较贵。

合成油 4611、4612-1 两个品种呈蓝色，俗称“蓝油”，可在温度－60～＋100℃范围内使用。基本性能指标为：100℃时运动黏度不大于 3～4mm^2/s；－50℃时不大于 3500mm^2/s。合成油 4612-1 可以在－20～＋200℃温度范围内工作，并可在＋250℃下短期工作，是一种抗燃液压油。

(13) 美孚系列液压油

进口液压油以其良好的性能，在引进的国外设备上得到了广泛应用，但由于液压油属于消耗品，所以从长远的使用角度，还是应该采用国内液压油代替。目前，在国内应用量较大的有：美孚系列液压油、壳牌系列液压油、德国系列（DIN 51524（Ⅰ）-1985 HL 系列）液压油，法国系列（NF E48-603-1983 HL 系列）液压油。在此，本书介绍知名品牌美孚系列液压油。

① 美孚 DTE 20 系列　美孚 DTE 20 系列液压油是性能卓越的抗磨液压油，专为满足各种液压设备的要求而制成。美孚 DTE 20 系列液压油选用高品质基础油与能够中和工作中产生的腐蚀性物质的超稳定添加剂调制而成。在严格的工作条件下提供高水平的抗磨与油膜强度保护，也可用于非抗磨要求的润滑系统。

a. 特性。

• 抗磨损，充足的性能储备。
• 氧化稳定性。
• 腐蚀保护。
• 符合多种设备的要求。
• 空气释放性。
• 水分分离性。
• 清洁性。

b. 应用。

• 对沉积物非常敏感的液压系统，如精密的数控机械，特别是采用伺服阀的系统。
• 少量水分不可避免的应用场合。
• 当采用传统产品会有油泥和沉积形成的应用场合。
• 含有齿轮和轴承的系统。
• 需要高度承载能力和抗磨保护的系统。
• 薄油膜防腐保护较重要的应用，如少量水分不可避免的应用场合。
• 采用大量不同金属制成元件的设备。

c. 美孚 DTE 20 液压油系列对应的黏度等级（见表 2-1）。

表 2-1　美孚 DTE 20 液压油系列对应的黏度等级

产品名称	ISO 黏度等级	产品名称	ISO 黏度等级
Mboil DTE 21	10	Mboil DTE 25	46
Mboil DTE 22	22	Mboil DTE 26	68
Mboil DTE 24	32	Mboil DTE 27	100

② 美孚 DTE FM 系列　美孚 DTE FM 系列高性能润滑油，可用于食品加工和包装行业

中。该润滑油为无味、无臭、特优品质的润滑油，以无毒的USDA/FDA食品级添加剂和基础油配制而成，该添加剂系统可提供良好的抗磨保护、卓越的氧化稳定性以及防锈保护。该系列产品可让系统保持清洁，有着较长的油品、过滤器寿命，并为设备提供最佳的保护。

a. 特性。

• 无毒配方。

• 非常好的抗磨特性。

• 极好的氧化稳定性。

• 很强的防腐性。

• 符合多种设备要求。

• 卓越的空气释放特性。

• 非常好的油水分离特性。

b. 应用。

• 适合用于润滑所有食品加工业、鱼类加工和肉类包装厂中所使用的机械。

• 齿轮、轴承、循环系统和液压系统用油。

• 处理空气和惰性气体的压缩机和真空泵。

• 空气管路润滑器。

• 要求高承载能力和抗磨保护的系统。

• Mboil DTE FM 220和320，由于它们的低温属性和高温稳定性推荐用于冷藏工厂和户外应用中。

• 采用不同合金的多种元件的机械。

c. 美孚DTE FM液压油系列对应的黏度等级（见表2-2）。

表2-2 美孚DTE FM液压油系列对应的黏度等级

产品名称	ISO黏度等级	产品名称	ISO黏度等级
Mboil DTE FM 32	32	Mboil DTE FM 220	220
Mboil DTE FM 46	46	Mboil DTE FM 320	320
Mboil DTE FM 68	68		

2.2.3 对液压油的要求

不同的液压传动系统、不同的使用情况对液压油的要求有很大的不同，为了更好地传递动力和运动，液压系统使用的液压油应具备如下性能：

① 合适的黏度，较好的黏温特性；

② 润滑性能好；

③ 质地纯净，杂质少；

④ 具有良好的相容性；

⑤ 具有良好的稳定性（热、水解、氧化、剪切）；

⑥ 具有良好的抗泡沫性、抗乳化性、防锈性，腐蚀性小；

⑦ 体胀系数低，比热容高；

⑧ 流动点和凝固点低，闪点和燃点高；

⑨ 对人体无害，成本低。

2.2.4 液压油的选择和使用

(1) 液压油的选择

正确合理地选择液压油，对保证液压系统正常工作、延长液压系统和液压元件的使用寿命、提高液压系统的工作可靠性等都有重要影响。

选择液压油时应考虑的因素如表 2-3 所示。

表 2-3 选择液压油时考虑的因素

系统工作环境	抗燃性、废液处理、噪声、毒性、气味
系统工作条件	温度范围、压力范围
油液质量	理化指标、相容性、稳定性等
经济性	价格、寿命、使用维护

液压油液的选择，一般要经历下述四个基本步骤:

① 定出所用油液的某些特性（黏度、密度、蒸气压、空气溶解率、体积模量、抗燃性、温度、压力、润滑性、相容性、毒性等）的容许范围。

② 查看说明书，找出符合或基本符合上述各项特性要求的油液。

③ 进行综合、权衡，调整各方面的要求和参数。

④ 征询油液制造厂的最终意见。

液压油的选用，首先应根据液压系统的工作环境和工作条件选择合适的液压油类型，然后再选择液压油的牌号。

对液压油牌号的选择，主要是对油液黏度等级的选择，这是因为黏度对液压系统的稳定性、可靠性、效率、温升以及磨损都有很大的影响。在选择黏度时应注意以下几方面情况:

① 液压系统的工作压力　工作压力较高的液压系统宜选用黏度较大的液压油，以便于密封，减少泄漏；反之，可选用黏度较小的液压油。

② 环境温度　环境温度较高时宜选用黏度较大的液压油，主要目的是减少泄漏，因为环境温度高会使液压油的黏度下降。反之，选用黏度较小的液压油。

③ 运动速度　当工作部件的运动速度较高时，为减少液流的摩擦损失，宜选用黏度较小的液压油。反之，为了减少泄漏，应选用黏度较大的液压油。

在液压系统中，液压泵对液压油的要求最严格，因为泵内零件的运动速度最高，承受的压力最大，且承压时间长，温升高。因此，常根据液压泵的类型及其要求来选择液压油的黏度。各类液压泵适用的黏度范围如表 2-4 所示。

表 2-4 各类液压泵适用黏度范围　　单位：mm^2/s

液压泵类型		环境温度			
		5～40℃		>40～80℃	
		40℃黏度	50℃黏度	40℃黏度	50℃黏度
齿轮泵		30～70	17～40	54～110	58～98
叶片泵	$p<7MPa$	30～50	17～29	43～77	25～44
	$p\geqslant 7MPa$	54～70	31～40	65～95	35～55
柱塞泵	轴向式	43～77	25～44	70～172	40～98
	径向式	30～128	17～62	65～270	37～154

(2) 液压油的使用

根据一定的要求来选择或配制液压油液之后，不能认为液压系统工作介质的问题已全部解决了。事实上，使用不当还是会使油液的性质发生变化的。例如，通常认为油液在某一温度和压力下的黏度是一定值，与流动情况无关，实际上油液被过度剪切后，黏度会显著减小，因此在使用液压油液时，应注意如下几点:

① 对长期使用的液压油液，氧化性、热稳定性是决定温度界限的因素，因此，应使液压油液长期在低于它开始氧化的温度下工作（尽量是液压油工作温度控制在 60℃以下）。液压油液的应用温度范围见图 2-4。

② 在储存、搬运及加注过程中，应防止油液被污染。

③ 对油液定期抽样检验，并建立定期换油制度，一般情况下，一年至少更换两次液压油。

④ 调试用液压油原则上不能直接作为系统的正常用油使用。

⑤ 油箱的储油量应充分，以利于系统的散热。

⑥ 保持系统的密封，一旦有泄漏，就应立即排除。

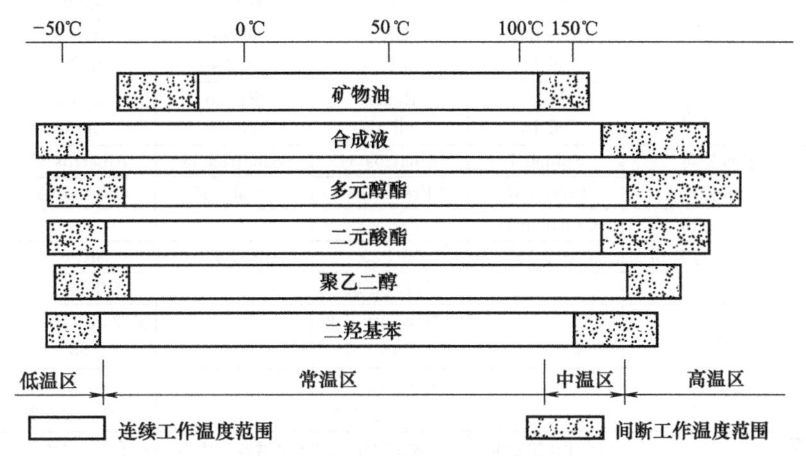

图 2-4　液压油液的应用温度范围

一般说来，只要对使用石油型液压油的液压系统进行彻底清洗以及更换某些密封件和油箱涂料后，便可更换成高水基液压液。但是，由于高水基液压液的黏度低，泄漏大，有润滑性差、蒸发和气蚀等一系列缺点，因此在实际使用高水基液的液压系统时，还必须注意下述几点：

① 由于黏度低，泄漏大，系统的最高压力不要超过 7MPa。

② 要防止气蚀现象，可用高位油箱使泵吸油口处压力增大，泵的转速不要超过 1200r/min。

③ 系统浸渍不到油液的部位，金属的气相锈蚀较为严重，因此应使系统尽量地充满油液。

④ 由于油液的 pH 值高，容易发生由金属电位差引起的腐蚀，因此应避免使用镁合金、锌、镉之类金属。

⑤ 定期检查油液的 pH 值、浓度、霉菌生长情况，并对其进行控制。

⑥ 滤网的通流能力须达到泵的流量的 4 倍，而不是常规的 1.5 倍。

2.2.5　国内外常用液压油的代用

为了方便读者，将国内外常用的各种不同性能液压油的代用情况分别列于表 2-5 至表 2-9 中，以供读者选用。

表 2-5　精制矿物液压油、代用油的中外油品对照表

中外标准		L-HH 液压油(机械油替代)				
中国	黏度等级 (GB/T 3141—1994)	15	32	46	68	100
英国	英国石油公司	Energol EM10	Energol CS32	Energol CS46	Energol CS68	Energol CS100
	卡斯特罗公司	Hyspin VG15	Hyspin VG32	Hyspin VG46	Hyspin VG68	Hyspin VG100
	壳牌公司	Vitrea 15	Vitrea 32	Vitrea 46	Vitrea 68	Vitrea 100

续表

中外标准		L-HH 液压油(机械油替代)				
美国	美孚公司	Ambrex E	Ambrex Light	Ambrex medium	Ambrex 30	Ambrex 50
	埃索公司	Nuto H 10	Nuto A 32	Nuto 48	Nuto 53	Nuto 63
	海湾公司	Gulf Legion 16	Gulf Legion 32	Gulf Legion 46	Gulf Legion 68	Gulf Legion 100
	加德士公司	Spindura oil 15	Ursa oil P 32	Ursa oil P 46	Ursa oil P 68	Ursa oil P 100
	德士古公司	Rando oil 15	Rando oil 32	Rando oil 46	Rando oil 68	Rando oil 100
法国	爱尔菲公司	Spinelf 7	Albatros 34	Albatros 55	Albatros 55	Turbelf 100
	道达尔公司	Preslia 15	Preslia 32	Preslia 46	Preslia 68	Preslia 100
德国	克虏伯公司	Crucolan 10				Lamora 47
意大利	意大利石油总公司	SIC 15	SIC 35	SIC 45	SIC 65	SIC 75
日本	日石公司		FBK oil 32		FBK oil 56	FBK oil 100
	出光公司		タフニーオイル 45		タフニーオイル 55	タフニーオイル 65
	丸善公司		ツバソEP 90 特タービソ油		ツバソEP 140 特タービソ油	
	大协公司	バイオルフオルバ 105	バイオルフオルバ 150	バイオルフオルバ 215	バイオルフオルバ 315	バイオルフオルバ 465

表 2-6 抗氧防锈液压油、代用油的中外油品对照表

中外标准		L-HL 液压油、汽轮机油			
中国	黏度等级(GB/T 3141—1994)	32	46	68	100
英国	英国石油公司	Energol HL 32	Energol HL 46	Energol HL 68	Energol HL 100
	卡斯特罗公司	Perfecto T 32	Perfecto 46	Perfecto 68	Perfecto 100
	壳牌公司	Turbo 32	Turbo 46	Turbo 68	Turbo 100
美国	美孚公司	D. T. E. oil light	D. T. E. oil modium	D. T. E. oil Heavy modium	D. T. E. extra Heavy(N80)
	埃索公司	Teresso 32	Teresso 46	Teresso 68	Teresso 100
	海湾公司	Gulf Harmony 32	Gulf Harmony 46	Gulf Harmony 68	Gulf Harmony 100
	加德士公司	Regal oil R&O 32	Regal oil R&O 46	Regal oil R&O 68	Regal oil R&O 100
	德士古公司	Regal oil R&O 32	Regal oil R&O 46	Regal oil R&O 68	Regal oil R&O 100
法国	爱尔菲公司	Eif Misola 32	Eif Misola 46	Eif Misola 68	Eif Misola 100
	道达尔公司	Tamarix 20	Tamarix 30	Tamarix 40	Tamarix 50
德国	克虏伯公司	Formlnol DS 23K			
意大利	意大利石油总公司	QRM 34	QRM 54	QRM 64	QRM 94
日本	日石公司	FBK 90L タービソ油	FBK 120L タービソ油	FBK 140L タービソ油	FBK 180/200 L タービソ油
	出光公司	ダフニータービン オイル44	ダフニータービン オイル52	ダフニータービン オイル57	ダフニータービン オイル60
	丸善公司	ツバソEP 90 特Aタービン油	ツバソEP 140 特Aタービン油	ツバソEP 180 特Aタービン油	ツバソEP 200 特Aタービン油
	大协公司	バイオタービン A 90	バイオタービン A 140	バイオタービン A 180	バイオタービン A 200
	三菱公司	ダイヤモンド110	ダイヤモンド120	ダイヤモンド130	ダイヤモンド140

表 2-7 抗氧、防锈、抗磨液压油、代用油的中外油品对照表

中外标准		L-HM 液压油(包括原普通液压油、抗磨液压油)					
中国	黏度等级(GB/T 3141—1994)	22	32	46	68	100	150
英国	英国石油公司	Energol HLP 22	Energol HLP 32	Energol HLP 46	Energol HLP 68	Energol HLP 100	Energol HLP 150
	卡斯特罗公司	Hyspin AWS 22	Hyspin AWS 32	Hyspin AWS 46	Hyspin AWS 68	Hyspin AWS 100	Hyspin AWS 160
	壳牌公司	Tellus 22	Tellus 32	Tellus 46	Tellus 68	Tellus 100	Tellus 150
美国	美孚公司	D. T. E. 22	D. T. E. 24	D. T. E. 25	D. T. E. 26	D. T. E. 27	
	埃索公司	Nuto H 22	Nuto H 32	Nuto H 46	Nuto H 68	Nuto H 100	Nuto H 150
	海湾公司	Harmony 22 AW	Harmony 32 AW	Harmony 46 AW	Harmony 68 AW	Harmony 100 AW	Harmony 150 AW
	加德士公司	Rando oil HD 22	Rando oil HD 32	Rando oil HD 46	Rando oil HD 68	Rando oil HD 100	Rando oil HD 150
	德士古公司	Rando oil HD 22	Rando oil HD 32	Rando oil HD 46	Rando oil HD 68	Rando oil HD 100	Rando oil HD 150
法国	爱尔菲公司	Acantis 22	Acantis 32	Acantis 46	Acantis 68	Acantis 100	Acantis 150
	道达尔公司	Azolla 22	Azolla 32	Azolla 46	Azolla 68	Azolla 100	Azolla 150
德国	克虏伯公司	Formlnol DS 6K		Lamora 46			
意大利	意大利石油总公司	I. P. Hydrus 22	I. P. Hydrus 32	I. P. Hydrus 46	I. P. Hydrus 68	I. P. Hydrus 100	I. P. Hydrus 150
日本	日石公司	Super Hyrando oil 22	Super Hyrando oil 32	Super Hyrando oil 46	Super Hyrando oil 68	Super Hyrando oil 100	Super Hyrando oil 150
	出光公司	Daphne Hydraulic Fluid 22	Daphne Hydraulic Fluid 32WR	Daphne Hydraulic Fluid 46WR	Daphne Hydraulic Fluid 68	Daphne Hydraulic Fluid 100	Daphne Hydraulic Fluid 150
	丸善公司	Swalube	Swalube HP 150	Swalube HP 200	Swalube HP 300	Swalube HP 500	
	大协公司		Pio Hydro 150	Pio Hydro 215	Pio Hydro 315	Pio Hydro 465	
	三菱公司	Diamond EP 22	Diamond EP 32	Diamond EP 46	Diamond EP 68	Diamond EP 100	Diamond EP 150

表 2-8 低温、低凝、高黏度液压油与液压-导轨润滑合用油的中外油品对照表

中外标准		L-HV(低温、低凝)液压油				L-HV(高黏指数-数控)液压油	L-HG(液压-导轨润滑合用)液压油		
中国	黏度等级(GB/T 3141—1994)	22	32	46	68	32	32	68	160
英国	英国石油公司	Energol SHF 22	Energol SHF 32	Energol SHF 46	Energol SHF 68		Energol GHL 32	Energol GHL 68	Energol TXN 150
	卡斯特罗公司	Hyspin AWH 22	Hyspin AWH 32	Hyspin AWH 46	Hyspin AWH 68		Magna GC 32	SLO-FLO. 100	SLO-FLO. 160
	壳牌公司	Tellus T 22	Tellus T 32	Tellus T 46	Tellus 68	Shell oil NC 923	Tonna oil 32	Tonna oil 68	Tonna oil 160

续表

中外标准		L-HV(低温、低凝)液压油				L-HV(高黏指数-数控)液压油	L-HG(液压-导轨润滑合用)液压油		
美国	美孚公司	D. T. E. 11	D. T. E. 13	D. T. E. 15	D. T. E. 16	Mobil NC Systerm oil	Vactca 1	Vactca 2	Vactca 3
	埃索公司		Nuto H 32	Nuto H 46	Nuto H 68	Hydex 50;Univis j (32)	Powerlex DP 32;Teresso V 32	Pebisk 68;Powerlex DP 68	
	海湾公司	Paramo-unt 22	Paramo-unt 32	Paramo-unt 46	Paramo-unt 68		Gulfstone 10	Gulfstone 20	
	加德士公司		Rando oil AZ		Rando oil CZ		RPM Vistac oil 32X	RPM Vistac oil 100X	RPM Vistac oil 150X
	德士古公司		Rando oil HD A-32		Rando oil HD CZ68				Metel oil H150
法国	爱尔菲公司	Visga 22	Visga 32	Visga 46	Visga 68		Elf Hygliss 32	Elf Hygliss 68	
	道达尔公司		Equivis 32	Equivis 46	Equivis 68		Drosera MS 32	Drosera MS 68	Drosera MS 150
德国	克虏伯公司		Isoflex PBP 44K		Alcpress HLP 36				
意大利	意大利石油总公司	Arnica 22		Arnica 46			APIG F1. OLS 3	APIG OLS 5	
日本	日石公司	Hyrando S 15	Hyrando S 26	Hyrando 120	Hyrando 140	Hyrando PTF	Uni-Way H32 D32	Uni-Way D$^{68}_{68}$	
	出光公司	Daphne Hydraulic Fluid AV	Daphne Hydraulic Fluid 32WR 32SV		Daphne Hydraulic Fluid 68SV	Daphne Hydraulic Fluid NC 50	Daphne Multi Way$^{32}_{32}$C	Daphne Multi Way$^{68}_{68}$C	
	丸善公司	Swafluid 100	Swafluid 150	Swafluid 200	Swafluid 300	Swafluid NC	Swa Way H32	Swa Way H68 S68	
	大协公司	Pio-Lube Allpur A 105	Pio-Lube Allpur A 150	Pio-Lube Allpur A 215	Pio-Lube Allpur A 315	Pio-Lube Ace 150	Pio-Way 32	Pio-Way 68	
	三菱公司	Diamond 420	Diamond 430	Diamond 435	Diamond 440	PTF-A 26;PTF-B 26	Diamond Hydro-Way	Diamond Hydro-Way	

表 2-9　抗燃液压油中外油品对照表

产品符号		L-HFAE	L-HFAS				L-HFB	L-HFC			L-HFDR				
名称		水包油乳化液	高水基液压油				油包水乳化液	水-乙二醇液			磷酸酯液				
原牌号							WOE-80	WG-88	WG-46		4613-1	4614	HP-46		HP-14
中国	液品 黏度等级（GB/T 3141—1994）		1.8（37.8℃）	1.0（37.8℃）	SUS280（37.8℃）	43（37.8℃）	60～100	32	46	68	22	32	46	68	100
英国	英国石油公司						Energol SF-B13	Energol SF-C12			Energol SF-DO 300	Energol SF-DO 301	Energol SF-D 46		
英国	卡斯特罗公司						Anvol WO 100	Anvol WG 22	Anvol WG 46		Anvol PE 22	Anvol PE 32	Anvol PE 46SC		
英国	壳牌公司	Dromus oil B					Irus Fluid B904		Irus Fluid C 504		SFR Hydraulic Fluid A	SFR Hydraulic Fluid B	SFR Hydraulic Fluid C	SFR Hydraulic Fluid D	SFR Hydraulic Fluid E
美国	美孚公司						Hydrogard D	Nyvsc. No. 20	Nyvsc. No. 30		Hydrogard 51	Hydrogard 52	Hydrogard 53		Hydrogard 55
美国	埃索公司						Imol		Imol 1959				Imol S46		
美国	加德士公司						Fire Resist Hydeafluid		Hydraulic Safety 200				RPM FR Fluid 10		RPM Fluid 20
美国	好富顿公司		Hydrolubric 120-B	Hydrolubric 142	Hydrolubric 1630	Hydrolubric 250	Houghton Safe 5046	Houghton Safe 105	Houghton Safe 620	Houghton Safe 630	Houghton Safe 1114LT	Houghton Safe 1117	Houghton Safe 1120		Houghton Safe 1055
美国	施多福公司								Fytguard 200 FR		Fyrquel 90	Fyrquel 150	Fyrquel 220	Fyrquel 300	Fyrquel 550E
美国	孟山都公司											Hydraul 29ELT	Hydraul 50E		Hydraul 115E

续表

产品符号		L-HFAE	L-HFAS				L-HFB	L-HFC			L-HFDR				
名称		水包油乳化液	高水基液压油				油包水乳化液	水-乙二醇液			磷酸酯液				
原牌号							WOE-80	WG-88	WG-46		4613-1	4614	HP-46		HP-14
日本	日本石油公司						Hyrando FRE100		Hyrando FRG 46				Hyrando FRP 46		
日本	出光公司						Daphne Firaproof 301E Daphne Fireproof 300E		Daphne Fireproof SG			Daphne Fireproof 220P	Daphne Fireproof 330P		Daphne Fireproof 470P
日本	丸善公司							Swafluid S	Swafluid H		Fyrquel 90	Fyrquel 150	Fyrquel 220	Fyrquel 300	Fyrquel 550
日本	共同石油公司						Sonic Hydia E 400 Sonic Hydia E 450					Sonic Hydia P-10			
日本	昭和石油公司						昭石 E-H 100		G-W 46		Reolube HYD 35	Reolube HYD 70	Reolube HYD 110	Reolube HYD 240	Reolube HYD 350

2.3 液压油的污染控制

实践证明，液压油液的污染是系统发生故障的主要原因，它严重影响着液压系统的可靠性及元件的寿命。由于液压油液被污染，液压元件的实际使用寿命往往比设计寿命低得多。因此液压油液的正确使用、管理以及污染控制，是提高系统可靠性及延长元件使用寿命的重要手段。

2.3.1 污染物的种类及危害

液压系统中的污染物，是指包含在油液中的固体颗粒、水、空气、化学物质、微生物等杂物和污染能量。液压油液被污染后，将对系统及元件产生下述不良后果：

① 固体颗粒加速元件磨损，堵塞缝隙及滤油器，使泵、阀性能下降，产生噪声。

② 水的侵入加速油液的氧化，并和添加剂起作用产生黏性胶质，使滤芯堵塞。

③ 空气的混入降低油液的体积模量，引起气蚀，降低油液的润滑性。

④ 溶剂、表面活性化合物化学物质使金属腐蚀。

⑤ 微生物的生成使油液变质，降低润滑性能，加速元件腐蚀。对高水基液压油的危害更大。

除此之外，不正当的热能、静电能、磁场能及放射能也常被认为会对油液造成污染，它们有的使油温超过规定限度，导致油液变质，有的则招致火灾。

2.3.2 污染的原因

液压油液遭受污染的原因是很复杂的，污染物的来源如表 2-10 所示。表 2-10 中的液压装置组装时残留下来的污染物主要是指切屑、毛刺、型砂、磨粒、焊渣、铁锈等；从周围环境混入的污染物主要是指空气、尘埃、水滴等；在工作过程中产生的污染物主要指金属微粒、锈斑、涂料剥离片、密封材料剥离片、水分、气泡以及液压油液变质后的胶状生成物等。

表 2-10　液压油液中的污染物

外界侵入的污染物			工作过程中产生的污染物	
液压油液运输过程中带来的污染物	液压装置组装时残留下来的污染物	从周围环境混入的污染物	液压装置中相对运动件磨损时产生的污染物	液压油液物理化学性能变化时产生的污染物

2.3.3 污染的测定

液压油的检测指标较多，例如黏度、水分、颗粒度、酸碱度等，本书仅讨论油液中固体颗粒污染物的测定问题。油液的污染度是指单位容积油液中固体颗粒污染物的含量。含量可用重量或颗粒数表示，污染检测常见的方法有以下六种。

(1) 称重法（或质量分析法）

称重法是测定油液单位体积中所含颗粒污染物的重量，测定值一般用 mg/L 表示，也可以用 100mL 作为单位容积。

称重法所需测试装置简单、操作简便，但实验时间过长，环节多，只能反映出油液中颗粒污染物的总量，不能反映颗粒的大小和尺寸分布。

(2) 显微镜计数法

将过滤一定体积样液的滤膜在光学显微镜下观察，对收集在滤膜上的颗粒物按给定尺寸范围计数。

这种方法可直接观察到颗粒污染物的大小和形貌，并可大致辨别污染物的类型，但这种方法记数时需要时间过长，操作人员易于疲劳，计数的准确性与操作人员的经验和主观性有关，只能提供近似的污染等级。

(3) 显微镜比较法

在专门的显微镜下，将过滤样液的滤膜和标准污染度样片（具有不同等级污染度）进行比较，由此判断油液的污染等级。

这种方法操作简单，测试速度快，但只能给出大致的污染等级，准确性较差。

(4) 自动颗粒计数法

利用自动颗粒计数法对油液中的颗粒尺寸分布及浓度进行自动测定。

自动颗粒计数法是测定液压油液样品单位容积中不同尺寸范围内颗粒污染物的颗粒数，借以查明其区间颗粒浓度（指单位容积油液中含有某给定尺寸范围的颗粒数）或累计颗粒浓度（指单位容积油液中含有大于某给定尺寸的颗粒数）。目前，用得较普遍的有显微镜法和自动颗粒计数法。

显微镜法是将 100mL 油液样品进行真空过滤，并把得到的颗粒进行溶剂处理后，放在显微镜下，找出其尺寸大小及数量，然后依标准确定油液的污染度。

自动颗粒计数法是利用光源照射油液样品时，油液中颗粒在光电传感器上投影所发出的脉冲信号来测定油液的污染度的。由于信号的强弱和多少分别与颗粒的大小和数量有关，将测得的信号与标准颗粒产生的信号相比较，就可以算出油液样品中颗粒的大少与数量。

这种方法具有精确度高、测量速度快、重复性好、操作简便等优点，但设备成本高，对非颗粒性污染物如水、空气、胶质很敏感，水珠、气泡、胶质等也可能被作为颗粒记数。

(5) 滤膜堵塞法

通过测量由于颗粒物对滤膜堵塞而引起的流量或压差的变化，确定油液的污染度。

这种方法适应能力比较强，准确性比较高，体积小，重量轻，快速、可在线检测，但不提供具体颗粒数值，滤膜的空隙尺寸影响它的测量范围，颗粒尺寸分布及系统压力波动对测量结果影响较大，滤膜需精心维护，必须洗干净才能使用。

(6) 图像分析法

利用摄影像机将滤膜上收集的颗粒物或直接将液流中的颗粒物转换为显示屏上的影像，并利用计算机进行图像分析。

这种方法可直接获得油液中颗粒的图像，并对颗粒图像进行处理，从而获得颗粒的尺寸大小及其分布，结合计算机技术，精确度高，测量速度快，重复性好，具有更高的可靠性，但该方法无法区分不同种类的污染物。

2.3.4 污染的等级

为了描述和评定液压油液污染的程度，以便对它进行控制，有必要规定出液压油液的污染等级。下面介绍目前仍被采用的美国 NAS 1638 油液污染等级和我国制定的污染等级国家标准。

美国 NAS 1638 污染等级如表 2-11 所示。以颗粒浓度为基础，按 100mL 油液中在给定的 5 个颗粒尺寸区间内的最大允许颗粒数划分为 14 个等级，最清洁的为 00 级，污染最高的为 12 级。

我国制定的液压油液颗粒污染等级标准为 GB/T 14039—2003（与国际标准 ISO 4406:1999 等效）。这个污染等级标准用两个代号表示油液的污染度。前面的代号表示 1mL 油液中大于 5μm 颗粒数的等级，后面的代号表示 1mL 油液中大于 15μm 颗粒数的等级，两个代号间用一条斜线分隔。代号的含义如表 2-12 所示。例如，等级代号为 20/17 的液压油液，表示它在每毫升

表 2-11 NAS 1638 污染分级标准（100mL 液压油液中颗粒数）

尺寸范围/μm	污染等级													
	00	0	1	2	3	4	5	6	7	8	9	10	11	12
	每 100mL 油液中所含颗粒的数目													
5～15	125	250	500	1000	2000	4000	8000	16000	32000	64000	128000	256000	512000	1024000
＞15～25	22	44	89	178	356	712	1425	2850	5700	11400	22800	45600	91200	182400
＞25～50	4	8	16	32	63	126	253	506	1012	2025	4050	8100	16200	32400
＞50～100	1	2	3	6	11	22	45	90	180	360	720	1440	2880	5760
＞100	0	0	1	1	2	4	8	16	32	64	128	256	512	1024

表 2-12 污染等级国家标准 GB/T 14039—2003（ISO 4406：1999）

每毫升油液中的颗粒数	等级代号	每毫升油液中的颗粒数	等级代号
＞5000000	30	＞80～160	14
＞2500000～5000000	29	＞40～80	13
＞1300000～2500000	28	＞20～40	12
＞640000～1300000	27	＞10～20	11
＞320000～640000	26	＞5～10	10
＞160000～320000	25	＞2.5～5	9
＞80000～160000	24	＞1.3～2.5	8
＞40000～80000	23	＞0.64～1.3	7
＞20000～40000	22	＞0.32～0.64	6
＞10000～20000	21	＞0.16～0.32	5
＞5000～10000	20	＞0.08～0.16	4
＞2500～5000	19	＞0.04～0.08	3
＞1300～2500	18	＞0.02～0.04	2
＞640～1300	17	＞0.01～0.02	1
＞320～640	16	≤0.01	0
＞160～320	15		

内大于 5μm 的颗粒数在＞5000～10000 之间，大于 15μm 的颗粒数在＞640～1300 之间。这种双代号标志法说明实质性的工程问题是很科学的，因为 5μm 左右的颗粒对堵塞元件缝隙的危害最大，而大于 15μm 的颗粒对元件的磨损作用最为显著，用它们来反映油液的污染度最为恰当，因而这种标准得到了普遍的应用。

表 2-13 是典型液压系统的清洁度等级表。

表 2-13 典型液压系统的清洁度等级

系统类型	级别①										
	4	5	6	7	8	9	10	11	12	13	14
	清洁度等级②										
	12/9	13/10	14/11	15/12	16/13	17/14	18/15	19/16	20/17	21/18	22/19
污染极敏感的系统	—	—	—	—	—						
伺服系统		—	—	—	—	—					
高压系统			—	—	—	—	—				
中压系统					—	—	—	—	—		
低压系统						—	—	—	—	—	
低敏感系统							—	—	—	—	—
数控机床液压系统		—	—	—	—	—					
机床液压系统					—	—	—	—	—		
一般机器液压系统						—	—	—	—	—	
行走机械液压系统				—	—	—	—	—			
重型设备液压系统					—	—	—	—	—		
重型和行走设备传动系统						—	—	—	—	—	
冶金轧钢设备液压系统				—	—	—	—	—			

注：① 这里的级别指 NAS 1638。

② 相当于 ISO 4406。

2.3.5 几种污染等级标准的对应关系

为便于读者参考，将几种常用的污染等级标准的对应关系列于表 2-14 中。

表 2-14 几种常用的污染等级标准的对应关系

GB/T 14039—2003 (ISO 4406:1999)	NAS 1638	SAE749D (美国汽车工程师协会标准)	每毫升油液中大于 10μm 颗粒数	ACFTD(空气滤清器细试验粉尘)质量浓度/(mg/L)	MIL-STD-1246A 污染等级(美国军用标准 1246A)
26/23			140000	1000	
25/23			85000		1000
23/20			14000	100	750
21/18	12		4500		
20/18			2400		500
20/17	11		2300		
20/16			1400	10	
19/16	10		1200		
18/15	9	6	580		
17/14	8	5	280		300
16/13	7	4	140	1	
15/12	6	3	70		
14/12			40		200
14/11	5	2	35		
13/10	4	1	14	0.1	
12/9	3	0	9		
11/8	2		5		
10/8			3		100
10/7	1		2.3		
10/6			1.4	0.01	
9/6	0		1.2		
8/5	00		0.6		
7/5			0.3		50
6/3			0.14	0.001	
5/2			0.04		25
2/0.9			0.01		10

2.3.6 液压油液品质的判断

在液压系统中使用的液压油，经长期使用或在不良环境的影响下，品质逐渐发生改变。如果刚刚开始变化的液压油不进行适当的处理，液压油品质会急剧变化，从而引起液压系统的故障，所以对液压油必须进行定期的检验与适当的处理。

(1) 目视判断液压油液品质的方法

目视判断液压油品质的方法简单易行。其方法是：抽取在运转后经 24h 放置，离油箱底部 5cm 处的液压油（建议在设计油箱时，在此处留一工艺孔，以便取样）样品，装入试管与新液压油对比。现将目视判断液压油品质的方法列在表 2-15 中。

表 2-15 目视判断液压油品质的方法

外观	气味	状态	对策
透明且无颜色变化	良	良	继续使用
透明而色淡	良	混入异种液压油	黏度良好时可使用
变成乳白色	良	混入水分	分离水分
变成黑褐色	恶臭	氧化	更换液压油
透明但有小黑点	良	混入异物	过滤后使用

(2) 液压油液物理性质实验

液压油可根据其物理性质进行实验。如果其物理性质发生改变，说明液压油品质已经开始变化，应进行及时的处理。表 2-16 列出了液压油物理性质变化的原因。

表 2-16　液压油物理性质变化的原因

项目	液压油污染引起的变化	原因
密度	增加	液压油变化，异种油混入
闪点	降低	液压油变化，异种油混入
黏度	增加，降低	因液压油变化而增加，因冲洗而降低
pH 值	增加	油温上升，金属（粉状）进入
抗乳化性	蒸气乳化度升高	液压油变化
抗泡沫性	起泡增加，消泡不良	添加剂消耗，液压油变化

2.3.7　液压油液的污染控制措施

液压油液污染的原因很复杂，液压油液自身又在不断产生脏物，因此要彻底解决液压油液的污染问题是困难的。为了延长液压元件的寿命，保证液压系统可靠地工作，将液压油液的污染度控制在某一限度以内是较为切实可行的办法。

为了减少液压油液的污染，常采取如下一些措施：

① 对元件和系统进行清洗，清除在加工和组装过程中残留的污染物。液压元件在加工每道工序后都应净化，装配后也要进行严格的清洗。

系统在组装前，油箱和管道必须清洗。用机械方法除去残渣和表面氧化物，然后进行酸洗磷化处理。系统在组装后进行全面的清洗，最好用系统工作时使用的油液清洗，不可用煤油。清洗时除油箱的通气孔（加防尘罩）外须全部密封。清洗时应尽可能加大流量，有时采用热油冲洗。机械油在 80℃时的黏度为其 25℃时的 1/8，因此 80℃的热机械油能冲掉许多 25℃的机械油冲不掉的污物。系统在冲洗时须装设高效滤油器，同时使元件动作，并用铜锤敲打焊口和连接部位。

② 防止污染物从外界侵入。液压油液在工作过程中会受到环境污染，因此可在油箱呼吸孔上装设高效的空气滤清器或采用密封油箱，防止尘土、磨料和冷却物的侵入。液压油液在运输和保管过程中会受到污染，买来的油液必须静放数天，然后通过滤油器注入系统。另外，对活塞杆端应装防尘密封，经常检查并定期更换。

③ 采用合适的过滤器。这是控制液压油液污染度的重要手段，应根据系统的不同情况选用不同过滤精度、不同结构的过滤器，并定期检查和清洗。

④ 严格控制液压油液的温度。液压油液工作温度过高对液压装置不利，液压油液本身也会加速氧化变质，产生各种生成物，缩短它的使用期限。一般液压系统的工作温度最好控制在 60℃（最佳温度 40～50℃）以下，机床液压系统还应更低些。

⑤ 定期检查和更换液压油液。每隔一定时间，对系统中的油液进行抽样检查，分析其污染度是否还在该系统容许的使用范围之内。如已不合要求，必须立即更换。不应在油液脏到使系统工作出现故障时才更换。在更换新油液前，整个系统必须先清洗一次。

2.4　液压油的存放、使用与维护

2.4.1　液压油的存放

液压油存放在清洁的、通风良好的室内，此储存室应满足一切适用的安全标准。然而，没打开的油桶若不得已而存放于室外的话，则应遵守以下的规则：

① 油桶宜以侧面存放且借助木质垫板或滑行架保持底面洁清，以防下部锈蚀。绝不允许将

它们直接放在易腐蚀金属的表面上。

② 油桶绝不可在上边切一大孔或完全去掉一端。因为此时即便孔被盖上，污染的概率也大为增加。同理，把一个敞口容器沉入油液中汲油也是一种极坏的做法。因为这样一来不仅有可能使空气中的污物侵入，而且汲取容器本身的外侧就可能是脏的。

③ 油桶若要以其侧面放置在适当高度的木质托架上，可用开关控制向外释放油液。开关下要备有集液槽。另一办法是，桶可以直立，但要借助于手动或电动泵汲取油液。

④ 如果由于某种原因，油桶不得不以端部存放时，则应高出地面且应倒置（即桶盖作底）。如不这样，则应把桶覆盖上，以使雨水不能聚积在四周和浸泡桶盖。水污染无论对哪类油液都是不良的。而水分可能穿过看上去似乎完全正常的桶盖进入桶里这一事实，却尚未被人们所了解。放置在露天的油桶会受到昼热和夜冷的影响，这就导致其膨胀和收缩。这种情形是由于桶内液面上部空间的空气白天受热而压力稍高于大气压，夜晚变冷又稍有真空的作用之结果。这种压力变化可以达到足以产生“呼吸”作用的程度，从而空气白天被压出油桶，夜晚又吸入油桶。因此，如果通过包围着水的桶盖产生“呼吸”作用，则一些水可能被吸入到桶内，且经过一段时间后，桶内就可能积存相当大量的水。

⑤ 用来分配液压流体的容器、漏斗及管子等必须保持清洁，并且备作专用。这些容器要定期地清洗，并用不起毛的棉纤维拭干。

⑥ 当油液存放在大容器中时，很可能产生冷凝水和精细的灰尘结合到一起且在箱底形成一层淤泥的情形。所以，可行的办法是，储油箱底应是碟形的或倾斜的，并且箱底要设有排污塞。这些排污塞可以定期地排除掉沉渣。在有条件的单位，最好制定一个对大容量储油箱日常净化的保养制度。

⑦ 要对所有储油器进行常规检查和漏损检验。

2.4.2 液压油使用过程中存在的问题

经过几十年的发展，我国液压技术的进步较快，有的液压设备，特别是大批引进设备的液压部分，已达到国外同等设备的先进水平。但是，我国的液压系统用油还基本处于二十世纪五六十年代的水平，除了少数液压系统采用了国产新研制的液压油和进口液压油外，多数液压系统（不论新设备还是老设备，国产设备还是进口设备，精密机械还是一般机械，高压设备还是低压设备）仍采用机械油作为压力传递介质，这使液压系统泡沫多，生成胶质堵塞过滤器和管路，造成液压元件磨损严重等问题。

我国液压系统用油水平低的原因归纳起来大致有如下几点：

① 有些从事液压系统设计、使用和维修的部门及人员，缺乏液压油方面的知识，往往不知道不同性能参数的液压系统应使用不同性能的液压油，误认为机械油是“万用油”，任何情况下都可以使用。在选用液压系统用油时，只考虑黏度大小和价钱是否“便宜”，对于抗氧、防锈和抗磨等性能对液压元件的影响不予考虑。更甚的是有些液压元件的研究、生产单位，在进行液压元件性能试验时，不论是压力高低、规格大小，都用同种油品进行性能试验，连黏度的大小对液压元件、效率性能的影响都不考虑，结果不能真实地反映出液压元件的性能参数对元件质量的影响。

② 有些从事液压设计和使用、维护的人员，虽知道不同液压油的作用及对液压系统的影响，但由于不了解国内液压油新品种，或因国产液压油的品种还不齐全，没有相应的液压油供应，故不得不使用机械油。

③ 投入市场使用的液压油，质量还不稳定，有的单位产品性能较差，以至于和机械油相比没有多大区别，不能满足使用者的要求。

④ 设备漏油严重，液压系统用油需不断加新油补充，这就难以比较机械油和液压油的优

劣，再加上液压油的售价比机械油高，用机械油反而比用液压油经济。

2.4.3　液压油的使用与维护

通过污染产生的原因可见，要想从根本上消除污染，在实际工作中根本办不到，因为根据油液污染的原因分析，没有一个绝对纯净的液压系统，只要运动就必须会产生热量，密封再严密，水、污物和空气也会通过各种渠道混入系统中去。所以我们只能力求减少它们产生的原因，并且当它们产生后设法从系统中把它们清除出去，使液压系统保持相对的纯净。根据这一原则，在液压系统使用和维护时就要注意以下几方面的问题：

① 针对液压油的污染原因，应采取一系列措施来防止油液被污染　在使用前应注意保持油液清洁。油液进厂后，如果暂时不用，应该密封存放在室内通风良好的地方或放在阴凉干燥处，勿放在露天暴晒雨淋。向油箱内加注液压油时必须按照系统的要求进行过滤。同时注油时应保持罐口、桶口、漏斗等器皿的清洁。安装后运转前一定要进行冲洗，以清除元件和系统内部的原有污垢。

② 控制油温　油箱内温度一般不超过60℃，最高温度不应超过液压设备所允许的临界值。

③ 防水和放水　油箱底部须设排水阀，油箱、管路和各冷却器管等应密封不得漏水。

④ 为了防止空气进入系统应采取如下措施

a. 将所有回油管都接入油箱液面以下，并将回油管口切成斜断面以减少液流形成的旋涡或产生的搅动作用。

b. 泵吸入口应远离回油管，以保证从系统回油到泵重新吸入的中间有充分的时间使油中所含的多余空气逸出。

c. 合理使用排气阀。

d. 保证系统完全密封（特别是液压泵吸油管路），以防止吸入空气。

⑤ 为防止外界各种杂质混入系统，外漏的油不允许直接流回油箱，油箱透气口必须设空气滤清器，更换液压油时要彻底清洗系统，加入的新油必须过滤。

⑥ 尽量避免采用能在油中起催化作用的锌、铅、铜等材料，油箱内表面采用酸洗磷化处理，密封材料的耐油性能好。

⑦ 应根据使用条件定期检查液压油的质量。

⑧ 应定期检查液面高度，如低于油位计下限时，必须补充加油至规定的液面高度，添加的液压油必须是同一牌号，否则将会引起油质劣化。

第 3 章 液压泵的使用与维修

3.1 液压泵概述

在液压传动系统中，能源装置是为整个液压系统提供能量的，就如同人的心脏为人体各部分输送血液一样，在整个液压系统中起着极其重要的作用。液压泵就是一种能量转换装置，它将驱动电机的机械能转换为油液的压力能，以满足执行机构驱动外负载的需要。

3.1.1 液压泵的基本工作原理

目前液压系统中使用的液压泵，其工作原理几乎都是一样的，就是靠液压密封的工作腔的容积变化来实现吸油和压油的，因此称为容积式液压泵。

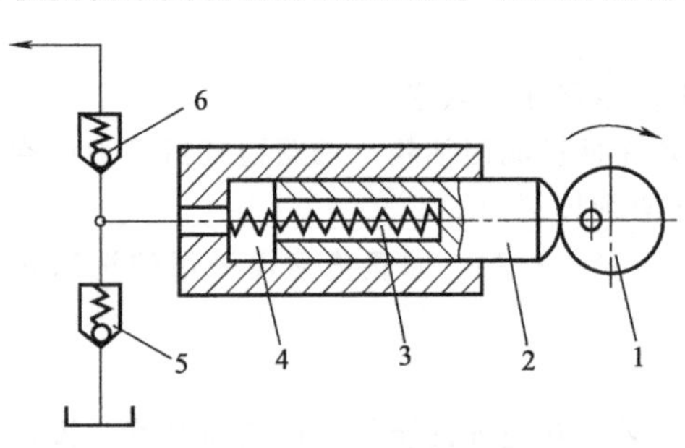

图 3-1 单柱塞容积式液压泵工作原理图
1—凸轮；2—柱塞；3—弹簧；4—工作腔；5—单向阀（吸油）；6—单向阀（压油）

容积式液压泵的工作原理很简单，以单柱塞式液压泵为例，它就像我们常见的医用注射器一样，并配以自动配流装置。如图 3-1 所示的就是单柱塞容积式液压泵工作原理图。柱塞 2 是靠偏心凸轮 1 的旋转而左右移动的，当柱塞右移时，工作腔 4 容积变大，产生真空，此时，单向阀 6 关闭，油箱中的油液通过单向阀 5 被吸入工作腔内；反之，当柱塞左移时，工作腔容积变小，腔内的油液压力升高，此时，单向阀 5 关闭，油液便通过单向阀 6 被输送到系统当中去，偏心凸轮的连续旋转使得泵不断地吸油和压油。由此可见，液压泵输出油液流量的大小取决于工作腔容积的变化量。

由上所述，一个容积式液压泵必须具备的条件是：

① 具有若干个容积能够不断变化的密封工作腔。

② 具有相应的配流装置。在上面的例子中，配流是以两个单向阀的开启在泵外面实现的，称为阀式配流；而有的泵本身就带有配流装置，如叶片泵的配流盘，柱塞泵的配流轴等，称为确定式配流。

3.1.2 液压泵的分类

（1）按单位时间输出的体积来分

按液压泵单位时间内输出油液的体积能否变化分为定量泵和变量泵。

① 定量泵 单位时间内输出的油液体积不能变化。

② 变量泵 单位时间内输出油液的体积能够变化。

(2) 按泵的结构来分

按泵的结构来分主要有齿轮泵、叶片泵、柱塞泵。

① 齿轮泵 分为内啮合齿轮泵和外啮合齿轮泵。

② 叶片泵 分为单作用式叶片泵和双作用式叶片泵。

③ 柱塞泵 分为径向柱塞泵和轴向柱塞泵。

3.1.3 液压泵的图形符号

液压泵的图形符号见图3-2。

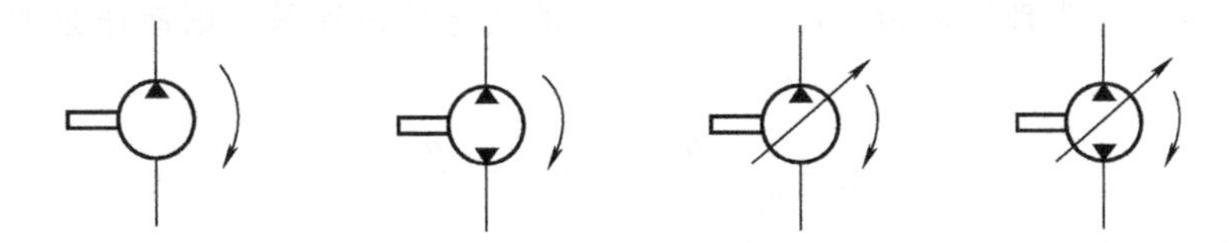

(a) 单向定量液压泵 (b) 双向定量液压泵 (c) 单向变量液压泵 (d) 双向变量液压泵

图3-2 液压泵的图形符号

3.1.4 液压泵的主要性能参数

(1) 液压泵的压力

① 工作压力 是指液压泵在实际工作时输出的油液压力，也就是指要克服外负载所必须建立起来的压力，其大小取决于外负载。

② 额定压力 是指液压泵在正常工作状态下，连续使用中允许达到的最高压力，一般情况下，就是液压泵出厂时标牌上所标出的压力。

(2) 液压泵的排量

液压泵的排量是指该泵在没有泄漏的情况下每转一转所输出的油液的体积。它与液压泵的几何尺寸有关，用V来表示，是液压泵的主参数之一。

(3) 液压泵的流量

液压泵的流量分为理论流量、实际流量和额定流量。

① 理论流量 是指该泵在没有泄漏的情况下单位时间内输出油液的体积，它等于排量和转速的乘积，即$q_t=Vn$，流量的单位为m^3/s，实际应用中也常用L/min来表示。

② 实际流量 是指泵在单位时间内实际输出油液的体积，也就是说泵在有压力的情况下，存在着油液的泄漏，所以实际输出流量小于理论流量。

③ 额定流量 是指泵在额定转速和额定压力下输出的流量。即在正常工作条件下，按试验标准规定必须保证的流量。

(4) 液压泵的功率

① 输入功率 液压泵的输入功率（单位W）就是电机驱动液压泵轴的机械功率，它等于液压泵输入转矩乘以角速度

$$P_i=T\omega \tag{3-1}$$

式中 T——液压泵的输入转矩，N·m；

ω——液压泵的角速度，rad/s。

② 输出功率 液压泵的输出功率（单位W）就是液压泵输出的液压功率，它等于泵输出的压力乘以输出流量

$$P_o=pq \tag{3-2}$$

式中 p——液压泵的输出压力，Pa；

q——液压泵的实际输出流量，m^3/s。

如果不考虑损失，输出功率等于输入功率。但是任何机械在能量转换过程中都有能量的损失，液压泵也同样，由于能量损失的存在，其输出功率总是小于输入功率。

(5) 液压泵的效率

液压泵的效率是由容积效率和机械效率两部分所组成的。

① 容积效率 液压泵的容积效率是由容积损失（流量损失）来决定的。容积损失就是指流量上的损失，主要是由泵内高压引起油液泄漏所造成的，压力越高，油液的黏度越小，其泄漏量就越大。在液压传动中，一般用容积效率 η_v 来表示容积损失，如果设 q_t 为液压泵在没有泄漏情况下的流量，称为理论流量；而 q 为液压泵的实际输出流量，则液压泵的容积效率可表示为

$$\eta_v=\frac{q}{q_t}=\frac{q_t-\Delta q}{q_t}=1-\frac{\Delta q}{q_t} \tag{3-3}$$

式中 Δq——液压泵的流量损失，即泄漏量。

② 机械效率 液压泵的机械效率是由机械损失所决定的。机械损失是指液压泵在转矩上的损失，主要原因是液体因黏性而引起的摩擦转矩损失及泵内机件相对运动引起的摩擦损失。在液压传动中，以机械效率 η_m 来表示机械损失，设 T_t 为液压泵的理论转矩；而 T 为液压泵的实际输入转矩，则液压泵的机械效率可表示为：

$$\eta_m=\frac{T_t}{T}=\frac{T_t}{T_t+\Delta T} \tag{3-4}$$

式中 ΔT——液压泵的机械损失。

③ 总效率 液压泵的总效率等于泵的输出功率与输入功率的比值，也等于泵的机械效率和容积效率的乘积，即

$$\eta=\frac{P_o}{P_i}=\eta_v\eta_m \tag{3-5}$$

一般情况下，在液压系统设计计算中，常常需要计算液压泵的输入功率以确定所需电机的功率。根据前面的推导，液压泵的输入功率可用下式计算：

$$P_i=\frac{P_o}{\eta}=\frac{pq}{\eta}=\frac{pVn}{\eta_m} \tag{3-6}$$

3.1.5 液压泵特性及检测

液压泵的性能是衡量液压泵优劣的技术指标。主要包括液压泵的压力-流量特性、泵的容积效率曲线、泵的总效率曲线等。检测一个液压泵的性能可应用如图 3-3 所示的系统。

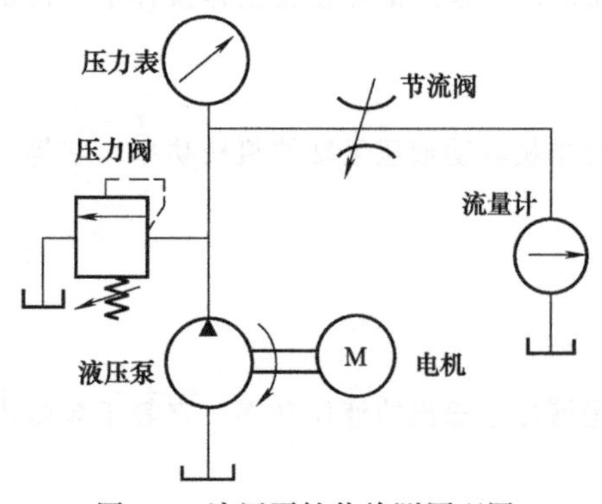

图 3-3 液压泵性能检测原理图

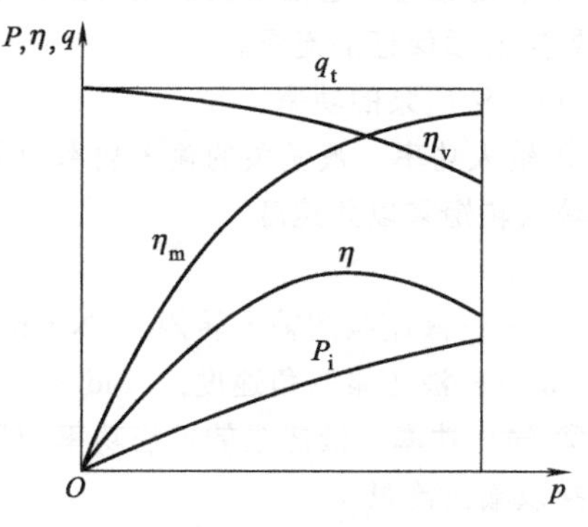

图 3-4 液压泵的特性曲线

在检测泵的上述性能中，首先将压力阀置于额定压力下，再将节流阀全部打开，使泵的负载为零（此时，由于管路的压力损失，压力表的显示并不是零），在流量计上读出流量值来。一般情况下，都是以此时的流量（即空载流量）作为理论流量 q_t 的。然后再逐渐升高压力值（通过调节节流阀阀口来实现），读出每次调定压力（即工作压力）后的流量值 。根据上述操作得到的数据即可绘出被测泵的压力-流量曲线，根据公式（3-3）即可算出各调定压力点的容积效率 η_v。如果在输入轴上测得转矩及转速，则可根据公式（3-1）计算出泵的输入功率 P_i，再利用公式（3-2）算出泵的输出功率 P_o，并可将液压泵的总效率 η 算出，根据上面的数据绘出如图 3-4 所示的液压泵的特性曲线来。

目前，随着传感技术及计算机技术的发展，在液压检测方面已广泛应用计算机辅助检测技术（CAT）。计算机辅助检测系统的使用大大提高了检测精度及效率，尤其是虚拟仪器技术的应用，更是简化了检测系统，实现了人工检测无法实现的检测项目，使液压元件性能的检测更加科学化。

3.1.6 液压泵使用的注意事项

虽然各液压泵的结构大不相同，但是在安装与使用方面存在许多共同点。

(1) 液压泵连接注意事项

① 液压泵可以用支座或法兰安装，泵和原动机应采用共同的基础支座，法兰和支座都应有足够的刚性。特别注意对于流量大于（或等于） 160L/min 的柱塞泵，不宜安装在油箱上。

② 液压泵和原动机输出轴间应采用弹性联轴器连接，严禁在液压泵轴上安装带轮或齿轮驱动液压泵，若一定要带轮或齿轮与泵连接，则应加一对支座来安装带轮或齿轮，该支座与泵轴的同轴度误差不大于 ϕ0.05mm。

③ 吸油管要尽量短、直、大、厚，吸油管路一般需设置公称流量不小于泵流量 2 倍的粗过滤器（过滤精度一般为 80～180μm）。液压泵的泄油管应直接接油箱，回油背压应不大于 0.05MPa。液压泵的吸油管、回油管口均需在油箱最低油面 200mm 以下。特别注意在柱塞泵吸油管道上不允许安装滤油器，该吸油管道上的截止阀通径应比吸油管道通径大一档，吸油管道长 $L<2500$mm，管道弯头不多于两个。

④ 液压泵进出油口应安装牢固，密封装置要可靠，否则会产生吸入空气或漏油现象，影响液压泵的性能。

⑤ 液压泵自吸高度不超过 500mm（或进口真空度不超过 0.03MPa），若采用补油泵供油，供油压力不得超过 0.5MPa，当供油压力超过 0.5MPa 时，要改用耐压密封圈。对于柱塞泵，尽量采用倒灌自吸方式。

⑥ 液压泵装机前应检查安装孔的深度是否大于泵的轴伸长度，防止产生顶轴现象，否则将烧毁泵。

(2) 液压泵使用注意事项

① 液压泵启动时应先点动数次，油流方向和声音都正常后，在低压下运转 5～10min，然后投入正常运行。柱塞泵启动前，必须通过壳上的泄油口向泵内灌满清洁的工作油。

② 油的黏度受温度影响而变化，油温升高黏度随之降低，故油温要求保持在 60℃以下。为使液压泵在不同的工作温度下能够稳定工作，所选的油液应具有黏度受温度变化影响较小的油温特性，以及较好的化学稳定性、抗泡沫性等。推荐使用 L-HM32 或 L-HM46（GB 11118.1—2011）抗磨液压油。

③ 油液必须洁净，不得混有机械杂质和腐蚀物质。吸油管路上无过滤装置的液压系统，必须经滤油车（过滤精度小于 25μm）加油至油箱。

④ 液压泵的最高压力和最高转速，是指在使用中短暂时间内允许的压力、转速的峰值，应

避免长期使用，否则将影响液压泵的寿命。

⑤ 液压泵的正常工作油温为15～65℃，泵壳上的最高温度一般比油箱内泵入口处的油温高10～20℃，当油箱内油温达65℃时，泵壳上最高温度为75～85℃。

3.2 齿轮泵

齿轮泵是利用一对相互啮合的齿轮来工作的定量液压泵，有外啮合齿轮泵和内啮合齿轮泵两种。其工作原理的共性是：脱离啮合区，密闭容积由小变大，为吸油区；进入啮合区，密闭容积由大变小，为压油区。由于齿轮泵抗污染能力强、自吸性能好、转速范围广、价格低廉、额定压力为2.5～30MPa，所以在各个行业都有广泛应用。

3.2.1 齿轮泵的结构及工作原理

(1) 外啮合齿轮泵的结构及工作原理

外啮合齿轮泵一般都是三片式，主要由一对相互啮合的齿轮、泵体，及齿轮两端的两个端盖所组成，其工作原理如图3-5所示。

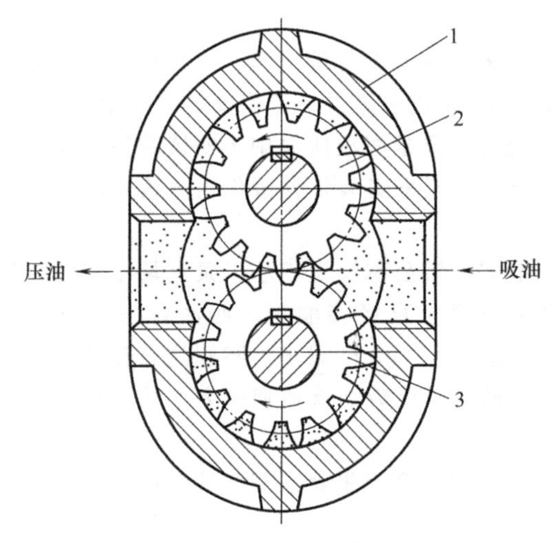

图3-5 齿轮泵的工作原理

1—泵体；2—主动齿轮；3—从动齿轮

外啮合齿轮泵的工作腔是齿轮上每相邻两个齿的齿间槽、壳体与两端盖之间形成的密封空间。当齿轮按图3-5图示方向旋转时，其右侧吸油腔的相互啮合着的轮齿逐渐脱开，使得工作腔容积增大，形成部分真空，油箱中的油在大气压作用下被压入吸油腔内。随着齿轮的旋转，工作腔中的油液被带入左侧压油区，这时，由于齿轮的两个轮齿逐渐进行啮合，密封工作腔容积不断减小，压力增高，油便通过压油口被挤压出去。从图3-5中可见，吸油区和压油区是通过相互啮合的轮齿和泵体隔开的。

外啮合齿轮泵的排量就是齿轮每转一周齿间工作腔从吸油区带入压油区的油液的容积的总和，其精确的计算要根据齿轮的啮合原理来进行，计算过程比较复杂。一般情况下用近似计算来考虑，认为齿间槽的容积近似于齿轮轮齿的体积。因此，设齿轮齿数为z，节圆直径为D，齿高为h，模数为m，齿宽为b时，泵的排量近似计算公式为

$$V=\pi Dhb=2\pi zm^2b \tag{3-7}$$

但实际上，泵的齿间槽的容积要大于轮齿的体积，所以，将2π修正为6.66。齿轮泵的流量通常计算为

$$q=nV=6.66zm^2nb \tag{3-8}$$

上式只是齿轮泵的平均流量，实际上齿轮啮合过程中瞬时流量是脉动的（这是因为压油腔容积变化率是不均匀的）。设最大流量和最小流量为$q_{\max}$、$q_{\min}$。则流量脉动率为

$$\sigma=\frac{q_{\max}-q_{\min}}{q} \tag{3-9}$$

在齿轮泵中，外啮合齿轮泵的流量脉动率要高于内啮合齿轮泵的，并且随着齿数的减少而增大，最高可达20%以上。液压泵的流量脉动对泵的正常使用有较大影响，它会引起液压系统

的压力脉动，从而使管道、阀等元件产生振动和噪声，同时，也影响工作部件的运动平稳性，特别是对精密机床的液压传动系统更为不利。因此，在使用时要特别注意。

(2) 内啮合齿轮泵的结构及工作原理

内啮合齿轮泵有渐开线齿形和摆线齿形（又名转子泵）两种类型。它们的工作原理和主要特点与外啮合齿轮泵完全相同。图 3-6 所示为内啮合渐开线齿轮泵工作原理图。

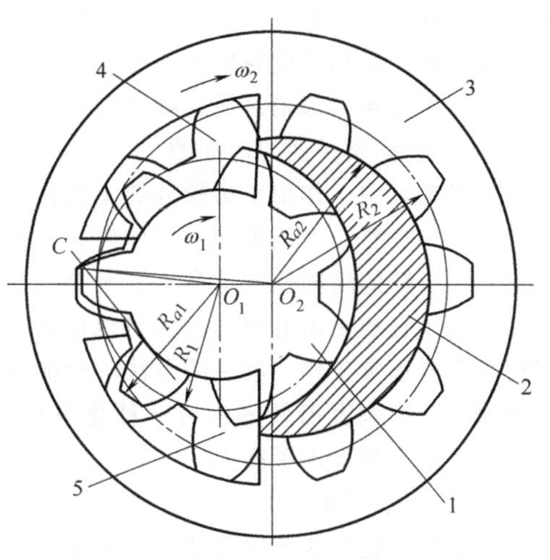

图 3-6　内啮合渐开线齿轮泵工作原理
1—小齿轮（主动齿轮）；2—月牙板；3—内齿轮（从动齿轮）；4—吸油腔；5—压油腔

相互啮合的小齿轮 1 和内齿轮 3 与侧板围成的密封容积被月牙板 2 和齿轮的啮合线分隔成两部分，即形成吸油腔和压油腔。当传动轴带动小齿轮按图 3-6 图示方向旋转时，内齿轮同向旋转，图中上半部轮齿脱开啮合，密封容积逐渐增大，是吸油腔；下半部轮齿进入啮合，使其密封容积逐渐减小，是压油腔。

内啮合渐开线齿轮泵与外啮合齿轮泵相比其流量脉动小，仅是外啮合齿轮泵流量脉动率的$\frac{1}{10}\sim\frac{1}{20}$。此外，其具有结构紧凑，重量轻，噪声小，效率高等一系列优点，还可以做到无困油现象。它的不足之处是齿形复杂，需专门的高精度加工设备，但随着科技水平的发展，内啮合齿轮泵将会有更广阔的应用前景。

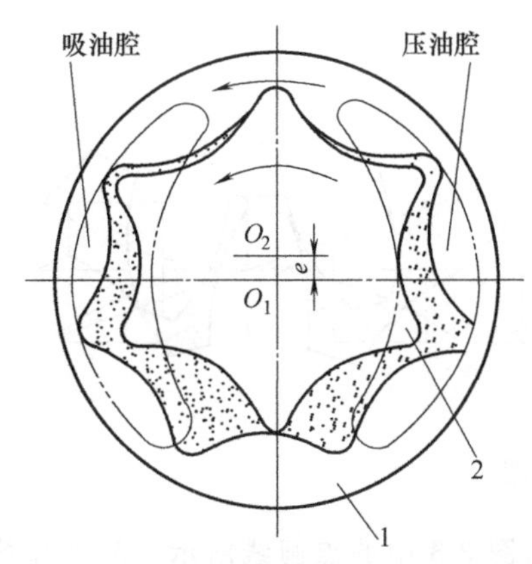

图 3-7　内啮合摆线齿轮泵工作原理
1—外转子；2—内转子

图 3-7 所示为内啮合摆线齿轮泵工作原理图。

在内啮合摆线齿轮泵中，外转子 1 和内转子 2 只差一个齿，没有中间月牙板，内、外转子的轴心线有一个偏心距 e，内转子为主动轮。内、外转子与两侧配油板间形成密封容积，内、外转子的啮合线又将密封容积分为吸油腔和压油腔。当内转子按图 3-7 所示方向转动时，左侧密封容积逐渐变大，是吸油腔；右侧密封容积逐渐变小，是压油腔。

内啮合摆线齿轮泵的优点是结构紧凑，零件少，工作容积大，转速高，运动平稳，噪声低。由于齿数较少（一般为 4～7），其流量脉动比较大，啮合处间隙泄漏大，所以此泵工作压力一般为 2.5～7MPa，通常作为润滑、补油等辅助泵使用。

3.2.2 齿轮泵结构中存在的问题及解决措施

(1) 泄漏问题

液压泵在工作中其实际输出流量比理论流量要小，主要原因是存在泄漏。齿轮泵从高压腔到低压腔的油液泄漏主要通过三个渠道：一是通过齿轮两侧面与两面侧盖板之间的间隙；二是通过齿轮顶圆与泵体内孔之间的径向间隙；三是通过齿轮啮合处的间隙。其中，第一种间隙为主要泄漏渠道，大约占泵总泄漏量的 75%～85%。正是由于这个原因，齿轮泵的输出压力上不去，影响了齿轮泵的使用范围。所以，解决齿轮泵输出压力低的问题，就要从解决端面泄漏入手。一些厂家在齿轮两侧面加浮动轴套或弹性挡板，将齿轮泵输出的压力油引到浮动轴套或弹性档板外部，增加对齿轮侧面的压力，以减小齿侧间隙，达到减少泄漏的目的。目前不少厂家生产的高压齿轮泵都是采用这种措施。

(2) 径向不平衡力的问题

在齿轮泵中，作用于齿轮外圆上的压力是不相等的，在吸油腔中压力最低，而在压油腔中压力最高。在整个齿轮外圆与泵体内孔的间隙中，压力是不均匀的，存在着压力的逐渐升级，因此，对齿轮的轮轴及轴承产生了一个径向不平衡力。这个径向不平衡力不仅加速了轴承的磨损，影响了它的使用寿命，而且可能使齿轮轴变形，造成齿顶与泵体内孔的摩擦，损坏泵体，使得泵不能正常工作。解决的办法：一种是开压力平衡槽，将高压油引到低压区，但这会造成泄漏增加，影响容积效率；另一种是采用缩小压油腔的办法，使作用于轮齿上的压力区域减小，从而减小径向不平衡力。

(3) 困油问题

为了使齿轮泵能够平稳地运转及连续均匀地供油，在设计上就要保证齿轮啮合的重叠系数大于1（$\varepsilon > 1$），也就是说，齿轮泵在工作时，在啮合区有两对齿轮同时啮合，形成封闭的容腔，如果此时既不与吸油腔相通，又不与压油腔相通，便使油液困在其中，如图 3-8 所示。齿轮泵在运转中，封闭腔的容积不断地变化，当封闭腔容积变小时，油液受很高压力，从各处缝隙挤压出去，造成油液发热，并使机件承受额外负载。而当封闭腔容积增大时，又会造成局部真空，使油液中溶解的气体分离出来，并使油液本身汽化，加剧流量不均匀性。两者都会造成强烈的振动与噪声，降低泵的容积效率，影响泵的使用寿命，这就是齿轮泵困油现象。

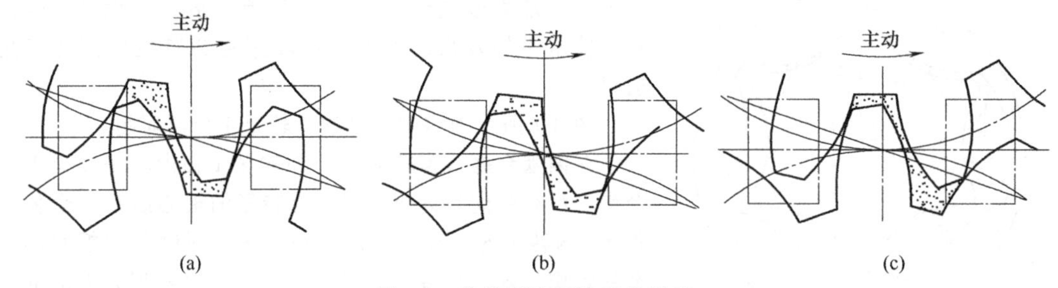

图 3-8　齿轮泵的困油现象原理

解决这一问题的方法是在两侧端盖各铣两个卸荷槽，如图 3-8 中的点画线所示。两个卸荷槽间的距离应保证困油空间在达到最小位置以前与压力油腔连通，通过最小位置后与吸油腔连通，同时又要保证任何时候吸油腔与压油腔之间不能连通，以避免泄漏，降低容积效率。

3.2.3 外啮合齿轮泵

(1) CBG 系列外啮合齿轮泵

图 3-9 为 CBG 系列外啮合齿轮泵的典型结构图，应当指出的是外啮合齿轮泵由于存在径向不平衡力，且主从动齿轮所受的载荷系数不同，因此影响了齿轮泵的使用寿命。

(2) CBG 系列高压齿轮泵型号编制

CBG 系列高压齿轮泵型号编制规则见表 3-1。

CBG 系列高压齿轮泵的排量为 10、16、25、32、40、50、63、80、100、125、140、160、180mL/r，额定工作压力 16MPa，额定转速 2000r/min，容积效率 0.91。

(3) CBG 系列高压齿轮泵常见故障与排除

表 3-2 为 CBG 系列外啮合齿轮泵的常见故障及排除方法。

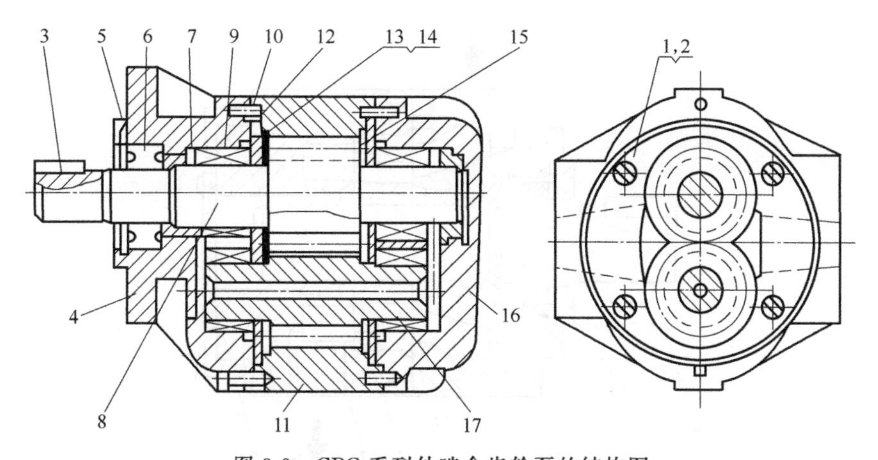

图 3-9　CBG 系列外啮合齿轮泵的结构图

1—螺栓；2—垫圈；3—平键；4—前泵盖；5—挡圈；6—轴承；7—密封环；
8—主动齿轮轴；9—滚动轴承；10—圆柱销；11—泵体；12—弓形圈；
13—密封圈；14—挡圈；15—侧板；16—后泵盖；17—从动齿轮轴

表 3-1　CBG 系列高压齿轮泵的型号编制规则

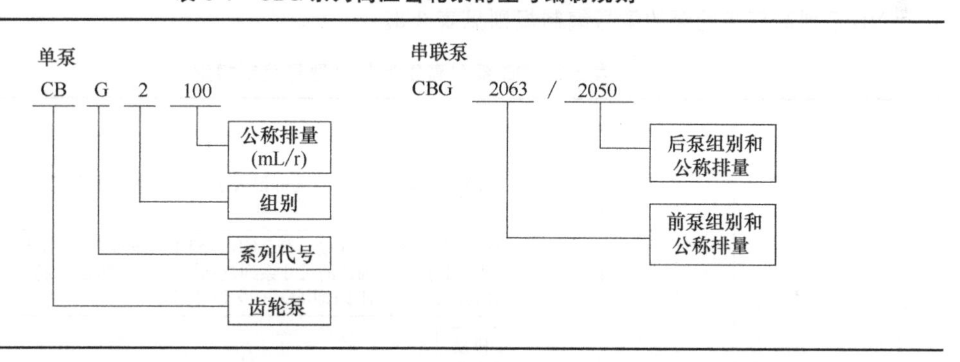

表 3-2　CBG 系列外啮合齿轮泵的常见故障及排除方法

故障	故障原因	排除方法
泵不输出油、输出油量不足、压力提不高	原动机转向不对 吸油管路或过滤器堵塞 间隙过大(端面、径向) 泄漏引起空气混入 油液黏度过大或温升过高	纠正转向 疏通管路、清洗过滤器 修复零件 紧固连接件 控制油液黏度在合适的范围内
噪声大、压力波动严重	泵与原动机不同轴 齿轮精度太低 骨架油封损坏 吸油管路或过滤器堵塞 油中混有空气	调整同轴度 更换齿轮或修研齿轮 更换油封 疏通管路、清洗过滤器 排空气体
泵旋转不灵活或卡死	间隙过小(端面、径向) 装配不良 油液中有杂质	修复零件 重新装配 保持油液清洁

3.2.4　内啮合齿轮泵

(1) NB 系列内啮合齿轮泵的结构

图 3-10 为 NB 系列直齿共轭内啮合单级齿轮泵的结构图

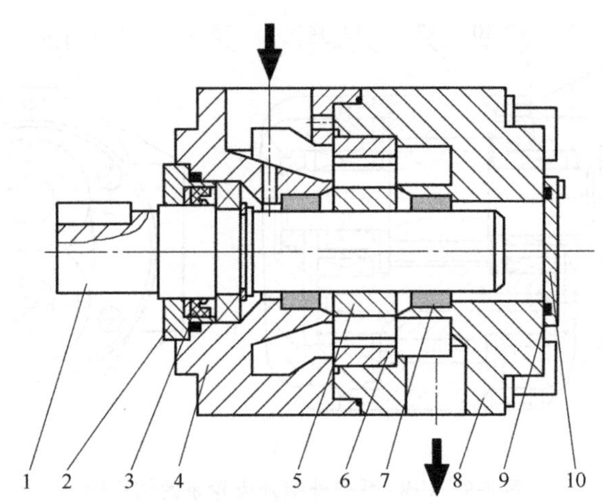

图 3-10 NB 系列直齿共轭内啮合单级齿轮泵的结构图

1—轴；2—前盖；3—旋转密封；4—进油泵体；5—齿轮；6—齿圈；7—滑动轴承；8—排油泵体；9—O 形圈；10—后盖

(2) NB 系列高压齿轮泵型号编制

NB 系列高压齿轮泵的型号编制规则见表 3-3。

表 3-3 NB 系列高压齿轮泵型号编制规则

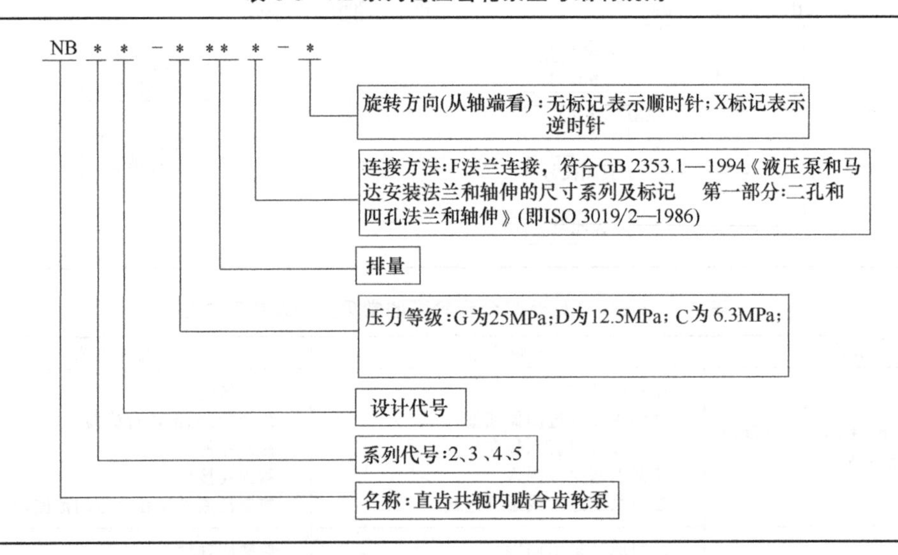

(3) NB 系列高压齿轮泵常见故障与排除方法

NB 系列直齿共轭内啮合单级齿轮泵的常见故障及排除方法见表 3-4。

表 3-4 NB 系列直齿共轭内齿轮泵的故障及排除方法

故障	故障原因	排除方法
流量不够或不出油	吸油口滤油器吸入阻力较大	降低吸入阻力
	吸油管漏气，油液面太低	消除漏气原因，升高油液面
	吸入滤网堵死	清洗滤网
	油温过高	冷却油液
	零件磨损	更换零件
	泵反转	纠正转向
	键剪断或未装键	换新键或重新装入

续表

故障	故障原因	排除方法
压力波动或没有压力	液压系统中压力阀本身不能正常工作	更换压力阀
	系统中有空气	排除空气
	吸入不足，夹有空气	加大吸油管径
	吸油管上螺栓松动、漏气	拧紧吸入口连接螺栓
	泵中零件损坏	更换零件
噪声过大	吸入阻力太大，吸力不足	增加管径，减少弯头
	泵体内有空气	开车前泵体内注满工作油
	前后盖密封圈损坏	换密封圈
	液压泵安装机架松动	加固拧紧机架
	安装液压泵时，同轴度、垂直度超差，使主轴受径向力	重新安装校正同轴度、垂直度
	轴承磨损严重	更换轴承
	油液黏度太大	降低黏度
	油箱油液有大量泡沫	消除进气原因
油温上升过快	油箱容积太小或油冷却器冷却效果太差	增加油箱容积，改进冷却装置
	液压泵零件损坏	更换损坏零件
	油液黏度过高	选用合适油液
液压泵漏油	前后盖 O 形圈或前盖油封损坏	更换损坏零件
	泵体内回油孔堵塞	清洗泵体回油孔

3.2.5　齿轮泵的特点与使用注意事项

外啮合齿轮泵的优点是结构简单、重量轻、尺寸小、制造容易、成本低、工作可靠、维护方便、自吸能力强、对油液的污染不敏感、转速范围广，可广泛用于低压、中压、中高压、高压等各种场合；它的缺点是漏油较多，轴承上承受不平衡力，特别是从动轮的轴承磨损严重，压力脉动和噪声较大。

内啮合齿轮泵的优点是结构紧凑，尺寸小、重量轻，由于内外齿轮转向相同，相对滑移速度小，因而磨损小，寿命长，其流量脉动和噪声都比外啮合齿轮泵要小得多；内啮合齿轮泵的缺点是齿形复杂，加工精度要求高，因而造价高。

使用齿轮泵应注意：

① 齿轮泵的工作压力必须低于其额定压力；

② 液压泵支架座要牢固、刚性好，并能充分吸收振动；

③ 当采用柔性连接时，泵和电机轴同轴度应控制在 0.05mm 以内，不采用柔性联轴器时，应尽量减少径向负荷；

④ 注意进油接头及整个吸油管道必须严格密封，以免漏气，引起噪声与系统振动。

3.3　叶片泵

叶片泵也是一种常见的液压泵。根据结构来分，叶片泵有单作用式和双作用式两种。单作用式叶片泵又称非平衡式泵，一般为变量泵；双作用式叶片泵也称平衡式泵，一般是定量泵。

3.3.1　双作用式叶片泵

(1) 工作原理

图 3-11 所示双作用式叶片泵是由定子 6、转子 3、叶片 4、配流盘和泵体 1 组成，转子与定子同心安装，定子的内曲线由两段长半径圆弧、两段短半径圆弧及四段过渡曲线组成，共有八

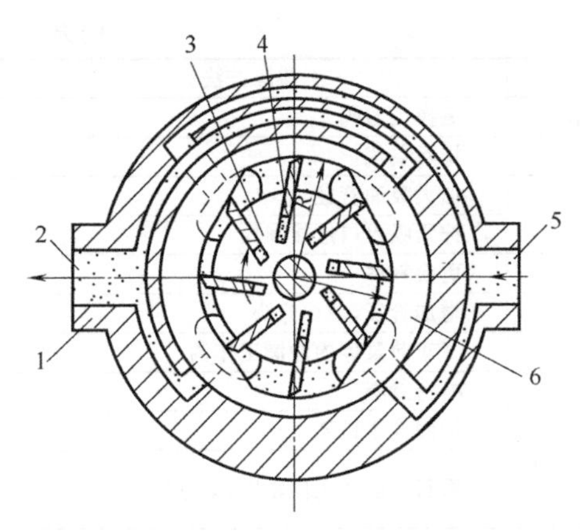

图 3-11　双作用式叶片泵的工作原理
1—泵体；2—压油口；3—转子；
4—叶片；5—吸油口；6—定子

段曲线。如图 3-11 所示，转子做顺时针旋转，叶片在离心力作用下，径向伸出，其顶部在定子内曲线上滑动。此时，由两叶片、转子外圆、定子内曲线及两侧配流盘所组成的封闭的工作腔的容积在不断地变化。在经过右上角及左下角的配油窗口处时，叶片回缩，工作腔容积变小，油液通过压油口输出；在经过右下角及左上角的配油口处时，叶片伸出，工作腔容积增大，油液通过吸油口吸入。在每个吸油口与压油口之间，有一段封油区，对应于定子内曲线的四段圆弧处。

双作用式叶片泵每转一转，每个工作腔完成吸油两次和压油两次，所以称其为双作用式叶片泵，又因泵的配流盘上两个吸油窗口与两个压油窗口是径向对称的，作用于转子上的液压力是平衡的，所以又称为平衡式叶片泵。

定子曲线是影响双作用式叶片泵性能的一个关键因素，它将影响叶片泵的流量均匀性、噪声大小、磨损程度等问题。过渡曲线的选择主要考虑叶片在径向移动时的速度和加速度，应当均匀变化，避免径向速度有突变，使得加速度无限大，引起刚性冲击；同时又要保证叶片在做径向运动时，叶片顶部与定子内曲线表面不产生脱空现象。目前，常用的定子曲线有等加速-等减速曲线、高次曲线和余弦曲线等。

叶片泵在叶片数 Z 确定后，由每两个叶片所夹的工作腔所占的工作空间角度随之确定（等于 $360°/Z$），该角度所占区域应在配流盘上吸油口与压油口之间（封油区内），否则会造成吸油口与压油口相通；而定子曲线中四段圆弧所占的工作角度应大于封油区所对应的角度，否则会产生困油现象。

(2) 流量计算

双作用式叶片泵的排量计算是将工作腔最大时（相对应长半径圆弧处）的容积减去工作腔最小时（相对应短半径圆弧处）的容积，再乘以工作腔数的 2 倍。考虑到叶片在工作时所占的厚度，实际上双作用式叶片泵的流量可用下式计算：

$$q=2B\left[\pi(R^2-r^2)-\frac{(R-r)bz}{\cos\theta}\right]n\eta_v \tag{3-10}$$

式中　R——定子曲线圆弧的长半径；

r——定子曲线圆弧的短半径；

n——叶片泵的转速；

Z——叶片数；

B——叶片的宽度；

b——叶片的厚度；

θ——叶片的倾角（考虑到减小叶片顶部与定子曲线接触点的压力角。叶片朝旋转方向倾斜一个角度，一般 $\theta=10°\sim14°$）。

在双作用式叶片泵中，由于叶片有厚度，其瞬时流量是不均匀的，再考虑工作腔进入压油区时产生的压力冲击使油液被压缩（这个问题可以通过在压油窗口开设一个三角沟槽来缓解），因此，双作用式叶片泵的流量出现微小的脉动，实验证明，在叶片数为 4 的倍数时，流量脉动最小，所以，双作用式叶片泵的叶片数一般为 12 或 16 片。

(3) 提高压力的措施

在双作用式叶片泵中，为了保证叶片和定子内表面紧密接触，一般都采取将叶片根部通入压力油的方法来增加压力。但这也带来一个另外问题，就是压力使得叶片受力增加，加速了叶片泵定子内表面的磨损，影响了叶片泵的寿命，特别是对于高压叶片泵更加严重。如何减少叶片上受到的油液压力，常用以下措施：

① 减小作用于叶片根部的油液压力。可以将泵的压油腔到叶片根部之间加一个阻尼孔或安装一个减压阀，以降低进入叶片根部的油液压力。

② 减小叶片根部的受压面积。可以像如图 3-12 (a) 所示的子母叶片，大叶片（母叶片）套在小叶片（子叶片）上可沿径向自由伸缩，两叶片中间的油室 a 通过油道 b、 c 始终与压油腔相通，而小叶片根部通过油道 d 与工作腔相通，母叶片只是受油室 a 中的油液压力而压向定子表面，由于减小了叶片的承压宽度，从而减小了叶片上的受力；还可以像图 3-12 (b) 所示的阶梯叶片，同子母叶片一样，这种叶片中部的孔与压油腔始终相通，而叶片根部时时与工作腔相通，由于结构上是阶梯形的，因此减小了叶片的承压厚度，从而减小了叶片上所受的力。

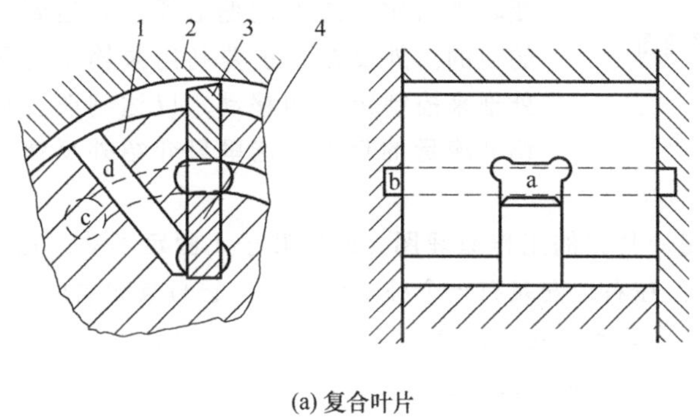

(a) 复合叶片

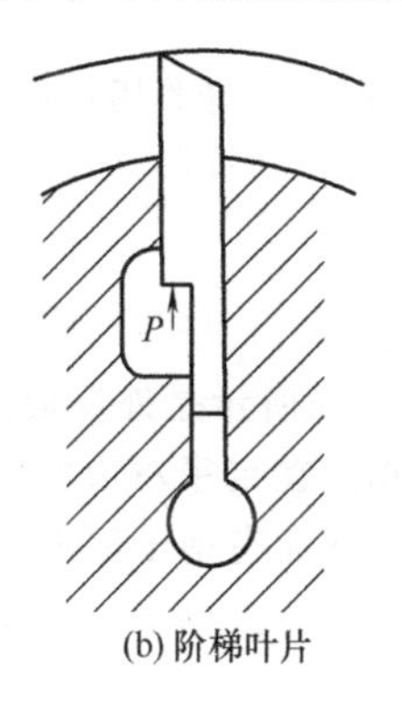

(b) 阶梯叶片

图 3-12　特殊叶片结构

1—转子；2—定子；3—大叶片；4—小叶片

③ 采用双叶片结构，如图 3-13 所示。这种叶片的特点是，在转子的每一个槽中安装有一对叶片，它们之间可以相对自由滑动，但在与定子接触的位置每个叶片只是通过外部一点接触，形成了一个封闭的 V 形储油空间，压力油通过两叶片中间的通孔进入叶片顶部，保证了在泵工作时，叶片上下的压力相等，从而减小了叶片所受的力的大小。

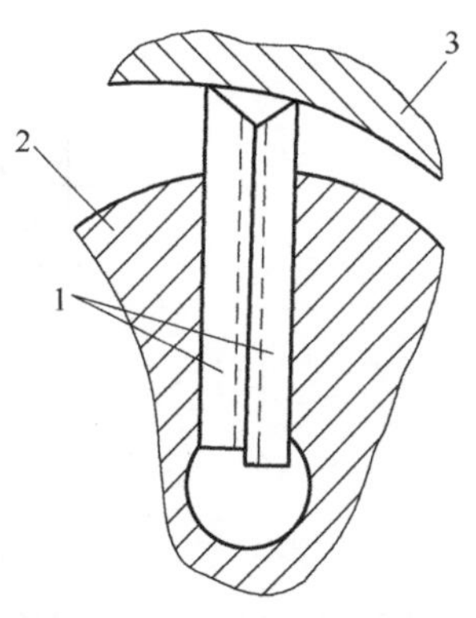

图 3-13　双叶片结构

1—叶片；2—转子；3—定子

3.3.2　单作用式叶片泵

(1) 工作原理

单作用式叶片泵的工作原理如图 3-14 所示。泵的组成也是由转子 1、定子 2、叶片 3、配流盘和泵体组成。但是，单作用式叶片泵与双作用式叶片泵的最大不同在于，它的定子内曲线是一个圆形的，定子与转子的安装是偏心的。正是由于存在着偏心距，所以由叶片、转子、定子和配流盘形成的封闭工作腔在转子旋转工作时，才会出现容积的变化。如图 3-14 所示转子逆时针旋转时，当工作腔从最下端向上通过右边区域时，容积由小变大，产生真空，通过配流口将油吸入工作腔。而当工作腔从最上端向下通过左边区域时，容积由大变小，油液受压，从左边的配流口进入系统中去。在吸油口和压油口之间，有一段封油区，将吸油腔和压油腔隔开。

由此可见，这种泵转子每转一转，吸油、压油各一次，因此称为单作用式叶片泵。这种泵

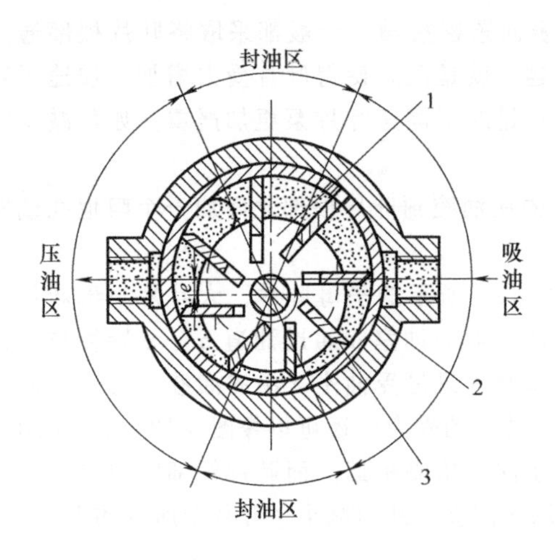

图 3-14　单作用式叶片泵工作原理图
1—转子；2—定子；3—叶片

的吸油口和压油口各一个，因此存在着径向不平衡力，所以又称非平衡式液压泵。

单作用式叶片泵通过改变转子和定子之间的偏心距就可以改变泵的排量，并由此来改变泵的流量。偏心距的改变可以是人工的，也可以是自动调节的。常见的变量叶片泵是自动调节的，自动调节的变量叶片泵又可分为限压式和稳流量式等。下面仅介绍限压式变量叶片泵。

(2) 限压式变量叶片泵

限压式变量叶片泵分为内反馈式和外反馈式两种。内反馈式主要是利用单作用式叶片泵所受的径向不平衡力来进行压力反馈，从而改变转子与定子之间的偏心距，以达到调节流量的目的；外反馈式主要利用泵输出的压力油从外部来控制定子的移动，以达到改变偏心距、调节流量的目的。这里只介绍外反馈限压式变量叶片泵。

图 3-15 所示是外反馈限压式变量叶片泵的工作原理图。图中转子 1 固定不动，定子 3 可以左右移动。在定子左边安装有弹簧 2，在右边安装有一个柱塞液压缸，它与泵的输出油路相连。在泵的两侧面有两个配流盘，其配流窗口上下对称，当泵以图示的逆时针旋转时，在上半部工作腔的容积由大到小，为压油区；而在下半部，工作腔的容积由小到大，为吸油区。

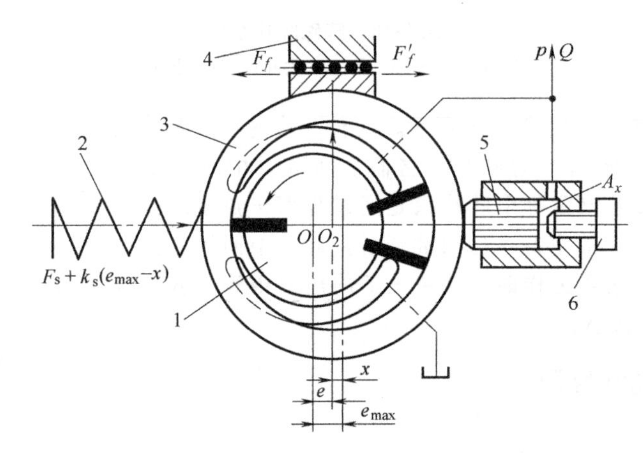

图 3-15　外反馈限压式变量叶片泵工作原理图
1—转子；2—弹簧；3—定子；4—滑动支承；5—柱塞；6—调节螺钉

泵开始工作时，在弹簧力 F_s 的作用下定子处于最右端，此时偏心距 e 最大，泵的输出流量也最大。调节螺钉 6 用以调节定子能够达到的最大偏心位置，也就是由它来决定泵在本次调节中的最大流量为多少。当液压泵开始工作后，其输出压力升高，通过油路返回到柱塞液压缸的油液压力也随之升高，在作用于柱塞上的液压力小于弹簧力时，定子不动，泵处于最大流量状态；当作用于柱塞上的液压力大于弹簧力后，定子的平衡被打破，定子开始向左移动，于是定子与转子间的偏心距开始减小，从而泵输出的流量开始减少，直至偏心距为零，此时，泵输出流量也为零，不管外负载再如何增大，泵的输出压力再不会增高。因此，这种泵被称为限压式变量泵。图 3-16 为 YBX 型外反馈限压式变量叶片泵的实际结构图。

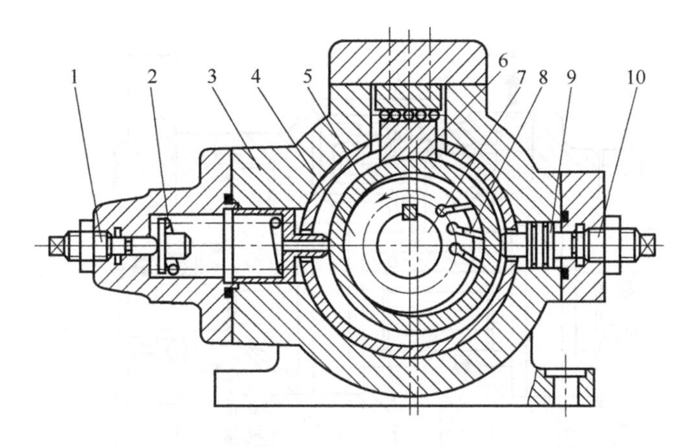

图 3-16 YBX 外反馈限压式变量叶片泵

1—调节螺钉；2—弹簧；3—泵体；4—转子；5—定子；6—滑块；7—泵轴；8—叶片；9—柱塞；10—最大偏心调节螺钉

如图 3-17 所示，限压式变量泵工作时的压力-流量特性曲线分为两段。第一段 AB 是在泵的输出油液作用于活塞上的力还没有达到弹簧的预压紧力时，定子不动，此时，影响泵的流量只是随压力增加而泄漏量增加，相当于定量泵；第二段出现在泵输出油液作用于活塞上的力大于弹簧的预压紧力后，转子与定子的偏心距改变，泵输出的流量随着压力的升高而降低；当泵的工作压力接近于曲线上的 C 点时，泵的流量已经很小，这时，压力已经较高，泄漏也较多，当泵的输出流量完全用于补偿泄漏时，泵实际向外输出的流量已为零。

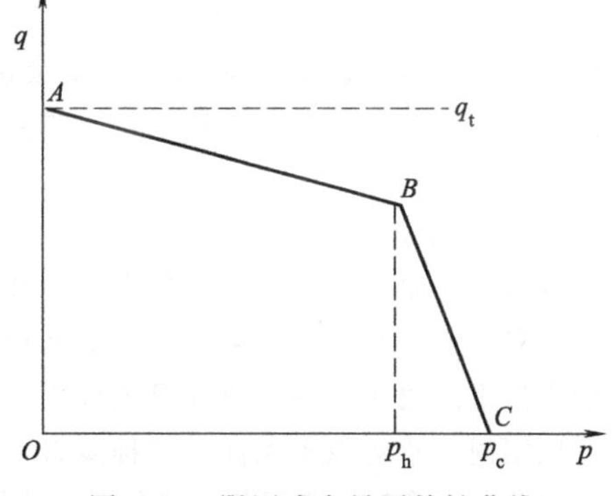

图 3-17 限压式变量泵特性曲线

调节图 3-16 中的最大偏心调节螺钉 10，即可以改变泵的最大流量，这时曲线 AB 段上下平移；通过调节螺钉 1，可以调整弹簧预紧力 F_s 的大小，这时曲线 BC 段左右平移；如果改变调节弹簧的刚度，则可以改变曲线 BC 段的斜率。

从上面讨论可以看出，限压式变量泵特别适用于工作机构有快、慢速进给要求的情况，例如组合机床的动力滑台等。此时，当需要有一个快速进给运动时，所需流量最大，正好应用曲线的 AB 段；当转为工作进给时，负载较大，速度不高，所需的流量也较小，正好应用曲线的 BC 段。这样，可以节省功率损耗，减少油液发热，与其他回路相比较，简化了液压系统。

3.3.3 双级叶片泵及双联叶片泵

(1) 双级叶片泵

双级叶片泵是指同一根驱动轴上安装的两个泵串联成为前、后两级的油路关系，即前一个泵的出油口就是后一个泵的进油口，两个叶片泵装在一个泵体内并在油路上相互串联如图 3-18 所示。 在这种泵中，两个单级叶片泵的转子装在同一根传动轴上，随着传动轴一起旋转。第一级泵经吸油管直接从油箱中吸油，输出的油液就送到第二级泵的吸油口，第二级泵的输出油液经管路送到工作系统。设第一级泵输出的油液压力为 p_1，第二级泵输出的压力为 p_2，该泵正常工作时，应使 $p_1=0.5p_2$。为了使泵体内的两个泵的载荷平衡，在两泵中间装有载荷平衡阀，其面积比为 1∶2，工作时，当第一级泵的流量大于第二级泵时，油压 p_1 就会增加，推动平衡阀

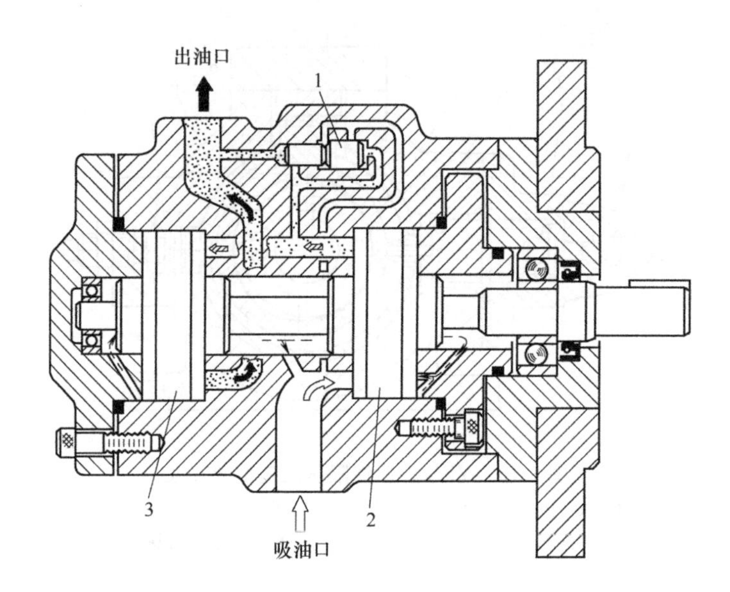

图 3-18 双泵系统

1—载荷平衡阀（活塞面积比 1∶2）；2、3—叶片泵内部组件

左移，第一级泵输出的多余的油液就会流回吸油口；同理，当第二级泵的流量大于第一级泵时，会使平衡阀右移，第二级泵输出的多余的油液流回第二级泵的吸油口。这样，可使两个泵的载荷达到平衡。

(2) 双联叶片泵

双联叶片泵是由两个相互独立的叶片泵装在同一根驱动轴上所组成的。两个泵的外部油路互相独立。两个泵可以共用同一个进油口，但它们的压油口是各自独立的。两个泵可以装在同一个壳体里，也可以各自单独设置外壳。该泵适用于机床上需要不同流量的场合，其两泵的流量可以相同，也可以不相同，这种泵常用于如图 3-19 所示的双泵系统中。

目前，不少的厂家已将由这种泵组成的双泵系统及控制阀做成一体，其结构可参见图 3-19，这种组合也称为复合泵。复合泵具有结构紧凑、回路简单等特点。可广泛应用于机床等行业。

3.3.4 叶片泵的使用与常见故障排除

叶片泵具有输出流量均匀、运转平稳、噪声小等优点，特别适用于工作机械的中高压系统中，因此，在机床、工程机械、船舶及冶金设备中得到广泛的应用。但是，叶片泵的结构复杂，吸油特性不太好，对油液的污染也比较敏感。由此可见，叶片泵的故障与油液状况和吸油特性有很大关系，在使用和维护叶片泵时要特别注意。

(1) 使用叶片泵注意事项

① 转轴方向　顺时针方向（从轴端看）为标准品，逆时针方向为特殊式样。回转方向的确认可用瞬间启动马达来检查。

② 液压油　7MPa 以下，使用 40℃时黏度为 20～50cSt（ISO VG32）的液压油；7MPa 以上，使用 40℃时黏度为 30～68 cSt（ISO VG46, ISO VG 68）的液压油。

③ 泄油管压力　泄油管一定要直接插到油箱的油面下，配管所产生的背压应维持在 0.03MPa 以下。

④ 工作油温　连续运转的温度为 15～60℃。

⑤ 轴心配合　泵轴与马达的偏心误差为 0.05mm，角度误差为 1°。

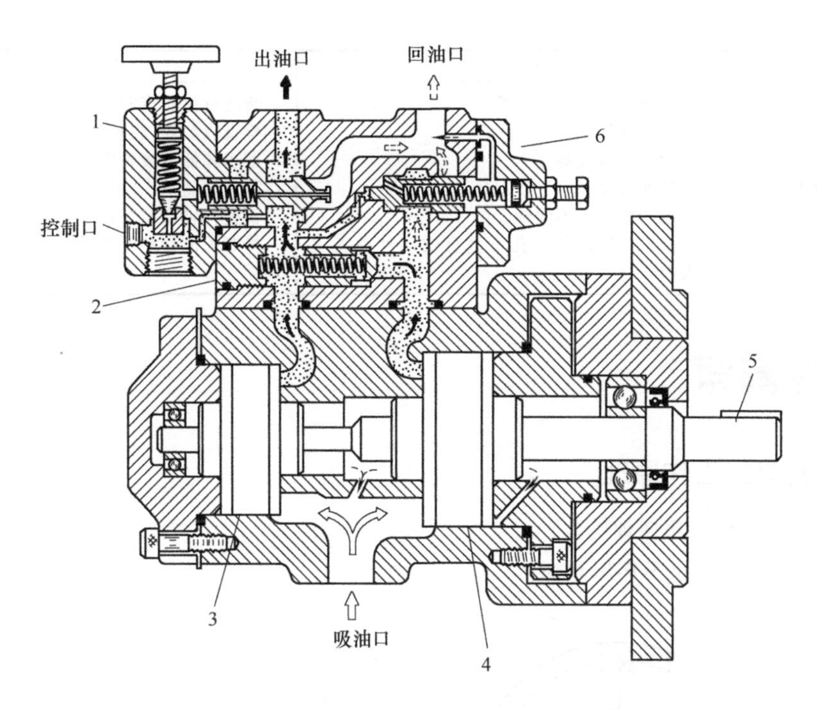

图 3-19 采用复合泵的双泵供油系统

1—溢流阀；2—单向阀；3—小流量泵组件；4—大流量泵组件；5—轴；6—卸荷阀

⑥ 吸油压力 吸油口的压力为－0.03MPa 至 0.03MPa。

⑦ 新机运转 新机开始运转时，应在无压力的状态下反复启动电机，以排除泵内和吸油管中的空气。为确保系统内的空气排除，可在无负载的状态下，连续运转 10min 左右。

⑧ 限压式变量泵的功率是根据拐点的压力和流量乘积来确定的。

(2) 叶片泵故障与排除方法

叶片泵常见故障与排除方法见表 3-5。

表 3-5 叶片泵常见故障与排除方法

故障	故障原因	排除方法
外泄漏	密封件老化 进出油口连接部位松动 密封面磕碰或泵壳体砂眼	更换密封 紧固管接头或螺钉 修磨密封面或更换壳体
过度发热	油温过高 油液黏度太大、内泄过大 工作压力过高 回油口直接接到泵入口	改善油箱散热条件或使用冷却器 选用合适液压油 降低工作压力 回油口接至油箱液面以下
泵不吸油或无压力	泵转向不对或漏装传动键 泵转速过低或油箱液面过低 油温过低或油液黏度过大 吸油管路或过滤器堵塞 吸油管路漏气	纠正转向或重装传动键 提高转速或补油至最低液面以上 加热至合适黏度后使用 疏通管路、清洗过滤器 密封吸油管路
输油量不足或压力不高	叶片移动不灵活 各连接处漏气 间隙过大(端面、径向) 吸油不畅或液面太低 叶片和定子内表面接触不良	不灵活叶片单独配研 加强密封 修复或更换零件 清洗过滤器或向油箱内补油 定子磨损发生在吸油区，双作用叶片泵可将定子旋转 180°后重新定位装配

续表

故障	故障原因	排除方法
噪声、振动过大	吸油不畅或液面太低 有空气侵入 油液黏度过高 转速过高 泵与原动机不同轴 配流盘端面与内孔不垂直或叶片垂直度太差	清洗过滤器或向油箱内补油 检查吸油管、注意液位 适当降低油液黏度 降低转速 调整同轴度至规定值 修磨配流盘端面或提高叶片垂直度

3.4 柱塞泵

3.4.1 柱塞泵的工作原理

(1) 径向柱塞泵工作原理

图 3-20 为径向柱塞泵工作原理图。

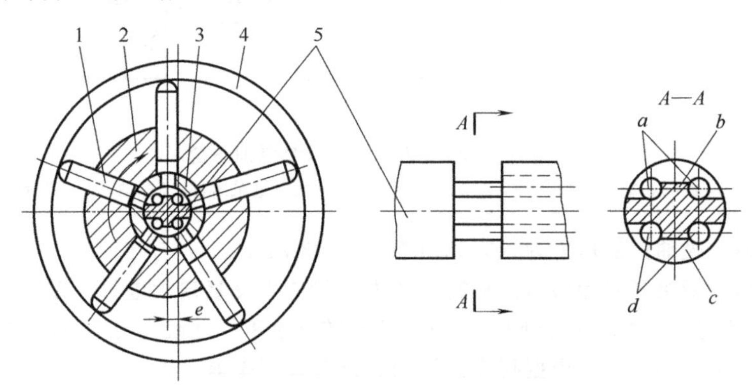

图 3-20 径向柱塞泵的工作原理

1—柱塞；2—转子；3—轴套；4—定子；5—配流轴

在转子（缸体）2 上径向均匀排列着柱塞孔，孔中装有柱塞 1，柱塞可在柱塞孔中自由滑动。轴套 3 固定在转子孔内并随转子一起旋转。配流轴 5 固定不动，配流轴的中心与定子中心有偏心 e，定子能左右移动。

转子顺时针方向转动时，柱塞在离心力（或在低压油）的作用下压紧在定子 4 的内壁上。当柱塞转到上半周，柱塞向外伸出，径向孔内的密封工作容积不断增大，产生局部真空，使油箱中的油液经配流轴上的 a 孔进入 b 腔；当柱塞转到下半周，柱塞被定子的表面向里推入，密封工作容积不断减小，将 c 腔的油从配流轴上的 d 孔向外压出。转子每转一转，柱塞在每个径向孔内吸、压油各一次。改变定子与转子偏心量 e 的大小，就可以改变泵的排量；改变偏心量 e 的方向，即使偏心量 e 从正值变为负值时，泵的吸、压油方向发生变化。因此径向柱塞泵可以做成单向或双向变量泵。

由于径向柱塞泵的径向尺寸大，柱塞布置不如后面介绍的轴向柱塞泵布置紧凑，而且其结构复杂，自吸能力差；受径向不平衡压力的作用，配流轴必须做得直径较粗，以免变形过大；同时在配流轴与衬套之间磨损后的间隙不能自动补偿，泄漏较大。这些因素限制了径向柱塞泵的转速和额定压力的进一步提高。

(2) 轴向柱塞泵工作原理

轴向柱塞泵除了柱塞轴向排列外，当缸体轴线和传动轴轴线重合时，称为斜盘式轴向柱塞泵；当缸体轴线和传动轴轴线成一个夹角 γ 时，称为斜轴式轴向柱塞泵。斜盘式轴向柱塞泵根据传动轴是否贯穿斜盘又分为通轴式轴向柱塞泵和非通轴式轴向柱塞泵两种。

轴向柱塞泵具有结构紧凑、功率密度大、重量轻、工作压力高、容易实现变量等优点。

图3-21所示为斜盘式轴向柱塞泵工作原理图。

斜盘式轴向柱塞泵由传动轴1、斜盘2、柱塞3、缸体4和配流盘5等主要零件组成。传动轴带动缸体旋转，斜盘和配流盘是固定不动的。

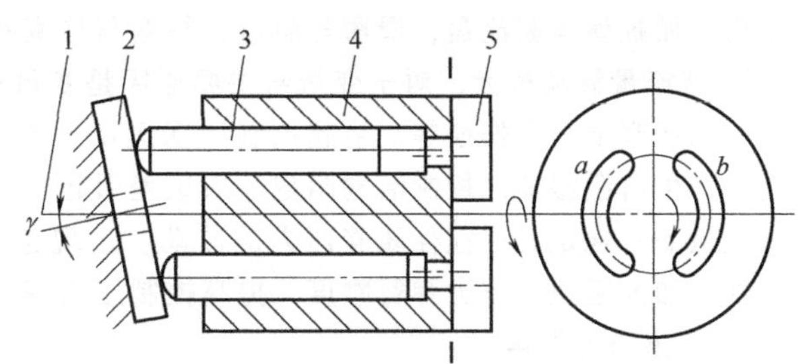

图3-21 斜盘式轴向柱塞泵工作原理图
1—传动轴；2—斜盘；3—柱塞；4—缸体；5—配流盘

柱塞均布于缸体内，并且柱塞头部靠机械装置或在低压油作用下紧压在斜盘上。斜盘的法线和缸体轴线夹角为斜盘倾角 γ。当传动轴按图示方向旋转时，柱塞一方面随缸体转动，另一方面还在机械装置和低压油的作用下，在缸体内做往复运动，柱塞在其自下而上的半圆周内旋转时逐渐向外伸出，使缸体内孔和柱塞形成的密封工作容积不断增加，产生局部真空，从而将油液经配流盘的吸油口 a 吸入；柱塞在其自下而上的半圆周内旋转时又逐渐压入缸体内，使密封容积不断减小，将油液从配流盘窗口 b 向外压出。缸体每转一周，每个柱塞往复运动一次，完成吸、压油一次。

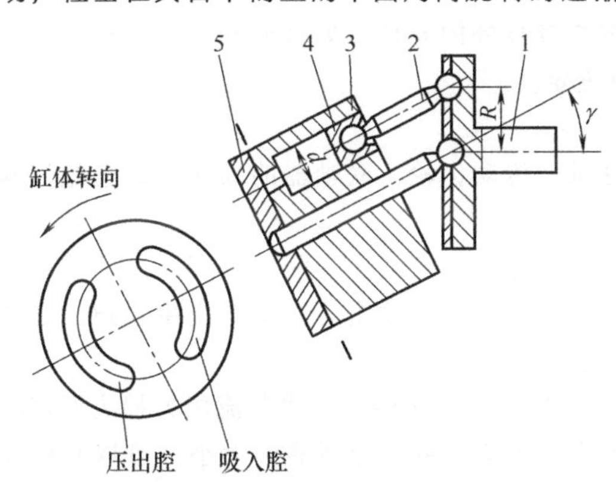

图3-22 斜轴式轴向柱塞泵工作原理图
1—传动轴；2—连杆；3—缸体；
4—柱塞；5—平面配流盘

如果改变斜盘倾角 γ 的大小，就能改变柱塞行程长度，也就改变了泵的排量；如果改变斜盘倾角 γ 的方向，就能改变吸、压油的方向，此时就成为双向变量轴向柱塞泵。

图3-22所示为斜轴式轴向柱塞泵工作原理图。斜轴式轴向柱塞泵当传动轴1在电动机的带动下转动时，连杆2推动柱塞4在缸体3中做往复运动，同时连杆的侧面带动柱塞连同缸体一同旋转。利用固定不动的平面配流盘5的吸入、压出口进行吸油、压油。若改变缸体的倾斜角度 γ，就可改变泵的排量；若改变缸体的倾斜方向，就可成为双向变量轴向柱塞泵。

3.4.2 柱塞泵的常见故障分析、排除方法及维修

(1) 柱塞泵常见故障分析与排除方法

① 柱塞泵无流量输出或输出流量不足

a. 柱塞泵输出流量不足。可能的原因是：泵的转向不对、进油管漏气、油位过低、液压油黏度过大等。

b. 泵泄漏量过大。主要是因密封不良而造成的，同时液压油黏度过低也会造成泄漏增加。

c. 柱塞泵斜盘实际倾角太小，使得泵的排量减小，需要重新调整斜盘倾角。

d. 压盘损坏。柱塞泵压盘损坏，造成泵无法吸油。可以更换压盘，过滤系统。

② 斜盘零角度时仍有液体排出 从理论上讲，斜盘零角度时液体排油量应为零。但是在实际使用时往往会出现零角度时仍有流量输出的现象。其原因在于斜盘耳轴磨损，控制器的位置偏离、松动或损坏等。这需要更换斜盘或研磨耳轴，重新调零、紧固或更换元件及调整液压油

压力等来解决。

③ 输出流量波动

a. 若流量波动与旋转速度同步，成有规则的变化，则可认为是与排油行程有关的零件发生了损伤，如缸体与配流盘、滑履与斜盘、柱塞与柱塞孔等。

b. 若流量波动很大，对于变量泵主要原因是变量机构的控制作用不佳。如异物混入变量机构、控制活塞上划出伤痕等，引起控制活塞运动的不稳定。其他如弹簧控制系统可能伴随负载的变化产生自激振荡，控制活塞阻尼器效果差引起控制活塞运动不稳定等。

流量的不稳定又往往伴随着压力的波动。出现这类故障，一般都需要拆开液压泵，更换受损零件，加大阻尼，改进弹簧刚度，提高控制压力等。

④ 输出压力异常

a. 输出压力不上升。原因有：溢流阀有故障，或调整压力过低，使系统压力上不去，应该维修或更换溢流阀，或重新检查调整压力；单向阀、换向阀及液压执行元件（液压缸、液压马达）有较大泄漏，系统压力上不去，这需要找出泄漏处，更换元件；液压泵本身自吸进油管道漏气或因油中杂质划伤零件造成内漏过甚等，可紧固或更换元件，以提高压力。

b. 输出压力过高。系统外负荷上升，泵压力随负荷上升而增加，这是正常的。若负荷不变，而泵压力却超过负荷压力的对应压力值，则应检查泵外的元件，如换向阀、执行元件、传动装置、油管等，一般压力过高应调整溢流阀进行确定。

⑤ 振动和噪声

a. 机械振动和噪声。泵轴和原动机不同心，轴承、传动齿轮、联轴器的损伤，装配螺钉松动等均会产生振动和噪声。

b. 管道内液流产生的噪声。当吸油管道偏小，粗过滤器堵塞或通油能力减弱，进油道中混入空气，油液黏度过高，油面太低吸油不足，高压管道中有压力冲击等，均会产生噪声。必须正确设计油箱，及选择过滤器、油管、方向控制阀等。

⑥ 液压泵过度发热　主要由于系统内，高压油流经各液压元件时产生节流压力损失而产生的泵体过度发热。因此正确选择运动元件之间的间隙，油箱容量、冷却器的大小，可以有效解决由于泵的过度发热而引起的油温过高现象。

⑦ 漏油　液压泵的漏油可分为外泄漏与内泄漏两种。

内泄漏在漏油量中比例最大，其中缸体与配流盘之间的内泄漏又是主要的。为此要检查缸体与配流盘是否被烧蚀、磨损，安装是否合适等。检查滑履与斜盘间的滑动情况，变量机构控制活塞的磨损状态等。故障排除视检查情况进行，如必要时更换零件、油封、加粗或疏通泄油管孔外，还要适当选择运动件之间的间隙，如变量控制活塞与后泵盖的配合间隙应控制在0.01～0.02mm。

⑧ 变量操纵机构操纵失灵　变量操纵机构有时因油液不清洁、变质或黏度过大或过小造成操纵失灵，有时也因机构出现问题造成操纵失灵。

⑨ 泵不能转动（卡死）　柱塞与缸体卡死、滑靴脱落、柱塞球头折断或缸体损坏。

(2) 柱塞泵的维修

柱塞泵的维修比较麻烦，这种泵的大多数易损零件均有较高的技术要求和加工难度，往往需要专用设备和专用工夹具才能修理，但由于柱塞泵价格较高，所以应首先考虑能否修复。在修理过程中如能买到易损件，则对于维修会更加有利。但如果现场急用又无配件，则可由有经验的技术人员拆开检查以下部分（拆检时仅需将泵的后盖螺钉拆下，即可取出有关零件）。

① 配流盘的表面是否磨损　如发现磨损，可将配流盘放在零级精度的平板上用氧化铝研磨，然后在煤油中洗净，再抛光至 $Ra0.1\mu m$，该零件表面的平面度不大于0.005mm。

② 缸体的配油面是否研坏　如发现磨损痕迹较重，可将该平面放在平磨上磨平，然后抛光

至 $Ra0.1\mu m$，表面的平面度不大于 0.005mm（注意：为了防止金刚砂嵌入铜缸体表面，不准用研磨剂研磨该平面）。

③ 检查变量头或止推板表面是否磨损　其修理方法同配流盘。

④ 检查滑靴端面是否磨损　如磨损严重，须由制造厂重新更换；如磨损轻微，只要抛光一下即可（其方法同抛光缸体端面一样）。

⑤ 如果滑靴与柱塞的铆合球面脱落，或严重松动，则应和制造厂联系修理或更换。

⑥ 检修各零件后重新安装此泵要注意以下几点：

a. 要将所有零件用清洁的煤油洗干净，不许有脏物、铁屑、棉纱、研磨剂等带入泵内。

b. 泵上各运动部分零件均是按一定公差配合制造的，装配时不允许用榔头敲打。

c. 在泵装配时要谨防定心弹簧的钢球脱落，装配者可先将钢球上涂上清洁的黄油（或其他润滑脂），使钢球粘在弹簧内套或回程盘上，再进行装配。如果此钢球在装配过程中落入泵内，则运转时必然将此泵内零件全部打坏，并使泵无法再修理。装拆者对此必须特别注意！

3.4.3　CY14-1 轴向柱塞泵使用指南

(1) CY14-1 轴向柱塞泵的结构

CY14-1 型轴向柱塞泵是非通轴式柱塞泵，它由主体和变量两部分组成。相同流量的泵，其主体部分结构相同，配以不同的变量机构便派生出许多种类型，其额定工作压力多为 31.5MPa。

图 3-23 为 SCY14-1 型手动变量轴向柱塞泵的结构简图。

① CY14-1 轴向柱塞泵主体部分　图 3-23 中的中部和右半部为主体部分（零件 1～14）。中间泵体 1 和前泵体 8 组成泵体，传动轴 9 通过花键带动缸体 5 旋转，使轴向均匀分布在缸体上的七个柱塞 4 绕传动轴的轴线旋转。每个柱塞的头部都装有滑靴 3，滑靴与柱塞是球铰连接，可以任意转动（图 3-24）。

定心弹簧 10 的作用力通过内套 11、钢球 13 和回程盘 14 将滑靴压靠在斜盘 20 的斜面上。当缸体转动时，该缸体转动时，该作用力使柱塞完成回程吸油动作。柱塞压油行程则是由斜盘斜面通过滑靴推动的。圆柱滚子轴承 2 用以承受缸体的径向力，缸体的轴向力由配流盘 7 来承受，配流盘上开有吸油、压油窗口，分别与前泵体上吸、压油口相通，前泵体上的吸、压油口分布在前泵体的左右两侧。通过上述结构的介绍，不难得出该泵的吸、压油过程与前面介绍的斜盘式轴向柱塞泵相同。

CY14-1 型变量泵主体部分的主要结构和零件有以下特点。

a. 滑靴和斜盘。在斜盘式轴向柱塞泵中，若柱塞以球形头部直接接触斜盘滑动也能工作，但泵在工作中由于柱塞头部与斜盘平面相接触，从理论上讲为点接触，因而接触应力大，柱塞及斜盘极易磨损，故只适用于低压工作。在柱塞泵的柱塞上装有滑靴，使二者之间为球面接触，而滑靴与斜盘之间又以平面接触，从而改善了柱塞工作受力状况。另外，为了减小滑靴与斜盘的滑动摩擦，利用流体力学中平面缝隙流动原理，采用静压支承结构。

图 3-24 所示为滑靴静压支承原理图，在柱塞中心有直径为 d_0 的轴向阻尼孔，将柱塞压油时产生的压力油中的一小部分通过阻尼孔引入到滑靴端面的油室 h，使 h 处及其周围圆环密封带上压力升高，从而产生一个垂直于滑靴端面的液压反推力 F_N，其大小与滑靴端面的尺寸 R_1 和 R_2 有关，其方向与柱塞压油时产生的柱塞对滑靴端面产生的压紧力 F 相反。通常取压紧系数 $M_0=\dfrac{F_N}{F}$，$M_0=1.05\sim1.10$。这样，液压反推力 F_N 不仅抵消了压紧力 F，而且使滑靴与斜盘之间形成油膜，将金属隔开，使相对滑动面变为液体摩擦，有利于泵在高压下工作。

b. 柱塞和缸体。如图 3-24 所示，斜盘面通过滑靴作用给柱塞的液压反推力 F_N，可沿柱塞

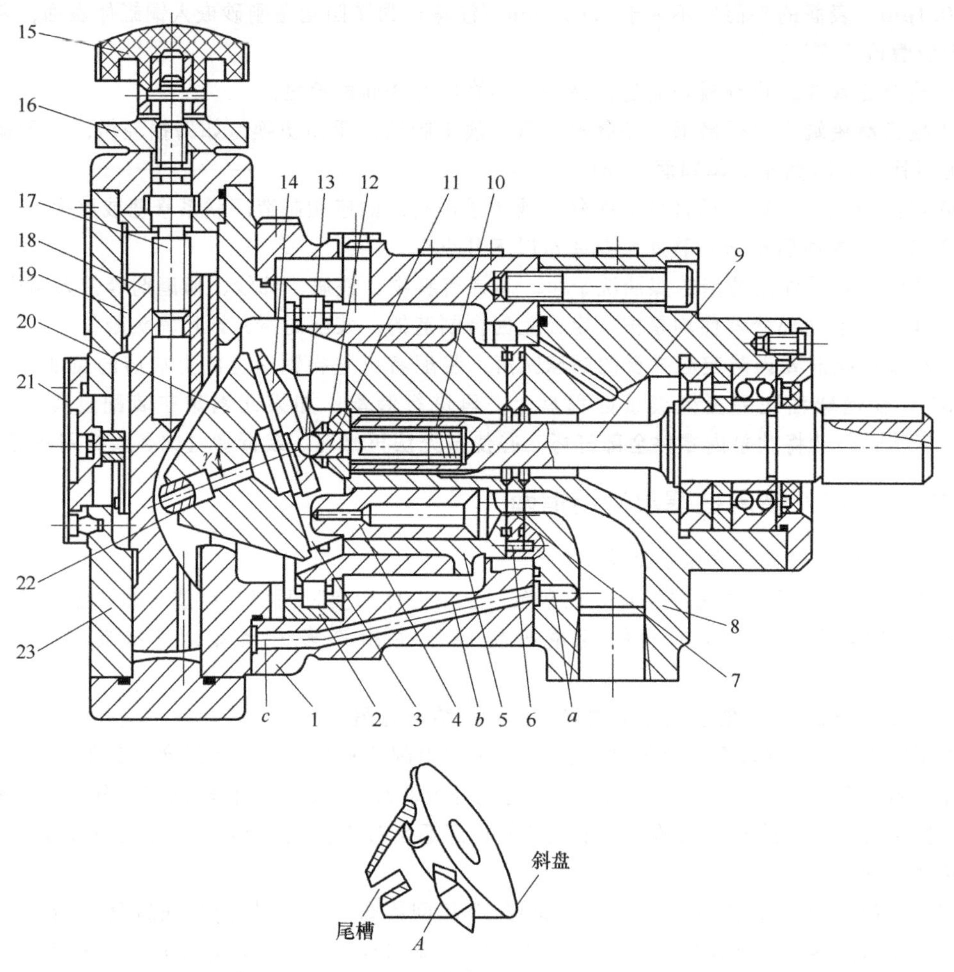

图 3-23 SCY14-1 型手动变量轴向柱塞泵结构简图

1—中间泵体；2—圆柱滚子轴承；3—滑靴；4—柱塞；5—缸体；6—销；7—配流盘；8—前泵体；9—传动轴；10—定心弹簧；11—内套；12—外套；13—钢球；14—回程盘；15—手轮；16—螺母；17—螺杆；18—变量活塞；19—键；20—斜盘；21—刻度盘；22—销轴；23—变量壳体

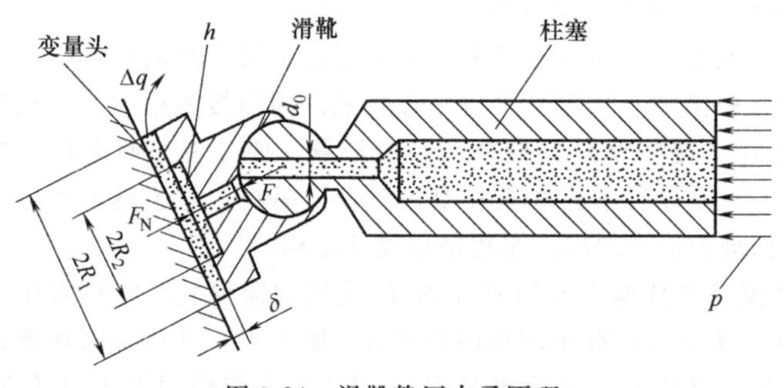

图 3-24 滑靴静压支承原理

的轴向和半径方向分解成轴向力 $F_{Nx}=F_N\cos\gamma$ 和径向力 $F_{Ny}=F_N\sin\gamma$ （γ 为斜盘倾角）。轴向力 F_{Nx} 是柱塞压油的作用力。而径向力 F_{Ny} 则通过柱塞传给缸体，它将使缸体产生颠覆力矩，造成缸体的倾斜，这将使缸体和配流盘之间出现楔形间隙，密封表面局部接触，从而导致了缸体与配流盘之间的表面烧伤及柱塞和缸体的磨损，影响了泵的正常工作。所以在图 3-23 中合理地布置了圆柱滚子轴承 2，使径向力 F_{Ny} 的合力作用线在圆柱滚子轴承滚子的长度范围之内，从而避免了径向力 F_{Ny} 所产生的不良后果。另外，为了减少径向力 F_{Ny}， 斜盘的倾角一般不大于 20°。

② CY14-1 轴向柱塞泵变量机构　在变量轴向柱塞泵中均设有专门的变量机构，用来改变斜

盘倾角 γ 的大小以调节泵的流量。轴向柱塞泵变量机构形式是多种多样的。

a. 手动变量机构。SCY14-1 型轴向柱塞泵手动变量机构。如图 3-23 左半部所示，变量时，先松开螺母 16，然后转动手轮 15，螺杆 17 便随之转动，因导向键 19 作用，螺杆 17 的转动会使变量活塞 18 及活塞上的销轴 22 上下移动。

斜盘 20 的左右两侧用耳轴支持在变量壳体 23 的两块铜瓦上（图中未画出），通过销轴带动斜盘绕其耳轴中心转动，从而改变斜盘倾角 γ。γ 的变化范围为 0°～20° 左右。流量调定后旋动螺母将螺杆锁紧，以防止松动。手动变量机构简单，但手动操纵力较大，通常只能在停机或泵压较低的情况下才能实现变量。

b. 压力补偿变量机构。YCY14-1 型轴向柱塞泵是压力补偿变量泵，其主体部分同 SCY14-1 型轴向柱塞泵一致，只是变量部分是压力补偿变量机构，此机构泵的流量随出口压力升高而自动减少，压力和流量的关系近似地按双曲线变化，它使泵的功率基本保持不变。故这种机构也称作恒功率变量机构。

图 3-25 所示为压力补偿变量结构。液压泵工作时，泵出口压力油的一部分经泵体上的孔道 a、b、c 通到变量机构（参见图 3-23），并顶开单向阀 9 进入变量壳体 7 的下油腔，再沿孔道通到伺服阀阀芯的下端环形面积处（见图 3-26）。

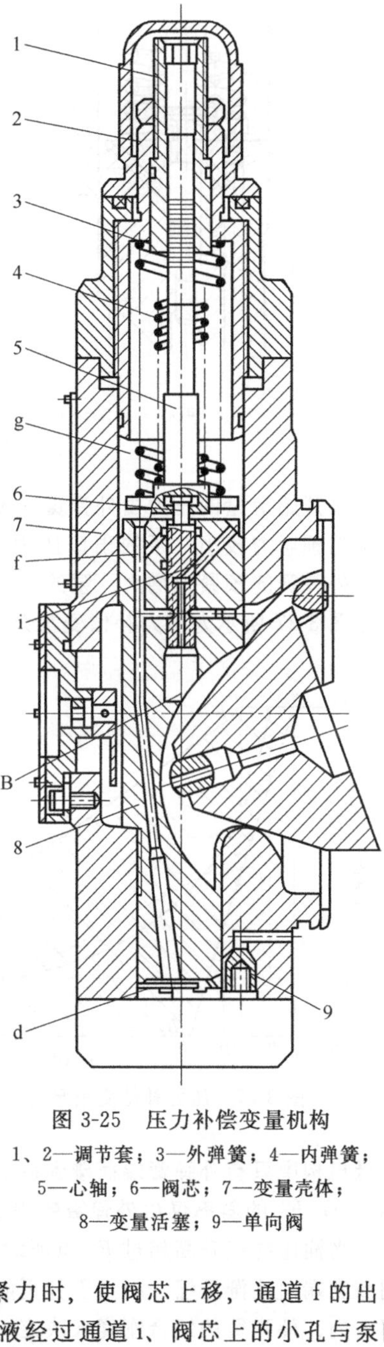

当泵的出口油压力不太高［即 $p<(30\sim70)\times10^5\text{Pa}$］时，伺服阀阀芯环形面积上的液压作用力小于外弹簧对阀芯的作用力，则伺服阀芯阀处在最下方位置，见图 3-26 (a)。此时通道 f 的出口被打开，使 d 腔与 g 腔相通，油压相等。由于变量活塞的两端端面积不等，即上端大，下端小，因此变量活塞在推力差的作用下被压到最下方的位置，斜盘的倾角 γ 最大，泵的输出流量也最大。

图 3-25　压力补偿变量机构

1、2—调节套；3—外弹簧；4—内弹簧；5—心轴；6—阀芯；7—变量壳体；8—变量活塞；9—单向阀

当泵的出口压力升高［即 $p>(30\sim70)\times10^5\text{Pa}$］时，阀芯环形面积处的液压作用力超过外弹簧对阀芯的预紧力时，使阀芯上移，通道 f 的出口被封闭，而孔道 i 的出口被打开，见图 3-26 (b)，g 腔的油液经过通道 i、阀芯上的小孔与泵的内腔相通，油压下降（因泵的内腔经泵的泄油口与油箱相通），变量活塞便在 d 腔油压的作用下向上移动，斜盘的倾角 γ 减小，泵的流量下降。

随着变量活塞的上升，通道 i 被封闭，此时通道 f 仍被封闭，见图 3-26 (c)，g 腔被封死，d 腔内油压对变量活塞的作用力被 g 腔内油液的反作用力平衡，使得变量活塞停止上移，斜盘便在这种新的位置下工作。泵的出口压力越大，阀芯上升得越高，变量活塞也上升得越高，斜盘的倾角 γ 变得越小，泵输出的流量也越小。当出口油压下降时，阀芯在弹簧力的作用下下移，孔道 f 被打开，g 腔油压与 d 腔相通，又恢复到图 3-26 (a) 的位置，在压力差作用下，变量活塞下降，流量又重新加大。

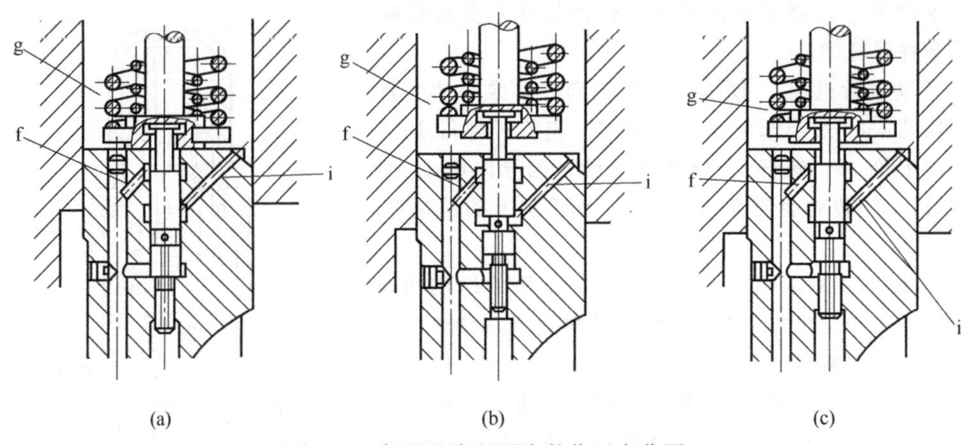

图 3-26 阀芯和变量活塞的位置变化图

泵开始变量的压力由外弹簧的预紧力来决定，当调节套 2（见图 3-25）调在最上位置时，外弹簧的预紧力较小，泵的出口压力大于 30×10^5 Pa 时才开始变量；当调节套 2 调在最下位置时，外弹簧的预紧力增大，泵的出口压力达到 70×10^5 Pa 时才开始变量。

图 3-27 所示为压力补偿变量泵的调节特性曲线，它表示了流量-压力变化的关系。

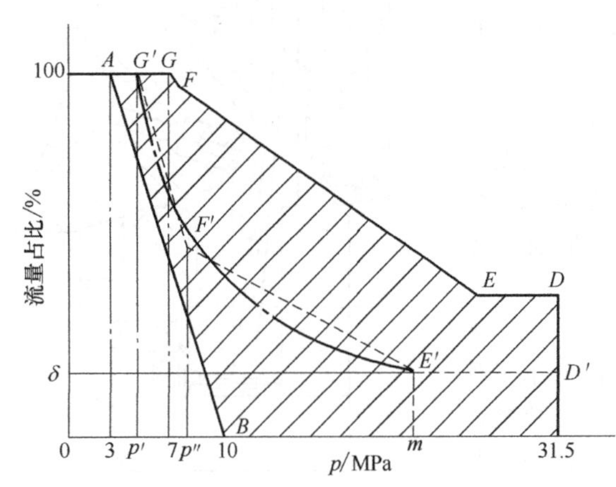

图 3-27 压力补偿变量泵调节特性曲线

图 3-27 中 A 点和 G 点表示调节套 2 调在最上方和最下方位置时的开始变量压力。阴影部分为泵的调节特性范围。AB 的斜率由外弹簧 3 的刚度决定。

FE 的斜率由外弹簧 3 和内弹簧 4 的合成刚度决定，ED 的长度由调节套 1 的位置决定。若调节套 2 调在最上方和最下方之间某一位置，则泵的流量与压力变化关系在图 3-27 所示阴影范围内，且为三条直线组成的折线，例如 $G'F'E'D'$ 线。

G' 点表示开始变量压力，当泵的出口压力低于 G' 对应的压力 p' 时，泵输出额定流量的 100%。当油压超过压力 p' 时，变量机构中只有外弹簧端面碰到调节套 2 端面并逐渐被压缩，流量随压力升高沿斜线 $G'F'$ 减小，$G'F'$ 的斜率仅由外弹簧的刚度来决定，$G'F'$ 与 AB 平行。

当油压继续升高超过 F' 点所对应的压力 p'' 时，变量机构中内弹簧 4 和外弹簧 3 端面同时被调节套端面逐渐压缩，相当于弹簧刚度增加，流量随压力升高沿斜线 $F'E'$ 减少，$F'E'$ 的斜率由内、外弹簧的组合刚度来决定，$F'E'$ 与 FE 平行。

E' 点表示心轴 5 的轴肩已碰到调节套 1 的端面，变量活塞已不能上升，此时不论油压如何升高，流量已不能再减少，保持在额定流量的 δ% 内，所以 $E'D'$ 为水平线，表示流量已不随压力改变。

从图 3-27 中看出，折线 $G'F'E'D'$ 与点画线表示的双曲线十分近似。

泵的压力与流量的乘积近似等于常数，即泵的输出功率近似为恒定，所以这种泵又称为恒功率变量泵。这种泵的功率计算可以按照 G、F、E、D 等点的压力和流量的乘积来计算，一般为额定压力和额定流量乘积的 25%～40%。

这种泵可以使液压执行机构在空行程需用较低压力时获得最大流量，使空行程速度加快；

而在工作行程时，由于压力升高，泵的输出流量减少，使工作行程速度减慢，这正符合许多机器设备动作要求，例如液压机、工程机械等，这样能够充分发挥设备的能力，使功率利用合理。

CY14-1 系列轴向柱塞泵除上述变量形式外，还有恒流量变量、恒压变量、手动伺服变量、电液比例变量等多种变量形式（可以参照各生产企业的产品样本），在此不一一列举。

(2) CY14-1 轴向柱塞泵型号编制

CY14-1 轴向柱塞泵型号编制见表 3-6。

表 3-6　CY14-1 轴向柱塞泵型号编制

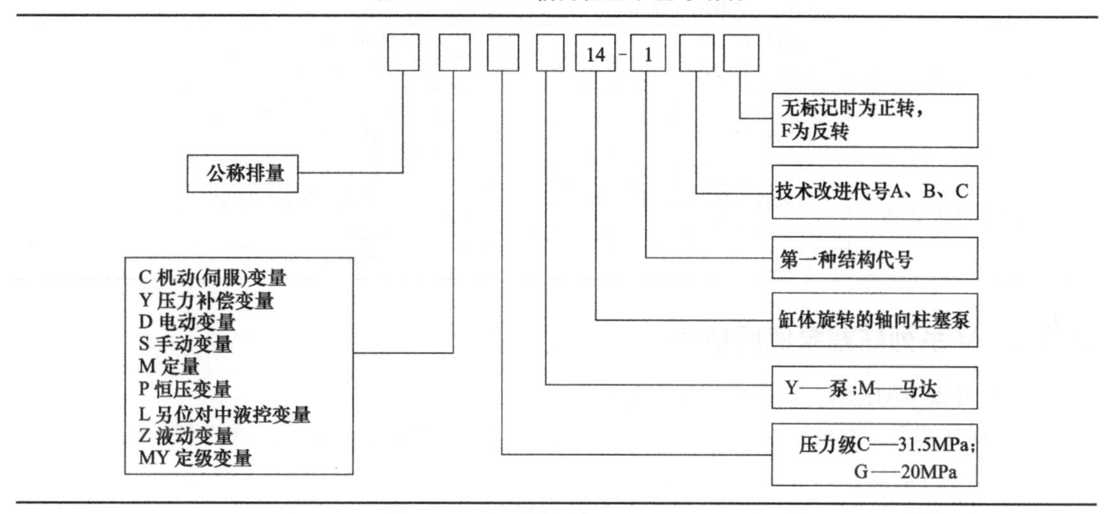

(3) CY14-1 轴向柱塞泵的故障判断及排除方法

CY14-1B 轴向柱塞泵的故障判断及排除方法见表 3-7。

表 3-7　CY14-1B 轴向柱塞泵的故障判断及排除方法

故障	可能引起的原因	排除方法
1. 流量不够	油脏造成进油口滤清器堵死，或阀门吸油阻力较大	去掉滤清器，提高油液清洁度；增大阀，减少吸油阻力
	吸油管漏气，油面太低	排除漏气，增高油面
	中心弹簧断裂，缸体和配流盘无初始密封力	更换中心弹簧
	变量泵倾角处于小偏角	增大偏角
	配流盘与泵体配油面贴合不平或严重磨损	消除贴合不平的原因，重新安装配流盘；更换配流盘
	油温过高	降低油温
2. 压力波动压力表指示值不稳	液压系统中压力阀本身不能正常工作	更换压力阀
	系统中有空气	排除空气
	吸油腔真空度太大	降低真空度值使其小于 0.016MPa
	因油脏等原因使配油面严重磨损	修复或更换零件并消除磨损原因
	压力表座处于振动状态	消除表座振动原因
	滑靴脱落	更换柱塞滑靴
3. 无压力或大量泄漏	配油面严重磨损	更换或修复零件并消除磨损原因
	调压阀未调整好或建立不起压力	重新调整或更换调压阀
	中心弹簧断开，无初始密封力	更换中心弹簧
	泵和电机安装不同轴，造成泄漏严重	调整泵轴与电机轴的同轴度

续表

故障	可能引起的原因	排除方法
4. 噪声过大	吸油阻力太大，自吸真空度太大、接头处不密封，吸入空气	消除不密封原因，排除系统中空气
	泵和电机安装不同轴，主轴受径向力	调整泵和电机的同轴度
	油液的黏度太大	降低黏度
	油液有大量泡沫	视不同情况消除进气原因
5. 油温提升过快	油箱容积太小	增加容积，或加置冷却装置
	液压泵内部漏损太大	检修液压泵
	液压系统泄漏太大	修复或更换有关元件
	周围环境温度过高	改善环境条件或加冷却装置
6. 伺服变量机构失灵不变量	伺服活塞卡死	消除卡死原因
	变量活塞卡死	消除卡死原因
	变量头转动不灵活	消除转动不灵原因
	单向阀弹簧断裂	更换弹簧
7. 泵不能转动(卡死)	柱塞与缸体卡死(油脏或油温变化引起)	更换新油、控制油温
	滑靴脱落(柱塞卡死、负载过大)	更换或重新装配滑靴
	柱塞球头折断(柱塞卡死、负载过大)	更换零件
	缸体损坏	更换缸体

3.4.4 V系列柱塞泵使用指南

(1) 日本DAIKIN V系列柱塞泵特点

V系列柱塞泵斜盘设计独特，由多种控制方式整合，便于形成系统，噪声低，油温上升缓慢，功率损失小，已广泛应用于各种场合。

(2) V系列柱塞泵的型号编制及技术参数规格（分别见表3-8和表3-9）

表3-8 V系列柱塞泵的型号编制

符号	V	15	A	I	R	-	-
含义	系列号码	排量	控制方式	压力调整范围	旋转方向（从轴端看）	轴心型式	配管方向
	变量柱塞泵	参照规格表	参照控制方式表	参照规格表	R:顺时针 L:逆时针	无标记:平键 S:花键	无标记:左右出油 B:后端出油

表3-9 V系列柱塞泵的技术参数规格

形式	最高使用压力/MPa	吐出量/(mL/r)	无负荷时的吐出量/(L/min)		压力调整范围/MPa	转数/(r/min)		质量/kg
			1500r/min	1800r/min		最低	最高	
V15	25	15	22.5	27.0	1:0.8～7 2:1.5～14 3:2～21 4:2～25	500	1800	11.5
V18	14	17.8	26.7	32.0				11.5
V23	25	23.0	35.4	41.4				20.0
V38	25	37.8	56.7	68.0				23.0
V50	25	51.5	77.2	92.7				50.0
V70	25	69.7	104.5	125.4				55.0
V15-15	25	15/15	22.5/22.5	27/27				24
V23-23	25	23.0/23	35.4/35.4	41.4/41.4				40
V15-38	25	15/37.8	22.5/35.4	27/68				36.5
V38-38	25	37.8/37.8	56.7/56.7	68/68				49
V15-70	25	15/69.7	22.5/104.5	27/125.4				69.5
V38-70	25	37.8/69.7	56.7/104.5	68/125.4				78

(3) V系列柱塞泵的控制方式

V系列柱塞泵的控制方式见表3-10。

表 3-10　V 系列柱塞泵的控制方式

名称	液压符号	性能曲线	特性
A 形式：压力补偿控制	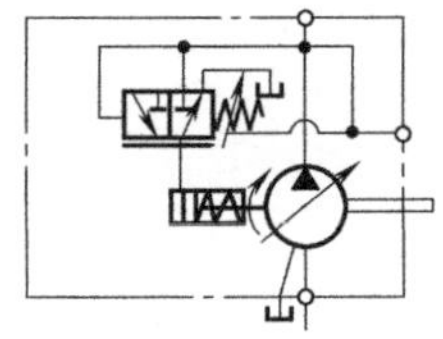	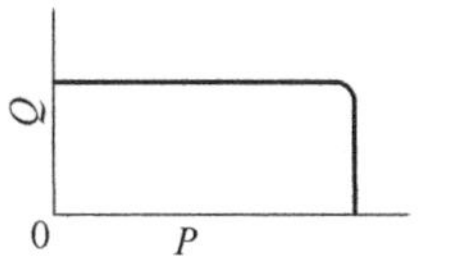	1. 系统压力增高接近调定限压时，泵流量自动下降，压力保持恒定 2. 流量及限压压力可手动调整
B 形式：无段变速，靠外援油缸，流量可任意变化	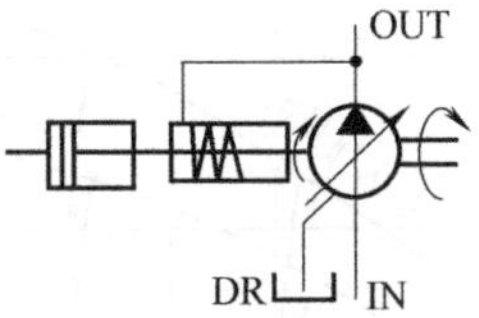	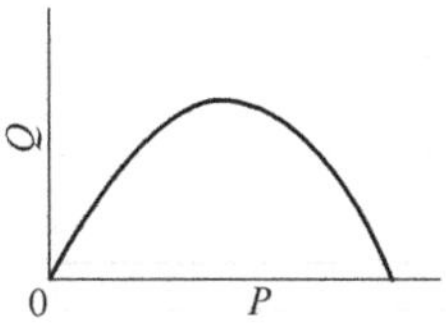	1. 流量可从 0 调到最大，从最大调到最小、做多段变化，压力保持设定值 2. 机械在上升、下降时具有缓冲作用，可防止冲撞、振动，适合专用机升降起重机械
C 形式：单泵两段压力，两流量自压式	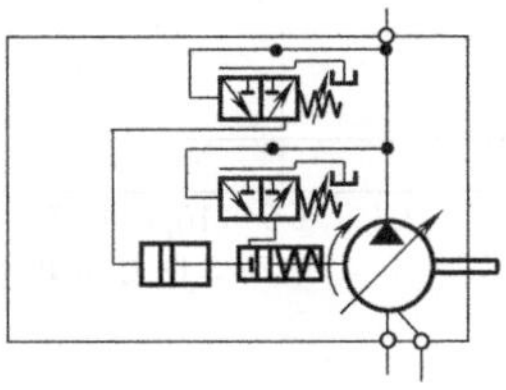	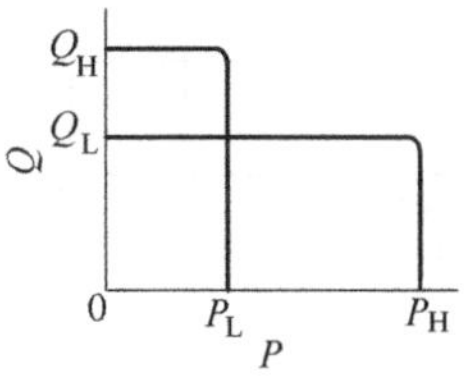	1. 具有低压大流量、高压小流量之高低压泵功能，可选小功率的发动机 2. 系统压力增高，接近预调的“P_L”限压时，泵的流量自动降到“Q_L” 3. 压力 P_H、P_L，及流量 Q_H、Q_L 可分别任意调整 4. 适用于空行程长，加压行程短的机械，速度快，省功率
D 形式：低压卸载，压力补偿控制	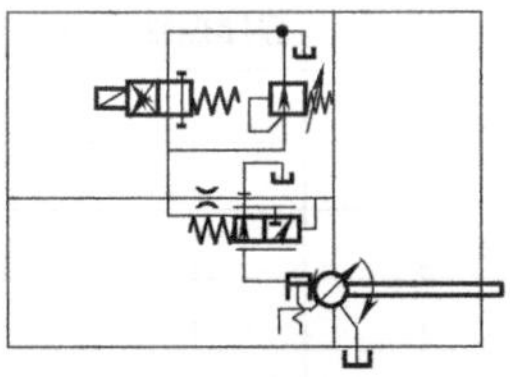	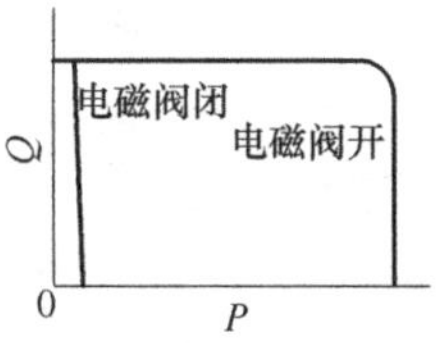	1. 在 A 形式上追加卸压机能 2. 适用于卸压时间长的情况 3. 系统停机时，通过泵的卸压运转，油温和噪声可保持较低水平
E 形式：电控两段压力补偿形式	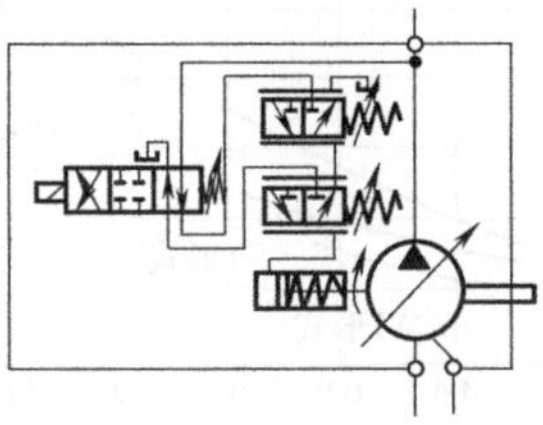	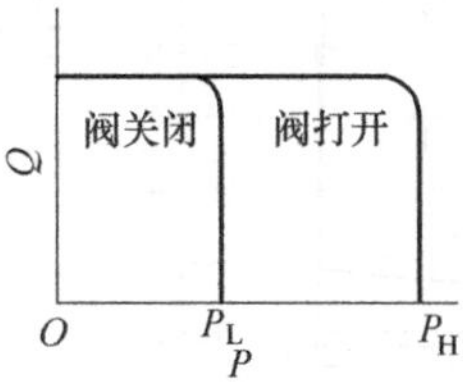	1. 依电磁换向阀，控制高低两个不同的限压压力 2. 适用于制动器在恒定速度下，设定两段工作压力时使用 3. P_L 与 P_H 中阀可任选一方作为高压
F 形式：电控单泵两段压力、两段流量控制	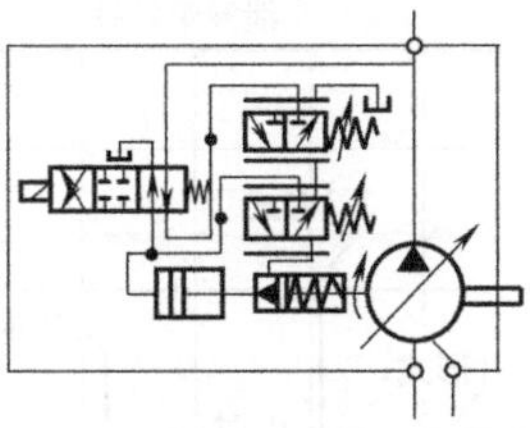	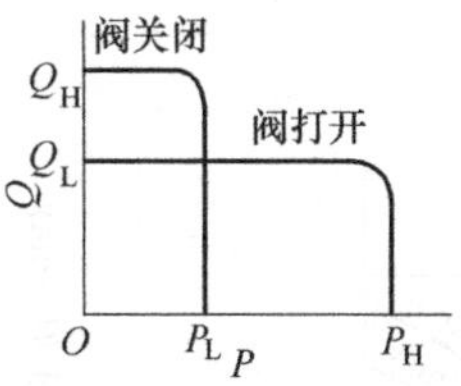	1. 可依电磁换向阀控制低压大流量及高压小流量的功能，当电磁阀通电时，压力升高至 P_H，流量降至 Q_L 2. 压力 P_L、P_H 及流量 Q_L、Q_H 可任意调整 3. 适用于快速进给转变为慢速进给的机床设备等
G 形式：远程压力补偿形式	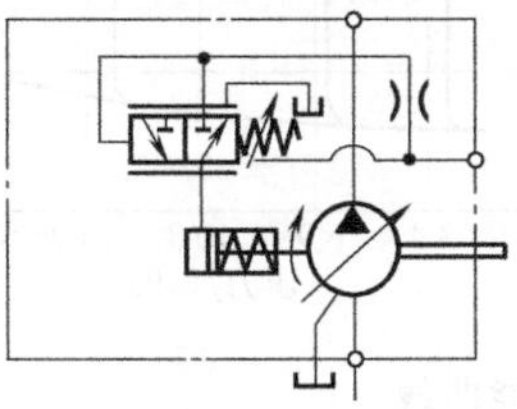	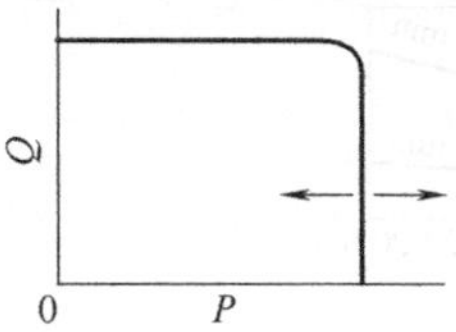	1. 同压力补偿 A 形式 2. 可做遥控调整压力，并由遥控阀调整压力范围

(4) V 系列性能曲线

V 系列柱塞泵的性能曲线大同小异，以 V15 为例介绍该系列泵的性能曲线，如图 3-28 所示。

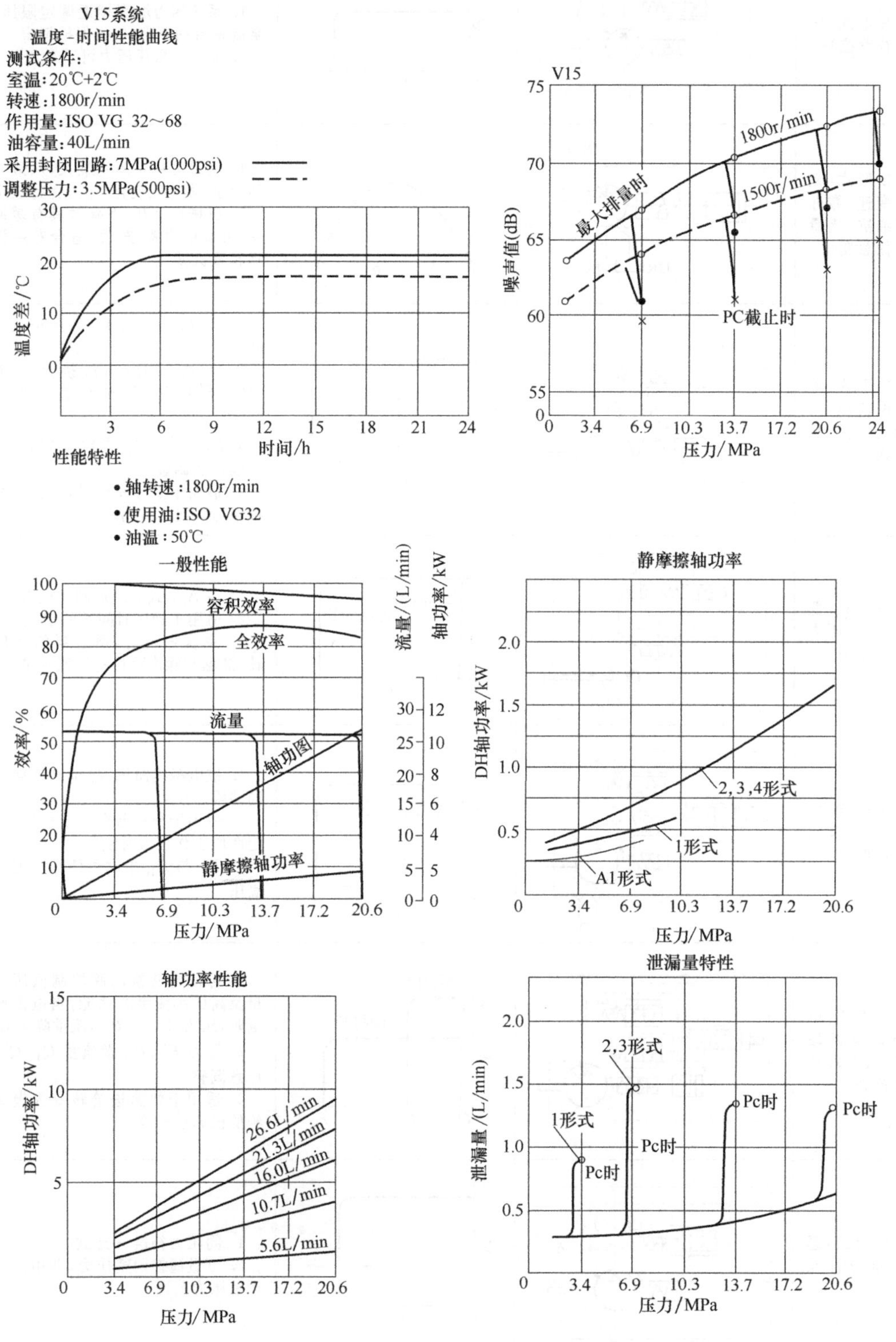

图 3-28 V15 系列柱塞泵性能曲线

3.5 螺杆泵

螺杆泵实际上相当于一种外啮合的摆线齿轮泵。因此，它具有齿轮泵的许多特性，主要有三螺杆、双螺杆、单螺杆三种结构形式。如图 3-29 所示是一种三螺杆的螺杆泵，它由三个相互啮合的双头螺杆装在泵体中组成。中间的为主动螺杆，是凸螺杆；两边的为从动螺杆，是凹螺杆。从横截面来看，它们的齿廓是由几对共轭曲线组成，螺杆的啮合线将主动螺杆和从动螺杆的螺旋槽分割成多个相互隔离的密封工作腔。当电机带动主动螺杆旋转时，这些密封的工作腔不断地在左端形成，并从左向右移动，在右端消失。在密封工作腔形成时，其容积增大，进行吸油；而在消失过程中，容积减小，将油压出。这种泵的排量取决于螺杆直径及螺旋槽的深度。同时，螺杆越长，其密封性就越好，泵的额定压力就会越高。

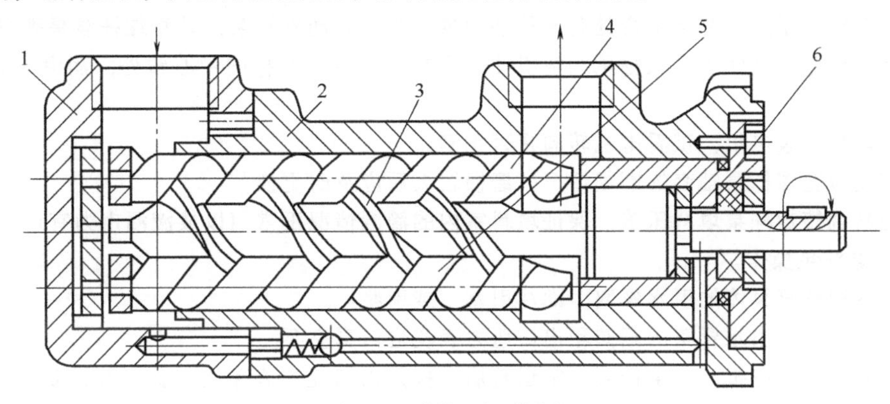

图 3-29　螺杆泵工作原理

1—后盖；2—泵体；3—主动螺杆；4、5—从动螺杆；6—前盖

螺杆泵除了具有齿轮泵的结构简单紧凑、体积小、重量轻、能产生很高的真空度、对油液污染不敏感等优点外，还具有运转平稳、噪声小、容积效率高、适用液体黏度范围广等优点。螺杆泵的缺点是螺杆形状复杂，加工困难，精度不易保证。螺杆泵主要用于化学石油工业和食品工业中输送高黏度（最大 $3\times10^6 mm^2/s$）、大流量液体，在机械工业中主要用于润滑系统和液压系统的冷却循环泵上。

3.5.1 螺杆泵的型号编制

由于各个生产厂型号编制方法不尽相同，以黄山工业泵制造有限公司生产的三螺杆泵系列产品的型号编制为例，说明其型号编制方法。

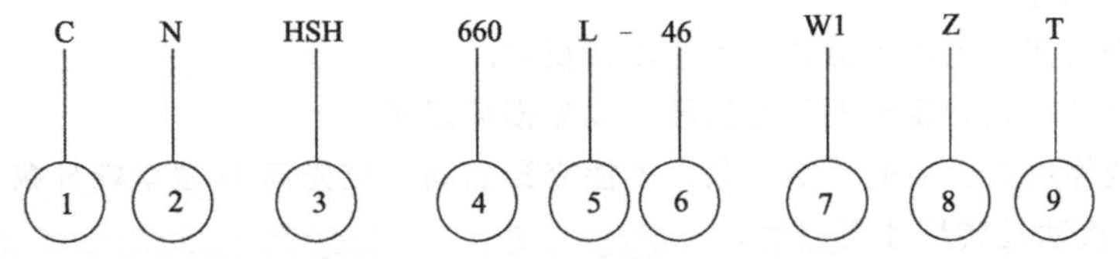

① 使用特征　无符号表示通用型，C 表示船用型。

② 产品系列

③ 结构特征　H——普通泵体侧进侧出卧式安装；F——普通泵体侧进侧出支架式安装；S——普通泵体侧进侧出立式安装；K——普通泵体侧进侧出浸没式安装；D——普通泵体端进上出卧式安装；Ra——低部加热泵体侧进侧出卧式安装；Rb——低部加热泵体侧进上出卧式安装；Y——整体加热泵体上进上出卧式安装；Ya——整体加热泵体侧进侧出卧式安装；

Yb——整体加热泵体侧进上出卧式安装。

④ 规格型号

⑤ 主杆方向　从驱动端看，主杆右旋为R（可省略），主杆左旋为 L。

⑥ 螺旋角度

⑦ 密封型式　N 表示轴承内置式机械密封（可省略），W1 表示轴承外置式机械密封。

⑧ 进口方向　从驱动端看，无符号为右进，Z 表示左进。

⑨ 特殊要求　T 表示用户有特殊要求。

3.5.2 螺杆泵使用注意事项

螺杆泵在使用过程中，应该注意检查、操作及保养项目，确保螺杆泵能正常高效地工作。

(1) 螺杆泵检查

① 检查螺杆泵及管路及结合处有无松动现象。用手转动螺杆泵，试看螺杆泵是否灵活。

② 向螺杆泵轴承体内加入轴承润滑机油，观察油位应在油标的中心线处，润滑油应及时更换或补充。

③ 点动螺杆泵电机，试看电机转向是否正确。

④ 定期检查螺杆泵轴套的磨损情况，磨损较大后应及时更换。

⑤ 经常调整螺杆泵填料压盖，保证填料室内的滴漏情况正常（以成滴漏出为宜）。

(2) 螺杆泵操作

① 拧下螺杆泵泵体的引水螺塞，灌注引水（或引浆）。

② 关好螺杆泵出水管路的闸阀和出口压力表及进口真空泵。

③ 开动螺杆泵电机，当螺杆泵正常运转后，打开出口压力表和进口真空泵，观察其显示出适当压力后，逐渐打开闸阀，同时检查电机负荷情况。

④ 尽量控制螺杆泵的流量和扬程在标牌上注明的范围内，以保证螺杆泵在最高效率点运转，才能获得最大的节能效果。

⑤ 螺杆泵在运行过程中，轴承温度不能超过环境温度 35℃，最高温度不得超过 80℃。

⑥ 如发现螺杆泵有异常声音，应立即停车检查原因。

⑦ 螺杆泵要停止使用时，先关闭闸阀、压力表，然后停止电机。

(3) 螺杆泵保养

① 螺杆泵在工作第一个月内，经 100h 更换润滑油，以后每 500h 换油一次。

② 螺杆泵在寒冬季节使用时，停车后，需将泵体下部放水螺塞拧开，将介质放净，防止冻裂。

③ 螺杆泵长期停用，需将螺杆泵全部拆开，擦干水，将转动部位及结合处涂以油脂装好，妥善保存。

(4) 使用注意事项

① 螺杆泵开机前必先确定运转方向，不得反转。

② 螺杆泵严禁在无介质情况下空运转，以免损坏定子。

③ 新安装或停机数天后的单螺杆泵，不能立即启动，应先向 G 型单螺杆泵体内注入适量机油，再用管子钳扳动几转后才可启动。

④ 输送高黏度或含颗粒及腐蚀性的介质后，应用水或溶剂进行冲洗，防止阻塞，以免下次启动困难。

⑤ 冬季应排净积液，防止冻裂。

⑥ 螺杆泵使用过程中轴承箱内应定期加润滑油，发现轴端有渗流时，要及时处理或调换油封。

⑦ 在运行中如发生异常情况，应立即停车检查原因，排除故障。

⑧ 螺杆泵停车时，应先关闭排出停止阀，并待泵完全停转后关闭吸入停止阀。

第 4 章 液压执行元件的使用与维修

液压系统中执行元件是将压力能转化为机械能，并实现对外做功的元件。根据做功方式的不同，分为两大类：以旋转方式做功的执行元件为液压马达，其输出量是转矩和转速；以直线方式做功的执行元件为液压缸，液压缸的输入量是液体的流量和压力，输出量是直线速度和力。液压缸的活塞能完成往复直线运动，输出有限的直线位移。本章介绍液压马达、液压缸的使用与维修。

4.1 液压马达的使用与维修

4.1.1 液压马达的工作原理、结构及选用

液压马达是将压力能转变成机械能并对外做功的执行元件，从原理上讲，与液压泵是可逆的，结构上与液压泵也类同，但在实际应用中，除了轴向柱塞泵与马达可以互逆使用外，其他的都不可以，其原因是液压泵和液压马达的工作条件不同，性能要求也不尽相同。液压马达一般要求能够正反转，其内部结构是对称的，调速范围大，一般不具备自吸能力，但要求有一定的初始密封性，以提供必要的启动转矩。

液压马达通常分为高速和低速两大类。

额定转速高于 500r/min 的为高速液压马达，主要形式有齿轮式、螺杆式、叶片式和轴向柱塞式。其特点是转速较高、功率密度高、转动惯量小、排量小，启动、制动、调速及换向方便，但输出转矩不大，通常为几十到几百牛米，在大多数情况下不能直接满足工程上负载对转矩和转速的要求，往往需要配置减速机构，所以其应用受到一定限制。额定转速低于 500r/min 的为低速液压马达，低速液压马达排量大，体积也大，转速在低到几转每分钟时仍能输出几千到几万牛米的转矩，这就是通常所说的低速大转矩液压马达。其主要形式有多作用内曲线柱（球）塞式液压马达和曲轴连杆、静压平衡时径向柱塞形液压马达，它适用于直接连接并驱动负载的情况，且启动、加速时间短，性能好，所以在工程实践中得到了广泛应用。

由于液压马达的结构与液压泵类似，所以本小节以斜盘式轴向柱塞马达为例介绍其工作原理和结构。

(1) 液压马达的工作原理

斜盘式轴向柱塞马达的工作原理如图 4-1 所示。当液压马达的进油口输入压力油后，与配流盘 4 进油腔对应的柱塞 3 因受到液压力的作用被推出并顶在斜盘 1 上，斜盘 1 对柱塞 3 产生法向反力 F，将 F 正交分解，水平分力与液压力相平衡，垂直分力通过柱塞传递给缸体 2，从而使传动轴产生转矩。由于每个柱塞所处的位置不同，所以产生的转矩大小也不同，液压马达输出的转矩是同处于进油腔的各柱塞瞬时对传动轴产生的转矩之和。

(2) 液压马达的结构

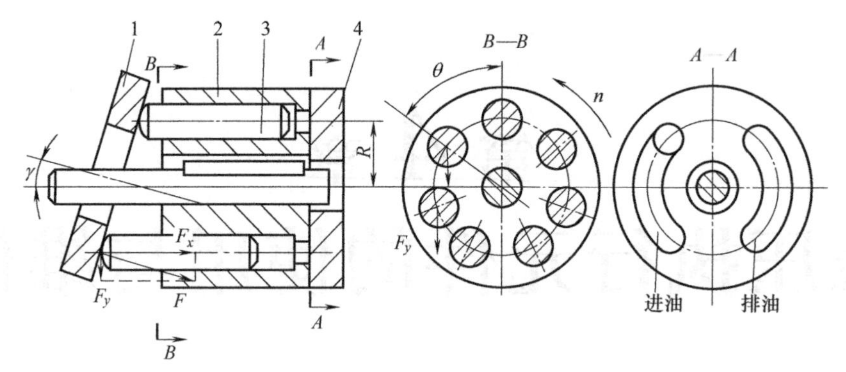

图 4-1 斜盘式轴向柱塞马达工作原理图

1—斜盘；2—缸体；3—柱塞；4—配流盘

① 高速马达　斜盘式定量轴向柱塞马达的典型结构与 MCY14-1B 系列液压泵结构基本一致。图 4-2 为斜盘式定量轴向柱塞马达的结构图。其结构特点是:

a. 液压马达的缸体分成前后两段，前段称为鼓轮 4，后段称为缸体 7。鼓轮通过平键和传动轴连接，缸体 7 与鼓轮 4 通过传动销 6 连接，弹簧 5 补偿配流盘的轴向间隙。同样柱塞也分两部分，分布在鼓轮 4 内的叫推杆 9，分布在缸体 7 内的叫做柱塞 10。推杆 9 在柱塞 10 的作用下与斜盘 2 接触，由于缸体 7 和工作柱塞 10 仅承受轴向力，而推杆 9 和鼓轮 4 既承受轴向力又承受径向力，所以推杆 9 和鼓轮 4 传递转矩。

b. 斜盘 2 与壳体间装有推力轴承 3，工作过程中，由于推杆 9 与斜盘 2 之间为刚性接触，所以减小了摩擦阻力损失。

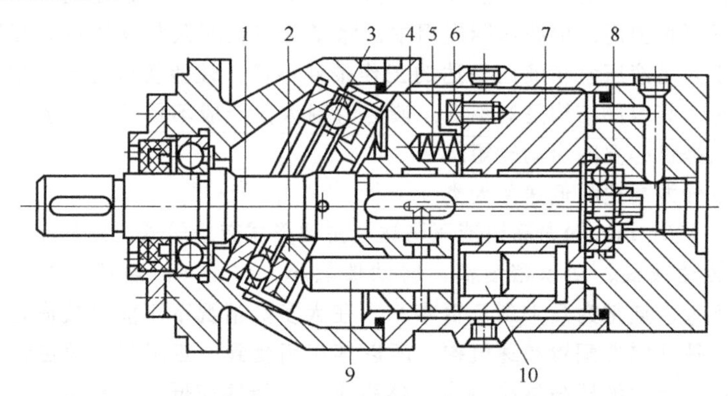

图 4-2 斜盘式定量轴向柱塞马达结构

1—传动轴；2—斜盘；3—推力轴承；4—鼓轮；5—弹簧；6—传动销；7—缸体；8—配流盘；9—推杆；10—柱塞

② 低速马达　QJ (K) M 系列球塞式液压马达采用了钢球代替结构较为复杂的横梁和滚轮组，体积小，重量轻，调速范围大，对油的清洁度无特殊要求，已广泛应用于工农业等行业。

图 4-3 为 QJM 型轴转液压马达的结构图。由图 4-3 可见， QJM 型轴转液压马达主要由钢球 1、缸体 2、分片式导轨 3、配流轴 4、柱塞 5 以及变速阀 11 等组成。壳体采用的是分片式的，由导轨 3 和后盖 6、前端盖 7 通过螺钉连接，形成整体。配流轴 4 是组合式，通过螺钉与后盖 6 固定在一起。同时，柱塞 5 做成了有大小端的阶梯状。这样处理的目的是使其头部可容纳直径比较大的钢球 1，并降低导轨曲面和柱塞球窝之间的比压。由于切向力是通过钢球经柱塞大端传给缸体 2 (转子) 的，因此属于柱塞传力结构。

图 4-4 为 QKM 型壳转液压马达的结构图。其特点是：缸体 2 固定，与导轨固定的壳体 1 旋转，配流轴 3 与壳体 1 一起转动。配流轴 3 与壳体 1 之间通过十字联轴器 4 连接，因而配流轴具有一定的浮动性。配流轴的轴向位置由左端小套中的弹簧 5 确定。

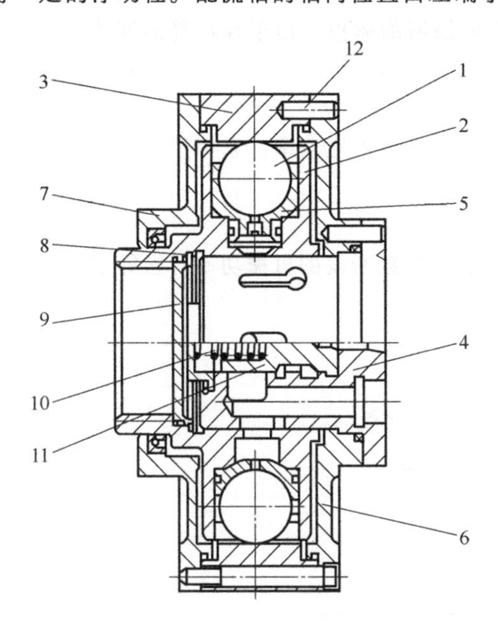

图 4-3　QJM 型轴转液压马达的结构图

1—钢球；2—缸体；3—分片式导轨；4—配流轴；5—柱塞；6—后盖；7—前端盖；8—孔用挡圈；9—封油闷头；10—弹簧；11—变速阀；12—定位销

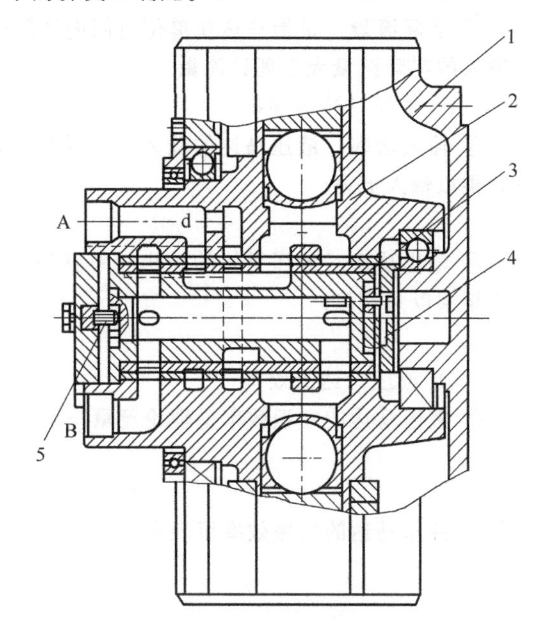

图 4-4　QKM 型壳转液压马达结构

1—壳体；2—缸体；3—配流轴；4—十字联轴器；5—弹簧

(3) 液压马达的选用

选用液压马达时考虑以下几个因素：

① 首先根据负载转矩和转速的要求确定液压马达所需转矩和转速的大小。

② 根据负载和转速确定液压马达的工作压力和排量大小。

③ 根据执行元件的转速要求确定采用定量马达还是变量马达。

对于液压马达不能直接满足负载转矩和转速要求的，可以考虑配置减速机构，这在实际应用中也是经常遇到的。

4.1.2　液压马达的主要性能参数

液压马达是一个将油液的压力能转化为机械能的能量转换装置。

(1) 液压马达的压力

① 工作压力(工作压差)　是指液压马达在实际工作时的输入压力。马达的入口压力与出口压力的差值为马达的工作压差，一般在马达出口直接回油箱的情况下，近似认为马达的工作压力就是马达的工作压差。

② 额定压力　是指液压马达在正常工作状态下，按实验标准连续使用中允许达到的最高压力。

(2) 液压马达的排量

液压马达的排量是指马达在没有泄漏的情况下每转一转所需输入的油液的体积。它是通过液压马达工作容积的几何尺寸变化计算得出的。

(3) 液压马达的流量

液压马达的流量分为理论流量、实际流量。

① 理论流量　是指马达在没有泄漏的情况下单位时间内其密封容积变化所需输入的油液的体积，可见，它等于马达的排量和转速的乘积。

② 实际流量　是指马达在单位时间内实际输入的油液的体积。由于存在着油液的泄漏，马达输入的实际流量大于理论流量。

(4) 液压马达的功率

① 输入功率　液压马达的输入功率就是驱动马达运动的液压功率，它等于液压马达的输入压力乘以输入流量:

$$P_i = q\Delta p \tag{4-1}$$

② 输出功率　液压马达的输出功率就是马达带动外负载所需的机械功率，它等于马达的输出转矩乘以角速度:

$$P_o = T\omega \tag{4-2}$$

(5) 液压马达的效率

① 液压马达的容积效率是理论流量与实际输入流量的比值:

$$\eta_{mv} = \frac{q_t}{q} = \frac{q-\Delta q}{q} = 1-\frac{\Delta q}{q} \tag{4-3}$$

② 液压马达的机械效率可表示为

$$\eta_{mm} = \frac{T}{T_t} = \frac{T}{T+\Delta T} \tag{4-4}$$

③ 液压马达的总效率

$$\eta_m = \eta_{mv}\eta_{mm} \tag{4-5}$$

(6) 液压马达的转矩和转速

对于液压马达的参数计算，常常是要计算马达能够驱动的负载及输出的转速为多少，由前面计算可推出，液压马达的输出转矩为

$$T = \frac{\Delta p V}{2\pi}\eta_{mm} \tag{4-6}$$

马达的输出转速为

$$n = \frac{q\eta_{mv}}{V} \tag{4-7}$$

4.1.3 液压马达的图形符号

液压马达的图形符号（图 4-5）与液压泵类似，但要注意，液压马达是输入液压油。

(a) 单向定量液压马达　(b) 双向定量液压马达　(c) 单向变量液压马达　(d) 双向变量液压马达

图 4-5　液压马达的图形符号

4.1.4 液压马达常见故障及排除

本小节以 QJM、 QKM 型柱（球）塞式轴转液压马达和壳转液压马达为例，详细介绍其调整、使用与维护，常见故障与排除方法等。

(1) QJM、 QKM 型液压马达的调整、使用与维护

① 转速的调整　液压马达在投入运转前先和工作机构脱开，在空载状态先启动，再从低速到高速逐步调试，并注意空载排气，然后反转。同时，应检查壳体温升和噪声是否正常，待空载运转正常后，停机将液压马达与工作机构连接再次启动液压马达从低速到高速负载运动。

② 使用和维护

a. 液压系统使用的工作液应根据工作转速、工作压力和工作温度选用不同牌号的油，一般情况下建议选用 46 号抗磨液压油（或与它相似的油），在使用压力较低情况下可以使用一般机械油，当工作转速较低、油温较高时可选用黏度较高的油，当转速较高、油温较低时可选用黏度较低的油。

b. 新装液压马达的系统，工作油在运转 2～3 月后应调换一次，以后每隔 1～2 年换一次油，具体视使用条件和工作环境而定。

c. 一般情况下液压马达壳体温度应在 80℃以下。

d. 液压马达在工作中存在着作泵工况时，液压马达的主回路应有 0.3～0.8MPa 的回油或供油压力，转速高时取大值，具体视工况而定，以不出现敲击声为准。

e. 液压系统中不得吸入空气，否则会使液压马达运转不平稳，出现噪声和振动。

③ 拆卸和装配

a. 拆卸。QJM 液压马达拆卸时，先拧下外圈螺栓，然后用螺钉拧入前后盖上的启盖螺孔即可拆卸前、后盖，同时配流轴即可与转子体分离。注意勿拉伤配流轴。如要将配流轴与后盖拆开，只要拧下螺钉即可（请参照图 4-3）。

b. 装配。液压马达各部件经检修或更换后，装配前应注意下列事项：

• 全部零件用柴油清洗并擦净，涂上清洁机油。

• 不准用脏的零件装配。转子体、配流轴、活塞、钢球的摩擦表面和密封槽不允许有划痕、凹陷和毛刺等缺陷。

• 各密封件一般均应更换（轴封一般在累计运转 2000h 后应调换一次），装配时密封件表面应涂以清洁机油，工作表面不得有任何损伤。

c. 装配顺序。

• 配油轴与后盖用螺钉装成一体。

• 带后盖的配流轴装入转子体。

• 先将钢球活塞选配好后，装入转子体（必须注意同一台马达中钢球可以互换，但各台马达中钢球不能互换）。

• 定子装入后盖止口中。

• 前盖止口装入定子。注意前盖装入转子体时，避免转子体伸出端损坏油封。

• 把前后盖定子用螺钉拧紧（注意定位孔必须对准，各密封圈不要遗忘），除带制动器的马达外。装配后用手或其他物件进行盘动出轴时，应转动均匀无轻重现象。

(2) QJM、QKM 型液压马达常见故障及排除方法

QJM、QKM 型液压马达常见故障及排除方法见表 4-1。

(3) QJM、QKM 型液压马达转速变慢故障分析

在调试包含有液压马达的液压传动系统时会遇到液压马达不转或转动缓慢或不稳定的现象，这和系统构成有关，产生原因也不尽相同。在液压传动系统中，遇到这种情况，除了检查溢流阀的毛病外还要检查有关的单向阀是否漏油。又如在装有平衡阀和常闭式制动器的起重回路中，若遇到下降负荷时出现“点头”现象，就应检查、调节（如可调）平衡阀的开启压力和制动回路中的单向节流阀，使它们和负荷相匹配。

(4) QJM、QKM 型液压马达典型故障检查流程图

为便于读者快速检查分析液压马达的故障，图 4-6 给出了 QJM、QKM 型液压马达的典型故障检查流程图。

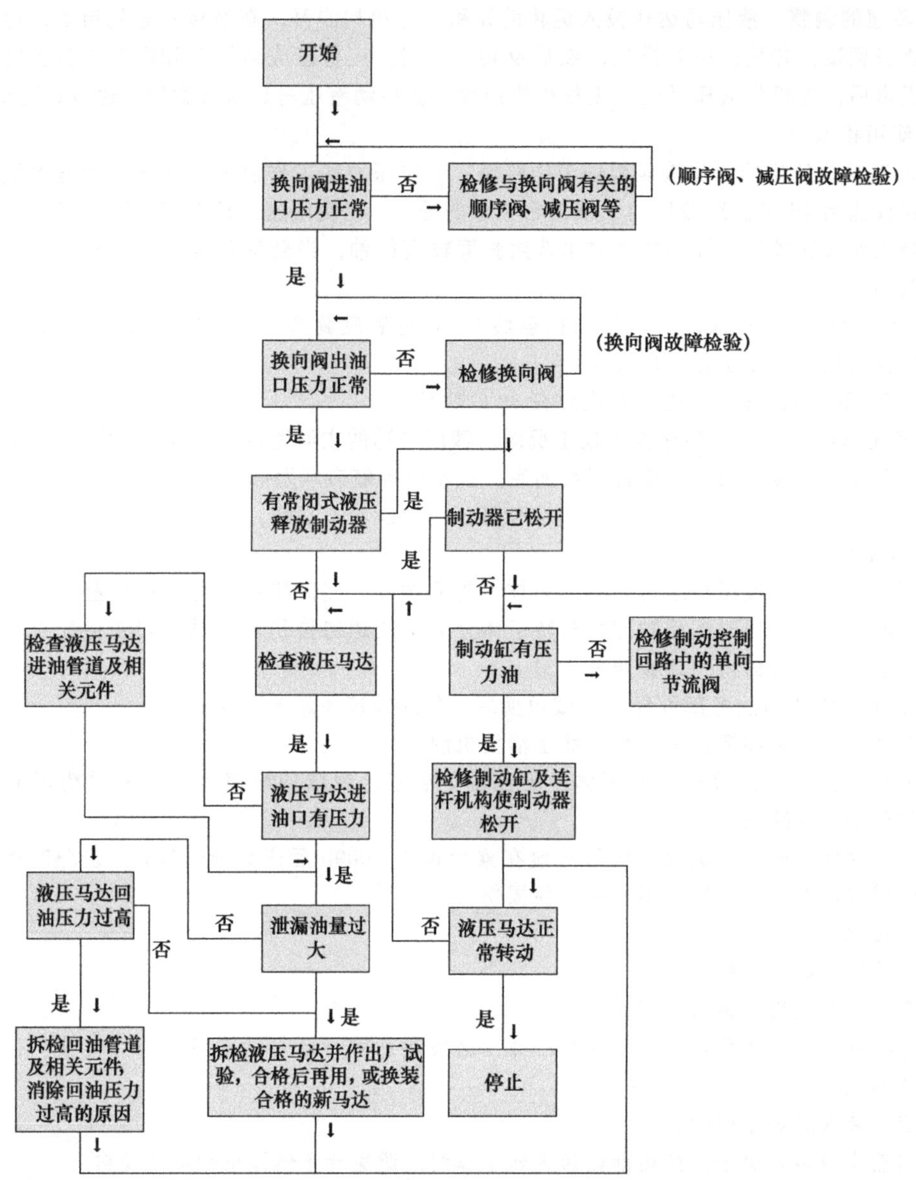

图 4-6　QJM、QKM 型液压马达典型故障检查流程图

表 4-1　QJM、QKM 型液压马达常见故障及排除方法

故障现象	产生原因	排除方法
1. 液压马达不转或转动很慢	(1)负载大,泵供油压力不够	提高泵供油压力,或调高溢流阀、溢流压力
	(2)旋入马达壳体泄油孔接头长度太长,造成与转子相摩擦	检查泄油接头长度
	(3)连接马达输出轴同心度严重超差或输出轴太长同马达、转子后退与后盖相摩擦	拆下马达检查与马达连接输出轴
2. 有冲击声	(1)补油压力不够(即回油背压不够)	提高补油压力,可用在回油路上加单向阀或节流阀的方法来解决
	(2)油中有空气	检查油路,消除进气的原因或排出空气
	(3)液压泵供油不连续或换向阀频繁换向	检查并消除液压泵和换向阀故障
	(4)液压马达零件损坏	拆检液压马达

续表

故障现象	产生原因	排除方法
3. 液压马达壳体温升不正常	(1)油温太高	A. 检查系统各元件,有无不正常故障,如各元件正常则应加强油液冷却 B. 对制动器液压马达,如果负载压力不足以打开制动器(负载压力小于制动器打开压力),应采用在回油管路上加背压的方法解决
	(2)产生故障1中(2)、(3)情况	按相对应的(2)、(3)方法排除
	(3)液压马达效率低	拆检液压马达,修理或换新的
4. 泄油量大,液压马达转动无力	(1)液压马达活塞环损坏	拆开液压马达调换活塞环
	(2)液压马达配流轴与转子体之间配合面损坏,主要是因油液中杂质嵌入了配流轴与转子体之间的配合面	检查配流轴,重新选配时清洗管道和油箱
5. 液压马达有外泄漏	(1)密封圈损坏	拆开马达调换密封圈
	(2)由故障1中(2)、(3)情况造成马达壳体腔压力提高,冲破密封圈所致	按相对应的(2)、(3)方法排除
6. 液压马达入口压力表有极不正常的颤动	(1)油中有空气	消除油中产生空气的原因,可观察油箱回油处有无泡沫
	(2)液压马达有异常	拆检液压马达

4.2 液压缸的使用与维修

在液压系统中,液压缸属于执行装置,用以将液压能转变成往复运动的机械能。由于工作机的运动速度、运动行程与负载大小、负载变化的种类繁多,液压缸的规格和种类也呈现出多样性。凡需要产生巨大推力以完成确定工作任务或作用力虽然不大,但要求运动比较精确和复杂的,往往都采用液压缸。

4.2.1 液压缸种类和特点

液压缸的种类繁多,分类方法亦有多种。可以根据液压缸的结构形式、支承形式、额定压力、使用的工作油以及作用的不同进行分类。

液压缸按基本结构形式可分为活塞缸(单杆活塞缸和双杆活塞缸)、柱塞缸和摆动缸(单叶片式、双叶片式),按作用方式可分为单作用和双作用两种。单作用缸是缸一个方向的运动靠液压油驱动,反向运动必须靠外力(如弹簧力或重力)来实现,双作用缸是缸两个方向的运动均靠液压油驱动。按缸的特殊用途可将液压缸分为串联缸、增压缸、增速缸、步进缸和伸缩套筒缸等。这些缸都不是一个单纯的缸筒,而是和其他缸筒和构件组合而成,所以从结构的观点看,这些缸又叫组合缸。

4.2.1.1 活塞缸

(1) 双作用双杆缸

图4-7所示为双作用双杆缸的工作原理图。在活塞的两侧均有杆伸出,两腔有效面积相等。

① 往复运动的速度(供油流量相同)

$$v=\frac{q\eta_v}{A}=\frac{4q\eta_v}{\pi(D^2-d^2)} \tag{4-8}$$

② 往复出力(供油压力相同)

$$F=A(p_1-p_2)\eta_m=\frac{\pi}{4}(D^2-d^2)(p_1-p_2)\eta_m \tag{4-9}$$

式中　q——缸的输入流量；

A——活塞有效作用面积；

D——活塞直径（缸筒内径）；

d——活塞杆直径；

p_1——缸的进口压力；

p_2——缸的出口压力；

η_v——缸的容积效率；

η_m——缸的机械效率。

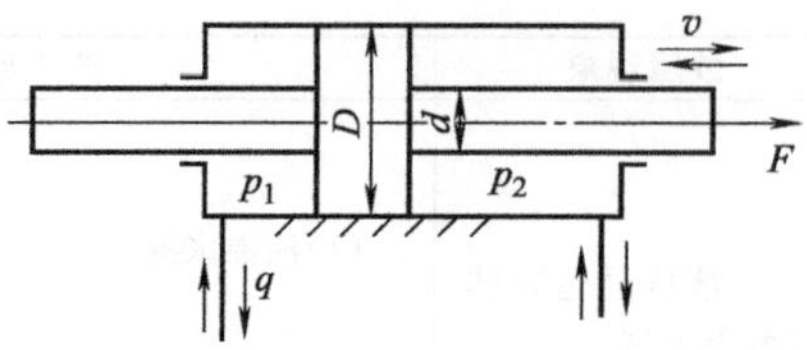

图 4-7　双作用双杆缸

③ 特点

a. 往复运动的速度和出力相等。

b. 长度方向占有的空间：当缸体固定时约为缸体长度的 3 倍；当活塞杆固定时约为缸体长度的 2 倍。

(2) 双作用单杆缸

图 4-8 所示为双作用单杆缸的工作原理图。其一端伸出活塞杆，两腔有效面积不相等。

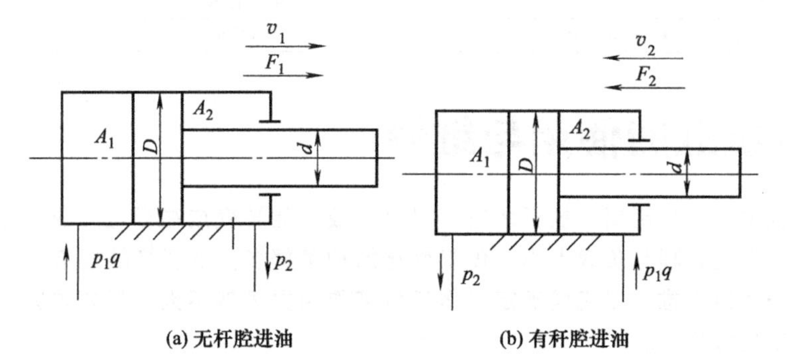

(a) 无杆腔进油　　(b) 有杆腔进油

图 4-8　双作用单杆缸

① 往复运动的速度（供油流量相同）

$$v_1=\frac{q\eta_v}{A_1}=\frac{q\eta_v}{\frac{\pi}{4}D^2} \tag{4-10}$$

$$v_2=\frac{q\eta_v}{A_2}=\frac{q\eta_v}{\frac{\pi}{4}(D^2-d^2)} \tag{4-11}$$

速度之比

$$\varphi=\frac{v_2}{v_1}=\frac{D^2}{D^2-d^2} \tag{4-12}$$

式中　q——缸的输入流量；

A_1——无杆腔的活塞有效作用面积；

A_2——有杆腔的活塞有效作用面积；

D——活塞直径（缸筒内径）；

d——活塞杆直径；

η_v——缸的容积效率。

② 往复出力（供油压力相同）

$$F_1=(p_1A_1-p_2A_2)\eta_m=\frac{\pi}{4}[p_1D^2-p_2(D^2-d^2)]\eta_m \tag{4-13}$$

$$F_2=(p_1A_2-p_2A_1)\eta_m=\frac{\pi}{4}[p_1(D^2-d^2)-p_2D^2]\eta_m \tag{4-14}$$

式中　η_m——缸的机械效率；

p_1——缸的进口压力；

p_2——缸的出口压力。

③ 特点

a. 往复运动的速度及出力均不相等；

b. 长度方向占有的空间大致为缸体长的两倍；

c. 活塞杆外伸时受压，要有足够的刚度。

(3) 差动连接缸

所谓的差动连接就是把单杆活塞缸的无杆腔和有杆腔连接在一起，同时通入高压油，如图 4-9 所示。由于无杆腔受力面积大于有杆腔受力面积，使得活塞所受向右的作用力大于向左的作用力，因此活塞杆做伸出运动，并将有杆腔的油液挤出，流进无杆腔。

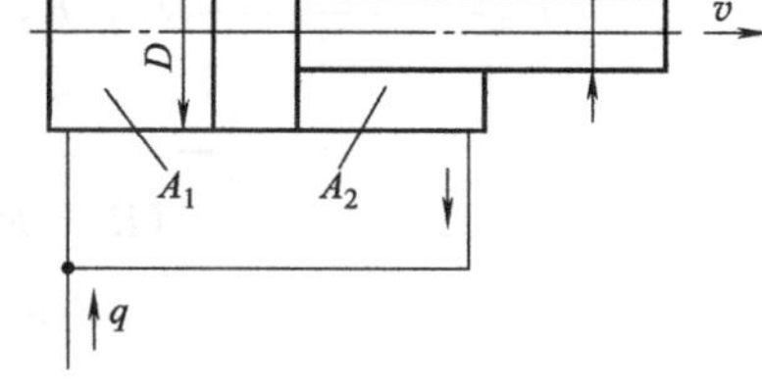

图 4-9　差动连接缸

① 运动速度　由公式

$$q+vA_2=vA_1 \tag{4-15}$$

在考虑了缸的容积效率 η_v 后得运动速度

$$v=\frac{q\eta_v}{A_1-A_2}=\frac{4q\eta_v}{\pi d^2} \tag{4-16}$$

② 出力

$$F=p(A_1-A_2)\eta_m=\frac{\pi}{4}d^2p\eta_m \tag{4-17}$$

③ 特点

a. 只能向一个方向运动，反向时必须断开差动（通过控制阀来实现）。

b. 速度快、出力小。用于增速、负载小的场合。

4.2.1.2　柱塞缸

所谓的柱塞缸就是缸筒内没有活塞，只有一个柱塞，如图 4-10 (a) 所示。柱塞端面是承受油压的工作面，动力通过柱塞本身传递；缸体内壁和柱塞不接触，因此缸体内孔可以只作粗加工或不加工，简化加工工艺；由于柱塞较粗，刚度和强度足够，所以适用于工作行程较长的场合；只能单方向运动，工作行程靠液压驱动，回程靠其他外力或自重驱动，可以用两个柱塞缸来实现双向运动（往复运动），如图 4-10 (b) 所示。

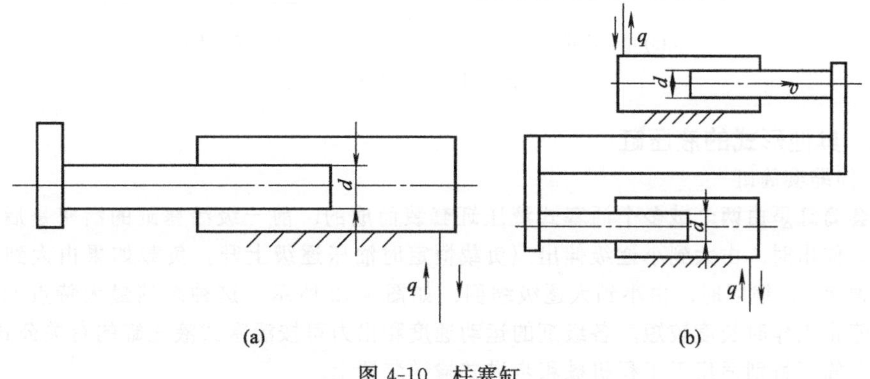

图 4-10　柱塞缸

柱塞缸的运动速度和出力分别为：

$$v=\frac{q\eta_v}{\frac{\pi}{4}d^2} \tag{4-18}$$

$$F=p\frac{\pi}{4}d^2\eta_m \tag{4-19}$$

式中 d——柱塞直径；

q——缸的输入流量；

p——液体的工作压力。

4.2.1.3 摆动缸

摆动缸是实现往复摆动的执行元件，输入的是压力和流量，输出的是转矩和角速度。它有单叶片式和双叶片式两种形式。

图 4-11 (a)、(b) 所示分别为单叶片式和双叶片式摆动缸，它们的输出转矩和角速度分别为

$$T_{单}=\left(\frac{R_2-R_1}{2}+R_1\right)(R_2-R_1)b(p_1-p_2)\eta_m=\frac{b}{2}(R_2{}^2-R_1{}^2)(p_1-p_2)\eta_m \tag{4-20}$$

$$\omega_{单}=\frac{q\eta_v}{(R_2-R_1)b\left(\frac{R_2-R_1}{2}+R_1\right)}=\frac{2q\eta_v}{b(R_2{}^2-R_1{}^2)} \tag{4-21}$$

$$T_{双}=2T_{单} \qquad \omega_{双}=\omega_{单}/2$$

式中 R_1——轴的半径；

R_2——缸体的半径；

p_1——进油的压力；

p_2——回油的压力；

b——叶片宽度。

单叶片的摆动角度为 300° 左右，双叶片的摆动角度为 150° 左右。

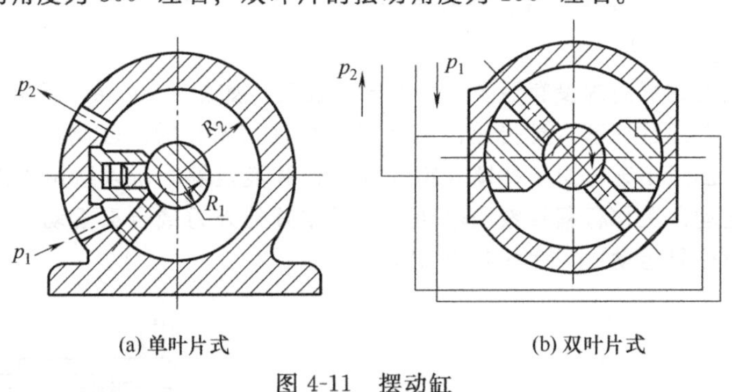

(a) 单叶片式　　(b) 双叶片式

图 4-11　摆动缸

4.2.1.4 其他形式的液压缸

(1) 伸缩套筒缸

伸缩套筒缸是由两个或多个活塞式液压缸套装而成的，前一级活塞缸的活塞是后一级活塞缸的缸筒。伸出时，由大到小逐级伸出（负载恒定时油压逐级上升。负载如果由大到小变化可保证油压恒定）；缩回时，由小到大逐级缩回，如图 4-12 所示。这种缸的最大特点就是工作时行程长，停止工作时长度较短。各级缸的运动速度和出力可按活塞式液压缸的有关公式计算。

伸缩套筒缸特别适用于工程机械和步进式输送装置上。

(2) 增压缸

增压缸又叫增压器，如图 4-13 所示。它是在同一个活塞杆的两端接入两个直径不同的活

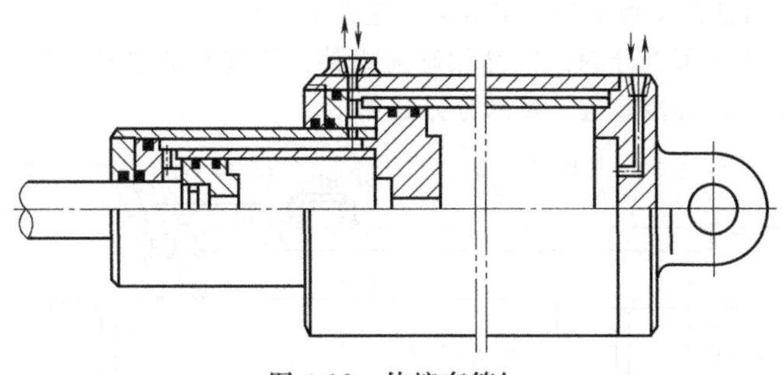

图 4-12　伸缩套筒缸

塞，利用两个活塞有效面积之差来使液压系统中的局部区域获得高压。具体工作过程是这样的，在大活塞侧输入低压油，根据力平衡原理，在小活塞侧必获得高压油（有足够负载的前提下）。即

$$p_1A_1=p_2A_2 \tag{4-22}$$

故

$$p_2=p_1\frac{A_1}{A_2}=p_1K \tag{4-23}$$

式中　p_1——输入的低压；

p_2——输出的高压；

A_1——大活塞的面积；

A_2——小活塞的面积；

K——增压比，　$K=A_1/A_2$。

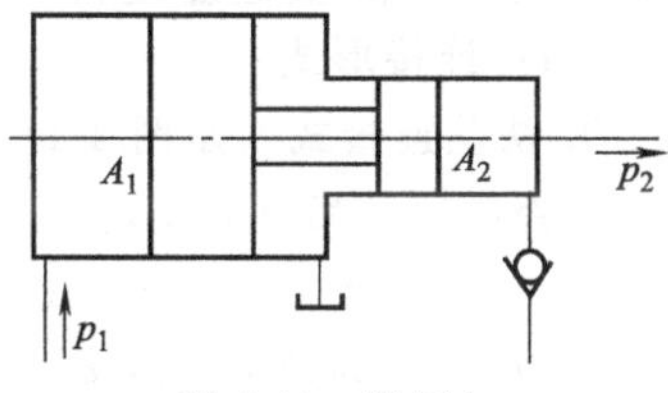

图 4-13　增压缸

增压缸不能直接驱动工作机构，只能向执行元件提供高压，常与低压大流量泵配合使用来节约设备的费用。

(3) 增速缸

图 4-14 所示为增速缸的工作原理图。先从 a 口供油使活塞 2 以较快的速度右移，活塞 2 运动到某一位置后，再从 b 口供油，活塞以较慢的速度右移，同时输出力也相应增大。其常用于卧式压力机上。

(4) 齿轮齿条缸

齿轮齿条缸由带有齿条杆的双活塞缸和齿轮齿条机构组成，如图 4-15 所示。它将活塞的往复直线运动经齿轮齿条机构转变为齿轮轴的转动，多用于回转工作台和组合机床的转位、液压机械手和装载机铲斗的回转等。

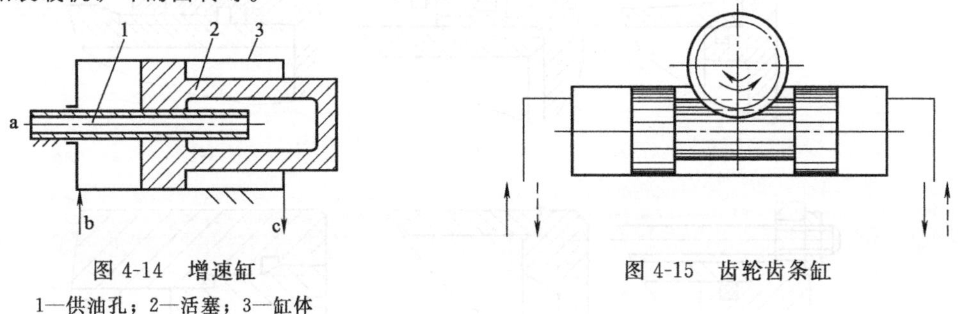

图 4-14　增速缸

1—供油孔；2—活塞；3—缸体

图 4-15　齿轮齿条缸

4.2.2 液压缸结构

在液压缸中最具有代表性的结构就是双作用单杆缸的结构，如图 4-16 所示（此缸是工程机

械中的常用缸）。下面就以这种缸为例来讲讲液压缸的结构。

液压缸的结构基本上可以分为：缸筒和缸盖组件、活塞和活塞杆组件、密封装置、缓冲装置和排气装置五个部分及连接装置，各部分分述如下。

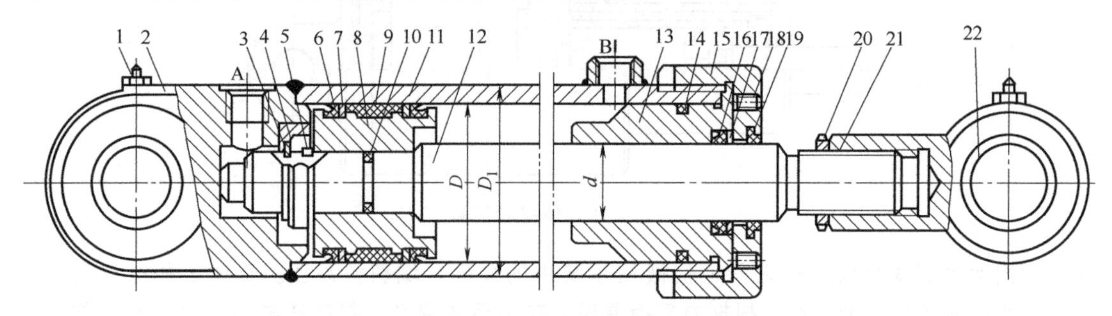

图 4-16　双作用单杆缸的结构

1—螺钉；2—缸底；3—弹簧卡圈；4—挡环；5—卡环（由两个半圆圈组成）；6—密封圈；7—挡圈；8—活塞；9—支承环；10—活塞与活塞杆之间的密封圈；11—缸筒；12—活塞杆；13—导向套；14—导向套和缸筒之间密封圈；15—端盖；16—导向套和活塞杆之间的密封圈；17—挡圈；18—锁紧螺钉；19—防尘圈；20—锁紧螺母；21—耳环；22—耳环衬套圈

4.2.2.1　缸筒及缸盖组件

（1）连接形式

① 法兰连接式　如图 4-17（a）所示，这种连接形式的特点是结构简单，容易加工、装拆；但外形尺寸和重量较大。

② 半环连接式　如图 4-17（b）所示，这种连接分为外半环连接和内半环连接两种形式［图 4-17（b）为外半环连接］。这种连接形式的特点是容易加工、装拆，重量轻；但削弱了缸筒强度。

③ 螺纹连接式　如图 4-17（c）、（f）所示，这种连接有外螺纹连接和内螺纹两种形式。这种连接形式的特点是外形尺寸和重量较小；但结构复杂，外径加工时要求保证与内径同心，装拆要使用专用工具。

④ 拉杆连接式　如图 4-17（d）所示，这种连接的特点是结构简单，工艺性好，通用性强，易于装拆；但端盖的体积和重量较大，拉杆受力后会拉伸变长，影响密封效果，仅适用于长度不大的中低压缸。

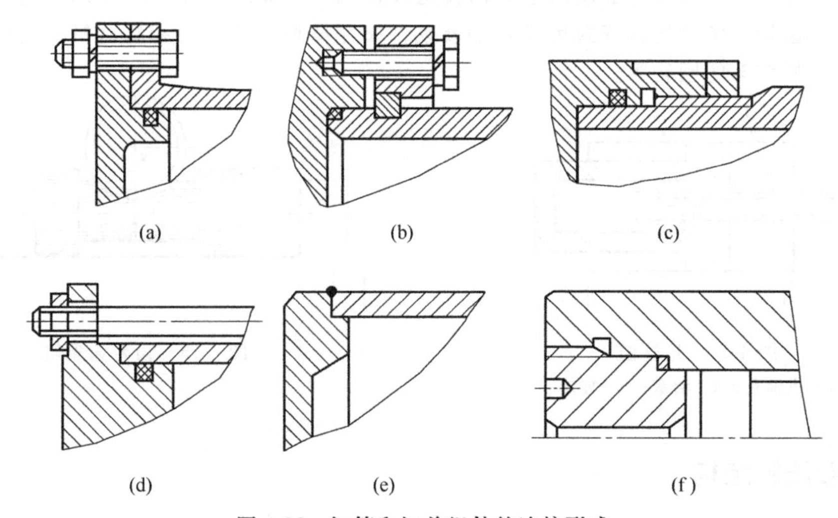

图 4-17　缸筒和缸盖组件的连接形式

⑤ 焊接连接式　如图 4-17（e）所示，这种连接形式只适用缸底与缸筒间的连接。这种连接形式的特点是外形尺寸小，连接强度高，制造简单；但焊后易使缸筒变形。

（2）密封形式

如图 4-17 所示，缸筒与缸盖间的密封属于静密封，主要的密封形式是采用 O 形密封圈密封。

（3）导向与防尘

对于缸前盖还应考虑导向和防尘问题。导向的作用是保证活塞的运动不偏离轴线，以免产生拉缸现象，并保证活塞杆的密封件能正常工作。导向套是用铸铁、青铜、黄铜或尼龙等耐磨材料制成，可与缸盖做成整体或另外压制。导向套不应太短，以保证受力良好，见图 4-16 中的 13 号件。防尘就是防止灰尘被活塞杆带入缸体内，造成液压油的污染。通常在缸盖上装一个防尘圈，见图 4-16 中的 19 号件。

（4）缸筒与缸盖的材料

缸筒：35 钢或 45 钢调质无缝钢管；也有采用锻钢、铸钢或铸铁等材料的，在特殊情况下也有采用合金钢的。

缸盖：35 钢或 45 钢锻件、铸件、圆钢或焊接件；也有采用球墨铸铁或灰铸铁的。

4.2.2.2 活塞与活塞杆组件

（1）连接形式

① 螺纹连接式　如图 4-18(a)所示，这种连接形式的优点是结构简单，装拆方便；但高压时会松动，必须加防松装置。

② 半环连接式　如图 4-18(b)所示，这种连接形式的优点是工作可靠；但结构复杂、装拆不便。

③ 整体式和焊接式　适用于尺寸较小的场合。

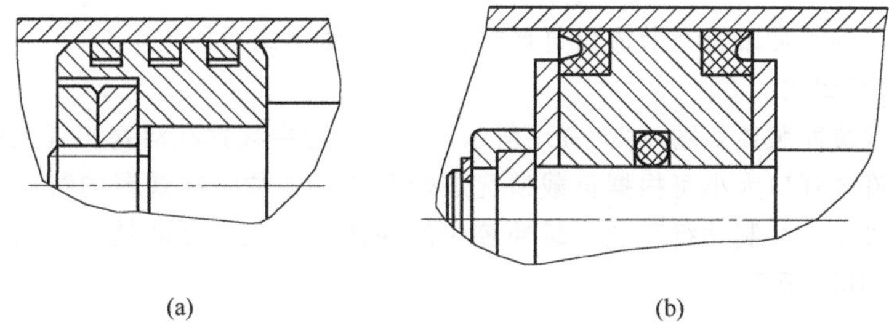

(a)　　(b)

图 4-18　活塞和活塞杆组件的连接形式

（2）密封形式

活塞与活塞杆间的密封属于静密封，通常用 O 形密封圈来密封。

活塞与缸筒间的密封属于动密封，既要封油，又要相对运动，对密封的要求较高，通常采用的形式有以下几种：

① 图 4-19(a)所示为间隙密封，它依靠运动件间的微小间隙来防止泄漏，为了提高密封能力，常制出几条环形槽，增加油液流动时的阻力。它的优点是结构简单、摩擦阻力小、可耐高温，但泄漏大、加工要求高、磨损后无法补偿。用于尺寸较小、压力较低、相对运动速度较高的情况下。

② 图 4-19(b)所示为摩擦环密封，靠摩擦环支承相对运动，靠 O 形密封圈来密封。它的优点是密封效果较好，摩擦阻力较小且稳定，可耐高温，磨损后能自动补偿；但加工要求高，装拆较不便。

③ 图 4-19(c)、(d)所示为密封圈密封，它利用橡胶或塑料的弹性使各种截面的环形圈贴紧在

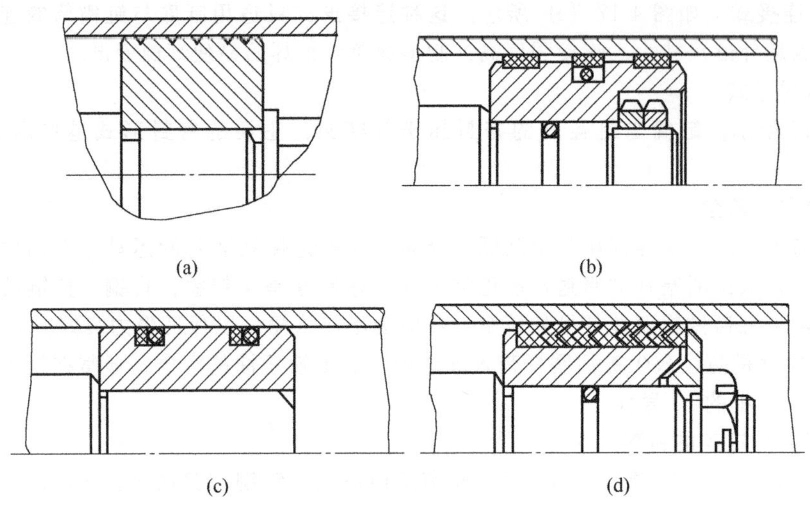

图 4-19 活塞与缸筒间的密封形式

间隙、过盈配合面之间来防止泄漏。它的优点是结构简单、制造方便、磨损后能自动补偿，性能可靠。

4.2.2.3 缓冲装置

液压缸一般都设置缓冲装置，特别是活塞运动速度较高和运动部件质量较大时，为了防止活塞在行程终点与缸盖或缸底发生机械碰撞，引起噪声、冲击，甚至造成液压缸或被驱动件的损坏，必须设置缓冲装置。其基本原理就是利用活塞或缸筒在走向行程终端时在活塞和缸盖之间封住一部分油液，强迫它从小孔后细缝中挤出，产生很大阻力，使工作部件受到制动，逐渐减慢运动速度。

液压缸中常用的缓冲装置有节流口可调式和节流口变化式两种。

(1) 节流口可调式

节流口可调式缓冲装置如图 4-20 (a) 所示，缓冲过程中被封在活塞和缸盖间的油液经针形节流阀流出，节流阀开口大小可根据负载情况进行调节。这种缓冲装置的特点是起始缓冲效果好，后来缓冲效果差，故制动行程长；缓冲腔中的冲击压力大；缓冲性能受油温影响。缓冲性能曲线如图 4-20 (b) 所示。

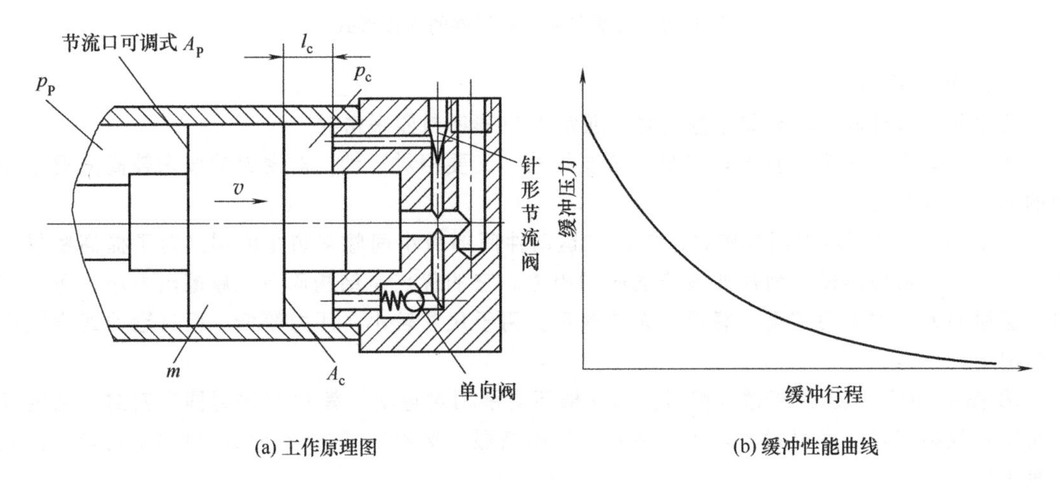

图 4-20 节流口可调式缓冲装置

(2) 节流口变化式

节流口变化式缓冲装置如图 4-21(a)所示，缓冲过程中被封在活塞和缸盖间的油液经活塞上的轴向节流槽流出，节流口通流面积不断减小。这种缓冲装置的特点是当节流口的轴向横截面为矩形、纵截面为抛物线形时，缓冲腔可保持恒压；缓冲作用均匀，缓冲腔压力较小，制动位置精度高。缓冲性能曲线如图 4-21(b)所示。

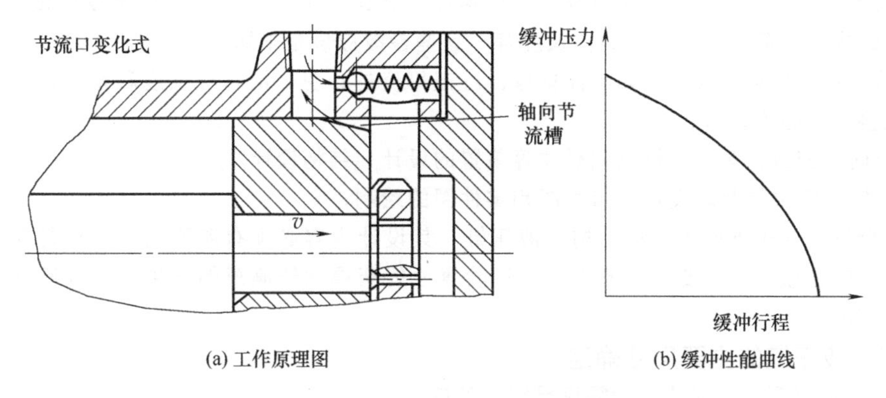

(a) 工作原理图　　(b) 缓冲性能曲线

图 4-21　节流口变化式缓冲装置

4.2.2.4　排气装置

液压系统在安装过程中或长时间停止工作之后会渗入空气，油中也会混有空气，由于气体有很大的可压缩性，会使执行元件产生爬行、噪声和发热等一系列不正常现象，因此在设计液压缸时，要保证能及时排除积留在缸内的气体。

一般利用空气比较轻的特点可在液压缸的最高处设置进出油口把气体带走，如不能在最高处设置油口时，可在最高处设置放气孔或专门的放气阀等放气装置，如图 4-22 所示。

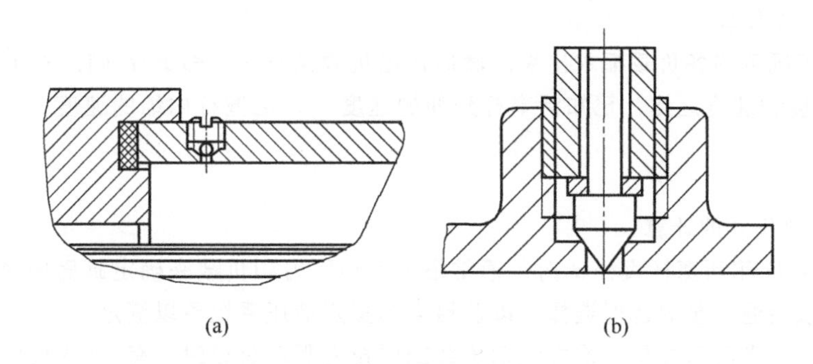

(a)　　(b)

图 4-22　排气装置

4.2.3　液压缸的设计与计算

一般来说液压缸是标准件，但有时也需要自行设计或向生产厂家提供主要尺寸。本小节主要介绍液压缸主要尺寸的计算及强度、刚度的验算方法等。

4.2.3.1　液压缸的设计依据与步骤

(1) 设计依据

① 主机的用途和工作条件。

② 工作机构的结构特点、负载情况、行程大小和动作要求等。

③ 液压系统的工作压力和流量。

④ 有关的国家标准。

国家对额定压力、速比、液压缸内径、液压缸外径、活塞杆直径及进出口连接尺寸等都做了规定（见有关的手册）。

(2) 设计步骤

① 液压缸类型和各部分结构形式的选择。

② 基本参数的确定，如工作负载、工作速度、速比、工作行程（这些参数应该是已知），以及液压缸内径、活塞杆直径、导向长度等（这些参数应该是未知）。

③ 结构强度计算和验算，如缸筒壁厚、缸盖厚度的计算，活塞杆强度和稳定性验算，以及各部分连接结构强度计算。

④ 导向、密封、防尘、排气和缓冲等装置的设计（结构设计）。

⑤ 计算说明书的整理设计，装配图和零件图的绘制。

应当指出，对于不同类型和结构的液压缸，其设计内容必须有所不同，而且各参数之间往往具有各种内在联系，需要综合考虑、反复验算才能获得比较满意的结果，所以设计步骤也不是固定不变的。

4.2.3.2 液压缸的主要尺寸确定

(1) 要进行缸主要尺寸的计算应已知的参数

① 工作负载　液压缸的工作负载是指工作机构在满负荷情况下，以一定加速度启动时对液压缸产生的总阻力。

$$F=F_e+F_f+F_i+F_u+F_s \tag{4-24}$$

式中　F_e——负载（荷重）；

F_f——摩擦负载；

F_i——惯性负载；

F_u——黏性负载；

F_s——弹性负载。

把对应各工况下的各负载都求出来，然后作出负载循环图，即 $F(t)$ 图，求出 F_{max}。

② 工作速度和速度之比　已知活塞杆外伸的速度 v_1，活塞杆内缩的速度 v_2，以及两者的比值 $\varphi=\frac{v_2}{v_1}$。

(2) 缸主要尺寸的计算

求缸筒内径 D 和活塞杆直径 d 时，通常根据工作压力和负载来确定缸筒内径。最高速度的满足一般在校核后通过泵的合理选择，以及恰当的拟定液压系统予以满足。

对于单杆缸，当活塞杆是以推力驱动负载或以拉力驱动负载时，有(缸的机械效率取为 1)

$$F_{max}=\frac{\pi}{4}D^2p_1-\frac{\pi}{4}(D^2-d^2)p_2 \tag{4-25}$$

或

$$F_{max}=\frac{\pi}{4}(D^2-d^2)p_1-\frac{\pi}{4}D^2p_2 \tag{4-26}$$

在以上两式中，已知的参数只有 F_{max}，未知的参数有 p_1、p_2、D、d，此方程无法求解。但这里的 p_1 和 p_2 可以查有关的手册选取。D 和 d 之间有如下的关系：当速度之比 φ 已知时，$d=D\sqrt{\frac{\varphi-1}{\varphi}}$；当速度之比 φ 未知时，可自己设定两者之间的关系，杆受拉 $\frac{d}{D}=0.3\sim0.5$，杆受压 $\frac{d}{D}=0.5\sim0.7$。这样我们就可以利用以上各式把 D 和 d 求出来。D 和 d 求出后要按国家标准进行圆整，圆整后 D 和 d 的尺寸就确定了。

(3) 最小导向长度 H 的计算

当活塞杆全部外伸时，从活塞支承面中点到导向套滑动面中点的距离称为最小导向长度 H，如图4-23所示。如果导向长度过小，将使液压缸的初始挠度（间隙引起的挠度）增大，影响液压缸的稳定性，因此在设计时必须保证有一定的最小导向长度。

对于一般的液压缸，其最小导向长度应满足下式：

$$H \geqslant \frac{L}{20} + \frac{D}{2} \tag{4-27}$$

式中　L——最大行程；

D——缸筒内径。

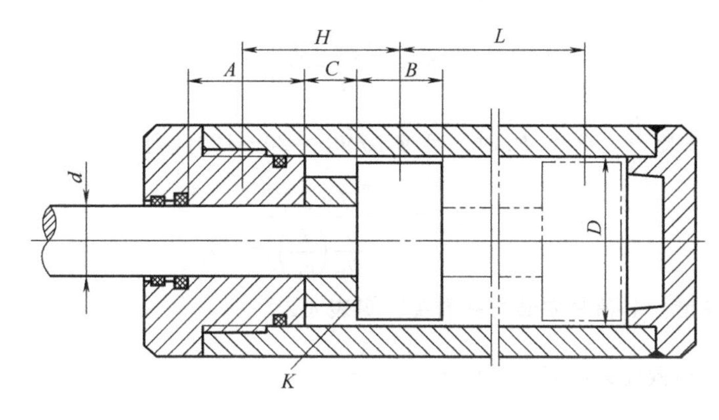

图4-23　液压缸最小导向长度

若最小导向长度 H 不够时，可在活塞杆上增加一个导向隔套 K 来增加 H 值。

4.2.3.3 液压缸强度及稳定性校核

(1) 缸筒壁厚的计算

① 当 $\frac{\delta}{D} \leqslant \frac{1}{10}$ 时按薄壁孔强度校核：

$$\delta \geqslant \frac{p_y D}{2[\sigma]} \tag{4-28}$$

② 当 $\frac{\delta}{D} > \frac{1}{10}$ 时，按第二强度理论校核：

$$\delta \geqslant \frac{D}{2}\left(\sqrt{\frac{[\sigma]+0.4p_y}{[\sigma]-1.3p_y}}-1\right) \tag{4-29}$$

式中　p_y——缸筒试验压力（缸的额定压力 $p_n \leqslant 16\text{MPa}$ 时，　$p_y = 1.5p_n$；缸的额定压力 $p_n >$ 16MPa 时，　$p_y = 1.25p_n$。）

$[\sigma]$——缸筒材料的许用应力；

D——缸筒内径；

δ——缸筒壁厚。

(2) 活塞杆强度及稳定性校核

活塞杆的强度一般情况下是足够的，主要是校核其稳定性。

① 活塞杆的强度校核　活塞杆的强度按下式校核：

$$d \geqslant \sqrt{\frac{4F_{max}}{\pi[\sigma]}} \tag{4-30}$$

式中 F_{max}——活塞杆上的最大作用力；

$[\sigma]$——活塞杆材料的许用应力。

② 活塞杆的稳定性校核 活塞杆受轴向压缩负载时，它所承受的力（一般指 F_{max}）不能超过使它保持稳定工作所允许的临界负载 F_k，以免发生纵向弯曲，破坏液压缸的正常工作。F_k 的值与活塞杆材料性质、截面形状、直径和长度以及液压缸的安装方式等因素有关。活塞杆的稳定性可按下式校核：

$$F_{max} \leqslant \frac{F_k}{n} \tag{4-31}$$

式中，n 为安全系数，一般取 $n=2\sim4$。

当活塞杆的细长比 $\frac{l}{r_k} > \Psi_1\sqrt{\Psi_2}$ 时，有

$$F_k = \frac{\Psi_2 \pi^2 EJ}{l^2} \tag{4-32}$$

当活塞杆的细长比 $\frac{l}{r_k} \leqslant \Psi_1\sqrt{\Psi_2}$ 时，且 $\Psi_1\sqrt{\Psi_2}=20\sim120$，则

$$F_k = \frac{fA}{1+\frac{a}{\Psi_2}\left(\frac{l}{r_k}\right)^2} \tag{4-33}$$

式中 l——安装长度，其值与安装方式有关，见表 4-2；

r_k——活塞杆横截面最小回转半径 $r_k=\sqrt{\frac{J}{A}}$；

Ψ_1——柔性系数；其值见表 4-3；

Ψ_2——支承方式或安装方式决定的末端系数，其值见表 4-2；

E——活塞杆材料的弹性模量；

J——活塞杆横截面惯性矩；

A——活塞杆横截面积；

f——材料强度决定的实验值，其值见表 4-3；

a——系数，其值见表 4-3。

表 4-2 液压缸支承方式和末端系数 Ψ_2 的值

支承方式	支承说明	末端系数 Ψ_2
l F l	一端自由，一端固定	$\frac{1}{4}$
l F l	两端铰接	1
l F l	一端铰接，一端固定	2

续表

支承方式	支承说明	末端系数 Ψ_2
l F l	两端固定	4

表 4-3　f、a、Ψ_1 的值

材料	$f/(\times 10^8 \mathrm{Pa})$	a	Ψ_1
铸铁	5.6	1/1600	80
锻钢	2.5	1/9000	110
软钢	3.4	1/7500	90
硬钢	4.9	1/5000	85

4.2.3.4　液压缸缓冲计算

液压缸的缓冲计算主要是确定缓冲距离及缓冲腔内的最大冲击压力。当缓冲距离由结构确定后，主要是根据能量关系来计算缓冲腔内的最大冲击压力。

设缓冲腔内的液压能为 E_1，则

$$E_1 = p_c A_c l_c \tag{4-34}$$

设工作部件产生的机械能为 E_2，则

$$E_2 = p_p A_p l_c + \frac{1}{2} m v_0{}^2 - F_f l_c \tag{4-35}$$

式中　$p_p A_p l_c$——高压腔中液压能；

$\frac{1}{2} m v_0^2$——工作部件动能；

$F_f l_c$——摩擦能；

p_c——平均缓冲压力；

p_p——高压腔中的油液压力；

A_c——缓冲腔的有效面积；

A_p——高压腔的有效面积；

l_c——缓冲行程长度；

m——工作部件质量；

v_0——工作部件运动速度；

F_f——摩擦力。

实现完全缓冲的条件是 $E_1 = E_2$ 故

$$p_c = \frac{E_2}{A_c l_c} \tag{4-36}$$

如缓冲装置为节流口可调式缓冲装置，在缓冲过程中的缓冲压力逐渐降低，假定缓冲压力线性地降低，则缓冲腔中的最大冲击压力为

$$p_{cmax} = p_c + \frac{m v_0^2}{2 A_c l_c} \tag{4-37}$$

如缓冲装置为节流口变化式缓冲装置，则缓冲压力 p_c 始终不变，为 $\frac{E_2}{A_c l_c}$。

4.2.4　液压缸常见故障及排除

液压缸作为液压系统的一个执行部分，其运行故障的发生，往往和整个系统有关，不能孤

立地看待，其中既存在影响液压缸正常工作的外部原因，当然也存在液压缸自身内在原因，所以在排除液压缸运行故障时要认真观察故障的征兆，采用逻辑推理，逐步逼近的方法，从外部到内在仔细分析故障原因，从而找出适当的解决办法，避免欠加分析、盲目地大拆大卸，造成事倍功半、停机停产。虽然液压缸运动故障的原因是多种多样的，但它和任何事物一样，其故障的发生也是有一定条件和规律的，只要掌握了这些条件和规律，加上实践经验的积累，排除其故障并不是困难的。

排除液压缸不能正常工作的故障，可参考如下顺序：

① 明确液压缸在启动时产生的故障性质。如运动速度不符合要求，输出的力不合适，没有运动，运动不稳定，运动方向错误，动作顺序错误，有爬行现象等。不论出现哪种故障，都可归结到一些基本问题上，如流量、压力、方向、方位、受力情况等方面。

② 列出对故障可能发生影响的元件目录。如缸速太慢，可以认为是流量不足所产生，此时应列出对缸的流量造成影响的元件目录，然后分析是否由于流量阀堵塞或不畅、缸本身泄漏、压力控制阀泄漏过大等，有重点地进行检查试验，对不合适的元件进行修理或更换。

③ 如有关元件均无问题，各油段的液压参数也基本正常，则进一步检查液压缸自身的因素。

液压缸运行故障的众多，下面就一些常见的运行故障逐一进行讨论。

(1) 液压缸动作不良

液压缸动作不良大多表现为不能动作；液压缸动作不灵敏，有阻滞现象；液压缸运动有爬行现象。

① 液压缸不能动作　液压缸不能动作往往发生在刚安装的液压缸上。首先从液压缸外部检查原因：检查液压缸所拖动的机构是否阻力太大，是否有卡死、楔紧、顶住其他部件等情况；检查进油口的液压力是否达到规定值，如达不到是否系统泄漏严重、溢流阀调压不灵等。排除了外部因素后，再进一步检查液压缸内在原因，采取相应的排除方法。现将液压缸不能动作的原因及排除方法分析如下：

a. 执行运动部件阻力太大。排除方法：检查和排除运动机构的卡死、楔紧等情况；检查并改善运动部件导轨的接触与润滑。

b. 进油口油液压力太低，达不到要求规定值。排除方法：检查有关油路系统的各处泄漏情况并排除泄漏；液压缸内泄漏过多，检查活塞与活塞杆处密封圈有无损坏、老化、松脱等；检查液压泵、压力阀是否有故障，致使压力提不高。

c. 油液未进入液压缸。排除方法：检查油管、油路，特别是软管接头是否被堵塞，依次检查从缸到泵的有关油路并排除堵塞现象；检查溢流阀的阀座是否有污物，是否锥阀与阀座密封不好而产生泄漏，使油液自动流回油箱；检查电磁阀的弹簧是否损坏，是否电磁铁线圈烧坏，油路切换不灵。

d. 液压缸本身滑动部位配合过紧，密封摩擦力过大。排除方法：活塞杆与导向套的配合采用 H8/f8 配合；密封圈槽的深度与宽度严格按尺寸公差作出（详见本书第 6 章密封装置内容）；如用 V 形密封圈，调整密封摩擦力到适中程度。

e. 由于设计和制造不当，活塞行至终点后回程时，油液压力不能作用在活塞的有效工作面积上，或启动时，有效工作面积过小。遇到此情况应改进设计和制造。

f. 横向载荷过大，受力“别劲”或拉缸咬死。排除方法：安装液压缸时，使缸的轴线位置与运动方向一致；使液压缸所承受的负载尽量通过缸轴线，不产生偏心现象；检查是否在长液压缸水平放置时，活塞与活塞杆因自重而产生挠度，使导套、活塞产生偏载，使缸盖密封损坏、漏油，活塞卡死在缸筒内。

g. 液压缸的背压太大。以减少背压来解决。液压缸不能动作的重要原因之一是进油口油液压力太低，达不到要求规定值，即工作压力不足。

② 液压缸动作不灵敏，有阻滞现象　这种现象不同于液压缸的爬行现象。信号发出以后液压缸不立即动作，有短时间停顿后再动作，或时而能动，时而又久久停止不动，很不规则。这种动作不灵敏的原因及排除方法主要有：

a. 液压缸中空气过多。排除方法：通过排气阀排气；检查空气是否由活塞杆往复运动部位的密封圈处吸入，如果是，应更换密封圈。

b. 液压泵运转有不规则现象。如振动噪声大、压力波动厉害、泵转动有阻滞、轻度咬死现象。

c. 有缓冲装置的液压缸，反向启动时，单向阀孔口太小，使进入缓冲腔油量太小，甚至出现真空，因此在缓冲柱塞离开端盖的瞬间，会引起活塞一时停止或逆退现象。

d. 活塞运动速度大时，单向阀的钢球跟随油流流动，以致堵塞阀孔，致使动作不规则。

e. 橡胶软管内层剥离，使油路时通时闭，造成液压缸动作不规则。排除方法是更换橡胶软管。

f. 有一定横向载荷。

③ 液压缸运动有爬行现象　爬行现象即液压缸运动时出现跳跃式时停时走的运动状态，这种现象尤其在低速时容易发生，这是液压缸最主要的故障之一。发生液压缸爬行现象的原因有液压缸之外的原因及液压缸自身的原因等。

a. 液压缸之外的原因。

(a) 运动机构刚度太小，形成弹性系统。排除方法：适当提高有关组件的刚度，减少弹性变形。

(b) 液压缸安装位置精度差。

(c) 相对运动件间静摩擦因数之间差别太大，即摩擦力变化太大。排除方法：在相对运动表面之间涂一层防爬油（如二硫化钼润滑油），并保证良好的润滑油条件。

(d) 导轨的制造与装配质量差，使摩擦力增加，受力情况不好。排除方法：提高导轨的制造与装配质量。

b. 液压缸自身原因。

(a) 液压缸内有残留空气，工作介质形成弹性体。排除方法：充分排除空气或检查液压泵吸油管直径是否太小，吸油管接头密封要好，防止液压泵吸入空气。

(b) 密封摩擦力过大。排除方法：调整密封摩擦力到适中程度，活塞杆与导向套的配合采用 H8/f8 配合；密封圈槽的深度与宽度严格按尺寸公差作出。

(c) 液压缸滑动部位有严重磨损、拉伤和咬死现象。产生这些现象的原因是：负载和液压缸定心不良或安装支架安装调整不良。排除方法：重新装配后仔细找正，安装支架的刚度要好。

c. 载荷大。

d. 缸筒或活塞组件膨胀，受力变形。排除方法：修整变形部位，变形严重时需要更换有关组件。

e. 缸筒、活塞之间产生电化学反应。排除方法：重新更换，用电化学反应小的材料或更换零件。

f. 材质不良，易磨损、拉伤、咬死。排除方法：更换材料，进行恰当的热处理或表面处理。

g. 油液中杂质多。排除方法：进行清洗，后更换液压油及滤油器。

h. 活塞杆全长或局部弯曲。排除方法：校正活塞杆；卧式安装液压缸的活塞杆伸出长度过长时应加支承。

i. 缸筒内孔与导向套的筒轴度不好而引起“别劲”现象产生爬行。排除方法：保证二者的同轴度。

j. 缸筒孔径直线性不良（鼓形、锥度等）。排除方法：镗磨修复，然后根据镗磨后缸筒的孔径配活塞或增装O形橡皮封油环。

k. 活塞杆两端螺母拧得太紧，使其同轴度不良。排除方法：活塞杆两端螺母不宜拧得太紧，一般用手旋紧即可，保证活塞杆处于自然状态。

(2) 液压缸不能达到预定的速度和推力

① 液压缸运动速度达不到预定值　运动速度达不到预定值的原因及排除方法：

a. 液压泵输油量不足。排除方法参见液压泵的故障排除方法。

b. 液压缸进油路油液泄漏。排除方法：排除管路泄漏；检查溢流阀锥阀与阀座密封情况，如是否因密封不好而产生泄漏，使油液自动流回油箱。

c. 液压缸的内外泄漏严重，其中以内泄漏为主要原因。排除方法详见后文“液压缸的泄漏”部分。

d. 运动速度随行程的位置不同而有所下降，这是由于缸内“别劲”使运动阻力增大所致。排除方法：提高零件加工精度（主要是缸筒内孔的圆度和圆柱度）及装配质量。

e. 液压回路上，管路阻力压降及背压阻力太大，压力油从溢流阀返回油箱的溢流量增加，使速度达不到要求。排除方法：回油管路不可太细，管径大小一般按管内流速为3～4m/s计算确定为好；减少管路弯曲；背压不可太高。

f. 液压缸内部油路堵塞和阻尼。排除方法：拆除清洗。

g. 采用蓄能器实现快速运动时，速度达不到的原因可能是蓄能器的压力和容量不够。排除方法：重新计算校核。

液压缸运动速度达不到预定值的重要原因之一是流量供给不足，这往往与泵源回路有关，为了便于找出问题的所在，现列出系统流量不足诊断程序框图如图4-24，以作参考。

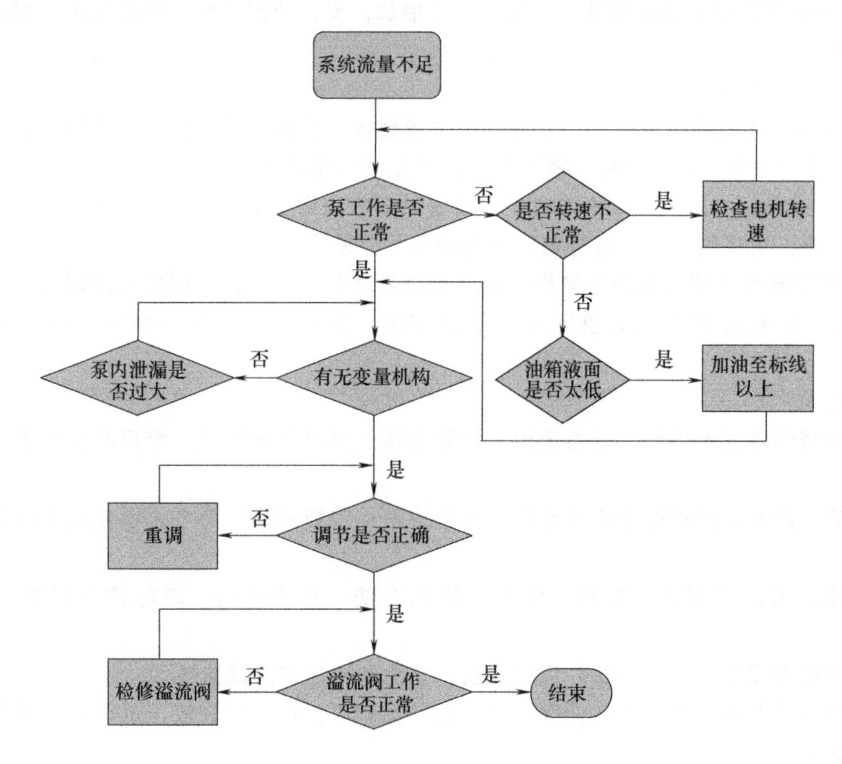

图4-24　系统流量不足诊断程序框图

② 液压缸的推力不够 液压缸的推力不够可能引起液压缸不动作（前已分析）或动作不正常。其原因及排除方法有：

a. 引起运动速度达不到预定值的各种原因也会引起推力不够。排除方法详见前述。

b. 溢流阀压力调节过低，或溢流阀调节不灵。排除方法：调高溢流阀的压力或修理溢流阀。

c. 反向回程启动时，由于有效工作面积过小而推不动。排除方法：增加有效工作面积。

(3) 液压缸的泄漏

① 泄漏途径 液压缸的泄漏包括外泄漏和内泄漏两种情况。外泄漏是指液压缸缸筒与缸盖、缸底、油口、排气阀、缓冲调节阀、缸盖与活塞杆处等外部的泄漏，它容易从外部直接观察到。内泄漏是指液压缸内部高压腔的压力油向低压腔渗漏，它发生在活塞与缸内壁、活塞内孔与活塞杆连接处。内泄漏则不能从外部直接观察到，需要从单方面通入压力油，并将活塞停在某一点或终端以后，观察另一油口是否还向外漏油来确定是否有内部泄漏。不论是外泄漏，还是内泄漏，其泄漏原因主要是密封不良、连接处接合不良等。

② 主要泄漏原因

a. 密封不良。液压缸各处密封性能不良会发生外泄漏或内泄漏，密封性能不良有诸多原因。

• 安装后密封件发生破损。排除方法：正确设计和制造密封槽底径、宽度和密封件压缩量；密封槽不可有飞边、毛刺，适当倒角，防刮坏密封件；装配时注意勿使螺丝刀等锐利工具压伤密封件，特别是绝对不能使密封件唇边受损。

• 密封件因被挤出而损坏。排除方法：保证密封面的配合间隙，间隙不可太大，采用H8/f8配合；对高压和有冲击力作用的液压缸安装密封保护挡圈。

• 密封件急剧磨损而失去密封作用。排除方法：密封槽宽度不可过宽，槽底粗糙度要小于$Ra1.6\mu m$，防止密封件前后移动加剧磨损；密封件材质要好，截面直径不可超差；不可用存放时间过长引起老化、甚至龟裂的密封件；活塞杆处密封件的磨损，通常是由于导向套滑动磨损后的微粒所引起，因此注意导向套材料的选用，导向套内表面清除毛刺，活塞杆和导向套活动表面的粗糙度小（$Ra0.2 \sim 0.4\mu m$）；装配时必须保证工作台的导轨和液压缸缸筒中心线在全行程范围内达到同心要求后，再进行紧固；密封件上特别是唇边处不可混入极小的杂质微粒，以免加剧密封件磨损。

• 密封圈方向装反。排除方法：密封圈唇边面向压力油一方。

• 密封结构选择不合理，压力已超过它的额定值。排除方法：选择合理的密封结构。

b. 连接处结合不良。连接处结合不良主要引起外泄漏，结合不良的原因有；

• 缸筒与端盖用螺栓紧固连接时：结合部分的毛刺或装配毛边引起结合不良从而引起初始泄漏；端面O形密封圈有配合间隙；螺栓紧固不良。排除方法：针对具体原因排除。

• 缸筒与端盖用螺纹连接时：紧固端盖时未达到额定转矩；密封圈密封性能不好。排除方法：针对具体原因排除。

• 液压缸进油管口引起泄漏。排除方法：排除因管件振动而引起管口连接松动；管路通径大于15mm的管口可采用法兰连接。

c. 液压缸泄漏的其他原因

• 缸筒受压膨胀，引起内泄漏。排除方法：适当加厚缸壁；缸筒外圆加卡箍。

• 采用焊接结构的液压缸，焊接不良而产生外泄漏。排除方法：选用合适的焊条材料；对含碳量较高的材料，焊前进行适当预热，焊后注意保温使之缓慢冷却，防止焊缝应力裂纹；焊接工艺过程应尽力避免引起内应力，必要时进行适当热处理；焊缝较大时，采取分层焊接，以保证焊接强度，减小焊接变形，防止焊接裂纹。在每一层的焊接中，必须保证焊缝清洁，彻底清除焊渣，不沾油和水，防止夹渣、气孔等。缸筒与缸底的焊缝采用U形焊缝最好，焊缝底部的圆弧要比焊条（包括药皮在内）的直径大1～2mm。U形焊缝焊接面积小，缸筒不宜变形。

• 横向载荷过大。排除方法：减小或消除横向载荷。

(4) 液压缸缓冲效果不佳

① 缓冲效果不佳的几种表现形式　液压缸缓冲效果不好常表现为缓冲作用过度、缓冲作用失效和缓冲过程中产生爬行等情况。缓冲作用过度是指活塞进入缓冲行程到活塞停止运动的时间间隔太短和进入缓冲行程的瞬间活塞受到缓冲效果，活塞不减速，给缸底以很大撞击力。缓冲过程中的爬行是指活塞进入缓冲行程后，运动产生的跳跃式的时停时走运动状态。

② 缓冲作用过度和失效的原因及排除

a. 缓冲作用过度。

• 缓冲调节阀节流过量。排除方法：调大节流口。

• 缓冲柱塞在缓冲孔中偏斜、拉伤有咬死现象或配合间隙有夹杂物。排除方法：提高缓冲柱塞和缓冲孔的制造精度以及活塞与缸盖的安装精度；缓冲柱塞与缓冲孔配合间隙δ要适当（通常$\delta \geqslant 0.10 \sim 0.12$mm）。

b. 缓冲作用失效。

• 缓冲阀、节流阀调节不灵活。排除方法：重新研磨阀座，保证调节阀锥阀与阀座配合；节流孔的加工要保证垂直度和同轴度。

• 缓冲柱塞和缓冲孔间配合间隙太大。排除方法：配合间隙控制在$\delta \geqslant 0.10 \sim 0.12$mm。

• 缓冲腔容积过小，引起缓冲腔压力过大。排除方法：加大缓冲腔直径和长度。

• 缓冲装置的单向阀在回油路时堵不住。排除方法：排除单向阀故障。

c. 缓冲过程爬行。缓冲柱塞与缓冲孔发生干涉，引起运动“别劲”而爬行。

(5) 液压缸运行时发出不正常的响声

产生原因：

① 空气混入液压缸　空气混入液压缸引起液压缸运行不稳定，造成缸内油液中气泡挤裂声。排除方法：液压缸端头设置排气装置，排除缸内空气。

② 相对滑动面配合过紧　如活塞与缸筒配合过紧，或有研伤、拉痕，除发出不正常响声外，还会使液压缸运动困难。排除方法：滑动配合面采用H8/f8配合，缸筒内圆表面粗糙度为$Ra0.4 \sim 0.2\mu m$。

③ 密封摩擦力过大，滑动面缺少润滑油，相对滑动时产生摩擦声。

排除方法：

a. 正确设计和制造密封槽底径、宽度和密封件压缩量。

b. 对有唇边的密封圈，如若刮油压力过大，把润滑油膜破坏了，可用砂纸轻轻打磨唇边，使唇边变软一点。

④ 假若该声是“嘭嘭”声，则往往是活塞上的尼龙导向支承环与缸壁间的间隙太小或支承环变形过量引起的。排除方法：整修导向支承环或变换导向支承环。

液压缸故障原因及排除方法见表4-4。

表4-4　液压缸故障原因及排除方法

故障现象		原因分析	排除方法
活塞杆不能动作	压力不足	1. 油液未进入液压缸 ①换向阀未换向 ②系统未供油	①检查换向阀未换向的原因并排除 ②检查液压泵和主要液压阀的原因并排除
		2. 有油，但没有压力 ①系统有故障，主要是泵或溢流阀有故障 ②内部泄漏，活塞与活塞杆松脱，密封件损坏严重	①更换或溢流阀的故障原因并排除 ②将活塞与活塞杆紧固牢靠，更换密封件

续表

故障现象		原因分析	排除方法
活塞杆不能动作	压力不足	3. 压力达不到规定值 ①密封件老化、失效，唇口装反或有破损 ②活塞杆损坏 ③系统调定压力过低 ④压力调节阀有故障 ⑤调速阀的流量过小，因液压缸内泄漏，当流量不足时会影响压力，使不足	①检查泵密封件，并正确安装 ②更换活塞环 ③重新调整压力，达到要求值 ④检查原因并排除 ⑤调速阀的通过流量必须大于液压缸的泄漏量
	压力已达到要求，但仍不动作	1. 液压缸结构上的问题 ①活塞端面与缸筒端面紧贴在一起，工作面积不足，不能启动 ②具有缓冲装置的缸筒上单向回路被活塞堵住	①端面上要加一条油路，使工作油液流向活塞的工作端面，缸筒的进出油口位置应与接触表面错开 ②排除
		2. 活塞杆移动："别劲" ①缸筒与活塞，导向套与活塞杆配合间隙过小 ②活塞杆与夹布胶木导向套之间的配合间隙过小 ③液压缸装配不良（如活塞杆、活塞和缸盖之间同轴度差、液压缸与工作平台平行度差）	①检查配合间隙，并配研到规定值 ②检查配合间隙，修配导向套孔，达到要求的配合间隙 ③重新装配和安装，对不合格零件进行更换
		3. 液压回路引起的原因，主要是液压缸背压腔油液未与油箱相通，回油路上的调速节流口调节过小或换向阀未动作	检查原因并消除
速度达不到规定	内泄漏严重	1. 密封件破损严重 2. 油的黏度太低 3. 油温过高	更换密封件 更换适宜黏度的液压油 检查原因并排除
	外载过大	1. 设计错误，选用压力过低 2. 工艺和使用错误，造成外载比预定值增大	核算后更换元件，调大工作压力 按设备规定值使用
	活塞移动时"别劲"	1. 加工精度差、缸筒孔锥度和圆度超差 2. 装配质量差 ①活塞，活塞杆与缸盖之间同轴度差 ②液压缸与工作平台平行度差 ③活塞杆与导向套配合隙小	检查零件尺寸，对无法修复的零件更换 ①按要求重新装配 ②按要求重新装配 ③检查配合间隙。修配导向套孔，达到要求的配合间隙
	脏物进入滑动部位	1. 油液过脏 2. 防尘圈破损 3. 装配时未清洗干净或带入脏物	过滤或更换油液 更换防尘圈 拆开清洗，装配时要注意清洁
	活塞在端部行程速度急剧下降	1. 缓冲节流阀的节流口调节过小，在进入缓冲行程时，活塞可能停止或速度急剧下降 2. 固定式缓冲装置中节流孔直径过小 3. 缸盖上固定式缓冲节流环与缓冲柱塞之间间隙小	缓冲节流阀的开口度要调节适宜，并能起缓冲作用 适当加大节流孔直径 适当加大间隙
	活塞移动到中途速度较慢或停止	1. 缸壁内径加工精度差，表面粗糙，使内泄量增大 2. 缸壁发生膨胀，当活塞通过增大部位时，内泄量增大	修复或更换缸筒 更换缸筒
液压缸爬行	液压缸活塞杆运动"别劲"	见"压力已达到要求，但仍不动作"项	
	缸内进入空气	1. 新液压缸，修理后的液压缸或设备停机时间过长的缸，缸内有气或液压缸管道中排气不净 2. 缸内部形成负压，从外部吸入空气 3. 从液压缸到换向阀之间的管道容积比液压缸内容积大得多，液压缸工作时，这段管道上油液未排完，所以空气也很难排完 4. 泵吸入空气 5. 油液中混入空气	空载大行程往复运动，直到把空气排完 先用油脂封住结合面和接头处，若吸空情况有好转，则将螺钉及接头紧固 可在靠近液压缸管道的最高处加排气阀，活塞在全行程情况下运动多次，把气排完后，再把排气阀关闭 拧紧泵的吸油管接头 液压缸排气阀放气，或换油（油质本身欠佳）

续表

故障现象		原因分析	排除方法
缓冲装置故障	缓冲作用过度	1. 缓冲节流阀的节流开口过小 2. 缓冲柱塞"别劲"(如柱塞头与缓冲间隙太小,活塞倾斜或偏心) 3. 在斜柱塞头与缓冲环之间有脏物 4. 固定式缓冲装置柱塞头与衬套之间间隙太小	将节流口调节到合适位置并紧固 拆开清洗,适当加大间隙,对不合格零件应更换 修去毛刺并清洗干净 适当加大间隙
	失去缓冲作用	1. 缓冲调节阀处于全开状态 2. 惯性能量过大 3. 缓冲节流阀不能调节 4. 单向阀处于全开状态或单向阀阀座封闭不严 5. 活塞上的密封件破损,当缓冲腔压力升高时,工作液体从此腔向工作压力一腔倒流,故活塞不减速 6. 柱塞头或衬套内表面上有伤痕 7. 镶在缸盖上的缓冲环脱落 8. 缓冲柱塞锥面长度与角度不对	调节到合适位置并紧固 应设计合适的缓冲机构 修复或更换 检查尺寸,更换锥阀芯或钢球,更换弹簧,并配研修复 更换密封件 修复或更换 修理并更换新缓冲环 给予修正
	缓冲行程段出现爬行现象	1. 加工不良,如缸盖、活塞端面不合要求,在全长上活塞与缸筒间隙不均匀;缸盖与缸筒不同轴;缸筒内径与缸盖中心线偏差大;活塞与螺母端面垂直度不合要求造成活塞杆弯曲等 2. 装配不良,如缓冲柱塞与缓冲环相配合的孔有偏心或倾斜等	对每个零件均仔细检查,不合格零件不许使用 重新装配,确保质量
有泄漏	装配不良	1. 液压缸装配时端盖装偏,活塞杆与缸筒定心不良,使活塞杆伸出困难,加速密封件磨损 2. 液压缸与工作台导轨面平行度差,使活塞杆伸出困难,加速密封件磨损 3. 密封件安装差错,如密封件划伤、切断、密封唇装反,唇口破损或轴倒角尺寸不对,装错或漏装 4. 密封件压盖未装好 ①压盖安装有偏差 ②紧固螺钉受力不均 ③紧固螺钉过长,使压盖不能压紧	拆开检查,重新装配 拆开检查,重新安装,并更换密封件 更换并重新安装密封件 ①重新安装 ②拧紧螺钉并使受力均匀 ③按螺孔深度合理选配螺钉长度
	密封件质量不佳	1. 保管期太长,自然老化失效 2. 保管不良,变形或损坏 3. 胶料性能差,不耐油或胶料与油液相容性差 4. 制品质量差,尺寸不对,公差不合要求	更换密封件
	活塞杆和沟槽加工质量差	1. 活塞杆表面粗糙,活塞杆头上的倒角不符合要求或未倒角 2. 沟槽尺寸及精度不合要求 ①设计图样有错误 ②沟槽尺寸加工不符合标准 ③沟槽精度差,毛刺多	表面粗糙度应为 $Ra0.2\mu m$,并按要求倒角 ①按有关标准设计沟槽 ②检查尺寸,并修正到要求尺寸 ③修正并去除毛刺
	油的黏度过低	1. 用错了油品 2. 油液中渗有乳化液	更换合适的油液
	油温过高	1. 液压缸进油口阻力太大 2. 周围环境温度太高 3. 泵或冷却器有故障	检查进油口是否通畅 采取隔热措施 检查原因并排除
	高频振动	1. 紧固螺钉松动 2. 管接头松动 3. 安装位置变动	应定期紧固螺钉 应定期紧固管接头 应定期紧固安装螺钉
	活塞杆拉伤	1. 防尘圈老化、失效 2. 防尘圈内侵入砂粒、切屑等脏物	更换防尘圈 清洗、更换防尘圈,修复活塞杆表面拉伤处

第 5 章 液压控制元件的使用与维修

5.1 液压控制元件概述

5.1.1 液压控制元件的作用与分类

(1) 液压控制元件的作用

在液压系统中，液压阀是控制和调节液流的压力、流量和流向的元件。液压阀的种类繁多，结构复杂，新型阀不断涌现，但其基本原理是不变的，所以使用和维护液压控制阀的基础必须是在了解其基本原理和结构的基础上进行的。

液压阀属于控制调节元件，本身有一定的能量消耗。液压阀的阀芯与阀体间的密封方式一般采取间隙密封（球芯阀除外），这种密封方式不可避免地存在内泄漏。为使阀芯能灵活运动而又减少泄漏，对液压阀性能的基本要求是：制造精度高，阀芯动作灵活，工作性能可靠，密封性好，阀的结构紧凑，工作效率高，通用性好。

(2) 液压控制元件的分类

① 根据用途分

a. 方向控制阀。用来控制液压系统中液流的方向，以实现机构变换运动方向的要求（如单向阀、换向阀等）。

b. 压力控制阀。用来控制液压系统中油液的压力以满足执行机构对力的要求（如溢流阀、减压阀、顺序阀等）。

c. 流量控制阀。用来控制液压系统中油液的流量，以实现机构所要求的运动速度（如节流阀、调速阀等）。

在实际使用中，根据实际需要，往往几种用途的阀做成一体，形成一种体积小、用途广、效率高的复合阀，如单向节流阀、单向顺序阀等。

② 根据控制方式分

a. 开关控制或定值控制。利用手动、机动、电磁、液控、气控等方式来定值地控制液体的流动方向、压力和流量，一般普通控制阀都应用这种控制方式。

b. 比例控制。利用输入的比例电信号来控制流体的通路，使其能实现按比例地控制系统中流体的方向、压力及流量等参数，多用于开环控制系统中。

c. 伺服控制。将微小的输入信号转换成大的功率输出，连续按比例地控制液压系统中的参数，多用于高精度、快速响应的闭环控制系统。

d. 电液数字控制。利用数字信息直接控制阀的各种参数。

③ 根据连接方式分

a. 管式连接（螺纹连接）方式。阀口带有管螺纹，可直接与管道及其他元件相连接。

b. 板式连接方式。所有阀的接口均布置在同一安装面上，利用安装板与管路及其他元件相连，这种安装方式比较美观、清晰。

c. 法兰连接方式。阀的连接处带有法兰，常用于大流量系统中。

d. 集成块连接方式。将几个阀固定于一个集成块侧面，通过集成块内部的通道孔实现油路的连接，控制集中、结构紧凑。

e. 叠加阀连接方式。将阀做成标准型，上下叠加而形成回路。

f. 插装阀连接方式。没有单独的阀体，通过插装块内通道把各插装阀连通成回路。插装块起到阀体和管路的作用。

5.1.2 液压控制元件的性能参数

液压阀的工作能力由阀的性能参数决定，液压阀的基本参数与液压元件的种类有关，不同的液压元件具有不同的性能参数，其共性的参数与压力和流量相关。

(1) 公称压力

公称压力是标志液压阀承载能力大小的参数。液压阀的公称压力指液压阀在额定工作状态下的名义压力，液压阀的公称压力单位为 MPa (10^6Pa)。

(2) 与流量有关的参数

流量是标志液压阀通流性能的参数，与流量有关的参数主要有公称流量和公称通径，对于流量阀还有最小稳定流量等。

① 液压阀的公称流量　国产的中低压液压阀 (≤6.3MPa) 常用公称流量来表示元件的通流能力。公称流量是指液压阀在额定工作状态下通过的名义流量。代号为 q_g，常用的计量单位为 L/min，规定的液压阀公称流量标准有：2、3、6、10、25、40、50、63、80、100、125、160、200、320、400、500、630、800、1000、1250、1600L/min。

公称流量参数对于液压阀无实际使用意义，仅供市场选购时为便于与动力元件配套而参考。在实际情况下，液压元件厂商在样本上给出液压阀在各种流量值时的特性曲线，此曲线对于选择元件、了解元件在各种工作参数下的工作状态具有更直接的实用价值。

② 液压阀的公称通径　液压阀的公称通径是表明阀规格大小的性能参数，常用于中高压阀。阀的通径一旦确定之后，所配套的管道的规格也就选定了。需要说明的是：液压阀的通径仅表明该阀的通流能力和所配管道的尺寸规格，并不表示该阀的实际进出口尺寸。

5.1.3 液压控制元件的选型原则

液压控制元件在液压系统中是用来控制和调节液流的压力、流量和流向的元件，故其选型的正确与否，直接关系到整个液压系统的性能。在选型过程中，通常要考虑的基本原则如下：

① 弄清液压控制元件的应用场合及性能要求，合理选择液压阀的中位机能和品种；

② 所选择的液压控制元件要能与液压系统的动力元件等配套；

③ 优先选用已有的标准系列产品，尽量避免自行设计专用的液压控制元件；

④ 在选用液压控制元件时，要注意其工作压力要低于其额定压力，通过液压控制元件的实际流量要小于其额定流量；

⑤ 如果液压控制元件与电气控制有关，要注意其额定电压与交直流的匹配关系；

⑥ 综合考虑液压控制元件的连接方式、操纵方式、经济性和可靠性等因素。

5.2 方向控制阀

方向控制阀是用以控制和改变液压系统中各油路之间液流方向的阀。方向控制阀可分为单向阀和换向阀两大类。

5.2.1 单向阀

单向阀是用以防止液流倒流的元件。按控制方式不同，单向阀可分为普通单向阀和液控单向阀两类。

5.2.1.1 普通单向阀

普通单向阀又称止回阀，其作用是使液体只能向一个方向流动，反向截止。单向阀按其阀芯的结构形式不同可分为球芯阀、柱芯阀、锥芯阀；按其流向与进出油口的位置关系，又分为直通式和直角式两类。

图5-1(a)、图5-1(b)均为普通直通式单向阀，只是连接方式不同。其工作原理为：当液压油从P_1口流入时，压力油推动阀芯，压缩弹簧，从P_2口流出；当液压油从P_2口流入时，阀芯锥面紧压在阀体的结合面上，油液无法通过。当单向阀导通时，使阀芯开启的压力称为开启压力。单向阀的开启压力一般为0.03～0.05MPa之间。若用作背压阀时可更换弹簧，开启压力可达0.2～0.6MPa。图5-1(c)为普通单向阀的职能符号。图5-2为直角式单向阀，其工作原理与直通式相似。

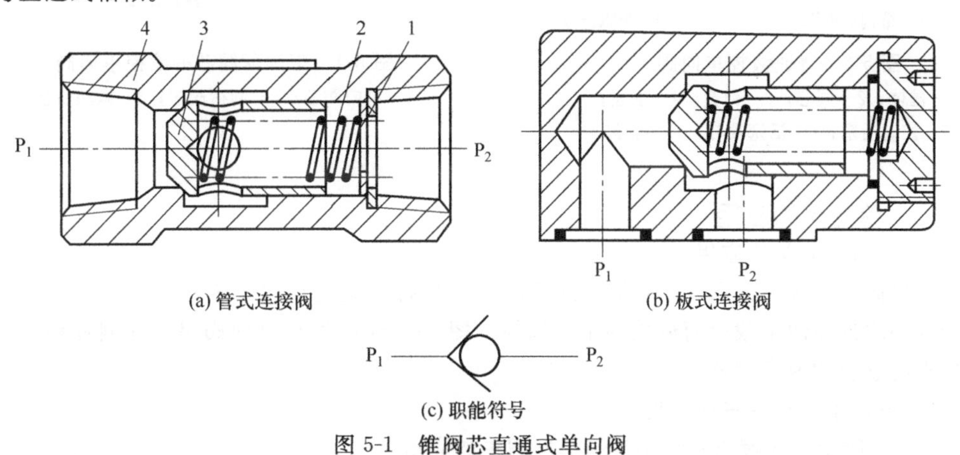

图5-1 锥阀芯直通式单向阀

1—挡圈；2—弹簧；3—阀芯；4—阀体

5.2.1.2 液控单向阀

液控单向阀又称为单向闭锁阀，其作用是使液流有控制地单向流动。液控单向阀分为普通型和卸荷型两类。

图5-3为普通液控单向阀，它是由单向阀和微型控制液压缸组成。其工作原理为：当控制油口K有控制油压时，压力油推动控制活塞5，推动锥阀芯2使其开启，使油口P_1到P_2及P_2到P_1均能接通；当控制油口K油压为零时，与普通单向阀功能一样，油口P_1到P_2导通，P_2到P_1不通，L为泄漏孔。图5-3(b)为液控单向阀的职能符号。

图5-4为带卸荷阀芯的液控单向阀，其卸荷过程为：当阀反向导通时，微动活塞3首先顶起卸荷阀芯2，使得高压油通过卸荷阀芯卸荷，然后再打开单向阀芯1使油口P_1与P_2导通。

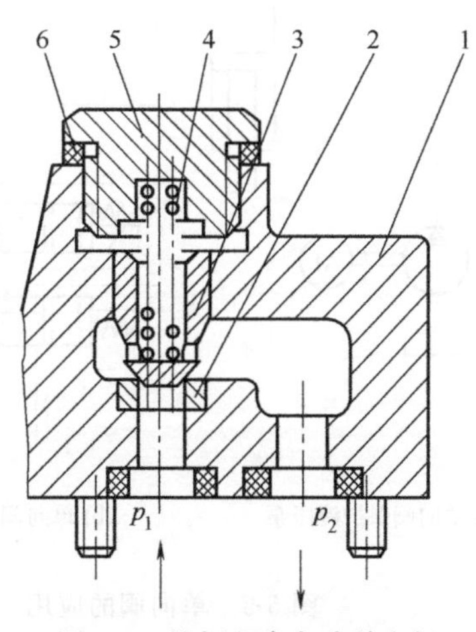

图5-2 锥阀芯直角式单向阀

1—阀体；2—阀座；3—阀芯；4—弹簧；5—阀盖；6—密封圈

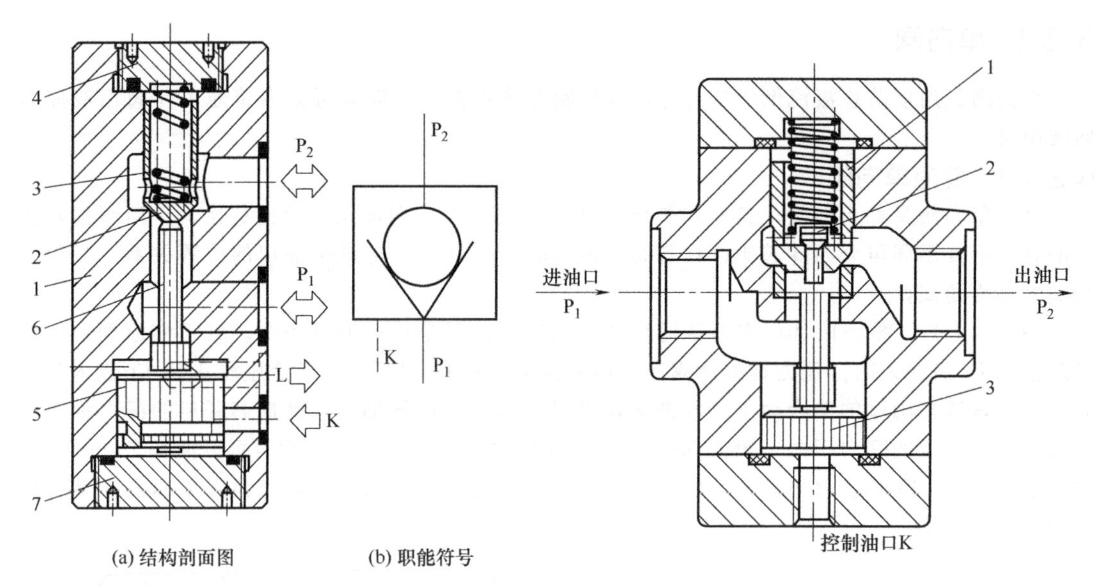

(a) 结构剖面图　　(b) 职能符号

图 5-3　普通液控单向阀

1—阀体；2—阀芯；3—弹簧；4—上盖；
5—控制活塞；6—活塞顶杆；7— 下盖

图 5-4　带卸荷阀芯的液控单向阀

1—单向阀芯；2—卸荷阀芯；3—微动活塞

5.2.1.3　单向阀的应用

(1) 普通单向阀的应用

普通单向阀的应用如图 5-5 所示：图 5-5 (a) 为将单向阀串接于液压泵的出口，保护泵避免由于意外的外加冲击载荷而造成的泵的损坏；图 5-5 (b) 为将单向阀串接在回油路上形成背压，以提高系统的速度刚性。

(2) 液控单向阀的主要应用

如图 5-6 所示，在液压系统中液控单向阀主要应用有：

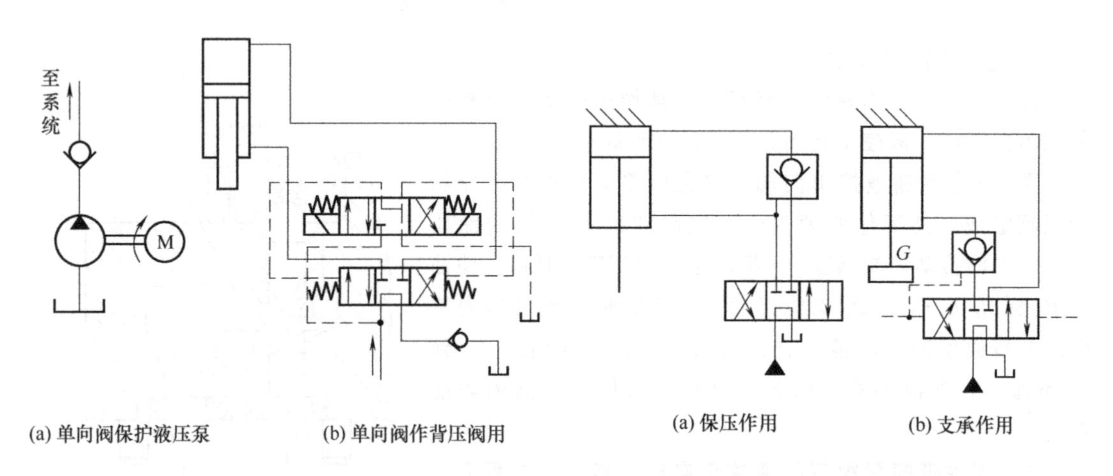

(a) 单向阀保护液压泵　　(b) 单向阀作背压阀用

图 5-5　单向阀的应用

(a) 保压作用　　(b) 支承作用

图 5-6　液控单向阀的应用

① 保压作用　如图 5-6(a)所示，当活塞向下运动完成工件的压制任务后，液压缸上腔仍需保持一定的高压，此时，液控单向阀靠其良好的单向密封性短时间内保持缸上腔的压力。

② 支承作用　如图5-6(b)所示，当活塞以及所驱动的部件向上抬起并停留时，由于重力作用，液压缸下腔承受了因重力形成的油压，使活塞有下降的趋势。此时，在油路串接一个液控单向阀，以防止液压缸下腔回流，使液压缸保持在停留位置，支承重物不至于落下。

5.2.1.4　单向阀常见故障与排除

(1) 单向阀在液压系统中的主要作用

① 保护液压泵　液压泵输出油的压力管道中，一般都装有单向阀，用来防止由于系统压力的突然升高而损坏液压泵。

② 作背压阀使用　对于主阀中位机能为M、H、K型的电液换向阀，当采用内部压力油控制形式时，将单向阀换用了稍硬弹簧作回油背压阀使用，可保证电液换向阀的控制油压力，而使换向正常。

③ 组成复合阀　单向阀除经常单独使用外，也可以与其他元件并联使用，如与节流阀、减压阀等并联组合使用，成为单向节流阀、单向减压阀等。可构成执行元件正向慢速、反向快速，或者正向减压、反向自由流通的控制回路等。

(2) 单向阀在使用过程中的常见故障

① 阀与阀座（锥阀芯或钢球）产生泄漏，而且当反向压力比较低时更容易发生。

产生上述现象的主要原因是:

a. 阀座孔与阀芯孔同轴度较差，阀芯导向后接触面不均匀，有部分“搁空”。

b. 阀座压入阀体孔中时产生偏歪或拉毛损伤等。

c. 阀座碎裂。

d. 弹簧性能变差。

排除方法与处理措施为：对上述a、b项，重新铰、研加工或者将阀座拆出重新压装再研配；对c、d项，予以更换。

② 单向阀起闭不灵活，有卡阻现象。在开启压力较小和单向阀水平安放时易发生。

产生上述现象的主要原因是:

a. 阀体孔与芯阀加工尺寸、形状精度较差，间隙不适当。

b. 阀芯变形或阀体孔安装时因螺钉紧固不均匀而变形。

c. 弹簧变形扭曲，对阀芯形成径向分力，使阀芯运动受阻。

排除方法与处理措施为:

a. 修研、抛光有关变形阀件并调整间隙。

b. 换用新弹簧。

③ 工作时发出异常的声音。

产生上述现象的主要原因是:

a. 油流流量超过允许值。

b. 与其他阀发生共振现象，发出激荡声。

c. 在卸压单向阀中，用于立式大液压缸等的回油，缺少卸压装量。

排除方法与处理措施为:

a. 换用流量比较大的规格阀。

b. 换用弹力强弱合适的弹簧（主要还是应改进系统回路本身的设计，必要时加装蓄能器等）。

c. 加设卸压装置回路。

表5-1、表5-2分别列出了普通单向阀和液控单向阀的常见故障及排除方法汇总。

表 5-1　普通单向阀的常见故障及排除方法

故障现象	故障原因	排除方法
不起单向控制作用 （不保压、液体可逆流）	密封不良：阀芯与阀体孔接触不良，阀芯精度低 阀芯卡住：阀芯与阀体孔配合间隙太小、有污物 弹簧断裂	配研结合面，更换阀芯（钢球或锥阀芯） 控制间隙至合理值、清洗 更换
内泄漏严重	密封不良：阀芯与阀体孔接触不良，阀芯精度低 阀芯与阀体孔不同轴	配研结合面，更换阀芯（钢球或锥阀芯） 更换或配研
外泄漏严重	管式单向阀：螺纹连接处密封不良 板式单向阀：结合面处密封不良	螺纹连接处加密封胶 更换结合面处的密封圈

表 5-2　液控单向阀的常见故障及排除方法

故障现象	故障原因		排除方法
油液不逆流	单向阀打不开	控制压力低	提高控制压力
		控制阀芯卡死	清洗、修配或更换
		控制油路泄漏	检查并消除泄漏
		单向阀卡死	清洗、修配、过滤油液
逆方向密封不良	逆流时单向阀不密封	单向阀芯与阀体孔配合间隙太小、弹簧刚性太差	修配间隙、更换弹簧
		阀芯与阀体孔接触不良	检修、更换或过滤油液
		控制阀芯（柱塞）卡死	修配或更换
		预控锥阀接触不良	检查原因并排除
噪声大	共振	与其他阀共振	更换弹簧
	选用错误	超过额定流量	选择合适规格

5.2.2　换向阀

换向阀是利用阀芯与阀体间的相对运动来切换油路中液流方向的液压元件。换向阀应用广泛，品种繁多。按阀芯运动的方式，可分为转阀和滑阀两类；按操纵方式可分为手动、机动、电动、液动、电液动等；按阀芯在阀体内占据的工作位置可分为二位、三位、多位等；按阀体上主油路的数量可分为二通、三通、四通、五通、多通等；按阀的安装方式可分为管式、板式、法兰式等。

5.2.2.1　换向阀的工作原理

无论是滑阀式换向阀还是转阀式换向阀，其工作原理均是依靠阀芯与阀体的相对运动而切换液流的方向。

（1）滑阀式换向阀的工作原理

图 5-7 为滑阀式换向阀工作原理图，阀体是具有若干个环槽的圆柱体，阀体孔内开有 5 个

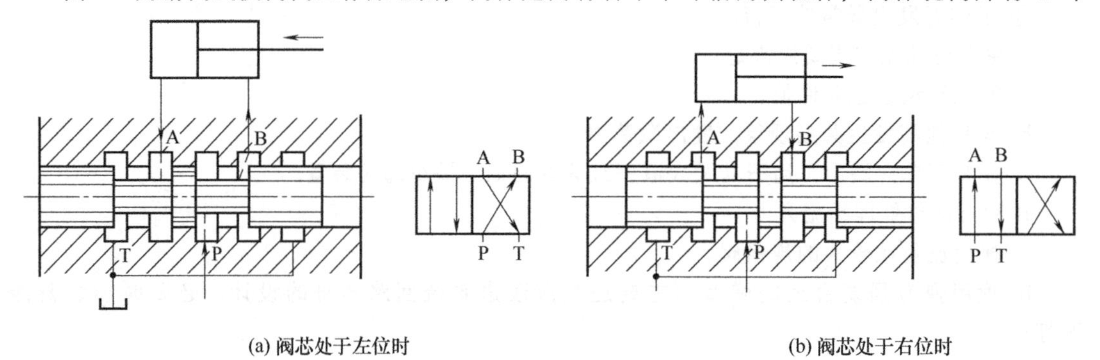

(a) 阀芯处于左位时　　(b) 阀芯处于右位时

图 5-7　滑阀式换向阀工作原理图

沉割槽，每个沉割槽都通过相应的孔道与主油路连通。其中 P 为进油口， T 为回油口， A 和 B 分别与液压缸的左右两腔连通。当阀芯处于图 5-7(a) 位置时， P 与 B、A 与 T 相通，活塞向左运动；当阀芯处于图 5-7(b) 位置时， P 与 A、 B 与 T 相通，活塞向右运动。

(2) 转阀式换向阀的工作原理

图 5-8 为转阀式换向阀工作原理图，阀芯 1 上开有四个对称的圆缺，两两对应连通，阀体 2 上开有四个油口分别与液压泵 P、油箱 T、液压缸两腔 A、 B 连通。当阀芯处于图 5-8(a) 所示位置时， P 与 A 连通、 B 与 T 连通，活塞向右运动；当阀芯处于图 5-8(b) 所示位置时， P、A、B、T 均不连通，活塞停止运动；当阀芯处于图 5-8(c) 所示位置时， P 与 B 连通、A 与 T 连通，活塞向左运动。

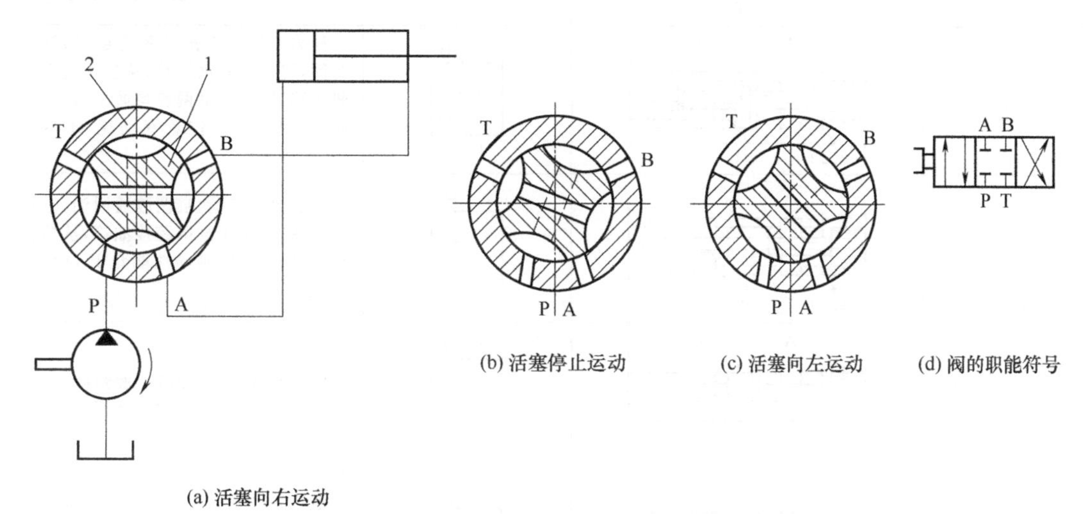

(a) 活塞向右运动　(b) 活塞停止运动　(c) 活塞向左运动　(d) 阀的职能符号

图 5-8　转阀式换向阀工作原理图

5.2.2.2　换向阀的职能符号及含义

换向阀的工作状态和连通方式可用其职能符号较形象地表示。由图 5-8 转阀式换向阀工作原理可知，当阀芯处于不同的工作位置时，阀体上的主油路就有不同的连通方式，其职能符号可用图 5-8 (d) 表示。归纳其规律可知，换向阀的职能符号含义为：

① 方框表示换向阀的“位”，有几个方框表示该阀芯有几个工作位置。

② “↑”表示油路连通，“┬”“┴”表示油路被堵塞。

③ 在一个方框内“↑”的首、尾和“┬”与方框的交点数表示通路数。

④ 每一个方框表示阀在该工作状态下主油路的连通方式。

5.2.2.3　三位滑阀式换向阀的滑阀主体结构、职能符号及中位机能

多位换向阀阀芯处于不同工作位置时，主油路的连通方式不同，其控制机能也不一样。通常把滑阀主油路的这种连通方式称之为滑阀机能。在三位滑阀中，把阀芯处于中间位置时主油路的连通方式称之为滑阀的中位机能，把阀芯处于左位（或右位）时主油路的连通方式，称之为滑阀的左位（右位）机能。

表 5-3 为常见三位换向阀的中位机能、结构形式及职能符号。由表 5-3 中可以看出，各种不同中位机能的滑阀其阀体的结构基本相同，只是阀芯的结构形式不同。

5.2.2.4　换向阀的中位机能的选择原则

换向阀的中位机能不但影响液压系统工作状态，也影响执行元件换向时的工作性能。通常可根据液压系统保压或卸荷要求、执行元件停止时的浮动或锁紧要求和执行元件换向时的平稳或准确性要求，选择换向阀的中位机能。换向阀中位机能选择的一般原则为：

表 5-3 常见三位换向阀的中位机能

机能代号	结构原理图	中位图形符号	机能特点和作用
O	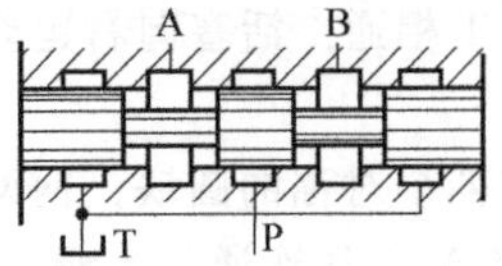	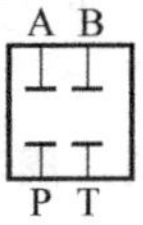	各油口全部封闭,缸两腔封闭,系统不卸荷。液压缸充满油,从静止到启动平稳;制动时运动惯性引起的液压冲击较大;换向位置精度高
H	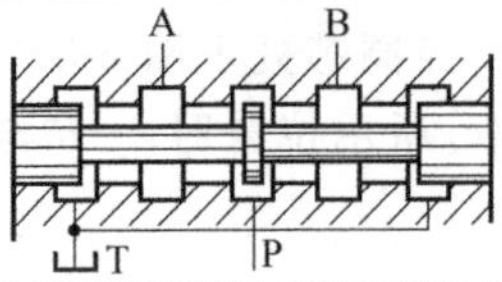	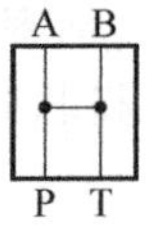	各油口全部连通,系统卸荷、缸成浮动状态。液压缸两腔接油箱,从静止到启动有冲击;制动时油口互通,故制动较O型平稳,但换向位置变动大
P	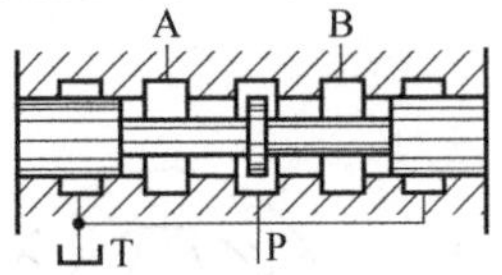	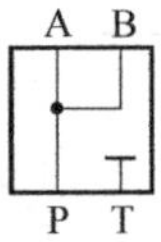	压力油口P与缸两腔连通,回油口封闭,可形成差动回路;从静止到启动较平稳;制动时缸两腔均通压力油,故制动平稳;换向位置变动比H型的小,应用广泛
Y	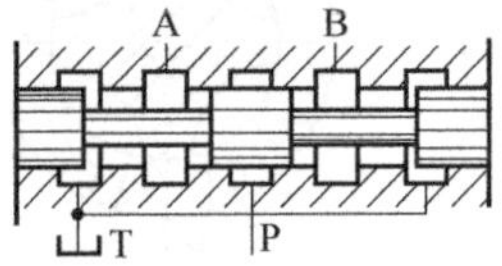	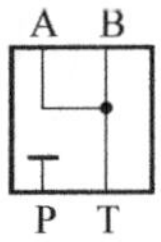	液压泵不卸荷,缸两腔通回油,缸成浮动状态,由于缸两腔接油箱,从静止到启动有冲击,制动性能介于O型与H型之间
K	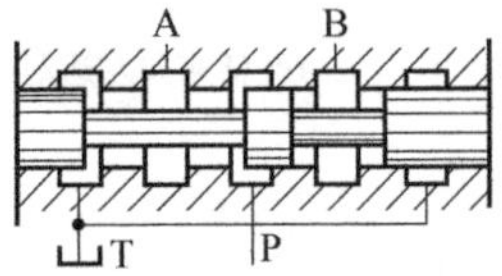	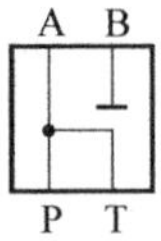	液压泵卸荷,液压缸一腔封闭,一腔接回油,两个方向换向时性能不同
M	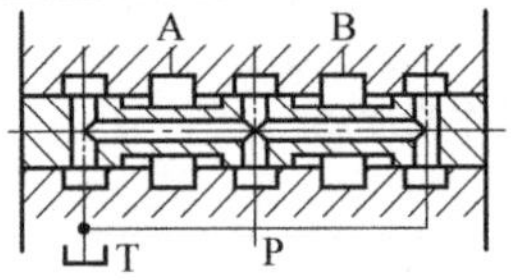	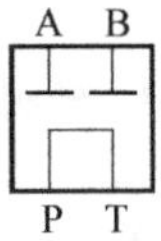	液压泵卸荷,缸两腔封闭。从静止到启动较平稳;制动性能与O型相同;可用于液压泵卸荷、液压缸锁紧的液压回路中
X	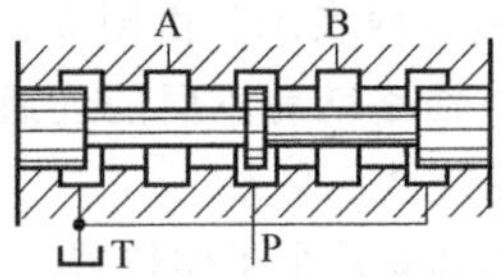		各油口半开启接通,P口保持一定的压力,换向性能介于O型和H型之间

① 当系统有卸荷要求时,应选用中位时油口P与T相互连通的形式,如H、K、M型。

② 当系统有保压要求时,应选用中位时油口P口封闭的形式,如O、Y型等。

③ 当对执行元件换向精度有较高要求时,应选用中位时油口A与B被封闭的形式,如O、M型。

④ 当对执行元件换向平稳性有较高要求时,应选用中位时油口A、B与T口相互连通的形式,如H、Y、X型。

⑤ 当对执行元件启动平稳性要求较高时,应选用中位时油口A与B均不与T连通的形式,如O、M、P型。

5.2.2.5 滑阀式换向阀操纵方式、典型结构及其职能符号

使换向阀芯移动的驱动方式有多种,目前主要有手动、电动、液动、电液几种方式。下面介绍液压阀的典型结构。

(1) 机动换向阀

机动换向阀又称为行程阀,它是靠安装在执行元件上的挡块5或凸轮推动阀芯移动,机动换向阀通常是两位阀。图5-9(a)为二位三通机动换向阀。在图5-9(a)所示位置,阀芯2在弹簧1

作用下处于上位，油口 P 与 A 连通；当运动部件挡块 5 压下滚轮 4 时，阀芯向下移动，油口 P 与 T 连通。图 5-9(b) 为二位三通机动换向阀的职能符号。

机动换向阀结构简单，换向平稳可靠，但必须安装在运动部件附近，油管较长，压力损失较大。

(2) 电磁换向阀

电磁换向阀是利用电磁铁的吸合力，控制阀芯运动实现油路换向。电磁换向阀控制方便，应用广泛，但由于液压油通过阀芯时所产生的液动力使阀芯移动受到阻碍，受到电磁铁吸合力的限制，电磁换向阀只能用于控制较小流量的回路。

①电磁铁　电磁换向阀中的电磁铁是驱动阀芯运动的动力元件，按电源可分为直流电磁铁和交流电磁铁；按活动衔铁是否在液压油充润状态下运动，可分为干式电磁铁和湿式电磁铁。

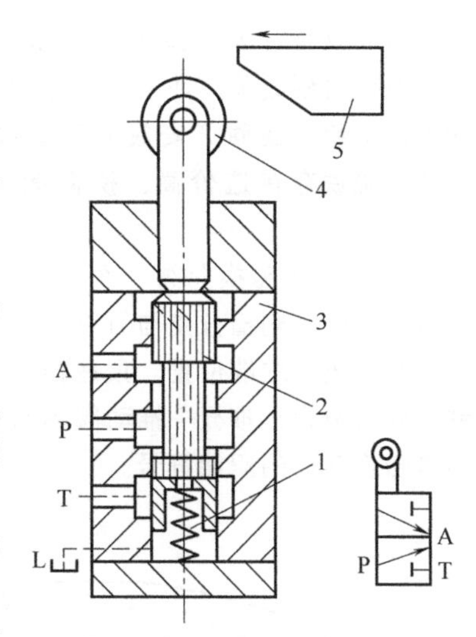

(a) 换向阀结构图　(b) 换向阀职能符号

图 5-9　二位三通机动换向阀

1—弹簧；2—阀芯；3—阀体；4—滚轮；5—挡块

交流电磁铁，可直接使用 380V、220V、110V 交流电源，具有电路简单、无需特殊电源、吸合力较大等优点，由于其铁芯材料由矽钢片叠压而成体积大，电涡流造成的热损耗和噪声无法消除，因而具有发热大噪声大，且工作可靠性差、寿命短等缺点，用在设备换向精度要求不高的场合。

直流电磁铁需要一套变压与整流设备，所使用的直流电源为 12V、24V、36V 或 110V，由于其铁芯材料一般为整体工业纯铁制成，具有电涡流损耗小、无噪声、体积小、工作可靠性好、寿命长等优点。直流电磁铁需特殊电源，造价比交流电磁铁略高，一般用在冶金、造纸、机床、电力等安全性能要求较高的场合。随着电子元器件产品的日益普及，交直流电磁铁的价格差距越来越小，对直流电磁铁的需求也会越来越大。

图 5-10 为干式电磁铁结构图。干式电磁铁结构简单，造价低，品种多，应用广泛。但为了保证电磁铁不进油，在阀芯推动杆 4 处设置了密封圈 10，此密封圈所产生的摩擦力，消耗了部分电磁推力，同时也限制了电磁铁的使用寿命。

图 5-11 所示为湿式电磁铁结构图。由图 5-11 可知，电磁阀推杆 1 上的密封圈被取消，换向

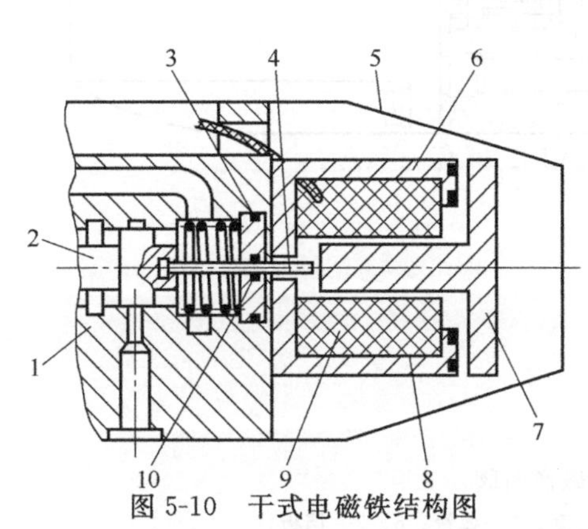

图 5-10　干式电磁铁结构图

1—阀体；2—阀芯；3—密封圈；4—推动杆；5—外壳；6—分磁环；7—衔铁；8—定铁芯；9—线圈；10—密封圈

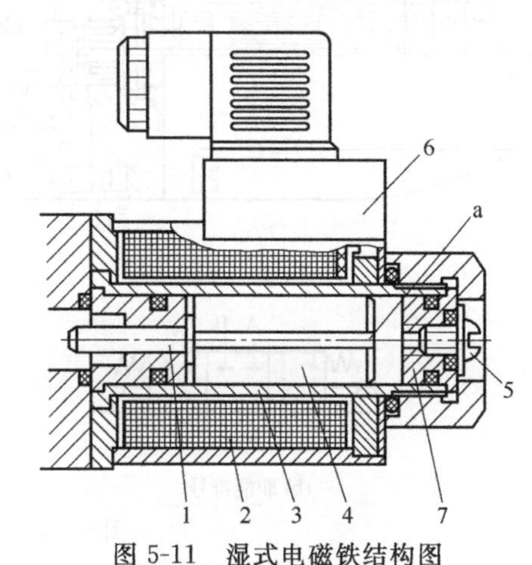

图 5-11　湿式电磁铁结构图

1—推杆；2—线圈；3—导磁导套缸；4—衔铁；5—放气螺钉；6—插头组件；7—挡板；a—油槽

阀端的压力油直接进入衔铁 4 与导磁导套缸 3 之间的空隙处，使衔铁在充分润滑的条件下工作，工作条件得到改善。油槽 a 的作用是使衔铁两端油室既互连通，又存在一定的阻尼，使衔铁运动更加平稳。线圈 2 安放在导磁导套缸 3 的外面不与液压油接触，其寿命大大提高。当然，湿式电磁铁存在造价高、换向频率受限等缺点。湿式电磁铁也各有直流和交流电磁铁之分。

② 二位二通电磁换向阀　图 5-12(a)为二位二通电磁换向阀结构图，由图 5-12(a)可以看出，阀体上两个沉割槽分别与开在阀体上的油口相连（由箭头表示）。当电磁铁未通电时，阀芯 2 被弹簧 3 压向左端位置，顶在挡板 5 的端面上，此时油口 P 与 A 不通；当电磁铁通电时，电磁铁 8 向右吸合，推杆 7 推动阀芯向右移动，弹簧 3 压缩，油口 P 与 A 接通。图 5-12(b)为二位二通电磁换向阀的职能符号。

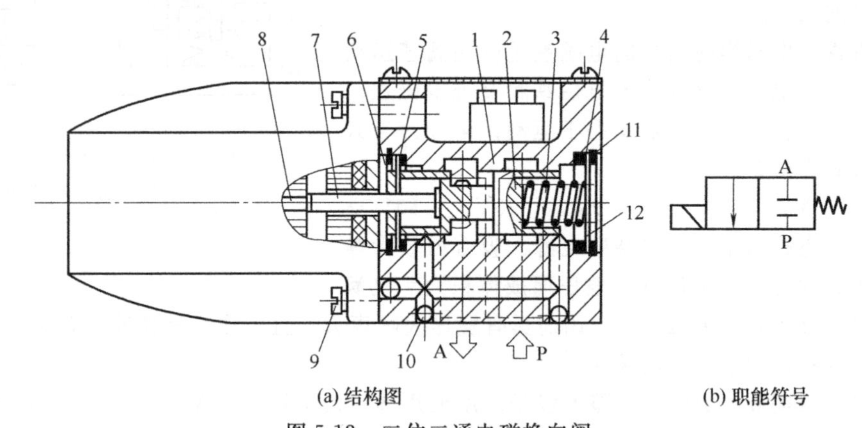

(a) 结构图　　(b) 职能符号

图 5-12　二位二通电磁换向阀

1—阀体；2—阀芯；3—弹簧；4、5、6—挡板；7—推杆；8—电磁铁；9—螺钉；10—钢球；11—弹簧挡圈；12—密封圈

③ 三位四通电磁换向阀　图 5-13(a)为三位四通电磁换向阀结构图，由图 5-13(a)可知，阀

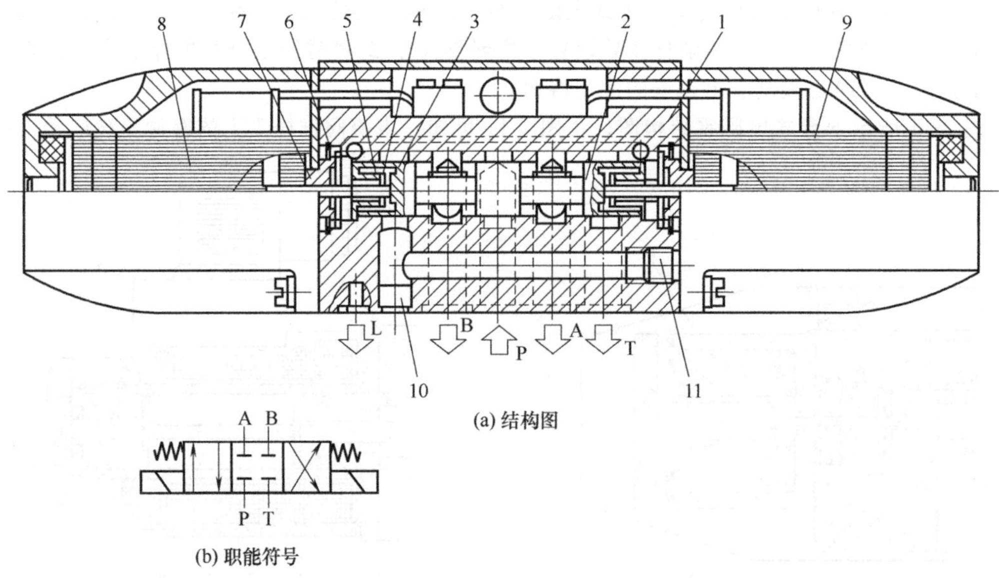

(a) 结构图

(b) 职能符号

图 5-13　三位四通电磁换向阀

1—阀体；2—阀芯；3—推杆弹簧；4—定位套；5—弹簧；6、7—挡板；8、9—电磁铁；10—封堵；11—螺塞

芯 2 上有两个环槽，阀体上开有五个沉割槽，中间三个沉割槽分别与油口 P、A、B 相通（由箭头表示）两边两个沉割槽由内部通道相连后与油口 T 相通（由箭头表示）。当两端电磁铁 8、9 均不通电时，阀芯在两端弹簧 5 的作用下处于中间位置，油口 A、B、P、T 均不导通；当电磁铁 9 通电时，推杆推动阀芯 2 向左移动，油口 P 与 A 接通，B 与 T 接通；当电磁铁 8 通电时，推杆推动阀芯 2 向右移动，油口 P 与 B 接通，A 与 T 接通。图 5-13(b)为三位四通电磁换向阀的职能符号。

电磁换向阀在液压设备中的使用非常广泛，在卸荷回路中，既可以利用二位二通电磁换向阀构成旁通卸荷回路，又可以运用 M 型滑阀机能构成卸荷回路，下面介绍 Y 型滑阀机能在打包机转箱中的运用。

图 5-14 所示为某棉机厂 250 型打包机转箱的实际回路。由于转箱箱体本身有机械定位，故在电磁阀处于图 5-14 所示的中位机能时，工作油腔 A、B 与回油腔 T 接通。因为箱体转动惯量较大，缸内活塞启动时，不希望有承托油液进行背压缓冲，同时，P 腔封闭，压力油路并联着开关箱门等其他执行元件，还必须工作，因此，采用 Y 型滑阀机能的电磁阀是合适的。

当左边、右边电磁阀分别通电时，活塞齿条转动齿轮带动箱体自动进行左转或右转。

(3) 液动换向阀

液动换向阀是利用液压系统中控制油路的压力油来推动阀芯移动实现油路换向的。由于控制油路的压力可以调节，可以形成较大的推力，因此液动换向阀可以控制较大流量的回路。

图 5-15(a)为三位四通液动换向阀的结构图，阀芯 2 上开有两个环槽，阀体 1 开有五个沉割槽。阀体的沉割槽分别与油口 P、A、B、T 相通（左右两沉割槽在阀体内有内部通道相通），阀芯两端有两个控制油口 K_1、K_2 分别与控制油路连通。当控制油口 K_1 与 K_2 均无压力油时，阀芯 2 处于中间位置，油口 P、A、B、T 互不相通；当控制油口 K_1 有压力油时，压力油推动阀芯 2 向右移动，使之处于右端位置，油口 P 与 A 相通，油口 B 与 T 相通；当控制油口 K_2 有压力油时，压力油推动阀芯 2 向左移动，使之处于左端位置，油口 P 与 B 相通，油口 A 与 T 相通。图 5-15 (b) 为三位四通液动换向阀的职能符号。

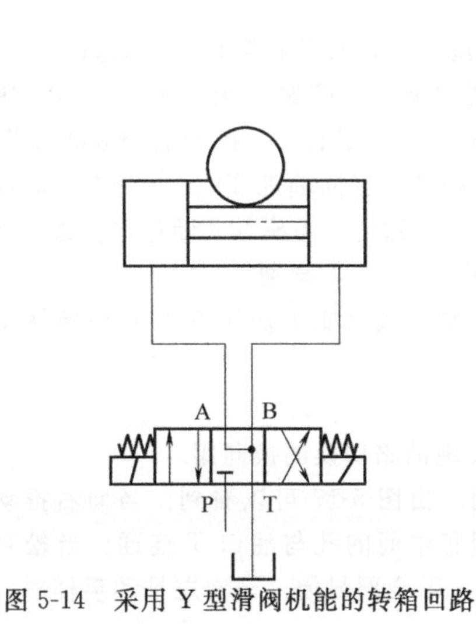

图 5-14　采用 Y 型滑阀机能的转箱回路

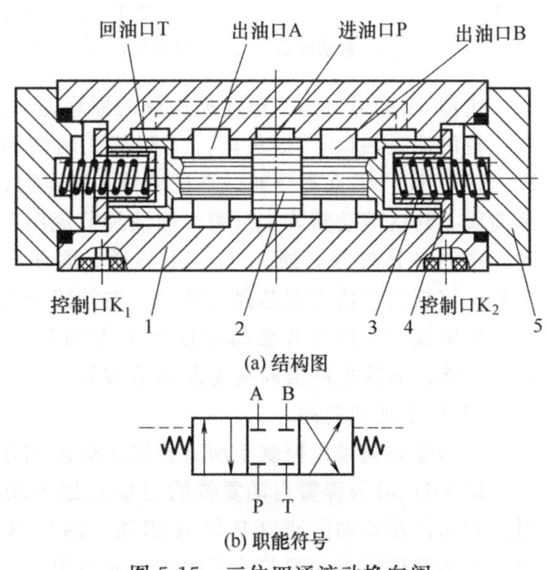

图 5-15　三位四通液动换向阀

1—阀体；2—阀芯；3—弹簧；4—弹簧套；5—阀端盖

(4) 电液动换向阀

电液动换向阀简称电液换向阀，由电磁换向阀和液动换向阀组成，电磁换向阀为 Y 型中位机能的先导阀，用于控制液动换向阀换向；液动换向阀为O型中位机能的主换向阀，用于控制主油路换向。

电液动换向阀集中了电磁换向阀和液动换向阀的优点，即可方便地换向，也可控制较大的液流流量。图5-16 (a) 为三位四通电液换向阀结构原理图，图5-16 (b) 为该阀的职能符号，图5-16 (c) 为该阀的简化职能符号。

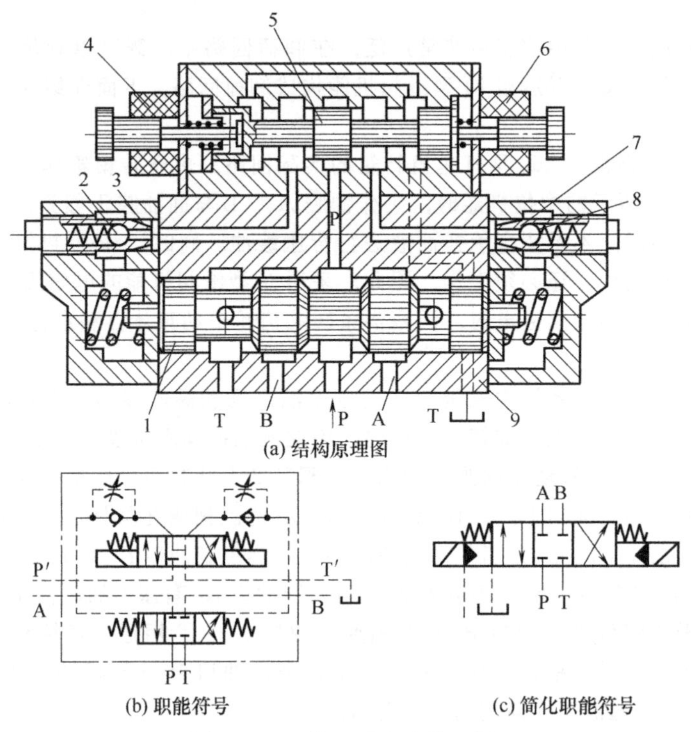

图5-16　三位四通电液换向阀

1—液动阀芯；2、8—单向阀；3、7—节流阀；4、6—电磁铁；5—电磁阀芯；9—阀体

由图5-16(a)可知，电液换向阀的原理为：当电磁铁4、 6均不通电时，电磁阀芯5处于中位，控制油进油口P′被关闭，主阀芯1两端均不通压力油，在弹簧作用下处于中位，主油路P、 A、 B、 T互不导通；当电磁铁4通电时，电磁阀芯5处于右位，控制油经进油口P′通过单向阀2到达液动阀芯1左腔；回油经节流阀7、液动阀芯1流回油池T′，此时主阀芯向右移动，主油路P与A导通， B与T导通。同理，当电磁铁6通电、电磁铁4断电时，液动阀芯向左移，控制油压使主阀芯向左移动，主油路P与B导通， A与T导通。

电液换向阀内的节流阀可以调节主阀芯的移动速度，从而使主油路的换向平稳性得到控制。当然，有的电液换向阀无此调节装置。

(5) 手动换向阀

手动换向阀是用控制手柄直接操纵阀芯的移动而实现油路切换的换向阀。

图5-17(a)为弹簧自动复位的三位四通手动换向阀。由图5-17可以看到：当向右推动手柄时，阀芯向左移动，油口P与A相通，油口B通过阀芯中间的孔与油口T连通；当松开手柄时，在弹簧作用下，阀芯处于中位，油口P、 A、 B、 T全部封闭；当向左推动手柄时，阀芯处于右位，油口P与B相通，油口A与T相通。

图5-17(b)为钢球定位的三位四通手动换向阀，它与弹簧自动复位的阀主要区别为：手柄可在三个位置上任意停止，不推动手柄，阀芯不会自动复位。

(6) 多路换向阀

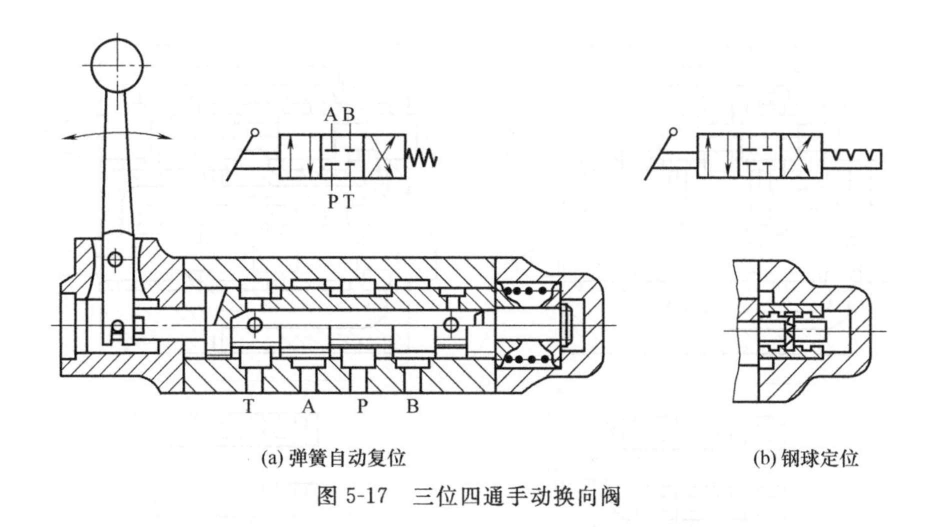

(a) 弹簧自动复位　　(b) 钢球定位

图 5-17　三位四通手动换向阀

多路换向阀是一种集成化结构的手动控制复合式换向阀，通常由多个换向阀及单向阀、溢流阀、补油阀等组成，其换向阀的个数由多路集成控制的执行机构数目而定，溢流阀、补油阀、单向阀、过载阀可根据要求装设。多路换向阀以其多项的功能、集成的结构和方便的操作性，在矿山机械、冶金机械、工程机械、石油机械等行走液压设备中得到广泛应用。

① 多路阀的结构形式　多路阀的结构形式常分为组合式多路阀和整体式多路阀两种。

组合式多路阀又叫做分片式多路阀。它由若干片阀体组成，一个换向阀称为一片，用螺栓将叠加的各片连接起来。它可以用很少的几种单元阀体组合成多种不同功用的多路阀，能够适应多种机械的需要。它具有通用性较强、制造工艺性好等特点，但也存在阀体积大、片间需密封、阀体容易变形而卡阻阀芯、内泄漏较为严重等问题。

整体式多路阀是把具有固定数目的多个换向阀体铸造成一个整体，所有换向阀滑阀及各种阀类元件均装在这一阀体内。该阀体铸造成油道，利于设计安排，其拐弯处过渡圆滑，过流损失小，通流能力大。阀体刚性好，阀芯配合精度可得到较大的提高，机加工工作量减小，内外泄漏小，结构更加紧凑。这种阀的缺点是铸造及加工要求的工艺性高，清砂工作困难，制造时质量控制难度较大。

② 多路阀油路的连接方式　根据主机工作性能要求，各换向阀之间的油路连接，通常有并联、串联、混联（串并联）三种方式。

图 5-18(a)所示为并联油路的多路阀。这类多路阀，从系统来的压力油可直接通到各联滑阀的进油腔，各联滑阀的回油腔又都直接通到多路换向阀的总回油口。当采用这种油路连通方式的多路换向阀同时操作多个执行元件同时工作时，压力油总是先进入油压较低的执行元件，因此，只有执行元件进油腔的油压相等时，它们才能同时动作。并联油路的多路换向阀压力损失较小。

图 5-18(b)所示为串联油路连接的多路阀。在这类阀中每一联滑阀的进油腔都和前一联滑阀的中位回油路相通，这样，可使串联油路内数个执行元件同时动作。实现上述动作的条件是，液压泵所能提供的油压要大于所有正在工作的执行元件两腔压差之和。串联油路的多路换向阀的压力损失较大。

图 5-18(c)所示为串并联油路连接的多路阀。在此阀中，每一联滑阀的进油腔都与前一联滑阀的中位回油路相通，每一联滑阀的回油腔则直接与总回油路连接，即各滑阀的进油腔串联，回油腔并联。它的特点是，当某一联滑阀换向时，其后各联滑阀的进油路均被切断。因此，各滑阀之间具有互锁功能，可以防止误动作。

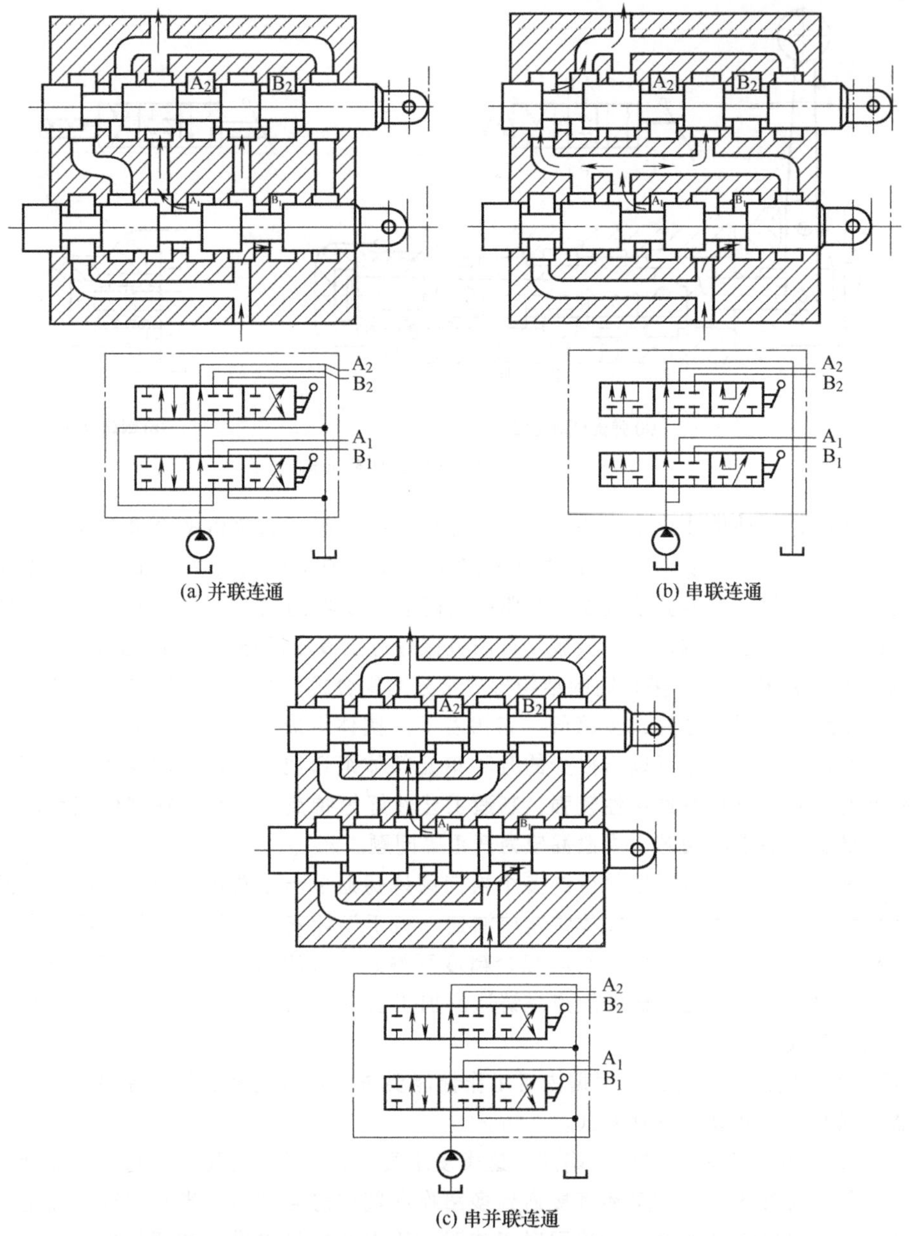

图 5-18 多路阀的油路连同方式及符号

A_1—第一个执行元件的工作油口；B_1—第一个执行元件的工作油口；

A_2—第二个执行元件的工作油口；B_2—第二个执行元件的工作油口

除上述三种基本形式外，当多路换向阀的联数较多时，还常常采用上述几种油路连接形式的组合，称为复合油路连接。

③ 多路阀的中位卸荷方式 多路阀各换向阀芯处于中位时，回路的卸荷方式主要有直通油路卸荷和卸荷阀卸荷两种。

图 5-19(a)所示为直通油路卸荷方式。在此回路中，多路阀入口压力油经一条专用的直通油路回油池。该回油路由每联换向阀的两个腔组成，当各阀的阀芯处于中间位置时，每联换向阀的这两个腔都是连通的，从而使整个中立位置回油路畅通，系统的压力油经此油路直接卸荷。

当多路阀有一个换向阀换向时，系统的压力油就从这联阀进入所控制的执行元件，同时会把卸荷油路切断。另外在换向过程中，随着换向阀阀芯的移动，中位状态时的回油路是被逐渐关小的，执行元件的进油路也是逐渐打开的，所以，其换向过程平稳无冲击，而且有一定调速性能。这种回油方式的缺点是阀芯在中位时的压力损失较大，并且换向阀的联数越多，压力损失越大。

图5-19(b)所示为用卸荷阀卸荷的方式。此时多路阀入口压力油是经卸荷阀A卸荷的。当所有换向阀的阀芯均处于中位时，卸荷阀的控制油路B与回油路接通，压力油流经卸荷阀上的阻尼孔C时产生压降，使卸荷阀弹簧腔的油压低于阀的进口油压，卸荷阀便在此两腔压力差的作用下克服弹簧力向右移动而开启，压力油从油路D回油箱。这种卸荷方式的特点是卸荷压力在换向阀的联数增加时变化不大，卸荷压力较低，但由于卸荷阀的控制通路B被切断的瞬时卸荷阀是突然关闭的，所以卸荷时会产生液压冲击。

目前大部分多路阀采用中位回油路卸荷的方案，因为采用这种方式可以通过控制杆的移动距离实现调速，且阀的结构简单。

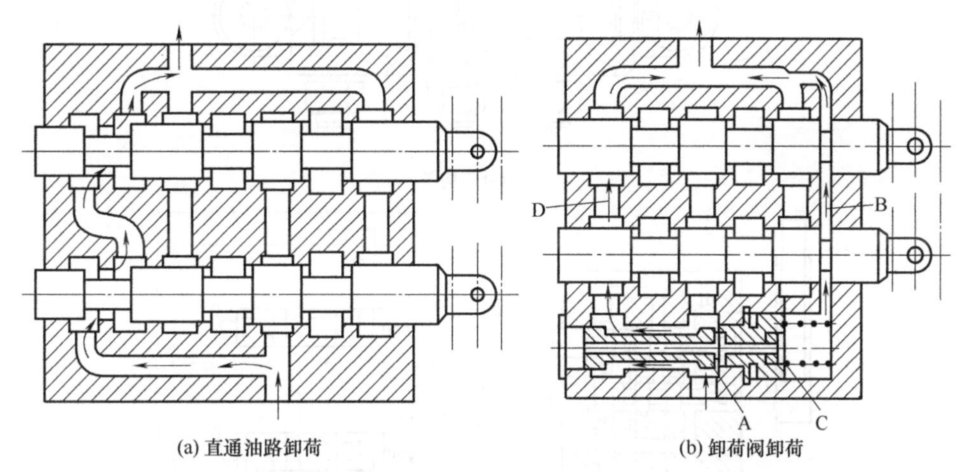

(a) 直通油路卸荷　　(b) 卸荷阀卸荷

图5-19　多路阀的卸荷方式

④ 多路阀应用实例　图5-20为叉车中常采用的一种ZFS型多路换向阀。它是由进油阀体1回油阀体4和升降换向阀2、倾斜换向阀3组成，彼此间用螺栓5连接。在相邻阀体之间装O形密封圈。进油体1内装有安全阀（图5-20中只表示出安全阀的进口K）。换向阀为三位六通阀，工作原理与一般手动换向阀相同。当换向阀2、3的阀芯均未被操纵时，泵的来油由P口进入，经阀体内部通道直通回油阀体4并经回油口T返回油箱，泵处于卸荷状态，见图5-20（b）。当向左扳动换向阀3的阀芯时，阀内卸荷油路被截断，油口A、B分别接通压油口P和回油口T，柱塞缸活塞杆缩回；当反向扳动换向阀3阀芯时，则活塞杆伸出。

⑤ 多路换向阀的安装与使用

a. 安装面要平整，螺钉拧紧要均匀，不能使阀体产生扭曲变形，影响阀的正常工作和寿命。

b. 在安装时应保证阀杆能够灵活运动，无卡滞现象。

c. 如果在振动剧烈的机械上使用，应注意采取减振的防护措施。

d. 在离阀比较近的地方禁止进行焊接。

e. 工作油液应保持清洁。

f. 为减少系统的压力损失，防止油温升得过快，应尽量使系统管路粗大一些。

5.2.2.6　换向阀的主要性能

① 机动换向阀的主要性能指标与手动换向阀的主要性能指标基本一致，主要包括工作的可

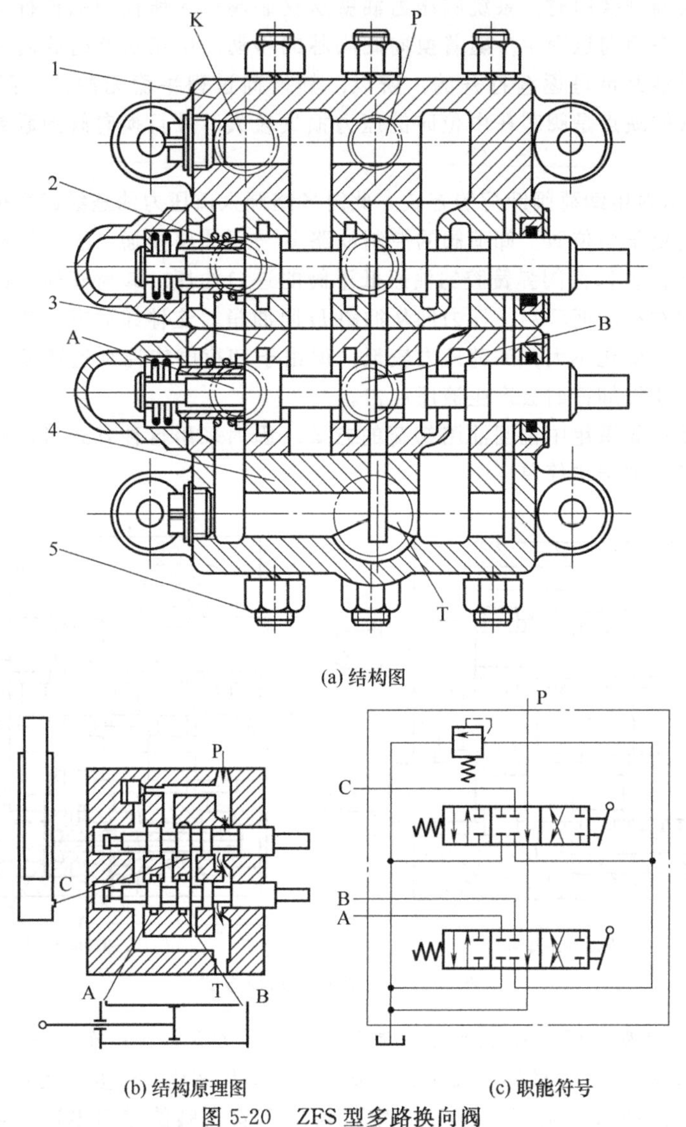

(b) 结构原理图　　(c) 职能符号

图 5-20　ZFS 型多路换向阀

1—进油阀体；2—升降换向阀；3—倾斜换向阀；4—回油阀体；5—连接螺栓

靠性、压力的损失以及内泄漏量。

② 电磁换向阀的主要性能指标除了包括工作的可靠性、压力的损失、内泄漏量之外，还包括阀的换向和复位时间以及阀的换向频率等。

③ 液动换向阀与电液动换向阀的主要性能指标也基本一致，是在电磁换向阀的主要性能指标的基础上增加了在额定压力与流量的条件下，使阀能够正常换向的最低控制压力以及在高压大流量下的换向压力冲击等。

5.2.2.7 使用换向阀注意事项

① 所选用的换向阀的通径、操纵控制方式、滑阀机能以及安装连接方式取决于实际液压系统对液流的压力、流量和流向等的要求。

② 要注意所选用的换向阀的工作压力要低于其额定压力，通过液压元件的实际流量要小于其额定流量。

③ 所选择的换向阀要能与液压系统的其他元件配套。

④ 换向阀回油口的压力不能高于规定的允许值。

⑤ 如果利用滑阀的中位机能使主油路卸荷，要采取措施保证中位时的最低控制压力适合。

⑥ 双电磁铁线圈的换向阀，其中的一个通电时，另一个必须断电，切忌两个线圈同时通电。

⑦ 使用符合标准的液压油，不符合标准的液压油可能会造成换向的困难，加剧磨损，甚至导致线圈的烧坏。

⑧ 如果与电气控制有关，要注意其额定电压与交直流的匹配关系。

5.2.2.8 电磁换向阀常见故障与排除

电磁换向阀在安装、使用中的常见故障与排除如下。

(1) 交流电磁铁线圈烧毁

① 线圈绝缘不良，引起匝间断路而烧毁，必须更换线圈。

② 供电电压高出电磁铁额定电压，引起线圈过热而烧毁。

③ 电源电压太低，使电磁铁电流过大，引起过热而烧毁线圈。

④ 电磁铁铁芯轴线与阀芯轴线同轴度太差，衔铁吸合不了，引起过热而烧毁。此时，应将电磁铁拆下重新装配至规定精度。

⑤ 电磁力不能克服阀芯移动阻力，引起电流过大，使线圈过热而致烧毁，对此，一般应拆开电磁阀仔细检查并对症解决:

a. 是否由于弹簧过硬而推不动阀芯;

b. 是否因阀芯被污物、杂质卡死而推不动阀芯;

c. 是否因推杆弯曲而推不动阀芯;

d. 是否由于电磁阀安装在底板上、接触面不平或螺钉紧固不一，而使阀体变形;

e. 是否由于回油口背压过高等。

⑥ 推杆长度过长，推动阀芯到位后，电磁铁衔铁距离吸合尚有一段距离，以致电流过大、线圈过热而致烧毁。

用户自行更换电磁铁时，经常易发生上述毛病。若更换后电磁铁的安装距离比原来短，而衔铁吸合行程符合规定要求并与原来电磁铁一致，这样，与阀装配后，就产生上述衔铁行程大于推杆推动阀芯行程的现象，将因衔铁吸合不上而产生噪声、抖动，过热甚至烧毁。

若更换的电磁铁，其安装距离较原来的长，则与阀装配后，由于与推杆的距离加大，推动阀芯的有效行程缩短，会使阀的开口度变小，压损增大，影响执行机构的运动速度等。因此，在使用者自行更换电磁铁时，必须认真地测量一下，确认推杆的伸长度与衔铁行程是否相匹配，不能随意更换。

⑦ 换向频率过高，线圈过热而烧毁。交流电磁铁会发生该现象；直流电磁铁一般不会因此而烧毁。

(2) 阀芯不动作、电磁铁通电不换向或电磁铁断电，不复位

① 阀芯被毛刺、毛边、垃圾等杂质卡住。

② 板式阀的安装底板翘曲不平，阀体紧固螺钉旋紧后，引起阀体变形而卡住阀芯。

③ 复位弹簧折断或卡住。

④ 有专用泄油口的电磁阀，泄油口未接通油箱，或泄油管路背压太高造成阀芯“闷车”而不能移位。

⑤ 电磁阀安装位置不正确，未使轴线处于水平状态，而是倾斜和垂直着，故由于阀芯、芯铁自重等原因造成换向或复位不能正常到位。

⑥ 弹簧太硬，阀芯推移不动或推不到位；弹簧太软，在电磁铁断开后，阀芯不能自动复位。

⑦ 工作温度太高，阀芯受热膨胀卡住阀体孔。

⑧ 电磁铁损坏。

(3) 换向时出现噪声　这是由于电磁铁衔铁吸合不良，主要有以下原因。

① 铁芯或衔铁吸合端面被污染物黏附。

② 衔铁和铁芯接触面凹凸不平或接触不良。

③ 电磁铁推杆过长或过短。

(4) 板式阀安装底面漏油

① 安装底板表面应磨加工，平面度不大于 0.02mm，不得内凸。表面粗糙度应优于 $Ra=8\mu m$。

② 紧固螺钉拧的力量不均匀。

③ 螺钉材料未使用热处理过的合金钢螺钉，换用普通碳钢螺钉后会因承受油压作用而受拉伸变形、变长，造成接合面出现松隙以致漏油。

④ 电磁阀接合底面有关 O 形密封圈损坏或老化失效。

(5) 干式阀向外泄漏油液

① 推杆处 O 形动密封圈损坏，油液进入电磁铁后，常从端面应急手动推杆处向外泄漏。

② 电磁阀阀芯两端一般为泄油腔 L 或回油腔 O，检查是否存在过高的背压及背压产生原因，注意油箱空气滤清器不能因堵塞而使油箱内存在压力。

(6) 湿式电磁铁吸合释放过于迟缓　电磁铁后端有放气螺钉，电磁铁试车时，导磁液压缸内存有空气，当油液通过衔铁周隙进入液压缸后，若后腔空气排放不掉，将受压缩而形成阻尼，使衔铁动作迟缓。应在试车时，拧开放气螺钉排气，当油液充满后，再旋紧密封。

(7) 电磁阀的选用型号正确，但油流通路实际上与图形符号不相吻合　这是使用电磁阀时十分容易产生的问题，要引起我们的高度注意。不仅是电磁换向阀，在手动、液动、电液动换向阀使用、安装时，一样会经常发生。

在前面有关电磁铁换向滑阀机能的内容中，我们已经介绍了电磁阀的多种阀芯结构，我们应该知道，标准性的符号，它仅代表一种类型阀的代号，属于公称性的，但不是具体阀的结构式代号，两者之间存在差距。

由于产品阀芯结构特殊，或是装配时阀芯已反方向安装，故而常造成同类型阀实际油流通路与设计所需图形不吻合。如果发现上述问题后，对二位阀，可通过阀芯调头或电磁铁及有关零件调头的方法来解决；对三位阀，常用换接电气线路的方法加以调整解决。如果仍无法调整过来，在工艺不复杂时，就需要调整工作油腔管路位置，或者加设过渡油板来解决。

(8) 不解体检验

为了避免上述事倍功半的现象产生，有经验的液压技术工作者，在购买液压阀时和安装液压阀前，常进行简便的不解体检验。现以板式连接阀为例介绍如下：

① 用手指或其他物体暂时封堵电磁阀的所有油路出口。

② 在阀的接合面上找出 P、A、B、T (O)、L 等腔位置，一般在各腔口附近，都用酸印打有该腔字母符号（或铸出的字母）。如字迹辨认不清，则应对照产品样本，认清有关腔口。

③ 先检查各类阀初始位置的滑阀机能是否符合使用要求。例如，若该阀滑阀机能为 O 型，则向 P 腔注入清洁机油时，油液不流入其他腔口，注满后，仅从 P 腔溢出，且再分别向 A 腔、B 腔、T 腔等注入清洁机油，情况都是一样的，则可认定其为 O 型机能滑阀。若为 H 型，则从 P 腔（或从 A、B、T 中任一腔）注入机油后，可以看见机油将从 A、B、T 腔上同时反映出来，直至所有腔口都充满机油。

④ 推动电磁阀端头的“手动应急推杆”，使电磁阀分别处于不同工作位置时，再按①的顺

序，检查油路通道是否正确。

⑤ 认可或调整

本文前述的有关滑阀机能的图、表，均是对阀测定、对照和调整时的实用技术资料，应当与产品样本很好地结合起来使用。

5.2.2.9　电液换向阀的常见故障与排除

(1) 阀芯不能运动

① 电磁铁方面的故障

a. 对交流电磁铁，由于滑阀卡住，铁芯吸不到底，电压太低或太高而导致过热烧毁。

b. 电磁铁漏磁，吸力不足，推不动主阀芯。

c. 电磁铁接线不良，接触不好甚至存在假焊。

c. 控制电磁铁的其他传感元件如行程开关、限位开关、压力继电器等未能输出控制信号。

d. 电磁铁铁芯与衔铁之间容入污物，使衔铁卡死。

② 先导电磁阀产生故障。主要有：阀芯与阀体孔卡死，或者弹簧弯曲折断使阀芯卡死等。产生原因与处理方法同电磁换向阀。

③ 液动阀阀芯卡死

a. 阀体孔与阀芯配合间隙过小，油温升高后，阀芯胀卡在阀孔内。

b. 阀芯几何尺寸与形位公差超差，阀芯与阀孔装配轴线不重合，产生轴向液压卡死现象。

c. 阀芯表面有毛刺，或者阀芯（或阀体）被碰伤卡死。

④ 液动换向阀控制油路存在故障

a. 油液控制动力源的压力不够，滑阀未被推动，故不能换向或换向不到位。

b. 电磁先导阀存在故障，未能工作。

c. 控制油路堵塞。

d. 可调节流阀调整不当，通油口过小或堵塞。

e. 滑阀两端泄油口没有接回油箱，或泄油背压太高，或泄油管堵塞。

f. 阀端盖处因螺钉松动或接触面不平等原因导致泄漏严重，控制油压不足。

⑤ 油液污染严重

a. 油液污染严重，未能滤去的颗粒杂质卡死阀芯。

b. 油温长期过高，使油液变质产生胶质物质，粘在阀芯表面卡死。

c. 油液黏度太高，使阀芯移动困难甚至卡牢不动。

⑥ 安装精度太差，紧固螺钉不均匀，不按规定顺序，或管道阀兰接头处发生翘曲使阀体变形。

⑦ 弹簧对中式液动阀的复位弹簧太硬、太粗，推动力太大；弹簧卡阻或弹簧折断，以致阀芯不能对中复位。

(2) 阀芯换向后，通过流量不够

造成阀芯换向后通过流量不够的主要原因是开口量不够，主要是由于：

① 行程调节型主阀的螺杆调整不当。

② 电磁阀长期不使用，使推杆磨损得过短，或更换电磁铁后，其安装距离较原来的大，使主阀控制油进入不够。

③ 主阀阀芯和阀孔间隙不当，几何精度差，阀芯不能在全程内顺利移动，阀芯达不到规定位置。

④ 弹簧太弱，推力不足，使阀芯行程达不到规定端位。

(3) 电液阀进出油口处压降太大

① 通流阀口面积太小，阻尼作用严重。主要原因仍是阀芯移动，达不到规定位置。

② 通过流量过多，远远大于额定流量。此时，应选择与流量相配的电液阀。

(4) 主阀换向速度不易调节

其主要由以下原因造成。

① 单向阀修漏严重。应拆下重新研配以保证密封程度。

② 节流阀芯弯曲，螺纹处碰伤，致使无法转动而失去调节功能。

③ 针头节流阀调节性能差或被污染物堵塞。应拆下清洗或改用三角槽式节流阀。

④ 电磁铁过热或发出“嗡嗡”声，主要原因：

a. 电磁铁铁芯与衔铁轴线不同轴度过大，衔铁吸合不良。

b. 电磁铁线圈绝缘不良。

c. 电压变动太大、电压太低或太高。一般电压波动值不应超过±10%，电网上有过大波动时，应加设稳压器。

d. 换向阻力过大，回油背压超高。

e. 换向操作频率太高。

(5) 换向冲击与噪声

① 控制流量过大，滑阀移动速度太快，因而产生冲击声。一般可以通过调小单向节流阀流口的方法来减慢滑阀移动速度。

② 单向节流阀阀芯与孔配合间隙太大，或者单向阀弹簧漏装，使阻尼作用失效，产生换向冲击声。

③ 液压系统中，压差很大的两个回路瞬时接通，而产生液压冲击，并可能振动配管及其他元件而发出噪声。

对上述故障，在允许的情况下，应控制回路压差；应考虑换向时的过渡位置机能，可能时，采用软性过渡。可选用湿式交流或带缓冲的电磁阀，以调节换向时间。

④ 阀芯被污物卡阻，且时动时卡，产生振动及噪声。

⑤ 电磁铁的螺钉松动，致使液流换向时产生位移振动及噪声。

针对上述故障及产生原因，应根据实际情况，及时、准确地作出相适应的措施，进行处理。

将电磁换向阀与电液换向阀常见故障汇总至表 5-4。

表 5-4 电磁（液）换向阀的常见故障与排除方法

故障	故障原因		排除方法
主阀芯不动作	电磁铁故障	电气控制线路故障	查明原因、消除故障
		电磁铁铁芯卡死	更换
	先导阀故障	阀芯与阀体孔卡死	调整间隙、过滤油液
		弹簧弯曲或变形太大	更换弹簧
	主阀芯卡死	阀芯与阀体孔精度低	提高零件精度
		阀芯与阀体孔间隙太小	修配间隙
		阀芯表面损伤	修理或更换
	油液原因	油液黏度太大或被污染	调和液压油或过滤油液
		油温偏高	控制油温
	控制油路系统故障	控制油路没油	检查原因，清洗管路
		控制油路压力低	清洗节流阀并调整以致合适
	复位弹簧不合要求	弹簧力过大、变形、断裂	更换弹簧
	安装不当	安装螺钉用力不均	重新紧固螺钉
		阀体上连接管路“别劲”	重新安装
压降过大	参数选择不当	实际流量大于额定值	更换换向阀

续表

故障	故障原因		排除方法
流量不足	开口量不足	电磁阀推杆过短	更换推杆
		阀芯移动不到位	配研阀芯
		弹簧刚性差	更换弹簧
主阀芯换向速度调节性能差	可调环节故障	单向阀密封性差	修理或更换
		节流阀性能差	更换
		排油腔盖处泄漏	更换密封，拧紧螺钉
电磁铁吸力不够	装配精度低	推杆过长	修磨推杆
		铁芯接触面不平或接触不良	处理接触面或消除污物
冲击振动有噪声	换向冲击	电磁铁吸合太快	采用电液阀
		液动阀芯移动速度太快	调节节流阀
		单向阀故障	检修单向阀
	振动	电磁铁螺钉松动	紧固螺钉
电磁铁过热或线圈烧坏	电磁铁故障	线圈绝缘不好	更换
		电磁铁芯不合适，吸不住	更换
		电压太低或不稳定	电压的变化值应在额定电压的10%以内
		电极焊接不好	重新焊接
	负荷变化	换向压力超过预定	降低压力
		换向流量超过预定	更换规格合适的电液换向阀
		回油口背压太高	调整背压使其在规定值内
	装配不良	电磁铁铁芯与阀芯轴线同轴度不良	重新装配，保证有良好的同轴度

5.3 压力控制阀

控制和调节液压系统中压力大小的阀通称压力控制阀。在液压系统中系统压力阀的作用是控制液压系统的压力或以液体压力的变化来控制油路的通断。

压力控制阀按其功能可分为溢流阀、减压阀、顺序阀和压力继电器等。在此我们主要介绍压力阀的工作原理、调压性能、典型结构、主要用途以及常见故障及排除方法。

5.3.1 溢流阀

溢流阀的功用是当系统的压力达到其调定值时，开始溢流，将系统的压力基本稳定在某一调定的数值上。按调压性能和结构特征区分，溢流阀可分为直动式溢流阀和先导式溢流阀两大类。溢流阀应用十分广泛，每一个液压系统基本上都使用溢流阀。

5.3.1.1 直动式溢流阀的工作原理和结构

图 5-21 (a) 为直动式低压溢流阀结构图， P为进油口， T为回油口。被控压力油由P进入溢流阀，经阀芯 4 的径向孔 f、轴向孔 g 进入阀芯下端腔 c。若阀芯的面积为 A，则此时阀芯下端受到的液压力为 p_A。调压弹簧的预紧力为 F_s， 当 $F_s=p_A$ 时，阀芯即将开启，这一状态时的压力称之直动式溢流阀的开启压力，用 p_K 表示即

$$p_K A=F_s=Kx_0 \tag{5-1}$$

$$\text{或}\quad p_K=Kx_0/A \tag{5-2}$$

式中　K——弹簧的刚度；

x_0——弹簧的预压缩量。

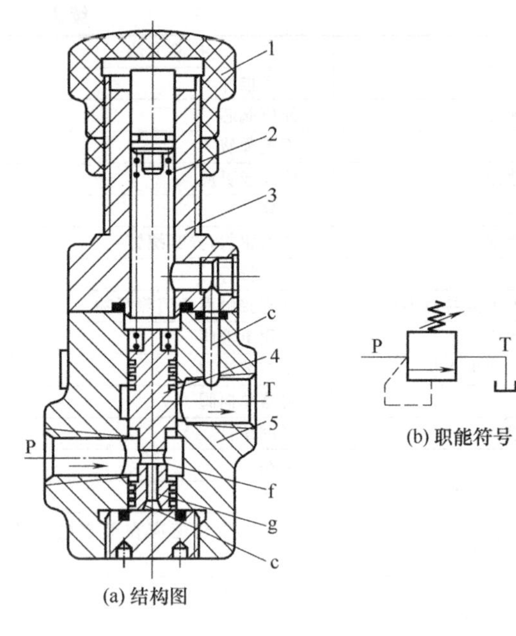

(a) 结构图

(b) 职能符号

图 5-21 直动式低压溢流阀

1—调节手柄；2—弹簧；3—上阀体；4—阀芯；5—下阀体

当 $p_A > F_s$ 时，阀芯上移，弹簧进一步受到压缩，溢流阀开始溢流。直到阀芯达到某一新的平衡位置时停止移动。此时进油口的压力为 p。

$$p = K(x + x_0)/A$$

式中 x——由于阀芯的移动使弹簧的产生的附加压缩量

由于阀芯移动量不大（即 x 变动很小），所以当阀芯处于平衡状态时，可认为阀进口压力 p 基本保持不变。

调节手柄 1 可改变弹簧的预压缩量，从而调节溢流压力 p。通道 g 为细长孔，当阀芯振动时 g 孔起到阻尼作用；通道 e 为泄漏孔，达到弹簧腔的油液经此孔流回油箱。图 5-21 (b) 为直动式溢流阀的职能符号。

由于直动式溢流阀是直接利用阀芯上的弹簧力与液压力平衡的，所以弹簧刚度 K 较大，压力调节也较费力，溢流量发生变化时阀的进油口压力波动较大，因此只能适用于低压小流量或平稳性要求不高的液压系统。

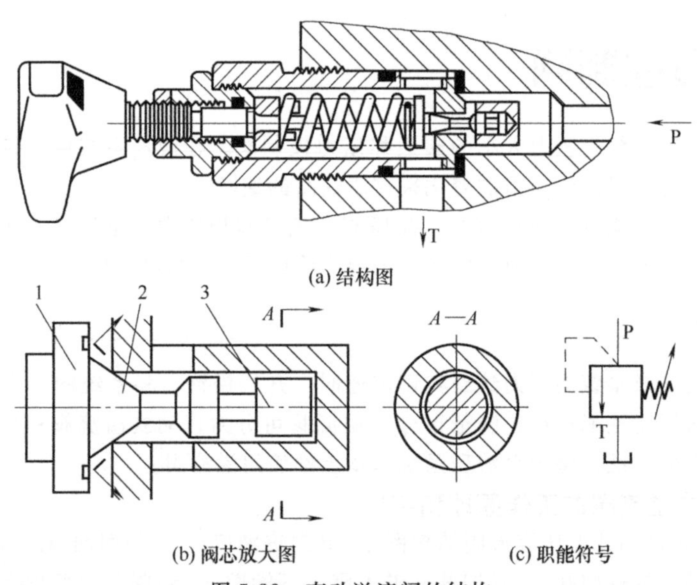

(a) 结构图

(b) 阀芯放大图

(c) 职能符号

图 5-22 直动溢流阀的结构

图 5-22(a) 为具有阻尼活塞和偏流盘的直动式溢流阀的结构图，其工作原理为：压力油从油口 P 进入，当油压所产生液压力大于阀芯上的弹簧力时，阀芯抬起，液压油经过阀芯的锥形面 2 及与阀体间形成的环形通道，从油口 T 流出。图 5-22(b) 为该阀的阀芯部分放大图。由此可以分析直动式溢流阀的性能特点，主要有以下几点：

① 灵敏度高　由于控制开口的阀芯面 2 为锥形面，当阀芯轴向稍微一移动，就可以有较大的开口；阀芯体积较小，惯性小，移动灵活。

② 通流能力大　阀芯左端偏流盘 1 上开有环形凹槽，当油液流过此槽时流向发生改变，形

成与弹簧力相反方向的液动力。当阀芯开大时，弹簧压缩量增加，而通过的流量也增加，由此所产生的液动力增大，从而抵消了弹簧力的增量，使得阀芯开启，稳定性增加，通流能力增加。

③ 调压范围广　由于上述两原因的存在，使阀芯所需的弹簧刚度大大降低，从而增大了阀的调压范围。

④ 稳定性增加　阀芯下端的阻尼活塞 3 与阀体间设置了适当间隙，使阀芯在移动时受到液压油的阻尼，阻尼活塞与阀体不直接接触，减少了阀芯移动时摩擦力，同时压力的波动可以及时反馈到阀芯上，使之灵活而又平稳地移动，于是压力的平稳性大大增加。

此类直动式溢流阀的通径从 6～30mm 不等，最高压力可达 31.5～63MPa，最大流量可达 300L/min，该阀在高压大流量下具有较平缓的压力-流量特性，其关键在于偏流盘上的射流力对液动力的补偿作用。采用阻尼活塞可提高阀的稳定性。

5.3.1.2　先导式溢流阀的工作原理和结构

先导式溢流阀是由先导阀和主阀组成。先导阀用于控制主阀芯两端的压差，主阀芯用于控制主油口的溢流。目前应用广泛的先导式溢流阀按阀芯结构形式，可分为三节同心式和二节同心式两种结构。

图 5-23 为三节同心先导式溢流阀。由图可知，主阀座 4 过盈安装在阀体 1 内，阀体上设有进出油口 P 和 T，　K 为遥控油口。主阀芯 2 上部小圆柱与阀盖 5 相配合，中间大直径圆柱与阀体内孔相配合，下部锥体与阀座相配合。主阀芯尾部的菌状法兰起导流作用，使溢流阀开启时便于阀芯对中，关闭时稳定性增加。先导锥阀芯 7 由弹簧 8 紧压在先导阀座 6 上。手轮 11 通过调压螺栓 10、调节杆 9 调整弹簧的预压缩量，从而调节溢流阀的调整压力。

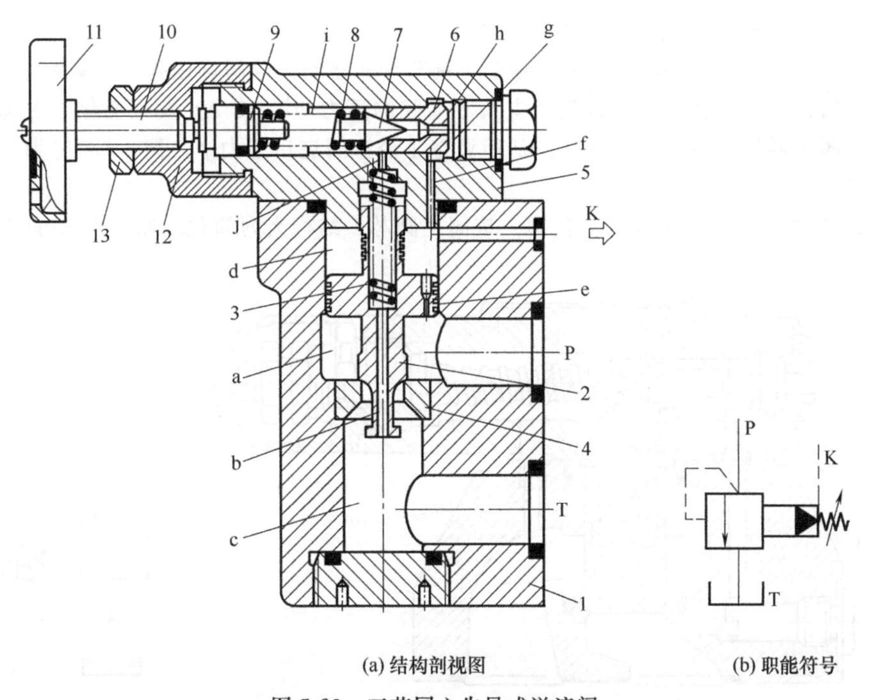

(a) 结构剖视图　　(b) 职能符号

图 5-23　三节同心先导式溢流阀

1—阀体；2—主阀芯；3—主阀弹簧；4—主阀座；5—先导阀体（阀盖）；6—先导阀座；7—先导锥阀芯；8—调压弹簧；9—调节杆；10—调压螺栓；11—手轮

当系统压力油从进油口 P 进入主阀芯下腔 a 时，压力油经主阀芯大直径圆柱上的阻尼孔 e 进入上腔 d，经通道 f 进入先导阀下腔 g，作用在先导锥阀芯 7 右端。由于先导阀关闭，此时主阀芯上腔 d 与下腔 a 间压力相等。主阀芯在弹簧 3 的作用下紧压在阀座 4 上。此时阀座 4 所承受的主阀芯的压力为 F。

$$F=F_s+pA'-pA=F_s+p(A'-A)$$

式中 F_s——弹簧 3 的预紧力；

A'——主阀芯上腔的有效面积；

A——主阀芯下腔的有效面积；

P——系统的压力。

当 $F_s>p(A'-A)$ 时阀口关闭，主阀无溢流。

当系统压力升高，超过先导锥阀芯 7 的开启压力时，压力油顶开先导锥阀芯 7，进入 i 腔，通过孔 j、b 流入 c 腔，从出油口 T 流出。此时由于阻尼小孔 e（$\phi=0.8\sim1.2$mm）的节流作用，使得主阀芯上腔 d 的压力 p'（p'是由先导阀调整的）小于下腔 a 的压力 p，在两腔之间产生压力差 Δp（$\Delta p=p-p'$）。此时主阀座 4 所受的主阀芯压紧力为 F。

$$F=F_s+p'A'-pA$$

当 $A=A'$时

$$F=F_s-A\Delta p$$

随着系统压力的增高，通过小孔 e 的流量不断增加，所产生的压力损失 Δp 也不断提高，压紧力 F 相继减小。当 F 变为负值时，主阀芯抬起，a、b 两腔连通，溢流阀开始溢流，此时，溢流阀进口的压力维持在某调定值 p 上。主阀芯向上移动后，弹簧 3 进一步受到压缩，F_s 相应增加，使之在新的位置上处于平衡状态。

遥控口 K 用于调节主阀芯前腔的压力 p'，当在 K 孔连接遥控调压阀（结构与先导阀相似）时，可用遥控调压阀调节溢流阀的进口压力。

转动手轮 11 时，调压螺栓 10 轴向移动，调节杆 9 推动先导阀调压弹簧 8 使先导锥阀芯 7 上所受到的弹簧力发生变化，从而调整了主阀芯 a 腔的压力 p'，使 Δp 发生变化，主阀芯在新位置上平衡，阀的溢流开口发生了变化，从而调整了溢流阀进口压力 p。图 5-23(b)为先导式溢流阀的职能符号。

图 5-24 为二节同心式先导式溢流阀，该阀主阀芯 1 结构大为简化，图 5-24 中只有阀芯外径

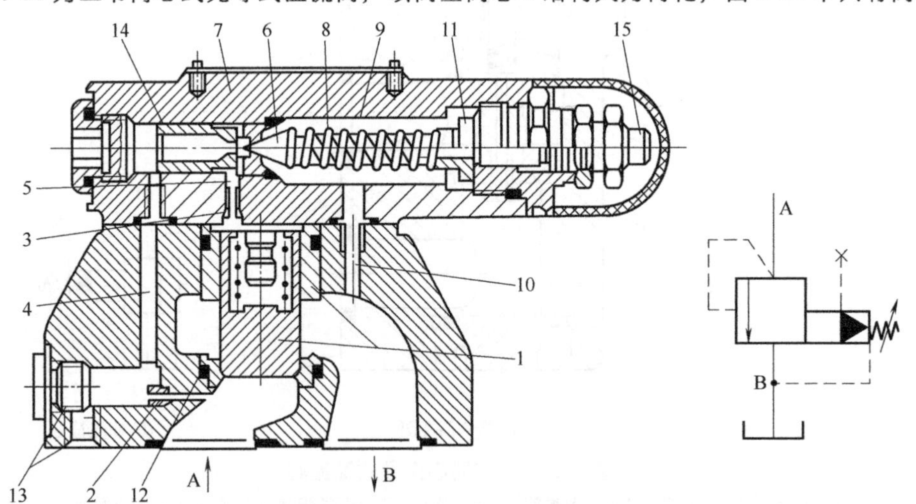

图 5-24 二节同心式先导式溢流阀

1—主阀芯；2—阻尼孔；3—阻尼器；4、5—控制油道；6—先导阀；7—先导阀体（阀盖）；8—调压弹簧；9—弹簧腔；10、11—控制回油道；12—阀座；13—外供油口；14—防振器；15—调节螺栓

与主阀体，阀芯下端锥面与阀座有配合要求。当压力油经阻尼器 3 中的小孔、控制油道 5、顶开先导阀 6 时，在阻尼器 3 两端形成压差 Δp，此压差经控制油道 5、阻尼器 3 作用在主阀芯 1 上。当压差达到一定值时，主阀芯抬起，溢流阀开始溢流。外接供油孔 13 与普通先导式溢流阀的遥控口所起的作用相当。

5.3.1.3 溢流阀的性能

溢流阀的性能主要有静态性能和动态性能两类。

(1) 静态特性

溢流阀的静态性能是指阀在系统压力没有突变的稳态情况下，所控制流体的压力、流量的变化情况。溢流阀的静态特性主要指压力-流量特性、启闭特性、压力调节范围、流量许用范围、卸荷压力等。

① 流阀的压力-流量特性　溢流阀的压力-流量特性是指溢流阀入口，压力与流量之间的变化关系。图 5-25 为溢流阀的静态特性曲线。其中 p_{k1} 为直动式溢流阀的开启压力，当阀入口压力小于 p_{k1} 时，溢流阀处于关闭状态，通过阀的流量为零；当阀入口压力大于 p_{k1} 时，溢流阀开始溢流。p'_{k2} 为先导阀的开启压力，当阀进口压力小于 p'_{k2} 时，先导阀关闭，溢流量为零；当压力大于 p'_{k2} 时，先导阀开启，然后主阀芯打开，溢流阀开始溢流。在两种阀中，当阀入口压力达到调定压力 p_n 时，通过阀的流量达到额定溢流量 q_n。

由溢流阀的特性分析可知：当阀溢流量发生变化时，阀进口压力波动越小，阀的性能越好。由图 5-25 溢流阀的静态特性曲线可见，先导式溢流阀性能优于直动式溢流阀。

② 溢流阀的启闭特性　启闭特性是表征溢流阀性能好坏的重要指标，一般用开启压力比率和闭合压力比率表示。当溢流阀从关闭状态逐渐开启，其溢流量达到额定流量的 1% 时所对应的压力，定义为开启压力 p_k，p_k 与调定压力 p_s 之比，称为开启压力比率。当溢流阀从全开启状态逐渐关闭，其溢流量为其额定流量的 1% 时，所对应的压力定义为闭合压力 p'_k，p'_k 与调定压力 p_s 之比，称为闭合压力比率。开启压力比率与闭合压力比率越高，阀的性能越好。一般开启压力比率应≥90%，闭合压力比率应≥85%。图 5-26 为溢流阀的启闭特性曲线。曲线 1 为开启特性，曲线 2 为闭合特性。

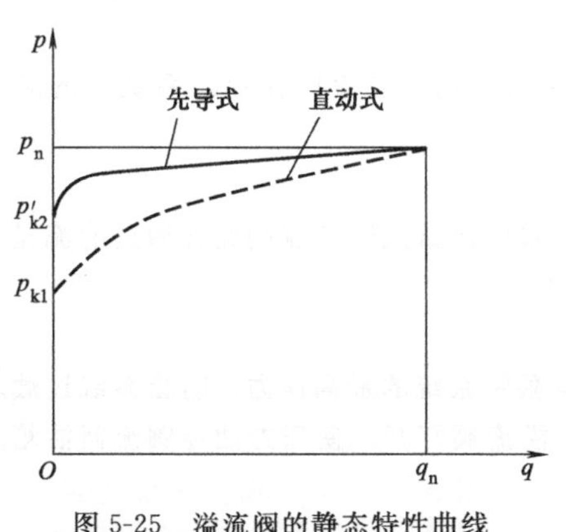

图 5-25　溢流阀的静态特性曲线

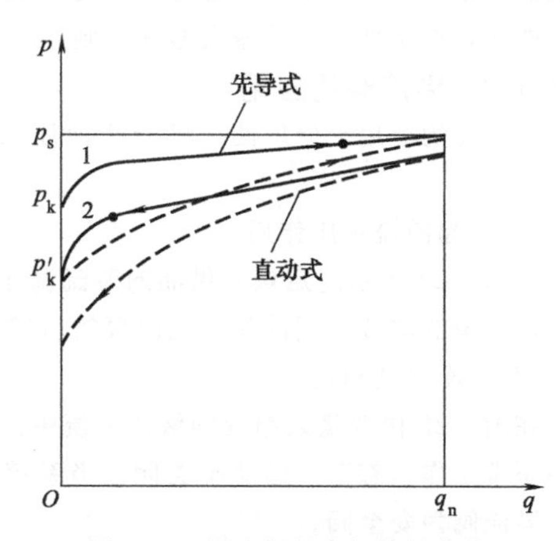

图 5-26　溢流阀的启闭特性曲线

③ 溢流阀的压力稳定性　在工作中，液压泵的流量脉动及负载变化的影响会导致溢流阀的主阀芯一直处于振动状态，阀所控制的油压也因此产生波动。衡量溢流阀的压力稳定性有两个指标：一是在整个调压范围内，阀在额定流量状态下的压力波动值，二是在额定压力和额定流量状态下，3min 内的压力偏移值。上述两个指标越小，说明溢流阀的压力稳定性越好。

④ 溢流阀的卸荷压力　将溢流阀的遥控口与油箱连通后，液压泵处于卸荷状态时，溢流阀

进出油口压力之差称为卸荷压力。溢流阀的卸荷压力越小，系统发热越少，一般溢流阀的卸荷压力不大于0.2MPa，最大不应超过0.45MPa。

⑤ 压力调节范围　溢流阀的压力调节范围是指溢流阀能够保持性能的压力使用范围。溢流阀在此范围内调节压力时，进口压力能保持平稳变化，无突跳、迟滞等现象。在实际情况下，当需要溢流阀扩大调压范围时，可通过更换不同刚度的弹簧来实现，如国产调压范围为12～31.5MPa的高压溢流阀。更换四种刚性不等的调节弹簧可实现0.5～7MPa、3.5～14MPa、7～21MPa和14～35MPa四种范围的压力调节。

⑥ 许用流量范围　溢流阀的许用流量范围一般是指阀额定流量的15%～100%之间。阀在此流量范围内工作，其应当压力平稳，无噪声且振动较小。

(2) 动态特性

溢流阀的动态特性是指在系统压力突变时，阀的响应过程中所表现出的性能指标。图5-27为溢流阀的动态特性曲线。此曲线的测定过程是：将处于卸荷状态下的溢流阀突然关闭（一般是由小流量电磁阀切断通油池的遥控口），使阀的进口压力迅速提升至最大峰值，然后振荡衰减至调定压力，再使溢流阀在稳态溢流时开始卸荷。经此压力变化循环过程后，可以得出以下动态特性指标：

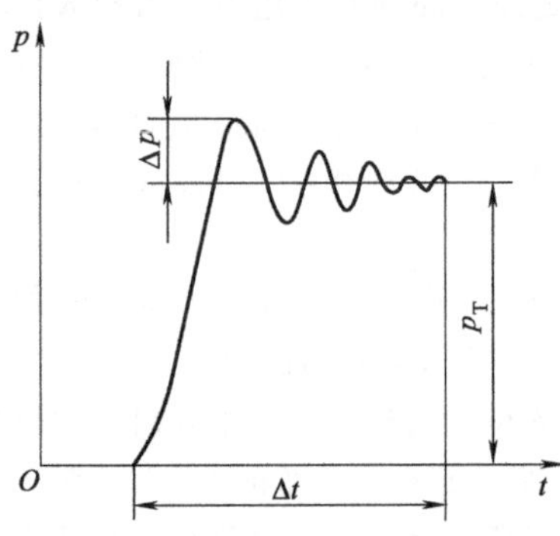

图5-27　溢流阀的动态特性曲线

① 压力超调量　最大峰值压力与调定压力之差，称之为压力超调量，用Δp表示。压力超调量越小，阀的稳定性越好。

② 过渡时间　指溢流阀从压力开始升高达到稳定在调定压力时所需要的时间，用符号Δt表示。过渡时间越小，阀的灵敏性越高。

③ 压力稳定性　溢流阀在调压状态下工作时，由于泵的压力脉动而引起系统压力在调定压力附近产生有规律的波动，这种压力的波动可以从压力表针的振摆看到，此压力振摆的大小标志阀的压力稳定性。阀的压力振摆小则压力稳定性好。一般溢流阀的压力振摆应小于0.2MPa。

5.3.1.4 溢流阀的应用

溢流阀的应用十分广泛，每一个液压系统都使用溢流阀。溢流阀在液压系统中的应用主要有：

(1) 起溢流定压作用

在图5-28所示用定量泵供油的节流调速回路中，泵的流量大于节流阀允许通过的流量，溢流阀使多余的油液流回油箱，此时泵的出口压力保持恒定。

(2) 作安全阀用

在图5-29由变量泵组成的液压系统中，用溢流阀限制系统的最高压力，防止系统过载。系统在正常工作状态下，溢流阀关闭；当系统过载时，溢流阀打开，使压力油经阀流回油箱。此时，溢流阀为安全阀。

(3) 作背压阀用

在图5-30所示的液压回路中，溢流阀串联在回油路上，溢流阀产生背压后使运动部件运动平稳。此时溢流阀为背压阀。

(4) 作卸荷阀用

图5-31所示的液压回路中，在溢流阀的遥控口串接一个小流量的电磁阀，当电磁铁通电时，溢流阀的遥控口通油箱，此时液压泵卸荷。溢流阀的这时作为卸荷阀使用。

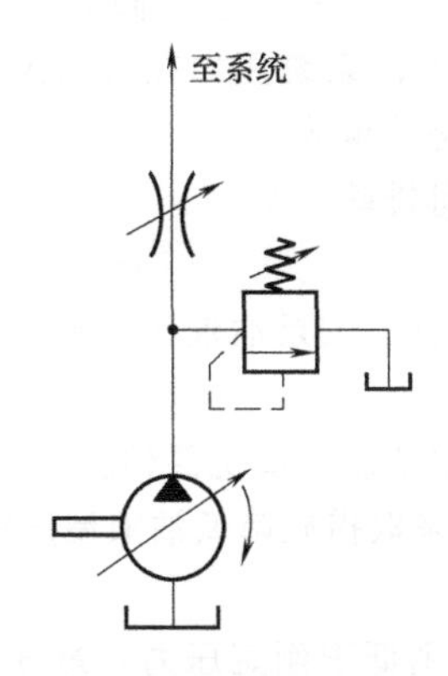

图 5-28　溢流阀起溢流定压作用

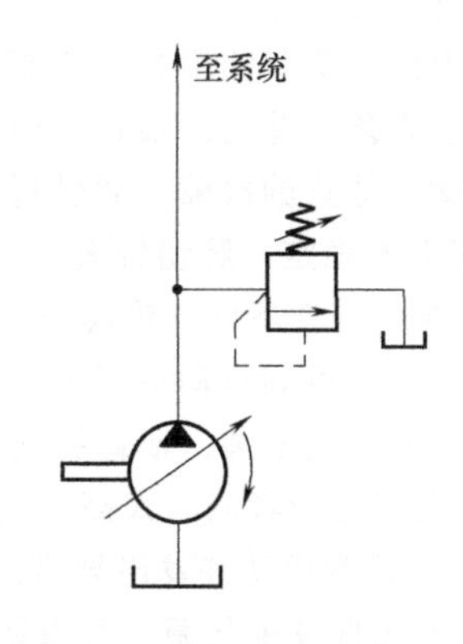

图 5-29　溢流阀作安全阀用

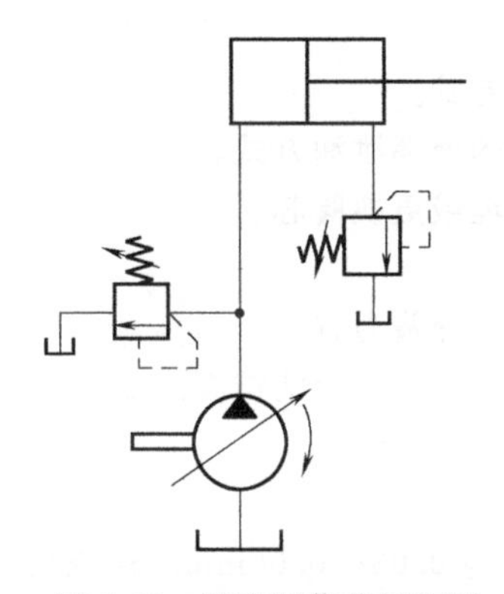

图 5-30　溢流阀作背压阀用

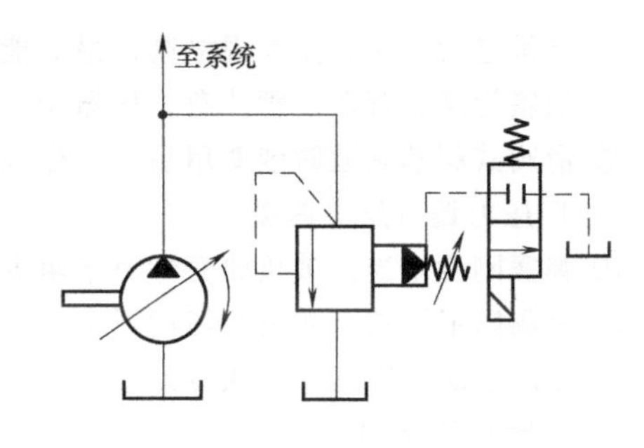

图 5-31　溢流阀作卸荷阀用

5.3.1.5　溢流阀常见故障与排除

由于溢流阀种类较多，本节以三节同心先导式溢流阀（见图 5-23）为例说明其常见故障与排除方法。

溢流阀在使用中的主要故障是调压失灵、压力不稳定及振动、噪声等。

(1) 调压失灵

① 旋动调压手轮，系统压力达不到额定值　系统压力达不到额定值的主要原因常在于：调压弹簧变形、断裂或弹力太弱，选用错误；调压弹簧行程不够；先导锥阀密封不良、泄漏严重；远程遥控口泄漏；主阀芯与阀座（锥阀式）或与阀体孔（滑阀式）密封不良、泄漏严重等。

采取更换、研配等方法即可进行修复。

② 系统上压后，立刻失压，旋动手轮再也不能调节启动压力　该故障多由主阀芯阻尼孔在使用中突然被污物堵塞所致。该阻尼孔堵塞后，系统油压直接作用于主阀芯下端面，此时，系统上压，而一旦推动主阀上腔的存油顶开先导锥阀芯后，上腔卸压，主阀打开，系统立即卸压。由于主阀阻尼孔被堵，系统压力油再无法进入主阀上腔，即使系统压力下降，主阀也不能下降。主阀阀口开度不会减小，系统压力不断被溢流，在这种情况下，无论怎样旋动手轮，也不能使系统上压。

当主阀在全开状态时，若主阀芯被污物卡阻，也会出现上述现象。

③ 系统超压，甚至超高压，溢流阀不起溢流作用　当先导锥阀前的阻尼孔被堵塞后，油压纵然再高也无法作用和顶开锥阀芯，调压弹簧一直控制锥阀关闭，先导阀不能溢流，主阀芯上

下腔压力始终相等，在主阀弹簧作用下，主阀一直关闭，不能打开，溢流阀失去限压溢流作用，系统压力随着负载的增高而增高，当执行元件终止运动时，系统压力在液压泵的作用下甚至产生超高压现象。此时，很容易造成拉断螺栓、打坏泵等恶性事故。

对上述②、③点的故障，通过拆洗阀件，疏通阻尼孔即可排除。

(2) 压力不稳定，脉动较大

① 先导阀稳定性不好，锥阀与阀座同轴度不好，配合不良，或是油液污染严重，有时杂质卡夹于锥阀上，使锥阀运动不规则。

应该纠正阀座的安装，研修锥阀配合面，并控制油液的清洁度，清洗阀件。

② 油中有气泡或者油温太高　完全排除系统内的空气并采取措施降低油液温度即可。

(3) 压力轻微摆动并发出异常声响

① 与其他阀件发生共振　可重新调定压力，使其稍高或稍低于额定压力。最好能更换适合的弹簧，采取外部泄油形式等。

② 先导阀口有磨耗，或远程控制系统内存有空气　应修复或更换先导阀并驱除系统中空气。

③ 流量过大　应更换大规格阀，最好能采用外部泄油方式。

④ 油箱管路有背压，管件有机械振动　易改用溢流阀的外部泄油方式。

⑤ 滑阀式阀芯制造时或使用后，产生鼓形面　应当修理或更换阀芯。

(4) 压力调节反应迟缓

① 弹簧刚度不当，或扭曲变形有卡阻现象　以更换合用弹簧为宜。

② 锥阀阻尼孔被杂质污物堵而不塞，但流通面积大为减少　应拆洗锥阀，疏通孔道。

③ 管路系统有空气　对执行元件进行全程运行，驱除系统空气。

(5) 噪声和振动

① 先导锥阀在高压下溢流时，阀芯开口轴向位移量仅为 0.03～0.06mm，通流面积小，流速很高，可达 200m/s。若锥阀及锥阀座加工时产生椭圆度。导阀口黏着污物及调压弹簧变形等，均使锥阀径向力不平衡，造成振荡，产生尖叫声。对锥阀封油面圆度误差应控制在 0.005～0.01mm。表面粗糙度应优于 $Ra0.4\mu m$。

② 阀体与主阀芯制造几何精度差，棱边有毛刺或阀体内有污物，使配合间隙增大并使阀芯偏向一边，造成主阀径向力不平衡，性能不稳定，因而产生振动及噪声。应当去毛刺，更换不合技术要求的零件。

③ 阀的远程控制口至电磁换向阀之间管件通径不宜太大，过大会引起振动。一般取管径为 6mm 为宜。

④ 空穴、噪声　当空气被吸入油液中或油液压力低于大气压时，将会出现空穴现象。此外，阀芯、阀座、阀体等零件的几何形状误差和精度对空穴现象及流体噪声均有很大影响，在零件设计上必须足够重视。

⑤ 因装配或维修不当产生机械噪声，主要有：

a. 阀芯与阀孔配合过紧，阀芯移动困难，引起振动和噪声。配合过松，间隙太大，泄漏严重及液动力等也会导致振动和噪声。装配时，要严格掌握合适的间隙。

b. 调压弹簧刚度不够，产生弯曲变形。液动力能引起弹簧自振，当弹簧振动频率与系统频率相同时，即出现共振和噪声。更换适当的弹簧即可排除。

c. 调压手轮松动。压力由手轮旋转调定后，需用锁紧螺母将其锁牢。

d. 出油口油路中有空气时，将产生溢流噪声，须排净空气并防止空气进入。

e. 系统中其他元件的连接松动，若溢流阀与松动元件同步共振，将增大振幅和噪声。

此外，电磁溢流阀、卸荷溢流阀的主阀故障与上述情况基本相同。综上所述，将溢流阀常见故障与排除方法汇总后列于表 5-5 中。

表 5-5　溢流阀常见故障与排除方法

现象	故障原因	排除方法
压力波动不稳定	1. 锥阀与阀座接触不良或磨损 2. 弹簧刚度差 3. 滑阀变形或损伤 4. 油液污染，阻尼孔堵塞	1. 配研或更换 2. 更换 3. 配研或更换 4. 更换或过滤液压油，疏通阻尼孔
压力调整无效	1. 阻尼孔堵塞 2. 弹簧断裂或漏装 3. 主阀芯卡住 4. 漏装锥阀 5. 进出油口反装	1. 疏通阻尼孔 2. 更换或补装弹簧 3. 检查、修配 4. 检查、补装 5. 纠正方向
泄漏显著	1. 主阀芯与阀体间隙过大 2. 锥阀与阀座接触不良或磨损	1. 更换阀芯、重配间隙 2. 配研或更换
噪声振动大	1. 弹簧变形 2. 螺母松动 3. 主阀芯动作不良 4. 锥阀磨损 5. 流量超过额定值 6. 与其他阀共振	1. 更换 2. 紧固 3. 检查与阀体的同轴度或修配阀的间隙 4. 更换或配研 5. 更换大流量阀 6. 调整各压力阀的工作压力，使其差值在 0.5MPa 以上

5.3.2　减压阀

5.3.2.1　减压阀工作原理和结构

减压阀的功用是能使其出口压力低于进口压力，并使出口压力可以调节。在液压系统中，减压阀用于降低或调节系统中某一支路的压力，以满足某些执行元件的需要。减压阀常用于夹紧回路、润滑系统中。

减压阀按其调节性能又分为定值减压阀、定比减压阀和定差减压阀三种。定差减压阀能保持阀的进出油口压力之间有近似恒定的差值；定比减压阀能使阀的进出油口压力之间保持近似恒定的比值。这两种阀一般不单独使用，而是与其他功能的阀组合形成相应的组合阀，限于篇幅，在此不单独分析。

定值减压阀简称减压阀，能使其出油口压力低于进油口压力，并能保持出油口压力近似恒定。与溢流阀一样，减压阀也分为直动式和先导式。

(1) 先导式减压阀

图 5-32(a)为传统型先导式减压阀。它是由先导阀和主阀两部分组成。其中 P_1 为进油口，P_2为出油口，压力油通过主阀芯 4 下端通油槽 a、主阀芯内阻尼孔 b，进入主阀芯上腔 c 后，经孔 d 进入先导阀前腔。当减压阀出油口压力 p_2 小于调定压力时，先导阀芯 2 在弹簧作用下关闭，主阀芯 4 上下腔压力相等，在弹簧的作用下，处于下端位置。此时，主阀芯 4 进出油口之间的通道间隙 e 最大，主阀芯全开，进出油口压力相等。当阀出油口压力达到减压阀的调定值时，先导阀芯 2 打开，压力油经阻尼孔 b 产生压差，主阀芯上下腔压力不等，下腔压力大于上腔压力，其差值克服主阀弹簧 3 的作用使阀芯抬起，此时，通道间隙 e 减小，节流作用增强，使出油口压力 p_2 低于进油口压力 p_1，并保持在调定值上。

当调节手轮 1 时，先导阀弹簧的预压缩量受到调节，使先导阀所控制的主阀芯前腔的压力发生变化，从而调节了主阀芯的开口位置，调节了出油口压力。由于减压阀出油口为系统内的支油路，所以减压阀的先导阀上腔的泄油口，必须单独接油箱。图 5-32(b)为传统型先导式减压

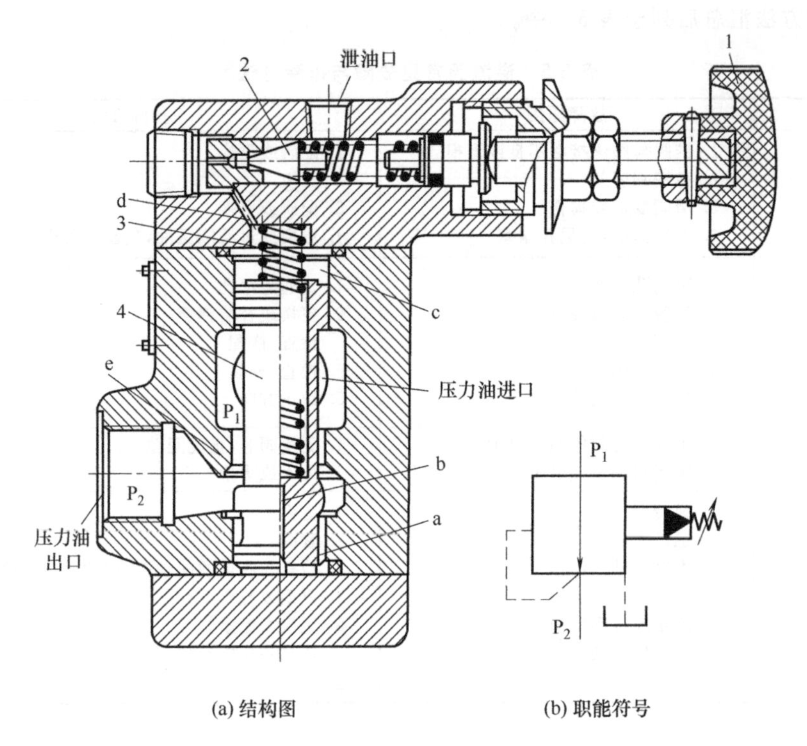

(a) 结构图　　　　(b) 职能符号

图 5-32　传统型先导式减压阀

1—手轮；2—先导阀芯；3—主阀弹簧；4—主阀芯

阀的职能符号。

图 5-33 为新型先导式减压阀。图中 P_1 为进油口， P_2 为出油口，压力油由 P_1 口进入，经主阀芯 2 周围的径向孔群 9 从 P_2 口流出。同时，压力油经阻尼孔 1、控制油道 3、阻尼孔 4 打开

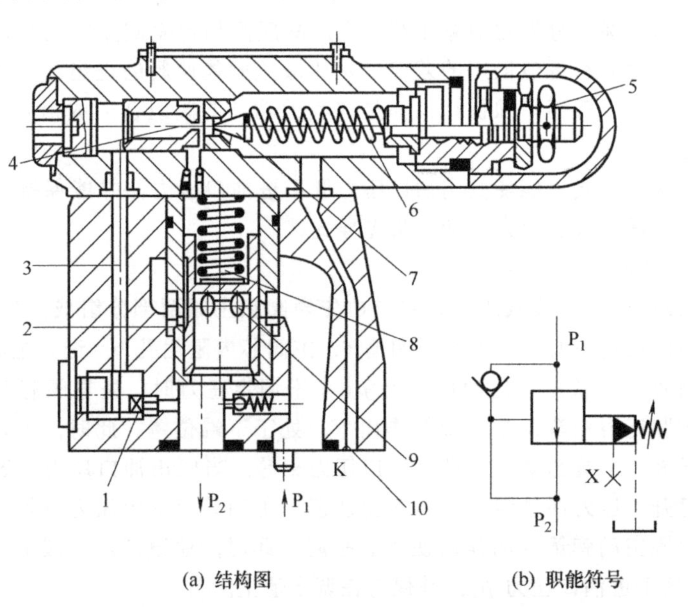

(a) 结构图　　　　(b) 职能符号

图 5-33　新型先导式减压阀

1、4—阻尼孔；2—主阀芯；3—控制油道；5—螺母；6—先导阀弹簧；7—先导阀芯；8—主阀芯弹簧；9—主阀芯径向孔群；10—泄漏孔通道

先导阀芯 7 后由外泄油口 K 流回油箱。与传统型先导阀原理相似，当压力不高时，先导阀关闭，主阀芯 2 上下腔压力相等。弹簧 8 使阀芯处于下端，径向孔群 9 全开，阀进出油口压力相等；当压力达到阀的调定值时，先导阀打开，压力油流经阻尼孔 1、4 产生压差，使得主阀芯 2 两端产生压差，克服主阀芯弹簧 8 的弹簧力后，阀芯抬起，径向孔群 9 被固定的阀套部分遮蔽，从而产生节流作用，使得减压阀出油口压力低于进油口压力。当阀出油口压力变化时，主阀芯直动反馈，使径向孔群 9 被固定的阀套部分所遮蔽的部分（减压节流口）逆向变化，以补偿压力的波动值，从而使阀的出油口压力稳定在调定值上。

(2) 直动式减压阀

直动式减压阀一般用于定差和定比减压阀，很少用于定值减压阀。图 5-34 所示为直动式减压阀。此阀兼有减压和溢流两种功能，又称为溢流减压阀。

在图 5-34 中，当系统正常工作时，P_1 为进油口，P_2 为出油口，压力油从 P_1 进入经阀芯 1，从 P_2 孔流出。同时，压力油经通道 4 进入阀芯 1 的左腔。当系统压力不高时，弹簧 3 推动阀芯使之处于左端，阀芯与阀体间的节流开口最大，阀进出油口压力相等；当系统压力达到阀的调定值时，阀芯左端的液压力小于右端的弹簧预紧力，阀芯向左移动，节流开口减小，节流作用增强，使阀的出口压力降低到调定值。当油液反向流动时，P_2 为进油口，P_1 为出油口，压力油从 P_2 经单向阀从 P_1 口流出。

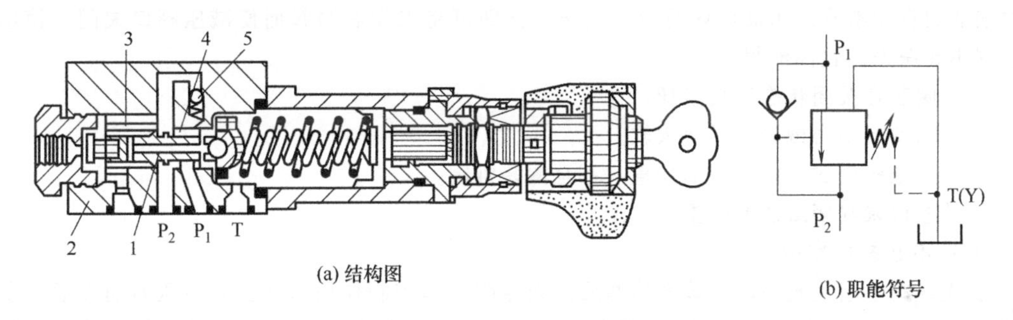

图 5-34 直动式减压阀

1—阀芯；2—阀体；3—弹簧；4—通道；5—单向阀

5.3.2.2 减压阀的应用

减压阀主要用于实现液压系统中的某支油路的减压、调压和稳压。

(1) 减压回路

图 5-35 所示为减压回路，在主系统的支路上串联一个减压阀，用于降低和调节支路液压缸的最大推力。

(2) 稳压回路

如图 5-36 所示，当系统压力波动较大，需要液压缸 2 有较稳定的输出压力时，在液压缸 2 进油路上串联一个减压阀，当减压阀处于工作状态时，可使液压缸 2 的压力不受溢流阀压力波动的影响。

(3) 单向减压回路

当需要执行元件正反向压力不同时，可用图 5-37 的单向减压回路。其中用双点画线框起的单向减压阀是具有单向阀和减压阀功能的组合阀。

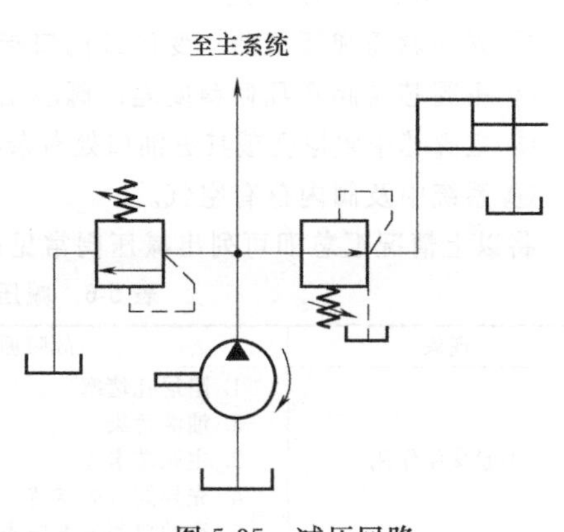

图 5-35 减压回路

5.3.2.3 减压阀常见故障与排除

减压阀在系统中使用时的常见故障有：

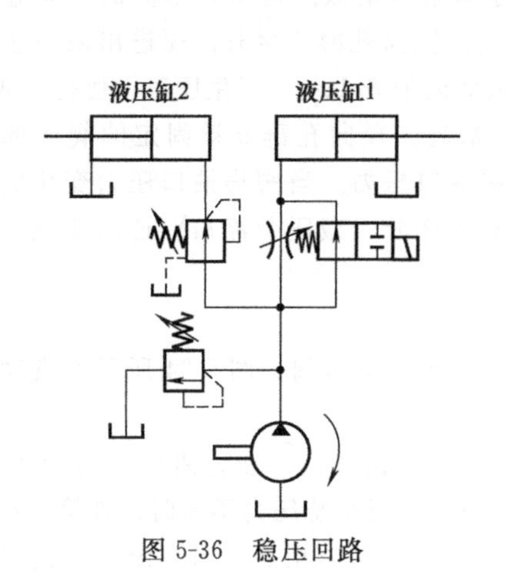

图 5-36 稳压回路

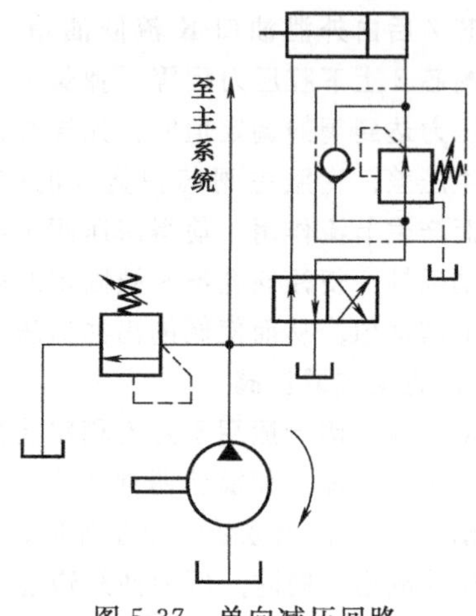

图 5-37 单向减压回路

(1) 减压阀出油口压力上不去，且出油很少或无油流出

主要原因有：

① 主阀芯阻尼孔堵塞　主阀芯上腔及先导阀前腔成为无油液充入的空腔，主阀成为一个弹簧力很弱的直动滑阀，出油口只要稍一上压，立即可将主阀芯抬起而使减压阀口关闭，使出油口建立不起压力，且油流很少。

② 主阀芯在关闭状态下被卡死。

③ 手轮调节不当或调压弹簧太软。

④ 先导锥阀密封不好，泄漏严重，甚至漏装锥阀。

⑤ 外控口未封堵或泄漏严重。

(2) 不起减压作用

① 先导阀上阻尼孔堵塞　该孔堵塞后，先导阀不起控制作用，而出油口压力油液通过主阀内阻尼孔充入主阀上腔，主阀芯在弹簧作用下，处于最下端位置，阀口一直大开，故阀不起减压作用，进出油口压力同步上升或下降。

② 泄油口堵塞　该口堵塞后，先导阀无法泄油，不能工作的后果与先导阀上阻尼孔堵塞一样，故进出油口油压也是同步上升或下降。

③ 主阀芯在全开状态下被卡死。

④ 单向减压阀中，因单向阀泄漏严重，进油口压力由此传给出油口，故进出油口压力也同步变化。

(3) 二次压力不稳定

① 先导调压弹簧扭曲、变形或阀口接触不良，形状不规则，使阀启闭时无定值。

② 主阀芯与阀孔几何精度差，阀芯工作移动不滑利。

③ 主阀芯中阻尼孔或其进油口处有杂物，使阻尼孔有时堵塞有时能通过，阻尼作用不稳定。

④ 系统中及阀内存有空气。

将以上情况汇总即可列出减压阀常见故障及其排除方法（见表 5-6）。

表 5-6　减压阀常见故障及其排除方法

现象	故障原因	排除方法
不起减压作用	1. 阻尼孔堵塞 2. 油液污染 3. 主阀芯卡死 4. 先导阀方向错装 5. 泄油口回油不畅或漏接	1. 疏通阻尼孔 2. 更换或过滤液压油 3. 清理或配研 4. 纠正方向 5. 泄油口单独回油箱

续表

现象	故障原因	排除方法
输出压力波动大	1. 阻尼孔有时堵塞 2. 油液中有空气 3. 弹簧刚度太差 4. 锥阀与阀座配合不好	1. 疏通阻尼孔、换油 2. 排空气体 3. 更换 4. 配研或更换
输出压力低	1. 顶盖处泄漏 2. 锥阀与阀座配合不好	1. 更换密封或拧紧螺钉 2. 配研或更换

5.3.3 顺序阀

顺序阀是以压力为控制信号，自动接通或断开某一支路的液压阀。由于顺序阀可以控制执行元件顺序动作，由此称之为顺序阀。

顺序阀按其控制方式不同可分为内控式顺序阀和外控式顺序阀。内控式顺序阀直接利用阀的进口压力油控制阀的启闭，一般简称为顺序阀；外控式顺序阀利用外来的压力油控制阀的启闭，故也称之为液控顺序阀。按顺序阀的结构不同，又可分为直动式顺序阀和先导式顺序阀。

顺序阀常用于实现执行元件的顺序动作，或串联在垂直运动的执行元件上用于平衡执行元件及所带动运动部件的重量。在液压系统中，除顺序阀外，单向顺序阀也得到了广泛应用。

5.3.3.1 顺序阀工作原理和结构

(1) 直动式顺序阀

图 5-38(a)为高压直动式顺序阀结构图，其所示状态为内控式。压力油从进油口 P_1 进入，经阀体 3 上的通道、下端盖 5 上的通道进入控制活塞 4 的下腔。当进油口压力不高时，弹簧 1 压下阀芯 2，使进油口 P_1 与出油口 P_2 不通。当进油口压力提高，达到阀的调定值时控制活塞 4 抬起，推动阀芯 2 使进油口 P_1 与出油口 P_2 导通。由于顺序阀的出口接系统，所以泄漏孔要单独与油箱连接。图 5-38(b)所示为直动内控式顺序阀的职能符号。

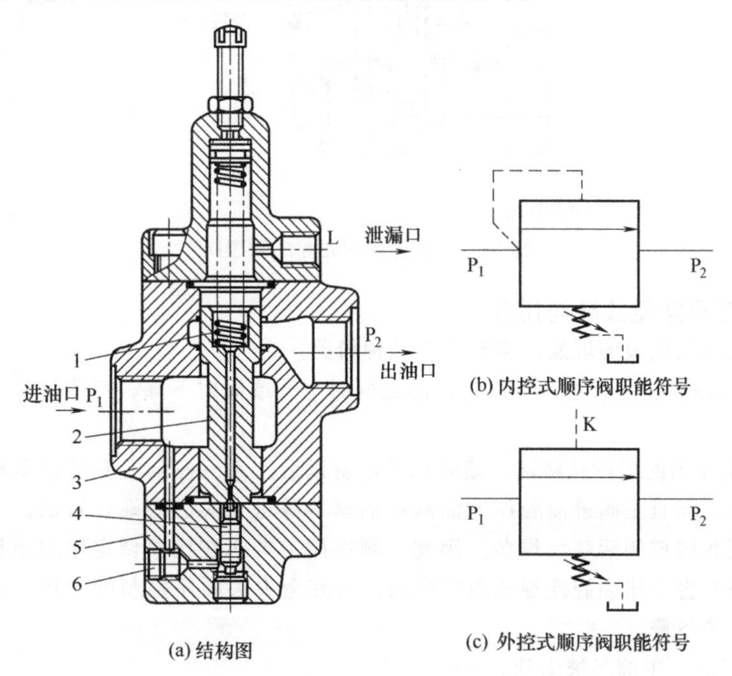

图 5-38　高压直动式顺序阀

1—弹簧；2—阀芯；3—阀体；4—控制活塞；5—下端盖；6—螺塞

将图 5-38(a)所示的下端盖 5 拆下，旋转 90°后再安装（下端盖为正方形，且螺钉孔对称），并将螺塞 6 旋下，连接控制油路，就形成外控式顺序阀。此时，阀的启闭靠外控油压控制。图 5-38(c)为外控式顺序阀的职能符号。

(2) 先导式顺序阀

图 5-39(a)为高压系列先导式顺序阀结构图。该阀是由主阀与先导阀组成。压力油从进油口 P_1 进入，经油通道进入先导阀下端，由泄油口 L 流回油箱。当系统压力不高时，先导阀关闭，主阀芯两端压力相等，复位弹簧将阀芯推向下端，顺序阀进出油口关闭；当压力达到调定值时，先导阀打开，压力油经阻尼孔时形成节流，在主阀芯两端形成压差，此压差克服弹簧力，使主阀芯抬起，进出油口打开。图 5-39(b)为先导式顺序阀职能符号。

由以上分析可以知道，顺序阀在结构上与溢流阀十分相似，但在性能和功能上有很大区别，主要有：溢流阀出油口接油箱，顺序阀出油口接下一级液压元件；溢流阀采取内泄漏，顺序阀一般采取外泄漏；溢流阀主阀芯遮盖量小，顺序阀主阀芯遮盖量大；溢流阀打开时阀处于半打开状态，主阀芯开口处节流作用强，顺序阀打开时阀芯处于全打开状态，主通道节流作用弱。

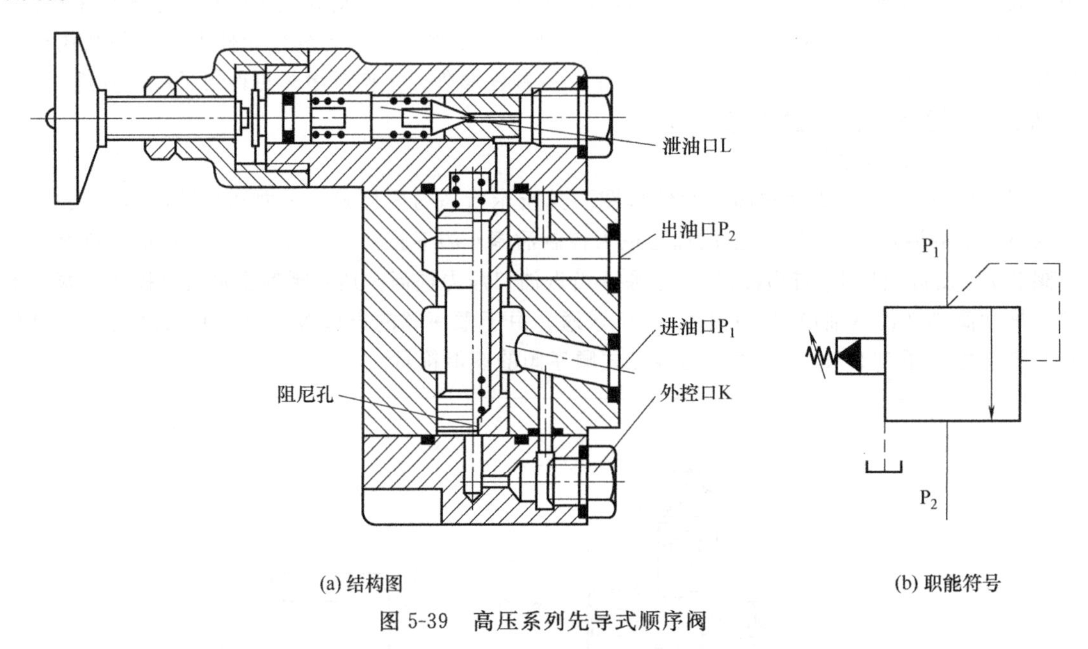

(a) 结构图　　(b) 职能符号

图 5-39 高压系列先导式顺序阀

5.3.3.2 顺序阀常见故障与排除

顺序阀产生控制失灵的现象，常有以下几种情况。

① 顺序阀出油腔压力和进油腔压力，总是同时上升或同时下降。产生这种故障的主要原因在于：

a. 顺序阀主阀芯的阻尼孔堵塞。该阻尼孔堵塞以后，不但控制活塞的泄漏油无法进入调压弹簧腔流回油箱，而且主阀进油腔压力油液经周壁缝隙进入阀芯底端位置后，也无法排出。阀芯底端面承压面积较控制活塞大得多，因此，顺序阀主阀芯在比原调定压力小得多的压力下，早已开启，使进油腔与出油腔连通成为常通阀，而完全失去顺序控制的作用。因此，进出油腔压力会同时上升或下降。

b. 阀口打开时，主阀芯被卡死。

c. 单向阀在打开位置被卡死。

d. 单向阀密封不良，漏油严重。

e. 调压弹簧断裂或漏装。

f. 先导式阀中的锥阀漏装或泄漏严重。

② 顺序阀出口腔无油流，产生这种故障的主要原因在于：

a. 下阀盖中，通入控制活塞腔的控制油孔道阻塞，控制活塞无推动压力，阀芯在弹簧作用下一直处于最下部，阀口常闭，故出油腔无油流。

b. 作顺序阀使用时，压力控制油泄油口为单独接回油箱，而且采用内部回油的安装方式，这样主阀芯上腔（弹簧腔）具有出口油压，而且对阀芯的承压面积较控制活塞大得多，阀芯在液压力的作用下，成为常闭阀而使出油腔无油流。

c. 泄油口有时虽然采用外泄式，但若泄油道过细、过长，或有部分被堵塞，回油背压太高，也会使滑阀无法打开。

d. 远控压力不足，或下端盖接合处漏油严重。

e. 主阀芯在关闭状态下被卡死。

此外，单向阀在关闭状况下卡死后，单向顺序阀会出现反向不能出油的故障现象。

以上故障的排除，一般都采取或更换、或清洗、或疏通、或研配等针对性修理方法来进行解决。

顺序阀常见故障及排除方法汇总见表 5-7。

表 5-7　顺序阀的故障及排除方法

故障现象	产生原因	排除方法
始终出油，因而不起顺序作用	1. 阀芯在打开位置上卡死（如几何精度差，间隙太小，弹簧弯曲、断裂，油液太脏） 2. 单向阀密封不良（如几何精度差） 3. 调压弹簧断裂 4. 调压弹簧漏装 5. 未装锥阀芯或钢球 6. 锥阀芯或钢球碎裂	1. 修理，使配合间隙达到要求，并使阀芯移动灵活；检查油质，过滤或更换油液；更换弹簧 2. 修理，使单向阀密封良好 3. 更换弹簧 4. 补装弹簧 5. 补装 6. 更换
不出油，因而不起顺序作用	1. 阀芯在关闭位置上卡死（如几何精度低，弹簧弯曲，油液脏） 2. 锥阀芯在关闭位置卡死 3. 控制油液流通不畅通（如阻尼孔堵死，或遥控管道被压扁堵死） 4. 遥控压力不足，或下端盖结合处漏油严重 5. 通向调压阀油路上的阻尼孔被堵死 6. 泄油口管道中背压太高，使滑阀不能移动 7. 调节弹簧太硬，或压力调得太高	1. 修理，使滑阀移动灵活；更换弹簧；过滤或更换油液 2. 修理，使滑阀移动灵活；过滤或更换油液 3. 清洗或更换管道，过滤或更换油液 4. 提高控制压力，拧紧螺钉并使之受力均匀 5. 清洗 6. 泄油口管道不能接在排油管道上，应单独排回油箱 7. 更换弹簧，适当调整压力
调定压力值不符合要求	1. 调压弹簧调整不当 2. 调压弹簧变形，最高压力调不上去 3. 滑阀卡死，移动困难	1. 重新调整所需要的压力 2. 更换弹簧 3. 检查滑阀的配合间隙，修配使滑阀移动灵活；过滤或更换油液
振动与噪声	1. 回油阻力（背压）太高 2. 油温过高	1. 降低回油阻力 2. 控制油温在规定范围内

5.3.4 压力继电器

5.3.4.1 压力继电器工作原理和结构

压力继电器是液压系统中的将液压油的压力信号转变成电信号的元件。压力继电器分为柱塞式和薄膜式。

图 5-40(a)为薄膜式压力继电器，其工作原理为：控制油进入压力继电器的进油口 P，作用

到薄膜2上，当控制压力不足以及克服弹簧力时，弹簧使柱塞3处于下端，微动开关13不动作；在左视图上看，柱塞3向上移动，柱塞上的斜面推动钢球7使之向右移动，杠杆1被钢球向右推动；在俯视图上看，此时杠杆绕支点销轴12逆时针摆动，杠杆左端压下微动开关13的触头使电路闭合，发出电信号；当控制油口压力降低到一定值时，弹簧10通过钢球8将柱塞压下，微动开关13的触头依靠自身的弹力推动杠杆1复位，钢球7也复位，电路断开。

螺钉14用于调节微动开关与杠杆之间的相对位置，螺钉5用于调节使电路闭合与断开的控制压力差值（称之为返回区间）。调节螺钉11，也就是调节弹簧10的预压缩量，进而调节压力继电器的发讯压力。图5-40(b)为压力继电器的职能符号。

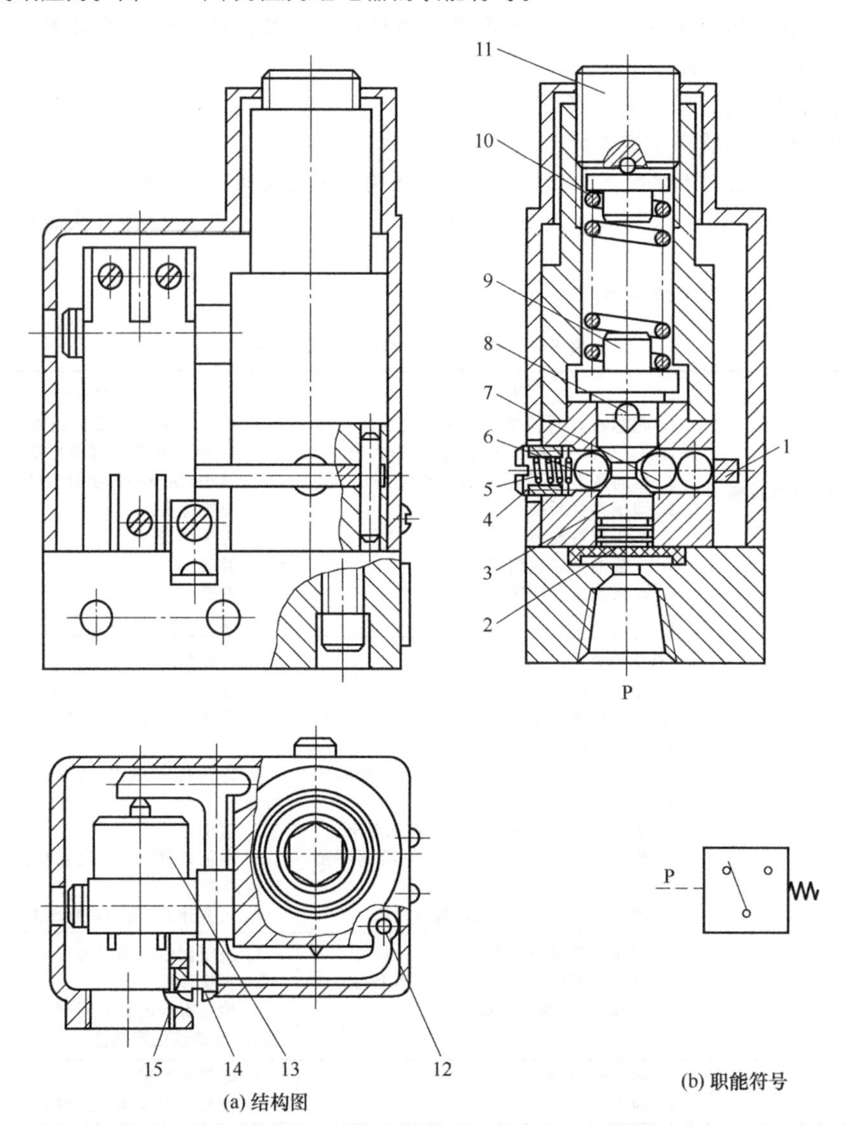

(a) 结构图

(b) 职能符号

图5-40 薄膜式压力继电器

1—杠杆；2—薄膜；3—柱塞；4、11、14—螺钉；5、10—弹簧；6～8—钢球；9—弹簧下座；12—销轴；13—微动开关；15—垫圈

5.3.4.2 压力继电器的应用

如图5-41所示，在工作时，电磁铁1YA、3YA通电，泵向蓄能器和液压缸无杆腔进油，

并推动活塞右移，接触工件后，系统压力升高，当压力升至压力继电器的调定值时，表示工件已经夹紧，压力继电器发出信号，3YA 断电，油液通过先导式溢流阀使泵卸荷。此时，液压缸所需压力由蓄能器保持，单向阀关闭。在蓄能器向系统补油的过程中，若系统压力从压力继电器区间的最大值下降到最小值，压力继电器复位，3YA 通电，使液压泵重新向系统及蓄能器供油。当 2YA 通电时，液压缸有杆腔进油，返回至原位。

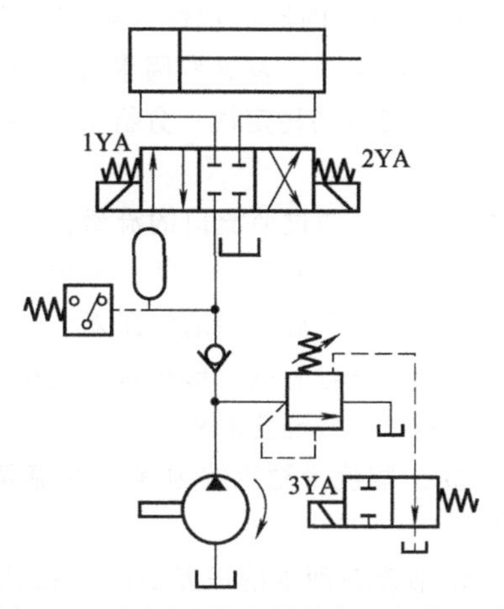

图 5-41　用压力继电器的保压卸荷回路

压力继电器除了应用于上述保压卸荷回路之外，还广泛应用于其他液压系统回路中，以实现顺序动作控制、执行器换向、限压和安全保护等。

5.3.4.3　压力继电器的常见故障与排除

压力继电器的常见故障与排除方法见表 5-8。

表 5-8　压力继电器常见故障与排除

故障现象	产生原因	排除方法
输出量不合要求或无输出	1. 微动开关损坏 2. 电气线路故障 3. 阀芯卡死或阻尼孔堵死 4. 进油管道弯曲、变形，使油液流动不畅通 5. 调节弹簧太硬或压力调得过高 6. 管接头处漏油 7. 与微动开关相接的触头未调整好 8. 弹簧和杠杆装配不良，有卡滞现象	1. 更换微动开关 2. 用万用表检查原因，排除故障 3. 清洗、修配，达到要求 4. 更换管道，使油液流通畅通 5. 更换合适的弹簧或按要求调节压力值 6. 拧紧接头，消除漏油 7. 精心调整，使接触点接触良好 8. 重新装配，使动作灵敏
灵敏度太差	1. 杠杆轴销处或钢球柱塞处摩擦力过大 2. 装配不良、动作不灵活 3. 微动开关接触行程太长 4. 钢球圆度差 5. 阀芯移动不灵活 6. 接触螺钉、杠杆调整不当	1. 重新装配，使动作灵敏 2. 重新装配，使动作灵敏 3. 合理调整位置 4. 更换钢球 5. 修理或清洗 6. 合理调整位置
信号发出太快	1. 阻尼孔偏大 2. 膜片损坏 3. 系统冲击大 4. 电气系统设计有缺陷	1. 减小阻尼孔 2. 更换 3. 增加阻尼，减小冲击 4. 重新设计电气系统或增加延时继电器

5.4　流量控制阀

流量控制阀是通过改变节流口面积的大小，改变通过阀的流量的阀。在液压系统中，流量阀的作用是对执行元件的运动速度进行控制。常见的流量控制阀主要有节流阀、调速阀、溢流节流阀等。

(1) 对流量控制阀要求

① 阀芯动作要灵活

② 工作性能可靠，不易堵塞

③ 密封性要好，泄漏小

④ 阀的结构要紧凑，维护简便

⑤ 工作效率高，通用性好

(2) 节流口的流量特性

① 节流口的流量特性方程　节流口的特性是指液体流经节流口时，通过节流口的流量所受到的影响因素，以及这些因素与流量之间的关系。可以通过其进而分析如何减少这些因素的影响，提高流量的稳定性。分析节流特性的理论依据是节流口的流量特性方程：

$$q_T = KA_T(\Delta p_T)^m \tag{5-3}$$

式中　q_T——通过节流口的流量；

K——与节流口形状、液体流态、油液性质有关的系数；

Δp_T——节流口两端的压差；

m——与节流口形状有关的指数，细长孔 $m=1$，薄壁孔 $m=0.5$；

A_T——节流孔面积。

② 影响流量稳定的因素　由流量特性方程可以得出影响通过流量阀流量稳定性的主要因素有：

a. 节流口两端的压差 Δp_T。由式(5-3)可以得知，当阀进出油口的压差 Δp_T 变化时，通过阀的流量 q_T 要发生变化。由于指数 m 和节流孔面积 A_T 的不同，节流口两端的压差 Δp_T 对流量阀流量 q_T 的影响也不一样。为进一步分析 Δp_T 对 q_T 的影响，引入节流刚度 T。节流刚度是节流口前后压力差 Δp_T 的变化值与通过阀流量 q_T 之比，即

$$T = \mathrm{d}\Delta p_T / \mathrm{d}q_T \tag{5-4}$$

将式(5-3)代入，可得

$$T = \Delta p_T{}^{1-m} / (KA_T m) \tag{5-5}$$

图 5-42 为节流特性曲线，从图中可以看出节流刚度 T 相当于特性曲线上某点的切线与横坐标的夹角 β 的余切。即

$$T = \cot\beta \tag{5-6}$$

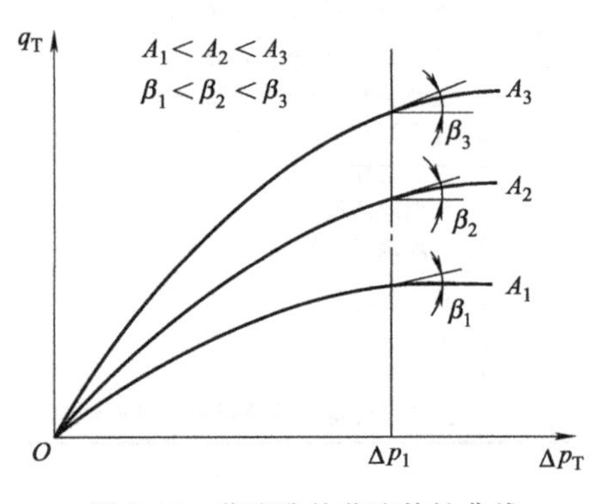

图 5-42　节流孔的节流特性曲线

由图 5-42 及式(5-6)可得出以下结论：T 越大，β 越小，节流阀的流量平稳性越高。即：节流口通流面积 A 越小，节流口两端的压差 Δp_T 越大，阀口结构越接近于薄壁孔(指数 m 越小)，通过节流阀的流量越平稳。

b. 液压油的温度 t。液压油的温度发生变化时，油的黏度和密度随之改变，式(5-3)的 K 值也发生变化，节流阀的流量就受到了影响。温度对细长孔类节流口的影响比薄壁孔类节流口大。因此，性能好的节流阀一般采用薄壁孔类节流口。

c. 节流口形状。通过阀最小稳定流量的大小是衡量流量阀性能的一个重要指标。阀的最小稳定流量与节流口的水力半径有关，水力半径越大，最小稳定流量越小。从节流口的形状看圆形好于三角形，矩形好于缝隙。

(3) 节流口的形式

流量控制阀种类很多，阀中节流口的形式将直接影响流量阀的性能。因此，有必要讨论节流口的形式，理论上讲节流口可以是薄壁孔、细长孔和短孔。实际上，受到制造工艺和强度的限制。常见节流口的形式主要有图 5-43 所示的几种。

图 5-43(a)为针阀式节流口。其节流口的截面形状为环形缝隙。当改变阀芯轴向位置时，节流面积发生改变。此节流口的特点是：结构简单、易于制造，但水力半径小，流量稳定性差。用于对节流性能要求不高的系统。

图 5-43(b)为周向三角槽式节流口。在阀芯上开有周向偏心槽，其截面为三角槽，转动阀芯，可改变通流面积。这种节流口的水力半径较针阀式节流口的大，流量稳定性较好，但在阀

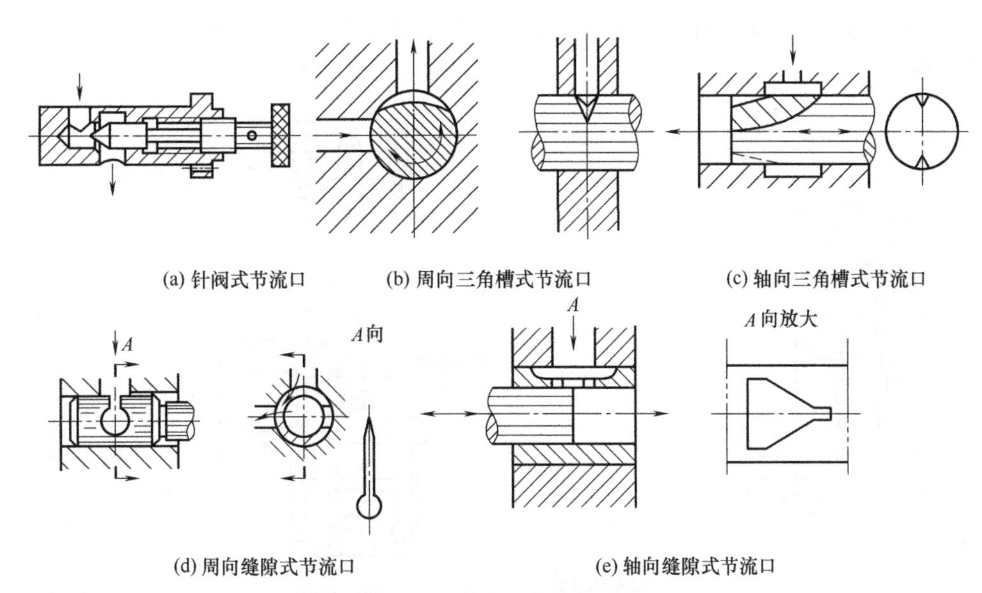

(a) 针阀式节流口　(b) 周向三角槽式节流口　(c) 轴向三角槽式节流口

(d) 周向缝隙式节流口　(e) 轴向缝隙式节流口

图 5-43 节流口的结构形式

芯上有径向不平衡力，使阀芯转动费力。一般用于低压系统。

图 5-43(c)为轴向三角槽式节流口。在阀芯断面轴向开有两个轴向三角槽，当轴向移动阀芯时，三角槽于阀体间形成的节流口面积发生变化。这种节流口的特点是：工艺性好，径向力平衡，水力半径较大，调节方便。广泛应用于各种流量阀中。

图 5-43(d)为周向缝隙式节流口。为得到薄壁孔的效果，在阀芯内孔局部铣出一薄壁区域，然后在薄壁区开出一周向缝隙（缝隙展开形状如 A 向展开图所示）。此节流口形状近似矩形，通流性能较好，由于接近于薄壁孔，其流量稳定特性也较好。但由于存在径向不平衡力，只适用于压力不高、性能要求较高的系统。

图 5-43(e)为轴向缝隙式节流口。此节流口形式为在阀套外壁铣削出一薄壁区域，然后在其中间开一个近似梯形窗口（如 A 向放大图所示）。圆柱形阀芯在阀套光滑圆孔内轴向移动时，阀芯前沿与阀套所开梯形窗之间形成一个从微小矩形到三角形变化的节流口。由于其更接近于薄壁孔，且无径向不平衡力，通流性能较好，因此这种节流口为目前最好的节流口之一，用于要求较高的流量阀上。

5.4.1 普通节流阀与单向节流阀

节流阀是结构最为简单的流量阀，常与其他形式的阀相组合，而形成单向节流阀或行程节流阀。在此介绍普通节流阀和单向节流阀的典型结构。

(1) 普通节流阀

图 5-44(a)为普通节流阀的结构图。压力油从进油口 P_1 流入，经阀芯 2 下部的节流口，从出油口 P_2 流出。转动调节手轮 3，阀芯 2 随之轴向移动，阀芯下端的环形通流面积改变，通过阀的流量随之改变。由图 5-44 可见，此阀属于针状节流口，当压力较高时，阀芯 2 会受到较大的轴向力，转动调节手轮困难，因此，这种节流阀需卸载调节，应用于要求不高的系统。图 5-44(b)为普通节流阀的职能符号。

(2) 单向节流阀

图 5-45(a)为单向节流阀的结构图。当压力油从 P_1 流入时，压力油经阀芯 2 上的轴向三角槽的节流口，从 P_2 流出。此时调节螺母 5，可调节顶杆 4 的轴向位置，弹簧 1 推动阀芯 2 随之轴向移动，节流口的通流面积得到了改变。当压力油从 P_2 流入时，压力油推动阀芯 2 压缩弹簧

1，使进出油口导通，从 P_1 流出。此时节流口没有起节流作用，油路畅通。图 5-45(b)为单向节流阀的职能符号。

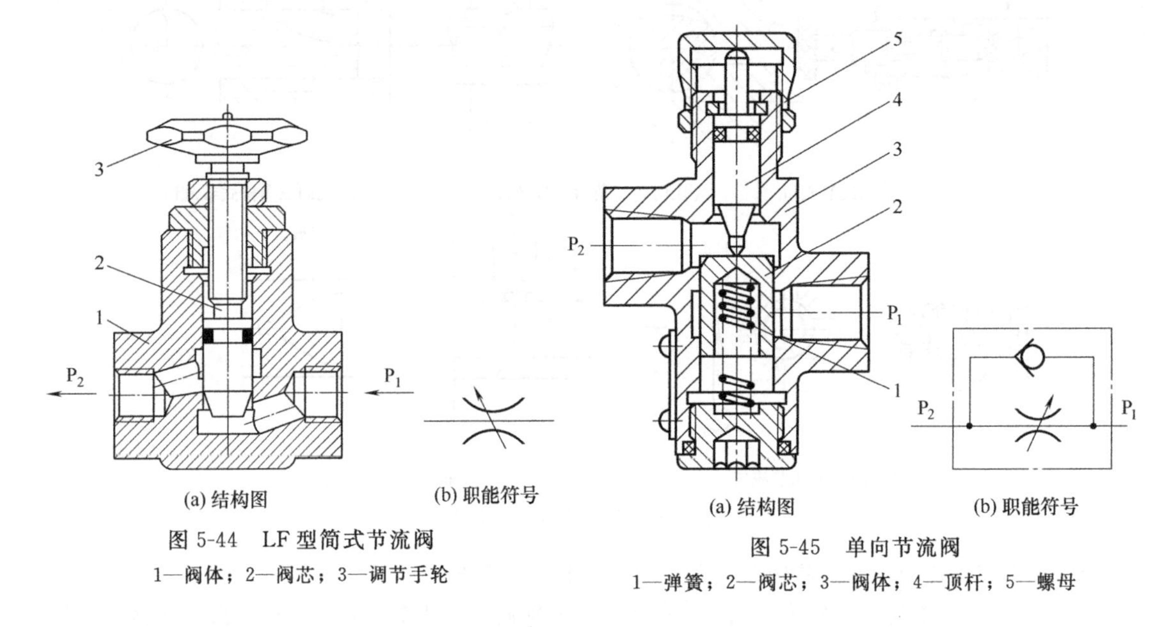

(a) 结构图　(b) 职能符号

图 5-44　LF 型简式节流阀

1—阀体；2—阀芯；3—调节手轮

(a) 结构图　(b) 职能符号

图 5-45　单向节流阀

1—弹簧；2—阀芯；3—阀体；4—顶杆；5—螺母

5.4.2 调速阀

(1) 工作原理

调速阀由定差减压阀和节流阀两部分组成。定差减压阀可以串联在节流阀之前，也可串联在节流阀之后。图 5-46(a)为调速阀的工作原理图，图中 1 为定差减压阀， 2 为节流阀，为先减压后节流的结构形式。压力为 p_1 的油液流经减压阀节流口后，压力降为 p_2，然后经节流阀节流口流出，其压力降为 p_3。进入节流阀前的压力为 p_2 的油液，经通道 e 和 f 被引入定差减压阀的 b 和 c 腔；而流经节流口的压力为 p_3 的油液，经通道 g 被引入减压阀 a 腔。当减压阀的阀芯在弹簧力 F_s、液动力 F_y、液压力 A_3p_3 和 $(A_1+A_2)p_2$ 的作用下处于平衡位置时，调速阀处在工作状态。此时，若调速阀出口压力 p_3 因负载增大而增加，作用在减压阀芯左端的压力增加，阀芯失去平衡向右移动，减压阀开口增大，减压作用减小，p_2 增加，结果节流阀口两端压差

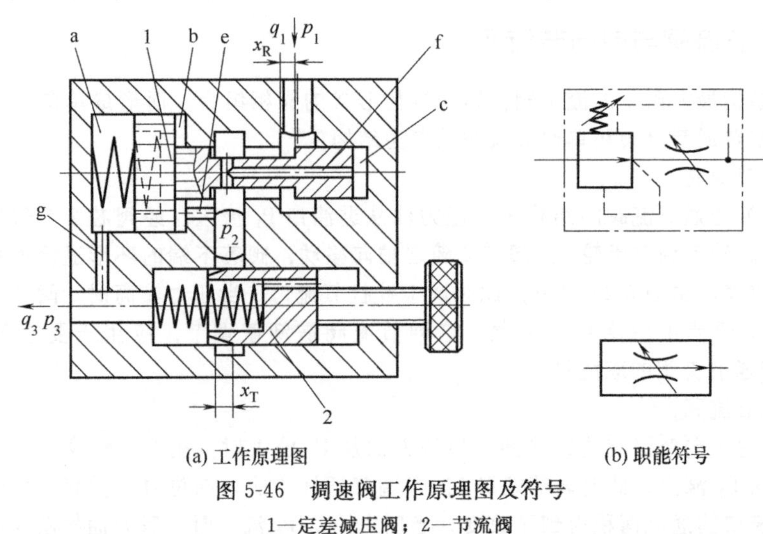

(a) 工作原理图　(b) 职能符号

图 5-46　调速阀工作原理图及符号

1—定差减压阀；2—节流阀

$\Delta p=p_2-p_3$ 保持不变。同理，当 p_3 减小时，减压阀芯左移，p_2 也减小，节流口两端压差同样不变。这样，通过节流口的流量不会因负载的变化而改变。图 5-46(b)为调速阀的职能符号。

(2) 流量特性

调速阀能保持流量稳定的功能主要是因为具有压力补偿作用的减压阀起了作用，从而保持节流阀口前后的压差近似不变，进而使流量保持近似恒定。建立静态特性方程式的主要依据是动力学方程和流量连续性方程以及相应的流量表达式。

① 减压阀的流量方程式

$$q_R=K_R\sqrt{\frac{2}{\rho}(p_1-p_2)}\,w(x_R) \tag{5-7}$$

式中　K_R——减压阀口的流量系数；

$w(x_R)$——减压阀口的过流面积；

x_R——减压阀芯位移量（向右方向为正）；

ρ——油液密度；

p_1——调速阀的进口压力，即减压阀的进口压力；

p_2——减压阀的出口压力，即节流阀的进口压力。

② 节流阀的流量方程式

$$q_T=K_T\sqrt{\frac{2}{\rho}(p_2-p_3)}\,B(x_T) \tag{5-8}$$

式中　K_T——节流阀口的流量系数；

$B(x_T)$——节流阀口的过流面积；

p_3——调速阀的出口压力，即节流阀的出口压力。

③ 减压阀芯的受力平衡方程式

$$p_2A_b+p_2A_c+F_Y=p_3A_a+K(x_o-x_R) \tag{5-9}$$

$$A_a=A_b+A_c$$

$$p_2-p_3=\frac{K(x_o-x_R)-F_Y}{A_a} \tag{5-10}$$

式中　A_a——减压阀芯受力面积；

F_Y——稳态液动力，$F_Y=\rho q_R v_R\cos\theta$，$\theta=69°$；

K——弹簧刚度，$F_S=K(x_o-x_R)$；

x_o——x_R 为零时的弹簧预压缩量；

x_R——减压阀芯位移量（向左方向为正）。

④ 根据流量连续性方程，不计内泄漏则

$$q_R=q_T \tag{5-11}$$

由式(5-10)可知，x_o、x_R、K 和 A_a 值决定了（p_2-p_3）的值。通过理论分析和试验验证选择（p_2-p_3）为 0.3MPa 左右。

由式(5-8)可知，要保持流量稳定就要求（p_2-p_3）压差稳定。当节流阀口开度 x_T 调定后，阀的进出口压力 p_2 或 p_3 变化时，x_R 也变化，弹簧力 F_S 和液动力 F_Y 也要发生变化。由式(5-10)可知，弹簧力变化量 ΔF_S 与液动力变化量 ΔF_Y 的差值 ΔF 越小，A_a 越大，(p_2-p_3)的变化量就越小。合理地设计减压阀的弹簧刚度和减压阀口的形状就会得到较好的等流量特性。

(3) 在系统中的应用

调速阀应用范围比较广，可安装在执行元件的进回油路和旁油路上组成进油路、回油路、旁油路各种节流调速回路。

5.4.3 溢流节流阀

溢流节流阀是节流阀与溢流阀并联而成的组合阀，它也能补偿因负载变化而引起流量变化。图 5-47(a)为溢流节流阀原理图，压力为 p_1 的油液由进油口进入阀后，一部分经节流阀芯 2 的节流口 d 进入执行元件，另一部分经溢流阀芯 1 的溢流口 e 流回油箱。溢流阀芯右腔 a 和节流阀出口相通，压力为 p_2；溢流阀芯大台肩下面的油腔 b、油腔 c 和节流阀的入口油液相通，压力为 p_1。当负载 F_L 增大时，出口压力 p_2 增大，溢流阀芯左移，关小溢流口，节流阀入口压力 p_1 也增大，结果节流阀前后压差（p_1-p_2）基本保持不变；反之情况相同。当系统超载时，压力 p_2 超过系统正常值，安全阀 3 打开系统溢流。图 5-47(b)为溢流节流阀职能符号，图 5-47(c)为溢流节流阀简化职能符号。

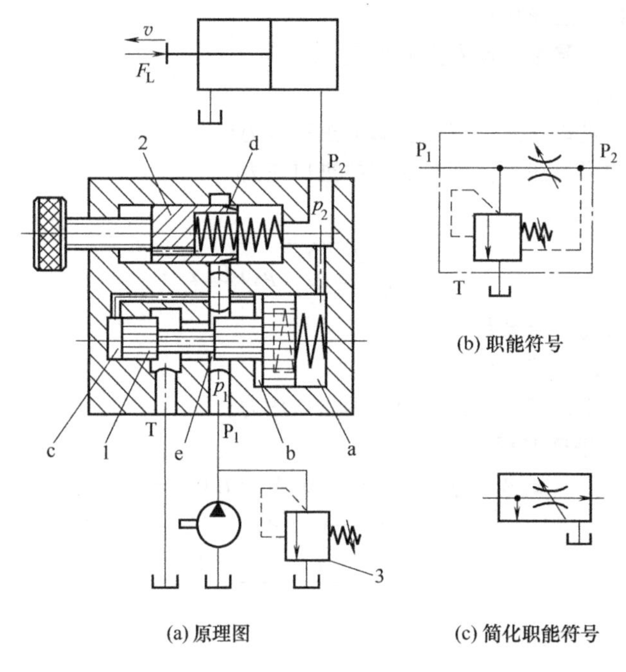

(a)原理图　(b)职能符号　(c)简化职能符号

图 5-47　溢流节流阀

1—溢流阀芯；2—节流阀芯；3—安全阀

5.4.4 流量控制阀常见故障与排除

(1) 节流阀常见故障、产生原因及排除方法

节流阀是结构最为简单的流量阀，常与其他形式的阀相组合，而形成单向节流阀或行程节流阀。节流阀和单向节流阀在使用中的常见故障是流量调节失灵、流量不稳定、内泄漏量增大等。其故障现象、产生原因及排除方法如下：

① 流量调节失灵或调节范围变小

a. 阀芯卡住。阀芯在全关闭位置时径向卡死，调节手轮无油液流出；阀芯在开启位置时径向卡死，调节手轮流量不发生变化。

解决方法：可通过拆卸、检查、修研或更换零件的方法解决。

b. 单向节流阀进出油腔安装相反，调节手轮，因单向阀代替节流阀工作，故流量不变。

解决方法：重新正确安装即可解决。

c. 单向节流阀中的单向阀密封不良或弹簧变形。

解决方法：通过修研单向阀座或更换弹簧解决。

d. 节流阀芯与阀体孔配合间隙不大，造成严重泄漏。

解决方法：检查滑阀式阀芯与阀体孔的配合间隙，及其他有关主要零件的精度与配合状况，或修复使用或更换新件。

e. 节流口被污染杂物阻塞。

解决方法：在运行不停车时，常将节流阀调整到最大流量位置，让系统运转一段时间，借助压力油本身充向阻塞部位，必要时可人工适度叩击阀体，以产生振动帮助疏通，排除此故障。若此法疏通无效，则应拆卸清洗，疏通。

② 流量不稳定

a. 油液中污染杂物黏附于节流口周围，使通流面积减小，执行元件速度变慢；当杂物被油流自然冲走后，通流面积恢复，执行元件速度上升。

解决方法：拆洗有关器件，加强油液的过滤，保证清洁度，若油液污染变质严重，则应更换新油。

b. 系统油温上升后，油液黏度下降，流量增加，速度加快。

解决方法：采用黏温特性适宜的油液制品，加强油液的冷却、降温措施。

c. 锁紧装置松动。由于机械振动等原因，节流口锁紧装置松动后，节流口通流面积变化，引起流量不稳定。

解决方法：注意加强日常的维护保养工作，定期检查，以防各类阀件、螺钉等锁紧，紧固件松动。

d. 系统负载产生突然变化而使节流阀控制作用丧失稳定性。

解决方法：检察系统压力的变动源，确定是其他阀类或是液压缸，查出原因，对症解决。

e. 系统中有空气。

解决方法：利用液压系统的驱放空气装置，将系统内空气驱除干净。

f. 内泄漏或外泄漏均会使流量不稳定，造成执行元件工作速度不稳定。

解决方法：提高阀的零件的精度和配合间隙或更换新元件。

(2) 调速阀常见故障、产生原因及排除方法

调速阀调节刚性大，在执行元件负载变化大，而对运动速度的稳定性又要求较高的液压调速回路中，常常用其取代节流阀。采用调速阀的调速液压回路与采用节流阀的调速回路连接方法完全一致。采用溢流节流阀进行调速控制时，应注意将调速阀串接在执行元件的进油路中。

调速阀在使用中易发生压力补偿装置失灵、流量不稳定、内泄漏增大等故障，产生这些故障的原因及排除方法如下。

① 压力补偿阀芯卡死

a. 阀芯、阀孔尺寸精度及形位公差超差，或间隙过小。

b. 弹簧扭曲，卡住阀芯。

c. 油液污染物卡阻。

解决方法：

a. 拆卸检查发生故障的零部件，采用修复、研配、更换新件等办法，恢复其应有的技术要求精度。

b. 更换弹簧。

c. 清洗疏通。

② 流量调节装配转动不灵活

a. 流量调节轴被杂质污染物卡阻。应清洗疏通。

b. 流量调节轴弯曲。应拆下后校正或更换。

③ 节流阀其他故障。参见节流阀故障产生原因及排除方法。

本小节以上内容分别对节流阀、单向节流阀、调速阀的故障现象、产生原因、排除方法做了介绍。现将流量控制阀的故障及排除方法汇总于表 5-9 中。

表 5-9　流量控制阀的故障及排除方法

<table>
<tr><th>故障现象</th><th colspan="3">产生原因</th><th>排除方法</th></tr>
<tr><td rowspan="9">调节节流阀手轮,不出油</td><td rowspan="3">压力补偿器不动作(压力补偿阀芯在关闭位置卡死)</td><td colspan="2">1. 阀芯、阀套精度差,间隙小</td><td>1. 检查精度、修配间隙</td></tr>
<tr><td colspan="2">2. 弹簧弯曲变形使阀芯卡住</td><td>2. 更换弹簧</td></tr>
<tr><td colspan="2">3. 弹簧太软</td><td>3. 更换弹簧</td></tr>
<tr><td rowspan="5">节流阀故障</td><td colspan="2">1. 油液脏、节流口被堵</td><td>1. 过滤油液</td></tr>
<tr><td colspan="2">2. 手轮与节流阀芯装配不当</td><td>2. 重新装配</td></tr>
<tr><td colspan="2">3. 节流阀芯连接故障或未装键</td><td>3. 更换或补装键</td></tr>
<tr><td colspan="2">4. 节流阀芯配合间隙过小或变形</td><td>4. 修配间隙、更换零件</td></tr>
<tr><td colspan="2">5. 控制轴螺纹被脏物堵住</td><td>5. 清洗</td></tr>
<tr><td>系统未出油</td><td colspan="2">换向阀芯未换向</td><td></td></tr>
<tr><td rowspan="14">输出流量不稳定</td><td rowspan="6">压力补偿器故障</td><td rowspan="3">压力补偿阀芯工作不灵敏</td><td>1. 阀芯卡死</td><td>1. 修配使之灵活</td></tr>
<tr><td>2. 补偿器阻尼孔时通时堵</td><td>2. 清洗阻尼孔、过滤油液</td></tr>
<tr><td>3. 弹簧弯曲、变形、垂直度差</td><td>3. 更换弹簧</td></tr>
<tr><td rowspan="3">压力补偿阀芯在全开位置卡死</td><td>1. 补偿器阻尼孔堵死</td><td>1. 清洗阻尼孔、过滤油液或更换</td></tr>
<tr><td>2. 阀芯、阀套精度差,间隙小</td><td>2. 修理使之灵活</td></tr>
<tr><td>3. 弹簧弯曲变形使阀芯卡住</td><td>3. 更换弹簧</td></tr>
<tr><td rowspan="2">节流阀故障</td><td colspan="2">1. 节流口有污物,时通时堵</td><td>1. 清洗、过滤或更换油液</td></tr>
<tr><td colspan="2">2. 外负载变化引起流量变化</td><td>2. 改为调速阀</td></tr>
<tr><td rowspan="3">油液品质变化</td><td colspan="2">1. 温度过高</td><td>1. 找出原因、降温</td></tr>
<tr><td colspan="2">2. 温度补偿杆性能差</td><td>2. 更换</td></tr>
<tr><td colspan="2">3. 油液脏</td><td>3. 过滤或更换油液</td></tr>
<tr><td>泄漏</td><td colspan="2">内、外泄漏</td><td>消除泄漏</td></tr>
<tr><td>单向阀故障</td><td colspan="2">单向阀密封性差</td><td>研磨单向阀</td></tr>
<tr><td>管道振动</td><td colspan="2">系统有空气、锁紧螺母松动</td><td>排空气体、拧紧螺母</td></tr>
</table>

5.4.5　分流集流阀

(1) 分流集流阀作用与分类

分流集流阀又称同步阀，其主要作用是确保两个以上的执行元件在承受不同的负载时仍能获得相同或成一定比例的流量，从而获得相同的位移或相同的运动速度。

根据液流方向的不同，分流集流阀可分为分流阀、集流阀以及分流集流阀；此外，还可与单向阀进行组合，形成单向分流阀、单向集流阀等复合阀。

根据其结构原理的不同，分流集流阀又可划分为换向活塞式、可调式和自调式等形式。

(2) 分流集流阀典型结构与工作原理

① 分流阀典型结构与工作原理　图 5-48(a)为分流阀具体的结构和工作原理图。

由图 5-48 可以看出，分流阀主要由两个结构尺寸完全相同的薄刃圆孔形固定节流孔 1、2，阀体 5，阀芯 6 和两根对中弹簧 7 等组成。对中弹簧 7 使阀芯的起始位置位于中间，以活塞式阀芯 6 的中部凸肩为中心，将阀及油路分为左右两个完全对称的部分。阀芯两端的凸肩和阀

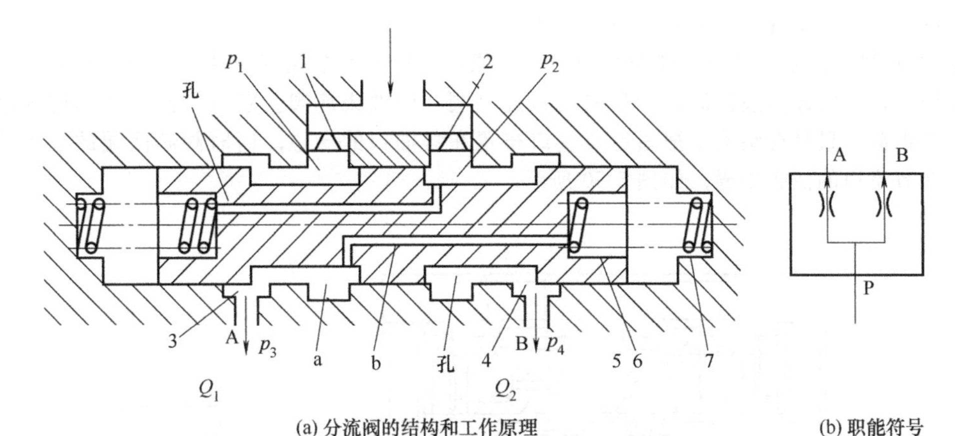

(a) 分流阀的结构和工作原理　　(b) 职能符号

图 5-48　分流阀的结构和工作原理及职能符号

1、2—固定节流孔；3、4—可变节流口；5—阀体；6—阀芯；7—对中弹簧

体 5 组成的两个可变节流口 3、4 也完全相等，同时节流口对油液的阻力系数也相等，故主油路在阀内通路上的阻力相等。所以当左右两路的执行元件的负载相等时，$Q_1=Q_2$，$p_3=p_4$，分流阀起到平分油液的作用，执行元件的运动速度将保持同步。

在工作的过程当中，如果执行元件的负载发生变化，则 A、B 出口油路的负载压力不相等，例如左边的负载变大，右边的负载不变，即 A 口的负载压力增加而 B 口的负载压力不变，为了保持原来的同步运动速度，分流阀必须使左边的压力 p_3 增大或右边的压力 p_4 减小，使得 $p_3>p_4$。具体动作的执行过程如下。

首先，左边负载突然变大，A 口的负载压力增加，原来的 $Q_1=Q_2$，$p_3=p_4$ 的平衡状态受到破坏。由于 p_3 不能完全克服左边的负载而使左执行元件的速度放慢，右边速度增大，$Q_1<Q_2$。由于流量的变化，使在固定节流孔 1、2 上的压降也发生变化，Δp_1 减小，p_1 上升，同时 Δp_2 增大，p_2 下降。$p_1>p_2$，通过小孔作用在阀芯 6 两端的压力差，使阀芯向左移动，可使节流口 3 开大减弱节流效应而节流口 4 关小增强节流效应，这样，Δp_3 减小而 Δp_4 升高，进而 p_3 压力升高而 p_4 减低，使得 p_3 能够克服左边负载变化的影响而恢复同步运动。达到同步状态后，$Q_1=Q_2$，$\Delta p_1=\Delta p_2$，$p_1=p_2$，阀芯停留在一个新的平衡位置。此时可变节流口 3、4 也跟随阀芯处于一个新的平衡位置，以确保 Δp_3 和 Δp_4 不相等而使 p_3 和 p_4 能够适应执行元件负载的变化，从而实现同步运动。

在上述分流阀的基础上增加两个单向阀就可构成单向分流阀，其结构原理和职能符号如图 5-49 所示。带单向阀的分流阀，它仅在一个方向起分流作用，执行元件反向运动时，油液通

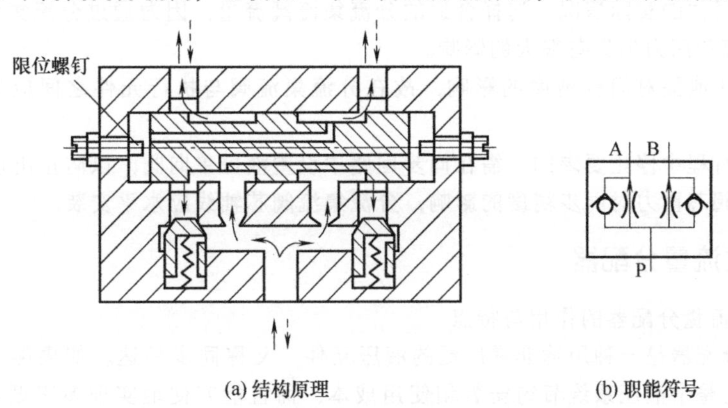

(a) 结构原理　　(b) 职能符号

图 5-49　单向分流阀的结构原理与职能符号

过单向阀流出，以实现运动部件的快速移动。

② 集流阀和分流集流阀的典型结构与工作原理　保证两个执行元件的回油量相等或恒为一定的比例，并汇集该两股回油在一起的流量控制阀，叫做集流阀。它与分流阀及单向分流阀的结构原理相似，只是在结构上把固定节流口布置在集油口的一边，同时阀芯两端的控制腔和同端的可变节流口的油腔相通，如图 5-50 所示。

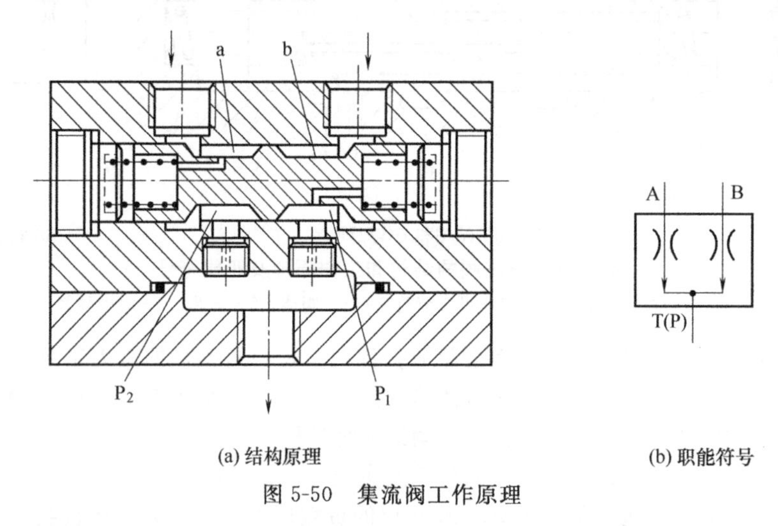

(a) 结构原理　　(b) 职能符号

图 5-50　集流阀工作原理

分流集流阀既可当分流阀用，也可当集流阀用，其结构如图 5-51 所示。

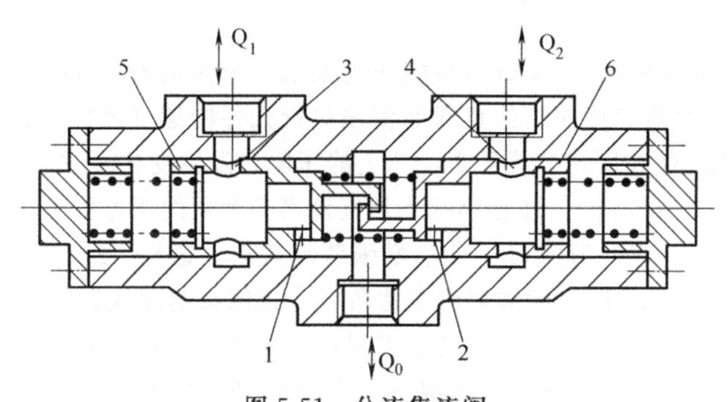

图 5-51　分流集流阀

1、2—固定节流口；3、4—可变节流口；5、6—阀芯

(3) 分流集流阀使用注意事项

① 应根据具体的实际情况，选择合适的分流集流阀流量，因为通过分流集流阀的流量对其控制的同步精度和压力损失有很大的影响。

② 尽量减少泄漏对同步精度的影响，故在分流集流阀与执行元件之间应尽量不接入其他元件。

③ 对于有行程中停止要求的，需在同步回路中设置液控单向阀，以防止出现窜油现象。

④ 为避免阀芯重力对同步精度的影响，分流集流阀芯轴线应水平安装。

5.4.6 齿轮流量分配器

(1) 齿轮流量分配器的作用与特点

齿轮流量分配器是一种用途非常广泛的液压元件，又称同步马达。如果能够合理选用此元件，不仅可以为整个液压系统节约安装和使用成本，而且能方便地实现多路循环，并可进一步延长液压泵的使用寿命。

齿轮流量分配器主要有三个方面的作用:

① 作为流量平衡装置，同步控制多个液压缸或液压马达，尤其用在奇数数量的同步控制中作用更加突出。

② 作为流量分配装置，按照系统要求分配液压泵的输出流量。

③ 作为增压装置，使分流器的某一输出口压力超过液压泵的输出压力。

齿轮流量分配器在液压回路中作为一种无源元件，只有在系统需要时才自动工作，且输出与输入的参数（流量、压力）非常接近（效率通常在98%以上），仅有微小的功率损失作用于内部的传动，而非发热。与滑阀式流量分配器相比，齿轮流量分配器具有效率高、成本低，且耐污染的特点。齿轮流量分配器靠压力流量控制，解决了多联泵通常存在的输入问题，且它是自润滑，不需要任何维护，安装十分方便。应用齿轮流量分配器的经济优势直接表现为可以使系统节省许多元件。在任何一个方便的位置安装一台单泵和一个流量分配器，便可取代价格昂贵的多驱动齿轮箱、多联泵、复杂的管路和接头等。

(2) 齿轮流量分配器组成的基本回路

采用齿轮流量分配器可以组成如图5-52所示的用作流量平衡或流量分配的液压基本回路以及如图5-53所示的用作增压的液压基本回路。

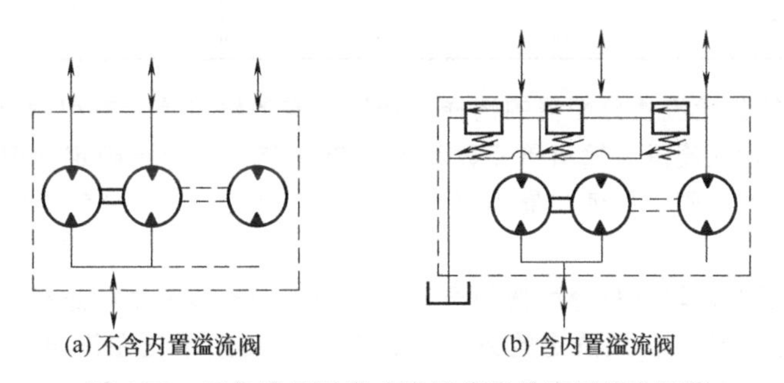

(a) 不含内置溢流阀　　(b) 含内置溢流阀

图5-52 用作流量平衡或流量分配的液压基本回路

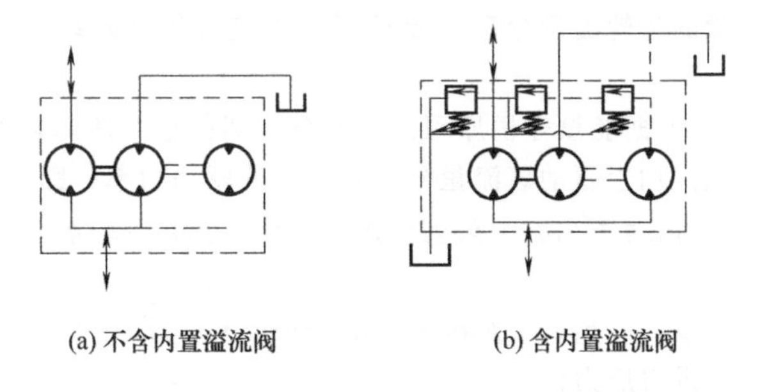

(a) 不含内置溢流阀　　(b) 含内置溢流阀

图5-53 用作增压的液压基本回路

在流量平衡回路中溢流阀的作用是用于消除各执行元件在行程终点的流量平衡误差，实现回零，同步起步。溢流阀可以是内置的[如图5-52(a)所示]，也可以是外置的[如图5-52(b)所示]，溢流阀可由用户根据使用要求配置。

齿轮流量分配器的分流精度可以用排量相同的各联在额定工况时的实际输出流量的极限相对分流误差δ来定义，即

$$\delta=\frac{q_{\max}-q_{\min}}{q_{\min}} \tag{5-12}$$

式中，$q_{\max}$、$q_{\min}$为齿轮流量分配器中排量相同的各联的实际输出流量中的最大值和最

小值。

影响齿轮流量分配器的分流精度的因素主要是齿轮流量分配器中各联的容积效率的差异和负载的不平衡程度。选取或使用中务必要注意，一般情况下应尽量避免在负载差异很大的情况下使用齿轮流量分配器。齿轮流量分配器的分流精度一般可以达到1%～3%，高精度的齿轮流量分配器可以达到0.5%～1%。

(3) 齿轮流量分配器的选用以及相关参数计算

选择齿轮流量分配器时主要应考虑各输出流量的配置和所需要的驱动压力等。实际应用过程中应注意以下有关参数:

① 理想的转速范围　为了获得满意的分流精度，齿轮流量分配器一般有一个最低和最高转速的限制，但为了获得流量分配器的理想运转效率，应尽量使流量分配器在理想转速范围内工作。

麦塔雷斯公司的轻型和重型系列铸铁齿轮流量分配器的允许转速范围和理想转速范围分别列于表5-10中。

表5-10　齿轮流量分配器的允许转速范围和理想转速范围　　单位：r/min

产品系列	最低工作转速	最高工作转速	理想转速范围
轻型系列	750	3000	1000～2000
重型系列	400	1800	750～1300

② 等流量分配的齿轮流量分配器的选择　按照所需的输出单元数和输出流量要求，得到要求的输入流量。根据输入流量、输出单元数和理想转速范围来考虑确定分配器的选用规格。如果所需的流量是变化的，则应保证在最小流量和最大流量情况下，分配器的转速不得超出极限的工作转速范围。

③ 不等流量分配的齿轮流量分配器的选择　按照理想转速范围的选择原则，首先满足其中一个单元的系列规格，然后在此选定的系列中计算确定其余单元在满足所需流量时的排量规格。注意：一个齿轮流量分配器的各单元联的转速是一致的。在选择时，当满足了一个单元联的理想状态时，往往不可能使其余单元联的流量都能满足理想的要求。因此有时需要反复测算，平衡兼顾。不等流量的齿轮流量分配器要求把其中较大的单元联排列在中间，小的单元排列在两侧。

④ 进口压力的计算　根据能量守恒原理，流量分配器的进口压力和流量的乘积等于所需的出口压力和流量乘积的和，加上驱动该流量分配器所需的驱动功率。即

$$p_{in}q=p_1q_1+p_2q_2+p_3q_3+\cdots+p_iq_i+p_rq$$

由此可得

$$p_{in}=(p_1q_1+p_2q_2+p_3q_3+\cdots+p_iq_i)/q+p_r \tag{5-13}$$

式中　p_{in}——进口压力；

q——进口总流量（$q=q_1+q_2+q_3+\cdots+q_i$）；

p_1、p_2、$p_3\cdots p_i$——各单元联1、2、$3\cdots i$的出口压力；

q_1、q_2、$q_3\cdots q_i$——各单元联1、2、$3\cdots i$的输出流量；

p_r——驱动齿轮流量分配器的初始压力。

其中p_r是齿轮流量分配器所需的初始压力，它随单元的规格和数量而略有变化。但从实际应用出发，根据试验数据，我们可假设$p_r=17\times10^2$kPa。于是，如果需要一个FD51系列4单元的不等流量的齿轮流量分配器，其出口流量q_i（L/min）与压力p_i（$\times10^2$kPa[1]）值分别为

---

[1] 1bar=0.1MPa。

30/110、 30/120、 60/25 和 100/50，则其进口压力 p_{in}应为

$$\frac{30\times110+30\times120+60\times25+100\times50}{30+30+60+100}\times10^2\,kPa=62\times10^2\,kPa$$

⑤ 用作增压器　如图 5-53 所示为齿轮流量分配器用作增压器的液压基本回路。如果采用一个等流量的二单元齿轮流量分配器，把其中一个单元的出口旁路接油箱，另一个单元作为工作单元，则该工作单元的出口压力可达到进口压力的 2 倍。

根据这样的原理，采用一个不等流量的多单元齿轮流量分配器，可使其中的工作单元实现更高的增加倍数。齿轮流量分流器工作单元与各旁路单元之间的排量比就是该齿轮流量分流器可实现的增压比。如果要求 4.5：1 的增压比，采用二单元齿轮流量分流器显然无法实现，但可增加旁路单元，以增加回油流量，提高增压比。

增压压力的计算方式可由公式(5-14)给出：

$$p_{out}=\frac{p_{in}\times(V_1+V_2+V_3+\cdots+V_i)}{V_1} \tag{5-14}$$

式中　p_{out}——增压压力；

p_{in}——进油口压力；

V_1——高压（工作）单元的排量；

V_2、$V_3\cdots V_i$——低压（旁路）单元的排量。

这里进口压力 p_{in} 根据前面进口压力的计算来确定。

5.5 比例阀

比例控制阀（简称比例阀）是一种能使所输出油液的参数（压力、流量和方向）随输入电信号参数（电流、电压）的变化而成比例变化的液压控制阀，它是集开关式电液控制元件和伺服式电液控制元件的优点于一体的一种新型液压控制元件。

同普通液压元件分类一样，比例控制阀按所控制参数种类的不同可分为比例压力阀、比例流量阀、比例方向阀和比例复合阀，按所控制参数的数量可分为单参数控制阀和多参数控制阀。比例压力阀、比例流量阀属于单参数控制阀，比例方向阀和比例复合阀属于多参数控制阀。

由于比例控制阀能使所控制的参数成比例地变化，所以比例控制阀可使液压系统大为简化，所控制的参数的精度大为提高，特别是近期高性能电液比例阀的出现，使比例控制阀的应用获得了越来越广阔的空间。

比例控制阀由比例调节机构和液压阀两部分组成，前者结构较为特殊，性能也不同于所学过的电磁阀，后者与普通的液压阀十分相似。

比例阀种类很多，几乎所有种类、功能的普通液压阀都有相应种类、功能的电液比例阀。按照功能不同，电液比例阀可分为电液比例压力阀、电液比例方向阀、电液比例流量法以及复合功能阀等。按反馈方式不同，电液比例阀又可分为不带位移电反馈型和带位移电反馈型，前者配用普通比例电磁铁，控制简单，价格低廉，但其功率参数、重复精度等性能较差，适用于要求不高的控制系统；后者控制精度高、动态特性好，适用于各类要求较高的控制系统。由于篇幅所限，在此从各类阀中选择几种具有代表性的电液比例阀进行介绍，以期对电液比例阀有一定的了解。

5.5.1 电液比例压力阀

与普通压力阀一样，电液比例压力阀也分为直动式和先导式。在此介绍先导式电液比例溢

流阀。图 5-54 为两种先导式电液比例溢流阀，其中(a)为直接检测型，(b)为间接检测型。

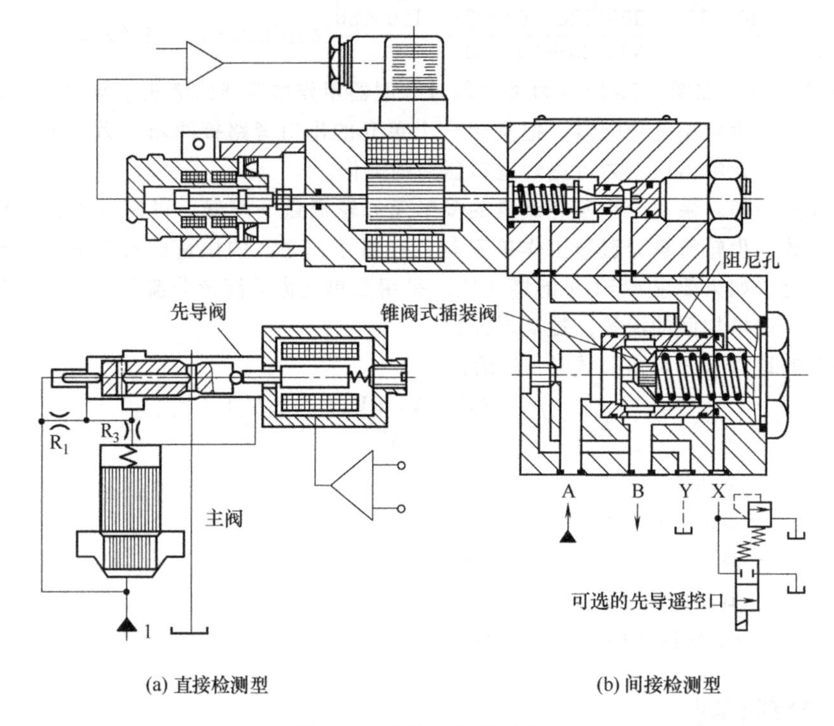

图 5-54 电液比例溢流阀

由 5-54(b)所示的结构图可以看到：间接检测型的电液比例溢流阀与传统溢流阀十分相似，它只是将手动机构改成了位置调节比例电磁铁。这种阀的特点是结构简单，但是作用在先导阀芯上的压力不是进口压力，而是经过阻尼孔减压后的进口压力的分压，因此所间接检测的信号只是所控信号的局部反馈，主阀芯上的各种干扰并没有得到及时的控制，其压力控制精度不高。

图 5-54(a)所示为直接检测型电液比例阀的结构原理图。由图 5-54(a)可知，阀的进口压力直接作用在先导阀的阀芯上，并直接与作用在先导阀芯另一端的电磁力相平衡，从而控制先导阀的开度；同时，再由前置液阻 R_1 与先导阀的开口所组成的液压半桥来控制主阀芯阀口的开度；液阻 R_3 构成了先导阀与主阀芯之间的动压反馈。由于上述原理上的改进，直接检测型电液比例阀动态特性及压力稳定性得到较大的提高。

由以上分析可知，若将减压阀、顺序阀等压力控制阀的先导阀或调压部分换成比例电磁铁调节方式，就可形成相应的电磁比例压力阀。电磁比例压力阀可很方便地实现多级调压，因此在多级调压回路中，使用比例阀可大大简化回路，使系统简洁紧凑，效率提高。

5.5.2 电液比例流量阀

电液比例流量阀包括比例节流阀、比例调速阀、比例旁通型调速阀等，也有直动式和先导式之分。在此仅介绍一种新型的内含流量-力反馈的比例流量阀。

图 5-55(a)为内含流量-力反馈的比例流量阀，阀的进油口 A 与恒压油源相连接，出油口 B 口与执行元件的负载腔连接。其工作原理是：当比例电磁铁 1 中无电流通过时，先导阀 2 节流口 a 关闭，流量传感器 3 阀口 b 在复位弹簧 6 作用下关闭；主调节器 4 节流口在复位弹簧 7 和左右面积压力差作用下关闭；当比例电磁铁 1 通电时，先导阀口 a 开启，控制油从 A 口经液阻 R_1、R_2、先导阀口 a 到达流量传感器 3 的底面，克服弹簧 6 和 5 的作用力使流量传感器 3 的阀

口b开启。当液阻 R_1 中有油液通过时，所产生的压降使主调节器4节流口c开启，油液经主调节器4的节流口c和流量传感器3的阀节流口b流向出油口B，进入执行元件的负载腔。由于流量传感器的特殊设计的阀口的补偿作用，通过主调节器4的流量与其流量传感器的位移之间成线性关系。流量传感器的位移经复位弹簧5作用于先导阀2，在比例电磁铁上形成反馈。这样就形成了流量-位移-力反馈的闭环控制。若忽略先导阀液动力、摩擦力和自重等因素的影响，并假定稳态时比例电磁铁的电磁力与复位弹簧5的弹簧力相平衡，这时所输入的控制电流就能与通过阀的流量成正比，这样就实现了流量的比例控制。

当该阀A、B口的压差发生变化时，由于主调节器和流量传感器的流量转换为流量传感器阀芯位移经复位弹簧5对先导阀的力反馈的闭环作用，而改变了先导阀口b的大小。先导阀与 R_1、R_2 所组成的液阻网络对主调节器节流面积的自动调节作用使通过阀的流量保持恒定。图5-55(b)为该阀的流量特性曲线。

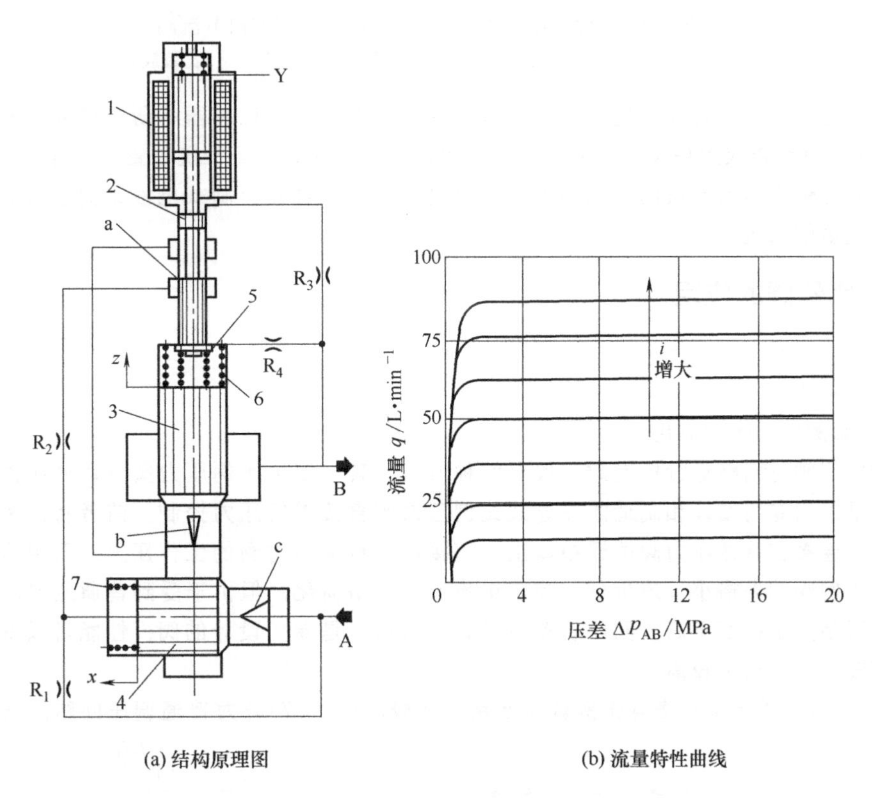

(a) 结构原理图 (b) 流量特性曲线

图5-55 内含流量-力反馈的电液比例流量阀

1—比例电磁铁；2—先导阀；3—流量传感器；4—主调节器；5、6、7—复位弹簧

Y—输入的控制电流；x、z—复位弹簧弹簧力；i—输入的控制电流

5.5.3 电液比例方向阀

电液比例方向阀能按其输入电信号的正负及幅值大小同时实现液流的流动方向及流量的控制，因此又称为电液比例方向节流阀。电液比例方向阀按其对流量的控制方式可分为节流控制型和流量控制型两类；按换向方式可分为直接作用方式和先导作用方式。

图5-56为一种新型的位移-电反馈直接控制式电液比例方向节流阀。此阀是由阀芯4，阀体3，比例电磁铁2、5和位移传感器1组成。阀芯4在阀体内的位置是由比例电磁铁2或5所输入的电信号的大小所决定的。位移传感器1可准确地测量阀芯所处的位置，当液动力或摩擦力

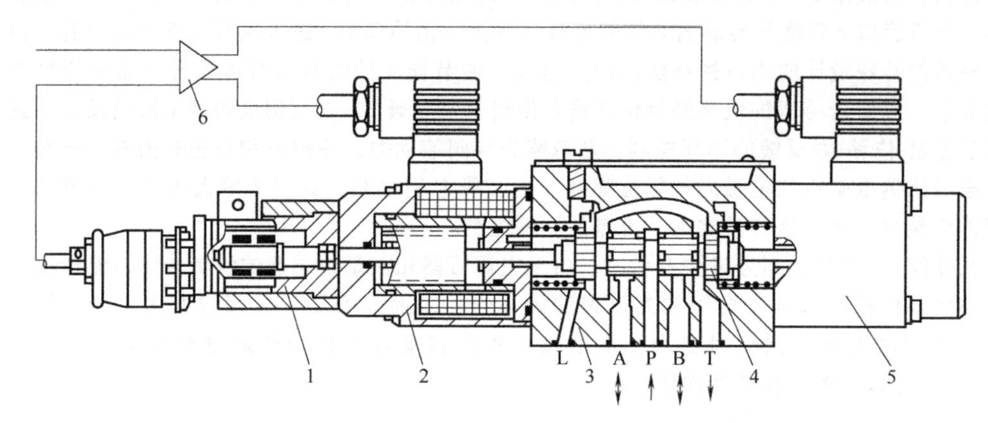

图 5-56 位移-电反馈直接控制式电液比例方向节流阀

1—位移传感器；2、5—比例电磁铁；3—阀体；4—阀芯；6—比较放大器

的干扰使阀芯的实际位置与期望达到的位置产生误差时，位移传感器将所测得的误差反馈至比较放大器6，经比较放大后发出信号，补偿误差，使阀芯最终达到准确位置。这样形成一个闭环控制，使此比例方向节流阀的控制精度得到提高。当然，直接控制式电液比例方向节流阀只能用于较小流量的系统。

5.5.4 比例阀的应用

与普通液压阀一样，比例阀在工程实际中得到了广泛的应用。在此仅对上述介绍过的几种阀的应用举例说明。

(1) 比例压力阀的应用

采用比例阀对回路进行控制时一般有两种方式，其一使用比例压力阀对普通压力阀进行控制，其二是采用专门设计和制造的先导式比例压力阀直接进行压力控制。前者将比例压力阀作为先导级，连接在普通压力阀的遥控口上，间接调节普通压力阀的工作压力，采用这种方式的优点是，比例阀的规格小，造价低，控制电流小，电路简化，但由于受到普通压力阀主阀性能的影响，回路控制精度不高，回路管路较多。后者由于是专门设计的阀，性能可以得到保证，控制精度较高，但造价较高。

图 5-57 为普通调压回路与比例调压回路的比较。图 5-57(a)为普通调压回路，它使用直动

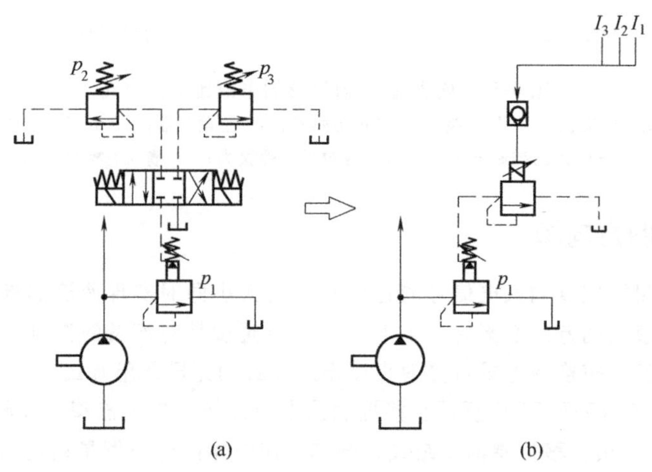

图 5-57 普通调压回路与比例调压回路的比较

式溢流阀与安全阀并联的方案，此时，两直动式溢流阀的调节压力分别为 p_2、p_3，安全阀的调节压力为 p_1。其中，直动式溢流阀的调节压力 p_2、p_3 不能大于安全阀的调节压力 p_1。由图5-57(a)可知，此方案使用的阀较多，且系统只能实现两级压力调节。图5-57(b)为使用电液比例阀的方案。在此方案中，在普通先导式溢流阀的遥控口上连接一电液比例溢流阀，此时，先导式溢流阀所调节的压力 p_1 为系统安全限定压力，比例阀的调节压力可在不大于 p_1 的范围下无级调节。

(2) 比例流量阀的应用

图5-58为用普通流量阀与比例流量阀调速回路的比较。由图5-58可知，要使执行元件实现多级调速，用普通流量阀时需要较多的液压元件，系统复杂，效率低，且只能实现几级速度，而使用比例流量阀后可使系统大为简化。

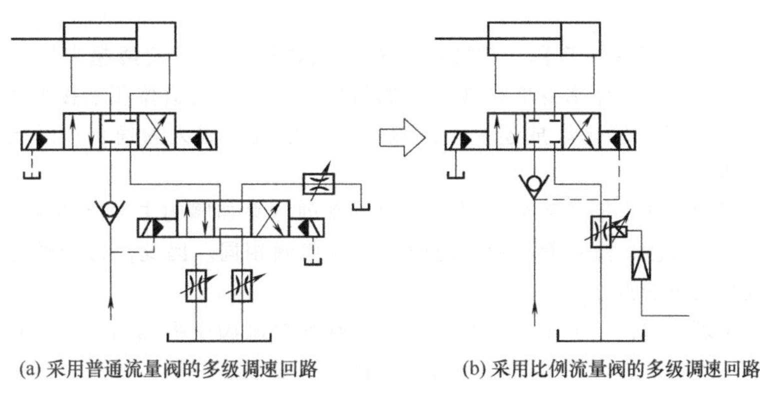

(a) 采用普通流量阀的多级调速回路　　(b) 采用比例流量阀的多级调速回路

图5-58 普通流量阀与比例流量阀调速回路的比较

5.5.5 比例阀使用注意事项

① 安装比例阀前应仔细阅读生产厂家的产品样本等技术资料，详细了解使用安装条件和注意事项。

② 比例阀应正确安装在连接底板上，注意不要损坏或漏装密封件，连接板平整、光洁，固定螺栓时用力均匀。

③ 放大器与比例阀配套使用，放大器接线要仔细，不要误接。

④ 油液进入比例阀前，必须经过过滤精度20μm以下的过滤器过滤，油箱必须密封并加空气滤清器，使用前对比例系统要经过充分清洗、过滤。

⑤ 比例阀的零位、增益调节均设置在放大器上；比例阀工作时，要先启动液压系统，然后施加控制信号。

⑥ 注意比例阀的泄油口要单独回油箱。

5.5.6 比例阀常见故障与排除

(1) 比例阀常见故障

① 放大器接线错误或使用电压过高，烧坏放大器。

② 电气插头与阀连接不牢。

③ 由于使用不当，致使电流过大烧坏电磁铁或电流太小驱动力不够。

④ 比例阀安装方向错误，进出油口不在安装底板的正确位置，或底板加工精度差，底面渗油。

⑤ 油液污染时发信卡死；杂质磨损零件使内泄漏增加。

(2) 排除方法

① 正确接线、控制工作电压在放大器的范围内。

② 进一步加固连接或更换。

③ 正确使用、合理选择或在电磁铁输入电路中增加限电流元件。

④ 正确安装、处理安装面和密封件。

⑤ 充分过滤或更换液压油，对磨损零件进行配磨或更换。

5.6 叠加阀

5.6.1 叠加阀的特点

叠加阀是叠加式液压阀的简称。叠加阀是在集成块的基础上发展起来的一种新型液压元件，叠加阀的结构特点是阀体本身即是液压阀的机体，又具有通道体和连接体的功能。使用叠加阀可实现液压元件间无管化集成连接，使液压系统连接方式大为简化，系统紧凑，功耗减少，设计安装周期缩短。

目前，叠加阀的生产已形成系列，每一种通径系列的叠加阀的主油路通道的位置、直径，安装螺钉孔的大小、位置、数量都与相应通径的主换向阀相同。因此，每一通径系列的叠加阀都可叠加起来组成相应的液压系统。

在叠加式液压系统中，一个主换向阀及相关的其他控制阀所组成的子系统可以纵向叠加成一个阀组，阀组与阀组之间可以用底板或油管连接形成总液压回路。因此，在进行液压系统设计时，完成了系统原理图的设计后，还要绘制成叠加阀式液压系统图。为便于设计和选用，目前所生产的叠加阀都给出其型谱符号。有关部门已颁布了国产普通叠加阀的典型系列型谱。

叠加阀根据工作性能，可分为单功能阀和复合功能阀两类。

5.6.2 叠加阀的结构及工作原理

(1) 单功能叠加阀

单功能叠加阀与普通液压阀一样，也具有压力控制阀（包括溢流阀、减压阀、顺序阀等）、流量阀（如节流阀、单向节流阀、调速阀等）和方向阀（如换向阀、单向阀等）。为便于连接形成系统，每个阀体上都具备P、T、A、B四条以上贯通的通道，阀内油口根据阀的功能分别与自身相应的通道相连接。为便于叠加，在阀体的结合面上，上述各通道的位置相同。由于结构的限制，这些通道多数是精密铸造成型的异型孔。

单功能叠加阀的控制原理、内部结构，均与普通同类板式液压阀相似，为避免重复，在此仅以Y1型溢流阀为例，说明叠加阀的结构特点。

图5-59为先导叠加式溢流阀。图中先导阀为锥阀，主阀芯为前端锥形面的圆柱形。压力油从阀口P进入主阀芯右端e腔，作用于主阀芯右端，同时通过小孔d进入主阀芯左腔b，再通过小孔a作用于锥阀芯3上。当进油口压力小于阀的调整压力时，锥阀芯关闭，主阀芯无溢流，当进油口压力升高，达到阀的调整压力后，锥阀芯打开，液流经小孔d、a到达出油口T，液流流经阻尼孔d时产生压降，使主阀芯两端产生压力差，此压力差克服弹簧力使主阀芯6向左移动，主阀芯开始溢流。调节螺钉1及可压缩弹簧2，从而调节阀的调定压力。图5-59(b)为叠加式溢流阀的型谱符号。

(2) 复合功能叠加阀

复合功能叠加阀又称为多机能叠加阀。它是在一个控制阀芯单元中实现两种以上的控制机能的叠加阀。在此以顺序背压叠加阀为例，介绍复合功能叠加阀的结构特点。

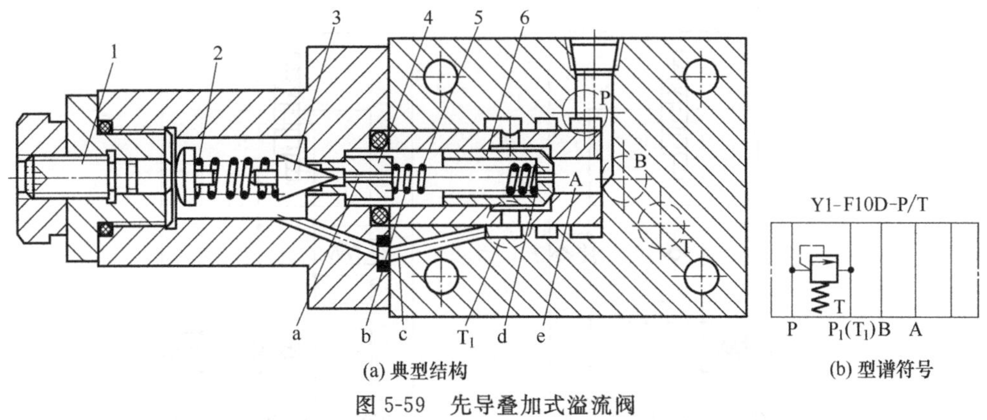

(a) 典型结构 (b) 型谱符号

图 5-59 先导叠加式溢流阀

1—螺钉；2、5—弹簧；3—锥阀芯；4—锥阀座；6—主阀芯

图 5-60 为顺序背压叠加阀，其作用是在差动系统中，当执行元件快速运动时，保证液压缸回油畅通；当执行元件进入工进工作过程后，顺序阀自动关闭，背压阀工作，在液压缸回油腔建立起所需的背压。该阀的工作原理为：当执行元件快进时， A 口的压力低于顺序阀的调定压力值，主阀芯 1 在调压弹簧 2 的作用下，处于左端，油口 B 液流畅通，顺序阀处于常通状态；执行件进入工进后，由于流量阀的作用，系统的压力提高，当进油口 A 的压力超过顺序阀的调定值时，控制柱塞 3 推动主阀芯右移，油路 B 被截断，顺序阀关闭，此时 B 腔回油阻力升高，压力油作用在主阀芯上开有轴向三角槽的台阶左端面上，对阀芯产生向右的推力，主阀芯 1 在 A、 B 两腔油压的作用下，继续向右移动使节流阀口打开， B 腔的油液经节流口回油，维持 B 腔回油，保持一定的压力值。

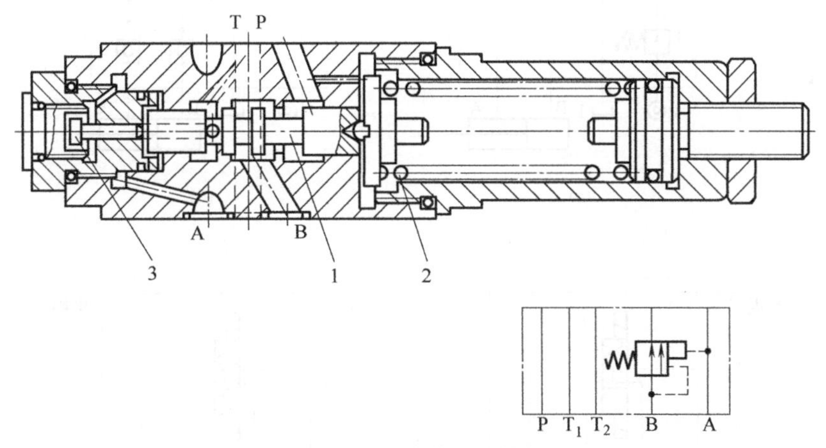

图 5-60 顺序背压叠加阀

1—主阀芯；2—调压弹簧；3—柱塞

5.6.3 叠加阀使用注意事项

叠加阀系列液压系统由于在使用过程中，可以根据实际需要方便地增减液压元件，给新产品的安装调试以及适用、维修、更换提供了方便条件，但是叠加阀的位置并非可以任意放置，图 5-61 给出了在实际应用中叠加阀位置的正误图。图 5-61(a) 、(b)为速度控制与减压回路安装顺序图，图 5-61(a)中 B 通 T 时，因单向节流阀的节流作用而产生背压，会使减压阀的开口量随节流阀产生的压力变化而变化，从而引起其输出流量的变化，使得液压缸输出速度发生变化，图 5-61(b)为正确安装顺序；图 5-61(c)、(d)为锁紧回路与减压回路安装顺序图， 图 5-61(c)的

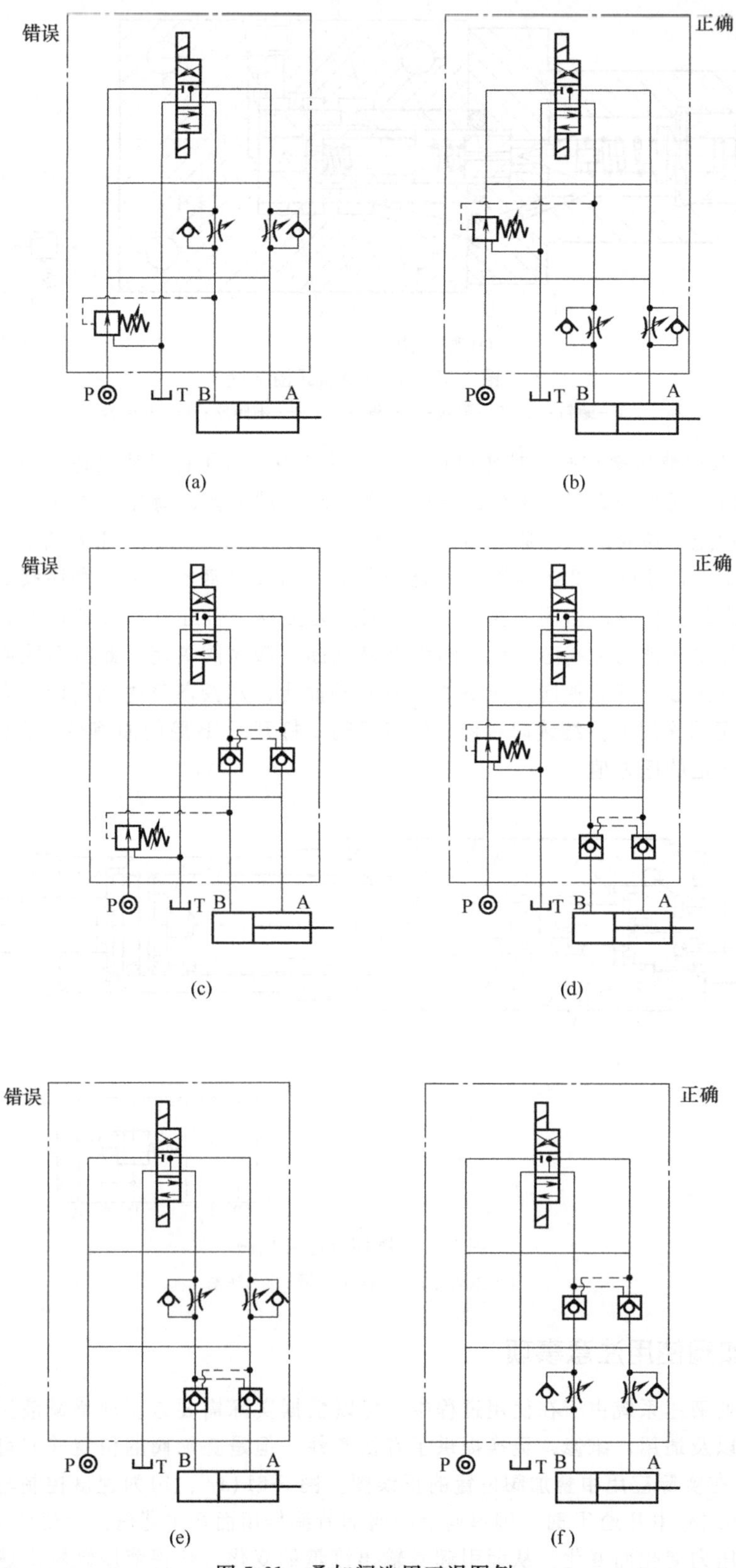

图 5-61 叠加阀选用正误图例

叠加顺序中，液压缸由于通过先导控制压力油路的泄漏而产生位移，所以使用双液控单向阀不能保证液压缸位置不变，图 5-61(d)为正确安装顺序；图 5-61(e)、(f)为速度控制与锁紧回路安装顺序图，图 5-61(e)中 A 通 T 时或 B 通 T 时，因单向节流阀的节流作用而产生背压，会使双液控单向阀作重复的关闭动作，使得液压缸产生振动，图 5-61(f)为正确安装顺序。

由于叠加阀本身既是通路，又是液压元件，所以前面所述的液压元件的常见故障与排除方法完全适用于叠加阀。

5.7　插装阀

5.7.1　插装阀的特点

插装阀又称为二通插装阀、逻辑阀，简称插装阀，是一种以二通型单向元件为主体、采用先导控制和插装式连接的新型液压控制元件。插装阀具有一系列的优点，主阀芯质量小、行程短、动作迅速、响应灵敏、结构紧凑、工艺性好、工作可靠、寿命长，便于实现无管化连接和集成化控制等，特别适用于高压大流量系统。二通插装阀控制技术在锻压机械、塑料机械、冶金机械、铸造机械、船舶、矿山以及其他工程领域得到了广泛的应用。

5.7.2　插装阀的结构及工作原理

二通插装阀的主要结构包括插装件、控制盖板、先导控制阀和集成块体四部分，结构原理如图 5-62(a)所示，图 5-62(b)是其原理符号图。

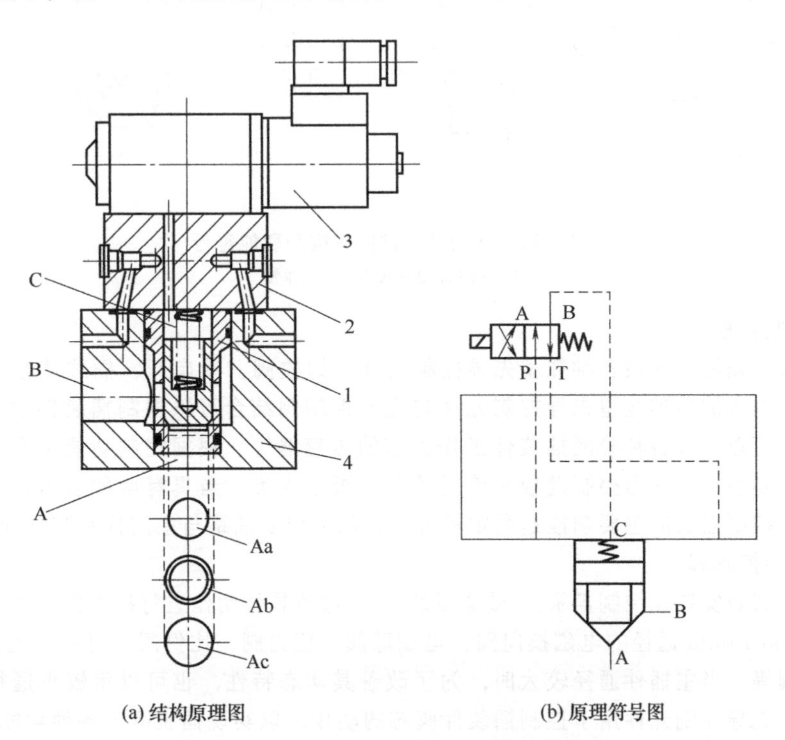

(a) 结构原理图　　(b) 原理符号图

图 5-62　插装阀结构原理图和原理符号图

1—插装件；2—控制盖板；3—先导控制阀；4—集成块

(1) 插装件

插装件由阀芯、阀体、弹簧和密封件等组成，可以是锥阀式结构，也可以是滑阀式结构。

插装件是插装阀的主体，插装元件为中空的圆柱形，前端为圆锥形密封面的组合体，性能不同的插装阀其阀芯的结构不同，如插装阀芯的圆锥端可以为封堵的锥面，也有带阻尼孔或开三角槽的圆锥面。插装元件安装在插装块体内，可以自由轴向的移动。控制插装阀芯的启闭和开启量的大小，可以控制主油路液体的油流方向、压力和流量。常用插装件如图 5-63 所示。

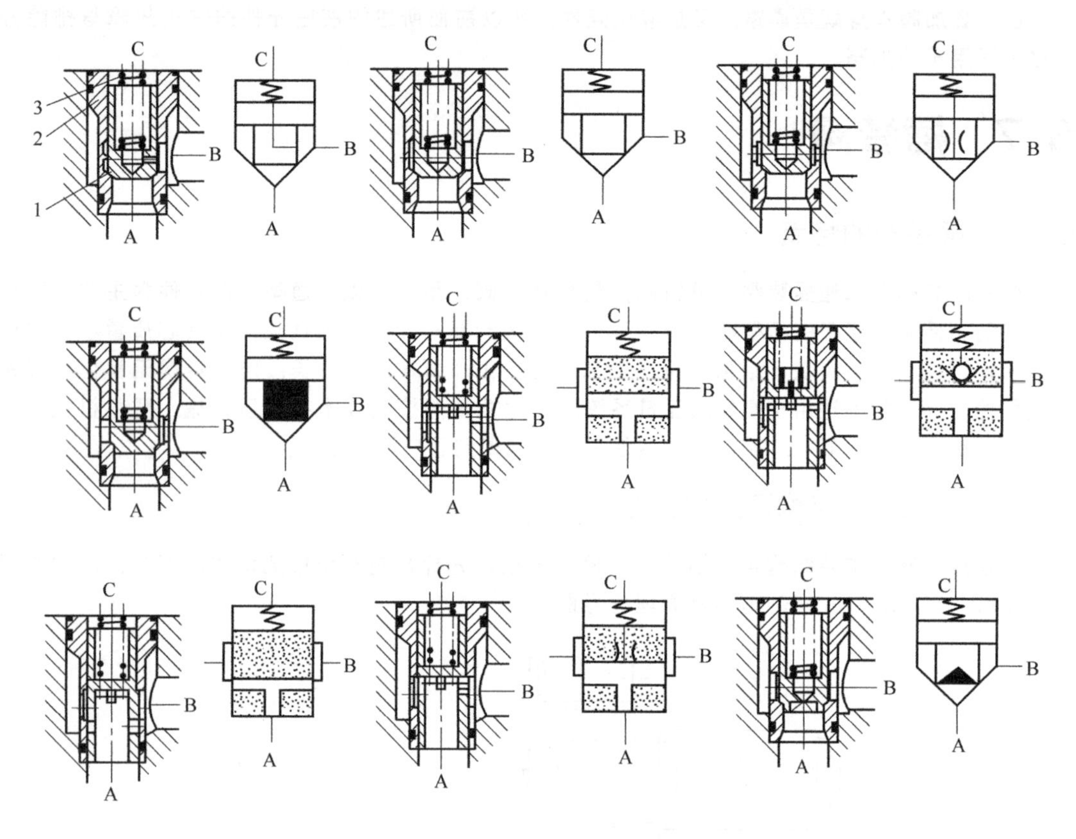

图 5-63 常用插装件的结构和职能符号

1—阀芯；2—阀套；3—弹簧

(2) 控制盖板

控制盖板由盖板内嵌装各种微型先导控制元件（如梭阀、单向阀、插式调压阀等）以及其他元件组成。内嵌的各种微型先导控制元件与先导控制阀结合可以控制插装件的工作状态，在控制盖板上还可以安装各种检测插装件工作状态的传感器等。根据控制功能不同，控制盖板可以分为方向控制盖板、压力控制盖板和流量控制盖板三大类。当具有两种以上功能时，称为复合控制盖板。控制盖板的主要功能是固定插装件、沟通控制油路与主阀控制腔之间的联系等。

(3) 先导控制阀

先导控制阀是安装在控制盖板上(或集成块上)，对插装件动作进行控制的小通径控制阀。其主要有 6mm 和 10mm 通径的电磁换向阀、电磁球阀、压力阀、比例阀、可调阻尼器、缓冲器以及液控先导阀等。当主插件通径较大时，为了改善其动态特性，也可以用较小通径的插装件进行两级控制。先导控制元件用于控制插装件阀芯的动作，以实现插装阀的各种功能。

(4) 集成块

集成块用来安装插装件、控制盖板和其他控制阀，沟通主要油路。

由图 5-62(a)可知，插装件的工作状态由作用在阀芯上的合力的大小及方向决定。通常状况下，阀芯的质量和摩擦力可以忽略不计。

$$\sum F=p_c A_c-p_b A_b-p_a A_a+F_S+F_Y$$

式中 p_c——控制腔C腔的压力；

A_c——控制腔C腔的面积；

p_b——主油路B口的压力；

A_b——主油路B口的控制面积；

p_a——主油路A口的压力；

A_a——主油路A口的控制面积， $A_a=A_b+A_c$；

F_S——弹簧力；

F_Y——液动力（一般可忽略不计）。

当$\sum F>0$时，阀芯处于关闭状态，A口与B口不通；当$\sum F<0$时，阀芯开启，A口与B口连通；$\sum F=0$时，阀芯处于平衡位置。由上式可以看出，采取适当的方式控制C腔的压力p_c，就可以控制主油路中A口与B口的油流方向和压力。由图5-62 (a) 还可以看出，如果采取措施控制阀芯的开启高度（也就是阀口的开度），就可以控制主油路中的流量。

以上所述即为二通插装阀的基本工作原理。在这儿特别要强调的一点是：二通插装阀A口控制面积与C腔控制面积之比$\alpha=A_c/A_a$，称为面积比，它是一个十分重要的参数，对二通插装阀的工作性能有重要的影响。

5.7.3 插装阀的应用

选择适当的插装元件，连接不同的控制盖板或使用不同的先导控制阀，可组成各种功能的大流量插装阀。在此仅介绍几种插装阀常见的组合应用。

(1) 插装方向控制阀

同普通液压阀相类似，插装阀与换向阀组合，可形成各种形式的插装方向阀。图5-64为几种插装方向控制阀示例。

① 插装单向阀 如图5-64 (a) 所示，将插装阀的控制油口C口与A或B连接，形成插装单向阀。若C与A口连接，则阀口B到A导通， A到B不通；若C与B口连接，则阀口A到B口导通，B到A不通。

② 电液控单向阀 如图5-64 (b) 所示，当电磁阀不通电时，B口与C口连通，此时只能从A到B导通，B到A不通。当电磁阀通电时，C口通过电磁阀接油箱，此时A口与B口可以两方向导通。

③ 二位二通插装换向阀 如图5-64 (c) 所示，当电磁阀不通电时，油口A与B关闭；当电磁阀通电时，油口A与B导通。

④ 二位三通插装换向阀 如图5-64 (d) 所示，当电磁阀不通电时，油口A与T导通，油口P关闭；当电磁阀通电时，油口P与A导通，油口T关闭。

⑤ 三位三通插装换向阀 如图5-64 (e) 所示，当电磁阀不通电时，控制油使两个插装件关闭，油口P、T、A互不连通；当电磁阀左电磁铁通电时，油口P与A连通；油口T关闭；当电磁阀右电磁铁通电时，油口A与T连通；油口P关闭。

⑥ 二位四通插装换向阀 如图5-64 (f) 所示，当电磁阀不通电时，油口P与B导通，油口A与T导通；当电磁阀通电时，油口P与A导通，油口B与T导通。

⑦ 三位四通插装换向阀 如图5-64 (g) 所示，当电磁阀不通电时，控制油使四个插装件关闭，油口P、T、A、B互不连通；当电磁阀左电磁铁通电时，油口P与A连通，油口B与T连通；当电磁阀右电磁铁通电时，油口P与B连通，油口A与T连通。

根据需要还可以组成具有更多位置和不同机能的四通换向阀。例如一个由二位四通电磁阀控制的三通阀和一个由三位四通电磁阀控制的三通阀组成的四通阀则具有6种工作机能。如果

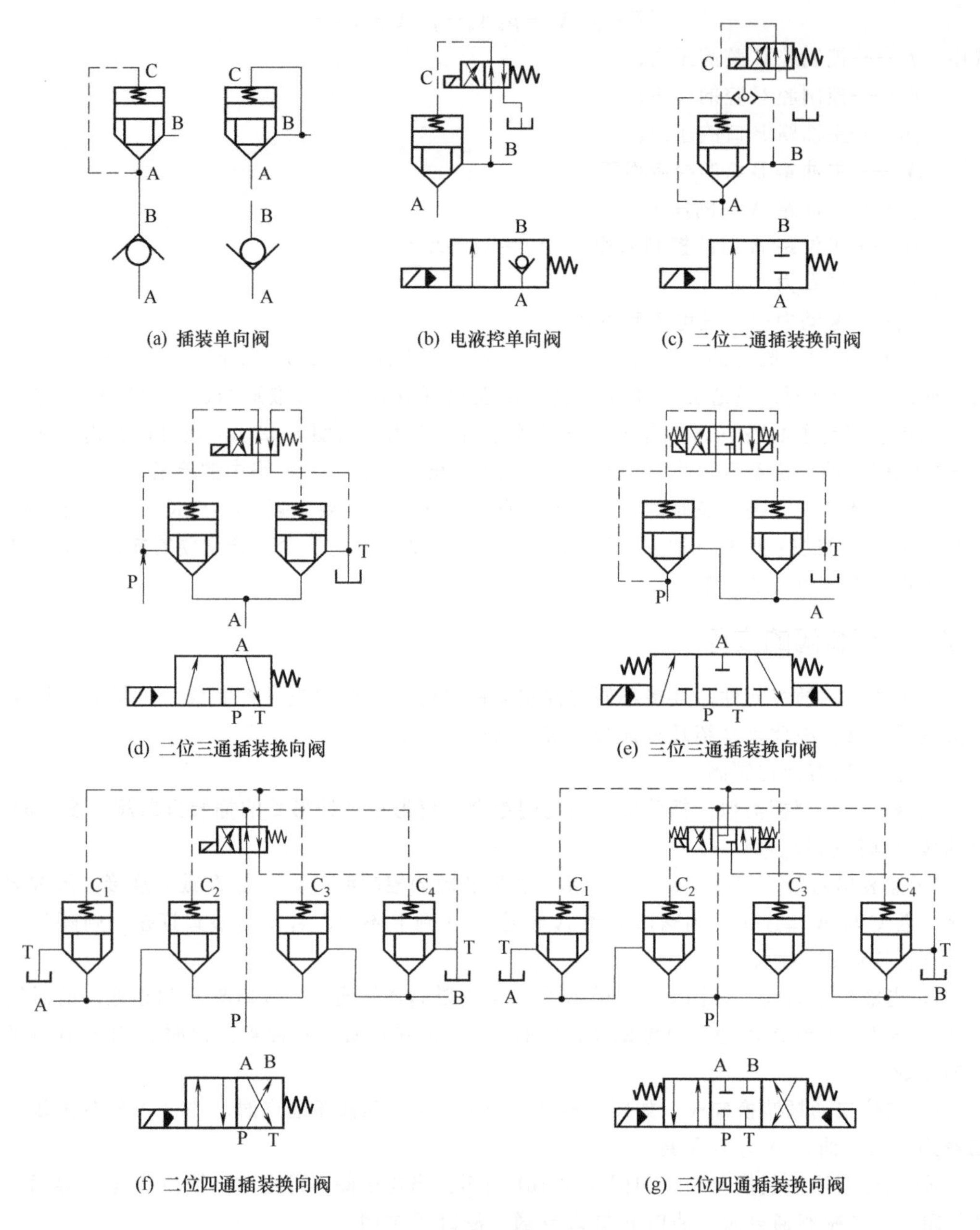

(a) 插装单向阀 (b) 电液控单向阀 (c) 二位二通插装换向阀

(d) 二位三通插装换向阀 (e) 三位三通插装换向阀

(f) 二位四通插装换向阀 (g) 三位四通插装换向阀

图 5-64 插装方向控制阀

用两个三位四通电磁阀来控制，则可构成一个九位的四通换向阀。

如果四个插装件各自用一个电磁阀进行分别控制，就可以构成一个具有 12 种工作机能的四通换向阀了，如图 5-65 所示。这种组合形式机能最全，适用范围最广，通用性最好，电磁阀品种简单划一，但是应用的电磁阀数量最多，对电气控制的要求较高，成本也高。在实际使用中，一个四通换向阀经常不需要这么多的工作机能，所以，为了减少电磁阀数量，减少故障，应该多采用上述的只用一个或两个电磁阀集中控制的形式。

(2) 压力控制插装阀

采用带阻尼孔的插装阀芯并在控制口 C 安装压力控制阀，就组成了图 5-66 所示的各种插装式压力控制阀。

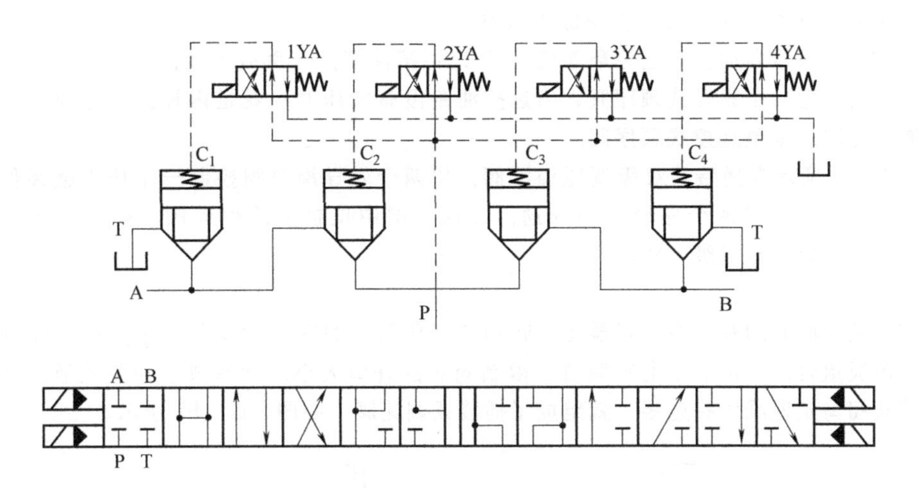

图 5-65　十二位四通电液动换向阀

图 5-66 (a) 所示，为插装式溢流阀，用直动式溢流阀来控制油口 C 的压力，当油口 B 接油箱时，阀口 A 处的压力达到溢流阀控制口的调定值后，油液从 B 口溢流，其工作原理与传统的先导式溢流阀完全一样。

图 5-66 (b) 所示，为插装式电磁溢流阀，溢流阀的先导回路上再加一个电磁阀来控制其卸荷，便构成一个电磁溢流阀，这种形式在二通插装阀系统中是很典型的，它的应用极其普遍。电磁阀不通电时，系统卸荷，通电时溢流阀工作，系统升压。

图 5-66 (c) 所示，为插装式卸荷溢流阀，用卸荷溢流阀来控制油口 C 的压力，当远控油路没有油压时，系统按溢流阀调定的压力工作，当远控油路有控制油压时，系统卸荷。

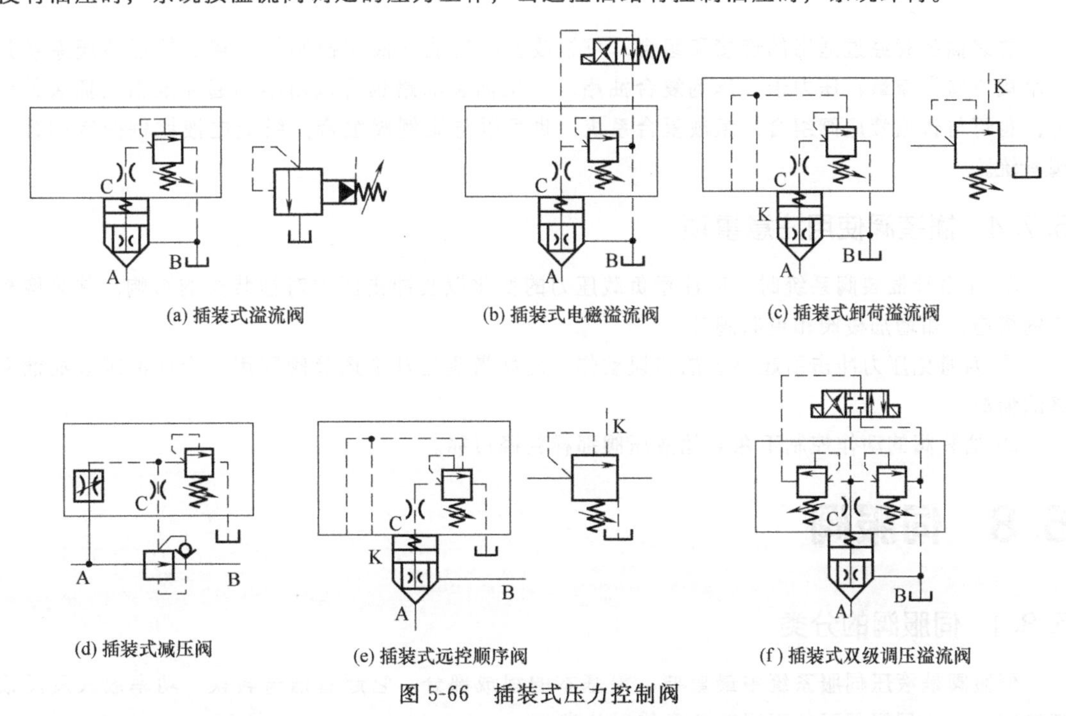

图 5-66　插装式压力控制阀

图 5-66 (d) 所示为插装式减压阀，当 A 口的压力低于先导溢流阀调定的压力时， A 口与 B 口直通，不起减压作用。当 A 口压力达到先导溢流阀调定的压力时，先导溢流阀开启，减压阀

芯动作，使B口的输出压力稳定在调定的压力。

图5-66(e)所示为插装式远控顺序阀，B口不接油箱，与负载相接，先导溢流阀的出口单独接油箱，就成为一个先导式顺序阀。当远控油路没有油压时，就是内控式顺序阀；当远控油路有控制油压时，就是远控式顺序阀。

图5-66(f)所示为插装式双级调压溢流阀，用两个先导溢流阀控制一个压力插装件，用一个三位四通换向阀控制两个先导阀的导通，更换不同中位机能的换向阀，就有不同的控制方式。包括卸荷功能就有三级调压。

(3) 插装式流量阀

控制插装件阀芯的开启高度就能使它起到节流作用。如图5-67(a)所示，插装件与带行程调节器的盖板组合，由调节器上的调节杆限制阀芯的开口大小，就形成了插装式节流阀。若将插装式节流阀与定差减压阀连接，就组成了插装式调速阀，如图5-67(b)所示。

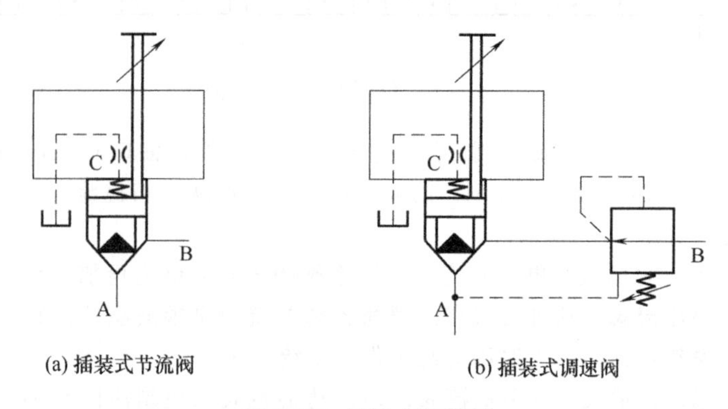

(a) 插装式节流阀　　(b) 插装式调速阀

图5-67 插装式流量阀

总之插装阀经过适当的连接和组合，可组成各种功能的液压控制阀。实际的插装阀系统是一个集方向、流量、压力于一体的复合油路，一组插装油路也可以由不同通径规格的插装件组合，也可与普通液压阀组合，组成复合系统，也可以与比例阀组合，组成电液比例控制的插装阀系统。

5.7.4 插装阀使用注意事项

① 在设计插装阀系统时，应注意负载压力的变化以及冲击压力对插装阀的影响，并采取相应的措施，如增加梭阀和单向阀等。

② 为避免压力冲击引起阀芯的错误动作，应尽量避免几个插装阀同用一个回油或者泄油回路的情况。

③ 插装阀的动作控制不像其他液压阀那样精确可靠。

5.8 伺服阀

5.8.1 伺服阀的分类

伺服阀是液压伺服系统中最重要、最基本的组成部分，它起着信号转换、功率放大及反馈等控制作用。伺服阀可从不同的角度加以分类。

按控制信号分类可分为机液伺服阀、电液伺服阀、气液伺服阀。

按结构分类可分为滑阀、射流管阀和喷嘴挡板阀等。

5.8.2 伺服阀的工作原理

(1) 滑阀

根据滑阀控制边数（起控制作用的阀口数）的不同，有单边控制式、双边控制式和四边控制式三种类型滑阀。

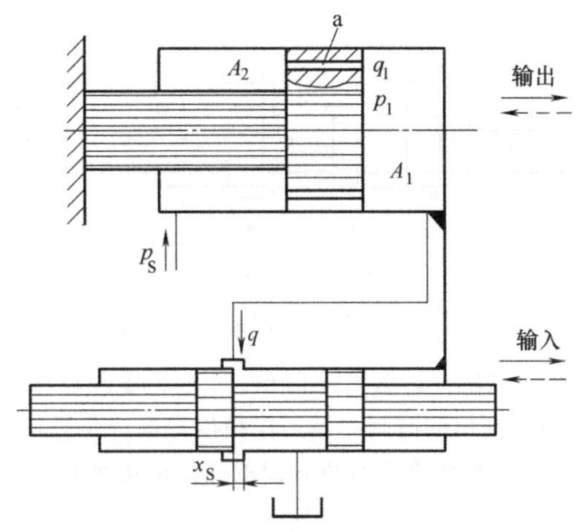

图 5-68　单边滑阀的工作原理

图 5-68 所示为单边滑阀的工作原理。滑阀控制边的开口量 x_S 控制着液压缸右腔的压力和流量，从而控制液压缸运动的速度和方向。来自泵的压力油进入单杆液压缸的有杆腔，后通过活塞上小孔 a 进入无杆腔，压力由 p_S 降为 p_1，再通过滑阀唯一的节流边流回油箱。在液压缸不受外负载作用的条件下， $p_1A_1=p_SA_2$。当阀芯根据输入信号往左移动时，开口量 x_S 增大，无杆腔压力 p_1 减小，于是 $p_1A_1<p_SA_2$，缸体向左移动。因为缸体和阀体刚性连接成一个整体，故阀体左移又使 x_S 减小（负反馈），直至平衡。

图 5-69 所示为双边滑阀的工作原理。压力油一路直接进入液压缸有杆腔，另一路经滑阀左控制边的开口 x_{S1} 和液压缸无杆腔相通，并经滑阀右控制边 x_{S2} 流回油箱。当滑阀向左移动时，x_{S1} 减小， x_{S2} 增大，液压缸无杆腔压力 p_1 减小，两腔受力不平衡，缸体向左移动。反之缸体向右移动。双边滑阀比单边滑阀的调节灵敏度高，工作精度高。

图 5-70 所示为四边滑阀的工作原理。滑阀有四个控制边，开口 x_{S1}、x_{S2} 分别控制进入液压缸两腔的压力油，开口 x_{S3}、x_{S4} 分别控制液压缸两腔的回油。当滑阀向左移动时，液压缸左腔的进油口 x_{S1} 减小，回油口 x_{S3} 增大，使 p_1 迅速减小；与此同时，液压缸右腔的进油口 x_{S2} 增大，回油口 x_{S4} 减小，使 p_2 迅速增大。这样就使活塞迅速左移。与双边滑阀相比，四边滑阀同时控制液压缸两腔的压力和流量，故调节灵敏度更高，工作精度也更高。

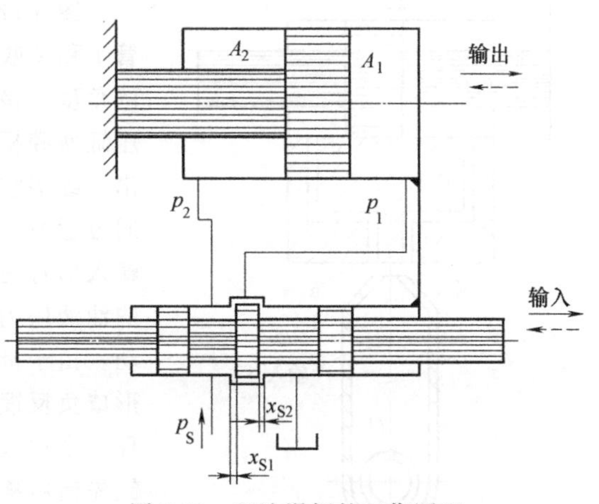

图 5-69　双边滑阀的工作原理

由此可知，单边、双边和四边滑阀的控制作用是相同的，均起到换向和节流作用。控制边数越多，控制质量越好，但其结构工艺性也越差。通常情况下，四边滑阀多用于精度要求较高的系统；单边、双边滑阀用于一般精度系统。

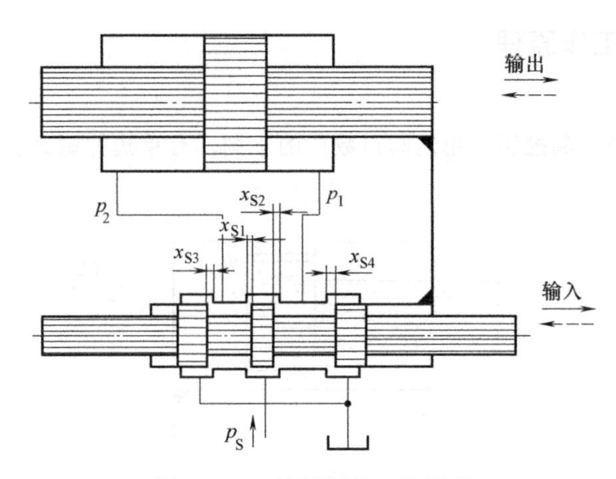

图 5-70　四边滑阀的工作原理

滑阀在初始平衡的状态下，阀的开口有负开口($x_S<0$)、零开口($x_S=0$) 和正开口 ($x_S>0$) 三种形式，如图 5-71 所示。具有零开口的滑阀，其工作精度最高；负开口形式下有较大的不灵敏区，较少采用；具有正开口的滑阀，工作精度较有负开口的高，但功率损耗大，稳定性也较差。

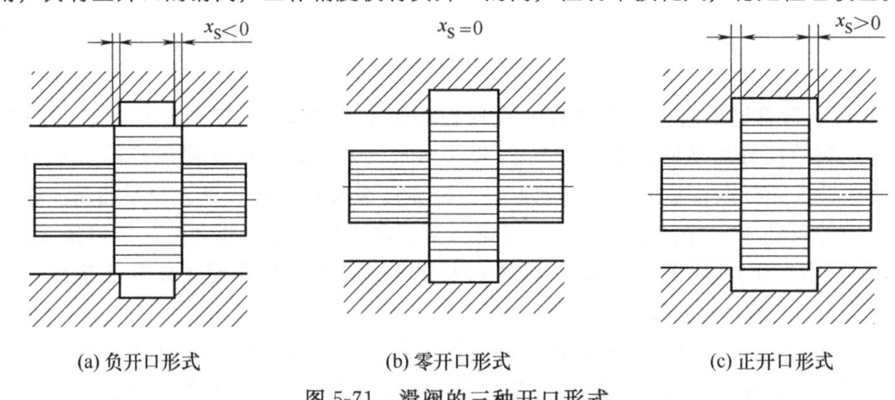

(a) 负开口形式　　(b) 零开口形式　　(c) 正开口形式

图 5-71　滑阀的三种开口形式

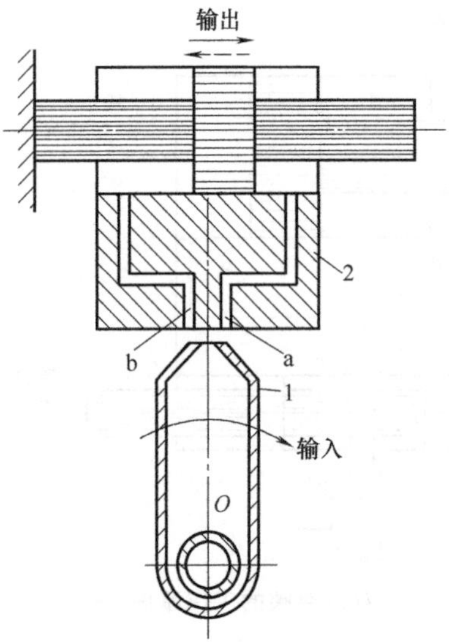

(2) 射流管阀

图 5-72 所示为射流管阀的工作原理。射流管阀由射流管 1 和接收板 2 组成。射流管可绕 O 轴左右摆动一个不大的角度，接收板上有两个并列的接收孔 a、 b，分别与液压缸两腔相通。压力油从管道进入射流管后从锥形喷嘴射出，经接收孔进入液压缸两腔。当喷嘴处于两接收孔的中间位置时，两接收孔内油液的压力相等，液压缸不动。当输入信号使射流管绕 O 轴向左摆动一小角度时，进入孔 b 的油液压力就比进入孔 a 的油液压力大，液压缸向左移动。由于接收板和缸体连结在一起，接收板也向左移动，形成负反馈，喷嘴恢复到中间位置，液压缸停止运动。同理，当输入信号进入孔 a 的压力大于孔 b 的压力时，液压缸先向右移动，在反馈信号的作用下，最终停止。

射流管阀的优点是结构简单，动作灵敏，工作可靠。它的缺点是射流管运动部件惯性较大，工作性能较差；射流能量损耗大，效率较低；供油压力过高时易引起振动。

图 5-72　射流管阀的工作原理
1—射流管；2—接收板

此种控制阀只适用于低压小功率场合。

(3) 喷嘴挡板阀

喷嘴挡板阀有单喷嘴式和双喷嘴式两种，两者的工作原理基本相同。图 5-73 所示为双喷嘴挡板阀的工作原理，它主要由挡板 1、喷嘴 2 和 3、固定节流小孔 4 和 5 等元件组成。挡板和两个喷嘴之间形成两个可变截面的节流缝隙 δ_1 和 δ_2。当挡板处于中间位置时，两缝隙所形成的节流阻力相等，两喷嘴腔内的油液压力则相等，即 $p_1 = p_2$，液压缸不动。压力油经孔道 4 和 5、缝隙 δ_1 和 δ_2 流回油箱。当输入信号使挡板向左偏摆时，可变缝隙 δ_1 关小，δ_2 开大，p_1 上升，p_2 下降，液压缸缸体向左移动。因负反馈作用，当喷嘴跟随缸体移动到挡板两边对称位置时，液压缸停止运动。

喷嘴挡板阀的优点是结构简单，加工方便，运动部件惯性小，反应快，精度和灵敏度高；缺点是无功损耗大，抗污染能力较差。喷嘴挡板阀常用作多级放大伺服控制元件中的前置级。

(4) 电液伺服阀

电液伺服阀是电液联合控制的多级伺服元件，它能将微弱的电气输入信号放大成大功率的液压能量输出。电液伺服阀具有控制精度高和放大倍数大等优点，在液压控制系统中得到广泛的应用。

图 5-74 是一种典型的电液伺服阀结构原理图。它由电磁和液压两部分组成，电磁部分是一个力矩马达，液压部分是一个二级液压放大器。液压放大器的第一级是双喷嘴挡板阀，称前置放大级；第二级是四边滑阀，称功率放大级。电液伺服阀的结构原理如下。

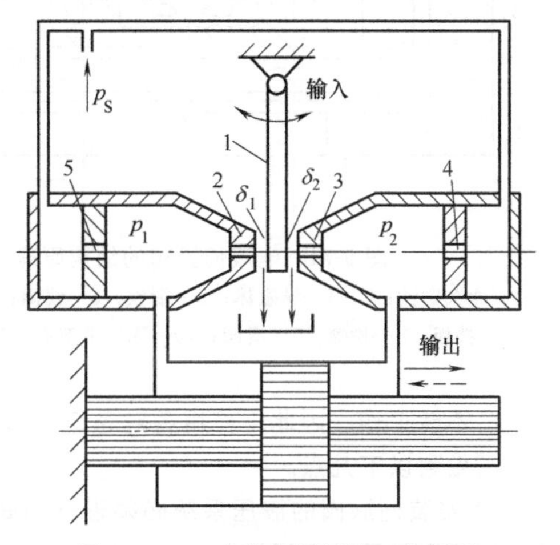

图 5-73　双喷嘴挡板阀的工作原理

1—挡板；2、3—喷嘴；4、5—节流小孔

① 力矩马达　力矩马达主要由一对永久磁铁 1、导磁体 2 和 4、衔铁 3、线圈 5 和内部悬置挡板 7 的弹簧管 6 等组成（见图 5-74）。永久磁铁把上下两块导磁体磁化成 N 极和 S 极，形成一个固定磁场。衔铁和挡板连在一起，由固定在阀座上的弹簧管支承，使之位于上下导磁铁中间。挡板下端为一球头，嵌放在滑阀的中间凹槽内。

当线圈无电流通过时，力矩马达无力矩输出，挡板处于两喷嘴中间位置。当输入信号电流通过线圈时，衔铁 3 被磁化，如果通入的电流使衔铁左端为 N 极，右端为 S 极，则根据同性相斥、异性相吸的原理，衔铁沿逆时针方向偏转。于是弹簧管弯曲变形，产生相应的反力矩，致使衔铁转过 θ 角便停止下来。电流越大，θ 角就越大，两者成正比关系。这样，力矩马达就把输入的电信号转换为力矩输出。

② 液压放大器　力矩马达产生的力矩很小，无法操纵滑阀的启闭以产生足够的液压功率。所以要在液压放大器中进行两级放大，即前置放大和功率放大。

前置放大级是一个双喷嘴挡板阀，它主要由挡板 7、喷嘴 8、固定节流孔 10 和滤油器 11 组成。压力油经滤油器和两个固定节流孔流到滑阀左、右两端油腔及两个喷嘴腔，由喷嘴喷出，经滑阀 9 的中部油腔流回油箱。力矩马达无输出信号时，挡板不动，左右两腔压力相等，滑阀 9 也不动。若力矩马达有信号输出，则挡板偏转，使两喷嘴与挡板之间的间隙不等，造成滑阀两端的压力不等，推动阀芯移动。

功率放大级主要由滑阀 9 和挡板下部的反馈弹簧片组成。当前置放大级有压差信号输出时，滑阀阀芯移动，传递动力的液压主油路即被接通（见图 5-74 下方油口的通油情况）。因为滑阀位移后的开度是正比于力矩马达输入电流的，所以阀的输出流量也和输入电流成正比。输

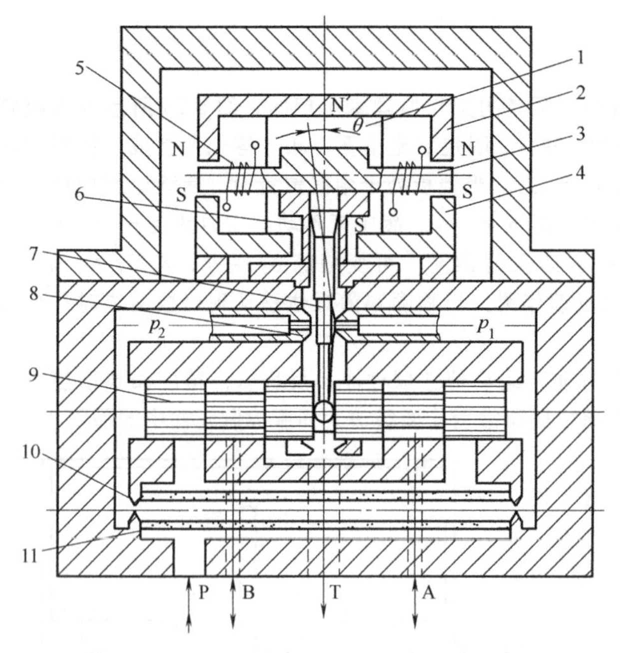

图 5-74 电液伺服阀的结构原理

1—永久磁铁；2、4—导磁体；3—衔铁；5—线圈；6—弹簧管；7—挡板；8—喷嘴；9—滑阀；10—固定节流孔；11—滤油器

入电流反向时，输出流量也反向。

滑阀移动的同时，挡板下端的小球亦随同移动，使挡板弹簧片产生弹性反力，阻止滑阀继续移动；另一方面，挡板变形又使它在两喷嘴间的位移量减小，从而实现了反馈。当滑阀上的液压作用力和挡板弹性反力平衡时，滑阀便保持在这一开度上不再移动。因为这一最终位置是由挡板弹性反力的反馈作用而达到平衡的，所以这种反馈是力反馈。

5.8.3 伺服阀的使用维护

本小节内容以某研究所生产的射流管伺服阀为例，介绍其使用维护注意事项（节选部分内容）。

(1) 液压系统污染度要求

伺服阀的使用寿命和可靠性与液压油的污染度密切相关。液压油不清洁轻则影响产品性能，缩短阀的寿命，重则使产品不能工作。因此，使用者对系统液压油的污染度应予以特别重视。使用伺服阀的液压系统必须做到以下几点。

① 安装伺服阀的液压系统必须进行彻底清洗。新安装的液压系统管路或更换原有管路时，推荐按下列步骤进行清洗：

a. 在管路预装后进行拆卸、酸洗、磷化；

b. 在组装后进行管路的冲洗。

管路冲洗时，不应装上伺服阀，可在安装伺服阀的安装座上装一个冲洗板。如果系统本身允许的话，也可装一个换向阀，这样工作管路和执行元件可被同时清洗。向油箱内注入清洗油（清洗油选低黏度的专用清洗油或同牌号的液压油），启动液压源，运转冲洗（最好系统各元件都能动作，以便清洗其中的污染物）。在冲洗工作中应轻轻敲击管子，特别是焊口和连接部位，这样能起到除去水锈和尘埃的效果。同时要定时检查过滤器，如发生堵塞，应及时更换滤芯，更换下来的纸滤芯、化纤滤芯、粉末冶金滤芯不得清洗后再用，其他材质的滤芯视情况而定。更换完毕后，再继续冲洗，直到油液污染度符合要求，或看不到滤油器滤芯污染为止。排出清洗油，清洗油箱（建议用面粉团或胶泥粘去固定颗粒，不得用棉、麻、化纤织品擦洗），更换或清洗滤油器，再通过 5～10μm 的滤油器向油箱注入新油。启动油源，再冲洗 24h，然后更换或清洗过滤器，完成管路清洗。由此可见：总冲洗时间至少保证 36～48h 以上，才能满足基本清洁度要求。

② 在伺服阀进油口前必须配置公称过滤精度不低于 10μm 的滤油器，而且是全流通的非旁路型滤油器。

伺服阀内的过滤器是粗过滤器，是防止偶然“落网”的较大污染物进入伺服阀而设的，因此切不可依赖内过滤器起主要防卫作用。过滤器的精度视伺服阀的类型而定，喷嘴挡板阀的绝对过滤精度要求 5～10μm（NAS 1638 5～6 级），射流管阀的绝对过滤精度要求 10～25μm（NAS 1638 7～10 级），可见射流管阀对液压油的清洁度要求相对要低一些，这在使用上对于其来讲更加有利。

③ 对使用射流管电液伺服阀的液压系统，其油液推荐清洁度等级为：长寿命使用时应达到GB/T 14039—2002中的16/13级（相当于美国NAS 1638 7级），一般使用最差不低于GB/T 14039—2002中的19/16级（相当于NAS 1638 10级）。

(2) 安装

① 伺服阀安装座表面粗糙度值应小于$Ra1.6\mu m$，表面不平度不大于0.025mm。

② 不允许用磁性材料制造安装座，伺服阀周围也不允许有明显的磁场干扰。

③ 伺服阀安装工作环境应保持清洁，安装面无污粒附着。清洁时应使用无绒布或专用纸张。

④ 进油口和回油口不要接错，特别当供油压力达到或超过20MPa时。

⑤ 检查底面各油口的密封圈是否齐全。

⑥ 每个线圈的最大电流不要超过2倍额定电流。

⑦ 油箱应密封，并尽量选用不锈钢板材。油箱上应装有加油及空气过滤用滤清器。

⑧ 禁止使用麻线、胶黏剂和密封带作为密封材料。

⑨ 伺服阀的冲洗板应在安装前拆下，并保存起来，以备将来维修时使用。

⑩ 对于长期工作的液压系统，应选较大容量的滤油器。

⑪ 动圈式伺服阀在使用中要加颤振信号，有些还要求泄油直接回油箱，伺服阀还必须垂直安装。

⑫ 双喷挡伺服阀要求先通油后给电信号。

(3) 维修保养

① 在条件许可的情况下，应定期检查工作液的污染度。

② 应建立新油是“脏油”的概念，如果在油箱中注入10%以上的新油液，即应换上冲洗板，启动油源，清洗24h以上，然后更换或清洗滤油器，再卸下冲洗板，换上伺服阀。一般情况下，长时间经滤油器连续使用的液压油往往比较干净。因此，在系统无渗漏的情况下应减少无谓的加油次数，避免再次污染系统。

③ 系统换油时，在注入新油前应彻底清洗油箱，换上冲洗板，通过5～10μm的滤油器向油箱注入新油。启动油源，冲洗24h以上，然后更换或清洗滤油器，完成管路、油箱的再次清洗。

④ 伺服阀在使用过程中出现堵塞等故障现象，不具备专业知识及设备的使用者不得擅自分解伺服阀，用户可按说明书的规定更换滤油器。如故障还无法排除，应返回生产单位进行修理、排障、调整。

⑤ 如条件许可，伺服阀需定期返回生产单位清洗、调整。

⑥ 使用条件好的油源，油质保持相对较好的，可以较长时间不换油，这对系统保持可靠运行是有好处的。

⑦ 切忌让铁磁物质长期与马达壳体相接触，防止马达跑磁，跑磁轻则影响伺服阀零位和输出，严重时伺服阀甚至不能工作。

⑧ 除非外部有机械调零装置，否则不要自己擅自拆卸伺服阀去调零。因为伺服阀是精密液压元件，调试离不开实验台，离不开专用工装夹具。

⑨ 伺服阀本身带有保护滤油器，更换滤油器时最好使用厂方指导的方法。

⑩ 伺服阀装卸一次会增加一次油源受污染的机会，所以千万要注意保持油源干净，这是最重要的保养要求。

5.8.4 伺服阀常见故障与排除

伺服阀的故障常常在电液伺服系统调试或工作不正常情况时发现。所以故障有时是系统问题包括放大器、反馈机构、执行机构等故障，有时确是伺服阀问题。所以首先要搞清楚是系统问题、还是伺服阀问题。解决这疑问的常用办法是:

① 有条件的将阀卸下，上实验台复测一下即可。

② 大多数情况无此条件，这时一个简单的办法是将系统开环，备用独立直流电源、经万用表再给伺服阀供正负不同量值电流，从阀的输出情况来判断阀是否有故障，是什么故障。若阀问题不大，再找系统问题。例如：执行机构的内漏过大，会引起系统动作变慢，滞环严重，甚至不能工作；反馈信号断路或失常；放大器问题（在下一小节单独介绍），等等。下面介绍阀的故障问题。

(1) 阀不工作

原因：马达线圈断线，脱焊；还有进油或进出油口接反；再有可能是前置级堵塞，使得阀芯正好卡在中间死区位置，当然这种概率较低；马达线圈串联或并联两线圈接反了，两线圈形成的磁作用力正好抵消。

(2) 阀有一固定输出，但已失控

原因：前置级喷嘴堵死，阀芯被脏物卡着及阀体变形引起阀芯卡死等，或内部保护过滤器被脏物堵死。要更换滤芯，返厂清洗、修复。

(3) 阀反应迟钝、响应变慢等

原因：系统供油压力降低；保护过滤器局部堵塞；某些阀调零机构松动，马达的部件松动或动圈阀的动圈跟控制阀芯间松动；系统中执行动力元件内漏过大；油液太脏，阀分辨率变差，滞环增宽。

(4) 系统出现频率较高的振动及噪声

原因：油液中混入空气量过大，油液过脏；系统增益调得过高，产生来自放大器方面的电源噪声；伺服阀线圈与阀外壳及地线绝缘不好，似通非通，颤振信号过大或与系统频率关系引起谐振现象；相对低频率的系统选了过高频率的伺服阀。

(5) 阀输出忽正忽负，不能连续控制，成“开关”控制

原因：伺服阀内反馈机构失效或系统反馈断开，不然是出现某种正反馈现象。

(6) 阀漏油

原因：安装座表面加工质量不好、密封不好；阀口密封圈质量问题，阀上堵头等处密封圈损坏；若马达盖与阀体之间漏油，可能是由于弹簧管破裂、内部油管破裂等。

5.8.5 射流管伺服阀放大器的选用及注意事项

由于电液伺服系统的故障除了伺服阀外，主要与放大器密切相关，为此本小节仍然以 SA 系列伺服放大器为例为读者进行介绍。

SA 系列伺服放大器是专为 CSDY 系列射流管电液伺服阀配套而设计的专用控制器。放大器和 CSDY 系列电液伺服阀配以各种不同的执行元件及反馈检测元件，可构成阀控液压缸、阀控马达、阀控泵等多种性能优良的位置、速度、加速度、力电液伺服控制系统。

SA-03 型与 SA-02 型的区别在于：用户输入指令、反馈指令可以有多种选择，如输入指令为 4～20mA 电流信号，反馈指令亦为 4～20mA 电流信号；输入指令为 1～5V 电压信号，反馈指令为 1～5V 电压信号；输入指令为±10V，反馈指令为±10V；以及输入和反馈指令分别为不同的信号等。

伺服阀线圈的接线方式主要分为：差动、串联、并联。具体接线可见伺服阀样本。伺服阀的工作方式通常以选用并联工作为好。

SA-03 型伺服放大器和 SA-02 型伺服放大器一样是带有颤振信号发生器的。该颤振信号源一般为正弦波振荡器，其频率为 200Hz 左右，幅值约为 30%的额定电流信号。

SA-03 型伺服放大器的选型由用户决定，用户需确认输入、反馈指令，驱动伺服阀的额定电流，是否需要颤振信号源等。

(1) 主要技术参数

① 工作电源：DC 24V（最小 18V，最大 36V）、5W。

② 输入阻抗：33kΩ。

③ 输入指令：4～20mA 或 1～5V 或±10V。

④ 反馈指令：4～20mA 或 1～5V 或±10V。

⑤ 输出电流：±8mA（阀线圈阻抗 500Ω）。

⑥ 输出电压：±15V（外部供电用）。

⑦ 颤振信号：$f \approx 200$Hz，扰动幅值≤30% $I_{额}$。

(2) 工作原理

SA-03 型伺服放大器是由电源、主放大器、输入运放、反馈运放组成。主放大器则由加法器与功率驱动级两部分组成，如图 5-75 所示。

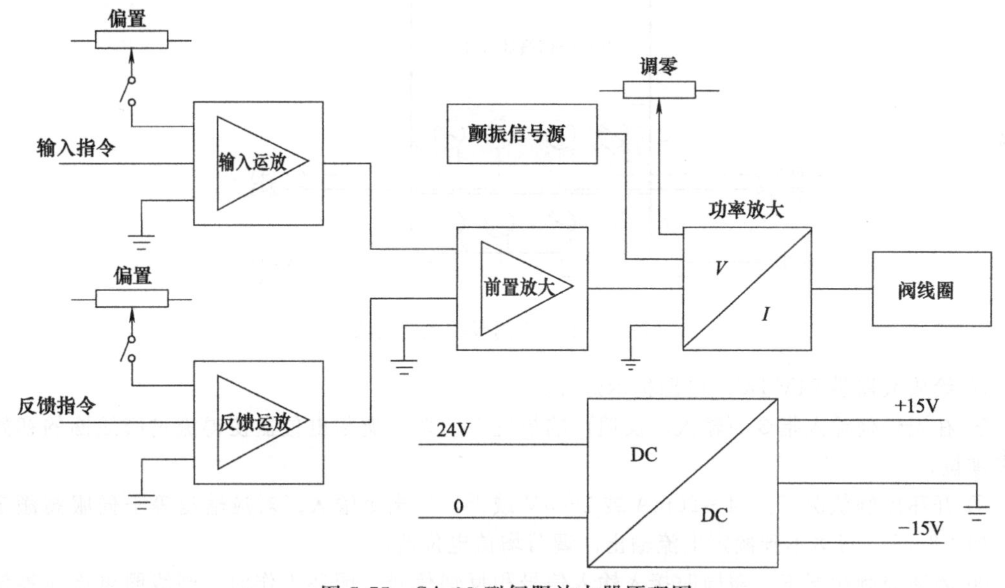

图 5-75　SA-03 型伺服放大器原理图

SA-03 型伺服放大器由直流 24V 供电，提供±15V 的输出电源供外接传感器使用。该放大器既可以实现开环控制，也可以实现闭环控制。输入信号与反馈信号分别经各自的运算放大器放大输入至加法器里，然后经功率驱动级放大后带动负载（伺服阀）工作。根据用户需求，可加入适当的颤振信号。各放大器的放大倍数可在前面板上任意调节，面板上还有调零电位器，可纠正系统零偏。前面板上各种指示灯反映放大器的工作状态，电源指示灯绿色表示放大器电源工作正常。电流指示灯表示流过阀线圈的电流，该指示灯为双色显示，分别反映电流的正负信号。若有颤振信号接入时，扰动指示灯亮。

(3) 使用及调节方法

图 5-76 为 SA-03 伺服放大器接线图，其端子的定义如下。

① 端子 C1、C4 分别接 24V 正、负电源， C3、C2 分别接反馈信号正输入和负输入。

② 端子 D1、D2、D3 分别接输出+15V、地信号、−15V， D4 接入外壳地信号。

③ 端子 A1、A2 接输入指令正、负信号，不需加入颤振信号时， A3、A4 不使用。

④ 端子 B1、B4 接阀线圈，若需观察流过阀的电流，可串联一个电流表（毫安表），B2 为地信号，B3 不用。

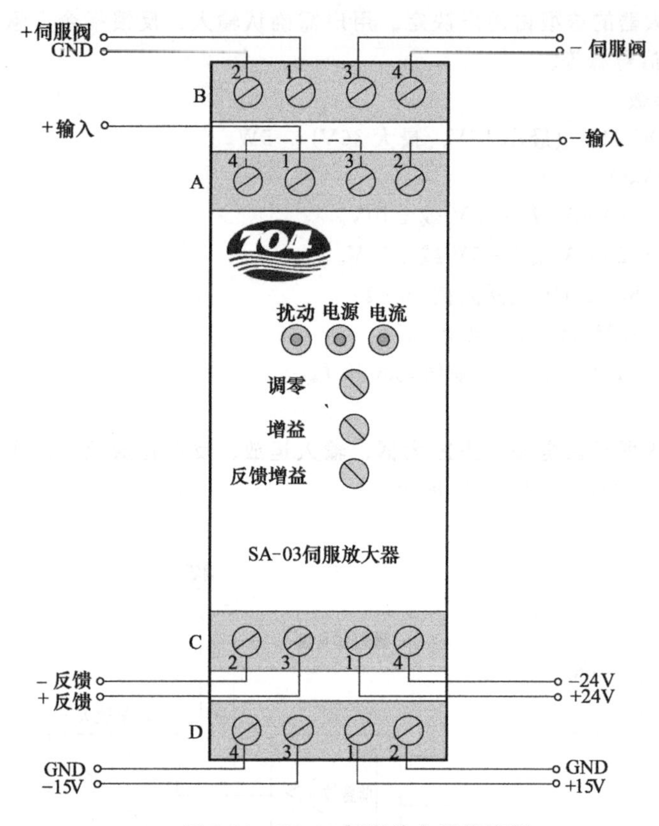

图 5-76 SA-03 伺服放大器接线图

⑤ 给放大器供 24V DC，电源指示灯亮。

⑥ 在无任何输入指令（输入、反馈）的情况下，调节调零电位器使得流过阀线圈的初始电流在零位。

⑦ 开环控制状况下， 4～20mA 或 1～5V 或±10V 指令输入，对应输出等于伺服阀额定电流，如±8mA。若达不到额定电流输出，调节增益电位器。

⑧ 闭环控制状况下，需同时接入输入信号和反馈信号。闭环工作时，阀线圈电流在零位附近。若系统无法闭环控制，可能有两种原因：反馈极性接反或反馈增益不够大。针对前者可调换端子 C3、C2 接线，针对后者可调节面板上的反馈增益电位器。

⑨ 用户若选择颤振信号接入时，只需短接端子 A3、A4，短接后扰动指示灯亮。

第6章 液压辅助元件的使用与维修

液压系统在工作过程中会出现各种各样的问题，如：液压系统不可避免地会出现泄漏；能量转化会导致液压油的发热；因外部工作环境中粉尘等其他污染物的落入、系统零件表面颗粒脱落等原因会出现液压油的污染等等许多必须考虑的问题。因此，要保证液压系统能可靠高效地工作，除了能量装置、控制装置等构成液压系统主要工作部分的元件之外，还必须有应对以上问题的各种元件或装置，这就是液压辅助元件。液压系统的辅助元件主要包括蓄能器、热交换器、滤油器、密封装置、油箱、压力表等，它们是构成液压系统不可或缺的重要组成部分。

6.1 滤油器

6.1.1 滤油器的作用和性能指标

(1) 滤油器的作用

在液压系统中，由于系统内的形成或系统外的侵入，液压油中难免会存在这样或那样的污染物，例如外界的粉尘、系统中零件表面脱落的金属颗粒等。这些污染物的颗粒不仅会加速液压元件的磨损，而且会堵塞阀件的小孔，卡住阀芯，划伤密封件，使液压阀失灵，使系统产生故障。据统计，液压系统多数故障的起因都是油液的污染问题。因此，必须对液压油中的杂质和污染物的颗粒进行清理，目前，控制液压油洁净程度的最有效方法就是采用滤油器。滤油器的主要功用就是对液压油进行过滤，提高油液的洁净程度。

(2) 滤油器的性能指标

滤油器的主要性能指标主要有过滤精度、通流能力、压力损失等，其中过滤精度为主要指标。

① 过滤精度　滤油器的工作原理是用具有一定尺寸过滤孔的滤芯对污物进行过滤。过滤精度就是指滤油器从液压油中所过滤掉的杂质颗粒的最大尺寸（以污物颗粒平均直径 d 表示）。

目前所使用的滤油器，按过滤精度可分为四级：粗滤油器（$d \geqslant 0.1$mm）、普通滤油器（$d \geqslant 0.01$mm）、精滤油器（$d \geqslant 0.001$mm）和特精滤油器（$d \geqslant 0.0001$mm）。

过滤精度选用的原则是：使所过滤污物颗粒的尺寸要小于液压元件密封间隙尺寸的一半。系统压力越高，液压件内相对运动零件的配合间隙越小，因此，需要的滤油器的过滤精度也就越高。液压系统的过滤精度主要取决于系统的压力。表6-1为过滤精度选择推荐值。

表 6-1　滤油器过滤精度推荐值

系统类型	润滑系统	传动系统			伺服系统
压力/MPa	0～2.5	14	$4<p<21$	>21	21
过滤精度/μm	100	25～50	25	10	5

② 通流能力　滤油器的通流能力一般用额定流量表示，它与滤油器滤芯的过滤面积成正

比，不同功能的过滤器其额定流量与液压泵的额定流量的比为 2～3。

③ 压力损失 指滤油器在额定流量下的进出油口间的压差。一般滤油器的通流能力越好，压力损失也越小。

④ 其他性能指标 滤油器的其他性能指标主要指：滤芯强度、滤芯寿命、滤芯耐腐蚀性等定性指标。不同滤油器这些性能会有较大的差异，可以通过比较确定各自的优劣。

6.1.2 滤油器的类型及其性能特点

按过滤机理，滤油器可分为机械滤油器和磁性滤油器两类。前者是在液压油通过滤芯的孔隙时将污物的颗粒阻挡在滤芯的一侧；后者用磁性滤芯将所通过的液压油内铁磁颗粒吸附在滤芯上。在一般液压系统中常用机械滤油器，在要求较高的系统可将上述两类滤油器联合使用。

(1) 网式滤油器

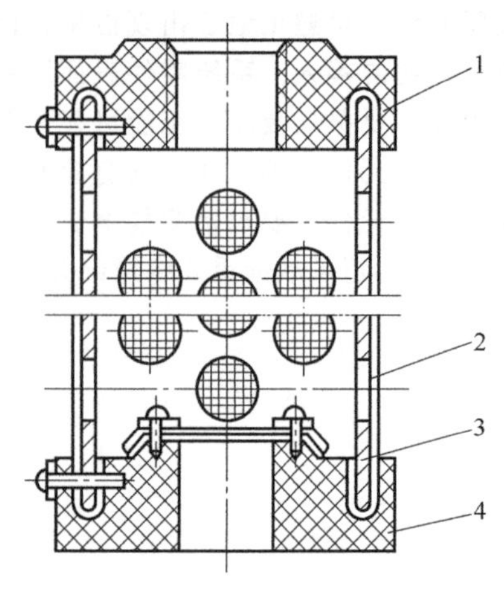

图 6-1 网式滤油器
1—上端盖；2—过滤网；3—骨架；4—下端盖

图 6-1 为网式滤油器结构图。它是由上端盖 1、下端盖 4 及之间连接的开有若干孔的筒形塑料骨架（或金属骨架）和在骨架外包裹的一层或几层过滤网 2 组成。滤油器工作时，液压油从滤油器外通过过滤网进入滤油器内部，再从上盖管口处进入系统。此滤油器属于粗滤油器，其过滤精度为 0.13～0.04mm，压力损失不超过 0.025MPa，这种滤油器的过滤精度与铜丝网的网孔大小、铜网的层数有关。网式滤油器的优点为结构简单，通流能力强，压力损失小，清洗方便，但是过滤精度低。一般安装在液压泵的吸油管口上用以保护液压泵。

(2) 线隙式滤油器

图 6-2 为线隙式滤油器结构图，它是由端盖 1、壳体 2、带孔眼的筒形骨架，和绕在骨架 3 外部的金属绕线 4 组成。工作时，油液从孔 a 进入滤油器内，经线间的间隙、骨架上的孔眼进入滤芯中再由孔 b 流出。这种滤油器利用金属绕线间的间隙过滤，其过滤精度取决于间隙的大小。过滤精度有 30μm、 50μm、和 80μm 三种精度等级，其额定流量为 6～250L/min， 在额定流量下，压力损失为 0.03～0.06MPa。线隙式滤油器分为吸油管用和压油管用两种。前者安装在液压泵的吸油管道上，其过滤精度为 0.05～0.1mm，通过额定流量时压力损失小于 0.02MPa；后者用于液压系统的压力管道上，过滤精度为 0.03～0.08mm，压力损失小于 0.06MPa。这种滤油器的优点是：结构简单，通流性能好，过滤精度较高，所以应用较普遍。缺点是不易清洗，滤芯强度低。多用于中低压系统。

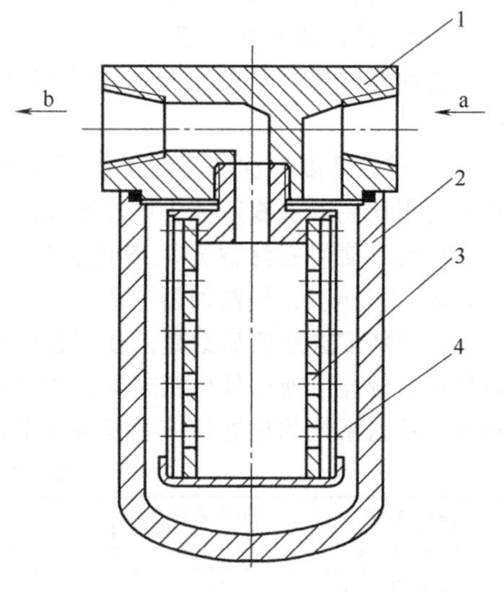

图 6-2 线隙式滤油器
1—端盖；2—壳体；3—骨架；4—金属绕线

(3) 纸芯式滤油器

纸芯式滤油器以滤纸（机油微口滤纸）为过滤材料，把厚度为 0.35～0.7mm 的平纹或波纹的酚醛树脂或木浆的微孔滤纸环绕在带孔的镀锡铁皮骨架上，制成滤纸芯（如图 6-3 所示）。油液从滤芯外面经滤纸进入滤芯内，然后从孔道 a 流出。为了增加滤纸 1 的过滤面积，纸芯一般都做成折叠式。这种滤油器过滤精度有 0.01mm 和 0.02mm 两种规格，压力损失为 0.01～0.04MPa，其优点为过滤精度高，缺点是堵塞后无法清洗，需定期更换纸芯，强度低，一般用于精过滤系统。

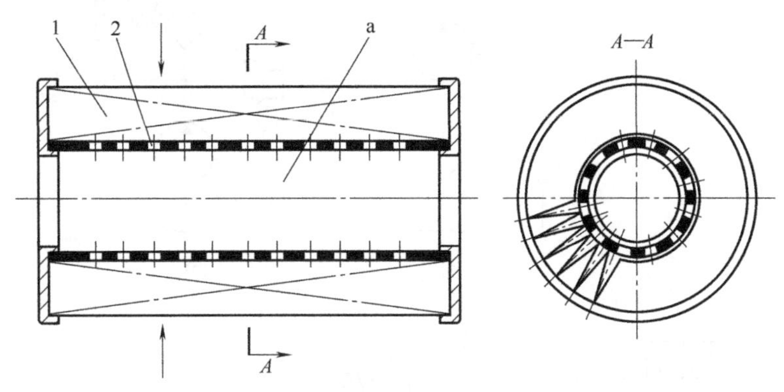

图 6-3　纸芯式滤油器

1—滤纸；2—骨架

(4) 烧结式滤油器

图 6-4 为烧结式滤油器结构图。此滤油器是由端盖 1、壳体 2、滤芯 3 组成，其滤芯是由颗粒状铜粉烧结而成。其过滤过程是：压力油从 a 孔进入，经铜颗粒之间的微孔进入滤芯内部，从 b 孔流出。烧结式滤油器的过滤精度与滤芯上铜颗粒之间的微孔的尺寸有关，选择不同颗粒的粉末，制成厚度不同的滤芯就可获得不同的过滤精度。烧结式滤油器的过滤精度为 0.0001～0.01mm，压力损失为 0.03～0.2MPa。这种滤油器的优点是强度大，可制成各种形状，制造简单，过滤精度高。缺点是难清洗，金属颗粒易脱落。多用于需要精过滤的场合。

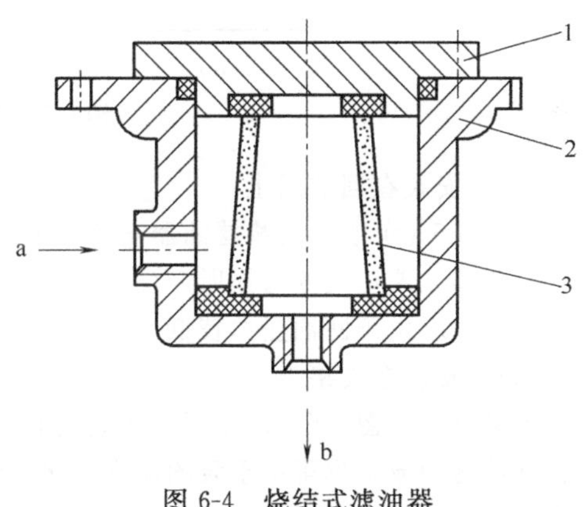

图 6-4　烧结式滤油器

1—端盖；2—壳体；3—滤芯

(5) 磁性滤油器

磁性滤油器是采用永磁性的材料制滤芯，或者在油箱中放一块永磁铁（永磁棒），从而把液压液中对磁性敏感的金属颗粒吸附到其上面。

6.1.3 滤油器的安装注意事项

滤油器可以根据系统不同的需要安装在回路的任何位置，常用的各种安装位置如图 6-5 所示。

(1) 安装在液压泵的吸油口

如图 6-5 (a) 所示，在泵的吸油口安装滤油器，可以保护系统中的所有元件，但由于受泵吸油阻力的限制，只能选用压力损失小的网式滤油器。这种滤油器过滤精度低，泵磨损所产生的颗粒将进入系统，对系统其他液压元件无法完全保护，还需其他滤油器串联在油路上使用。

(2) 安装在液压泵的出油口上

如图 6-5 (b) 所示，这种安装方式可以有效地保护除泵以外的其他液压元件，但由于滤油器是在高压下工作，滤芯需必须要有较高的强度，为了防止滤油器堵塞而引起液压泵过载或滤油器损坏，常在滤油器旁设置堵塞指示器或旁路阀加以保护。

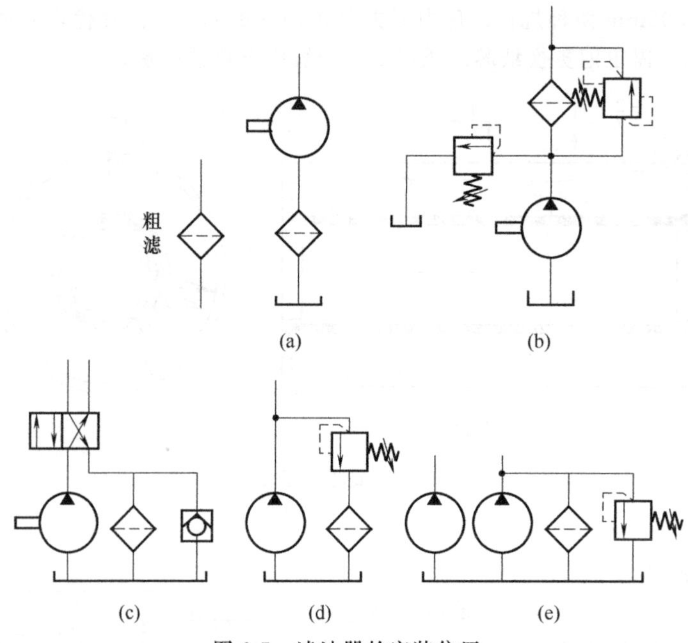

图 6-5 滤油器的安装位置

(3) 安装在回油路上

如图 6-5 (c) 所示为将滤油器安装在系统的回油路上。这种方式可以把系统内油箱或管壁氧化层的脱落或液压元件磨损所产生的颗粒过滤掉，以保证油箱内液压油的清洁，使泵及其他元件受到保护。由于回油压力较低，所需滤油器强度不必过高。

(4) 安装在支路上

这种方式如图 6-5 (d) 所示，主要安装在溢流阀的回油路上，这时不会增加主油路的压力损失，滤油器的流量也可小于泵的流量，比较经济合理。但不能过滤全部油液，也不能保证杂质不进入系统。

(5) 单独过滤

如图 6-5 (e) 所示，用一个液压泵和滤油器单独组成一个独立与系统之外的过滤回路，这样可以连续清除系统内的杂质，保证系统内清洁。一般用于大型液压系统，例如冶金行业的液压系统，由于要求 24h 连续工作，而且环境比较恶劣，大多数液压系统中设有单独过滤方式。

6.1.4 滤油器常见故障与排除

滤油器的常见故障与排除方法见表 6-2。

表 6-2 滤油器的常见故障与排除方法

故障现象	原因分析	关键问题	排除措施
系统产生空气和噪声	①对滤油器缺乏定期维护和保养 ②滤油器的通流能力选择过小 ③油液太脏	泵进口滤油器堵塞	①定期清洗滤油器 ②泵进口滤油器的通流能力应比泵的流量大一倍 ③油液使用 2000～3000h 后应更换新油
滤油器滤芯变形或击穿	①滤油器严重堵塞 ②滤网或骨架强度不够	通过滤油器的压降过大	①提高滤油器的结构强度 ②采用带有堵塞发讯的装置的滤油器 ③设计带有安全阀的旁通油路

续表

故障现象	原因分析	关键问题	排除措施
网式滤油器金属网与骨架脱焊	①采用锡铅焊料，熔点仅为 183℃ ②焊接点数少，焊接质量差	焊料熔点较低，结合强度不够	①改用高熔点的银镉焊料 ②提高焊接质量
烧结式滤油器滤芯掉粒	①烧结质量较差 ②滤芯严重堵塞	滤芯颗粒间结合强度大	①更换滤芯 ②提高滤芯制造质量 ③定期更换油液

6.2 油箱

6.2.1 油箱的功用、分类与结构

(1) 油箱的功用

油箱的主要功用是储存油液，同时箱体还具有散热、沉淀污物、析出油液中渗入的空气等作用，还可兼作液压元件和阀块的安装平台。

(2) 油箱的分类（见表 6-3）

表 6-3　油箱的分类

分类		特点		适用场合
开式油箱	整体式	油箱中的油液与大气是相通的	利用主机的底座作为油箱，结构紧凑、液压元件的泄漏容易回收，但散热性差，维修不方便，对主机的精度及性能有所影响	二者都广泛应用于一般的液压系统，如行走设备或车辆；但精密设备多采用分离式油箱
	分离式		单独成立一个供油泵站，与主机分离，散热性、维护和维修性均好于整体式油箱，但需增加占地面积	
闭式油箱		油箱中的油液与大气隔绝		水下和高空等无稳定气压及对工作稳定性或噪声有严格要求的场合

(3) 油箱的典型结构

图 6-6 为开式结构分离式油箱的结构简图。油箱一般用 2.5～4mm 左右的薄钢板焊接而成，内表面涂有耐油涂料或采用酸洗磷化处理。油箱中间设有两个隔板 7 和 9，用来将液压泵的吸油管 1 与回油管 4 分离开，以阻挡沉淀杂物及回油管产生的泡沫。油箱顶部的安装板 5 用较厚的钢板制造，用以安装电动机、液压泵、集成块等部件。在安装板上装有滤油网 2、防尘盖 3（件 2、3 的组件就是空气滤清器）用以注油时过滤，并防止异物落入油箱。防尘盖侧面开有小孔，与大气相通；油箱侧面装有液位计 6，用以显示油箱内液面的高度。油箱底板一般做成倾斜的，并在底部装有排油阀 8，用以换油时排油和排污。

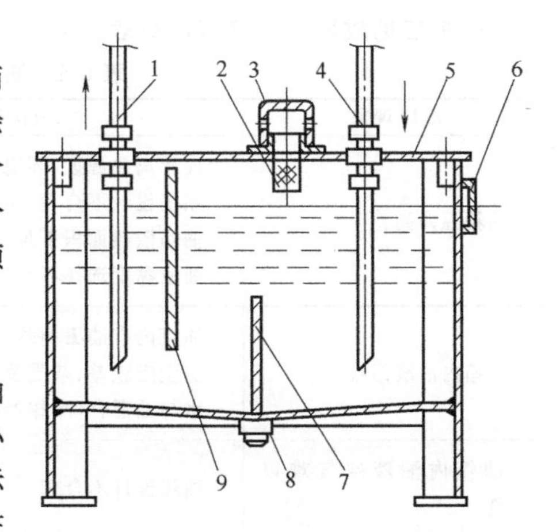

图 6-6　开式结构分离式油箱结构简图

1—吸油管（注油器）；2—滤油网；3—防尘盖（泄油管）；4—回油管；5—安装板；6—液位计；7—下隔板；8—排油阀；9—上隔板

(4) 油箱容积的确定

油箱的容积是油箱设计时需要确定的主要参数。油箱容积大时散热效果好，但用油多，成本高；油箱

容积小时，占用空间少，成本降低，但散热条件不足。在实际设计时，可用经验公式初步确定油箱的容积，然后再验算油箱的散热量 Q_1，计算系统的发热量 Q_2，当油箱的散热量大于液压系统的发热量时（$Q_1>Q_2$），油箱容积合适；否则需增大油箱的容积或采取冷却措施（油箱散热量及液压系统发热量计算请查阅有关手册）。

油箱容积的估算经验公式为

$$V=aq \tag{6-1}$$

式中 V——油箱的容积，L；

q——液压泵的总额定流量，L/min；

a——经验系数，min，其数值确定如下：对低压系统，$a=2\sim4$min；对中压系统，$a=5\sim7$min；对中、高压或高压大功率系统，$a=6\sim12$min。

6.2.2 油箱使用中应注意的问题

使用油箱时应注意以下几点：

① 箱体要有足够的强度和刚度。油箱一般用2.5～4mm的钢板焊接而成，尺寸大者要加焊加强筋或者在其内部焊接角钢或槽钢。当然随着油箱体积的加大，其钢板厚度也会随之增大。

② 泵的吸油管上应安装100～200目的网式滤油器，滤油器与箱底间的距离不应小于20mm，滤油器不允许露出油面，防止泵卷吸空气产生噪声。系统的回油管要插入油面以下，防止回油冲溅产生气泡。

③ 吸油管与回油管应隔开，二者间的距离尽量远些，应当用几块隔板隔开，以增加油液的循环距离，使油液中的污物和气泡充分沉淀或析出。隔板高度一般取油面高度的3/4。

④ 油箱底部应有坡度，箱底与地面间应有一定距离，箱底最低处要设置放油塞。

⑤ 油箱内壁表面要做专门处理。为防止油箱内壁涂层脱落，新油箱内壁要经喷丸、酸洗和表面清洗，然后可涂一层与工作液相容的塑料薄膜或耐油清漆。

⑥ 应有防污密封。为防止油液污染，盖板及窗口各连接处均需加密封垫，各油管通过的孔都要加密封圈。

6.2.3 油箱常见故障与排除

油箱常见故障及排除方法见表6-4。

表6-4 油箱常见故障及排除方法

故障现象	故障原因	排除方法
油箱温升高	油箱离热源近、环境温度高 系统设计不合理、压力损失大 油箱散热面积不足 油液黏度选择不当（过高或过低）	避开热源 正确设计系统、减小压力损失 加大油箱散热面积或强制冷却 正确选择油液黏度
油箱内油液污染	油箱内有油漆剥落片、焊渣等 防尘措施差、杂质及粉尘进入油箱 水与油混合（冷却器破损）	采取合理的油箱表面处理工艺 采取措施防尘 检查漏水部位并排除
油箱内油液空气难以分离	油箱设计不合理	油箱内设置消泡隔板将吸油和回油隔开（或加金属斜网）
油箱振动、有噪声	电机与泵同轴度差 液压泵吸油阻力大 油液温度偏高 油箱刚性太差	控制电机与泵同轴度 控制油液黏度、加大吸油管 控制油温、减少空气分离量 提高油箱刚性

6.3 热交换器

要保证液压系统正常工作，液压油的温度是个重要指标，通常油温应保持在 15～65℃之间。油温太高，则油液将迅速变质，油液黏度下降，系统泄漏量增加，另外，密封件将加速老化；若油温过低，则油液黏度增加，从而流动性变差，系统压力损失变大。因此，应控制液压油在正常的温度范围内。但受机械结构及承载能力的限制，油箱不可做得太大，从而依靠液压油的自然冷却无法满足要求，为此，必须有专门的温度交换装置，这就是热交换器。按工作机理不同，热交换器分为冷却器和加热器两种。

6.3.1 冷却器类型及工作原理

冷却器按冷却介质不同可分为水冷、风冷、氨冷等多种形式，其中水冷和风冷是比较常见的两种冷却形式。水冷又分为蛇形管式、多管式、板式。图 6-7 (a) 为常用的蛇形管式水冷却器，将蛇形管安装在油箱内，冷却水从管内流过，带走油液内产生的热量。这种冷却器结构简单，成本低，但热交换效率低，水耗大。

图 6-7 (b) 为大型设备常用的壳管式冷却器，它主要由壳体 1、铜管 3 及隔板 2 组成。油液从左端进油口进入，经铜管到达右边的出油口。而冷却水则由右端进水口进入冷却系统，经上部水管到达左端后，再由下端水管回到右端，从下部出水口流出。由于铜管和隔板的作用，油液和水的接触时间变长，因此这种冷却器热交换效率高，但体积大，造价高。

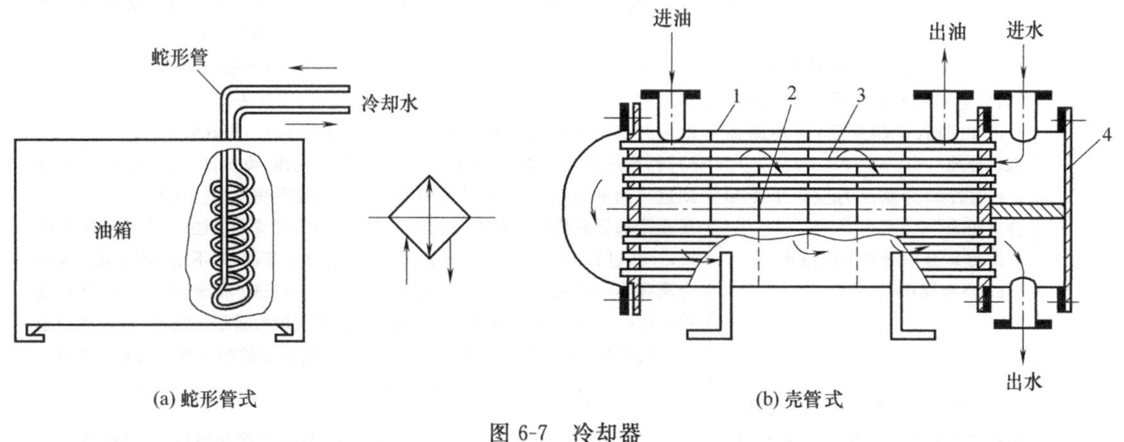

(a) 蛇形管式　　(b) 壳管式

图 6-7　冷却器

1—壳体；2—隔板；3—铜管；4—壳体隔箱

近年来出现了翅片式冷却器，即在冷却管外套上多个具有良好导热材料制成的散热翅片，以增加散热面积。

风冷式散热器在行走车辆的液压设备上应用较多。风冷式冷却器可以是排管式，也可以用翅片式（单层管壁），其体积小，但散热效率不及水冷式高。

冷却器一般安装在液压系统的回油路上或在溢流阀的溢流管路上。图 6-8 为冷却器的安装位置示例。液压泵输出的压力油直接进入系统，已发热的回油和溢流阀溢出的油一起经冷却器 1 冷却后回到油箱。单向阀 2 用以保护冷却器，截止阀 3 是当不需要冷却器时打开，为

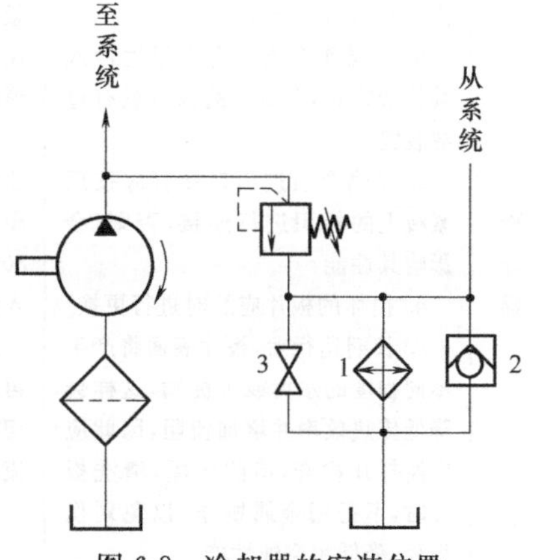

图 6-8　冷却器的安装位置

液压油提供回流通道。

6.3.2 加热器类型及工作原理

液压系统中的加热器一般采用电加热冷却的方式。这种方式加热温度较稳定且方便调节。但由于油液仅仅有一部分与加热器直接接触，因此油液各部分受热不均匀。图 6-9 为加热器的安装示意图，加热器 2 安装在油箱的箱体壁上，用法兰固定，加热器的工作电压一般为 220V 或 380V。

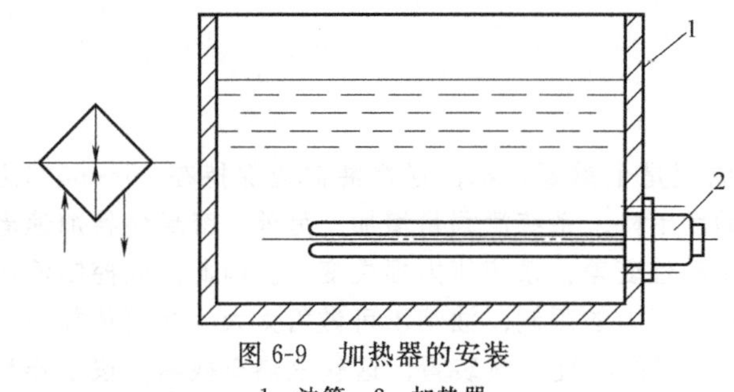

图 6-9 加热器的安装
1—油箱；2—加热器

6.3.3 热交换器的使用与维护

热交换器的使用与维护方法见表 6-5。

表 6-5 热交换器的使用与维护方法

类型	使用须知	使用方法	清洗方法
管式冷却器	a. 较脏的介质通过冷却器之前，应该有滤油器 b. 最好安装在一个单独的油循环回路内 c. 试车时，两个循环回路均需排气，以达到效率高且不生锈的目的 d. 先加入冷却介质，后逐渐加入热介质 e、被冷却介质压力应大于冷却介质压力 f. 冷却介质通常采用淡水 g. 要定期排气、清洗	a. 使用前检查所有附件，查看各处连接是否牢固，如有松动，可自行拧紧 b. 打开冷却介质管路上的排气阀，缓慢开启冷却介质进口阀，关闭出口阀，当冷却介质充满冷却器后，关闭进口阀和排气阀 c. 打开热介质管路上的排气阀，缓慢开启热介质进口阀并关闭出口阀，当热介质充满冷却器后，关闭进口阀和排气阀。此时两种介质在冷却器内均处相对静止状态 d. 经过约 30min 后，打开冷却介质和热介质的进出口阀门，使两种介质处于流动状态，然后调整两种介质流量，使其达到要求	a. 关闭冷热两种介质的进出口阀门，排除冷却器内的存液，将冷却器从管路中拆卸下来 b. 拆除两端前后盖及密封件 c. 将壳体中的冷却芯从前盖端抽出，不得碰撞翅片管，注意轻拿轻放，以免损坏换热管 d. 清洗方法： (a)水洗法：用软管引洁净水冲洗前后盖、壳体、冷却芯，洗刷翅片管内外表面，最后用压缩空气吹干 (b)清洗液冲洗法：用泵将清洗液强制通过冷却器，并不断循环，清洗液压力小于 0.5MPa，流向与工作介质流向相反；最后排尽清洗液，用清水冲净 e. 按拆卸的相反顺序安装冷却器
板式冷却器	a. 当板式冷却器用于卫生要求较高的食品工业或医药工业时，使用前应对其进行清洗和消毒，消除内部的油污和杂物 b. 当操作介质含有大量泥沙或其他杂物时，在前期前面应置有过滤装置 c. 冷热介质进出口接管应按压紧板上的标识进行连接，否则，会影响其性能 d. 损坏的板片应及时进行更换 e. 长期运行后，板片表面将产生不同程度的水垢或沉淀物，这样会降低传热效率并增加流阻，因此应定期打开检查，清除污垢，清洗板片时，不得用金属刷子，以免划伤板片，降低耐腐蚀性能	a. 检查压紧螺栓是否松动，压紧尺寸是否符合说明书中的规定尺寸，如不符合规定，应均匀把紧螺栓，使其达到规定尺寸 b. 对设备进行水压试验，对冷热两侧分别试压，试验压力为操作压力的 1.25 倍，保压时间为 30min，各密封部位无泄漏方可投入使用 c. 应缓慢注入低压侧液体，然后再注入高压侧液体；停车时应缓慢切断高压侧流体，再切断低压侧流体	a. 将板式冷却器打开，逐张板片冲洗，如果结垢严重，应将板片拆下，放平清刷 b. 如果使用化学清洗剂，可在其内部打循环，若用机械清洗，要使用软刷。禁止使用钢刷，避免划伤板片 c. 冲洗后，须用干净布擦干，板片及胶垫间不允许存有异物颗粒及纤维之类杂物 d. 清洗完毕后，应对板片、胶垫仔细检查，发现问题及时处理 e. 在清洗过程中，对于要更换的胶垫和脱胶胶垫应粘牢固，并在组装前仔细检查是否贴合均匀，将多余的黏合剂擦干净

6.4 蓄能器

6.4.1 蓄能器的功用

蓄能器的功用是将液压系统中液压油的压力能储存起来，在需要时重新放出。压力突降是影响深海环境实验装置工作性能的一个不确定因素。舱体类工作装置在爆破时会造成系统压力突降，为了使系统恢复正常，必须要迅速回升系统压力，这个时候就需要在液压回路中安装蓄能器对压力冲击进行吸收。其主要作用具体表现在以下几个方面。

(1) 用作辅助动力源

某些液压系统的执行元件是间歇动作，总的工作时间很短，在一个工作循环内速度差别很大。使用蓄能器作辅助动力源可降低泵的功率，提高效率，降低温升，节省能源。在图6-10所示的液压系统中，当液压缸的活塞杆接触工件慢进和保压时，泵的部分流量进入蓄能器1被储存起来，达到设定压力后，卸荷阀2打开，泵卸荷。此时，单向阀3使压力油路密封保压。当液压缸活塞快进或快退时，蓄能器与泵一起向缸供油，使液压缸能够快速运动，蓄能器起到补充动力的作用。

(2) 保压补漏

对于执行元件长时间不动，而要保持恒定压力的液压系统，可用蓄能器来补偿泄漏，从而使压力恒定。如图6-11所示液压系统处于压紧工件状态（机床液压夹具夹紧工件），这时可令泵卸荷，由蓄能器保持系统压力并补充系统泄漏。

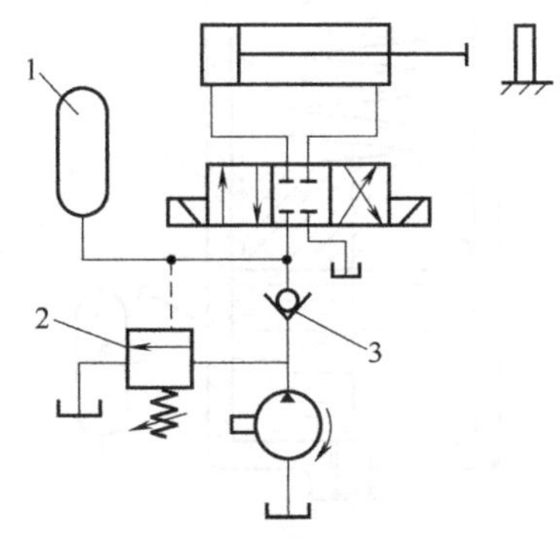

图6-10　蓄能器作辅助动力源

1—蓄能器；2—卸荷阀；3—单向阀

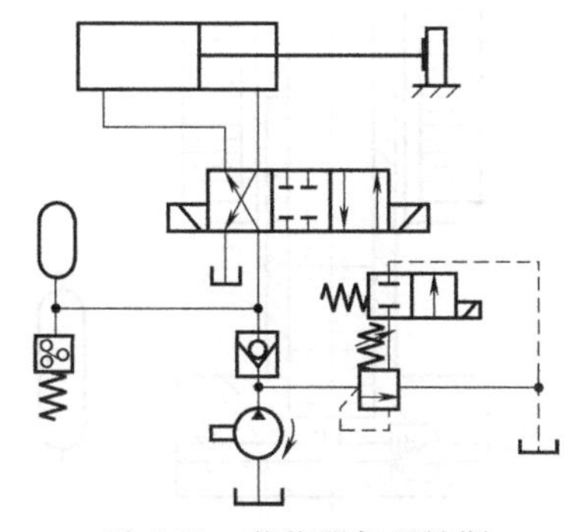

图6-11　蓄能器保压补漏

(3) 用作紧急动力源

某些液压系统要求在液压泵发生故障或失去动力时，执行元件应能继续完成必要的动作以紧急避险、保证安全。为此可在系统中设置适当容量的蓄能器作为紧急动力源，避免事故发生。

(4) 吸收脉动，降低噪声

当液压系统采用齿轮泵和柱塞泵时，因其瞬时流量脉动将导致系统的压力脉动，从而引起振动和噪声。此时可在液压泵的出口安装蓄能器吸收脉动、降低噪声，避免因振动损坏仪表和管接头等元件。

(5) 吸收液压冲击

由于换向阀的突然换向、液压泵的突然停止工作、执行元件运动的突然停止等原因，液压系统管路内的液体流动会发生急剧变化，产生液压冲击。这类液压冲击大多发生于瞬间，系统的安全阀来不及开启，会造成系统中的仪表、密封损坏或管道破裂。若在冲击源的前端管路上安装蓄能器，则可以吸收或缓和这种压力冲击。

6.4.2　蓄能器的分类

蓄能器有各种结构形状，根据加载方式可分为重锤式、弹簧式和充气式三种。其中充气式蓄能器是利用气体的压缩和膨胀来储存和释放能量，用途较广，目前常用的充气式蓄能器有活塞式、气囊式、隔膜式蓄能器。

(1) 重锤式蓄能器

重锤式蓄能器的结构原理图如图 6-12 所示，它是利用重物的位置变化来储存和释放能量的。重物 1 通过活塞 2 作用于液压油 3 上，使之产生压力。当储存能量时，油液从孔 a 经单向阀进入蓄能器内，通过活塞推动重物上升；释放能量时，活塞同重物一起下降，油液从 b 孔输出。这种蓄能器结构简单、压力稳定，但容量小、体积大、反应不灵活、易产生泄漏。目前只用于少数大型固定设备的液压系统。

(2) 弹簧式蓄能器

图 6-13 为弹簧式蓄能器的结构原理图，它是利用弹簧的伸缩来储存和释放能量的。弹簧 1 的力通过活塞 2 作用于液压油 3 上。液压油的压力取决于弹簧的预紧力和活塞的面积。由于弹簧伸缩时弹簧力会发生变化，所形成的油压也会发生变化。为减少这种变化，一般弹簧的刚度不能太大，弹簧的行程也不能过大，从而限定了这种蓄能器的工作压力。这种蓄能器用于低压、小容量的液压系统。

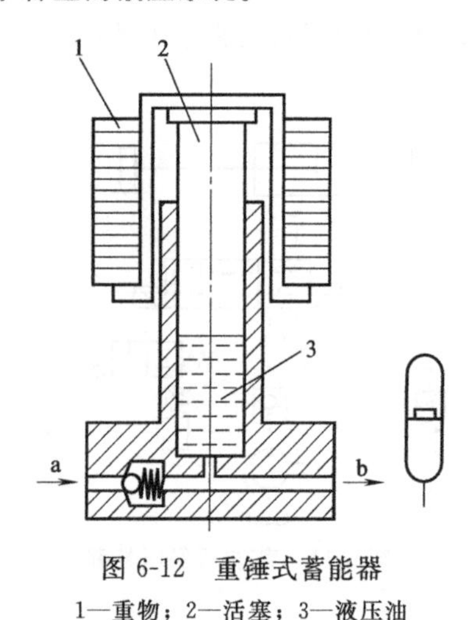

图 6-12　重锤式蓄能器

1—重物；2—活塞；3—液压油

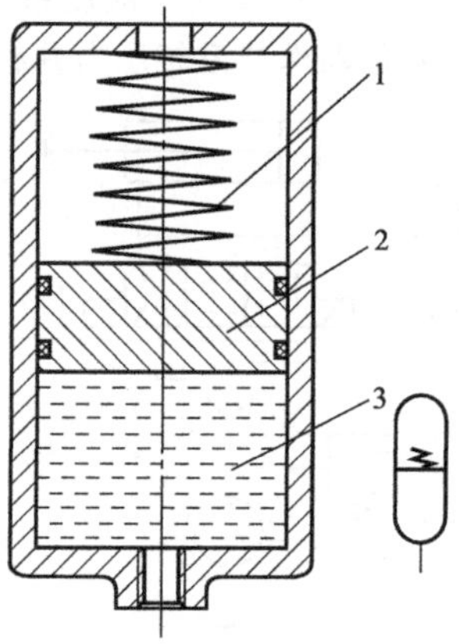

图 6-13　弹簧式蓄能器

1—弹簧；2—活塞；3—液压油

(3) 活塞式蓄能器

活塞式蓄能器的结构如图 6-14 所示。活塞 1 的上部为压缩气体（一般为氮气），下部为压力油，气体由气门 3 充入，压力油经油孔 a 通入液压系统，活塞的凹部面向气体，以增加气体室的容积。活塞随下部压力油的储存和释放而在缸筒 2 内滑动。为防止活塞上下两腔互通而使气液混合，活塞上装有密封圈。这种蓄能器的优点是：结构简单，寿命长。其缺点是：由于活塞运动惯性大和存在密封摩擦力等原因，反应灵敏性差，不宜作吸收脉动和液压冲击使用；缸筒与活塞配合面的加工精度要求较高；密封困难，压缩气体将活塞推到最低位置时，由于上腔气压稍大于活塞下部的油压，活塞上部的气体容易泄漏到活塞下部的油液中，使气液混合，影响系统的工作稳定性。

(4) 气囊式蓄能器

气囊式蓄能器结构如图 6-15 所示。该种蓄能器有一个均质无缝壳体 2，其形状为两端呈球形的圆柱体。壳体的上部有个容纳充气阀的开口。气囊 3 用耐油橡胶制成，固定在壳体 2 的上部。由气囊把气体和液体分开。囊内通过充气阀 1 充进一定压力的惰性气体（一般为氮气）。壳体下端的提升阀 4 是一个受弹簧作用的菌形阀，压力油从此通入。当气囊充分膨胀时，即油液全部排出时，压力迫使菌形阀关闭，防止气囊被挤出油口。该种结构的蓄能器的优点是：气液密封可靠，能使油气完全隔离；气囊惯性小，反应灵敏；结构紧凑。其缺点是：气囊制造困难，工艺性较差。气囊有折合型和波纹型两种，前者容量较大，适用于蓄能，后者则适用于吸收冲击。

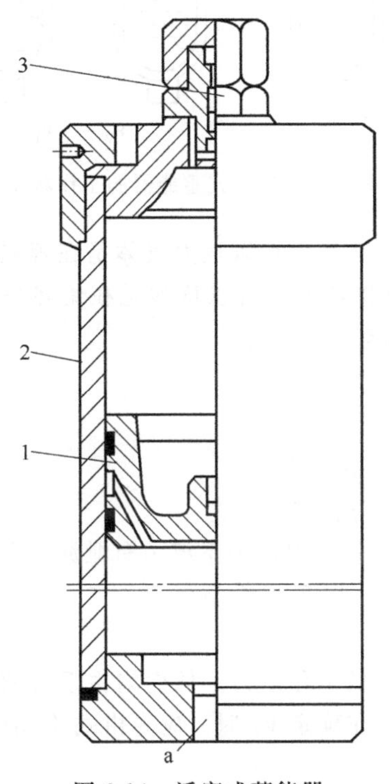

图 6-14 活塞式蓄能器

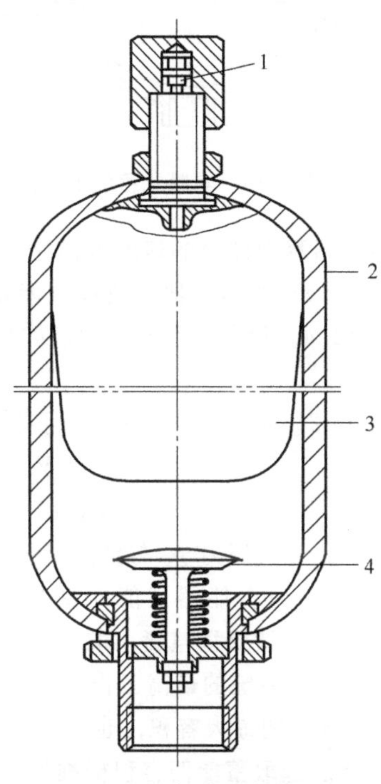

图 6-15 气囊式蓄能器

（5）隔膜式蓄能器

隔膜式蓄能器的结构如图 6-16 所示。该种蓄能器以耐油橡胶隔膜代替气囊，把气和油分开。其优点是壳体为球形，质量与体积之比最小；缺点是容量小（一般在 0.95～11.4L 范围内）。主要用于吸收冲击。

6.4.3 蓄能器容量的计算

蓄能器的容量是选用蓄能器的主要指标之一。不同的蓄能器其容量的计算方法不同，在此仅对应用最为广泛的气囊式蓄能器用作辅助能源时容量的计算方法做一个简要的介绍。

气囊式蓄能器在工作前要先充气，当充气后气囊会占据蓄能器壳体的全部体积，假设此时气囊内的体积为 V_0，压力为 p_0；在工作状态下，压力油进入蓄能器，使气囊受到压缩，此时气囊内气体的体积为 V_1，压力为 p_1；压力油释放后，气囊膨胀，其体积变为 V_2，压力降为 p_2，如图 6-17 所示。根据波义耳气体定律可知

$$p_0V_0^n=p_1V_1^n=p_2V_2^n=\text{const} \tag{6-2}$$

式中 p_0V_0——蓄能器没有压力油输入时，气囊内预充气体的压力和体积的乘积；

p_1V_1——蓄能器在工作状态下气囊压缩后其内腔的压力和体积的乘积；

p_2V_2——蓄能器在释放能量后气囊内压力和体积的乘积；

n——由蓄能器工作状态所确定的指数。

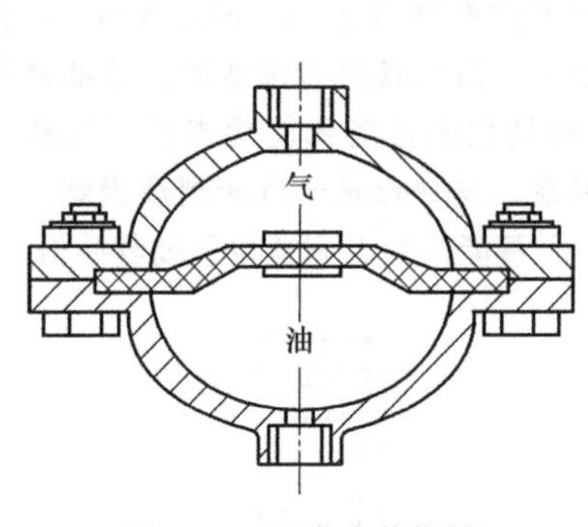

图 6-16 隔膜式蓄能器

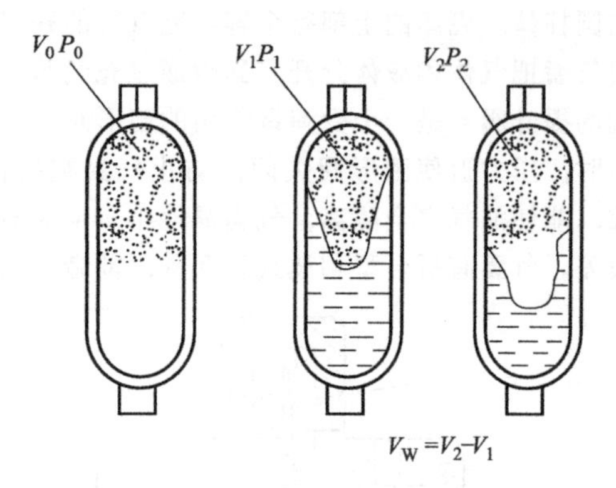

图 6-17 气囊式蓄能器的工作状态

当蓄能器释放能量的速度缓慢时，如用来保压或补偿泄漏，可以认为气体是在等温条件下工作，取 $n=1$；当蓄能器迅速释放能量时，如用来大量供油时，可以认为是在绝热条件下工作，取 $n=1.4$。设蓄能器储存油液的最大容积为 V_W，则有

$$V_W=V_2-V_1 \tag{6-3}$$

将式 (6-2) 与式 (6-1) 联立，可得

$$V_0=V_W(p_2/p_0)^{1/n}/[1-(p_2/p_1)^{1/n}] \tag{6-4}$$

或

$$V_W=V_0p_0^{1/n}[(1/p_2)^{1/n}-(1/p_1)^{1/n}] \tag{6-5}$$

理论上，充气压力 p_0 与释放能量后的压力 p_2 应当相等，但由于系统中有泄漏，为了保证系统压力为 p_2 时蓄能器还能向系统供油，应使 $p_0<p_2$。对于折合型气囊，取 $p_0=(0.8\sim0.85)p_2$；对于波纹型气囊，取 $p_0=(0.6\sim0.65)p_2$。

p_1 和 p_2 为系统的最高工作压力和维持系统工作的最低工作压力，他们均由系统的要求确定； V_0 为气囊的最大容积，也可认为是蓄能器的容积，在确定 V_0 时，应先由式 (6-3) 计算出 V_0，再查手册选取蓄能器容积标准值。

6.4.4 蓄能器的应用和安装使用注意事项

(1) 蓄能器的应用

蓄能器应用实例见图 6-18 所示。图 6-18 (a) 储存能量；图 6-18 (b) 作应急动力源使用；图 6-18(c) 作驱动二次回路的动力源；图 6-18 (d) 补偿系统漏油；图 6-18 (e) 衰减系统压力脉动；图 6-18 (f) 用于闭锁回路的压力、流量波动；图 6-18 (g) 作为液压缸安全返回的液压源；图 6-18 (h) 短时间提供强大的液压动力源。

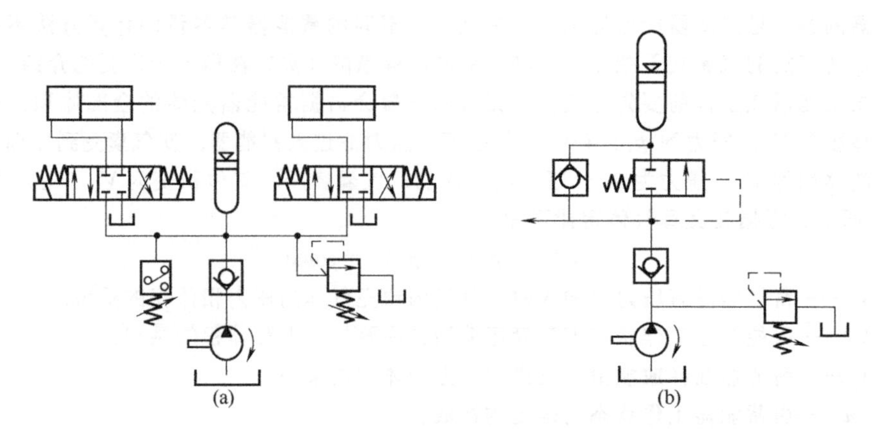

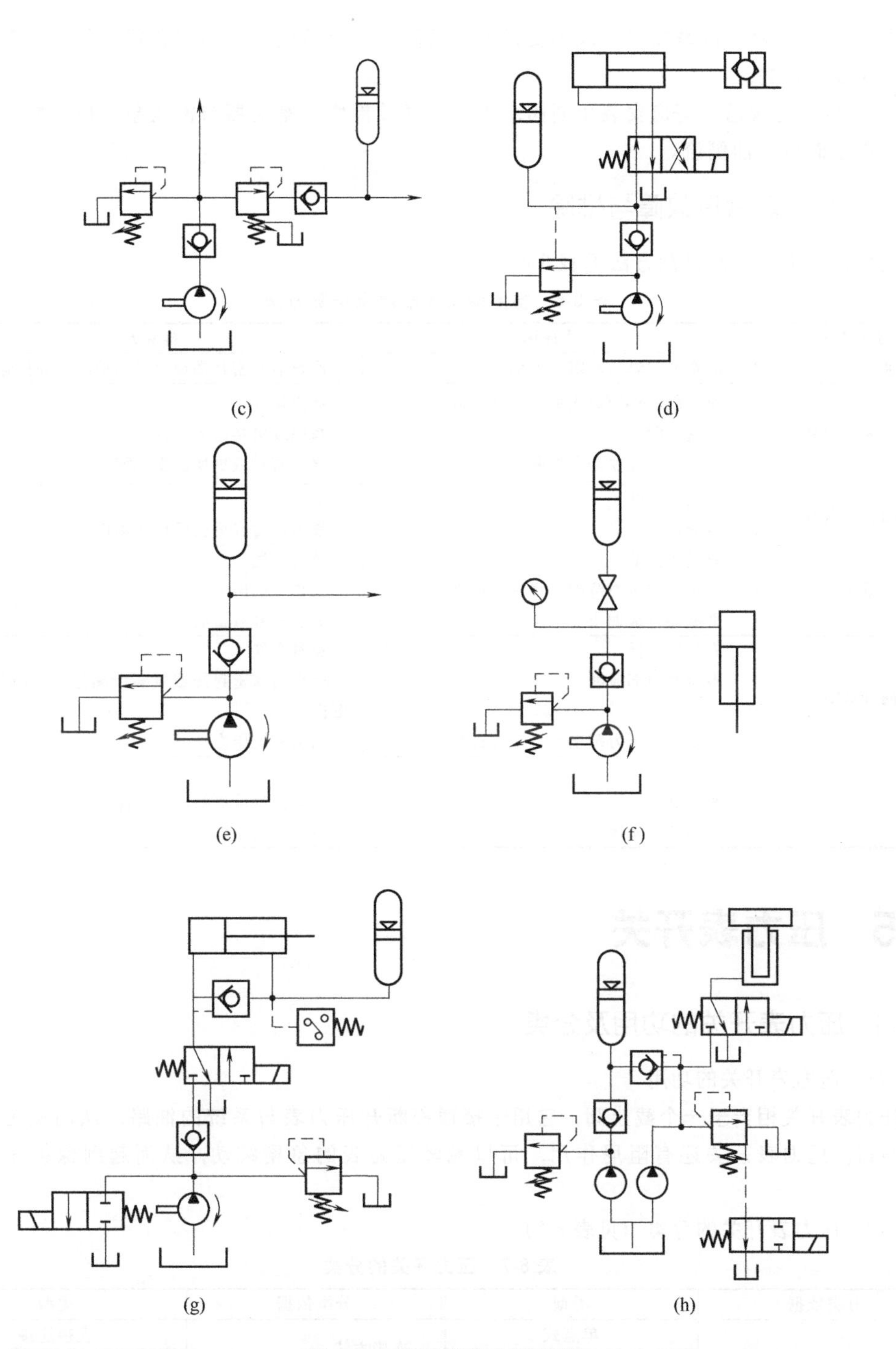

图 6-18　蓄能器的应用实例

(2) 蓄能器的安装使用注意事项

蓄能器在液压系统中安装的位置，由蓄能器的功能来确定。在使用和安装蓄能器时应注意以下问题：

① 气囊式蓄能器应当垂直安装，倾斜安装或水平安装会使蓄能器的气囊与壳体磨损，影响蓄能器的使用寿命。

② 吸收压力脉动或冲击的蓄能器应该安装在振源附近。

③ 安装在管路中的蓄能器必须用支架或挡板固定，以承受因蓄能器蓄能或释放能量时所产生的动量反作用力。

④ 蓄能器与管道之间应安装止回阀，用于充气或检修。蓄能器与液压泵间应安装单向阀，以防止停泵时压力油倒流。

6.4.5 蓄能器常见故障与排除

蓄能器常见故障及排除方法见表 6-6。

表 6-6 蓄能器常见故障及排除方法

故障现象	产生原因	排除方法
供油不均	活塞或气囊运动阻力不均	检查活塞密封圈或气囊运动阻碍并排除
压力充不起来	充气瓶(充氮车)无氮气或气压低 气阀泄漏 气囊或蓄能器盖向外漏气	补充氮气 修理或更换已损零件 紧固密封或更换已损坏零件
供油压力太低	充气压力低 蓄能器漏气	及时充气 紧固密封或更换已损坏零件
供油量不足	充气压力低 系统工作压力范围小且压力过高 蓄能器容量偏小	及时充气 调整系统压力 更换大容量蓄能器
不向外供油	充气压力低 蓄能器内部泄油 系统工作压力范围小且压力过高	及时充气 检查活塞密封圈或气囊泄漏原因，及时修理或更换 调整系统压力
系统工作不稳定	充气压力低 蓄能器漏气 活塞或气囊运动阻力不均	及时充气 紧固密封或更换已损零件 检查受阻原因并排除

6.5 压力表开关

6.5.1 压力表开关的功用及分类

(1) 压力表开关的功用

压力表开关相当于一个截止阀，它用于接通和断开压力表与系统的油路，从而决定压力表工作与否。压力表开关还有阻尼作用，可以减轻压力表的急剧跳动，从而起到保护压力表的作用。

(2) 压力表开关的分类（见表 6-7）

表 6-7 压力开关的分类

分类依据	类型	分类依据	类型
压力表开关结构和工作原理	单点式	连接方式	直接连接
	多点式		间接连接
	卸荷式	安装方式	管式
	限压式		板式

6.5.2 压力表开关的典型结构与工作原理

(1) 单点式压力表开关

图 6-19 为 KF 型单点式压力表开关的结构，其中图 6-19 (a) 为直接连接式结构，即压力表

开关能够与压力表直接连接，形成一个整体。同时，观测者为了便于观测还可通过接头螺母4任意调整压力表的表盘方向。图6-19 (b) 为间接连接式结构，由于没有接头螺母，需要通过另外的管件（管路与管接头）与压力表连接。

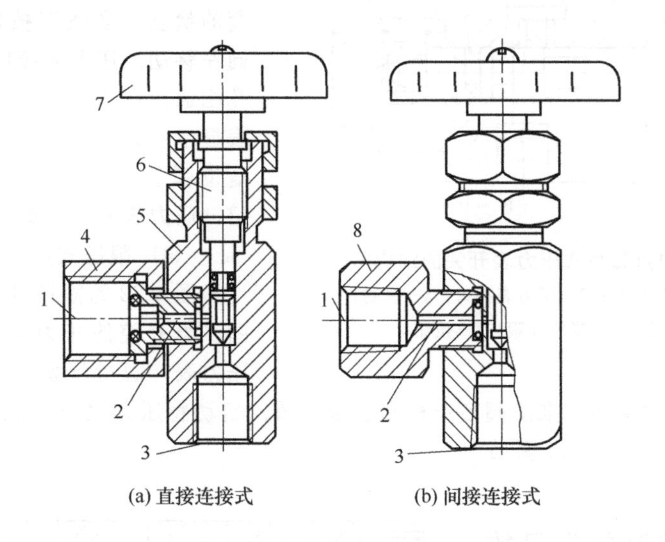

图6-19 KF型压力表开关的结构图

1—压力表接口；2—阻尼孔；3—进油腔；4—接头螺母；5—阀体；6—阀杆；7—手轮；8—接头

(2) 多点式压力表开关

图6-20为K-6B型多点式压力表开关结构，此种类型的压力表开关采用转阀式结构，P_1～P_6是各测压口的接口，各测量点的压力靠间隙密封隔开。测压时，先抽出手柄7卸压，转动手柄至相应测压点的位置后，再推入测压。值得注意的是该类型的压力表开关的各测量点的压力在高压情况下很容易串通，所以这种类型的压力表开关一般只用于低压系统，例如，机床液压系统常采用K-6B型多点式压力表开关。

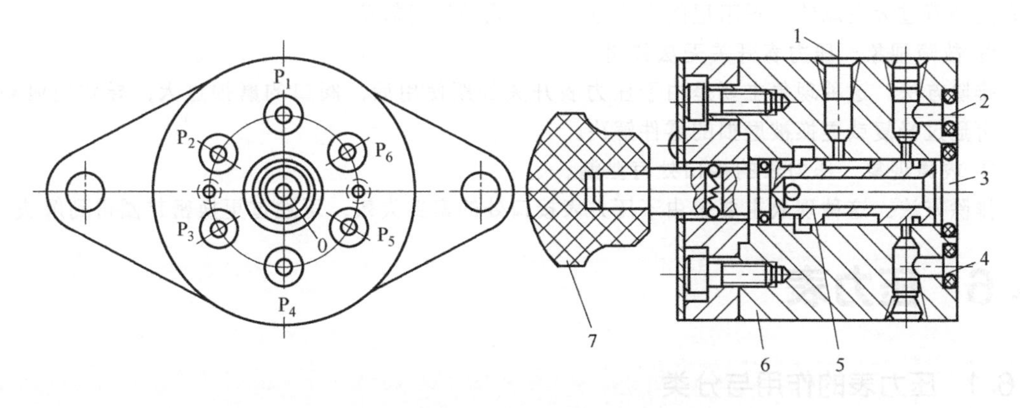

图6-20 K-6B型多点式压力表开关结构图

1—压力表接口；2、4—测量点；3—回油腔；5—阀杆；6—阀体；7—手柄

(3) 单点卸荷式压力表开关

图6-21为单点卸荷式压力表开关的结构图。

单点卸荷式压力表开关实际上是一个按钮式二位三通手动换向阀。在复位弹簧6的作用

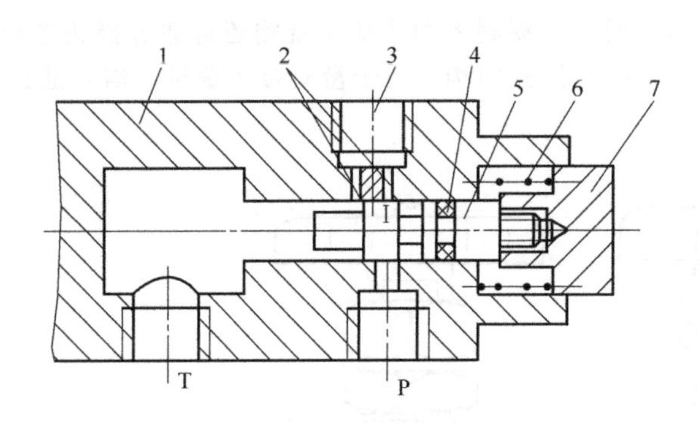

图 6-21 单点卸荷式压力表开关的结构图

1—阀体；2—阻尼孔；3—压力表接口；4—密封件；5—阀芯；6—复位弹簧；7—按钮

下，阀芯 3 处于图 6-21 所示的位置，P 口和压力表接口 3 被滑阀凸肩分开，压力表接口 3 与 T 口相通，压力表处于卸荷的状态。当按下按钮 5 时，滑阀凸肩向左移动，压力表接口经右边阻尼孔与 P 孔相通，左边阻尼孔被封闭，此时压力表显示系统的压力。松开按钮 5 后，在复位弹簧 6 的作用下，阀芯 5 右移复位，压力表又处于卸荷状态。

(4) 限压式压力表开关

图 6-22 为限压式压力表开关的结构图。当 P 腔的压力低于测压上限值时，压力表一直处于测压状态。当 P 腔压力增高到超过测压上限值时，推动阀芯左移到极限位置，自动将压力表与 P 腔断开，从而保护了压力表。上限值的大小通过调节螺钉 1 进行调节。

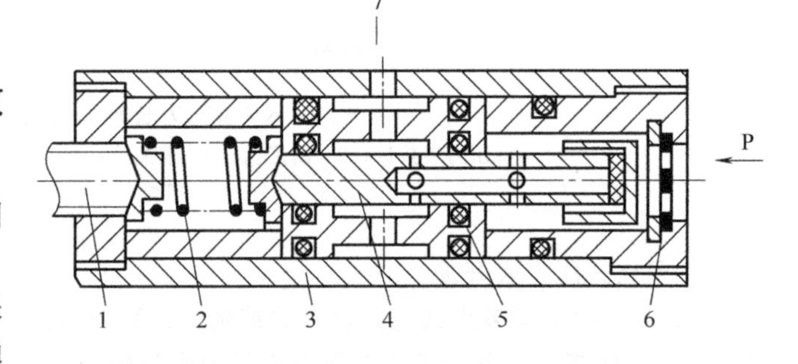

图 6-22 限压式压力表开关的结构图

1—调节螺杆；2—预紧弹簧；3—阀体；4—阀芯；5—O 形圈；6—过滤网；7—压力表接口

6.5.3 压力表开关常见故障与排除方法

① 故障现象：压力表指针剧烈跳动，测得的压力值不准确。

排除方法：这种现象主要是由于阻尼孔的堵塞造成的，可通过清洗或换油解决。

② 故障现象：压力表指针摆动迟缓，测得的压力值不准确。

排除方法：这种现象主要是由阻尼调节过大造成的，对阻尼的大小进行重新调节即可解决。

③ 故障现象：压力表开关无法关闭。

排除方法：这种现象主要是由于压力表开关长期使用后，阀口的磨损过大，导致内泄漏增大，可通过修复或更换被磨损的零件解决。

④ 故障现象：压力表的接口处有泄漏。

排除方法：这种现象主要是由于压力表接口处的密封失效，可通过更换密封圈得到解决。

6.6 压力表

6.6.1 压力表的作用与分类

在液压系统中，压力值主要是通过压力表而测得的，是液压系统的“眼睛”。对于不同的压力（稳态压力或瞬态压力）测量，对压力表的测量要求也不同。

按工作原理分，液压表主要有弹簧管式压力表、液柱式压力表和电气式压力表等几种。

此外，还有特殊用途的压力仪表，如为了测量试验系统中某处真空度的真空表以及由压力值来控制触点开闭的电接点压力表。

6.6.2 压力表的典型结构与基本原理

(1) 弹簧管压力表

图6-23为弹簧管压力表的结构图，其主要由指针1、弹簧2、波登管3、连杆4和摆轮5等组成。波登管的一端固定，另一端封闭但能够自由移动。当压力油从表的接头流入波登管后，管由椭圆趋向圆形，管的截面发生了变化，从而在管的自由端产生与压力成正比的位移。此位移经过传动机构后转变成旋转的运动，带动中心轮上的指针转动，指示出压力值。

(2) 电接点压力表

图6-24为电接点压力表的结构图。由图6-24可以看出，电接点压力表实际上是在一个弹簧管压力表的基础上加一个电接触装置而成的。电接触装置可以在系统压力达到最高或最低工作压力时，接通或切断电路，这就使得电接点压力表除了可以像普通压力表那样测量压力外，还可以用来限制系统的最高和最低工作压力。

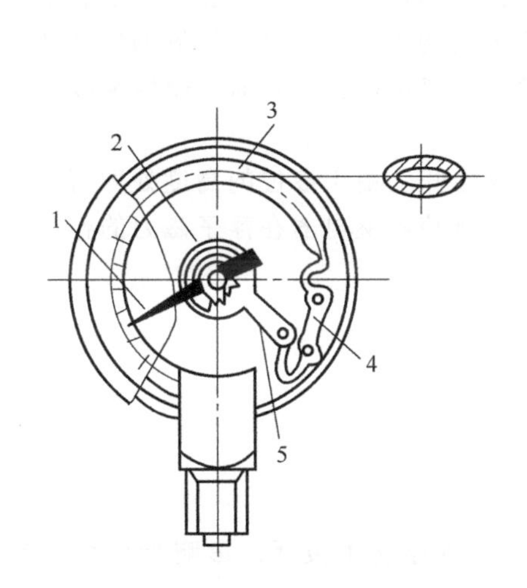

图6-23 弹簧管压力表的结构图

1—指针；2—弹簧；3—波登管；4—连杆；5—摆轮

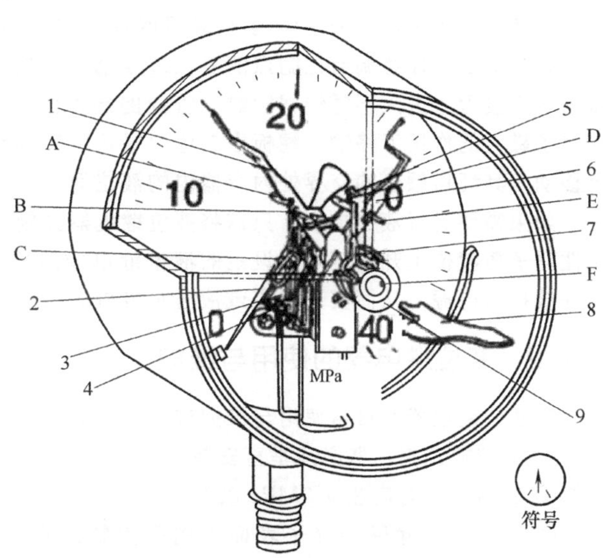

图6-24 电接点压力表的结构图

1—下限指针；2—指针；3—下限触头；4—动触头；5—上限触头；6—上限指针；7—拨针；8—钥匙；9—弹簧；A、B、C、D、E、F—销

6.6.3 压力表的选用原则

在压力表的选择和使用时应注意以下几点：

① 根据液压系统的测试方法以及对精度等方面的要求选择合适的压力表，如果是一般的静态测量和指示性测量，可选用弹簧管式压力表。

② 选用的工作介质（各种牌号的液压液）应对压力表的敏感元件无腐蚀作用。

③ 压力表量程的选择：若是进行静态压力测量或压力波动较小时，按测量的范围为压力表满量程的$\frac{1}{3}\sim\frac{2}{3}$来选；若测量的是动态压力，则需要预先估计压力信号的波形和最高变化的频率，以便选择具有比此频率大5～10倍以上固有频率的压力测量仪表。

④ 为防止压力波动造成直读式压力表的读数困难，常在压力表前安装阻尼装置。

⑤ 在安装时如果使用聚四氟乙烯带或胶剂，切勿塞住油（气）孔。

⑥ 应严格按照有关的测试标准的规定来确定测压点的位置，除了具有耐大加速度和振动性能的压力传感器外，一般的仪表不宜装在有冲击和振动的地方。例如：液压阀的测试要求上游测压点距离被测试阀为 $5d$（d 为管道内径），下游测试点距离被测试阀为 $10d$，上游测压点距离扰动源为 $50d$。

⑦ 装卸压力表时，切忌用手直接扳动表头，应使用合适的扳手操作。

6.7 液位继电器

6.7.1 液位继电器基本原理

以温州远东液压有限公司的 LKSI 系列液位控制指示器为例，该系列液位控制指示器具有液位显示和液位控制两种功能。

该液位控制指示器的主体为不锈钢钢管，内装磁性浮子，主体外侧装目测磁性翻板指示器，导杆上装可任意调节控制点的液位继电器。当容器内的液体通过下截止阀和液位控制指示器的下连接管，进入不锈钢钢管时，管内的磁性浮子随着液位的上升而上升，管侧的磁性翻板在浮子磁力的作用下移动，翻板由白色（绿色）转为红色。当液位停止上升时，磁性翻板即停止移动，其红白颜色的交界处为容器内的液位面。

如果需要进行液位控制，只需将液位继电器分别固定在导杆上相应液位的高度处即可。当磁性浮子随液位上升或下降到设定的液位继电器的位置时，则控制继电器在浮子磁力的作用下断开或接通电源，从而实现报警或液压泵电机的启动或停止。

6.7.2 液位继电器的使用与维护

在液位继电器的日常使用与维护过程中，应注意以下几点：

① 液位控制指示器必须垂直安装。

② 容器内压力应在 0.3MPa 以下。

③ 应定期清除磁性浮子表面上的吸附物，避免浮子上下浮动不灵活，影响指示器的准确性。

④ 安装液位继电器的螺钉时，拧紧力应适中，以适度密封不漏油为宜。

6.8 连接件

油管、管接头称为连接件，其作用是将分散的液压元件连接起来，构成一个完整的液压系统。连接件的性能与结构与液压系统的工作状态有直接的关系。

6.8.1 油管

(1) 种类和特点及应用（见表 6-8）

表 6-8 油管的种类和特点及其应用

种类	特点	应用
钢管	承压能力强，价格低廉，强度、刚度好，但装配和弯曲较困难	应用最广泛，低压用焊接钢管，中高压用无缝钢管
铜管	铜管具有装配方便、易弯曲等优点，但也有强度低，抗振能力差、材料价格高、易使液压油氧化等缺点	一般用于液压装置内部难装配的地方或压力在 0.5～10MPa 的中低压系统
尼龙管	一种乳白色半透明的新型管材，承压能力有 2.5MPa 和 8MPa 两种，价格低廉，弯曲方便	常用于气压系统，多用于低压系统，替代铜管使用

续表

种类	特点	应用
塑料管	塑料管价格低，安装方便，但承压能力低，易老化	目前只用于泄漏管和回油路使用
橡胶管	有高压和低压两种。高压管由夹有钢丝编织层的耐油橡胶制成，钢丝层越多，油管耐压能力越高。低压管的编织层为帆布或棉线	用于具有相对运动的液压件的连接及中高压液压系统，低压橡胶管用于回油管道

(2) 油管的计算

油管的计算主要是为了确定油管内径和管壁的厚度。

油管内径 d 计算式为

$$d=2\sqrt{\frac{q}{\pi v}} \tag{6-6}$$

式中 q——通过油管的流量；

v——油管中推荐的流速。

吸油管取 $v=0.5\sim1.5\text{m/s}$；压油管取 $v=2.5\sim5\text{m/s}$；回油管取 $v=1.5\sim2.5\text{m/s}$。

油管壁厚 δ 可用计算式为

$$\delta\geqslant\frac{pd}{2[\sigma]} \tag{6-7}$$

式中 p——油管内压力；

$[\sigma]$——油管材料的许用应力。

$$[\sigma]=\sigma_b/n$$

式中，σ_b 为油管材料的抗拉强度，n 为安全系数。

对于钢管，当 $p<7\text{MPa}$ 时，取 $n=8$；当 $7\leqslant p<17.5\text{MPa}$ 时，取 $n=6$；当 $p\geqslant17.5$ 时，取 $n=4$。

6.8.2 管接头

管接头是连接油管与液压元件或阀板的可拆卸的连接件。管接头应满足拆装方便、密封性好，连接牢固、外形尺寸小、压降小、工艺性好等要求。

常用的管接头种类很多，按接头的通路分有直通式、角通式、三通式和四通式；按接头与阀体或阀板的连接方式分有螺纹式、法兰式等；按油管与接头的连接方式分有扩口式、焊接式、卡套式、扣压式、快换式等。以下仅对后一种分类进行介绍。

(1) 扩口式管接头

图6-25 (a) 所示为扩口式管接头，它是利用油管1管端的扩口在管套2的压紧下进行密封。这种管接头结构简单，适用于铜管、薄壁钢管、尼龙管和塑料管的连接。

(2) 焊接式管接头

图6-25 (b) 所示为焊接式管接头，油管与接头内芯1焊接而成，接头内芯的球面与接头体锥孔面紧密相连，具有密封性好、结构简单、耐压性强高等优点。缺点是焊接较麻烦，适用于高压厚壁钢管的连接。

(3) 卡套式管接头

图6-25 (c) 为卡套式管接头，它是利用弹性极好的卡套2卡住油管1而密封。其特点是结构简单、安装方便，油管外壁尺寸精度要求较高。卡套式管接头适用于高压冷拔无缝钢管

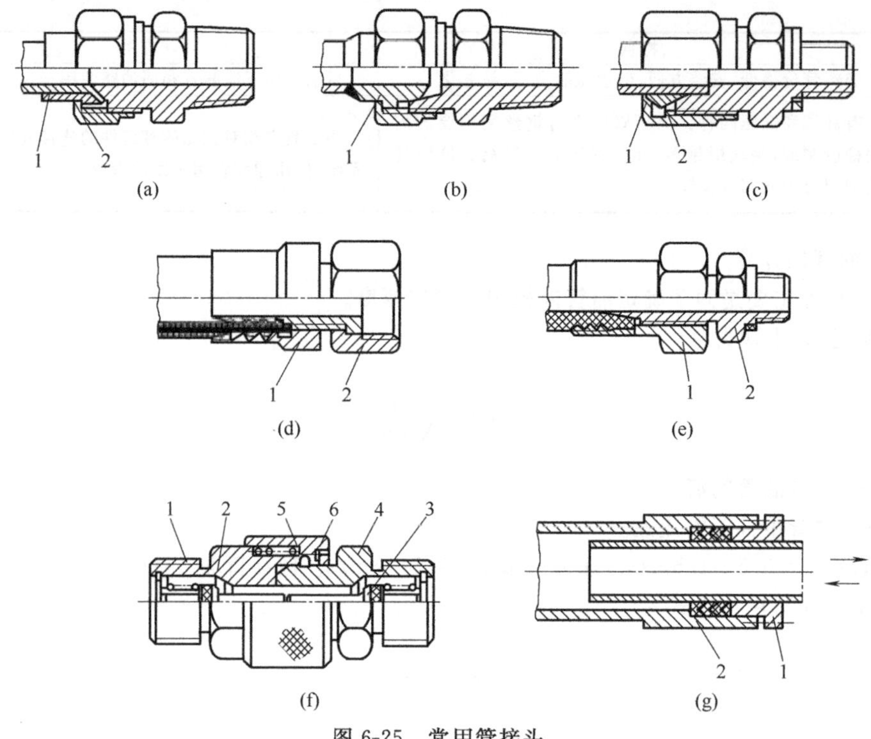

图 6-25　常用管接头

连接。

(4) 扣压式管接头

图 6-25 (d) 所示为扣压式管接头，这种管接头是由接头外套 1 和接头芯子 2 组成。此接头适用于软管连接。

(5) 可拆卸式管接头

图 6-25 (e) 为可拆卸式管接头。此接头在外套 1 和接头芯子 2 上成六角形结构，便于经常拆卸软管。适用于高压小直径软管连接。

(6) 快换式管接头

图 6-25 (f) 为快换式管接头，此接头便于快速拆装油管。其原理为：当卡箍 6 向左移动时，钢珠 5 从插嘴 4 的环槽中向外退出，插嘴不再被卡住，可以迅速从插座 1 中抽出，此时管塞 2 和 3 在各自的弹簧力作用下将两个管口关闭，使油管内的油液不会流失。这种管接头适用于需要经常拆卸的软管连接。

(7) 伸缩式管接头

图 6-25 (g) 为伸缩式管接头，这种管接头由内管 1 外管 2 组成，内管可以在外管内自由滑动并用密封圈密封。内管外径必须经过精密加工。这种管接头适用于连接件有相对运动的管道的连接。

6.8.3 软管总成及软管接头

(1) 材料

软管接头、钢管接头、钢管、外套及弹簧护套均采用碳钢制作。如有特殊要求，还可采用其他材料制作。

(2) 影响软管寿命的因素

① 压力因素　选取软管时，用户应选取样本中软管所标明的最大推荐工作压力不小于最大

系统压力的软管，否则会缩短软管的使用寿命，甚至损坏软管。

② 温度因素 温度是软管使用过程中必须考虑的因素，温度过高或过低都会影响软管的寿命，因此，在这种环境下，应考虑在软管的外面加软管护套。

③ 用户使用因素 以下几种方法是错误的:

a. 用于小于规定的最小弯曲半径的弯曲软管;

b. 软管扭曲、拉伸、纠结或挤压、擦伤;

c. 在最大使用温度之上或在最小使用温度之下使用;

d. 将并非制造厂商推荐的软管、软管接头或装配的设备混淆在一起，或没有按照制造厂商的指导说明装配软管总成。

④ 外界环境因素 包括：紫外线辐射、阳光、热、臭氧、水、盐水、化学物质、空气污染物等可能导致软管性能降低或引起早期失效的因素。

6.8.4 钢管接头

(1) 卡套式管接头简介

卡套式管接头是为公制管子设计的，以前用的是德国标准 DIN 3861， DIN 3859 和 DIN 2353，现在已经统一采用国际标准 ISO 8434。

卡套式管接头以体积小、压力等级高而著称，分为低压、中压和高压三个系列（LL、 L、S 系列），这样在各种不同的应用场合都得以实现最经济化和空间最小化的方案。

卡套式管接头的材料除了最常用的钢材以外，还有采用铜材和不锈钢材制造，以适应不同的流体或环境条件。卡套式不锈钢管接头的螺母螺纹都镀银。对于较小规格的螺母螺纹（规格 15L～42L， 12S～38S）采取预先润滑，再蜡封，这样不仅有效地消除了不锈钢螺纹的咬合现象，而且减少装配拧紧力矩 40%。

卡套式管接头具有 50 多种不同的型式，可供各种不同应用场合下灵活选择。同时，加上许多卡套式功能管接头，如旋转接头、单向阀、截止阀、测压接头等可以与 EO 管接头配合使用，大大方便了系统的配置，提高了系统密封的可靠性。

(2) 卡套式管接头的特点

卡套式管接头与流体传动和控制系统能够提供管路与元件之间的可靠连接和密封，这是由于渐进式卡套具有独特的内部结构。

卡套是在受控条件下逐渐切入钢管的。卡套的前刃和后刃相继切入钢管，当两个刃口都切入到设计深度时，止动环限制了刃口过量切入对管子造成损伤的可能性。

与传统的单刃口卡套不同，渐进式卡套在刃口部位有三个点与钢管接触，使一切作用于卡套的应力在多个接触点处均匀分配。此外，卡套尾环抱紧钢管也能加强管路的抗振性能。

渐进式卡套特殊的设计、材料和热处理工艺使得卡套具有特别优良的弹性。接头装配后，卡套中部应微微拱起，由此产生的弹性效应避免了金属接触密封的应力松弛现象，从而可确保卡套能够长期可靠地工作和反复多次地装拆使用。

渐进式卡套具有理想的密封性能，可使用于大多数工况条件下，包括高真空度的密封、小分子气体的密封以及高压液压油的密封。但是，EO 渐进式卡套的理想功能需要靠正确的装配来保证。不正确的装配会导致钢管拔脱、接头泄漏、弹性消失和抗振能力降低等问题。因此，用户在装配前，应仔细阅读样本中的装配说明或请有关的技术人员进行技术培训和指导。

6.8.5 连接件常见故障与排除

连接件常见故障与排除见表 6-9。

表 6-9　连接件常见故障与排除

故障现象	故障原因	排除方法
漏油	软管破裂、接头处漏油 钢管与接头连接处密封不良 焊接管与接头处焊接质量差 24°锥结构(卡套式)结合面差 螺纹连接处未拧紧或拧得太紧 螺纹牙型不一致	更换软管、采用正确连接方式 连接部位用力均匀，注意表面质量 提高焊接质量 更换卡套、提高 24°锥表面质量 螺纹连接处用力均匀拧紧 螺纹牙型要一致
振动和噪声	液压系统共振 双泵双溢流阀调定压力太相近	合理控制振源 控制压差大于 1MPa

6.9　密封装置

泄漏是液压系统最大的问题，解决此类问题的最有效方法之一就是使用密封件。密封件可减少外泄漏引起的污染环境，同时防止空气进入液压系统影响液压泵的工作性能和液压执行元件的稳定性，还可减少内泄漏引起的系统容积效率过低和油温过高等问题。因此，正确使用密封件是非常重要的。

6.9.1　对密封装置的要求

对密封装置有如下要求:

① 在工作压力和一定的温度范围内，能尽可能减少泄漏量，并随着压力的增大而增强密封性能。

② 密封装置和运动件之间的摩擦力要小，摩擦因数要稳定。

③ 抗腐蚀能力强，不易老化，工作寿命长，耐磨性好，磨损后在一定程度上能自动补偿。

④ 结构简单，使用、维护方便，价格低廉。

6.9.2　密封装置的类型和特点

密封按其工作原理来分可分为非接触式密封和接触式密封。前者主要指间隙密封，后者指密封件密封。

(1) 间隙密封

间隙密封是靠相对运动件配合面之间的微小间隙来进行密封的，间隙密封常用于柱塞、活塞或阀的圆柱配合副中。

采用间隙密封的液压阀中在阀芯的外表面开有几条等距离的均压槽，它的主要作用是使径向压力分布均匀，减少液压卡紧力，同时使阀芯在孔中对中性好，以减少间隙的方法来减少泄漏。另外均压槽所形成的阻力，对减少泄漏也有一定的作用。所开均压槽的尺寸一般宽 0.3～0.5mm，深为 0.5～1.0mm。圆柱面间的配合间隙与直径大小有关，对于阀芯与阀孔一般取 0.005～0.017mm。这种密封的优点是摩擦力小，缺点是磨损后不能自动补偿，主要用于直径较小的圆柱面之间，如液压泵内的柱塞与缸体之间，滑阀的阀芯与阀孔之间的配合。

(2) O 形密封圈

O 形密封圈一般用耐油橡胶制成，其横截面呈圆形，它具有良好的密封性能，内外侧和端面都能起密封作用。它具有结构紧凑、运动件的摩擦阻力小、制造容易、装拆方便、成本低、高低压均可以用等特点，在液压系统中得到广泛的应用。

O 形密封圈的结构和工作情况如图 6-26 所示。图 6-26 (a) 为 O 形密封圈的外形截面图；图 6-26 (b) 为装入密封沟槽时的情况图，其中 δ_1、δ_2 为 O 形圈装配后的预压缩量，通常用压缩率

W 表示，

$$W=(d_0-h)/d_0 \tag{6-8}$$

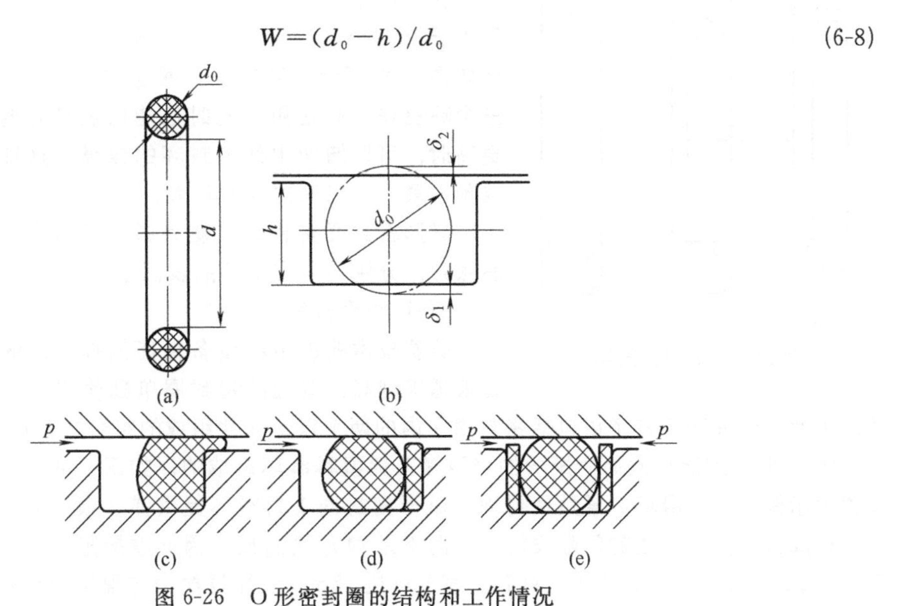

图 6-26　O 形密封圈的结构和工作情况

对于固定密封、往复运动密封和回转运动密封，压缩率应分别达到 15%～20%、 10%～20%和 5%～10%，才能取得满意的密封效果。

当油液工作压力超过 10MPa 时，O 形圈在往复运动中容易被油液压力挤入间隙而损坏，如图 6-26 (c) 所示。为此要在它的侧面安放 1.2～1.5mm 厚的聚四氟乙烯挡圈。单向受力时在受力侧的对面安放一个挡圈；双向受力时则在两侧各放一个挡圈，如图 6-26 (d)、(e) 所示。

O 形密封圈的安装沟槽，除矩形外，也有 V 形、燕尾形、半圆形、三角形等，实际应用中可查阅有关手册及国家标准。

(3) 唇形密封圈

唇形密封圈根据截面的形状可分为 Y 形、V 形、U 形、L 形等。其工作原理如图 6-27 所示。液压力将密封圈的两唇边 h_1 压向形成间隙的两个零件的表面。这种密封作用的特点是能随着工作压力的变化自动调整密封性能，压力越高则唇边被压得越紧，密封性越好；当压力降低时唇边压紧程度也随之降低，从而减少了摩擦阻力和功率消耗，此外，还能自动补偿唇边的磨损。

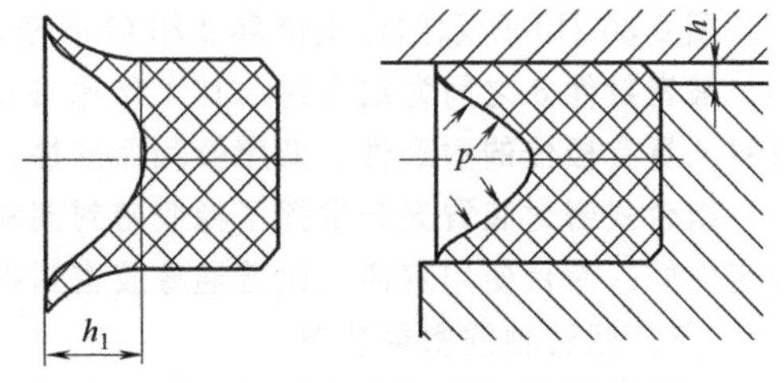

图 6-27　唇形密封圈的工作原理

目前，小 Y 形密封圈在液压缸中得到普遍的应用，主要用作活塞和活塞杆的密封。图 6-28 (a) 所示为轴用密封圈，图 6-28 (b) 所示为孔用密封圈。这种小 Y 形密封圈的特点是断面宽度和高度的比值大，增加了底部支承宽度，可以避免摩擦力造成的密封圈的翻转和扭曲。

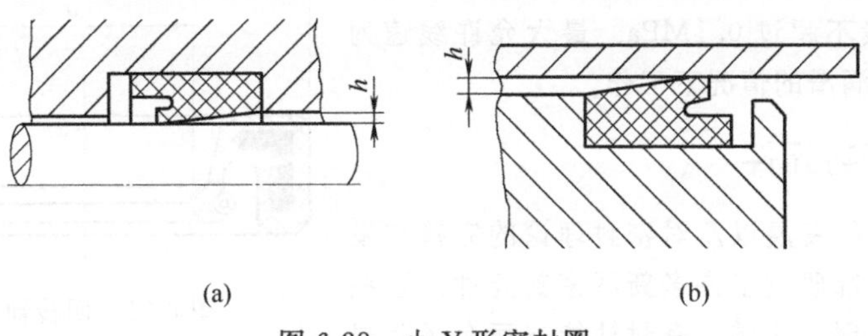

图 6-28　小 Y 形密封圈

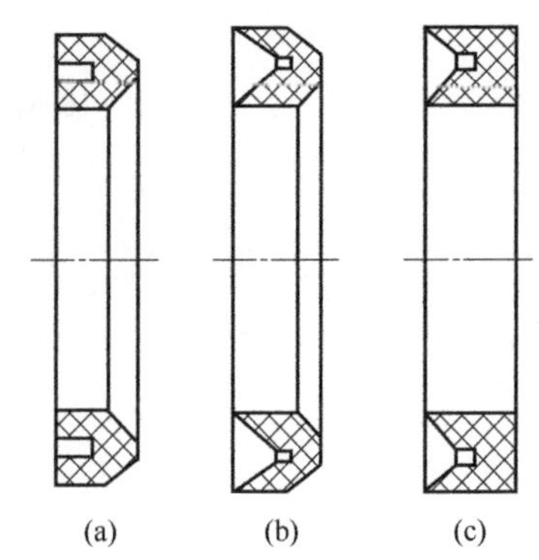

图 6-29 V形密封圈

在高压和超高压情况下(压力大于 25MPa) 的轴密封多采用V形密封圈。V形密封圈由多层涂胶织物压制而成，其形状如图 6-29 所示。V形密封圈通常由压环、密封环和支承环三个环叠在一起使用，此时已能保证良好的密封性，当压力更高时，可以增加中间密封环的数量。这种密封圈在安装时要预压紧，所以摩擦阻力较大。

唇形密封圈安装时应使其唇边开口面对压力油，并使两唇张开，分别贴紧在机件的表面上。

(4) 组合式密封装置

随着技术的进步和设备性能的提高，液压系统对密封的要求越来越高，普通的密封圈单独使用已不能很好地满足需要，因此，研究和开发了由包括密封圈在内的两个以上元件组成的组合式密封装置。

由O形密封圈与截面为矩形的聚四氟乙烯塑料滑环组成的，如图 6-30 (a) 所示的组合密封装置为示例之一。滑环 2 紧贴密封面，O形密封圈 1 为滑环提供弹性预压力，在介质压力等于零时构成密封，由于密封间隙靠滑环，而不是O形密封圈，因此摩擦阻力小而且稳定，可以用于 40MPa 的高压。往复运动密封时，速度可达 15m/s；往复摆动与螺旋运动密封时，速度可达 5m/s。矩形滑环组合密封的缺点是抗侧倾能力稍差，在高低压交变的场合下工作时易泄漏。

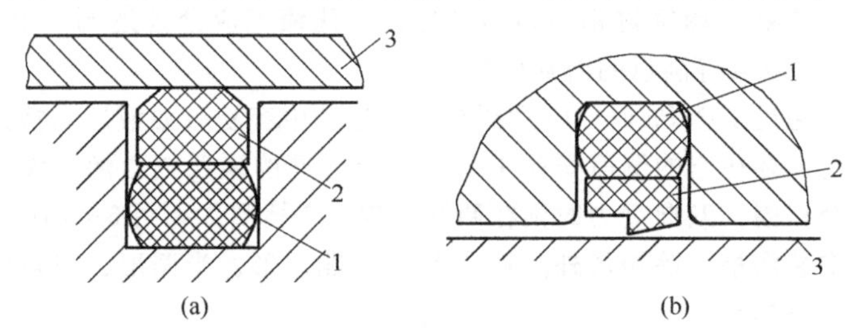

图 6-30 组合式密封装置
1—O形密封圈；2—滑环；3—被密封件

图 6-30 (b) 所示的由支持环 2 和O形密封圈 1 组成的轴用组合密封为示例之二。由于支持环与被密封件 3 之间为线密封，其工作原理类似唇边密封。支持环采用一种经特别处理的合成材料，具有极佳的耐磨性、低摩擦和保形性，工作压力可达 80MPa。

组合式密封装置充分发挥了橡胶密封圈和滑环各自的长处，不仅工作可靠，摩擦力低而且稳定性好，而且使用寿命脉比普通橡胶密封提高近百倍，在工程上得到广泛的应用。

(5) 回转轴的密封装置

回转轴的密封装置型式很多，图 6-31 所示的是用耐油橡胶制成的回转轴用密封圈，它的内部由直角形圆环铁骨架支承着，密封圈的内边围着一条螺旋弹簧，把内边收紧在轴上进行密封。这种密封圈主要用作液压泵、液压马达和回转式液压缸的伸出轴的密封，以防止油液漏到壳体外部，它的工作压力一般不超过 0.1MPa，最大允许线速为 4～8m/s，须在有润滑的情况下工作。

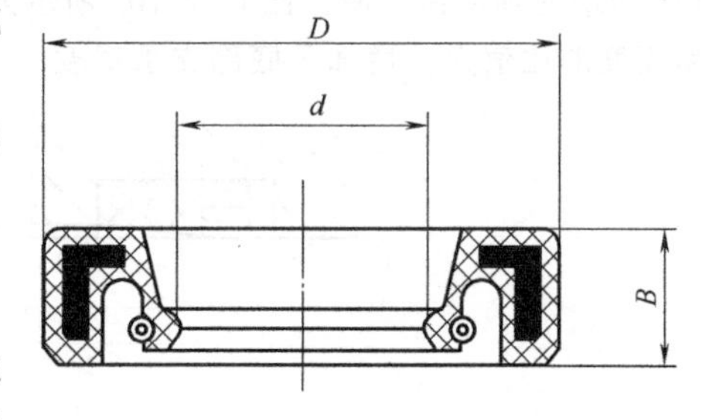

图 6-31 回转轴的密封装置

6.9.3 新型密封元件

随着材料工业的发展以及对密封理论的完善与发展，近年来国内外都研发了许多新型密封元件，这些密封元件不仅在物理、化学、密封性能方面有了明显提高，而且在结构上也有了很大变化，其功能也从单一型向组合型发展。下面介绍八种类型的新型密封元件。

(1) 星形密封件

图 6-32 为星形密封件，又称 X 形密封件，适用于液压气动执行元件的双向密封。星形密封件通过预压缩力和油液的挤压力共同起密封作用。

星形密封件适用于压力不大于 40MPa、温度－60～200℃、运行速度不大于 0.5m/s 的直线、旋转动密封和静密封场合。

(2) 佐康-雷姆密封件

佐康-雷姆密封件为单向密封型密封件，所以必须成对使用才能实现双向密封。佐康-雷姆密封件适用于压力小于 25MPa、温度－30～100℃、运行速度 5m/s 的直线往复运动的轴、孔动密封场合，见图 6-33 所示。

(3) 特康-泛塞密封件

特康-泛塞密封件是借助自身弹簧、预紧力和液压力的共同作用下起密封作用，其组成是由 U 形特康圈和指形不锈钢施力弹簧组成，如图 6-34 所示，这种密封件的特点是摩擦力小，耐磨性好。

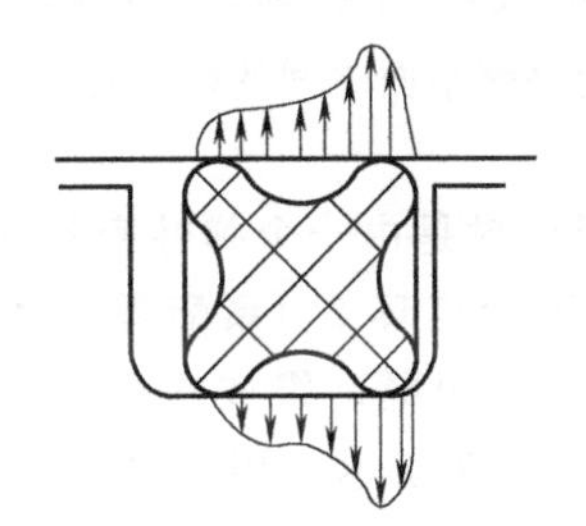

图 6-32　星形密封及密封原理

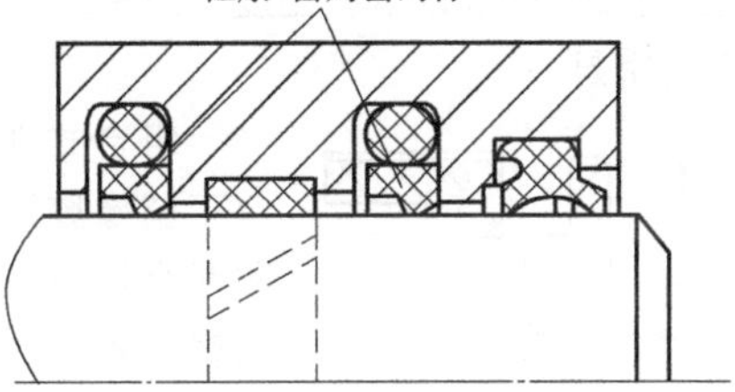

图 6-33　佐康-雷姆密封件

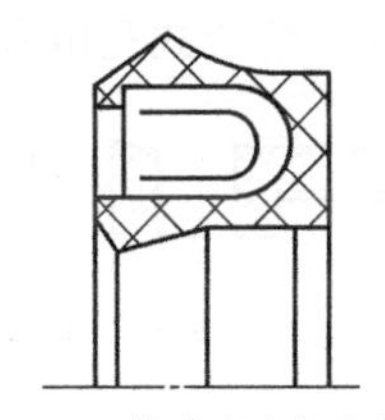

图 6-34　特康-泛塞密封件

特康-泛塞密封件适用于压力不大于 45MPa、温度－70～260℃、运行速度在 15m/s 以下的直线往复运动的轴、孔间动密封场合。

(4) 特康-格来密封件

特康-格来密封件是利用 O 形密封圈的弹性力对密封件产生压力起密封作用的，如图 6-35 所示。这种密封件的特点是摩擦力小，启动阻力小、耐磨性好、无挤出现象等。

特康-格来密封件适用于压力 80MPa 以下、温度－54～200℃、运行速度在 15m/s 以下的直线往复运动的活塞与缸筒之间的密封。

(5) 格来圈、斯特封

格来圈、斯特封是利用 O 形密封圈的弹性力和预压缩力将其分别压在缸筒内表面和活塞杆外表面起密封作用的，如图 6-36 所示。这两种密封件适用于压力在 50MPa 以下、温度－30～120℃、运行速度在 1m/s 以下的液压缸动密封。

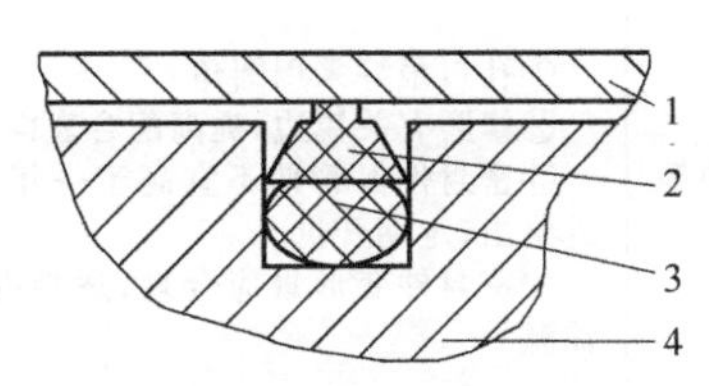

图 6-35　特康-格来密封件

1—缸筒；2—特康-格来密封件；3—O 形密封圈；4—活塞

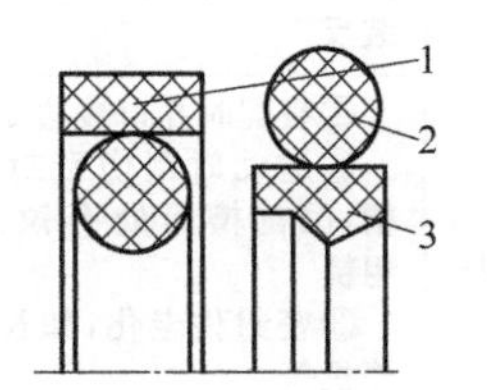

(a) 活塞用　(b) 活塞杆用

图 6-36　同轴密封件

1—格来圈；2—O 形密封圈；3—斯特封

(6) 韦氏金属密封圈

韦氏金属密封圈是由各种材料制成的实心的、空心充压的金属圆环，主要材料有钢、铜、康镍合金、蒙乃尔合金等。外表面经常镀涂镉、银、金或聚四氟乙烯等。

图 6-37 为空心圆环韦氏金属密封圈，用于端面静密封，适用于压力 1000MPa 以下、温度 800℃的静密封。

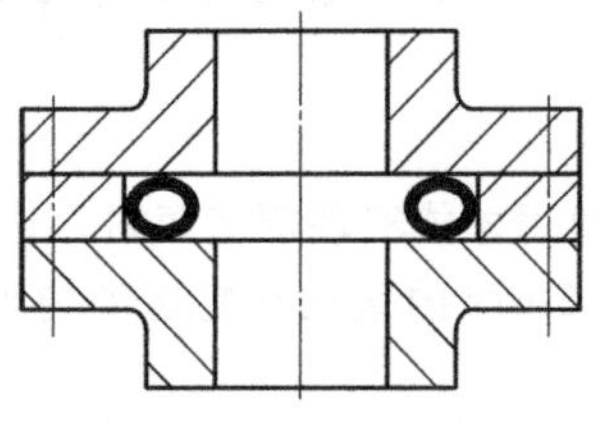

图 6-37 韦氏金属密封圈

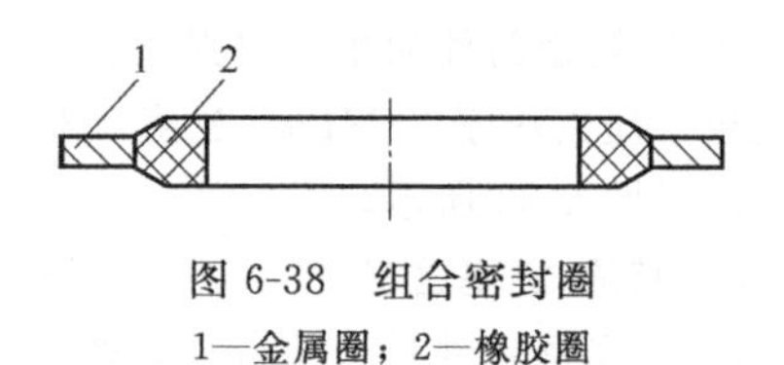

图 6-38 组合密封圈

1—金属圈；2—橡胶圈

(7) 组合密封圈

组合密封圈又称组合垫，是由金属圈 1 和橡胶圈 2 整体硫化而成的，如图 6-38 所示。其特点是使用方便、密封可靠。适用于压力在 100MPa 以下、温度－30～200℃两平整平面之间的静密封。

(8) 组合式孔用密封（德氏密封）

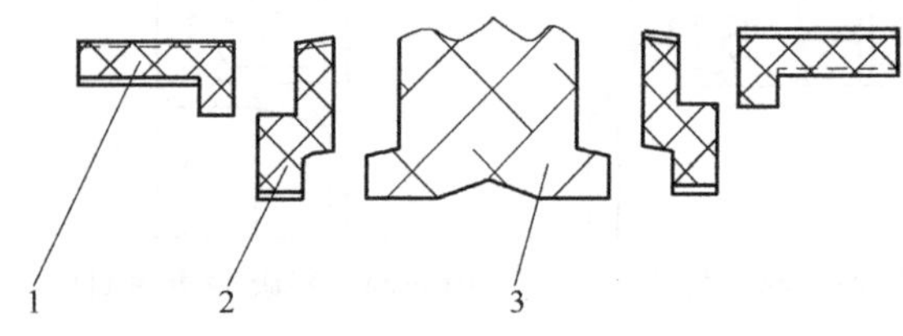

图 6-39 组合式孔用密封

1—导向环；2—挡环；3—弹性密封环

组合式孔用密封是由一个弹性密封环 3（丁腈橡胶），两个挡环 2（聚酯弹性体）和两个导向环 1（聚甲醛）组成的五件套活塞密封件，如图 6-39 所示。用于液压缸中作为活塞的双向密封，起着既能双向密封又能导向和承受活塞径向力的组合密封件，具有安装尺寸紧凑的特点，在低压下同样具有良好的密封效果。

适用于压力在 40MPa 以下、温度－30～100℃、运行速度在 0.5m/s 以下的液压缸动密封。

6.9.4 密封装置的常见故障与排除

密封件常见故障及排除方法见表 6-10。

表 6-10 密封件常见故障及排除方法

故障现象	原因分析	关键问题	排除措施
内外泄漏	①密封圈预变形量小，如沟槽尺寸过大，密封圈尺寸太小 ②油压作用下密封圈不起密封功能，如密封件老化、失效，唇形密封圈装反	密封处接触应力过小	①密封沟槽尺寸与选用的密封圈尺寸要配套 ②重装唇形密封圈，密封件保管、使用要合理 ③V 形密封圈可以通过调整来控制泄漏
密封件过早损坏	①装配时孔口棱边划伤密封圈 ②运动时刮伤密封圈，如密封沟槽、沉割槽等处有锐边，配合表面粗糙 ③密封件老化，如长期保管、长期停机等 ④密封件失去弹性，如变形量过大、工作油温太低	使用、维护等不符合要求	①孔口最好采用圆角 ②修磨有关锐边，提高配合表面质量 ③密封件保管期不宜高于一年，坚持早进早出，定期开机 ④密封件变形量应合理，适当提高工作油温
密封件扭曲、挤入间隙等	①油压过高，密封圈未设支承环或挡圈 ②配合间隙过大	受侧压过大，变形过度	增加挡圈 采用 X 形密封圈，少用 Y 形或 O 形密封圈

第 7 章 液压基本回路的使用与维修

一台机器设备的液压系统不管多么复杂，总是由一些简单的基本回路组成。所谓液压基本回路，是指由几个液压元件组成的用来完成特定功能的典型回路。按其功能的不同，基本回路可分为速度控制回路、压力控制回路、方向控制回路、多执行元件动作回路以及液压油源基本回路等。熟悉和掌握这些回路的组成、结构、工作原理和性能，对于正确分析、选用和设计液压系统以及判断回路的故障都是十分重要的。

7.1 速度控制回路

7.1.1 调速回路

（1）调速回路的基本概念

调速回路在液压系统中占有重要地位，它的工作性能的好坏，对系统的工作性能好坏起着决定性的作用。

对调速回路的要求：

① 能在规定的范围内调节执行元件的工作速度。

② 负载变化时，调好的速度最好不变化，或在允许的范围内变化。

③ 具有驱动执行元件所需的力或力矩。

④ 功率损耗要小，以便节省能量，减少系统发热。

根据前述，我们知道，控制一个系统的速度就是控制液压执行机构的速度，在液压执行机构中：

液压缸速度 $$v=\frac{q}{A} \tag{7-1}$$

液压马达的速度 $$n=\frac{q}{V} \tag{7-2}$$

当液压缸设计好以后，改变液压缸的工作面积 A 是不可能的，因此对于液压缸的回路来讲，就必须采用改变进入液压缸流量的方式来调整执行机构的速度。而在液压马达的回路中，通过改变进入液压马达的流量 q 或改变液压马达排量 V 都能达到调速目的。

目前主要调速方式有：

① 节流调速　由定量泵供油、流量阀调节流量来调节执行机构的速度。

② 容积调速　通过改变变量泵或变量马达的排量来调节执行机构的速度。

③ 容积节流调速　综合利用流量阀及变量泵来共同调节执行机构的速度。

（2）节流调速回路

节流调速回路是通过在液压回路上采用流量调节元件（节流阀或调速阀）来实现调速的一

种回路，一般又根据流量调节阀在回路中的位置不同分为进油节流调速、回油节流调速及旁路节流调速三种。

① 采用节流阀的进油节流调速回路　如图 7-1 所示为节流阀进油节流调速回路，这种调速回路采用定量泵供油，在泵与执行元件之间串联安装有节流阀，在泵的出口处并联安装一个溢流阀。这种回路在正常工作中，溢流阀是常开的，以保证泵的输出油液压力达到一个稳定的状态，因此，该回路又称为定压式节流调速回路。泵在工作中输出的油液根据需要一部分进入液压缸，推动活塞运动，一部分经溢流阀溢流回油箱。进入液压缸的油液流量的大小就通过调节节流阀开口的大小来决定。

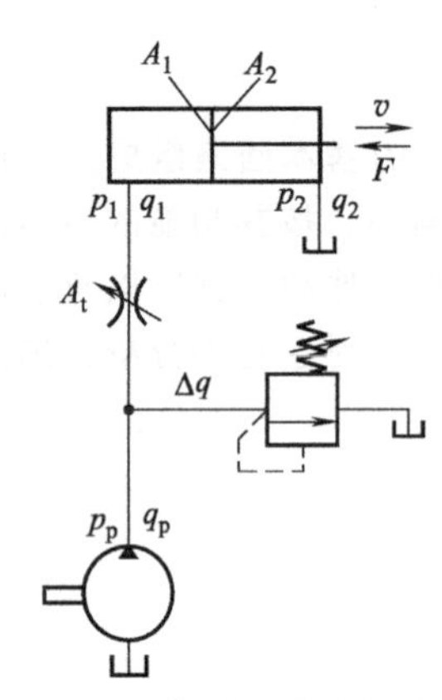

图 7-1　节流阀进油节流调速回路

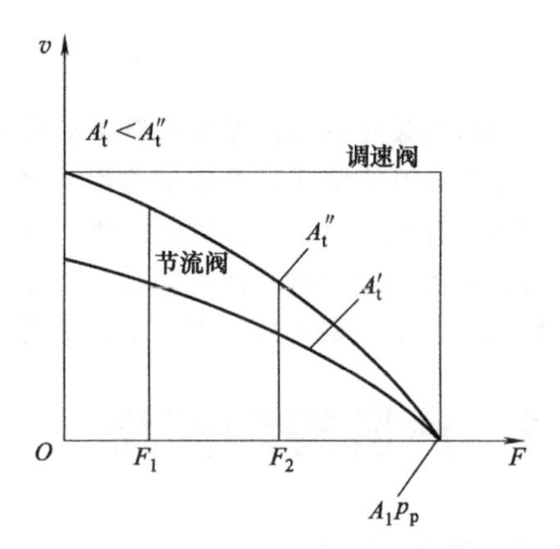

图 7-2　进油节流调速回路速度负载特性

a. 速度负载特性。在进油节流调速回路中，当液压缸在稳定工作状态下，其活塞运动速度 v 等于进入液压缸无杆腔的流量除以有效工作面积：

$$v=\frac{q_1}{A_1} \tag{7-3}$$

从回路上看，A_1 是液压缸无杆腔的有效工作面积；q_1 是通过串联于进油路上的节流阀进入液压缸的流量，其值根据油液流经阀口的流量计算公式有

$$q_1=KA_t(\Delta p)^m \tag{7-4}$$

式中，K 为节流阀的流量系数；A_t 为节流阀的开口面积；m 为节流指数；Δp 为作用于节流阀两端的压力差，其值为

$$\Delta p=p_p-p_1 \tag{7-5}$$

式中，p_p 为液压泵出口处的压力，是由溢流阀调定的；p_1 为液压缸进油腔压力，是根据作用于活塞杆上的力平衡方程来决定的：

$$p_1A_1=F+p_2A_2 \tag{7-6}$$

式中，F 为负载力，由于有杆腔的油液通过回油路直接回油箱，因此，$p_2=p_2A_2$ 为零，所以

$$p_1=\frac{F}{A_1} \tag{7-7}$$

将式 (7-7)、式 (7-5)、式 (7-4) 代入式 (7-3) 中有

$$v=\frac{KA_t\left(p_p-\dfrac{F}{A_1}\right)^m}{A_1}=\frac{KA_t}{A_1^{m+1}}(p_pA_1-F)^m \tag{7-8}$$

式 (7-8) 就是进油节流调速回路的速度负载公式，根据此式绘出的曲线即是速度负载特性曲线。如图 7-2 所示就是进油节流调速回路在节流阀不同开口条件下的速度负载特性曲线。从

这个曲线上可以分析出，在节流阀同一开口条件下，液压缸负载 F 越小时，曲线斜率越小，其速度稳定性越好；在同一负载 F 条件下，节流阀开口面积越小时，曲线斜率越小，其速度稳定性越好。因此，进油节流调速回路适用于小功率、小负载的条件下。

表示速度稳定性常常还用速度刚性 K_v 来表示，速度刚性 K_v 是指速度因负载变化而变化的程度，也就是速度负载特性曲线上某点处斜率的负倒数。

$$\frac{\partial v}{\partial F}=\frac{CA_t}{A_1^{m+1}}m(p_pA_1-F)^{m+1}(-1)$$

$$K_v=-\frac{1}{\tan\alpha}=-\frac{\partial F}{\partial v}=\frac{p_pA_1-F}{mv} \tag{7-9}$$

由上面分析可知，速度刚性 K_v 越大，说明速度稳定性越好。

b. 功率特性。功率特性是指功率随速度变化而变化的情况，在进油节流调速回路中，可以分为两种情况讨论。

第一种情况是在负载一定的条件下。此时，若不计损失，泵的输出功率 $P_p=p_pq_p$（q_p 为液压泵出口处的流量），作用于液压缸上的有效输出功率 $P_1=p_1q_1$，该回路的功率损失为

$$\begin{aligned}\Delta P&=P_p-P_1=p_pq_p-p_1q_1\\&=p_p(\Delta q+q_1)-p_1q_1\\&=p_p\Delta q+q_1(p_p-p_1)\\&=\Delta P_1+\Delta P_2\end{aligned} \tag{7-10}$$

式中，Δq 为油液通过溢流阀的流量损失；ΔP_1 为油液通过溢流阀的功率损失，称为溢流损失；ΔP_2 为油液通过节流阀的功率损失，称为节流损失。

可见，进油节流调速回路的功率损失是由溢流损失和节流损失两项组成的，如图7-3所示，随着速度的增加，有效输出功率在增加，而节流损失也在增加，而溢流损失在减小。这些损失将使油温升高，因而影响系统的工作。

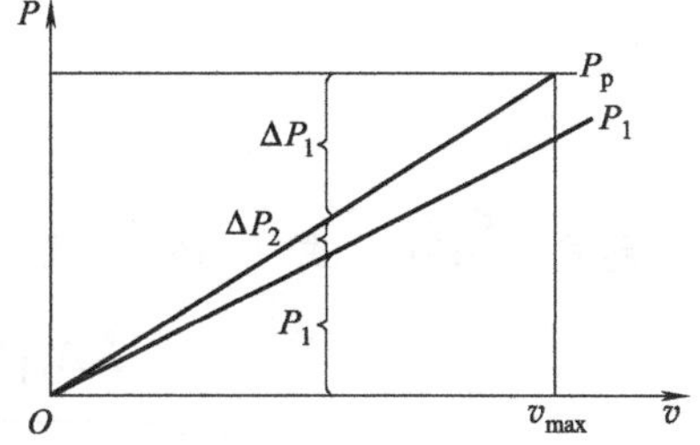

图7-3　进油节流调速回路功率特性

在外负载一定的条件下，泵压和液压缸进口处的压力都是定值，此时，改变液压缸的速度是靠调节节流阀的开口面积来实现的。

第二种情况是在外负载变化的条件下。在进油节流调速回路中，当外负载变化时，则液压缸的进油压力 p_1 也随之变化。此时，溢流阀的调定压力按最大 p_1 来调定。液压系统的有效功率为

$$P_1=p_1q_1=p_1KA_t(p_p-p_1)^m=p_1KA_t\left(p_p-\frac{F}{A_1}\right)^m \tag{7-11}$$

由公式可见，P_1 是随 F 变化的一条曲线，且 $F=0$ 时，$P_1=p_1KA_tp_p^m$，$F=F_{max}=p_pA_1$时，$P_1=0$。其最大值出现在曲线的极值点。若节流阀开口为薄壁小孔，令 $m=0.5$，则可求出该回中的最大有效功率。

$$\frac{\partial P_1}{\partial F}=\frac{KA_t}{A_1}(p_p-p_1)^{0.5}-\frac{Kp_1A_t}{A_1}\times0.5(p_p-p_1)^{-0.5}$$

令上式＝0，有

$$p_p-p_1=0.5p_1$$

即

$$p_1=\frac{2}{3}p_p \tag{7-12}$$

时有效功率最大。

再根据下式可计算出该回路的最大效率：

$$\eta=\frac{P_1}{P_p}=\frac{p_1q_1}{p_pq_p}=\frac{\frac{2}{3}p_pq_1}{p_pq_p} \tag{7-13}$$

在上式中，若令 q_1 最大为 q_p 的话，则系统的最大效率为 0.66。

从上面分析来看，进油节流调速回路不适合在负载变化较大的工作情况下使用，这种情况下，由于其溢流损失大，所以速度变化大，效率低。因此，在液压系统中有两种速度要求的场合最好用双泵系统。

② 采用节流阀的回油节流调速回路　采用节流阀的回油节流调速回路就是将节流阀装在液压系统的回油路上，如图 7-4 所示。仿照进油节流调速回路的讨论，我们对回油节流调速回路的速度负载特性和功率特性讨论如下。

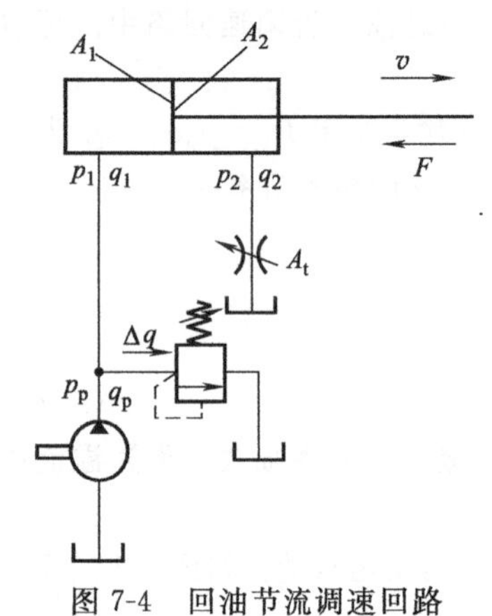

图 7-4　回油节流调速回路

a. 速度负载特性。在回油节流调速回路中，当液压缸在稳定工作状态下，其活塞运动速度 v 等于流出液压缸有杆腔的流量除以有效工作面积

$$v=\frac{q_2}{A_2} \tag{7-14}$$

从回路上看，q_2 即是通过串联于回油路上的节流阀前流出液压缸的流量，其值为

$$q_2=KA_t(\Delta p)^m \tag{7-15}$$

式中，Δp 为作用于节流阀两端的压力差，其值为

$$\Delta p=p_2 \tag{7-16}$$

根据作用于活塞杆上的力平衡方程有

$$p_1A_1=F+p_2A_2 \tag{7-17}$$

$$p_2=\frac{p_1A_1-F}{A_2} \tag{7-18}$$

将式 (7-15)、式 (7-16)、式 (7-18) 代入式 (7-14) 中，又根据 $p_p=p_1$ 有

$$v=\frac{KA_t\left(\frac{p_1A_1-F}{A_2}\right)^m}{A_2}=\frac{KA_t}{A_2^{m+1}}(p_pA_1-F)^m \tag{7-19}$$

公式 (7-19) 就是回油节流调速回路的速度负载公式。从公式可知，除了公式分母上的 A_1 变为 A_2 外，其他与进口节流调速回路的速度负载公式 (7-8) 是相同的，因此，其速度负载特性也一样。进油节流调速回路同样适用于小功率、小负载的条件下。

b. 功率特性。这里只讨论负载一定的条件下，功率随速度变化而变化的情况。此时，若不计损失，泵的输出功率 $P_p=p_pq_p$，作用于液压缸上的有效输出功率 $P_1=p_1q_1-p_2q_2$，该回路的功率损失为

$$\begin{aligned}\Delta P&=P_p-P_1=p_pq_p-(p_1q_1-p_2q_2)\\&=p_p(q_p-q_1)+p_2q_2\\&=p_p\Delta q+p_2q_2\\&=\Delta P_1+\Delta P_2\end{aligned} \tag{7-20}$$

可见，回油节流调速回路的功率损失也同进油节流调速回路的一样，分为溢流损失和节流损失两部分。

c. 进油与回油两种节流调速回路比较。进油节流调速与回路节流调速虽然其流量特性与功率特性基本相同，但在使用时还是有所不同，下面讨论几个主要不同。

首先，承受负负载的能力不同。所谓负负载就是与活塞运动方向相同的负载。比如起重机向下运动时的重力，铣床上与工作台运动方向相同的铣削（顺铣）力，等等。很显然，出口节流调速回路可以承受负负载，而进口节流调速则不能，它需要在回油路上加背压阀才能承受负负载，但需提高调定压力，功率损耗大。

其次，出口节流调速回路中油液通过节流阀时油液温度升高，但所产生的热量直接返回油箱散掉；而进口节流调速回路中，产生的热量进入执行机构中，增加系统的负担。

第三，当两种回路结构尺寸相同时，若速度相等，则进油节流调速回路的节流阀开口面积要大，因而，可获得更低的稳定速度。

在调速回路中，还可以在进回油路中同时设置节流调速元件，使两个节流阀的开口能同时联动调节，以构成进出油的节流调速回路，如由伺服阀控制的液压伺服系统经常采用这种调速方式。

③ 采用节流阀的旁路节流调速回路 如图7-5所示为采用节流阀的旁路节流调速回路。在这种调速回路中，将调速元件并联安装在泵与执行机构油路的一个支路上，此时，溢流阀阀口关闭，作安全阀使用，只有在过载时才会打开。泵出口处的压力随负载变化而变化，因此，也称为变压式节流调速回路。此时泵输出的油液（不计损失）一部分进入液压缸，另一部分通过节流阀进入油箱，调节节流阀的开口可调节通过节流阀的流量，也就是调节进入执行机构的流量，从而来调节执行机构的运行速度。

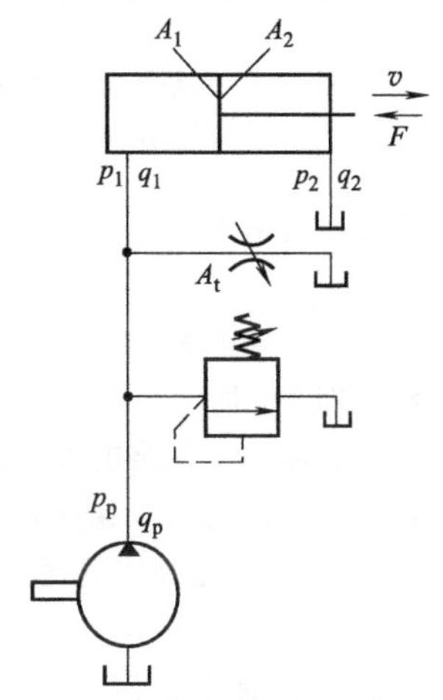

图7-5 节流阀旁路节流调速回路

a. 速度负载特性。在旁路节流调速回路中，当液压缸在稳定工作状态下，其活塞的运动速度等于进入液压缸无杆腔的流量除以有效工作面积，即

$$v=\frac{q_1}{A_1} \tag{7-21}$$

从回路上看，q_1 等于泵的输出流量 q_p 减去通过并联于油路上的节流阀的流量 q_1:

$$q_1=q_p-q_1 \tag{7-22}$$

通过节流阀的流量根据油液流经阀口的流量计算公式有

$$q_1=KA_t(\Delta p)^m \tag{7-23}$$

式中，Δp 为作用于节流阀两端的压力差，其值为

$$\Delta p=p_p \tag{7-24}$$

p_p 等于 p_1，根据作用于活塞杆上的力平衡方程有

$$p_1A_1=F$$

$$p_1=\frac{F}{A_1} \tag{7-25}$$

将式(7-22)～式(7-25)代入式(7-21)中有

$$v=\frac{q_p-KA_t\left(\frac{F}{A_1}\right)^m}{A_1} \tag{7-26}$$

式(7-26)就是旁路节流调速回路在不考虑泄漏情况下的速度负载公式，但是由于该回路在工作中溢流阀是关闭的，泵的压力是变化的，因此泄漏量也是随之变化的，其执行机构的速度也受到泄漏的影响，因此，液压缸的速度公式应为

$$v=\frac{q_p-K_1\left(\frac{F}{A_1}\right)-KA_t\left(\frac{F}{A_1}\right)^m}{A_1} \tag{7-27}$$

式中，K_1为泵的泄漏系数。

同样，根据此式绘出的曲线即是速度负载特性曲线。如图7-6所示就是旁路节流调速回路在节流阀不同开口条件下的速度负载曲线。从这个曲线上可以分析出，液压缸负载F越大时，其速度稳定性越好；节流阀开口面积越小时，其速度稳定性越好。因此，旁路节流调速回路适用于功率、负载较大的条件下。

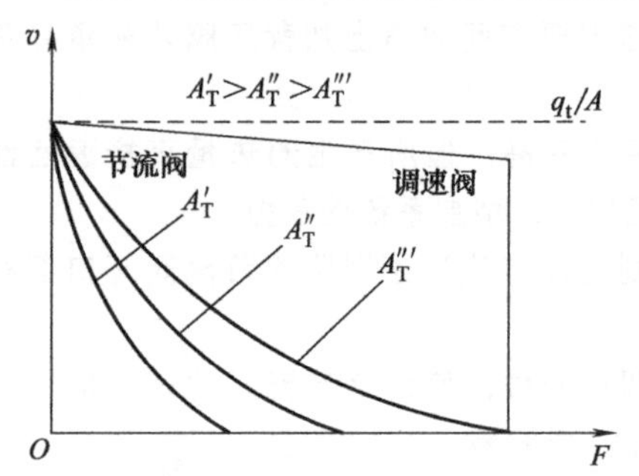

图7-6 旁路节流调速回路的速度负载特性

根据前述，亦可推出该回路的速度刚性K_v，

$$K_v=-\frac{1}{\tan\alpha}=-\frac{\partial F}{\partial v}=\frac{FA_1}{m(q_p-A_1v)+(1-m)K_1\dfrac{F}{A_1}} \tag{7-28}$$

b. 功率特性。在负载一定的条件下，若不计损失，泵的输出功率$P_p=p_pq_p$，作用于液压缸上的有效输出功率$P_1=p_1q_1$，该回路的功率损失为

$$\Delta P=P_p-P_1=p_pq_p-p_1q_1=p_p(q_p-q_1)=p_pq_1 \tag{7-29}$$

可见，该回路的功率损失只有一项。通过节流阀的功率损失，称为节流损失。其功率特性曲线如图7-7所示。由图7-7可见，这种回路随着执行机构速度的增加，有用功率在增加，而节流损失在减小。回路的效率是随工作速度及负载而变化的，并且在主油路中没有溢流损失和发热现象，因此适合于速度较高、负载较大、负载变化不大且对运动平稳要求不高的场合。

④ 采用调速阀的调速回路 对采用节流阀的节流调速回路，由于节流阀两端的压差是随着液压缸的负载变化的，因此其速度稳定性较差。如果用调速阀来代替节流阀，由于调速阀本身能在负载变化的条件下保证其通过内部的节流阀两端的压差基本不变，因此，速度稳定性将大大提高。如图7-2、图7-6中所示采用调速阀的节流调速回路的速度负载特性曲线。当旁路节流调速回路采用调速阀后，其承载能力也不因活塞速度降低而减小。

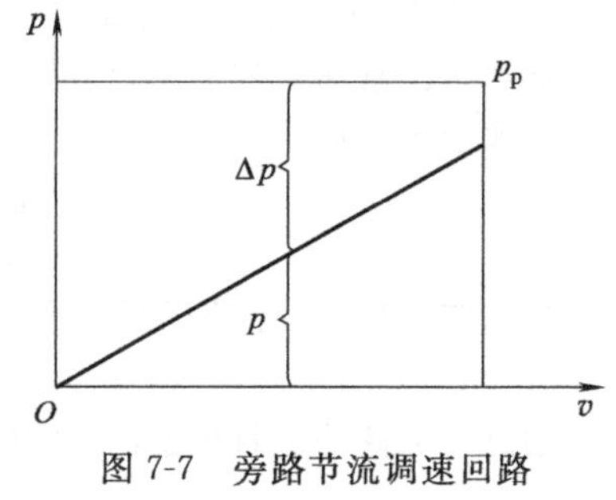

图7-7 旁路节流调速回路的功率特性

在采用调速阀的进回油调速回路中，由于调速阀最小压差比节流阀的大，因此，泵的供油压力相应高，所以，负载不变时，功率损失要大些。在功率损失中，溢流损失基本不变，节流损失随负载升高线性下降。适用于运动平稳性要求高的小功率系统，如组合机床等。

在采用调速阀的旁路节流调速回路中，由于从调速阀回油箱的流量不受负载影响，因而其承载能力较高，效率高于前两种。此回路适用于速度平稳性要求高的大功率场合。

(3) 容积调速回路

容积调速回路主要是利用改变变量式液压泵的排量或变量式液压马达的排量来实现调节执行机构速度的目的。一般分为变量泵与执行机构组成的回路、定量泵与变量马达组成的回路或变量泵与变量马达组成的回路三种。

就回路的循环形式而言，容积式调速回路分为开式回路和闭式回路两种。

在开式回路中，液压泵从油箱中吸油，把压力油输给执行元件，执行元件排出的油直接回油箱，如图7-8(a)所示。这种回路结构简单，冷却性能好，但油箱尺寸较大，空气和杂物易进入回路中，影响回路的正常工作。

在闭式回路中，液压泵排油腔与执行元件进油管相连，执行元件的回油管直接与液压泵的吸油腔相连，如图7-8(b)所示。闭式回路油箱尺寸小、结构紧凑，且不易污染，但冷却条件较

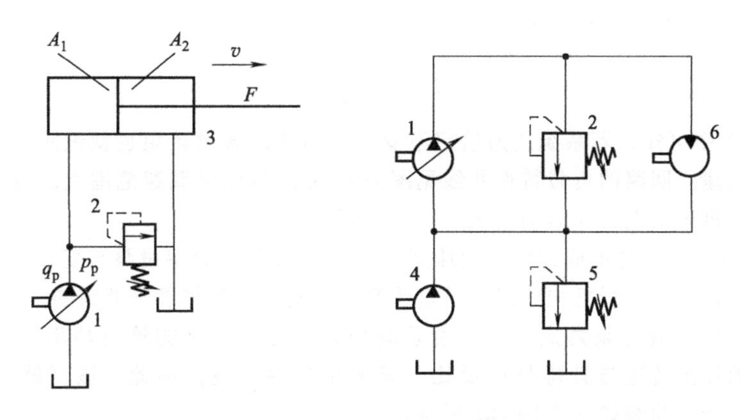

图 7-8 变量泵与定量执行元件组成的容积调速回路

1—变量泵；2、5—溢流阀；3—液压缸；4—补油泵；6—定量马达

差，需要辅助泵进行换油和冷却。

① 变量泵与执行机构组成的容积调速回路 在这种容积调速回路中，采用变量泵供油，执行机构为液压缸或定量液压马达。如图 7-8 所示，其中图 (a) 为液压缸的回路，图 (b) 为定量马达的回路。在这两个回路中，溢流阀主要用于防止系统过载，起安全保护作用，图 7-8 (b) 中的泵 4 为补油泵，而溢流阀 5 的作用是控制补油泵 4 的压力。

这种回路速度的调节主要是依靠改变变量泵的排量。在图 7-8 (a) 中，若不计液压回路及泵以外的元件泄漏，其运动速度与负载的关系为

$$v=\frac{q_p}{A_1}=\frac{q_t-k_1\dfrac{F}{A_1}}{A_1} \tag{7-30}$$

式中， q_t 为变量泵的理论流量； k_1 为变量泵的泄漏系数。

以此式可绘出该回路的速度负载特性曲线，如图 7-9 (a) 所示。从图 7-9 (a) 中可以看出，在这种回路中，由于变量泵的泄漏，活塞的运动速度会随着外负载的变化而降低，尤其是在低速下，甚至会出现活塞停止运动的情况，可见该回路在低速条件下的承载能力是相当差的。

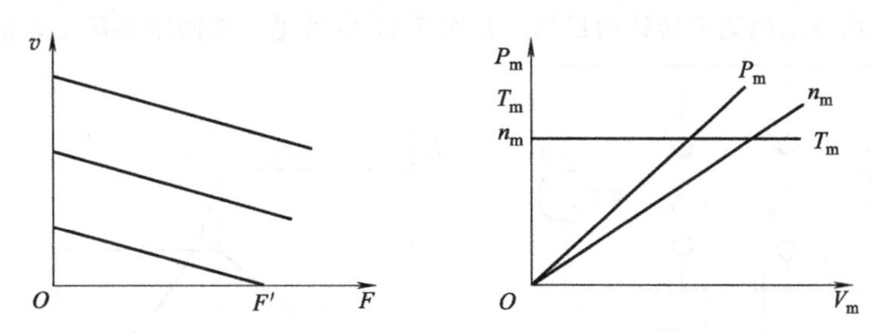

(a) 变量泵-液压缸回路　(b) 变量泵-定量液压马达回路

图 7-9 变量泵与定量执行元件组成的容积调速回路特性曲线

图 7-9 (b) 是变量泵和定量马达的调速回路，在这种回路中，若不计损失，其转速

$$n_m=\frac{q_p}{V_m} \tag{7-31}$$

马达的排量是定值，因此改变泵的排量，即改变泵的输出流量，马达的转速也随之改变。

从第 3 章可知，马达的输出转矩为

$$T_m = \frac{p_p V_m}{2\pi} \eta_{mm} \tag{7-32}$$

从式 (7-32) 中可知，若系统压力恒定不变，则马达的输出转矩也就恒定不变，因此，该回路称为恒转矩调速，回路的负载特性曲线见图 7-9 (b)。该回路调速范围大，可连续实现无级调速，一般用于如机床上做直线运动的主运动（刨床、拉床等）。

② 定量泵与变量马达组成的容积调速回路　图 7-10 所示为定量泵与变量马达组成的容积调速回路。在该回路中，执行机构的速度是靠改变变量马达 3 的排量来调定的，泵 4 为补油泵。

在这种回路中，液压泵为定量泵，若系统压力恒定，则泵的输出功率为恒定。若不计损失，液压马达的输出转速与其排量成反比，其输出功率不变，因此，该回路也称为恒功率调速，其速度负载特性曲线如图 7-10 (b) 所示。

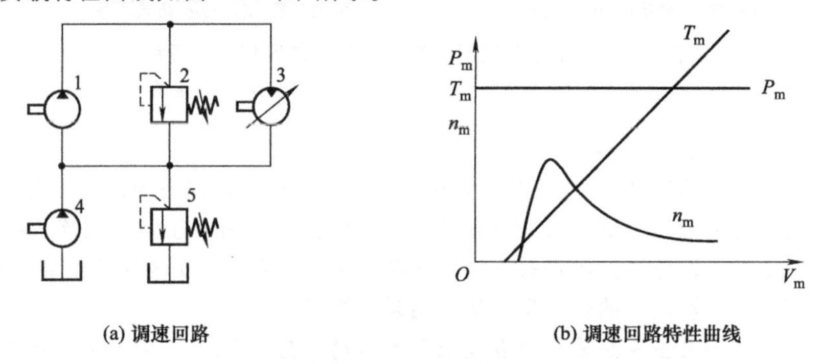

(a) 调速回路　　(b) 调速回路特性曲线

图 7-10　定量泵与变量马达组成的容积节流调速回路

1—定量泵；2、5—溢流阀；3—变量马达；4—补油泵

这种回路不能用马达本身来换向，因为换向必然经过“高转速—零转速—高转速”，速度转换困难，也可能低速时带不动，存在死区，调速范围较小。

③ 变量泵与变量马达组成的容积调速回路　如图 7-11 所示为一种变量泵与变量马达组成的容积调速回路，在一般情况下，这种回路都是双向调速，改变双向变量泵 1 的供油方向，可使双向变量马达 2 的转向改变。单向阀 6 和 8 保证补油泵 4 能双向为泵 1 补油，而单向阀 7 和 9 能使溢流阀 3 在变量马达正反向工作时都起过载保护作用。这种回路在工作中，改变泵的排量或改变马达的排量均可达到调节转速的目的。从图 7-11 中可见，该回路实际上是前两种回路的组

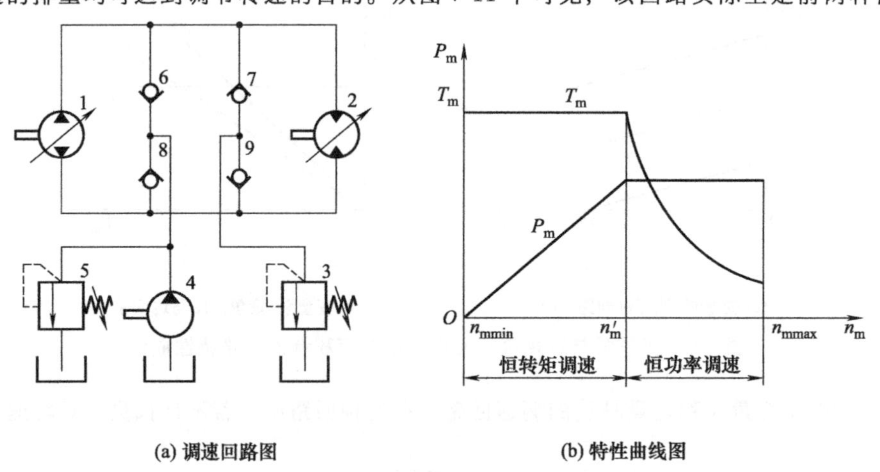

(a) 调速回路图　　(b) 特性曲线图

图 7-11　变量泵与变量马达组成的容积节流调速回路

1—双向变量泵；2—双向变量马达；3、5—溢流阀；4—补油泵；6、7、8、9—单向阀

合，因此它具有前两种回路的特点。在调速过程中，第一阶段，固定马达的排量为最大，从小到大改变泵的排量，泵的输出流量增加，此时，相当于恒转矩调速；第二阶段，泵的排量固定到最大，从大到小调节马达的排量，马达的转速继续增加，此时，相当于恒功率调速。因此该回路的速度负载特性曲线是前两种回路的组合，其调速范围大大增加。

(4) 容积节流调速回路

容积节流调速回路就是容积调速回路与节流调速回路的组合，一般采用压力补偿变量泵供油，并在液压缸的进油或回油路上安装有流量调节元件来调节进入或流出液压缸的流量，同时使变量泵的输出流量自动与液压缸所需流量相匹配。由于这种调速回路没有溢流损失，其效率较高，速度稳定性也比容积节流调速回路好，因此其适用于速度变化范围大、中小功率的场合。

① 限压式变量泵与调速阀组成的容积节流调速回路　如图7-12所示为限压式变量泵与调速阀组成的容积节流调速回路。在这种回路中，由限压式变量泵供油。为获得更低的稳定速度，一般将调速阀安装在进油路中，回油路中装有背压阀。

这种回路具有自动调节流量的功能。当系统处于稳定工作状态时，泵的输出流量与进入液压缸的流量相适应，若关小调速阀的开口，通过调速阀的流量减小，此时，泵的输出流量大于通过调速阀的流量，多余的流量迫使泵的输出压力升高，根据限压式变量泵的特性可知，变量泵将自动减小输出流量，直到与通过调速阀的流量相等；反之亦然。由于这种回路中泵的供油压力基本恒定，因此，也称为定压式容积节流调速回路。

② 差压式变量泵和节流阀组成的容积节流调速回路　如图7-13所示为差压式变量泵与节流阀的容积节流调速回路。在这种回路中，由差压式变量泵供油，用节流阀来调节进入液压缸的流量，并使变量泵输出的油液流量自动与通过节流阀的流量相匹配。

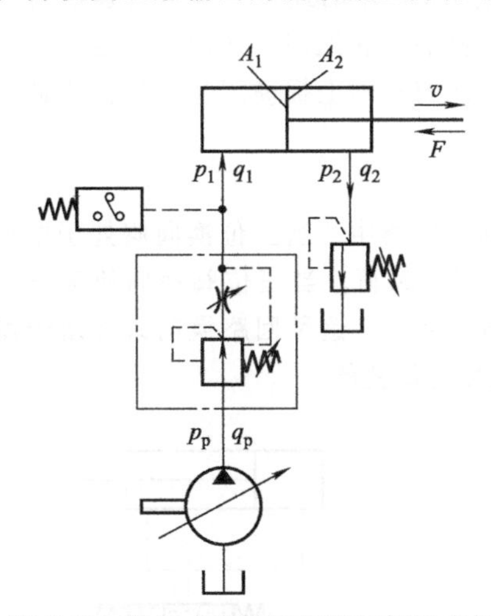

图7-12　限压式变量泵与调速阀组成的容积节流调速回路

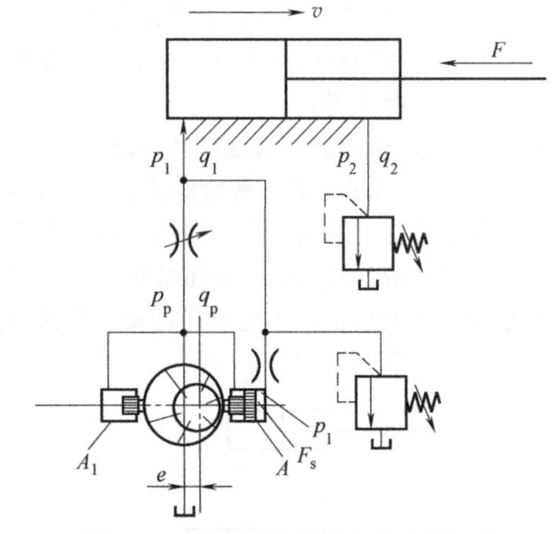

图7-13　差压式变量泵与节流阀组成的容积调速回路

由图7-13可见，变量泵的定子是在左右两个液压缸的液压力与弹簧力平衡下工作的，其平衡方程为

$$p_p A_1 + p_p (A - A_1) = p_1 A + F_s \tag{7-33}$$

故得出节流阀前后的压差为

$$\Delta p = p_p - p_1 = F_s / A \tag{7-34}$$

由式(7-34)可看出，节流阀前后的压差基本是由泵右边柱塞缸上的弹簧力来调定的，由于弹簧刚度较小，工作中的伸缩量也较小，因此基本是恒定值，因此，作用于节流阀两端的压差

也基本恒定，所以通过节流阀进入液压缸的流量基本不随负载的变化而变化。由于该回路泵的输出压力是随负载的变化而变化的，因此，这种回路也称为变压式容积节流调速回路。

这种调速回路没有溢流损失，而且泵的出口压力是随着负载的变化而变化的，因此，它的效率较高，且发热较少。这种回路适用于负载变化较大、速度较低的中小功率场合，如组合机床的进给系统等。

(5) 三种调速回路特性比较

节流调速回路、容积调速回路、容积节流调速回路的特性比较见表 7-1。

表 7-1 三种调速回路特性比较

项目	节流调速回路	容积调速回路	容积节流调速回路
调速范围与低速稳定性	调速范围较大，采用调速阀可获得稳定的低速运动	调速范围较小，获得稳定低速运动较困难	调速范围较大，能获得较稳定的低速运动
效率与发热	效率低，发热量大，旁路节流调速较好	效率高，发热量小	效率较高，发热较小
结构(泵、马达)	结构简单	结构复杂	结构较简单
适用范围	适用于小功率轻载的中低压系统	适用于大功率、重载高速的中高压系统	适用于中小功率、中压系统，在机床液压系统中获得广泛的应用

7.1.2 快速运动回路

快速运动回路的功用就是提高执行元件的空载运行速度，缩短空行程运行时间，以提高系统的工作效率。常见的快速运动回路有以下几种。

(1) 液压缸采用差动连接的快速运动回路

单杆活塞液压缸在工作时，两个工作腔连接起来就形成了差动连接，其运行速度可大大提高。如图 7-14 就是一种差动连接的回路，二位三通电磁阀右位接通时，形成差动连接，液压缸快速进给。这种回路的最大好处是在不增加任何液压元件的基础上提高工作速度，因此，在液压系统中被广泛采用。

(2) 采用蓄能器的快速运动回路

如图 7-15 所示是采用蓄能器的快速运动回路。在这种回路中，当三位换向阀处于中位时，蓄能器储存能量，达到调定压力时，控制顺序阀打开，使泵卸荷。当三位阀换向使液压缸进给时，蓄能器和液压泵共同向液压缸供油，达到快速运动的目的。这种回路换向只能用于需要短时间快速运动的场合，行程不宜过长，且快速运动的速度是渐变的。

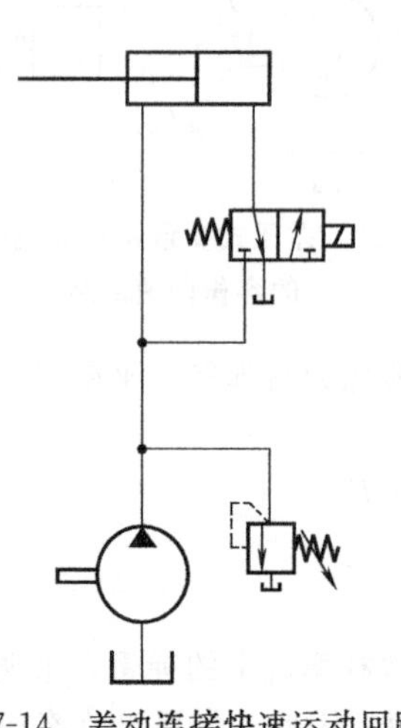

图 7-14 差动连接快速运动回路

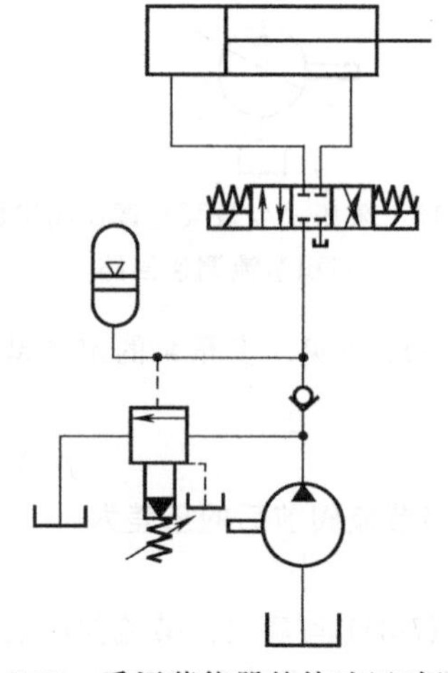

图 7-15 采用蓄能器的快速运动回路

(3) 采用双泵供油系统的快速运动回路

如图 7-16 所示的双泵供油系统。泵 1 为低压大流量泵，泵 2 为高压小流量泵，阀 5 为溢流阀，用以调定系统工作压力。阀 3 为顺序阀，在这里作卸荷阀使用。当执行机构需要快速运动时，系统负载较小，双泵同时供油；当执行机构转为工作进给时，系统压力升高，打开阀 3，大流量泵 1 卸荷，小流量泵单独供油。这种回路的功率损耗小，系统效率高，目前使用的较广泛。

7.1.3　速度换接回路

速度换接回路的功用是在液压系统工作时，执行机构从一种工作速度转换为另一种工作速度。

(1) 快速运动转为工作进给运动的速度换接回路

如图 7-17 所示的为最常见的一种快速运动转为工作进给运动的速度换接回路，是由行程阀 3、节流阀 4 和单向阀 5 并联而成。当二位四通换向阀 2 右位接通时，液压缸快速进给，当活塞上的挡块碰到行程阀，并压下行程阀时，液压缸的回油只能改走节流阀，转为工作进给；当二位四通换向阀 2 左位接通时，液压油经单向阀 5 进入液压缸有杆腔，活塞反向快速退回。这种回路同采用电磁阀代替行程阀的回路比较，其特点是换向平稳，有较好的可靠性，换接点的位置精度高。

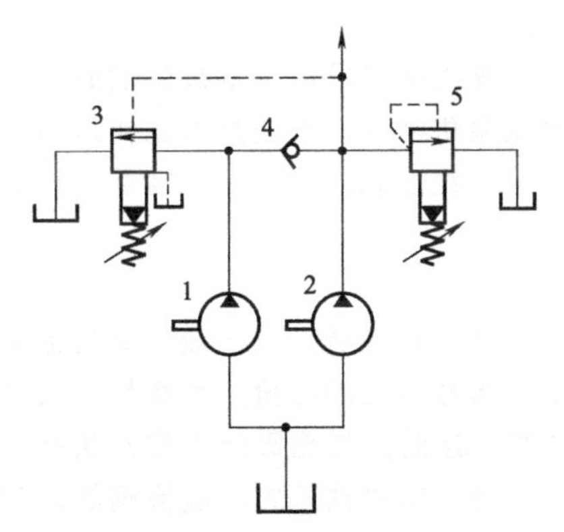

图 7-16　双泵供油系统

1—低压大流量泵；2—高压小流量泵；
3—顺序阀；4—单向阀；5—溢流阀

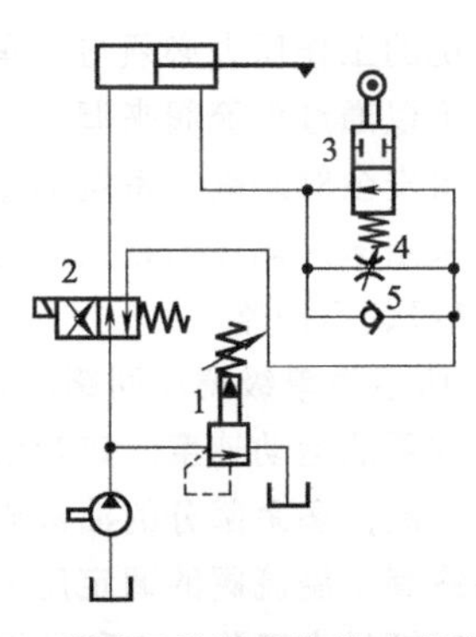

图 7-17　采用行程阀的快慢速度换接回路

1—溢流阀；2—二位四通换向阀；
3—行程阀；4—节流阀；5—单向阀

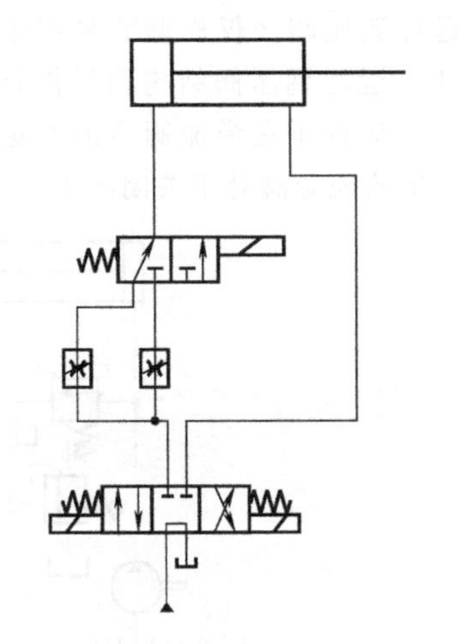

(a) 两调速阀并联的速度换接回路

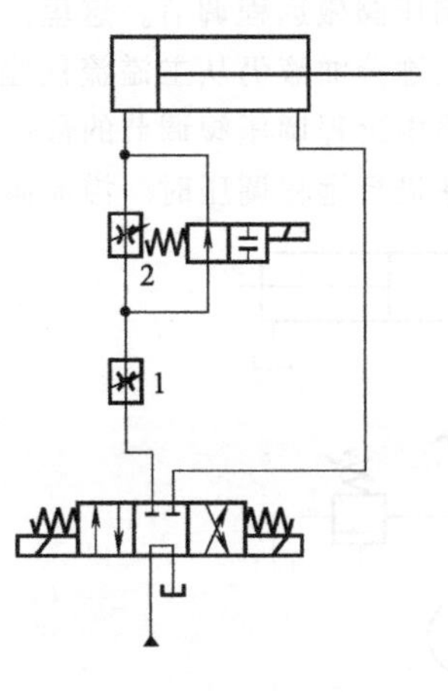

(b) 两调速阀串联的速度换接回路

图 7-18　两种不同工作进给速度的速度换接回路

(2) 两种不同工作进给速度的速度换接回路

两种不同工作进给速度的速度换接回路一般采用两个调速阀串联或并联而成，如图 7-18 所示。

图 7-18 (a) 所示为两个调速阀并联，两个调速阀分别调节两种工作进给速度，互不干扰。但在这种调速回路中，一个阀处于工作状态，另一个阀则无油通过，其定差减压阀处于最大开口位置，速度换接时，油液会大量进入使执行元件突然前冲。因此，该回路不适合用于在工作过程中进行的速度换接。

图 7-18 (b) 所示为两个调速阀串联。速度的换接是通过二位二通电磁阀的两个工作位置的换接实现的。在这种回路中，调速阀 2 的开口一定要小于调速阀 1 的开口，工作时，油液始终通过两个调速阀，速度换接的平稳性较好，但能量损失也较大。

7.2 压力控制回路

压力控制回路利用压力控制阀来控制液压系统中管路内的压力，以满足执行元件（液压缸或液压马达）驱动负载的要求。

7.2.1 调压回路

液压系统的工作压力必须与所承受的负载相适应。当液压系统采用定量泵供油时，液压泵的工作压力可以通过溢流阀来调节；当液压系统采用变量泵供油时，液压泵的工作压力主要取决于负载，用安全阀来限定系统的最高工作压力，以防止系统过载。当系统中需要二种以上压力时，则可采用多级调压回路来满足不同的压力要求。

(1) 单级调压回路

图 7-19 所示为单级调压回路。系统由定量泵供油，采用节流阀调节进入液压缸的流量，使活塞获得所需要的运动速度。定量泵输出的流量要大于进入液压缸的流量，也就是说只有一部分油进入液压缸，多余部分的油液则通过溢流阀流回油箱。这时，溢流阀处于常开状态，泵的出口压力始终等于溢流阀的调定压力。调节溢流阀便可调节泵的供油压力，溢流阀的调定压力必须大于液压缸最大工作压力和油路上各种压力损失的总和。

(2) 远程调压和二级调压回路

图 7-20 为远程调压回路。将远程调压阀 2 接在先导式主溢流阀 1 的远程控制口上，泵的出口压力即可由远程调压阀做远程调节。这里，远程调压阀 2 仅作调节系统压力用，相当于主溢流阀的先导阀，绝大部分油液仍从主溢流阀溢走。远程调压阀结构和工作原理与溢流阀中的先导阀基本相同。回路中远程调压阀调节的最高压力应低于主溢流阀 1 的调定压力。否则，远程调压阀不起作用。在进行远程调压时，溢流阀 1 中的先导阀处于关闭状态。

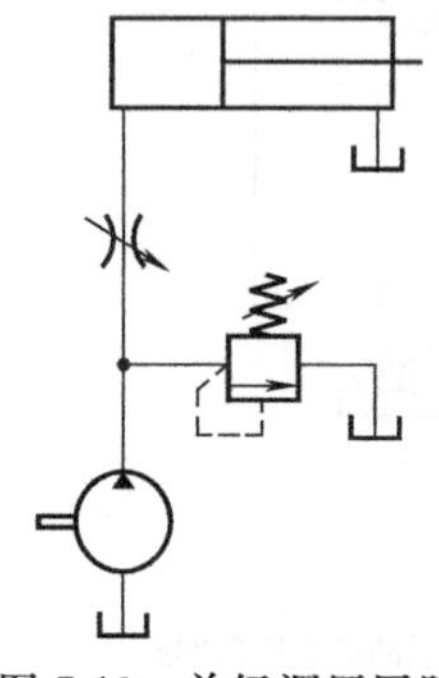

图 7-19 单级调压回路

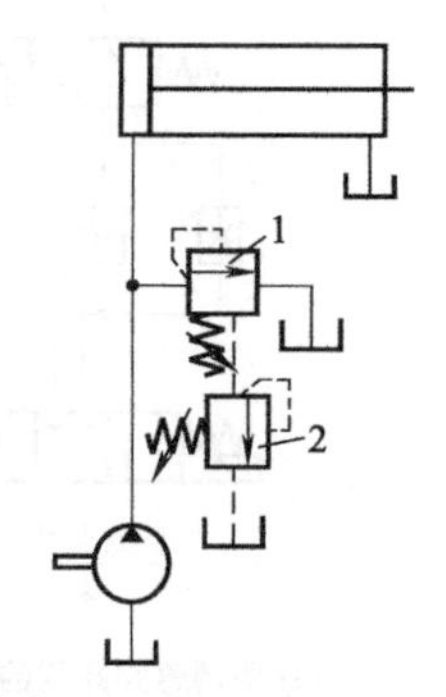

图 7-20 远程调压回路

利用先导式主溢流阀 1 的远程控制口和远程调压阀也可实现多级调压。

许多液压系统，液压缸活塞往返行程的工作压力差别很大，为了降低功率损耗，减少油液发热，可以采用图 7-21 所示的二级调压回路。当活塞右行时，负载大，由高压溢流阀 1 调定；而活塞左行时，负载小，由低压溢流阀 2 调定。当活塞左行到终点位置时，泵的流量全部经低压溢流阀流回油箱，这样就减少了回程的功率损耗。城市生活垃圾处理液压系统就是这种基本回路的典型应用。当然二级调压回路也有由先导式溢流阀的远程调压口与二位二通电磁铁和直动式溢流阀组成的。

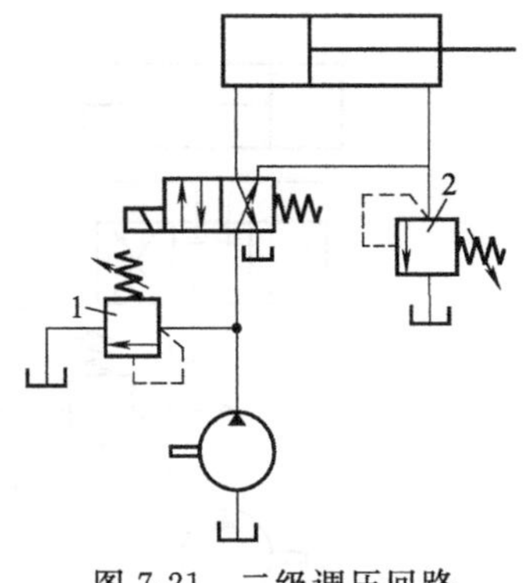

图 7-21　二级调压回路

7.2.2　减压回路

在一个泵为多个执行元件供油的液压系统中，主油路的工作压力由溢流阀调定。当某一支路所需要的工作压力低于溢流阀调定的压力，或要求有较稳定的工作压力时，可采用减压回路。

图 7-22 是夹紧机构中常用的减压回路。在通向夹紧缸的油路中，串接一个减压阀，使夹紧缸能获得较低而又稳定的夹紧力。减压阀的出口压力可以根据需要从 0.5MPa 至溢流阀的调定压力范围内调节，当系统压力有波动或负载有变化时，减压阀出口压力可以稳定不变。图 7-22 中单向阀的作用是当主油路压力下降到低于减压阀调定压力（如主油路中液压缸快速运动）时，起到短时间的保压作用，使夹紧缸的夹紧力在短时间内保持不变。为了确保安全，在夹紧回路中往往采用带定位的二位四通电磁换向阀，或采用失电夹紧的换向回路，防止在电气系统发生故障时，松开工件。

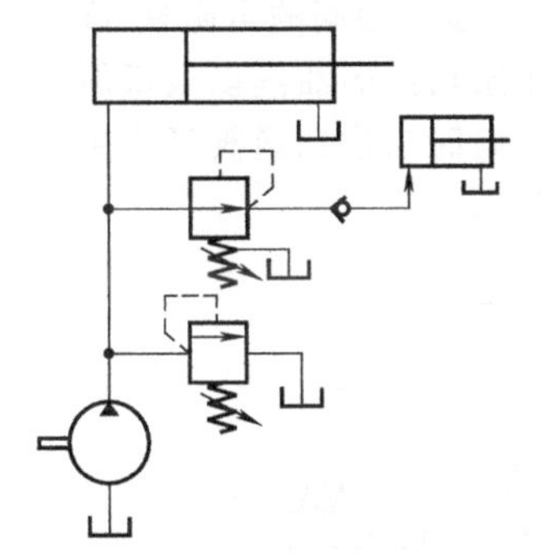
图 7-22　减压回路

控制油路和润滑油路的油压一般也低于主油路的调定压力，也可采用减压回路。

7.2.3　卸荷回路

当液压系统中的执行元件短时间停止工作（如测量工件或装卸工件）时，应使液压泵卸荷空载运转，以减少功率损失、减少油液发热，延长泵的使用寿命且又不必经常启闭电动机。功率较大的液压泵应尽可能在卸荷状态下使电动机轻载启动。

常见的卸荷回路有以下几种方式。

(1) 用主换向阀的卸荷回路

主换向阀卸荷是利用三位换向阀的中位机能使泵和油箱连通进行卸荷。此时换向阀滑阀的中位机能必须采用 M 型、 H 型或 K 型等。图 7-23 是采用 M 型中位机能的三位四通换向阀的卸荷回路，这种卸荷回路结构简单，但当压力较高、流量大时容易产生冲击，故一般适用于压力较低和小流量的场合。当流量较大时，可使用液动或电液换向阀来卸荷，但应在回路上安装单向阀（图 7-24），使泵在卸荷时，仍能保持 0.3～0.5MPa 的压力，以保证控制油路能获得必要的启动压力。否则应采用外控式电液换向阀。

(2) 用二位二通阀的卸荷回路

图 7-25 是用二位二通电磁阀的卸荷回路。当系统工作时，二位二通电磁阀通电，切断液压泵出口与油箱之间的通道，泵输出的压力油进入系统。当工作部件停止运动时，二位二通电磁阀断电，泵输出的油液经二位二通阀直接流回油箱，液压泵卸荷。在这种回路中，二位二通电磁阀应通过泵的全部流量，选用的规格应与泵的公称流量相适应。

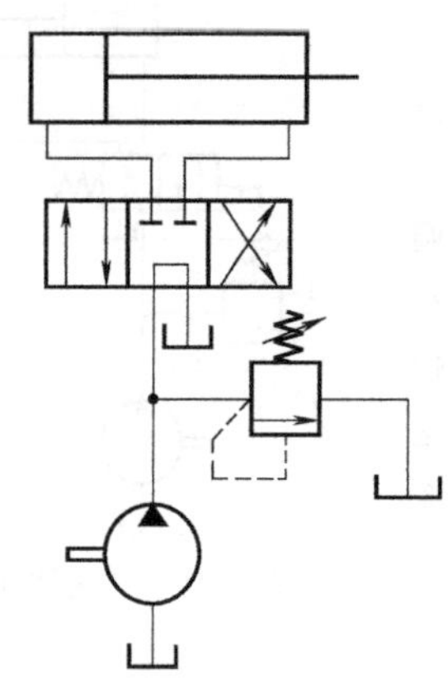

图 7-23 利用换向阀的卸荷回路

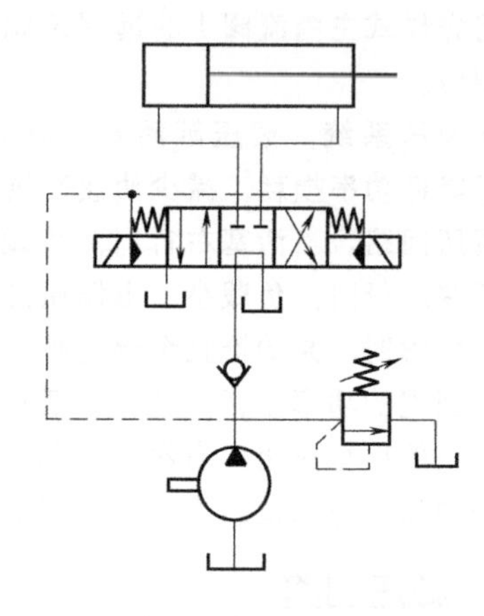

图 7-24 利用电液换向阀的卸荷回路

(3) 用溢流阀和二位二通阀的卸荷回路

如图 7-26 所示是二位二通电磁阀与先导式溢流阀构成的卸荷回路。二位二通电磁阀通过管路和先导式溢流阀的远程控制口相连接，当工作部件停止运动时，二位二通阀的电磁铁 3YA 断电，使远程控制口接通油箱，此时溢流阀主阀芯的阀口全开，液压泵输出的油液以很低的压力经溢流阀流回油箱，液压泵卸荷。这种卸荷回路便于远距离控制，同时二位二通阀可选用小流量规格。这种卸荷方式要比直接用二位二通电磁阀的卸荷方式平稳些。

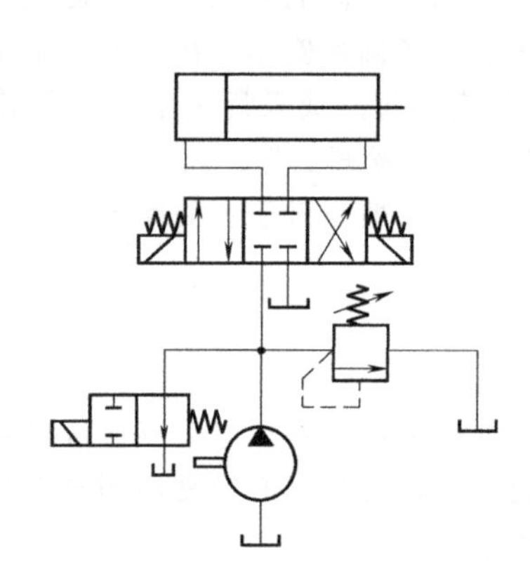

图 7-25 利用二位二通阀的卸荷回路

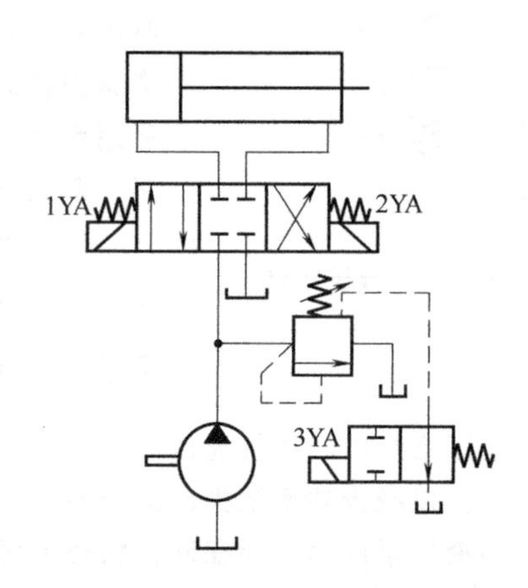

图 7-26 利用先导式溢流阀和二位二通阀的卸荷回路

(4) 用蓄能器的保压卸荷回路

在上述回路中，加接蓄能器和压力继电器后，即可实现保压、卸荷，如图 7-27 所示。在工作时，电磁铁 1YA 通电，泵向蓄能器和液压缸左腔供油，并推动活塞右移。接触工件后，系统压力升高，当压力升至压力继电器的调定值时，表示工件已经夹紧，压力继电器发出信号，3YA 断电，油液通过先导式溢流阀使泵卸荷。此时，液压缸所需压力由蓄能器保持，单向阀关闭。在蓄能器向系统补油的过程中，若系统压力从压力继电器区间的最大值下降到最小值，压力继电器复位， 3YA 通电，使液压泵重新向系统及蓄能器供油。

7.2.4 增压回路

增压回路是用来提高系统中某一支路压力的。增压回路可以用较低压力的液压泵来获得较高的工作压力，以节省能源的消耗。

(1) 用增压缸的增压回路

如图7-28，增压缸4由大缸a和小缸b两部分组成，大活塞和小活塞由一根活塞杆连接在一起。当压力油由泵1经换向阀3进入大缸a推动活塞向右运动时，从小缸中便能输出高压油2为溢流阀。其原理如下：

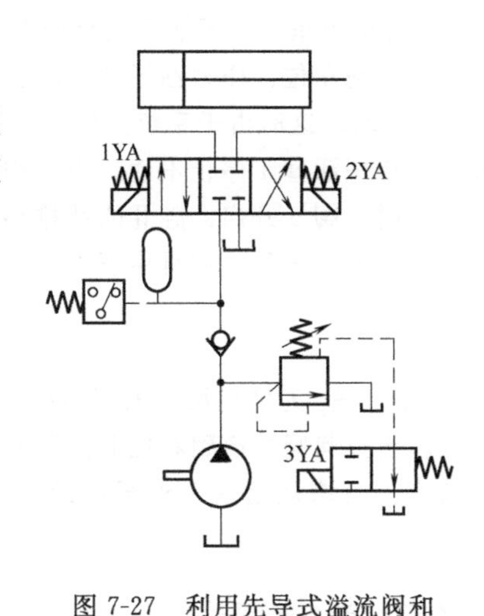

图7-27 利用先导式溢流阀和蓄能器的保压卸荷回路

作用在大活塞上的力 F_a 为

$$F_a=p_1A_a \tag{7-35}$$

式中 p_1——液压缸a腔的压力；

A_a——大活塞面积。

在小活塞上产生的作用力 F_b 为

$$F_b=p_2A_b \tag{7-36}$$

式中 p_2——液压缸b腔的压力；

A_b——小活塞面积。

活塞两端受力相平衡，则

$$F_a=F_b \tag{7-37}$$

即

$$p_1A_a=p_2A_b \tag{7-38}$$

$$p_2=p_1\frac{A_a}{A_b}=p_1K \tag{7-39}$$

式中，K 为增压比，$K=\frac{A_a}{A_b}$。

因为 $A_a>A_b$，所以 $K>1$，即增压缸b腔输出的油压 p_2 是输入液压缸a腔的油压 p_1 的 K 倍。这样就达到了增压的目的。

工作缸c是单作用缸，活塞靠弹簧复位。为补偿增压缸小缸b和工作缸c的泄漏，增设了由单向阀和副油箱组成的补液装置。这种回路不能得到连续的高压，适用于行程较短的单作用液压缸。

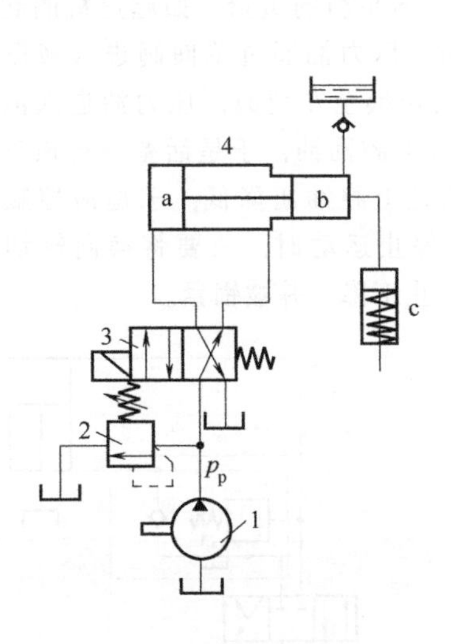

图7-28 用增压缸的增压回路

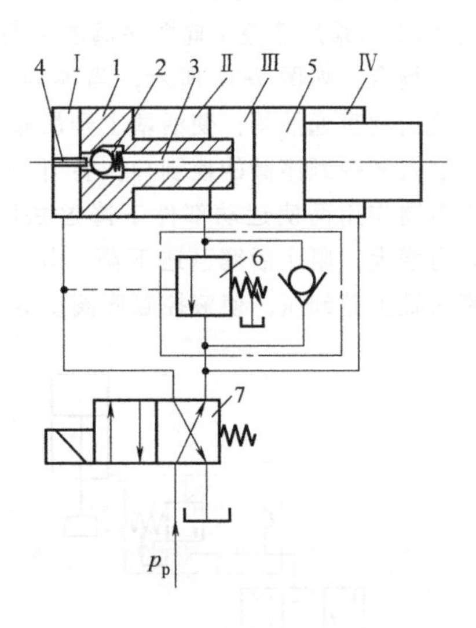

图7-29 用复合缸的增压回路

(2) 用复合缸的增压回路

图7-29为用于压力机上的一种增压缸形式。它由一个增压缸和一个工作缸组合而成。在增压活塞1的头部装有单向阀2，活塞内的通道3使油腔Ⅰ和油腔Ⅲ相通。在增压缸端盖上设有顶

杆 4，其作用是当增压活塞退至最左端位置时，顶开单向阀 2。增压缸的工作原理如下：当换向阀 7 切换到左位，压力油经增压缸左腔Ⅰ、单向阀 2、通道 3 进入工作缸左腔Ⅲ，推动工作活塞 5 向右运动。这时由于系统工作压力低于液控顺序阀 6 的调定压力，阀 6 关闭，增压缸Ⅱ的油液被堵，增压活塞 1 停止不动。当工作活塞阻力增大，系统工作压力升高，超过液控顺序阀的调定压力时，阀 6 开启，腔Ⅱ的油排出，增压活塞向右移动，单向阀 2 自行关闭，阻止腔Ⅲ中的高压油回流，于是，腔Ⅲ中压力 p_2 升高，其增压后的压力

$$p_2=p_1\frac{A_1}{A_2} \tag{7-40}$$

A_1、A_2 为增压活塞大端和小端的面积，p_1 为系统压力，这时候工作活塞的推力也随之增大。当换向阀切换到右位时，腔Ⅱ和腔Ⅳ进油，腔Ⅰ排油，增压活塞快速退回，工作活塞移动较慢，当增压活塞 1 退至最后位置时，顶杆 4 将单向阀 2 顶开，工作活塞 5 快速退至最后位置。

7.2.5 平衡回路

为了防止立式液压缸与垂直工作部件由于自重而自行下滑，或在下行运动中由于自重而造成超速运动，使运动不平稳，这时可采用平衡回路。即在立式液压缸下行的回油路上设置一个顺序阀使之产生适当的阻力，以平衡自重。

(1) 采用单向顺序阀（也称平衡阀）的平衡回路。

图 7-30 为采用单向顺序阀的平衡回路，顺序阀的调定压力应稍大于由工作部件自重在液压缸下腔中形成的压力。这样当液压缸不工作时，单向顺序阀关闭，而工作部件不会自行下滑；液压缸上腔通压力油，当下腔背压大于顺序阀的调定压力时，顺序阀开启。由于自重得到平衡，故不会产生超速现象。当压力油经单向阀进入液压缸下腔时，活塞上行。这种回路，停止时会由于顺序阀的泄漏而使运动部件缓慢下降，所以要求顺序阀的泄漏量要小。由于回油腔有背压，因此该回路功率损失较大。

(2) 采用液控单向顺序阀的平衡回路

图 7-31 为采用液控单向顺序阀的平衡回路。它适用于所平衡的重量（如起重机的起重等）有变化的场合。如图 7-31 所示，当换向阀切换至右位时，压力油通过单向阀进入液压缸的下腔，上腔回油直通油箱，使活塞上升吊起重物。当换向阀切换至左位时，压力油进入液压缸上腔，并进入液控顺序阀的控制口，打开顺序阀，使液压缸下腔回油，于是活塞下行放下重物。若由于重物作用而使运动部件下降过快时，必然使液压缸上腔油压降低，于是液控顺序阀关小，阻力增大，阻止活塞迅速下降。如果要求工作部件停止运动时，只要将换向阀切换至中位，液压缸上腔卸压，使液控顺序阀迅速关闭，活塞即停止下降，并被锁紧。

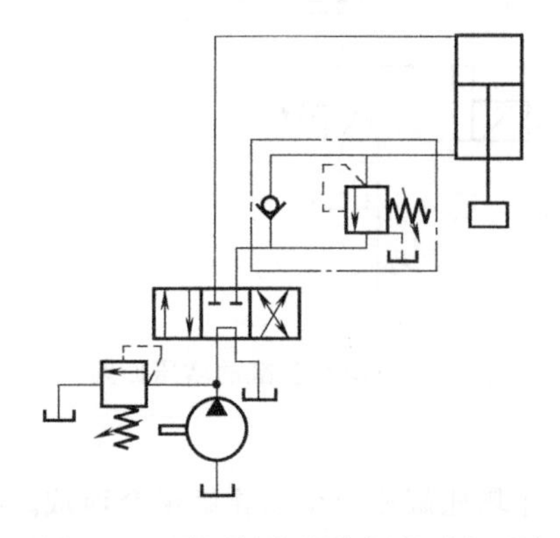

图 7-30 采用单向顺序阀的平衡回路

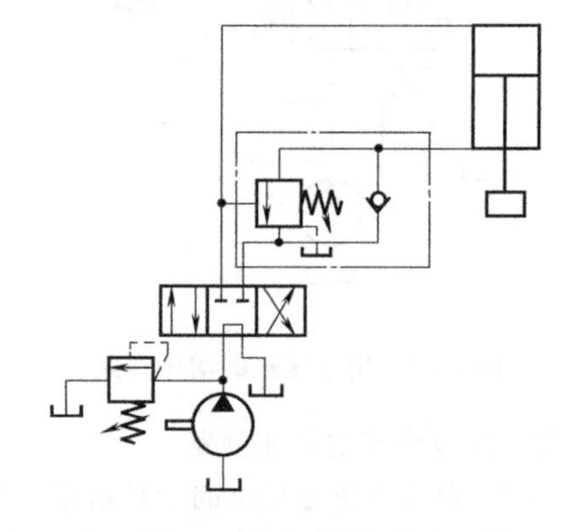

图 7-31 采用液控单向顺序阀的平衡回路

这种回路适用于负载重量变化的场合，较安全可靠；但活塞下行时，由于重力作用会使液控顺序阀的开口量处于不稳定状态，系统平稳性较差。

7.3　方向控制回路

在液压系统中，起控制执行元件的启动、停止及换向作用的回路，称为方向控制回路。方向控制回路包括换向回路和锁紧回路。

7.3.1　换向回路

运动部件的换向，一般可采用各种换向阀来实现。在容积调速的闭式回路中，也可以利用双向变量泵控制油流的方向来实现液压缸（或液压马达）的换向。

依靠重力或弹簧返回的单作用液压缸，可以采用二位三通换向阀进行换向。双作用液压缸的换向，一般都可采用为二位四通（或五通）及三位四通（或五通）换向阀来进行换向。按不同用途可选用不同控制方式的换向回路。

电磁换向阀的换向回路应用最为广泛，尤其在自动化程度要求较高的组合机床液压系统中被普遍采用。这种换向回路曾多次出现于上面许多回路中，这里不再赘述。对于流量较大和换向平稳性要求较高的场合，电磁换向阀的换向回路已不能适应上述要求，往往采用手动换向阀或机动换向阀作先导阀而以液动换向阀为主阀的换向回路，或者采用电液动换向阀的换向回路。

往复直线运动换向回路的功用是使液压缸和与之相连的主机运动部件在其行程终端处迅速、平稳、准确地变换运动方向。简单的换向回路只需采用标准的普通换向阀，但是在换向要求高的主机（例如各类磨床）上换向回路中的换向阀就需要特殊设计。这类换向回路还可以按换向要求的不同而分成时间控制制动式和行程控制制动式两种。

图 7-32 为一种比较简单的时间控制制动式换向回路。这个回路中的主油路只受换向阀 3 控制。在换向过程中，当图中先导阀 2 在左端位置时，控制油路中的压力油经单向阀 I_2 通向换向阀 3 右端，换向阀左端的油经节流阀 J_1 流回油箱，换向阀阀芯向左移动，阀芯上的锥面逐渐关小回油通道，活塞速度逐渐减慢，并在换向阀 3 的阀芯移过 l 距离后将通道闭死，使活塞停止运动。当节流阀 J_1 和 J_2 的开口大小调定之后，换向阀阀芯移过距离 l 所需的时间（使活塞制动所经历的时间）就确定不变，因此，这种制动方式被称为时间控制制动方式。时间控制制动式换向回路的主要优点是它的制动时间可以根据主机部件运动速度的快慢、惯性的大小通过节流阀 J_1 和 J_2 的开口量得到调节，以便控制换向冲击，提高工作效率。其主要缺点是换向过程中的冲出量受运动部件的速度和其他一些因素的影响，换向精度不高。所以这种换向回路主要用于工作部件运动速度较高但换向精度要求不高的场合，例如平面磨床的液压系统中。

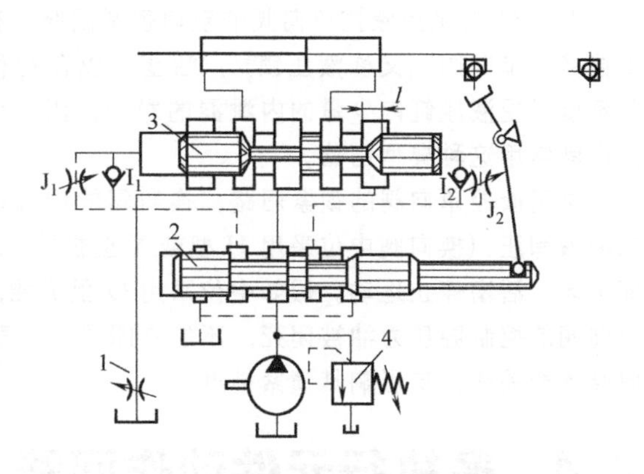

图 7-32　时间控制制动式换向回路

1—节流阀；2—先导阀；3—换向阀；4—溢流阀

图 7-33 为一种行程控制制动式换向回路，这种回路的结构和工作情况与时间控制制动式的主要差别在于这里的主油路除了受换向阀 3 控制外，还要受先导阀 2 控制。当图示位置的先导阀 2 在换向过程中向左移动时，先导阀阀芯的右制动锥将液压缸右腔的回油通道逐渐关小，使

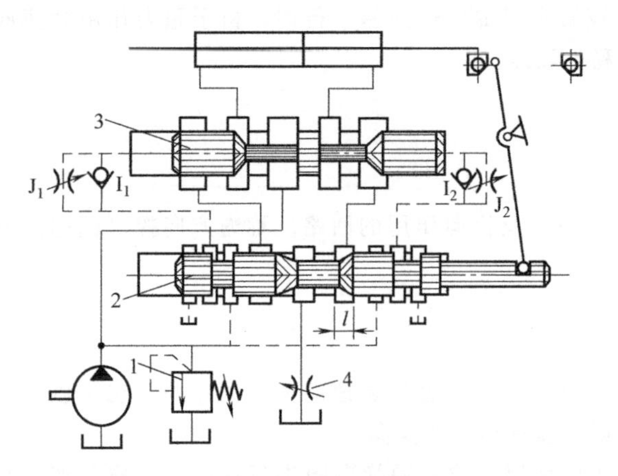

图 7-33 一种行程控制制动式换向回路

1—溢流阀；2—先导阀；3—换向阀；4—节流阀

活塞速度逐渐减慢，对活塞进行预制动。当回油通道被关得很小、活塞速度变得很慢时，换向阀 3 的控制油路才开始切换，换向阀阀芯向左移动，切断主油路通道，使活塞停止运动，并随即使它在相反的方向启动。这里，不论运动部件原来的速度快慢如何，先导阀总是要移动一段固定的行程 l，将工作部件先进行预制动后，再由换向阀来使它换向。所以这种制动方式被称为行程控制制动方式。行程控制制动式换向回路的换向精度较高，冲出量较小；但是由于先导阀的制动行程恒定不变，制动时间的长短和换向冲击的大小就将受运动部件速度快慢的影响。所以这种换向回路宜用在主机工作部件运动速度不大但换向精度要求较高的场合，例如内外圆磨床的液压系统中。

7.3.2 锁紧回路

为了使工作部件能在任意位置上停留，以及在停止工作时，防止在受力的情况下发生移动，可以采用锁紧回路。

中位采用 O 型或 M 型机能的三位换向阀，当阀芯处于中位时，液压缸的进出口都被封闭，可以将活塞锁紧。这种锁紧回路由于受到滑阀泄漏的影响，锁紧效果较差。

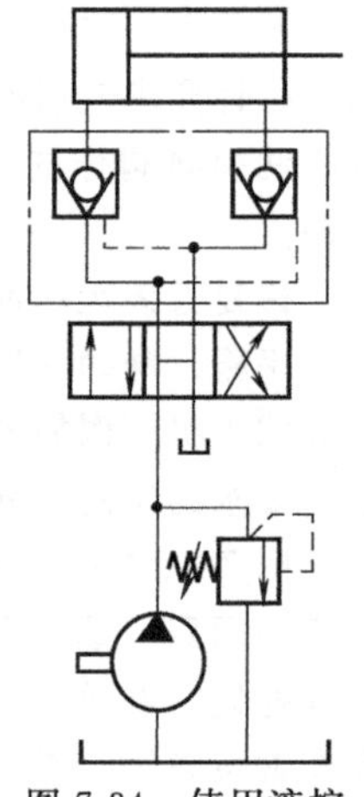

图 7-34 使用液控单向阀的双向锁紧回路

图 7-34 为采用液控单向阀的双向锁紧回路。在液压缸的进回油路中都串接液控单向阀（又称液压锁），活塞可以在行程的任何位置锁紧。其锁紧精度只受液压缸内少量的内泄漏的影响，因此锁紧精度较高。在造纸机械中就常用这种典型回路。

采用液控单向阀的锁紧回路，换向阀的中位机能应使液控单向阀的控制油液卸压（换向阀中位采用 H 型或 Y 型机能），此时，液控单向阀便立即关闭，活塞停止运动。假如中位采用 O 型机能，在换向阀中位时，液控单向阀的控制腔压力油被闭死，不能立即关闭，直至换向阀的内泄漏使控制腔泄压后，液控单向阀才能关闭，这影响其锁紧精度。

7.4 多执行元件动作回路

7.4.1 顺序动作回路

在多缸液压系统中，往往需要按照一定要求的顺序动作，例如自动车床中刀架的纵横向运动、夹紧机构的定位和夹紧等。

顺序动作回路按其控制方式不同，分为压力控制、行程控制和时间控制三类，其中前两类用得较多。

(1) 用压力控制的顺序动作回路

压力控制就是利用油路本身的压力变化来控制液压缸的先后动作顺序，它主要利用压力继电器和顺序阀作为控制元件来控制动作顺序。

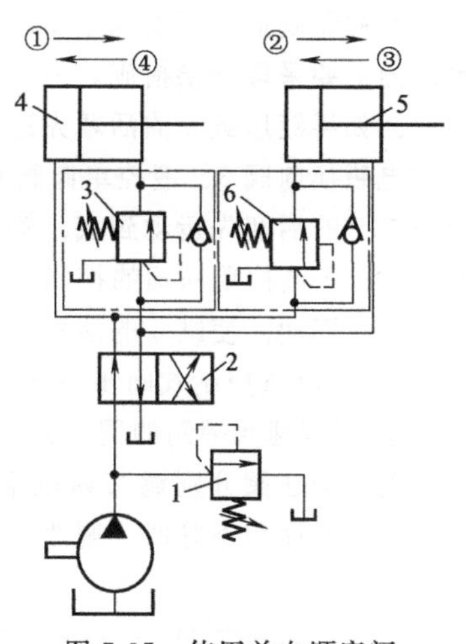

图 7-35　使用单向顺序阀的顺序动作回路

图 7-35 为采用两个单向顺序阀的顺序动作回路。其中单向顺序阀 6 控制两液压缸前进时的先后顺序，单向顺序阀 3 控制两液压缸后退时的先后顺序。当换向阀 2 左位工作时，压力油进入液压缸 4 的左腔，缸 4 的右腔经阀 3 中的单向阀回油，此时由于压力较低，顺序阀 6 关闭，缸 4 的活塞先动。当液压缸 4 的活塞运动至终点时，油压升高，达到单向顺序阀 6 的调定压力，顺序阀 6 开启，压力油进入液压缸 5 的左腔，缸 5 的右腔直接回油，缸 5 的活塞向右移动。当液压缸 5 的活塞右移到达终点后，换向阀右位接通，此时压力油进入液压缸 5 的右腔，缸 5 的左腔经阀 3 中的单向阀回油，使缸 5 的活塞向左返回，活塞到达终点时，压力油升高，打开顺序阀 3 再使液压缸 4 的活塞返回。 1 为溢流阀。

这种顺序动作回路的可靠性，在很大程度上取决于顺序阀的性能及其压力调整值。顺序阀的调整压力应比先动作的液压缸的工作压力高 0.8～1MPa，以免在系统压力波动时，发生误动作。

(2) 用行程控制的顺序动作回路

行程控制顺序动作回路是利用工作部件到达一定位置时，发出信号来控制液压缸的先后动作顺序，它可以利用行程开关、行程阀等来实现。

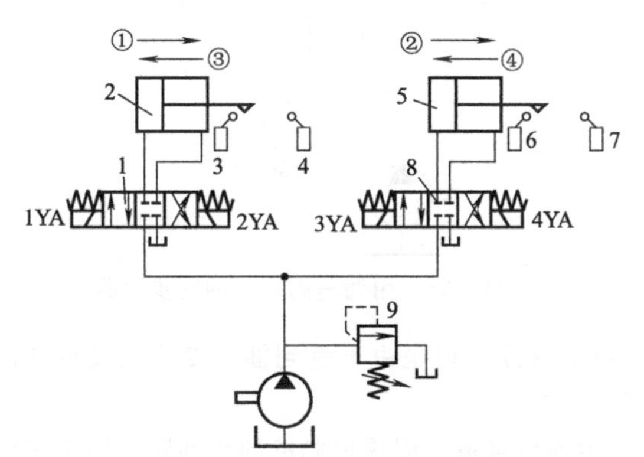

图 7-36　利用行程开关控制的顺序动作回路

图 7-36 为利用行程开关控制的顺序动作回路。其动作顺序是按启动按钮，换向阀 1 的电磁铁 1YA 通电，液压缸 2 活塞右行；当挡铁触动行程开关 4 时，使 1YA 断电，换向阀 8 的 3YA 通电，液压缸 5 活塞右行；缸 5 活塞右行至行程终点触动行程开关 7，使 3YA 断电， 2YA 通电，缸 2 活塞后退。退至左端，触动行程开关 3，使 2YA 断电， 4YA 通电，缸 5 活塞退回，触动行程开关 6， 4YA 断电。至此完成了两缸的全部顺序动作的自动循环。 9 为溢流阀。

采用电气行程开关控制的顺序回路，调整行程大小和改变动作顺序均甚方便，且可利用电气互锁使动作顺序可靠。

7.4.2　同步回路

使二个或二个以上的液压缸，在运动中保持相同位移或相同速度的回路称为同步回路。

在一泵多缸的系统中，尽管液压缸的有效工作面积相等，但是由于运动中所受负载不均衡、摩擦阻力不相等、泄漏量的不同以及制造上的误差等，不能使液压缸同步动作。同步回路的作用就是为了克服这些影响，补偿它们在流量上所造成的变化。

(1) 串联液压缸的同步回路

图 7-37 为串联液压缸的同步回路。图 7-37 中第一个液压缸 5 回油腔排出的油液，被送入第二个液压缸 7 的进油腔。如果串联油腔活塞的有效面积相等，便可实现同步运动。这种回路两缸能承受不同的负载，但泵的供油压力要大于两缸工作压力之和。

泄漏和制造误差影响了串联液压缸的同步精度，当活塞往复多次后，会产生严重的失调现象，为此要采取补偿措施。为了达到同步运动，缸5与缸7的有效面积相等。在活塞下行的过程中，如果液压缸5的活塞先运动到底，触动行程开关4，使电磁铁1YA通电，此时压力油便经过电磁换向阀3、液控单向阀6，向液压缸7的上腔补油，使缸7的活塞继续运动到底。如果液压缸7的活塞先运动到底，触动行程开关8，使电磁铁2YA通电，此时压力油便经过电磁换向阀3进入液控单向阀的控制油口，液控单向阀6反向导通，使缸5能通过液控单向阀6和电磁换向阀3回油，使缸5的活塞继续运动到底，对不同步现象进行了补偿。

(2) 流量控制式同步回路

① 用调速阀控制的同步回路　图7-38为两个并联的液压缸，为分别用调速阀控制的同步回路。两个调速阀分别调节两缸活塞的运动速度，当两缸有效面积相等时，则流量也调整得相同，当两缸面积不等时，则改变调速阀的流量也能达到同步运动。

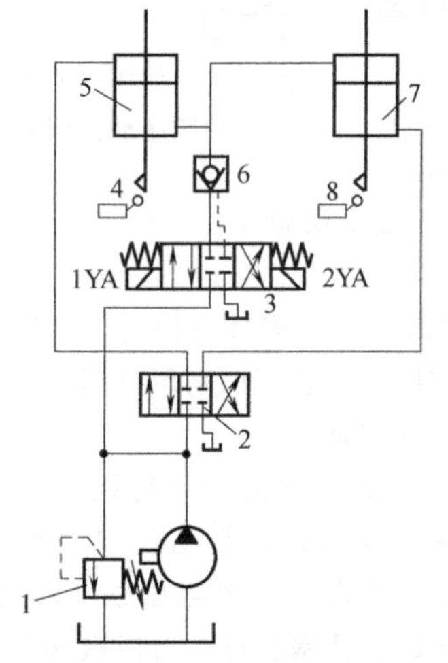

图7-37　带补正装置的串联液压缸的同步回路

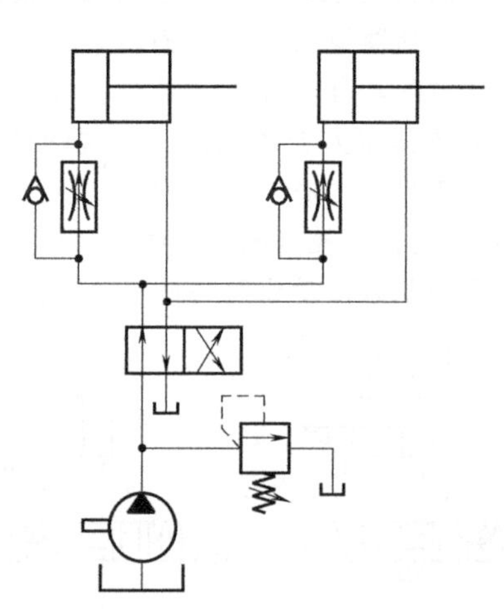

图7-38　用调速阀控制的同步回路

用调速阀控制的同步回路，结构简单，并且可以调速，但是由于受到油温变化以及调速阀性能差异等影响，同步精度较低，一般在5%～7%左右。

② 用电液伺服阀控制的同步回路　图7-39所示为用电液伺服阀控制的同步回路。回路中伺服阀1根据两个位移传感器2和3的反馈信号持续不断地控制其阀口的开度，使通过的流量与通过换向阀的流量相同，从而保证了两个液压缸获得双向的同步运动。

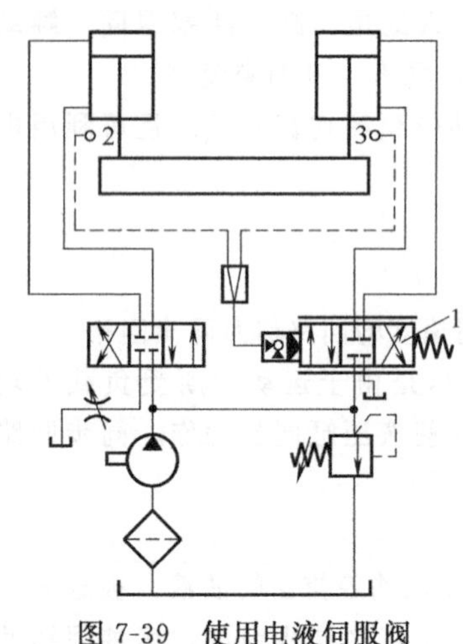

图7-39　使用电液伺服阀控制的同步回路

这种回路的同步精度很高，能满足大多数工作部件所要求的同步精度。但由于伺服阀必须通过与换向阀相同的较大流量，规格尺寸要选得很大，因此价格昂贵，适用于两个液压缸相距较远而同步精度又要求很高的场合。

7.4.3　多缸快慢速互不干涉回路

在一泵多缸的液压系统中，往往由于其中一个液压缸快速运动时，会造成系统的压力下降，影响其他液压缸工作进给的稳定性。因此，在工作进给要求比较稳定的多缸液压系统中，必须采用快慢速互不干涉回路。

在图7-40所示的回路中，各液压缸分别要完成快速进给、工作进给和快速退回的自动循环。回路采用双泵的供油系统，泵 1 为高压小流量泵，供给各缸工作进给所需压力油，泵 12 为低压大流量泵，为各缸快进或快退时输送低压油，它们的压力分别由溢流阀 2 和 11 调定。

当开始工作时，电磁阀 1YA、 2YA 断电且 3YA、 4YA 通电时，液压泵 12 输出的压力油同时与两液压缸的左、右腔连通，两个缸都为差动连接，使活塞快速向右运动，高压油路分别被阀 4、阀 9 关闭。这时若某一个液压缸（如缸 6）先完成了快速运动，实现了快慢速换接（电磁铁 1YA 通电、 3YA 断电），阀 4 和阀 5 将低压油路关闭，所需压力油由高压泵 1 供给，由调速阀 3 调节流量获得工进速度。当两缸都转换为工进且都由泵 1 供油之后，如某个液压缸（如缸 6）先完成了工进运动，实现了反向换接（1YA、 3YA 都通电），换向阀 5 将高压油关闭，大流量泵 12 输出的低压油经阀 5 进入缸 6 的右腔，左腔的回油经阀 5、阀 4 流回油箱，活塞快速退回。这时缸 7 仍由泵 1 供油继续进行工进，速度由调速阀 10 调节，不受缸 6 运动的影响。当所有电磁铁都断电时，两缸才都停止运动。这种回路可以用在具有多个工作部件各自分别运动的机床液压系统中。

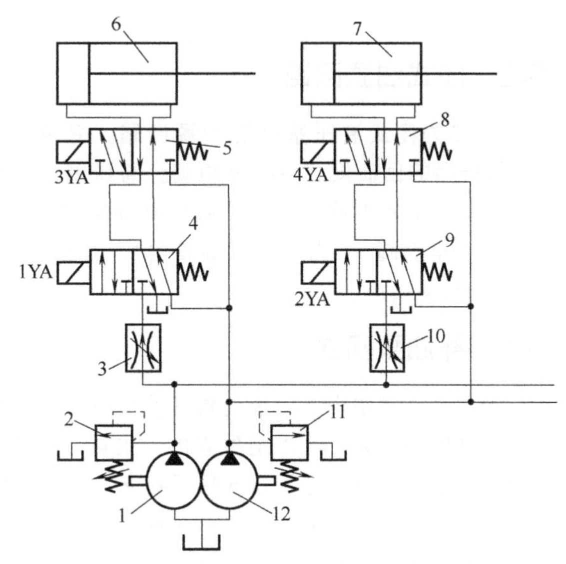

图 7-40 双泵供油多缸快慢速互不干涉回路

7.5 液压油源基本回路

液压油源回路是液压系统中提供一定压力和流量传动介质的动力源回路。在设计和构成油源时要考虑压力的稳定性、流量的均匀性、系统工作的可靠性、传动介质的温度、介质的污染度以及节能等因素，针对不同的执行元件功能的要求，综合上述各因素，考虑油源装置中各种元件的合理配置，达到既能满足液压系统各项功能的要求，又不因配置不必要的元件和回路而造成投资成本的提高和浪费。

7.5.1 开式油源回路

图 7-41 所示为开式液压系统的基本油源回路。溢流阀 8 用于设定泵站的输出压力。油箱 11 用于盛放工作介质、散热和沉淀污物杂质等。空气滤清器 2 一般设置在油箱顶盖上并兼作注油口。液位计 4 一般设在油箱侧面，以便显示油箱液位高度。在液压泵 6 的吸油口设置过滤器，以防异物进入液压泵内。为了防止载荷急剧变化引起压力油液倒灌，在泵的出口设置单向阀 7。用加热器 1 和冷却器 10 对油温进行调节（加热器和冷却器可以根据系统发热、环境温度、系统的工作性质决定取舍），并用温度计 3 等进行检测。冷却器通常设在工作回路的回油箱中。为了保持油箱内油液的清洁度，在冷却器上游设置回油

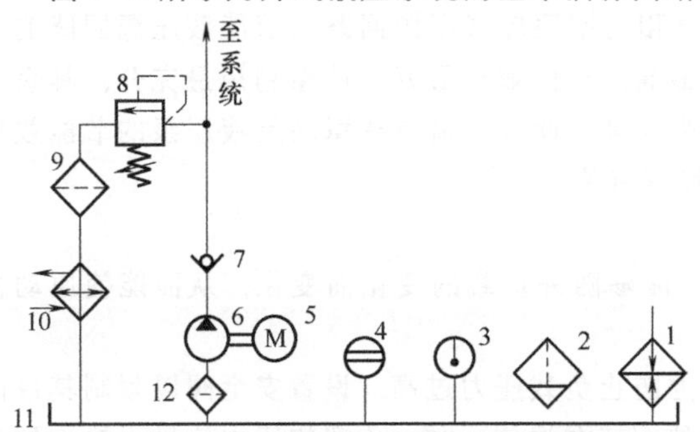

图 7-41 开式液压系统的基本油源回路

1—加热器；2—空气滤清器；3—温度计；4—液位计；5—电动机；6—液压泵；7—单向阀；8—溢流阀；9、12—过滤器；10—冷却器；11—油箱

过滤器 9。

7.5.2 闭式油源回路

图 7-42 为闭式液压系统的油源回路。变量泵 1 的输出流量供给执行器（图 7-42 中未画出），执行器的回油接至泵的吸油侧。高压侧由溢流阀 4 实现压力控制，向油箱溢出。吸油侧经单向阀 2 或 3 补充油液。为了防止冷却器 11 被堵塞或冲击压力在冷却器进口引起压力上升，设置有旁通单向阀 9。为了保持油箱内油液的清洁度，在冷却器上游设置回油过滤器 10。温度计 12 用于检测油温。

7.5.3 补油泵回路

在闭式液压系统中，一般设置补油泵向系统补油。图 7-43 为一种补油泵回路，向吸油侧进行高压补油的补油泵 2 可以是独立的，也可以是变量泵 1 的附带元件。补油泵 2 的补油压力由溢流阀 3 设定和调节，过滤器 5 用于补充油液的净化。其他元件的作用同图 7-42。

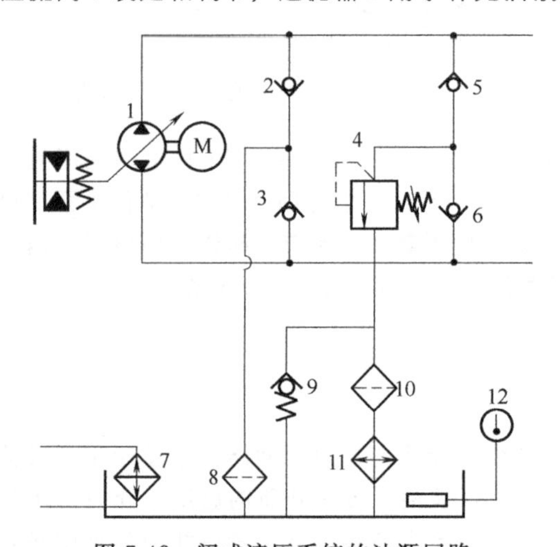

图 7-42 闭式液压系统的油源回路

1—变量泵；2、3、5、6—单向阀；4—溢流阀；7—加热器；8、10—过滤器；9—旁通单向阀；11—冷却器；12—温度计

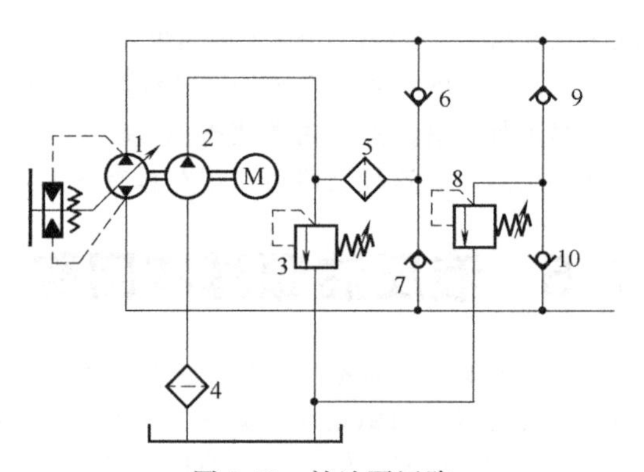

图 7-43 补油泵回路

1—变量泵；2—补油泵；3、8—溢流阀；4、5—过滤器；6、7、9、10—单向阀

7.5.4 节能液压源回路

压力适应液压源回路、流量适应液压源回路和功率适应液压源回路是节能液压源回路的三种方式。其中，功率适应液压源回路匹配效率最高，节能效果最好，能量利用最充分，其余两种的匹配效率相对低一些，但比恒压液压源回路要高。此外，值得注意的是液压泵的节能效果还与负载特性以及按照负载特性调整的合理程度等有关。

(1) 压力适应液压源回路

此回路液压泵的工作压力与外负载相适应，能够随外负载的变化而变化，从而能使原动机功率随外负载的变化而变化。

图 7-44 为一典型的压力适应液压源回路。为防止负载压力过高，设置安全阀以限制其最高工作压力。如图 7-44 所示，当换向阀 3 在左端位（或右端位）时，负载的压力信号直接连到泵 1 支路上溢流阀 2 的遥控口，通过调整泵 1 出口支路中溢流阀 2 内主阀芯回位弹簧的预压量，使得定量泵 1 的出口压力始终比负载安全限定压力高出一个固定压差。换向阀在中位时，反馈端压力接近于零，这时泵 1 出口压力也接近零。进入液压缸 5 的流量与主操纵阀的位移量成

正比。

(2) 流量适应液压源回路

流量适应液压源回路泵排出的流量随外负载的需求而变化，无多余油液溢流回油箱。常见的回路有两种。

① 流量感控变量泵型　图 7-45 为一个使用了流量感控型变量泵的流量适应液压源回路。在这种回路中，以流量检测信号代替了压力的反馈信号，固定液阻 R 将溢流阀溢出的流量转换成压力信号 p_0，并将这个压力信号与弹簧力进行比较，得到偏差后控制变量机构 2 做适当调整。当有过剩流量流过时，流量信号转换为压力信号 p_0，与弹簧力比较后确定偏心距的大小；当没有过剩流量时，流过液阻 R 的流量为零，控制压力 p_0 也为零，泵 1 的流量最大，可以作定量泵用。此外，由于过剩的流量必须通过溢流阀 4 才能排回油箱，而溢流阀 4 的微小变动就能引起调节作用，故这种流量适应型变量泵同时具有恒定泵的特性。

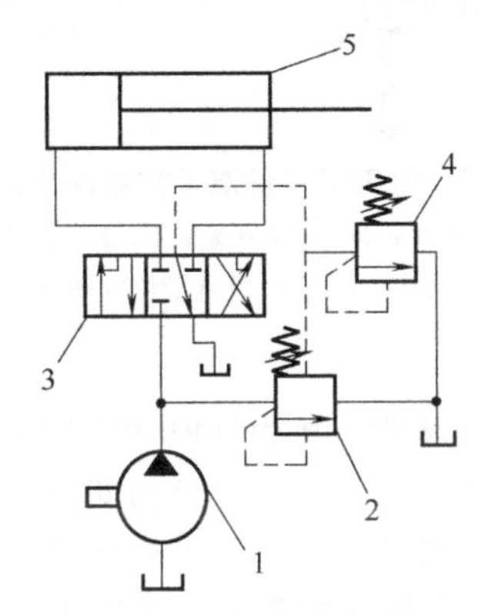

图 7-44　压力适应液压源回路

1—液压泵；2、4—溢流阀；3—换向阀；5—液压缸

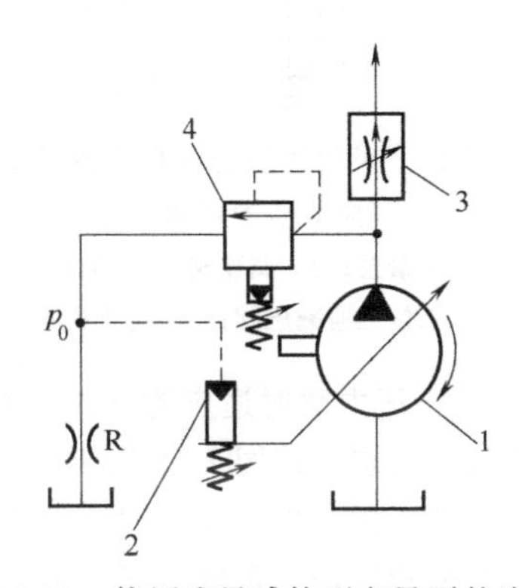

图 7-45　使用流量感控型变量泵的流量适应液压源回路

1—变量泵；2—变量机构；3—调速阀；4—溢流阀

② 恒压变量泵型　图 7-46 为一个使用恒压变量泵的流量适应液压源回路。这种回路根据两端压力相比较的原理，泵源采用恒压变量泵。当失去平衡时，将会自行推动变量机构朝恢复平衡的方向运动，控制腔的压力则由一个小型先导二位三通减压阀 4 予以控制。为了克服摩擦力，控制阀中设置有一根调压弹簧 3，使零位保持在最大排量状态。由于出口压力能始终保持调定的压力值，故此类泵的响应较快，几个执行元件可以同时动作，适用于需要同时操纵几个流量各不相同、而具有类似负载压力的多执行元件场合。不过值得注意的是，当处于低压工况时能量耗损大。

(3) 功率适应液压源回路

上述流量适应或压力适应液压源回路，只能做到单参数的适应，而液压功率等于压力与流量的乘积，因而流量适应或压力适应回路不是理想的低能耗控制系统。而功率适应液压源回路能够使压力和流量两参数同时适应负载要求，故可将能耗限制在最低限度内。

① 恒压恒流量双重控制液压源回路　恒压恒流量双重控制液压源回路如图 7-47 所示，主要包括变量泵 A、变量活塞 B、恒压阀（C、D）和恒流量阀（E、F）。在恒压控制的基础上再进行近似恒流量的双重控制，能使系统变得紧凑，具有实现集成化控制的意义。

恒流量的工作原理：首先调定控制阀 F 端预压弹簧，弹簧力与节流阀两侧压力差在控制阀阀芯上产生的液压力相平衡。变量泵 A 输出流量随斜盘倾角的改变而改变。当泵转速减小时，输出流量也相应减小。由于节流阀面积不变，则节流阀两端的压差减小，在弹簧力的作用下，控制阀 F 阀芯左移，带动变量活塞 B 右移，斜盘倾角增大，流量增大，直至恢复到调定值。此时，阀芯上弹簧力与液压力重新平衡，斜盘倾角稳定，泵输出流量恒定。同理可分析泵转速增大时的情况。恒压控制部分与图 7-46 类似，不再赘述。

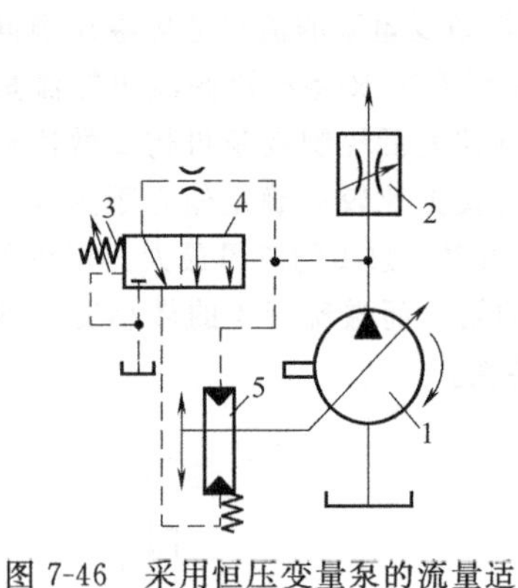

图 7-46 采用恒压变量泵的流量适应液压源回路

1—恒压变量泵；2—调速阀；3—调压弹簧；4—二位三通减压阀；5—变量机构

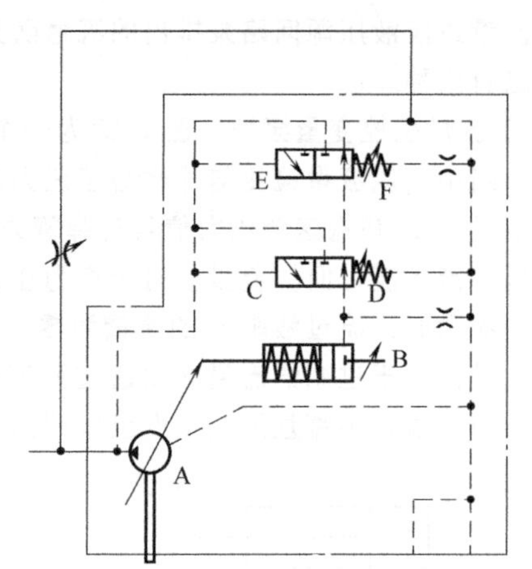

图 7-47 恒压恒流量双重控制液压源回路

A—变量泵；B—变量活塞；C、D—恒压控制阀端；E、F—恒流量控制阀端

② 流量、压力同时适应的液压源回路 这种液压源具有流量、压力同时适应的功能，可适应不同的工矿要求。如图 7-48 所示，流量、压力同时适应的液压源回路中泵的变量机构通过一个二位三通减压阀（作为先导阀）来控制，不是靠负载反馈信号控制，所以具有先导控制的许多优点，动态特性好，灵敏度高。减压阀的参比弹簧固定主节流阀的压差。通过主节流阀的流量仅由其开口面积决定。

(4) 恒功率液压源回路

① 恒功率变量泵控制 如图 7-49 所示，系统负载压力反馈到变量缸的三位三通控制滑阀 3 上，当调压弹簧 1 调定值大于泵输出压力与负载压力之差时，滑阀 3 的左位处于工作状态，变量缸左腔压力降低，弹簧 1 的作用力使活塞左移，从而使变量泵排量增大。反之，当泵输出压力与负载压力之差大于调压弹簧的设定值时，滑阀 3 的右位处于工作状态，变量缸左腔压力增加，活塞右移使变量泵排量减小。从而保证转数恒定的变量泵输出压力和输出流量的乘积基本保持不变，即输出功率基本不变。

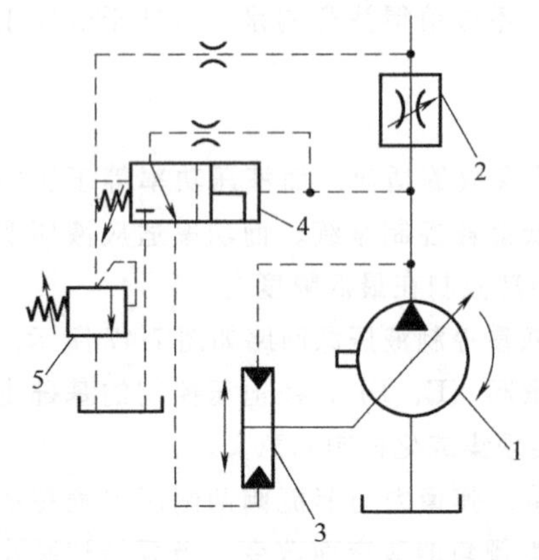

图 7-48 流量、压力同时适应的液压源回路

1—变量泵；2—可调节流阀；3—变量机构；4—二位三通减压阀；5—溢流阀

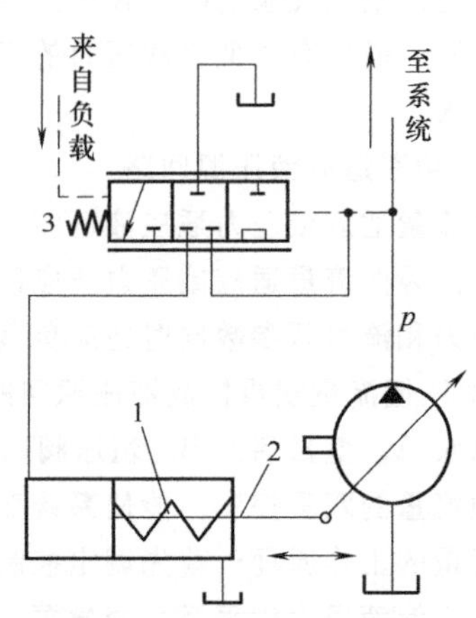

图 7-49 恒功率变量泵控制回路

1—调压弹簧；2—变量缸；3—三位三通控制滑阀

② 回转式执行元件的恒功率控制回路　采用定量泵驱动变量马达的恒功率控制回路如图 7-50 (a) 所示，而图 7-50 (b) 为采用变量泵驱动定量马达的恒功率控制回路。

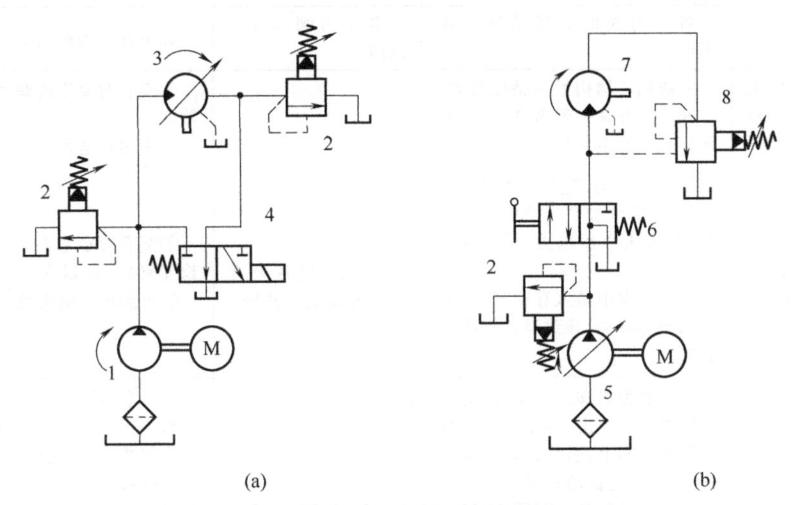

图 7-50　回转式执行元件的恒功率控制回路

1—定量泵；2—安全阀；3—变量马达；4—电磁换向阀；5—变量泵；6—手动换向阀；7—定量马达；8—外控顺序阀

7.6　基本回路常见故障与排除方法

为便于读者掌握液压基本回路常见故障与排除方法，将方向控制基本回路、压力控制回路、速度控制回路、供油回路常见故障原因分析及排除方法列于表 7-2 至表 7-5 中。

表 7-2　方向控制回路常见故障及其排除

故障现象	原因分析	关键问题	排除措施
执行元件不换向	①电磁铁吸力不足或损坏 ②电液换向阀的中位机能呈卸荷状态 ③复位弹簧太软或变形 ④内泄式阀形成过大背压 ⑤阀的制造精度差、油液太脏等	①推动换向阀阀芯的主动力不足 ②背压阻力等过大 ③阀芯卡死	①更换电磁铁，改用液动阀 ②液动换向阀类采用中位卸荷时，要设置压力阀，以确保启动压力 ③更换弹簧 ④采用外泄式换向阀 ⑤提高阀的制造精度和油液清洁度
三位换向阀的中位机能选择不当	①一泵驱动多缸的系统，中位机能误用 H 型、M 型等 ②停车时要求手调工作台的系统中位机能误用 O 型、M 型等 ③停车时要求液控单向阀立即关闭的系统，中位机能误用了 O 型机能，造成缸停止位置偏离了指定位置	不同的中位机能油路连接不同，特性也不同	①中位机能应用 O 型、Y 型等 ②中位机能应采用 Y 型、H 型等 ③中位机能应采用 Y 型等
锁紧回路工作不可靠	①利用三位换向阀的中位锁紧，但滑阀有配合间隙 ②利用单向阀类锁紧，但锥阀密封带接触不良 ③缸体与活塞间的密封圈损坏	①阀内泄漏 ②缸内泄漏	①采用液控单向阀或双向液压锁，锁紧精度高 ②单向阀密封锥面可用研磨法修复 ③更换密封件

表 7-3 压力控制回路常见故障及其排除

故障现象	原因分析	关键问题	排除措施
压力调不上去或压力过高	各压力阀的具体情况有所不同	各压力阀本身的故障	详见各压力阀的故障及排除
Y型、F型高压溢流阀，当压力调至较高值时，发出尖叫声	三级同心结构的同轴度较差，主阀芯贴在某一侧做高频振动，调压弹簧发生共振	机、液、气各因素产生的振动和共振	①安装时要正确调整三级结构的同轴度 ②采用合适的黏度，控制温升
利用溢流阀遥控口卸荷时，系统产生强烈的振动和噪声	①遥控口与二位二通阀之间有配管，它增加了溢流阀的控制腔容积，该容积越大，压力越不稳定 ②长配管中易残存空气，引起大的压力波动，导致弹性系统自激振动		①配管直径宜在 ϕ6mm 以下，配管长度应在 1m 以内 ②可选用电磁溢流阀实现卸荷功能
两个溢流阀的回油管道连在一起时易产生振动和噪声	溢流阀为内卸式结构，因此回油管中压力冲击、背压等将直接作用在导阀上，引起控制腔压力的波动，激起振动和噪声		①每个溢流阀的回油管应单独接回油箱 ②回油管必须合流时应加粗合流管 ③将溢流阀从内泄式改为外泄式
减压回路中，减压阀的出口压力不稳定	①主油路负载若有变化，当最低工作压力低于减压阀的调整压力时，减压阀的出口压力下降 ②减压阀外泄油路有背压时其出口压力升高 ③减压阀的导阀密封不严，则减压阀的出口压力要低于调定值	控制压力有变化	①减压阀后应增设单向阀，必要时还可加蓄能器 ②减压阀的外泄管道一定要单独回油箱 ③修研导阀的密封带 ④过滤油液
压力控制原理的顺序动作回路有时工作不正常	①顺序阀的调整压力太接近于先动作执行件的工作压力，与溢流阀的调定值也相差不多 ②压力继电器的调整压力同样存在上述问题	压力调定值不匹配	①顺序阀或压力继电器的调整压力应高于先动作缸工作压力 0.5～1MPa ②顺序阀或压力继电器的调整压力应低于溢流阀的调整压力 0.5～1MPa
	某些负载很大的工况下，按压力控制原理工作的顺序动作回路会出现Ⅰ缸动作尚未完成就已发出使Ⅱ缸动作的误信号的问题	设计原理不合理	①改为按行程控制原理工作的顺序动作回路 ②可设计成双重控制方式

表 7-4 速度控制回路常见故障及其排除

故障现象	原因分析	关键问题	排除措施
快速不快	①差动快速回路调整不当等，未形成差动连接 ②变量泵的流量没有调至最大值 ③双泵供油系统的液控卸荷阀调压过低	流量不够	①调节好液控顺序阀，保证快进时实现差动连接 ②调节变量泵的偏心距或斜盘倾角至最大值 ③液控卸荷阀的调整压力要大于快速运动时的油路压力
快进转工进时冲击较大	快进转工进采用二位二通电磁阀	速度转换阀的阀芯移动速度过快	用二位二通行程阀来代替电磁阀
执行机构不能实现低速运动	①节流口堵塞，不能再调小 ②节流阀的前后压力差调得过大	通过流量阀的流量调不小	①过滤或更换油液 ②正确调整溢流阀的工作压力 ③采用低速性能更好的流量阀

续表

故障现象	原因分析	关键问题	排除措施
负载增加时速度显著下降	①节流阀不适用于变载系统 ②调速阀在回路中装反 ③调速阀前后的压差太小，其减压阀不能正常工作 ④泵和液压马达的泄漏增加	进入执行元件的流量减小	①变速系统可采用调速阀 ②调速阀在安装时一定不能接反 ③调压要合理，保证调速阀前后的压力差有0.5～1MPa ④提高泵和液压马达的容积效率

表7-5　供油回路常见故障及其排除

故障现象	原因分析	关键问题	排除措施
泵不出油	①液压泵的转向不对 ②滤油器严重堵塞、吸油管路严重漏气 ③油的黏度过高，油温太低 ④油箱油面过低 ⑤泵内部故障，如叶片卡在转子槽中、变量泵在零流量位置上卡住 ⑥新泵启动时，空气被堵，排不出去	不具备泵工作的基本条件	①改变泵的转向 ②清洗滤油器，拧紧吸油管 ③油的黏度、温度要合适 ④油面应符合规定要求 ⑤新泵启动前最好先向泵内灌油，以免干摩擦磨损等 ⑥在低压下放走排油管中的空气
泵的温度过高	①泵的效率太低 ②液压回路效率太低，如采用单泵供油、节流调速等，导致油温太高 ③泵的泄油管接入吸油管	过大的能量损失转换成热能	①选用效率高的液压泵 ②选用节能型的调速回路，采用双泵供油系统，增设卸荷回路等 ③泵的外泄管应直接回油箱 ④对泵进行风冷
泵源的振动与噪声	①电机、联轴器、油箱、管件等的振动 ②泵内零件损坏，困油和流量脉动严重 ③双泵供油合流处液体撞击 ④溢流阀回油管液体冲击 ⑤滤油器堵塞，吸油管漏气	存在机械、液压和空气三种噪声因素	①注意装配质量和防振、隔振措施 ②更换损坏零件，选用性能好的液压泵 ③合流点距泵口应大于200mm ④增大回油管直径 ⑤清洗滤油器，拧紧吸油管

第 8 章 典型液压系统故障分析与排除实例

8.1 平板轮辋刨渣机液压系统的故障分析与排除

平板轮辋刨渣机是用于加工焊接轮辋的专用设备，加工轮辋直径范围 12in[1]～16in，加工宽度 12in，板料厚度(最大)8mm，生产效率 10～15s/只。整机采用 PLC 电控系统，执行机构的运动全部采用液压缸来驱动，液压系统主参数：系统额定工作压力 20MPa、额定流量 60L/min。平板轮辋的生产工艺是：平钢板下料→卷筒→焊接→刨渣。刨渣过程中由于需要焊缝仍然处于高温状态才能大大减小了切削力，所以其加工速度要求较高。下面介绍平板轮辋刨渣机液压系统工作原理及其在调试过程中的出现故障的原因和排除方法。

8.1.1 液压系统工作原理

平板轮辋刨渣机液压系统原理如图 8-1 所示。

由图 8-1 可见，平板轮辋刨渣机液压系统中共有两种执行元件，夹紧缸 15 和刨渣缸 16。为了便于分析，首先介绍液压系统工作原理。

液压泵启动后，由于电磁阀的电磁铁均处于断电状态，因此，三位电磁换向阀在两端弹簧的作用下处于中位，二位电磁阀处于左位，此时，液压泵输出的液压油经二位电磁阀回油箱，此时液压泵卸荷，执行元件 15、16 停留在原始位置。当二位电磁阀 1YA 通电时，随即可进行压力调接，通过调整溢流阀手柄上的内六角方向（顺时针压力升高，反之降低），系统压力随着溢流阀 6 的调整压力而变化。当需要液压缸活塞杆伸出时，4YA、6YA 通电，液压缸无杆腔进油，有杆腔回油，活塞杆伸出；当需要液压缸活塞杆缩回时，3YA、5YA 通电，液压缸有杆腔进油，无杆腔回油，活塞杆缩回，完成工作全过程。其中系统压力（刨渣缸）由溢流阀调定，夹紧缸的工作压力由减压阀调定。

从工作原理以及技术参数来分析，平板轮辋刨渣机液压系统原理图的设计是合理的，能够满足工作要求，不存在设计缺陷。

8.1.2 平板轮辋刨渣机调试过程中的故障诊断与排除方法

(1) 故障现象

① 系统压力升不上去，最大仅 2MPa。

② 夹紧缸速度不稳定。

(2) 故障原因分析

故障现象①可能的原因有：

[1] 1in=2.54cm。

① 液压泵4本身故障。

② 溢流阀6故障。

③ 电磁阀7没动作或阀芯被卡住。

④ 集成块本身故障（集成块内的P口和T口有似同非同现象）。

⑤ 管路泄漏（吸油管路密封不好、压油管路连接处漏油）。

由于故障现象②是在排除完故障①的基础上发现的，所以已经排除了液压泵流量不均的因素，因此其可能的原因有：

① 节流阀的性能差。

② 减压阀阻尼孔被堵或主阀芯弹簧稳定性差。

③ 减压阀与节流阀的叠加时位置相互影响。

(3) 故障排除过程与方法

由于该刨渣机液压系统采用的是立式连接方式，液压阀全部采用叠加连接方式，所以故障排除过程应先从油箱外部进行。对于故障现象①的排除过程与方法如下。

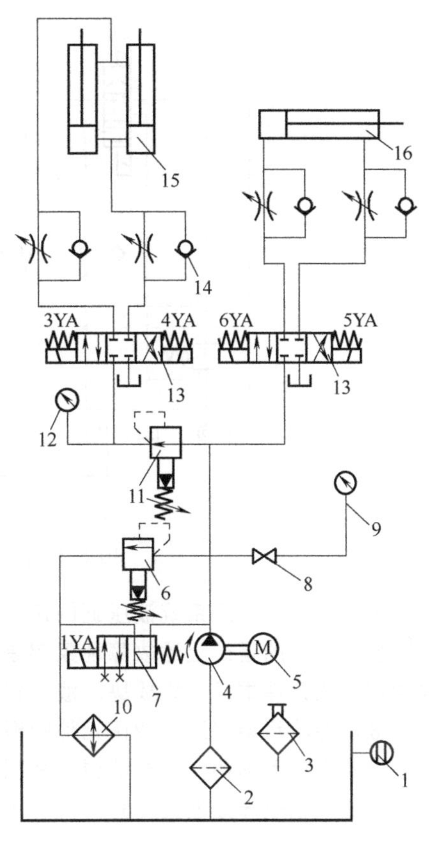

图8-1　平板轮辋刨渣机液压系统原理图

1—液位计；2—过滤器；3—空气滤清器；4—液压泵；5—电动机；6—溢流阀；7—卸荷换向阀；8—压力表开关；9、12—压力表；10—冷却器；11—减压阀；13—电磁换向阀；14—单向节流阀；15—加紧缸；16—刨渣缸

第一步：首先检查电磁阀的电路输出，经过万用表的检测，电磁阀插头的输入电压为231V，满足使用要求，所以，电磁阀控制电路的原因得以排除。通过进一步的观察，电磁阀通电后，阀芯动作良好，未出现阀芯被卡现象，电磁阀故障原因得以排除。

第二步：检查溢流阀故障。由于系统采用了先导式溢流阀，所以首先检查阻尼孔堵塞以及主阀芯阻尼孔阻塞情况，经检查阻尼孔和主阀芯均处于正常工作状态、溢流阀故障原因被排除。

第三步：检查集成块。对集成块图纸进行了进一步审核，发现图纸没有问题，进一步检查集成块加工情况，同样未发现任何问题，集成块的原因得以排除。

第四步：打开油箱侧面的孔，检查管路泄漏情况，经检查吸油管路密封良好，压油管路也密封良好，管路泄漏原因得以排除。

第五步：检查液压泵。由于现场仅有一台液压泵，所以无法直接采用更换液压泵的方法来判断。最后技术人员根据现场的情况，找来了另一台液压站，借用其液压泵电机组，将其输出直接接到集成块的P口，对刨渣机液压系统进行了调试，都达到了预期的压力指标，反过来验证了原液压泵的故障所在。最后与液压泵制造厂联系，更换了液压泵，连接好管路后，一切正常，压力可以调节到20MPa。

针对故障现象②，对减压阀与节流阀叠加时位置的相互影响进行分析，如图8-2所示。图8-2(a)是原液压系统装配时的位置，这种配置，当A口进油、B口回油时，由于节流阀的节流作用产生背压，使得液压缸B腔单向节流阀之间的油路压力升高，升高的压力作用在减压阀上，使减压阀减压口变小，出口流量减小，造成供给液压缸的流量不足；当液压缸的运动趋于停止时，液压缸B腔压力又会下降，控制压力随之降低，减压阀开口加大，其出口流量增加。这样反复变化，造成了液压缸运动的不平稳，并有一定的振动。将叠加式减压阀置于单向节流阀与换向阀之间如图8-2(b)所示，节流阀产生的背压不再影响减压阀，所以夹紧缸速度稳定性得到了明显改善。

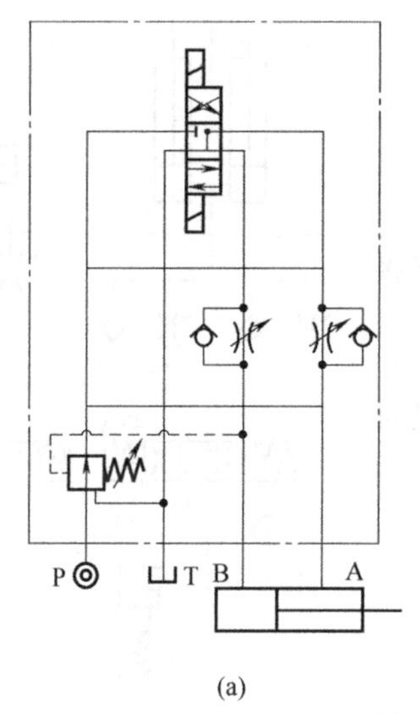

(a)

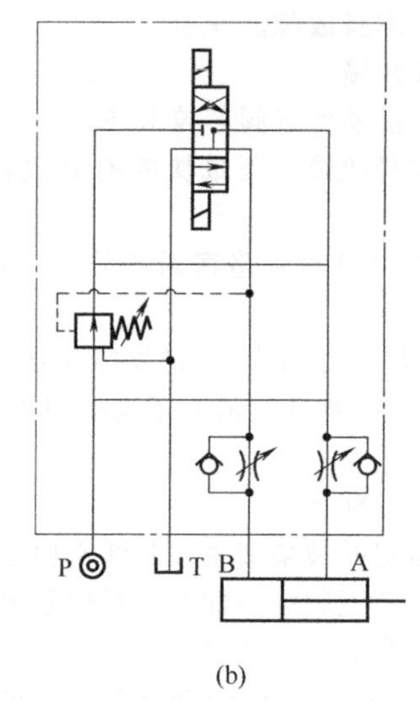

(b)

图 8-2　叠加式减压阀与节流阀位置的比较

最后对整个液压系统液压缸的速度、输出力均做了测试，完全符合要求。

值得注意的是：上述故障现象都是发生在新设备的调试阶段，属于早期故障，其原因大多集中在液压元件本身、集成块、液压管路连接以及叠加阀的排列顺序等问题上，随着时间的推移，液压油的污染问题、液压元件的磨损问题、用户的使用问题等因素也需要考虑。液压系统的故障其实并不神秘，只要掌握了液压元件与系统的工作原理，具体问题具体分析，并注意积累现场调试和故障处理的经验，现场故障就会迎刃而解。

8.2　双立柱带锯机液压系统的故障分析与排除

近几年，随着钢结构行业的逐渐兴起，与之相关的一系列的钢结构机械加工设备不断地被研究开发出来，双立柱带锯机便是一种对各种型钢进行切断的型钢二次加工设备。它是在模拟手工锯工作原理基础上研制开发出来的，其最大特点是锯条采用环形带式结构，它突破了手工锯在往返式锯切过程中只有半个行程锯切工件的局限性，可以实现连续锯切，极大地节省了工作时间，提高了工作效率，结构简单，加工精度高，稳定可靠，有更佳的经济性、可靠性和先进性，目前已得到广泛应用。

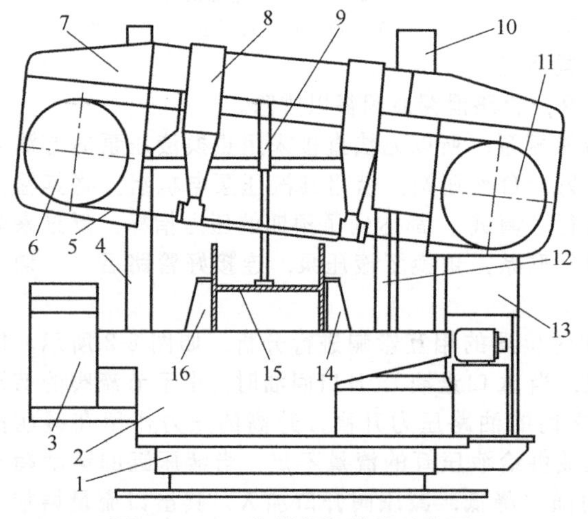

图 8-3　双立柱带锯机结构示意图

1—底座；2—工作台；3—电气柜；4、10—立柱；5—锯条；6—从动轮；7—锯架；8—锯导向装置；9—竖直压料装置；11—主动轮；12—锯架升降液压缸；13—液压站；14—定位夹钳；15—工件；16—压紧夹钳

8.2.1　结构及作业流程

双立柱带锯机的结构如图 8-3 所示，它主要由底座 1、工作台 2、锯架 7 和两个立柱 4、10 等部分组成。带状锯条 5 安装在锯架的主动轮 11 和从动轮 6 之间，由电动机经减速机后驱动主动轮旋转，带动锯条运转。锯架可沿垂直于工作台的两个立柱上下移动。工作时，工件 15 固定在工作台 2 上，锯条随

锯架一起沿两个立柱下降，锯切工件。在一次工序中需进行以下操作：

① 工件定位夹紧——锯架升起、料道辊前进进料、压紧马达夹紧、竖直压料下压。

② 锯切工件——锯架快降、锯架慢降锯切工件、锯架升起。在此工作过程中实现了锯条“快进-工进-快退”的动作循环。

③ 返回卸料——竖直压料升起、压紧马达松开、料道辊后退卸料。

这些动作是由液压系统与PLC组成的电气系统联合实现的。

8.2.2　液压控制系统及工作原理

要实现“快进-工进-快退”的工作循环，在液压系统的设计中应采用调速回路。因为该机床的锯架升降液压缸要承受一部分锯架的重力，所以要使得锯架上升需要较高的液压泵工作压力，此处选用了压力补偿变量柱塞泵。由于系统工作压力较高，所以在工作压力较低的回路中采用了减压回路。其液压系统原理如图8-4所示。

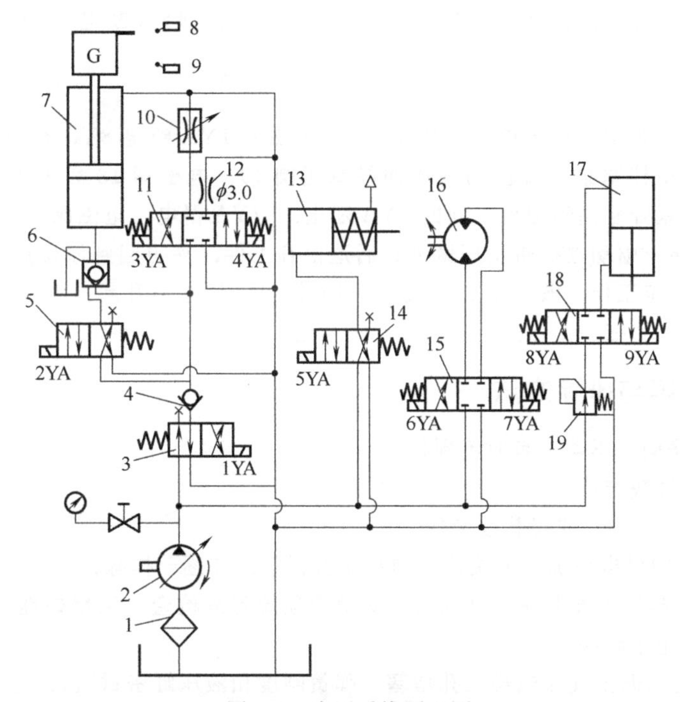

图8-4　液压系统原理图

1—滤油器；2—压力补偿变量柱塞泵；3、5、11、14、15、18—电磁换向阀；4—单向阀；6—液控单向阀；7—锯架移动缸；8、9—接近开关；10—调速阀；12—阻尼孔；13—料道辊移动缸；16—压紧驱动柱塞马达；17—竖直压料缸；19—减压阀

在一次机械加工工序过程中，其工作原理如下。

(1) 工件定位夹紧

在工件装夹前，锯架应处于升起位置。按下“锯架上升”按钮，电磁铁1YA得电，电磁阀3右位工作，压力补偿变量柱塞泵2输出的液压油经电磁换向阀3、单向阀4、液控单向阀6进入锯架移动缸7的无杆腔，有杆腔的油液直接回到油箱，此时移动缸活塞向上运动，带动锯架上升。当锯架上升到一定位置时接近开关8接通，使电磁铁1YA断电同时5YA得电，电磁阀3左位工作，同时由于液控单向阀6的作用，锯架停止上升。5YA使得电磁阀14左位工作，液压油进入料道辊移动缸13的无杆腔，使料道辊升起开始进料，当工件运动到指定位置后，电磁铁5YA断电同时6YA得电，电磁阀14右位工作，移动缸13在弹簧作用下复位，料道辊落下。

6YA 得电，电磁阀 15 左位工作，高压油进入压紧驱动柱塞马达 16，马达正转驱动丝杠带动压紧夹钳前进，使工件在水平方向上定位夹紧。夹紧后，6YA 断电 9YA 得电，电磁阀 18 右位导通，液压油经减压阀 19、电磁阀 18 进入竖直压料缸 17 上腔，活塞向下运动，竖直压料向下运动压紧工件，实现了工件的完全定位夹紧。

(2) 锯切工件

定位夹紧后， PLC 发出指令使电磁铁 2YA、 3YA 得电，电磁阀 5 左位工作使液控单向阀 6 反向导通，同时电磁阀 11 左位工作，移动缸 7 的活塞在锯架的重力作用下向下运动， 7 下端的高压油经液控单向阀 6、电磁换向阀 11、直径为 3mm 的阻尼孔 12、进入 7 的上腔，多余的油液流回油箱，使移动缸 7 的活塞快速下降，带动锯条快进。锯架下降到靠近工件的某位置时，PLC 发指令使电磁铁 3YA 断电 4YA 得电，电磁阀 11 右位工作，移动缸 7 下腔的高压油经液控单向阀 6、电磁换向阀 11、调速阀 10 进入缸 7 的上腔，多余油液流回油箱，活塞缓慢下降，锯条工进，锯切工件。通过调节调速阀 10，可以调整锯架下降的速度即工进的速度。锯架下降到一定位置后锯切工件完毕，接近开关 9 接通，电磁铁 2YA、 4YA 断电 1YA 得电，电磁阀 3 右位工作，锯架升起。

(3) 返回卸料

在上一过程中，锯架上升接通接近开关 8，使电磁铁 1YA 断电 8YA 得电，电磁阀 18 左位工作，压力补偿变量柱塞泵 2 排出的高压油经减压阀 19、电磁阀 18 后进入竖直压料缸 17 下腔，竖直压料随活塞升起回到原位。同时 8YA 断电， 7YA 得电，电磁阀 15 右位工作，压紧驱动柱塞马达 16 反转，驱动丝杠带动压紧夹钳后退松开工件，夹钳回到原位后， 7YA 断电 5YA 得电，电磁阀 14 左位工作，液压油进入缸 13 的无杆腔，料道辊升起，卸料，卸料完毕后，电磁铁 5YA 断电，缸 13 在弹簧作用下复位，料道辊落回原位。这样整个工作过程结束。

8.2.3 常见故障与排除方法

(1) 料道辊移动缸不动、有时不到位

可能的原因及解决方法:

① 电磁阀 14 未动作、或阀芯被卡住

a. 检查电磁阀的供电情况、插头连接情况是否正常，并逐一排除;

b. 检查电磁阀芯是否被卡住，可以用手动操作顶阀芯来检查，采用处理（更换）阀芯或更换液压电磁阀的措施来解决;

② 料道辊移动缸无排气孔或排气孔堵塞、弹簧刚度和液压缸密封阻力太大

a. 检查料道辊移动缸有无排气孔以及排气孔堵塞情况，并排除;

b. 检查液压缸密封阻力以及活塞上沟槽尺寸是否偏大，并对应排除;

c. 检查弹簧刚度是否偏大、液压缸连接件是否有卡住或阻滞现象并对应排除。

(2) 液压马达转向不转或转向不对

可能的原因及解决方法:

① 液压泵本身的原因

a. 液压泵转向不对，检查转向，注意更换电动机的任意两条相线;

b. 液压泵内泄漏量太大，通过检查其容积效率排除。

② 液压油的原因

a. 液压油黏度太大，造成液压泵无法吸油;

b. 液压油污染，造成柱塞无法移动。

③ 电磁阀的原因

a. 检查电磁阀的供电情况、插头连接情况是否正常，并逐一排除;

b. 检查电磁阀芯是否被卡住，可以用手动操作顶阀芯来检查，采用处理（更换）阀芯或更换液压电磁阀的措施来解决；

c. 如马达转向相反，可以更换马达进出油管或对换电磁阀的两个插头。

8.2.4 液压系统的特点

双立柱带锯机液压系统在工作过程中实现了锯条“快进—工进—快退”的工作循环，满足了设计要求，其特点如下：

① 在调速回路中，利用机床部件的自重推动液压缸活塞下降，液压缸上下两腔互通，下腔的油经液控单向阀、电磁阀、调速阀后进入上腔，无须压力补偿变量柱塞泵供油，提高了系统效率，节约了能源，而且系统速度调节范围大，运动平稳。

② 回路中采用液控单向阀可以防止液压缸下腔的高压油回流，使液压缸保持在停留位置不落下，起到了支承的作用。

③ 采用液压系统与PLC系统相结合， PLC发出指令控制液压系统动作，实现了工作过程的自动控制。同时，也可以手动控制。操作灵活、方便。

④ 采用压力补偿变量柱塞泵，能源利用合理，完全满足不同负载情况下对压力的需求。

⑤ 采用电磁换向阀，换向性能好，控制方便，便于实现自动控制。

8.3 丁基胶涂布机液压系统的故障分析与排除

近年来，中空玻璃门窗由于具有隔热性、隔音性、抗凝霜性以及密封性良好及使用寿命长等诸多优点而得到了广泛的应用。丁基胶是槽铝式中空玻璃门窗的首道密封，在常温下为固体，加热至110～140℃时变成半流动状态，在12～15MPa的压力下即可将胶挤出实现涂胶。涂丁基胶是槽铝式中空玻璃门窗生产工艺中必不可少的环节。丁基胶涂布机就是为这一工艺环节而设计制造的专用设备，它将丁基胶加热、加压，均匀挤出涂在铝隔条两侧中部。工艺要求：丁基胶一定要涂均匀，不能出现断流，以保证中空玻璃门窗的性能。

8.3.1 丁基胶涂布机液压系统的组成和原理

丁基胶涂布机液压系统是参照意大利引进样机进行测绘制造的，其组成如图8-5所示。图8-5 (a) 和图8-5 (b) 所示系统在实际中都有应用，二者原理相似，现以图8-5 (a) 为例。其工

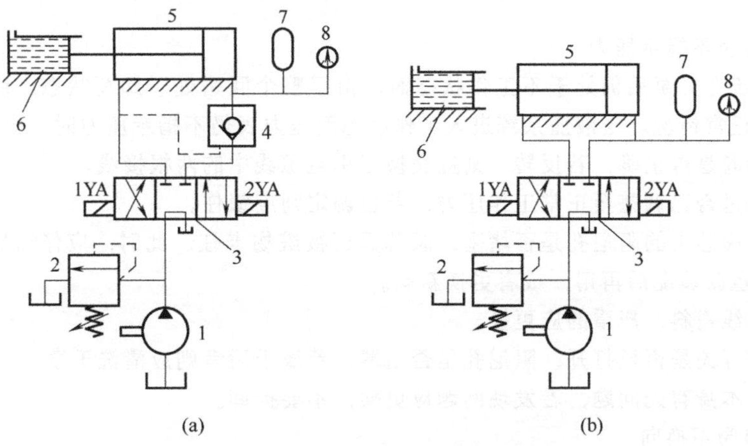

图8-5 丁基胶涂布机液压系统示意图

1—液压泵；2—溢流阀；3—三位四通电磁换向阀；4—液控单向阀；
5—液压缸；6—丁基胶缸；7—蓄能器；8—电接点压力表

作原理为：当1YA通电，换向阀左位接入回路，液压缸5由右向左运动挤出丁基胶进行涂胶。当液压缸无杆腔压力上升至电接点压力表8的上限值时，压力表触点发出信号，使电磁铁1YA断电，换向阀处于中位，同时液压泵关闭，液压缸由液控单向阀4及蓄能器7保压。当液压缸无杆腔压力下降到电接点压力表调定的下限值时，压力表又发出信号，使1YA通电，液压泵再次向系统供油，使无杆腔压力上升，从而使液压缸的压力保持在要求的工作范围内。当液压缸活塞到达终点前的预定位置时，电磁铁2YA通电，换向阀右位接入回路，液压缸由左向右运动，活塞杆退回。需要指出的是：液压缸5和丁基胶缸6安装在同一水平线上，并分别固定在支架上，两者之间的间隔是用来充添固体丁基胶的。

8.3.2 丁基胶涂布机液压系统存在的问题及改进方法

在运行过程中，发现丁基胶涂胶不均匀，挤出的胶流越来越细直至断流，生产出的中空玻璃门窗性能达不到要求。而对图8-5(a)所示系统进行保压性能实验，在液压泵未开启而手动控制1YA通电时，还出现了泵的反转现象。对系统进行分析，发现图8-5所示的两个回路都存在着一定的缺陷：在保压阶段，蓄能器中的液压油进入液压缸无杆腔，但由于换向阀采用M型中位机能，液压缸有杆腔中的油无法回油箱，即回油封闭，造成液压缸活塞不能运动，丁基胶不能挤出，从而使胶流越来越小，直到最后出现断流。对图8-5(a)所示系统，在液压泵不工作且换向阀左位接通时，由于蓄能器中的液压油压力高，使得高压油倒流进入液压泵，引起泵的反转。

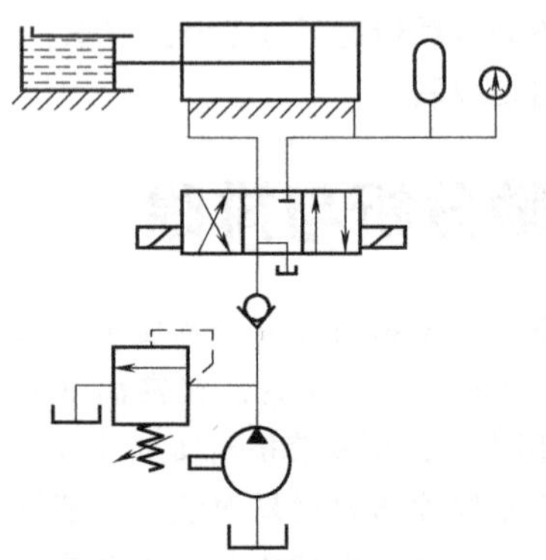

图8-6 改进后的丁基胶涂布机液压系统示意图

针对上述问题，我们对丁基胶涂布机液压系统进行了改进，图8-6为改进后的丁基胶涂布机液压系统原理图。换向阀的中位机能采用K型，在保压阶段液压缸有杆腔可以回油，液压缸活塞依靠蓄能器的压力可继续维持由左向右运动，使涂胶均匀且不会出现断流。在泵的出口处，增加了一个单向阀，有效地防止了蓄能器内的高压油液倒流引起的液压泵反转现象。

8.3.3 丁基胶涂布机液压系统的常见故障与排除方法

图8-6是目前国内丁基胶涂布机制造商用量最大的液压系统，其常见的故障与排除方法如下：

(1) 压力表不指示压力

当液压系统在开泵后仍处于不工作状态时，由于整个回路处于卸荷状态，因此，压力表不指示压力属于正常情况。当液压系统进入工作状态而压力表仍不指示压力时，应做如下检查：

① 电机转向是否正确，若反转，则应交换三相电源线中的两根接线。

② 溢流阀是否已调整至正常工作压力，若已调定则应锁住。

③ 溢流阀阀芯上的阻尼孔是否堵塞，阀芯是否被脏物卡住，此时，应仔细拆开用煤油（汽油）清洗干净重新装配后再用，或者更换新阀。

④ 弹簧轴线歪斜，严重的应更换。

⑤ 压力表开关是否已打开，阻尼孔是否堵塞，若属于后者则应清洗干净。

⑥ 压力表本身有无问题，若发现问题应更换，不要拆卸。

(2) 换向阀不换向

可作如下检查：

① 主阀芯是否被卡死，此时，可手动换向作检查，若阀芯推不动，说明阀芯已被卡住，则

必须拆开清洗干净主阀体和阀芯后再装配使用，也可更换新阀。

② 电磁铁是否动作，若不动作应首先检查电源是否已接通，电磁线圈是否已烧坏，此时，可观察指示灯是否点亮或者仔细倾听电磁线圈吸合时的声音，若发现问题，则应更换电磁线圈。

(3) 有异常噪声

① 吸油阻力过大，包括吸油管径过小，过滤器过滤面积太小或被杂物堵塞。

② 混入空气，检查方法同前文述。

③ 液压系统较长时间停止使用，因系统没有压力而混入空气，系统进入工作状态后，气泡在高压作用下破裂而产生噪声。

④ 油温过低，油的黏性过大，造成吸油困难，使吸油阻力增高而产生振动和噪声。

压力油管拐弯过急，管子截面变化过大时都可能产生液压冲击和噪声。

⑤ 液压系统中因蓄能器的迅速卸荷而引起液压冲击，可在蓄能器出口处增加一个固定阻尼孔。

(4) 不保压

① 液压系统有泄漏，如液压缸、换向阀的内泄漏、管道各连接部位外泄漏等。

② 蓄能器充气压力不当，蓄能器充气压力应为液压系统额定工作压力的 0.65～0.85 倍。

③ 负载突然变化等。

8.4　弯管机液压系统的故障分析与排除

在工业生产中，换热设备使用极其广泛，而管式换热设备就是常见的一种。在这些管式换热设备中，采用 U 形弯管又非常普遍。在实践中如何加工这些 U 形管有许多方法，如机械弯曲形式或手动弯曲形式等。

液压技术由于其潜在的许多优点，在工业应用技术领域已得到广泛应用，并且其比较经济实用，把它应用到弯管机上，简便易行，不失为一种良好的方法。

8.4.1　液压系统结构特点及其工作原理

(1) 结构特点

如图 8-7 所示，弯管机的执行机构采用两个夹紧缸 1、2，一个弯曲成形缸 3，三个液压缸呈 T 形布置在同一水平面上（这可由机械机构保证），并借助一些辅助机构组成一体，整机由液压实现驱动与控制。

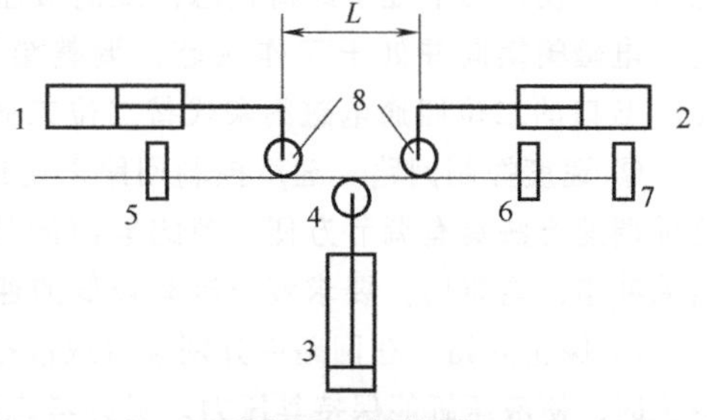

图 8-7　结构图

1、2—夹紧缸；3—弯曲成形缸；4—胎模；5、6—托架；7—限位块；8—辅助成形轮

(2) 工作原理

弯管机工作原理如图 8-8 所示。在图示状态，所有电磁铁均处于断电状态，柱塞泵 2 输出的液压油经二位四通电磁阀 3 卸荷，同时所有执行元件的活塞杆处于缩回状态。液压系统工作时，首先使 7YA 通电，此时整个液压系统工作在调定的工作压力下。按下操作按钮，使电磁铁 1YA、3YA 同时得电，此时三位四通电磁阀 6、7 换向处于左位，液压油经减压阀 5，进入夹紧缸 17、18 的无杆腔，有杆腔的液压油经单向节流阀的单向阀口回到油箱。夹紧缸 17、18 的速度大小由单向节流阀 12、13 调节，调整到二夹紧缸基本同步为止。当两缸运动到设定位置时使 1YA，3YA 失电，使三位四通电磁阀 6、7 处中位，夹紧缸停

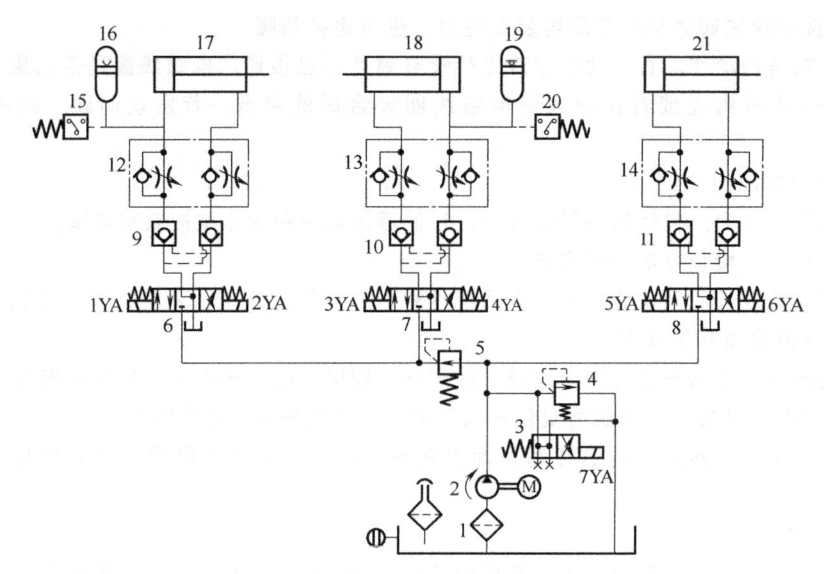

图 8-8 工作原理图

1—过滤器；2—柱塞泵；3—二位四通电磁阀；4—溢流阀；5—减压阀；6～8—三位四通电磁阀；9～11—双液控单向阀；12～14—单向节流阀；15、20—压力继电器；16、19—蓄能器；17、18—夹紧缸；21—弯曲成形缸

止进给，此时两缸间距离应稍大于胎模直径；而后使 5YA 得电，液压油进入弯曲成形缸无杆腔，有杆腔的液压油回到油箱，弯曲成形缸开始运动并推动管料，使之产生弯曲变形，直到得到所需的半圆形时，弯曲成形缸运动到这两个辅助成形轮后停止，电磁阀 8 处中位，弯曲成形缸压力由双液控单向阀保持；接着使电磁阀 6，7 的 1YA、3YA 二次得电，两夹紧缸 17、18 二次进给，使管材的弯曲大于 180°，当压力达到设定值时，压力继电器 15、20 给三位四通电磁阀 6、7 发出信号，使之处于中位保压，保证 U 形的成形度；最后，使电磁阀 6、7 的 2YA、4YA 得电，两夹紧缸返回，跟着电磁阀 8 的 6YA 得电，弯曲成形缸也返回，取下成形弯管，完成一次完整的弯管工作循环。

由以上工作原理图 8-8 可见，弯管机液压系统包含以下几种基本回路：

① 卸荷回路 此回路由一个溢流阀 4 和二位四通电磁阀 3 构成。启动液压泵后，二位四通电磁阀 3 在常态下处于卸荷状态，此时液压泵的输出全部经电磁阀回油箱。当电磁铁 7YA 得电时，电磁阀换向并处于工作状态，调整溢流阀 4 至工作压力。为便于选阀，本回路使用封堵 A、 B 口的二位四通电磁阀来代替二位二通阀，二者是完全等效的。

② 速度控制回路 速度控制回路采用进油节油调速，容易采用压力继电器实现压力控制；这种调速方法具有调节方便、节约能源的特点，进入液压缸的流量受到节流阀的限制，可减少启动冲击，弯管时，要求液压缸有较低的速度，进油节流调速可方便地达到这个要求。

③ 保压回路 在回路中分别设置双液控单向阀 9、10、11，当回路中的电磁阀 6、7、8 处于中位时，使液压缸能保持其压力。另外考虑到液压缸的泄漏问题，在回路中加上蓄能器 16、19，以补偿其泄漏量。

8.4.2 故障分析与排除方法

(1) 液压缸推力不足

① 过载承受过大偏载荷，此时应根据弯管直径大小以及管子壁调整溢流阀的工作压力。

② 液压缸有内泄漏，此时应检查活塞上的密封件是否损坏或者缸筒内壁有无严重划伤。

③ 回油不畅引起背压过高。

④ 油温过高，导致泄漏增加，采取相应的降温措施。

(2) 液压缸爬行

① 空气入侵，首先检查吸油管口是否完全埋入油面以下，然后再检查液压泵与吸油管的连接处的密封垫是否漏放，螺母是否拧紧等。若液压缸内已侵入空气，则应拧开放气阀，驱动液压缸反复动作几次，直至排尽为止。

② 偏载过大。

③ 活塞与缸体、活塞杆与端盖之间的配合精度超差，或装配时紧固螺母的紧固力不均衡，若属于后者，则应作适当调整。

④ 液压泵漏气，应更换。

(3) 液压缸有冲击、压力继电器频繁动作

① 单向节流阀与液控单向阀叠加位置的影响　如图 8-9(a)所示，当液压缸 B 腔进油、A 腔回油时，由于单向节流阀的节流效果，使得回油路单向节流阀与液控单向阀之间产生背压，当液压缸需要停止时，液控单向阀不能及时关闭，有时还会反复开关，造成液压缸冲击。如将单向节流阀与液控单向阀叠加位置按照图 8-9(b)所示放置，由于液控单向阀回油腔的控制油路始终接油箱，不存在背压问题，可以保障液压缸的任意位置停止，并且无冲击现象。

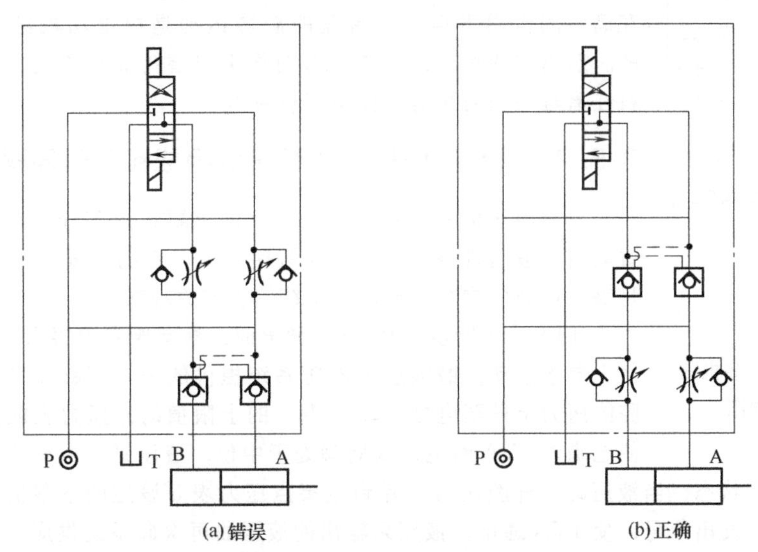

图 8-9　单向节流阀与液控单向阀叠加位置

② 系统连接处泄漏的原因　检查与液压缸无杆腔连接部位的泄漏情况，并排除。

③ 蓄能器的原因　充气压力偏高或蓄能器的囊破裂，蓄能器不起作用。

④ 压力继电器的原因　压力继电器高低压值差值太小，造成频繁动作。

8.4.3 液压弯管机的主要特点

① 弯曲管材所需的力由液压装置提供，可产生很大的动力，尤其适用于加工管径大、壁厚的管件。另外弯管液压机调节方便，当弯曲工件的力需要变化时，仅需调整溢流阀的工作压力即可。

② 整个液压回路的元件全部选用叠加阀，集成在油路块上，实现了液压元件间的无管化连接，使连接方式大为简化，系统紧凑，功耗减少，设计安装周期短。

③ 电机与液压柱塞泵采用立式连接，泵处于油面以下，大大改善了柱塞泵的吸油状况，同

时减少了液压系统工作时的噪声，有利于保持良好的工作环境。

8.5 立磨液压机液压系统的故障分析与排除

立式辊磨由于其节能、高效、运行平稳等特点，被广泛应用于水泥行业的生料生产中。本节内容介绍某水泥厂花巨资（3000万元人民币）从德国引进的水泥生产线中立磨液压机的使用情况以及存在的问题。立磨液压机是水泥生产线中的关键设备，它的工作性能直接影响着生产线的效率，原来该水泥生产线存在的主要故障是：立磨液压机的设计能力是50t/h，但设备自安装调试以来其产量一直维持在35t/h，生产率远远达不到设计要求，严重影响了该厂的经济效益。为此，我们通过对该液压系统进行分析研究，不仅在现场采取了应对措施，而且还对液压系统进行了改进并排除了故障。

8.5.1 立式磨机的工作原理

立式磨机的工作原理如图8-10所示，磨辊的左右两端分别与左右两液压缸的活塞杆相连，由液压缸的活塞杆的伸缩来控制磨辊的升降。在粉磨过程中，一方面由液压系统提供给磨辊足够的压力；另一方面磨盘做旋转运动，磨辊在磨料的作用下自转，磨盘的旋转运动是由电动机经带传动来实现的。磨盘中的物料由于离心力的作用向磨盘周边移动，进入辊道，物料在磨辊的压力和剪切作用下被粉碎。

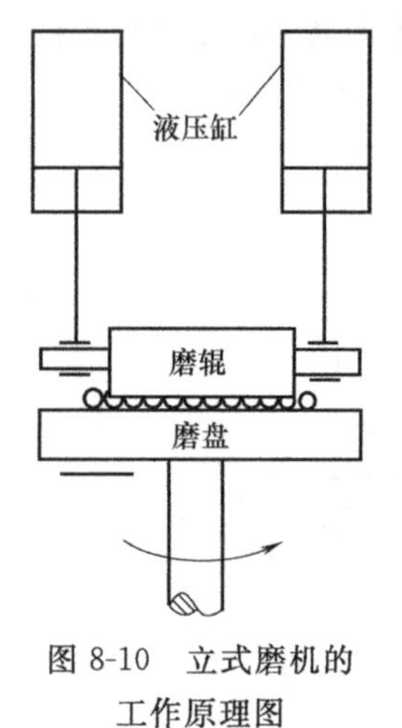

图8-10 立式磨机的工作原理图

8.5.2 立磨液压机液压系统的组成和工作原理

立磨液压机液压系统是立式磨的重要组成部分，主要由液压缸、蓄能器、液压管路、液压站等组件组成。它的主要作用是向磨辊施加足够的压力使物料被粉碎。系统的工作原理如下：

如图8-11所示，当1YA通电时，换向阀左位接入回路，液压缸4由上向下运动，磨辊通过液压系统提供的压力下移。当液压缸4无杆腔的压力上升至电接点压力表5的上限值时，压力表触点发出信号，使电磁铁1YA断电，换向阀处于中位，液压缸4由蓄能器6补偿系统泄漏工作在保压状态；当液压缸无杆腔压力下降到电接点压力表5设定的下限值时，电接点压力表5的触点又发出信号，使1YA通电，液压泵输出的液压油再次向系统供应，使无杆腔压力上升，从而使液压缸无杆腔的压力保持在要求的工作范围内。当2YA通电时，换向阀右位接入回路，液压缸有杆腔进油，无杆腔回油，活塞上升。当1YA、2YA都断电时，系统处于图8-11所示中位状态。

由此可见，液压系统正常工作运行时是处于保压状态，它的工作时间最长，保压是该液压系统的最主要的工作方式。

8.5.3 立磨液压机液压系统的故障分析与排除方法

对于系统运转过程中出现的问题，我们对其进行了分析：

由图8-11立磨机液压系统的工作原理图可见，当系统工作在保压状态时，液压泵一直处于工作状态，这样溢流损失转换成了系统热量，造成了油温过高（现场测试油温在80℃以上），油温升高使油的黏度降低，所以在已调定的压力下，系统效率下降，造成了水泥生产效率达不到设计产量。为此我们做了两方面的工作：一方面现场采用两个大排风扇对吹油箱，强制冷却系统，结果6h后水泥生产线的效率提高到45t/h；另一方面的工作是对液压系统进行了改进，改进后的液压系统原理图如图8-12所示（原理不再重复叙述）。将换向阀的中位机能由O型换成K型，同时，在液压缸的4的有杆腔侧增加了一个液控单向阀9。这样，当压力表达到压力上限值，触点发出电信号使电液换向阀处于中位时，液压泵工作在卸荷状态，由于加入了液控单向阀9，使液压缸4有杆腔的泄漏量大大减少，因此进一步延长了保压时间。这样系统不仅仍能满足保压的要求，而且大大减少了系统的发热量。另外我们在液压泵出口处加装了一个单向阀8，使电液换向阀控制端在液压泵卸荷时仍能保持一定的启动压力。

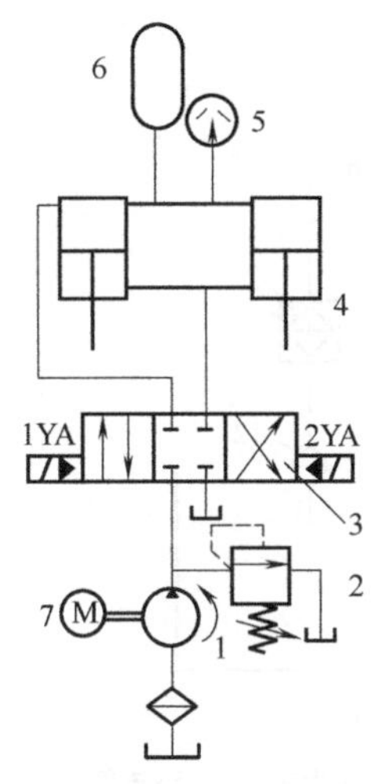

图8-11　立磨机液压系统工作原理图

1—液压泵；2—溢流阀；3—三位四通电液换向阀；4—液压缸；5—电接点压力表；6—蓄能器；7—电动机

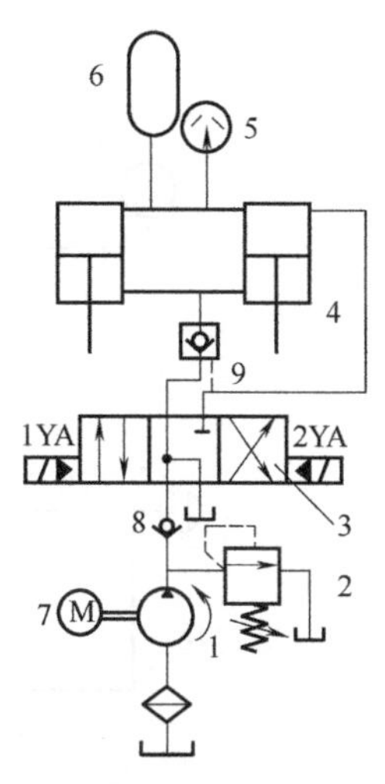

图8-12　改进后的液压系统原理图

1—液压泵；2—溢流阀；3—三位四通电液换向阀；4—液压缸；5—电接点压力表；6—蓄能器；7—电动机；8—单向阀；9—液控单向阀

通过对立磨液压机液压系统的工作原理进行分析，对其运行过程中出现的故障原因进行了分析并提出了改进方法，将具有K型中位机能的换向阀取代了O型中位机能的换向阀，使液压泵在换向阀处于中位时卸荷，减少了系统的发热，并达到了设备的设计生产能力。应当指出的是：

① 进口生产线的配套系统并非尽善尽美，只有认真分析其工作性质及特点，才能使配套系统充分发挥其潜能。

② 从液压原理的角度分析立磨液压机的故障原因是保压回路的设计问题，但其表现形式却是生产效率低于设计能力。

③ 具体分析设备故障时，要从生产工艺，技术要求，液压、电气的相关关系综合考虑。

8.6　剪绳机液压系统的故障分析与排除

在造纸工艺中，为了去除原材料中的长纤维，经常采用“引绳”缠绕方法。所谓“引绳”其实就是一盘缠绕在筒状旋转体上的钢丝，长纤维缠绕在钢丝上达到一定直径（一般300mm以上）后，用剪绳机将其按照定长（1m左右）剪断，剪断后将钢丝抽出，对长纤维进行短纤维化处理后再次使用。剪绳机的核心部件是液压系统，剪绳机性能的优劣取决于液压系统的优劣。

8.6.1　液压系统工作原理

剪绳机液压系统的工作原理如图8-13所示。工作原理如下：

液压泵2启动后，由于电磁阀的电磁铁均处于断电状态，因此，电磁换向阀在两端弹簧的

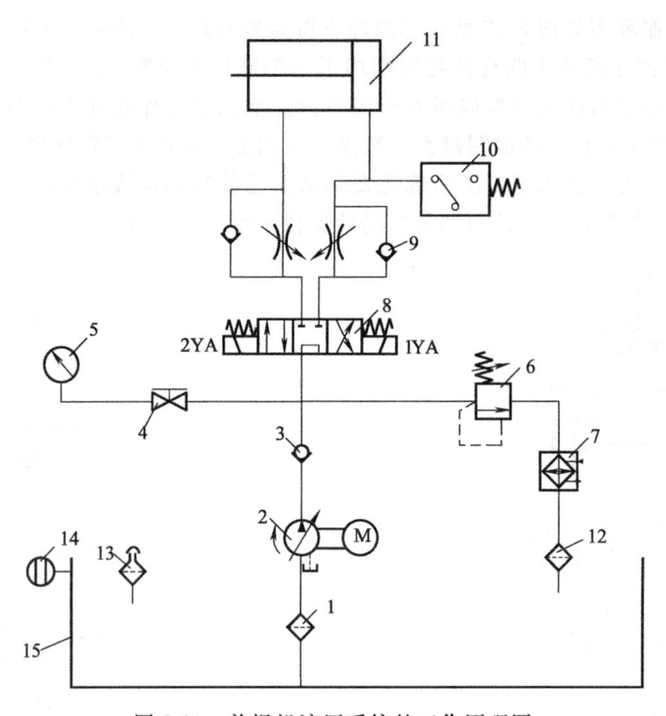

图 8-13　剪绳机液压系统的工作原理图

1—洗油过滤器；2—液压泵；3—单向阀；4—压力开关表；5—压力表；6—溢流阀；7—冷却器；8—电磁换向阀；9—单向节流阀；10—压力继电器；11—液压缸；12—回油过滤器；13—空气过滤器；14—液位计；15—油箱

作用下处于中位，此时，液压泵 2 经电磁换向阀 8 卸荷，此时液压缸 11 停留在原始位置。当 1YA 通电时，电磁换向阀 8 换向处于右位，液压缸 11 无杆腔进油，有杆腔回油，活塞杆伸出；当 2YA 通电时，电磁换向阀 8 处于左位，液压缸有杆腔进油，无杆腔回油，活塞杆缩回，完成工作全过程。系统压力只有在 1YA、2YA 通电情况下才能随着溢流阀 6 的调整压力而变化。压力继电器的作用是当系统达到调定值后，发出信号，让液压缸 11 自动退回；溢流阀 6 的作用是起安全阀作用，用以保护柱塞液压泵 2。

剪绳机液压系统的液压泵电机组采用卧式连接、溢流阀采用板式结构，其余元件采用叠加式连接方式。

8.6.2　剪绳机液压系统的故障分析与排除方法

(1) 调试过程中的故障与排除方法

① 故障现象：系统有压力但液压缸不动作。

② 故障原因分析与排除方法如下：

a. 电磁换向阀已通电但阀芯卡住不动作。经检查阀芯未被卡住。

b. 液压缸内泄漏严重。采用分别封堵液压缸 A、B 口的方法，未发现液压缸内泄漏现象。

c. 液压油管堵塞。经过通压缩空气的方法检验，不存在此问题。

d. 集成块的原因。经检查：板式溢流阀位置处的 P、T 口分别通液压泵的出口和油箱，所以可以显示压力，但叠加阀组处的 T 口是盲孔，将其打通后，故障现象得以排除。

(2) 制定的装配注意事项以及调试方法与步骤

① 装配注意事项

a. 根据图纸及明细表清点液压元件、外协外购件；

b. 检查液压元件的包装情况，如有破损，首先要进行元件性能测试；

c. 根据集成块图纸，检查其尺寸的正确性、表面粗糙度情况（特别是元件按装面）、各通路的连接情况；清理并清洗集成块；

d. 进一步清理油箱；

e. 液压泵电机组装配、液压阀组装配；

f. 用油管连接各部件；

g. 向油箱内加入清洁的液压油至液位计的上限；

h. 出厂试验调试与检测。

② 调试方法与步骤

a. 液压系统安装完毕后，按液压系统原理图、电气系统原理图等检查各部分的安装、连接是否正确，如发现有问题，应先处理好后才允许开机。

b. 根据要求确保无问题后，参照液压、电气系统原理图，按下列步骤进行调试工作。

第一步：点动液压泵，观察其转向是否正确，即从电机尾端看电机应顺时针方向旋转，确认方向正确后，才可进行下一步调试工作。

第二步：松开溢流阀的手柄，合上电源开关，启动液压泵电机，使其空运转2～3min，此时，由于液压泵处于卸荷状态，压力表指示零压力。若一切正常，则可调节溢流阀手柄，同时使1YA通电，电磁换向阀8换向处于右位，系统压力随着溢流阀5的调整压力而变化，这时观察压力表，当压力表指示工作压力时，将调节手柄锁住。

第三步：按上述动作顺序进行操作，随时观察执行元件运行情况是否完全符合工作要求，若发现异常现象，应立即停机检查，直至整机运行完全符合正常工作要求为止。

第四步：在正常运行过程中，要随时观察液压系统电机、液压泵的动静，液压油的温升，换向阀、溢流阀等液压件的工作状态，若发现异常情况，除应及时排除外，还应做好记录，便于总结经验和教训。

8.7　盘式热分散机液压系统的故障分析与排除

盘式热分散机是处理废纸的专用设备，它能有效地对废纸浆料中的胶黏物、油脂、石蜡、塑料、橡胶或油墨粒子等杂质进行分散处理，以改进纸张的外观质量，提高纸张的外观质量，提高纸张性能，工作过程中将浓缩至30%以上的废纸浆经动静磨盘之间的间隙分散并细化至粉末状，然后送至下一造纸工序。造纸工艺要求移动磨盘实现精确的定位控制，其定位精度要求在±0.02mm以内，动静盘间隙调节范围在0～15mm内，同时具有维修时机体进退功能。盘式热分散机自动化程度高，其控制部分要求磨盘定位系统采用双闭环（即：功率负荷闭环和间隙调整闭环）恒间隙控制，并保证在主电机功率调节范围内准确地调整间隙。

8.7.1　液压系统工作原理

盘式热分散机的液压系统工作原理如图8-14所示。液压泵启动后，由于电磁阀的电磁铁均处于断电状态，因此，动盘进给缸12、机体维修缸17均停留在原始位置。此时，液压泵经比例溢流阀8（此时比例溢流阀的控制电压为零）卸荷。当比例溢流阀8的控制电压在2V（为了避开比例阀的死区）以上并且1YA通电时，电磁换向阀9换向处于左位，动盘进给缸12的无杆腔进油，有杆腔回油，活塞杆伸出；当2YA通电时，电磁换向阀处于右位，动盘进给缸12的有杆腔进油，无杆腔回油，活塞杆缩回，完成缸12的工作循环。

循环过程中，比例流量阀13控制热分散机的位移和间隙大小，比例溢流阀8根据负载大小控制主电机工作在恒功率状态。当3YA通电时，电磁换向阀16换向处于左位，机体维修缸17

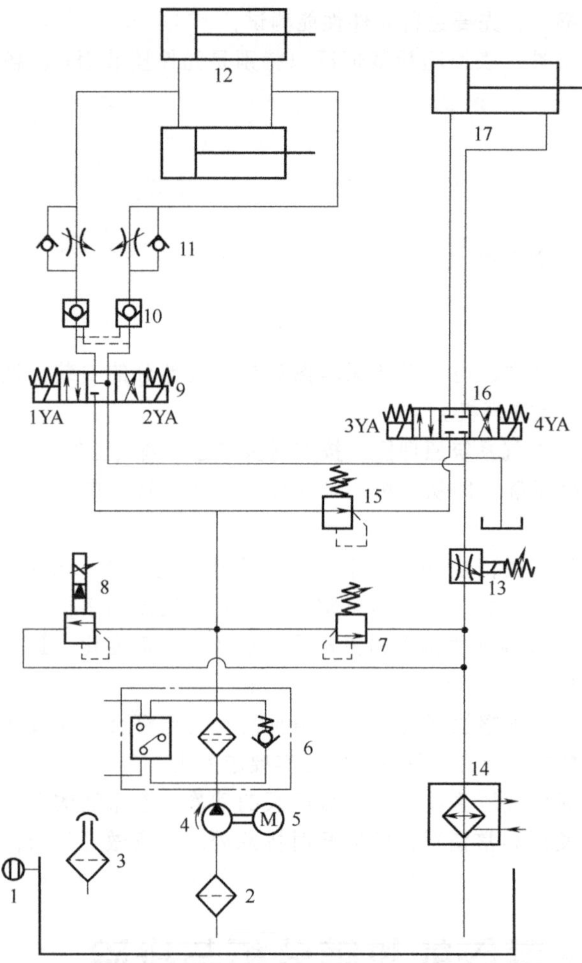

图 8-14　盘式热分散机液压系统的工作原理图

1—液位计；2—过滤器；3—空气过滤器；4—定量泵；5—电动机；6—精密过滤器；7—溢流阀；8—比例溢流阀；9、16—电磁换向阀；10—单向阀；11—液压锁；12—动盘进给缸；13—比例流量阀；14—冷却器；15—减压阀；17—机体维修缸

的无杆腔进油，有杆腔回油，活塞杆伸出；当 4YA 通电时，电磁换向阀 16 换向处于右位，机体维修缸 17 有杆腔进油，无杆腔回油，活塞杆缩回，完成工作全过程。应当注意的是：系统压力只有在比例溢流阀 8 有控制电压的情况下才能随着控制电压的变化而变化，液压执行元件才能工作。溢流阀 7 起安全阀的作用，其目的是当比例溢流阀 8 本身或其控制器有故障时，整个液压系统的压力不至于突然大幅升高，以保护磨片和主电机。

8.7.2 常见故障与排除方法

(1) 故障现象 1：系统进给工作正常，压力为 8MPa，但机体维修缸不动作（使用现场故障）

① 原因分析　到现场后，发现液压系统一切正常，但机体维修缸不能前进或后退，电磁换向阀 16 换向正常，油路无泄漏，机体（自重 8.55t）却无法合拢，在正常情况下 3MPa（减压阀 15 的调定压力）以上就能保证机体维修缸轻松推开或合拢。观察现场情况，发现机体维修缸安装偏斜，且固定端强度不够，缸又处于最后端位置，机体导轨有划伤，判断问题就在此处！

② 排除方法　把缸拆掉，让其在无负载的情况下往复运动，然后把机体注油孔全部用高压气吹干净，并往导轨上均匀注润滑脂。安装缸后启动液压站，机体推开，合拢自如（3MPa），故障得以排除。

(2) 故障现象 2：系统无压力（调试过程故障）

① 原因分析

a. 检查电机转向，是否接反。

b. 检查比例溢流阀放大器 0～10V，0～24V，正负极是否接反。

c. 检查液压泵、溢流阀是否损坏。

d. 检查管路以及连接件是否有泄漏的地方。

② 排除方法　经排查均无以上现象，最后判断是冷却器回油口不通。将回油路打通后，问题排除。

(3) 故障现象 3：液压泵启动后，压力达到设定值 9.1MPa，0.5h 内压力下降至 4.0MPa 后稳定不变，重新启动液压站还是同样故障（使用现场故障）

① 原因分析　在检查油路泄漏、溢流阀、比例压力阀没有问题的条件下，问题集中在液压泵上。打开油箱后发现泵体发热严重，且吸油滤油器完全被纸浆纤维糊住，根本无法吸油。

② 排除方法　把油箱内的液压油完全排掉，全面清洗油箱（发现油箱内有很多纸纤维），更换液压泵，吸油滤油器并加注经过滤的液压油。重新开机，系统工作压力设定在 8 MPa，且无压力波动情况。

(4) 故障现象 4：系统工作正常，压力为 8MPa，进给液压缸在定位点有自走现象，导致精度降低（使用现场故障）

① 原因分析

a. 叠加式单向节流阀与液控单向阀排列位置不对，造成液控单向阀控制腔有背压，液控单向阀打开，定位精度降低。

b. 液控单向阀本身的质量差，造成定位精度降低。

c. 液压油被污染。

② 排除方法

a. 经检查叠加式单向节流阀与液控单向阀排列位置正确，由于位置错误造成的故障原因排除。

b. 更换了液控单向阀，现象仍无变化，液控单向阀质量问题得以排除。

c. 问题集中在液压油的污染问题上，经检查液压油液有轻微污染，通过进一步过滤液压油，并清洗了液控单向阀，问题得以解决。

(5) 故障现象 5：维修缸工作正常，系统工作正常，压力为 8MPa，动盘进给液压缸只能进刀却无法退刀（使用现场故障）

① 原因分析

a. 动盘进给液压缸的主液压阀退刀电磁铁未通电或阀芯被卡住。

b. 控制退刀侧的单向节流阀调得太小。

c. 比例流量阀放大器故障或受到电磁干扰。

d. 比例流量阀本身的故障。

② 排除方法　原因 a 和 b 很快排除，主要集中在原因 c 和 d 上。

对于故障原因 c，控制器本身的故障也很快排除。我们开始怀疑是否是高压（1.5 万 V）电机产生磁场造成电磁阀失灵（液压站距离电机接线盒仅 0.5m），我们让造纸厂做了一个屏蔽罩把液压站罩起来，同时把控制柜，液压站接地处理，但启动电机后，液压站还是无法进刀，这样问题集中在比例流量阀本身的故障上来，因为热分散机启动后，振动特别强，人站在旁边就能感觉到楼板振动，由于这时流量极小，阀芯处于半关闭状态，振动大造成阀芯波动，从而无法进刀，更换比例流量阀后，一切正常，故障得以解决。

需要说明的是：盘式热分散机液压系统是笔者为某一生产企业设计开发的能够替代进口的产品，采用了比例流量和比例压力复合控制方式，实现了磨盘定位系统采用双闭环（即：功率负荷闭环和间隙调整闭环）恒间隙控制，并保证在主电机功率调节范围内准确地调整间隙。自 2001 年开始生产第一台样机到 2005 年底，已经累计生产 40 余台，取得了显著的经济效益和良好的社会效益，提升了我国造纸机械的自动化水平。但是通过以上故障现象、产生的原因可以看出，主要问题反映为用户的使用问题，特别是液压油的污染防治方面还有许多工作要做，同时加强液压技术的培训也会提高操作者的使用水平，降低设备的故障率。

8.8　垃圾压缩中转站液压系统的故障分析与排除

随着人们生活水平的提高，人类对生存环境提出了更高的要求，而环境保护又是国家的根本大法，为此围绕环境保护的产品层出不穷，垃圾压缩中转站就是一种典型的环保设备。这种设备的执行元件全部采用液压缸，其动力源是集中供油式液压站，本节内容介绍垃圾压缩中转站所实现的动作、调试过程中出现的故障以及排除方法。

8.8.1 垃圾压缩中转站实现的动作以及设计说明

垃圾压缩中转站液压系统工作原理如图 8-15 所示。该液压系统所实现的动作如下:

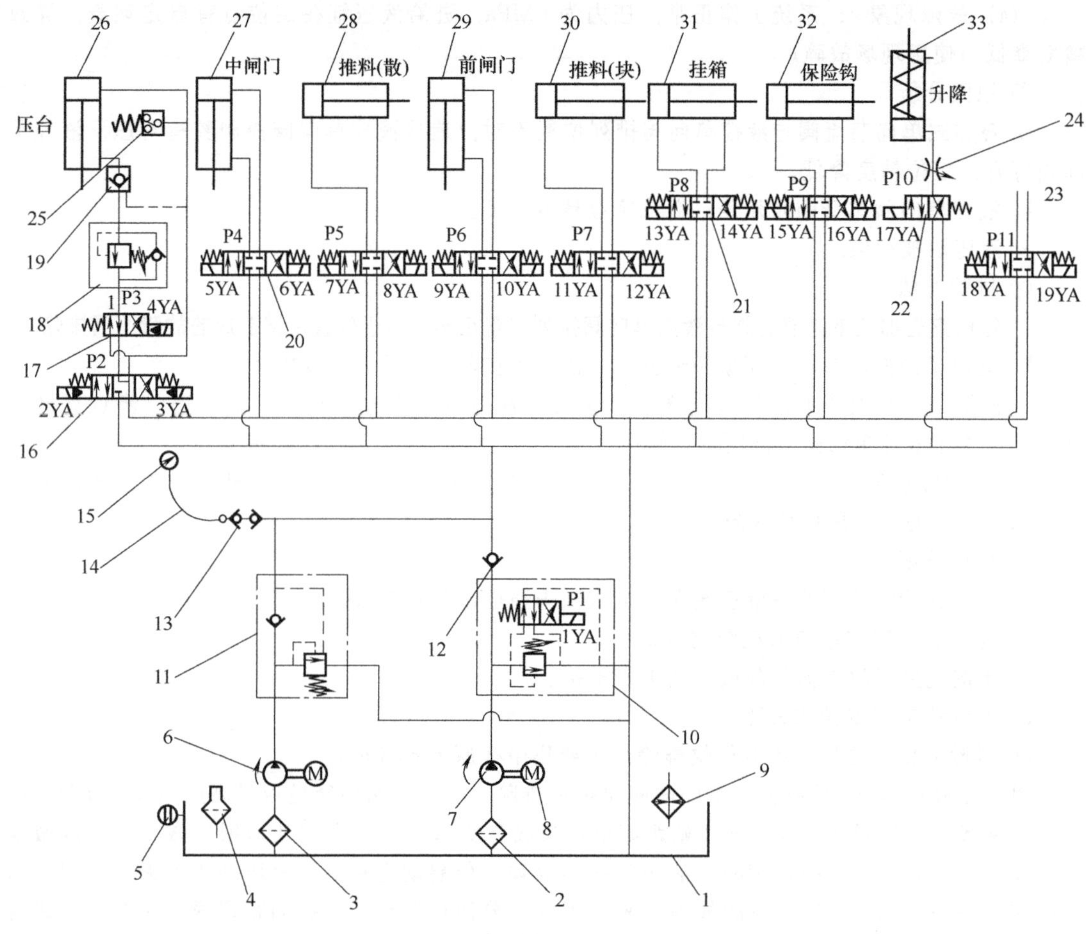

图 8-15 垃圾压缩中转站液压系统工作原理图

1—油箱；2、3—吸油过滤器；4—空气滤清器；5—液位计；6、7—液压泵；8—电动机；9—加热器；10—电磁溢流阀；11—卸荷溢流阀；12—单向阀；13—测压接头；14—压力表软管；15—压力表；16—三位四通电液换向阀；17—二位四通电液换向阀；18—平衡阀；19—液控单向阀；20～23—电磁换向阀；24—节流阀；25—压力继电器；26—压台液压缸；27—中闸门液压缸；28—推散料液压缸；29—前闸门液压缸；30—推块料液压缸；31—挂箱液压缸；32—保险钩液压缸；33—升降液压缸

① 压台上升、快速下降（差动连接）、压缩，并能完成垃圾箱升降动作，手动操作并能实现任意位置停止（压台液压缸）。

② 垃圾箱中闸门升降（中闸门液压缸）。

③ 压头挂箱、脱箱，以便完成垃圾箱升降动作（挂箱液压缸）。

④ 散料垃圾推出、退回（推散料液压缸）。

⑤ 单作用液压缸上升、靠自重下降，升降速度可以调节（升降液压缸）。

⑥ 推箱液压缸前进、退回（推箱液压缸）。

⑦ 前闸门升起、落下（前闸门液压缸）。

⑧ 压缩后块状垃圾推出、退回（推块料液压缸）。

对于动作①，从实现高效和降低能耗的角度，本液压系统采用高低压泵供油的方式，高压泵选用内啮合齿轮泵，低压泵选用大排量叶片泵。为避免高压噪声，高压泵零载荷启动。低压时双泵同时供油，以达到快速高效的目的；高压时由高压泵单独供油，低压泵卸荷。如此高低压泵交替工作，以达到节能、高效及降低噪声的目的。

压台液压缸采用差动回路转换，以使液压缸在空行程时实现快速动作，提高工作效率；设置液控单向阀和平衡阀，避免压台自重下落，提高了安全性。其可以同时完成装车时垃圾箱的提升和下降动作。

对于动作②～⑧项均由各自独立的液压换向阀控制回路来实现，其中第⑤项为单作用液压缸升降，升降速度可以调节。增设了一组换向阀以备用。

由于用户在华北地区，考虑到北方冬季寒冷因素，液压系统增加了液压油加热及温控装置。

8.8.2 调试过程中的常见故障与排除方法

在垃圾压缩中转站液压系统的调试过程中，主要出现了两种故障。

(1) 故障现象 1：压台液压缸由快进转为工进时、速度变化不大

该故障比较容易判断，因为快进与工进的转换是由电液换向阀 17 来实现的，速度变化不大，肯定与其相关。经检查，电液换向阀 17 的先导阀芯方向反了，将阀芯倒过来以后，问题得到解决。

(2) 故障现象 2：高压泵工作时，低压泵电机不仅不卸荷，而且其电流随着高压泵工作压力的升高而升高，造成低压泵电机过热

从故障 2 的现象可以看出，高压泵的负载加在了低压泵上造成了低压泵电机电流的持续升高，因而出现过热现象。问题集中在卸荷溢流阀中的单向阀和溢流阀本身的质量问题上。经现场检查，单向阀密封情况良好、液压油本身也比较洁净，所以通过单向阀的油路途径没有问题。唯一的问题就是溢流阀本身的质量问题，经检查，卸荷溢流阀主阀芯上无阻尼孔，这样高压泵的压力 P_A 经单向阀直接作用在溢流阀主阀芯上侧（如图 8-16 所示），从而引起低压泵出口处压力 P_1 的升高，所以低压泵电机的电流随之升高。找出原因后，将溢流阀主阀芯在电火花加工机床上打了一个直径为 0.9mm 的阻尼孔（一般为 0.8～1.2mm），再次将主阀芯装到溢流阀上，重新开机实验，低压泵电机电流不再随着高压泵压力的变化而变化，电机过热现象消失。

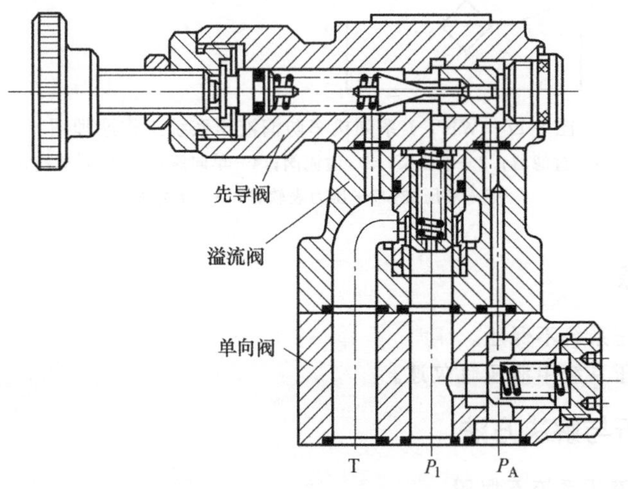

图 8-16 卸荷溢流阀结构图

从垃圾压缩中转站液压系统的调试过程出现的故障分析可见，其故障全部由于液压元件的质量引起的，所以液压元件本身的质量必须有保障才可以确保液压设备调试以及使用的顺利进

行，为此笔者建议：要购买产品质量稳定、有较高声誉的液压元件。

8.9 机车防溜液压系统的故障分析与排除

WKT-1系列机车防溜液压系统是用于机车编组站的专用液压系统，现在共有两种产品，一种采用叠加阀形式（WKT-1-D），另外一种采用插装阀结构形式（WKT-1-C），一台液压站同时驱动7个、14个或者21个液压缸。机车停车时，在液压缸弹簧力的作用下实现对车轮的制动，当需要机车行走时，液压缸活塞杆伸出，依靠单向阀的保压作用维持其伸出，所以工艺要求，保压时间在15min左右，液压缸工作压力不低于7MPa。

8.9.1 液压系统工作原理

WKT-1系列机车防溜液压系统的工作原理如图8-17所示。图示状态，液压缸6活塞杆在弹簧力作用下返回原位，机车车轮处于制动状态。当电磁球阀5通电时，液压油经液压泵2、单向阀4、电磁球阀5进入液压缸6有杆腔，使液压缸活塞杆快速伸出、松开机车车轮，然后电动机断电（电磁球阀保持通电状态），利用单向阀的保压作用，保持机车的前进状态。

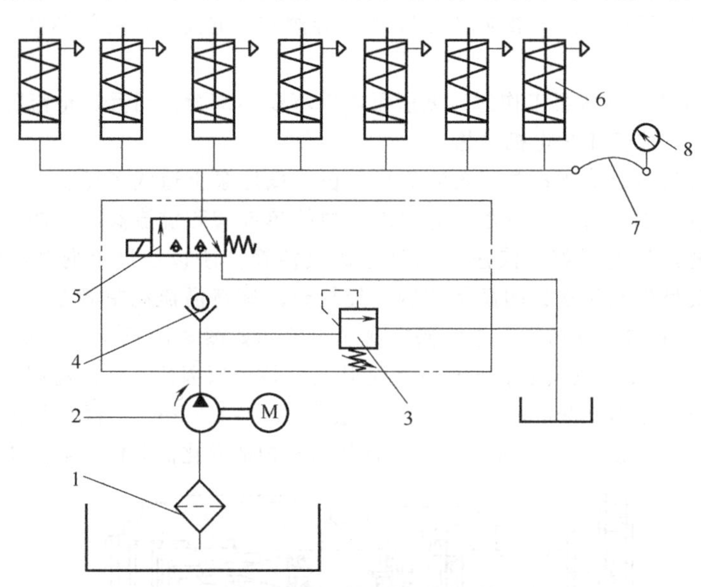

图8-17 WKT-1系列机车防溜液压系统工作原理图

1—过滤器；2—液压泵；3—溢流阀；4—单向阀；5—电磁球阀；6—液压缸；7—压力表软管；8—压力表

8.9.2 故障现象

① 叠加阀式液压系统不保压。

② 插装阀式液压系统中液压缸欠速。

8.9.3 原因分析与解决方法

(1) 叠加阀式液压系统不保压

可能的原因：

① 系统连接部位泄漏。

② 单向阀性能差。

③ 溢流阀与单向阀叠加位置的影响。

④ 溢流阀本身的性能差。

⑤ 液压缸泄漏。

⑥ 电磁球阀性能差。

解决方法:

① 检查系统各连接件处是否有渗油、漏油现象，注意密封件的安装和有无损坏或漏装。

② 采用元件互换方法，检验单向阀的保压性能。

③ 叠加式单向阀与溢流阀在集成块上的叠加位置不能随意更换，溢流阀必须在单向阀下面，电磁球阀在最上方。否则，溢流阀本身的泄漏将会严重影响系统的保压性能。

④ 检查并测试溢流阀的性能，注意密封件。

⑤ 检查液压缸的内外泄漏情况。

⑥ 检查电磁球阀的密封情况。

(2) 插装阀式液压系统中液压缸欠速

可能的原因:

① 液压泵排量小、容积效率太低。

② 液压缸泄漏。

③ 溢流阀的性能差。

解决方法:

① 将溢流阀调至接近零压，将液压缸脱开，直接检测液压泵的理论输出流量，检测其排量的大小；再将溢流阀调至系统额定工作压力，检测其容积效率。

② 检查液压缸的内外泄漏情况。

③ 检查插装式溢流阀的性能，注意插装式溢流阀 P 口与 T 口处密封件的预压缩量（图 8-18 所示）以及与集成块配合处的表面加工质量、溢流阀弹簧刚度。

通过上述检查，确认插装式直动溢流阀弹簧刚度低， P 口与 T 口处密封件的预压缩量引起了液压缸的欠速现象，通过更换弹簧、密封件，问题得到圆满解决。

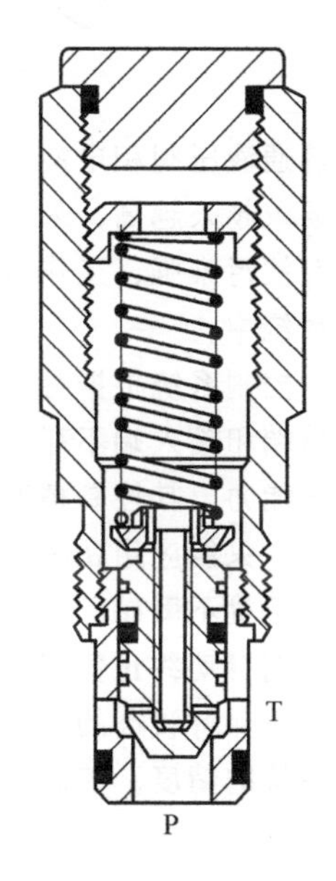

图 8-18　插装式直动溢流阀结构图

8.10　轮胎脱模机三缸比例同步液压系统的故障分析与排除

轮胎脱模机是轮胎生产过程中的重要设备，其性能的好坏将直接影响到轮胎产品的质量，特别是橡胶被压入轮胎模具成型过程中，如何保证在轮胎圆周的 360° 范围内实现同步控制，以及实现模具的脱离，都至关重要。而同步控制一直是液压行业的一个重要课题，在多缸液压系统中，影响同步精度的因素很多，如液压缸外负载、泄漏、摩擦、阻力、制造精度、油液中的含气量及结构弹性变形等，都会使运动产生不同步现象。本节将介绍一种实现轮胎脱模同步控制的液压系统，其中的三个同步液压缸 B1、 B2、 B3 需要在轮胎模具的 360° 圆周范围内均匀分布，控制其同步精度；而液压缸 A 则用于控制轮胎模具的进出。脱模原理示意图见图 8-19。

8.10.1　系统工作原理

电液比例控制阀（简称比例阀）是一种廉价的、抗污染性较好的电液控制阀，是在传统液压阀的基础上发展起来的，它按输入电信号指令连续地成比例地控制压力、流量等参数，是介

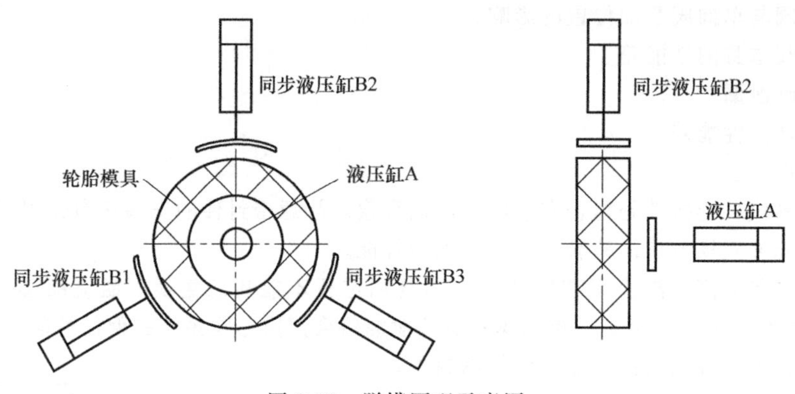

图 8-19 脱模原理示意图

于普通液压阀和电液伺服阀之间的控制阀。随着科技的发展，对设备的自动化和目标控制精度的要求越来越高，采用普通液压阀已难以满足这些发展方向的要求；而与伺服阀相比，比例阀具有抗污染强、工作可靠、无零漂、价廉和节能等优点，因此比例阀已经越来越多地应用于控制系统中。

控制系统根据有无反馈分为开环控制和闭环控制。开环控制系统的结构组成简单，系统的输出端和输入端不存在反馈回路，系统输出量对系统输入控制作用没有影响，没有自动纠正偏差的能力，其控制精度主要取决于关键元器件的特性和系统调整精度，因此开环系统的精度比较低，只能应用在精度要求不高而且不存在内外干扰的场合。闭环控制系统的优点是对内部和外部干扰不敏感，系统工作原理是反馈控制原理或按偏差调整原理。这种控制系统有通过负反馈控制自动纠正偏差的能力；但反馈带来了系统的稳定性问题。只要系统稳定，闭环控制系统就可以保持较高的精度。本节所介绍的系统，就是一种典型的闭环控制系统，从而有效地保证了系统的精度，控制系统方框图见图 8-20。

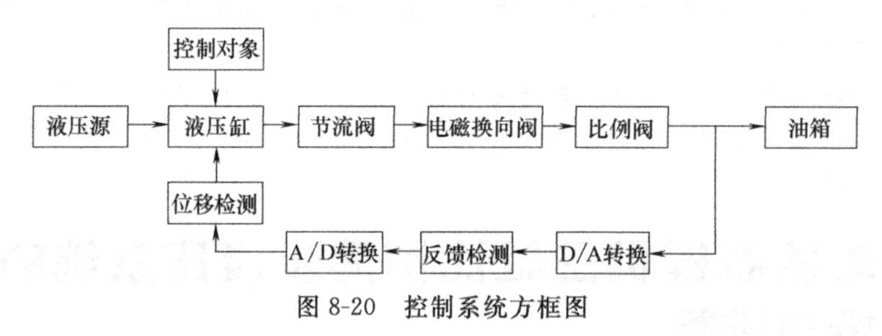

图 8-20 控制系统方框图

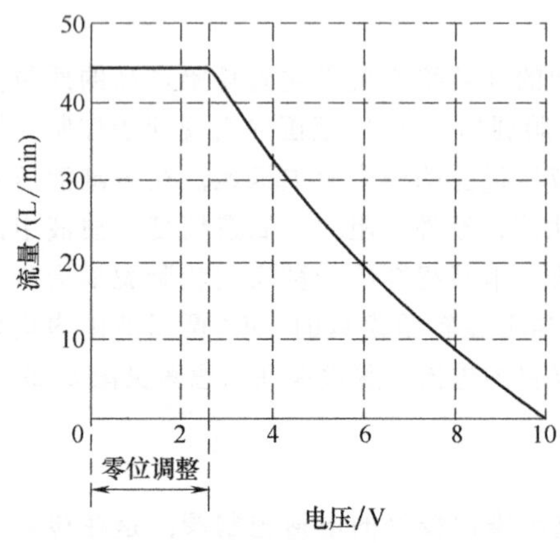

图 8-21 比例流量阀流量特征曲线

本系统将比例流量阀（常开型，流量特征曲线见图 8-21）用于液压缸的同步控制中，分别安装在同步缸活塞处的位移传感器、模数转换器和 PLC 构成了一个闭环反馈回路，通过控制回油油路的流量来控制液压缸活塞的行进速度，以达到三缸同步的目的（液压系统原理图见图 8-22）。首先，控制阀 1 左端电磁铁 1YA 通电，液压缸 A 向前推进，将轮胎模具压入指定位置；然后，控制阀 2 左端电磁铁 3YA 通电，油泵打出的液压油经过减压阀 5、电磁换向阀 2、液压锁 6、单向节流阀 7 进入液压缸无杆腔，活塞右移（三套回路的工作原理相同）。传感器检测到活塞的位移后，发出信号，经过模数转换器 A/D 转换成数字信号后，输入可编程序控制器；经过处理后，可编程序控制器输出的信号经过数模转换器 D/A 转换成模拟信号，再传给比例流量阀，以此来调节回油油路的流量，达到对液压缸活塞位移的控制，以实现三缸同步控制。当三同步液压缸的活塞到达指定位置，将橡胶压入模具后，控制阀 2 右端电磁铁 4YA 通电，使三同步缸活塞左移，此时不需要同步控制。最后，控制阀 1 的右端电磁铁 2YA 通电，液压缸 A 的活塞杆左移，使轮胎模具脱离。

比例阀在没有电信号输入时，处于常开位置，不起节流作用；液压锁 6 可以使液压缸停于任何一个位置；单向节流阀 7、 8 在控制过程中起粗调作用，比例阀则起细调作用；二位二通换向阀 4 的通断电控制液压泵的加载和卸荷。

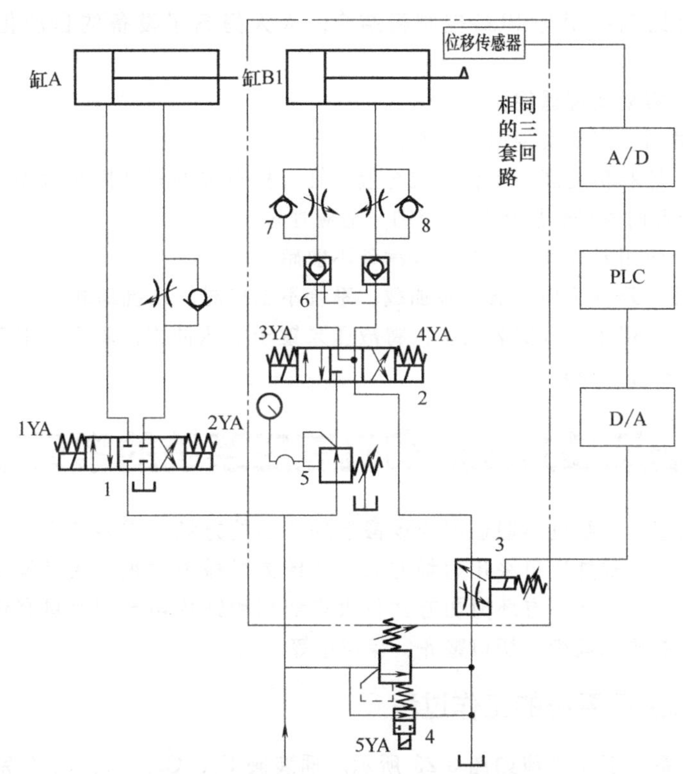

图 8-22　三缸同步液压系统工作原理图

1—三位四通 O 型电磁换向阀；2—三位四通 Y 型电磁换向阀；3—比例流量阀；4—二位二通换向阀；5—减压阀；6—液压锁；7、8—单向节流阀

8.10.2　系统故障原因与排除方法

在三缸比例同步控制液压系统的调试过程中，主要出现了两种故障：

(1) 故障现象 1：系统无压力

可能的原因及解决方法：

① 液压泵电机转向不对，应任意对调电动机两相接线。

② 液压泵内泄漏大或泵损坏，应检查并更换。

③ 溢流阀弹簧折断或未装弹簧，应检查更换或补装。

④ 电磁换向阀 4 未通电或阀芯卡住，应检查电磁铁插头、检查阀芯移动情况。

⑤ 经过上述步骤检查，确认是由于阀芯卡住引起。

(2) 故障现象 2：执行元件速度低、三缸同步效果差可能的原因及解决方法：

① 液压泵排量小或内泄漏大，应检查并更换。

② 三组单向节流阀的开度调得太小，应重新调整。

③ 比例流量阀控制器接线错误，应检查、重新接线。

④ 比例流量阀性能差，应更换。

经检查，原因在于三组单向节流阀的开度调得太小，将其进行重新调整后，比例流量阀的控制作用得到充分体现，三缸同步效果达到了使用要求。

8.10.3 系统特点

由于该系统将比例控制与PLC控制相结合，大大提高了设备的自动化水平，具有以下特点：

① 工作方便，容易实现遥控；

② 自动化程度高，容易实现编程控制；

③ 工作平稳，控制精度高，不会形成与液压缸行程有关的累计同步误差；通过控制液压缸行程，即可适用于不同直径轮胎的同步控制，适应性好；

④ 结构简单，使用元件较少，对油液污染不敏感；

⑤ 节能效果好，系统工作时液压泵加载，系统不工作时，系统卸载；

⑥ 整个液压站采用了立式安装结构，将液压泵置于液压油中，不仅外形美观，而且大大改善了液压泵的吸油条件，噪声低。

8.11 二通插装方坯剪切机液压系统的常见故障与排除

在钢铁生产过程中，经过热锻造或连续锻造加工后的方坯，需要按定尺长度切断。除采用火焰切割和锯片切割方式外还可采用剪切方式。传统的机械剪体积庞大且噪声、振动大。液压剪则避免了这些缺点。因此，方坯剪切方式与火焰切割和锯片切割相比具有优越性，如剪切方式使金属损失少、能源消耗少、切口整齐、噪声小等。

8.11.1 剪切机液压系统的工作过程

剪切机的液压系统工作原理如图8-23所示。插装阀C_1、C_2、C_3、C_4分别为4个液阻桥臂AR_1、AR_2、AR_3、AR_4上的主开关阀。当AR_1、AR_4桥臂通导，AR_2、AR_3桥臂截止时主液压缸CY_1和压紧缸CY_2的活塞杆向下，完成剪刃闭合动作。当AR_2、AR_3桥臂通导，AR_1、AR_4桥臂截止时，主液压缸和压紧缸活塞杆向上收缩，剪刃开启，电磁换向阀V_1控制4个桥臂上插装阀的 开与关。在液阻桥路的中路上，插装阀C_5和C_6组成向下的单向节流回路，其作用是使剪刃慢速接近钢坯，防止冲击。插装阀C_7与阀V_2、V_B组成开关及溢流回路，其作用可使剪刃快降以及保护主液压缸无杆腔的超压。压紧缸上腔的溢流阀V_c用以调紧压紧力。插装阀C_8及V_3、V_A组成电磁溢流回路。C_9为单向阀。由于液压剪所需流量大，故采用了4个变量柱塞泵，工作是采用三备一方式。

8.11.2 剪切机液压系统的常见故障与排除方法

二通插装阀液压系统在调试和运转过程中，遇到的故障原因比较复杂，某一故障的出现不仅与某一元件有关，还可能与执行元件、电气控制系统等方面有关，这里介绍几种常见故障及处理方法。

（1）系统无压力

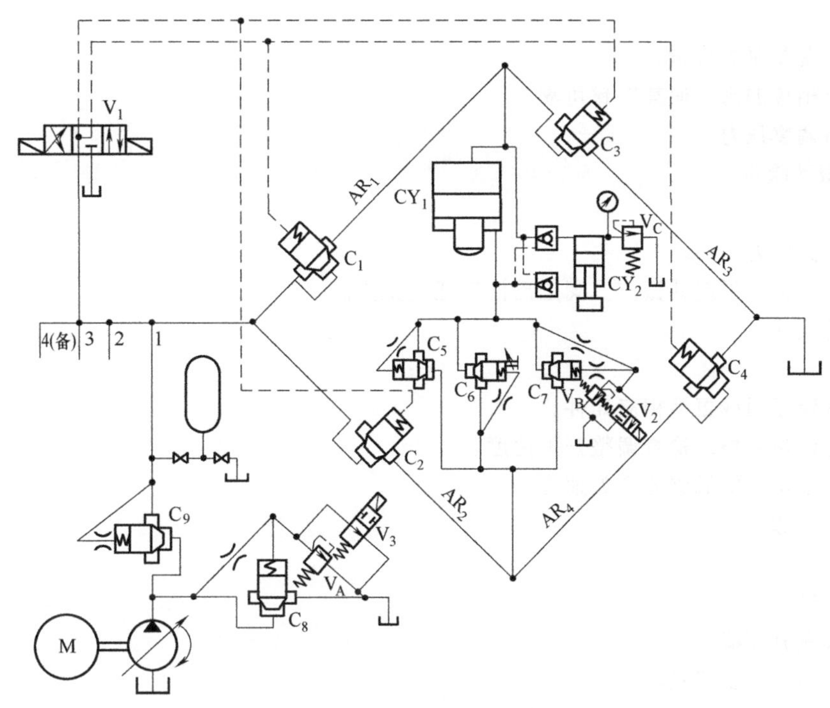

图 8-23　剪切机的液压系统工作原理图

原因:

① 盖板调压阀泄漏太大。

② 电磁换向阀不动作或卡死。

③ 压力阀卡在开启位置。

处理:

① 检查该调压阀。

② 检查电磁阀、电源是否正常，清洗该阀。

③ 检修调压阀，使其运动正常，封闭可靠。

(2) 各油口压力不足或无压力

原因:

① 相应的进油阀卡住打不开。

② 相应的电磁阀不动作。

③ 相应的调压阀调整不当。

处理:

① 检修相应的进油阀。

② 检查相应的电磁阀是否正常。

③ 重新调整压力。

④ 检修相应的调压阀。

(3) 流量不足

原因:

① 泵的排量调整不当。

② 相应的阀泄漏太大。

③ 压力调整不当。

处理:

① 重新调整泵的排量。

② 检修相应的阀，使其密封可靠。

③ 重新调整压力。

(4) 振动噪声

原因:

① 调压阀压力不稳。

② 弹簧自振动引起共振，主阀进出油口压差太大。

③ 卸荷太快。

处理:

① 检修调压阀或更换相应元件。

② 迅速调整共振，检查调整开关速度。

③ 更换阻尼，降低阀的开关速度。

(5) 系统发热

原因:

① 调压过高。

② 泵未充分卸荷。

③ 使用不当，长期溢流。

处理:

① 重新调整调压阀。

② 检修压力阀。

③ 重新调整工作循环。

8.12 玻璃钢拉挤机液压比例系统的故障和分析

玻璃钢拉挤机是玻璃钢制品行业重要的设备之一，可用于电缆桥架、电工梯、电厂托架及各类等截面玻璃钢型材的拉挤成型。这种设备采用液压比例系统控制，使两个拉挤液压缸在运行中的速度保持恒定，从而保证所拉挤的制品能满足玻璃钢制品工艺技术要求。为保证系统连续、可靠、安全、稳定地工作，本文分别从系统设计及使用维护等方面采取措施，以满足液压比例系统的温升要求。

8.12.1 玻璃钢拉挤机液压比例系统工作原理

玻璃钢拉挤机液压比例系统的工作原理如图 8-24 所示，该系统采用两套完全相同的泵站，分别用于控制玻璃钢拉挤过程中垂直升降及水平拉挤液压缸的恒速进退。玻璃钢拉挤机液压比例系统主要由比例节流阀、内置位移传感器的液压缸、电磁换向阀、过滤器、冷却器、泵源、油箱等组成，其核心部件是比例节流阀 19 和拉挤液压缸 16，用于实现两个拉挤液压缸在伸出过程中速度恒定。液压比例系统的动力源为两台变量柱塞泵 8。正常工作时液压系统压力可以根据使用要求调节，系统回路设有四块压力表 11，分别用于检测并显示系统及垂直夹紧液压缸的压力。另外，在系统中分别设置了两套压油过滤器 10，总回油上设置了回油过滤器 21，以确保进入比例阀的油液清洁度适宜。

液压比例系统的具体工作过程如下:

当系统工作时，首先开启电机，设定好系统所需压力后，调节压紧液压缸 15 的夹紧压力，即调节减压阀 13。通过电磁换向阀 14 将工件夹紧，同时通过比例节流阀 19 和电磁换向阀 18 来控制拉挤液压缸的伸出速度（即拉挤速度）。利用比例节流阀19与拉挤液压缸16中的位移传感器17，使拉挤系统成为一个闭环控制系统。当工件参数需改变时，通过比例节流阀19可实时改变拉挤速度，压紧参数通过减压阀13调节，拉挤缸16的活塞运行速度可通过位移传感器17反馈给闭环控制器。由于两个拉挤液压缸的拉挤过程相当于接力行走，所以第二个拉挤液压缸的拉挤速度需通过第二个比例节流阀进行调节，从而保证两个拉挤液压缸在接力过程中的速度恒定。

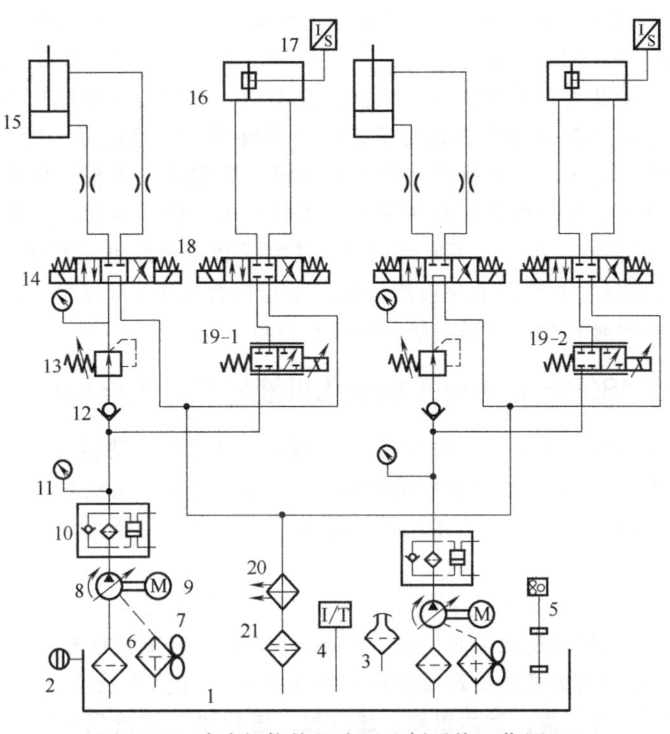

图8-24 玻璃钢拉挤机液压比例系统工作原理

1—油箱；2—液位计；3—空气滤清器；4—温度变送器；5—液位控制器；6—吸油过滤器；7—风冷却器；8—柱塞泵；9—电机；10—压油过滤器；11—压力表；12—单向阀；13—减压阀；14—电磁换向器；15—压紧液压缸；16—拉挤液压缸；17—位移传感器；18—电磁换向阀；19—比例节流阀；20—水冷却器；21—回油过滤器

8.12.2 玻璃钢拉挤机液压比例系统常见故障与排除方法

（1）液压缸快速缩回时撞击声大

解决办法：液压缸无杆腔加缓冲，避免快速缩回时金属接触引起撞击声。

（2）长期工作油温温升高，导致无法正常工作

解决办法：根据工况，将液压泵改为复合变量泵，根据需要调好泵的压力及流量。改动后工作液压站的油温长期为48℃左右。

（3）慢速伸出速度不能始终保持一致

解决办法：将调速阀选为带温度及压力补偿的阀，避免长期工作下因油温变化和压力波动而引起工进速度的变动。

（4）拉挤过程中压紧缸与拉挤缸交叉时的波动

解决办法：将原来的回油调速阀改成进油调速阀，避免因为流量的突然波动造成拉挤缸拉挤时不平稳。

8.13 XLB型1800×10000平板硫化机液压系统的故障分析与排除

橡胶本身具有弹性、耐磨、气密性好等特点。正是由于弹性，才使橡胶加工困难，特别是要得到具有一定形状的成品，那是更困难，因此就必须用炼胶设备炼胶，增加可塑度，降低弹性，然后进行半成品加工，最后再将具有可塑性的半成品恢复到原有的弹性，这种加工过程，就叫硫化。无论何种橡胶制品，最后一道工序一般都是硫化。由于硫化工艺的多样性和各种硫化制品的不同特点，硫化设备种类繁多，根据用途不同，可分为平板硫化机，鼓式硫化机，轮胎定型硫化机，等等。平板硫化机主要用于硫化平型胶带（如输送带、传动带，简称平带），它具有热板单位面积压力大，设备操作可靠和维修量少等优点。平板硫化机的主要功能是提供硫化所需的压力和温度。压力由液压系统通过液压缸产生，温度由加热介质（通常为蒸汽）所提供。本节以XLB型1800×10000平板硫化机（其中X代表橡胶通用机械，L代标一般硫化机械，B代表板型，1800×10000代表平板的板幅，型号符合GB/T 12783—2000相关标准）主机液压系统为例，介绍平板硫化机液压系统的原理及特点。

8.13.1 XLB型1800×10000平板硫化机液压系统工作原理

平板硫化机液压系统（图8-25）由柱塞缸33提供硫化过程中的压力。平板快速上升时先由低压大流量的叶片泵10供油，上升到位后叶片泵10停止工作，由变量柱塞泵5加压，当压力到达设定值后，变量柱塞泵5停止工作，系统进入保压状态，当压力值下降到一定值后，启动小排量的变量柱塞泵14进行补压，以完成对胶带的硫化。

具体动作如下：第一次排气，2YA、3YA、4YA、5YA通电，热板快速上升，上升到位后，柱塞缸33压力达到低压设定值时，压力变送器25发讯，变量柱塞泵5工作，1YA通电，给柱塞缸33加压，压力到达高压设定值后保压一定时间，18YA通电，迅速将柱塞缸33压力卸掉，上下热板脱开一段距离，然后重复上述过程，进行第二次排气保压，完成两次排气后进入硫化工序，2YA、3YA、4YA、5YA通电，热板快速上升，柱塞缸33压力达到低压设定值时，压力变送器25发讯，1YA通电，变量柱塞泵5工作，柱塞缸33压力达到高压设定值，所有液压泵停止工作，柱塞缸33进入保压状态，当柱塞缸33压力降至补压设定值时，压力变送器25发讯，启动变量柱塞泵14，6YA通电，将柱塞缸33压力补压至高压设定值。完成硫化工序后，即可开模，17YA通电，打开液控单向阀28，热板靠自重下降至初始位置，完成一次硫化过程。

大型平板硫化机工作台上升高度必须一致，否则会影响产品质量，还会使热板变形，影响设备的使用，所以热板的平衡装置尤为重要。平衡装置可采用机械装置完成，一半采用齿轮齿条形式，但是机械装置存在安装齿轮，齿条时初始位置存在位置度公差，联轴器加工制造、安装也存在误差，这些积累误差，必然导致热板上升下降过程的不平衡，另外由于热板的幅面较大，因此平衡轴较长，容易变形，而且加工难度较大，设备维修也较复杂。所以经过改进，平板的平衡装置采用双出杆液压缸34，一个缸的上腔与另一个缸的下腔通过管路连接，在平板运动时，充油阀11YA、12YA、13YA、14YA、15YA通电，将平衡缸34充满油，每个平衡缸的上下腔均有压力表显示充油压力，当上下腔的充油压力一致时，由于缸上下腔的油液变化基本一致，而油液的总体积不变，因此只要平衡缸不漏油，就能够使热板处于平衡状态，当压力表37的读数出现变化时，打开充油阀向平衡缸内补油即可。在热板的两端分别设置一组平衡缸，能很好地解决热板动作时的平衡问题。

顶铁装置比胶带的毛坯薄25%左右，可以限制胶带在硫化过程中的压缩量，还能在硫化时

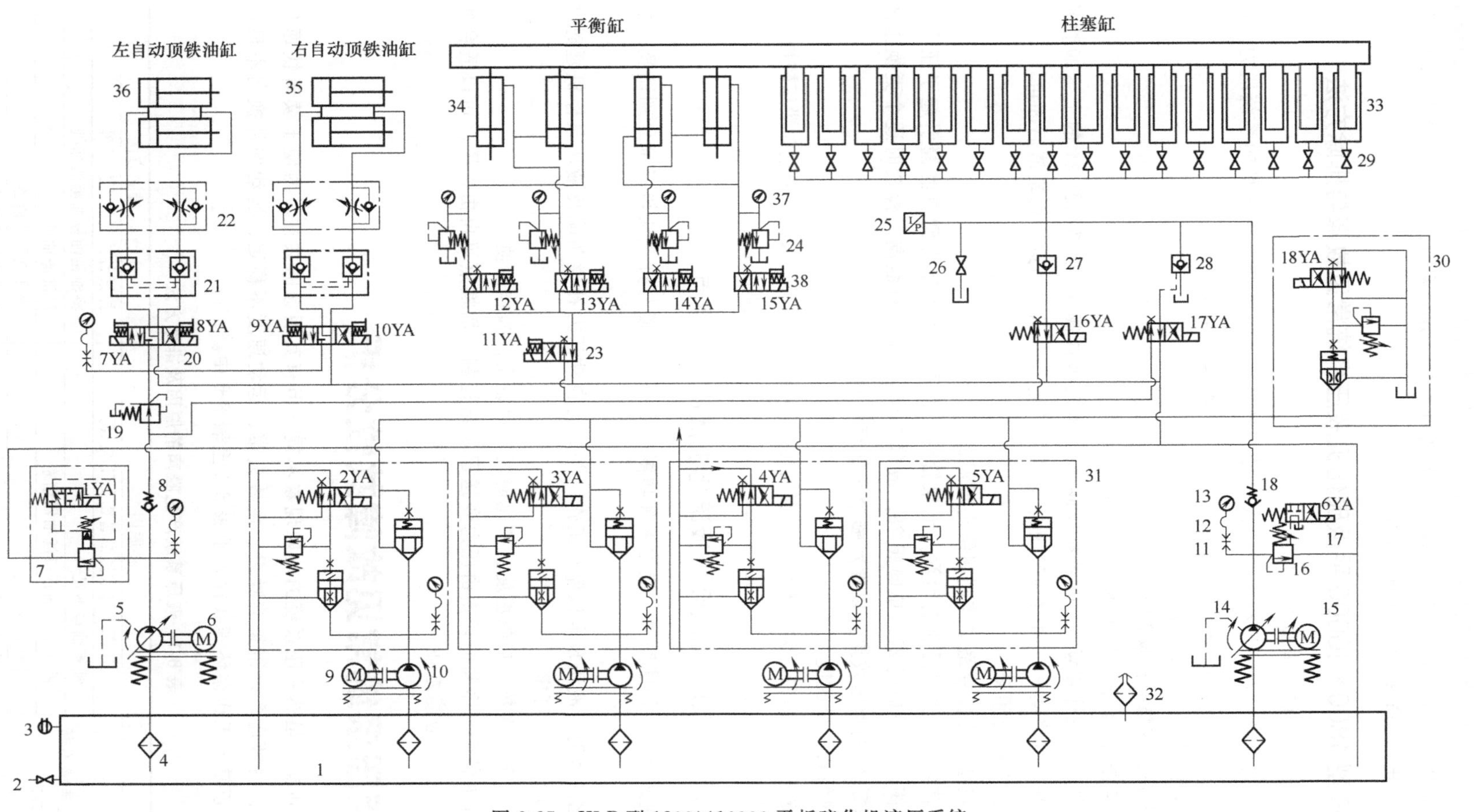

图 8-25　XLB 型 1800×10000 平板硫化机液压系统

1—油箱；2—球阀；3—液位计；4—吸油过滤器；5—变量柱塞泵；6—电机；7—电磁溢流阀；8—单向阀；9—电机；10—叶片泵；11—测压接头；12—测压软管；13—耐震压力表；14—变量柱塞泵；15—电机；16—溢流阀；17—电磁换向阀；18—单向阀；19—减压阀；20—电磁换向阀；21—液控单向阀；22—双单向节流阀；23—电磁换向阀；24—溢流阀；25—压力变送器；26—高压球阀；27—单向阀；28—液控单向阀；29—高压球阀；30—放气阀组；31—液压泵调压阀组；32—空气滤清器；33—柱塞缸；34—平衡缸；35—右自动顶铁液压缸；36—左自动顶铁液压缸；37—压力表；38—电磁换向阀

顶住带坯的两侧，与上热板和下热板构成一个活动模腔，使带坯在硫化过程中不至于从边缘流出，达到对带坯加压硫化的目的。自动顶铁液压缸共有 4 个，分为两组，动作时 7YA、9YA 通电，液压缸活塞伸出， 8YA、10YA 通电时缩回。

8.13.2 XLB 型 1800×10000 平板硫化机液压系统常见故障与排除方法

(1) 叶片泵 10 开机后大平板自动升起

故障原因：叶片泵背压高，平板由多个大缸径的柱塞缸支承，只需要很低的系统压力，就能输出很大的支承力，当支承力大于平板的自重时，平板便会自动上升。

处理方法：调低叶片泵的工作压力。

(2) 平板上升、下降时出现倾斜

故障原因：平衡缸 34 上下腔的压力不相等。

处理方法：打开变量柱塞泵 5、电磁换向阀 23、电磁换向阀 38 给平衡缸 34 的上下两腔补压，平板反复上升、下降动作，同时观察压力表 37，待各表显示压力达到设定值后即可。

(3) 柱塞缸 33 补压频繁

故障原因：柱塞缸连接管路或控制阀组出现泄漏。

处理方法：首先判断管路是否有泄漏，如果管路无泄漏则可确定为阀有泄漏引起了压力下降。逐个检查球阀 26，单向阀 27，单向阀 28，放气阀组 30 是否有泄漏，检查时逐个更换上述原件，观察柱塞缸 33 的保压效果，以确定哪个元件有泄漏。

(4) 放气时间长、泄压慢

故障原因：放气阀组 30 压力调节不合适；放气阀组 30 通流能力小，大流量通过时泄压较慢。

处理方法：调整放气阀组 30 的设定压力；更换大通径的放气阀组。

8.13.3 XLB 型 1800×10000 平板硫化机液压系统特点

① 板具有快速上升、慢速锁紧、快速下降功能；合模快转慢与排气快转慢可分别调整，提高生产效率。

② 产品硫化成型时，液压泵电机停止工作，并具有自动压力补偿功能及液压泵停机延时功能，油路配置更为合理、可靠。

③ 放气时间、放气次数、加热温度、硫化时间均可设定，操作方便。

④ 硫化过程中各个工序间的切换由压力变送器发讯控制，切换点可自由设置，可以适合各种不同规格的产品，适应能力强。

8.14 液压系统常见故障共性分析

由本章内容可见，虽然液压系统的故障现象不同，但有其明显的共性，为便于读者快速分析液压系统故障，将液压系统常见的噪声、运转失常、运动速度不稳定、运动部件换向不良、爬行、不能实现正常的工作循环等共性列于表 8-1 至表 8-6 中。

表 8-1 液压系统产生噪声的原因及排除方法

故障	原因	排除方法
液压泵吸空引起连续不断的“嗡嗡”声并伴随杂声	液压泵本身或进油管密封不良、漏气	拧紧各接口的连接螺母
	油箱油量不足	将油箱油量加至油标处
	液压泵进油管口滤油器堵塞	清洗滤油器
	油箱不透空气	清理空气滤清器
	油液黏度过大	油液黏度应适当

续表

故障	原因	排除方法
液压泵故障造成杂声	轴向间隙因磨损而增大,输油量不足	修磨轴向间隙
	泵内轴承、叶片等元件磨损或精度低	检修并更换已损坏零件
控制阀处发出刺耳的噪声	调压弹簧永久变形、扭曲或损坏	更换弹簧
	阀磨损、密封不良	修研阀座
	阀芯拉毛、变形、移动不灵活或卡死	修研阀芯、去毛刺,使阀芯移动灵活
	阻尼小也被堵塞	清洗、疏通阻尼孔
	阀芯与阀孔间隙大,高低压油互通	研磨阀孔,重配新阀芯
	阀开口小、流速高,产生空穴现象	应尽量减小进出口压差
机械振动引起噪声	液压泵与电动机安装不同轴	安装或更换柔性联轴器
	油管振动或互相撞击	适当加设支承管夹
	电动机轴承磨损严重	更换电动机轴承
液压冲击声	液压缸缓冲装置失灵	进行检修和调整
	背压阀调整压力变动	进行检查、调整
	电液换向阀端的单向节流阀故障	调节节流螺钉、检修单向阀

表 8-2　液压系统运转失常或压力不足的原因及排除方法

故障	原因	排除方法
液压泵电动机	电动机线接反	调换电动机接线
	电动机功率不足,转速不够高	检查电压、电流大小
液压泵	泵进出油口接反	调换吸、压油管位置
	泵吸油不畅、进气	同表 8-1
	泵轴向、径向间隙过大	检修液压泵
	泵体缺陷造成高低压腔互通	更换液压泵
	叶片泵叶片与定子内面接触不良	检修叶片及修研定子内表面
	柱塞泵柱塞卡死	检修柱塞泵
控制阀	压力阀主阀芯或锥阀芯卡死在开口位置	检修压力阀,使阀芯移动灵活
	压力阀弹簧断裂或永久变形	更换弹簧
	某阀泄漏严重以致高低压油路连通	检修阀,更换损坏的密封件
	控制阀阻尼孔被堵塞	清洗、疏通阻尼孔
	控制阀的油口接反或接错	检查并纠正
液压油	黏度过高,吸不进或吸不足油	用指定黏度的液压油
	黏度过低,泄漏太多	用指定黏度的液压油

表 8-3　液压系统运动部件不运动或速度达不到的原因及排除方法

故障	原因	排除方法
液压泵	泵供油不足、压力不足	同表 8-2
控制阀	压力阀卡死,进回油路连通	检修阀和连接管路
	流量阀的节流溃孔被堵塞	清洗、疏通节流孔
	互通阀卡住在互通位置	检修互通阀
液压缸	装配精度或安装精度超差	检查、保证达到规定的精度
	活塞密封圈损坏、缸内泄漏严重	更换密封圈
	间隙密封的活塞、缸壁磨损过大,内泄漏多	修研缸内孔,重配新活塞
	缸盖处密封圈摩擦力过大	适当调松压盖螺钉
	活塞杆处密封圈磨损严重或损坏	调紧压盖螺钉或更换密封圈
导轨	导轨无润滑或润滑不充分,摩擦力大	调节润滑油量和压力,使润滑充分
	导轨的楔铁、压板调得过紧	重新调整楔铁、压板,使松紧合适

表 8-4 液压系统运动部件换向时的故障及排除方法

故障	原因	排除方法
换向有冲击	活塞杆与运动部件连接不牢固	检查并紧固连接螺栓
	不在缸端部换向,缓冲装置不起作用	在油路上设背压阀
	电液换向阀中的节流螺钉松动	检查、调整节流螺钉
	电液换向阀中的单向阀卡住或密封不良	检查及修研单向阀
换向冲击量大	节流阀口有污物,运动部件速度不均匀	清洗流量阀节流口
	换取向阀芯移动速度变化	检查电液换向阀节流螺钉
	油温高,注入油的黏度下降	检查油温升高的原因并排除
	导轨润滑油量过多,运动部件“漂浮”	调节润滑油压力或流量
	系统泄漏油多,进入空气	严防泄漏,排除空气

表 8-5 液压系统运动部件产生爬行的原因及排除方法

故障	原因	排除方法
控制阀	流量阀节流口有污物,通油量不均	检修或清洗流量阀
液压缸	活塞式液压缸端盖密封圈压得太死	调整压盖螺钉(不漏油即可)
	液压缸中进入的空气未排净	利用排气装置排气
导轨	接触精度不好,摩擦力不均匀	检修导轨
	润滑油不足或选用不当	调节润滑油量,选用适合的润滑油
	温度高使油黏度变小、油膜破坏	检查油温高的原因并排除

表 8-6 液压系统工作循环不能正确实现的原因及采取的措施

故障	原因	排除方法
液压回路间互相干扰	同一个泵供油的各液压缸压力、流量差别大	改用不同泵供油或用控制阀(单向阀、减压阀、顺序阀等)使油路互不干扰
	主油路与控制油路用同一泵供油,当主油路卸荷时,控制油路压力太低	在主油路上设控制阀,使控制油路始终有一定压力,能正常工作
控制信号不能正确发出	行程开关、压力继电器开关接触不良	检查及检修各开关接触情况
	某些元件的机械部分卡住(如弹簧、杠杆)	检修有关机械结构部分
控制信号不能正确执行	电压过低,弹簧过软或过硬使电磁阀失灵	检查电路的电压,检修电磁阀
	行程挡块位置不对或未紧牢固	检查挡块位置并将其固紧

第 9 章
海洋装备液压系统故障分析与排除实例

海洋环境对液压系统正常工作的最大危害是对液压元件的腐蚀，海水是含有生物、悬浮泥沙、溶解气体、腐烂有机物和多种盐类的复杂溶液，它对金属的腐蚀受诸多因素的影响，其中主要的有海水中溶氧浓度、海水温度、流速和生物活性等。有些液压元件要同海水直接接触，如液压缸活塞，它是完全浸泡在海水中工作的，如果海水通过缸盖进入液压缸，会引起系统性能变坏，甚至使系统失效，因此，对海洋装备液压系统的故障诊断与排除可增强装备在海洋中的工作可靠性。本章将以几类典型的海洋装备液压系统为例，重点介绍其常见故障与排除方法。

9.1 波浪能发电装置液压系统

随着石化燃料的日益枯竭和环境污染的日趋加剧，有效利用清洁、可再生的海洋能源，成为世界各主要沿海国家的战略性选择。而对于波浪能来说，其具有能量密度高、工作时间长、总储量大等优点，成为国内外广泛关注的热点。近年来，山东大学开展了振荡浮子式波浪能发电装置的相关研究，研究成果有助于解决海岛居民和海上设施的用电问题，还可以为西沙、南沙等边远驻军提供清洁能源，具有显著的社会效益，对改善我国的能源结构，保障能源安全，缓解所面临的能源紧缺、温室效应和环境污染等问题都将具有重大的现实意义。

锚泊浮台是海洋仪器设备搭载平台，能够实现海洋观测、监测、监视、通信等业务功能，可以有效提升我国知海、用海和护海的能力。通过在锚泊浮台上增加波浪能发电模块，可有效解决在海洋环境中仪器的持续稳定供电问题。波浪能发电装置发电过程可表示为：在波浪激振力的作用下，浮体随波上下振荡并带动液压缸产生高压油，高压油驱动液压马达旋转，带动发电机发电。其能量转换过程为波浪能→液压能→电能。

9.1.1 液压系统工作原理

海上仪器锚泊浮台用波浪能发电装置液压系统工作原理图如图 9-1 所示。

波浪能发电装置液压系统主要有两个作用：一是进行能量转换，将浮子捕获的波浪能转化为液压能，保证功率输出系统能够平稳高效地输出电能；二是在恶劣环境下保护装置，海洋环境多变，常伴有狂风骤雨，利用液压系统生存保护模块可保证装置免受破坏。因此，波浪能发电装置的工作原理按照工况条件，可分为正常海况下发电过程和恶劣海况下生存过程。

(1) 正常海况下发电过程

液压缸活塞杆 4 固定，浮体 1 与缸筒 3 连接为一体，浮体与波浪相互作用带动缸筒 3 相对液压缸活塞 2 发生运动。当浮体向上运动时，低压液压油由油箱经单向阀 5-2 吸入液压缸上腔，高压油自液压缸下腔经单向阀 5-3 流向发电主油路；当浮体向下运动时，低压液压油由油箱经单

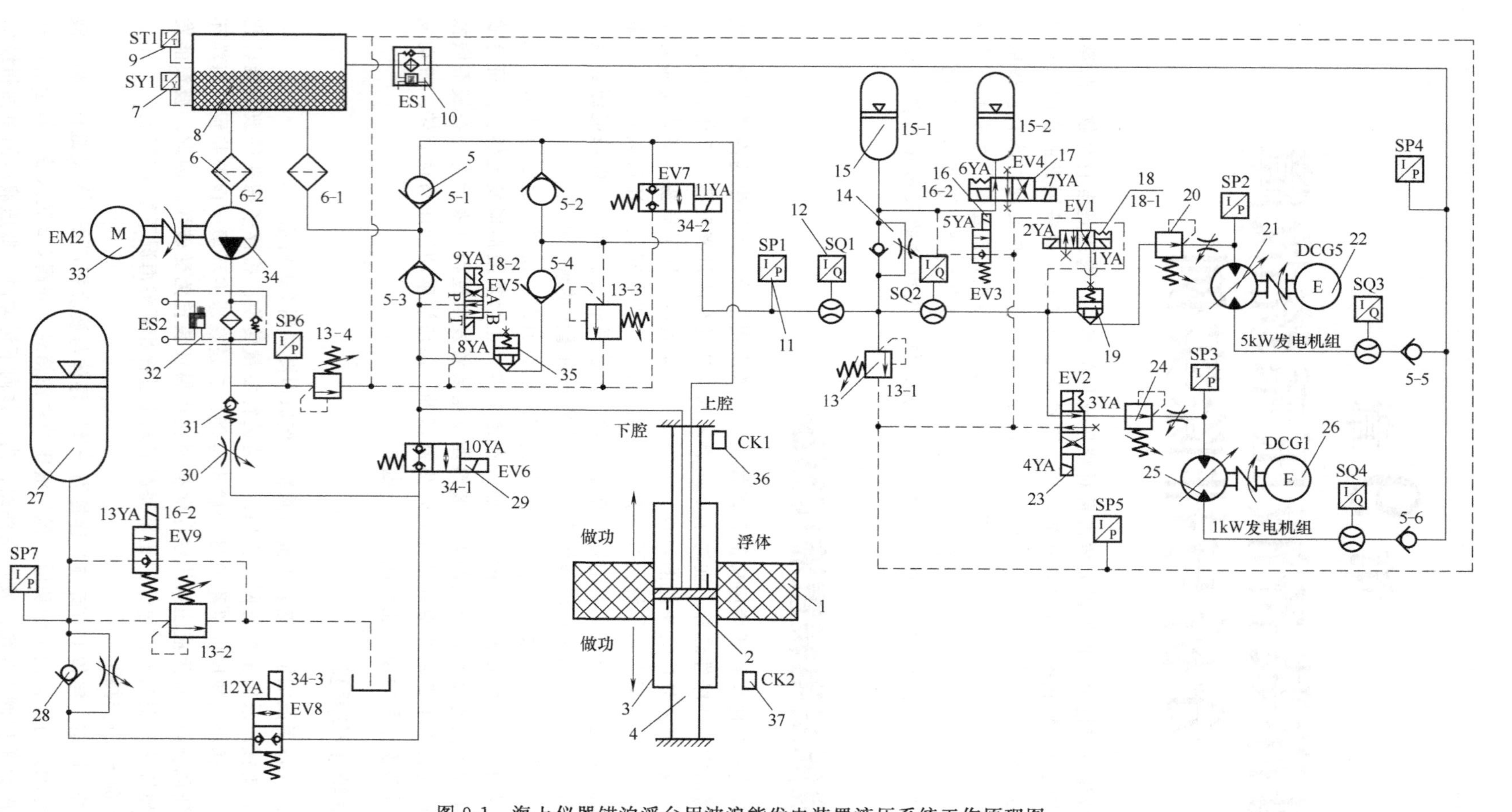

图 9-1　海上仪器锚泊浮台用波浪能发电装置液压系统工作原理图

1—浮体；2—液压缸活塞；3—缸筒；4—液压缸活塞杆；5—单向阀；6—吸油过滤器；7—液位传感器；8—油箱；9—温度传感器；10—回油过滤器；11—压力传感器；12—流量传感器；13—安全阀；14—单向节流阀（发电）；15—发电蓄能器组；16—电磁开关阀；17—机械定位电磁阀；18—电磁先导阀（机械定位）；19—插装阀（发电）；20—调速阀（大功率）；21—变量液压马达（大功率）；22—永磁同步发电机（大功率）；23—机械定位电磁阀（小功率）；24—调速阀（小功率）；25——变量液压马达（小功率）；26—永磁同步发电机（小功率）；27—应急蓄能器；28—单向节流阀（应急）；29—双向截止电磁开关阀；30—泵口节流阀；31—板式单向阀；32—压油过滤器（应急）；33—应急电机；34—应急液压泵；35—插装阀（切换）；36—上限位行程开关；37—下接触磁性开关

向阀 5-1 吸入液压缸下腔，高压液压油自液压缸上腔经单向阀 5-4 流向发电主油路；高压油先流经并联在主油路的发电蓄能器组 15，再流向不同功率的发电机组，经液压马达实现能量的输出；发电蓄能器组 15 通过单向节流阀 14 与主油路连接，电磁开关阀 16 用于蓄能器卸荷，电磁铁 5YA 持续通电实现主动卸荷；机械定位电磁阀 17 控制接入主发电油路的蓄能器数量，满足不同波况接入不同功率马达时最佳蓄能器参数要求，电磁铁 6YA 和 7YA 得电分别控制增加与减小接入蓄能器数量；电磁阀 18 和 23 分别实现对大功率马达 21、小功率马达 25 与主发电油路之间的导通与阻断控制，电磁铁 1YA 与 2YA 得电分别控制大功率马达的接入与阻断，电磁铁 3YA 与 4YA 得电分别控制小功率马达的接入与阻断；机械定位电磁阀具有电磁铁得电一定时间切换阀芯状态、断电后保持阀芯状态的特点，大功率马达的额定流量超过机械定位电磁阀容许的最大流量，因此采用以机械定位电磁阀 18-1 为先导阀、插装阀 19 为主阀体的复合阀来满足相应的工作要求；在大小功率马达进油口前分别接入调速阀 20 和 24，调定系统最大发电容许流量。

在油路中设置相应的安全阀组与传感器元件，溢流阀 13-1 限制发电回路最高压力。压力传感器 SP1 与流量传感器 SQ1 分别测量液压缸流出高压油液的压力和流量， SQ2 测量流向液压马达的高压油流量， SP2 和 SP3 分别测量大功率、小功率发电支路的压力， SQ3 和 SQ4 分别测量大功率、小功率发电支路的流量； SP4 用于监控回油路压力， SP5 用于监控泄油路压力，温度传感器 ST1 和液位传感器 SY1 分别用于监控油箱 8 的温度和液位。

(2) 恶劣海况下生存过程（浮体下潜）

CK1 上限位行程开关 36 在短时间内被连续触发时，表明波况超过装置正常工作所容许的最大波高，浮体下潜避险。浮体下潜时，液压下腔进油、上腔回油，下腔的高压油可进入发电油路，浮体上浮与浮体下潜时需要分别将液压缸油腔与发电回路导通与阻断。液压缸下腔通过插装阀 35 连接发电回路，先导阀 18-2 中电磁铁 8YA 和 9YA 得电分别控制发电回路的接入与切断。浮体下潜时，切换电磁阀 18-2 至插装阀 35 阻断，电磁阀 34-1 和 34-2 导通，启动应急电机 33 带动应急液压泵 34 为液压缸下腔供能，液压缸带动浮体下潜，单向节流阀 28 调定浮体下潜的速度，在浮体下潜至设定位置处时， CK2 下接触磁性开关 37 触发，液压缸上下腔油口被阻断，浮体锁定。在应急电机 33 无法启动时，接入应急蓄能器 27 提供浮体下潜动力，工作过程与启动电机实现下潜基本一致。

溢流阀 13-2 限制应急蓄能器 27 最高压力，溢流阀 13-3、 13-4 分别限制液压缸和应急液压泵 34 供油的最高压力；单向节流阀 28 使蓄能器 27 能量释放稳定；电磁阀 16-2 电磁铁 13YA 持续通电时 27 蓄能器主动卸荷； SP6 和 SP7 分别测量应急液压泵 34 和蓄能器 27 的压力。在其压力不足时，启动应急液压泵 34 进行补油。在海况从恶劣恢复到适合正常发电后，电磁阀 18-2 电磁铁 8YA 得电，液压缸与发电回路接通，浮体锁定被解除，在浮力作用下自然上浮至正常发电位置，系统回收上浮能量用于发电，经发电回路节流作用限制浮体的上浮速度，促使浮体上浮稳定。

9.1.2 波浪能发电装置液压系统的故障分析与排除方法

(1) 故障一：波浪能发电效率低于正常水平

① 液压缸活塞杆受高盐、高湿、生物附着等恶劣海洋环境的影响，造成其表面被牡蛎等海洋生物附着或者锈蚀，使得浮子捕能过程动作不畅，升沉运动受阻，发电效率低。可采用以下解决方法。

a. 为解决海水腐蚀的问题，在加工制造时对液压缸、活塞杆等直接暴露在海水中的零部件，选用耐海水腐蚀的合金材料。同时，在液压缸、活塞杆的适当位置配置牺牲阳极（锌）。

b. 海洋生物附着在发电站上，造成液压缸升沉运动受阻，因此，需采取措施防止海洋生物附着。为避免污染海洋环境，可采用物理方法解决生物附着问题。在物理防污的方法中，目前一般采用的是低表面能涂料防污法。这种防污涂料的主要材料有氟聚合物和硅树脂材料两种。利用这类材料的表面自由能低、污损生物难以附着的特性，可达到防污的目的。

② 发电变阻尼油路出现故障。山东大学开发的波浪能变阻尼发电液压控制系统可根据波浪大小，自动选择不同功率发电油路，从而提高波浪能发电装置的捕能频带宽度。发生故障的具体原因可能有三个：

a. 发电机 22 或 26 出现故障，无法正常发电；

b. 液压马达 21 或 25 输出转速或转矩较低，无法驱动发电机旋转发电；

c. 电磁换向阀出现卡顿，其中一条发电油路无法通过液压油。

针对上述故障，可采用以下解决方法：

a. 利用远程数据采集系统观察各发电油路的发电情况，找到发电异常或者不发电的油路。

b. 检查电磁阀的供电情况、插头连接情况是否正常，并逐一排除故障。

c. 检查电磁阀阀芯是否被卡住，采用处理（更换）阀芯或更换电磁阀来解决。

d. 检查液压马达的配合间隙，对液压马达进行修理或更换。

e. 查看发电舱是否漏水，造成发电机的损坏，加强发电舱的密封效果，防止海水进入发电舱体内，及时更换出现故障的发电机。

(2) 故障二：波浪能发电输出功率不稳定

① 发电蓄能器出现故障，充气压力偏高或蓄能器油囊破裂，蓄能器不起作用无法蓄能。解决方法：可更换已损坏的蓄能器，保证蓄能过程正常进行。

② 单向节流阀故障。解决方法：检查单向节流阀的阀芯是否卡死，修复、清洗或更换单向节流阀，保证阀芯移动灵活。

③ 减压阀出口压力不稳定。可采用以下解决方法：

a. 检查配合间隙和阻尼小孔是否时堵时通，可以采用过滤或者更换油液的方式，保证液压油的清洁，使减压阀正常工作。

b. 检查弹簧是否太软或者变形，使阀芯移动不灵，可以考虑更换弹簧。

c. 检查阀体或阀芯是否出现变形、刮伤、几何精度差等问题，可以采用修复或更换减压阀的措施解决此问题。

9.2 ARGO 剖面浮标浮力驱动液压系统

自持式智能剖面探测浮标是一种可以自主实现上浮下潜，同时完成实时数据监测与传输的海洋观测平台，出现于 20 世纪 90 年代，后在“ARGO 全球海洋观测网”计划中得到广泛使用，从而得名“ARGO 剖面浮标”。ARGO 剖面浮标能够在预先设定深度的海流层之间进行上浮下潜运动，利用所携带的各类传感器监测并记录海洋剖面参数，运行至海面时，通过 ARGO 卫星系统定位和传输数据。

9.2.1 ARGO 剖面浮标工作原理

如图 9-2 所示，ARGO 剖面浮标投放入水后，单剖面工作流程共分为四个阶段：下潜第一阶段、悬浮阶段、下潜第二阶段以及上浮阶段。

下潜第一阶段：以浮标在海面漂浮为初始状态，操作人员通过上位机程序向铱星卫星发送工作指令，浮标收到卫星指令后开始下潜。由浮标所携带的压力传感器进行压力实时采样，并将采样数据作为信号控制浮标运行状态。当浮标运行至预设深度范围，液压系统停止工作，下潜第一阶段完成。

悬浮阶段：为了在指定深度进行水文数据采样，液压系统在第一阶段结束时处于待机状态，浮标处于定深振荡悬浮状态。

下潜第二阶段：悬浮阶段结束后，液压系统重启，浮标再次下潜，到达指定深度时，液压系统停止工作，浮标下潜第二阶段完成。

上浮阶段：浮标到达指定深度后，开始上浮运动，液压系统工作，增大浮标的浮力。同时，浮标所携带的温盐深传感器对水文数据进行采样记录，直到浮标上浮至海面，浮标向卫星发送数据传送请求，卫星连接后开始传输数据，完成后数据储存在云端并发送至岸基。至此上浮阶段工作完成，浮标按照预先设定的时间漂浮，准备运行下一个剖面。

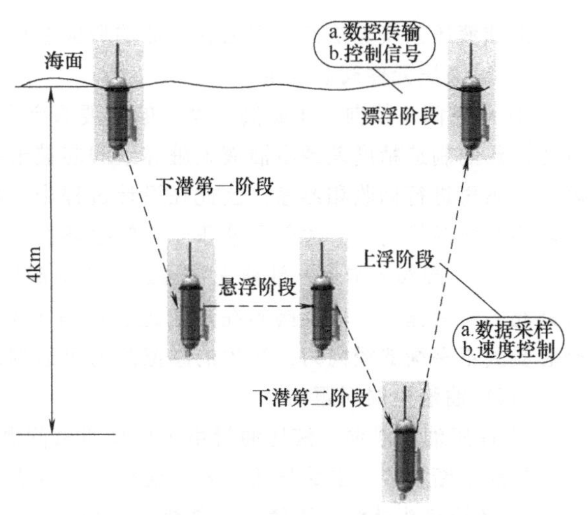

图 9-2　ARGO 剖面浮标单剖面工作流程

整个运行过程通过改变浮标净浮力控制浮标运行状态：净浮力为负，浮标下潜；净浮力为正，浮标上浮。浮标运行速度取决于净浮力变化率，液压系统的排量、液压管路通量以及电机转速等因素都会对浮标运动速度产生影响。

9.2.2　ARGO 剖面浮标液压系统工作原理

ARGO 剖面浮标液压系统（最大工作深度 4000m）工作原理如图 9-3 所示。

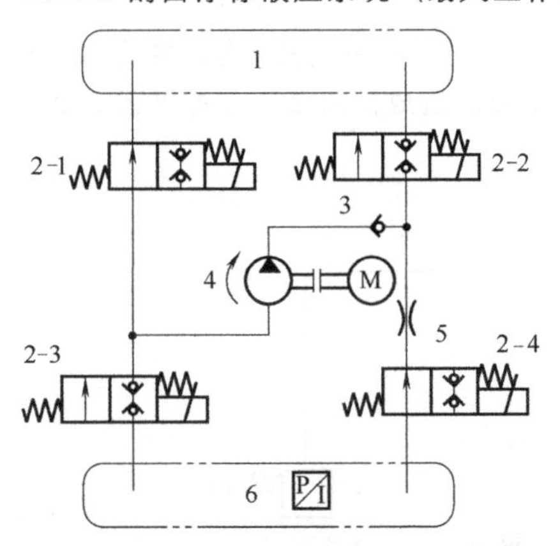

图 9-3　ARGO 剖面浮标液压系统工作原理图
1—内部油囊；2—电磁换向阀；3—单向阀；
4—高压柱塞泵；5—阻尼孔；6—外部油囊

如图 9-3 所示，ARGO 剖面浮标液压系统主要起浮力调节作用，该液压系统主要包括内部油囊、外部油囊、单向阀、高压柱塞泵、4 个电磁换向阀以及阻尼孔。考虑定深悬浮功能对液压系统以及控制策略要求较高，本节所讨论的液压系统只考虑基本上浮下潜功能。液压系统工作流程为浮标收到下潜指令时，4 个电磁换向阀同时上电，电机驱动液压泵工作。外部油囊 6 中液压油经由电磁换向阀 2-3 和 2-2 被泵回至内部油囊 1 中，电磁阀 2-1 和 2-4 处于截止状态，液压系统工作压力为内部油囊承受压力，约为 0MPa。浮标净浮力为负，浮标开始下潜。当压力传感器监测压力到达 40MPa 时，电机断电，浮标完成定时悬浮后开始上浮，四个电磁阀全部断电，液压油由电磁阀 2-1 和 2-4 被泵入外部油囊中实现浮标体积增大，浮标开始上浮直至海面，整个过程液压系统工作压力等于外部海水压力。另外，系统中单向阀作用为防止负载高压直接作用在液压泵出口造成泵体机械损坏。阻尼孔的作用为限制流速，防止在高压负载下打开电磁阀形成瞬间高压冲击而损坏液压系统。

9.2.3　ARGO 剖面浮标液压系统的故障分析与排除方法

作为深海剖面浮标，其液压系统要想实现深海高压环境下的正常工作并非易事，其中最主要也是最常见的故障就是液压系统无法正常排油，无法为浮标提供浮力。

造成液压系统无法向外部油囊排油的原因主要有：

(1) 液压元件阀芯卡紧

① 电磁阀不换向　电磁阀不换向的主要原因有：复位弹簧太软或变形；内卸式阀形形成大背压；阀的制造精度差或者油液太脏导致阀芯被卡死。对于ARGO剖面浮标来说，一旦发生故障，很难再进行回收和维修，因此在设计过程中，应该考虑系统可能出现的全部问题，采用精度较高的电磁换向阀，避免因液压元件的损坏而造成经济损失。

② 单向阀阀芯卡紧，油液无法通过　单向阀阀芯卡紧的主要原因有：阀设计得有问题，或者是阀芯安装偏心，以及阀芯在加工过程中有毛刺、碰伤凸起、弯曲、形位公差超差等，导致阀芯受到不平衡的径向力，产生的摩擦阻力可达到几百牛顿。

(2) 油液泄漏问题

① 高压油管泄漏　液压油管由于自身质量问题，在管道上存在微小裂纹，在高压工作环境下，裂纹不断扩展，最终导致油液的泄漏，造成供油压力不足等问题。

② 各管接头处结合不紧，有外泄漏　由于管接头处没有拧紧，没有涂抹密封胶或密封胶没有起到效果，导致管接头处有油液泄漏。在液压系统装配时，要注意连接处是否拧紧，同时要关注静密封问题。

③ 液压元件阀盖与阀体结合面处有外泄漏　液压元件阀盖与阀体之间接触面不够平整，或者漏装密封件，使得高压油液泄漏。

④ 阀类元件壳体存在铸造缺陷　与液压油管泄漏相似，阀类元件壳体在铸造过程中的工艺问题造成壳体内部有缺陷，在长时间高压工作环境下，裂纹等缺陷不断扩展，最后导致壳体漏油等问题发生。

(3) 泵不出油或供油量不足

① 柱塞泵自身原因　柱塞泵自身的故障造成泵不出油等现象的原因主要有：泵的中心弹簧损坏，柱塞不能伸出；变量机构的斜盘倾角太小，在零位卡死。造成供油量不足的原因主要有：配

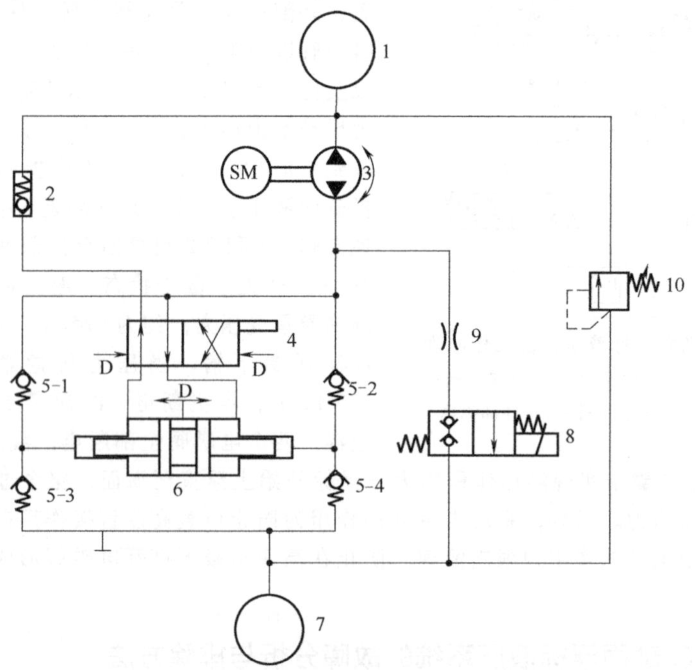

图 9-4　改进后的浮标液压系统工作原理图

1—内部油囊；2—单向阀；3—齿轮泵；4—换向阀；5—单向阀；6—增压器；7—外部油囊；8—电磁阀；9—阻尼孔；10—溢流阀

流盘与缸体的接触面严重磨损；柱塞与缸体柱塞孔手工艺配合面磨损；泵有严重内泄漏。

② 油液原因　环境温度过低导致液压油黏度升高、液压油管管径过细以及液压泵吸油口和油面存在高度差等因素都会导致柱塞泵空转，无法正常工作。

③ 液压系统本身存在缺陷　内部油路处在负压的环境下，且柱塞泵在负压状态下的自吸性不好，因此液压系统无法向外部油囊供油的关键原因是其本身存在设计缺陷。为了保证ARGO剖面浮标在工作过程中液压系统能够可靠地供油，需要对图9-3的液压系统进行改进，改进后的浮标液压系统工作原理如图9-4。

为了解决柱塞泵自吸性不好的问题，改进的液压系统采用低压齿轮泵和增压器组合的方式输出高压。整套液压系统主要由伺服电机、双向低压齿轮泵、集成式往复增压器、电磁换向阀、阻尼孔和单向阀组成。

其工作原理为：下潜阶段，浮标收到下潜指令，电机驱动泵工作，液压油经过电磁换向阀8和阻尼孔9由外部油囊7回到内部油囊1，浮标体积减小开始下潜，直至指定深度，下潜阶段完成；上浮阶段，浮标收到上浮指令，电机反向工作，液压泵反转，通过增压器6输出高压液压油进入外部油囊7，浮标体积增大开始上浮，直至海面完成上浮运动。整个过程由液压系统中配置的压力变送器实时监测压力数据，并将数据作为控制信号调节伺服电机转速及开闭，控制浮标平稳运行。

9.3　海底底质声学现场探测设备液压系统

海底底质声学特性在海洋工程勘察、海底资源勘探开发、海底环境监测以及军事国防建设等领域具有重要的应用价值。目前，声学探测方法已经广泛应用于海洋探测和调查工作中，尤其是在大尺度探测、浅地层剖面等领域，已经形成了比较成熟的技术。海底底质声学现场探测对沉积物扰动小，能够保持现场环境稳定，测量数据可靠，已成为海底底质声学特性测量和调查的发展趋势，因此人们对海底底质声学现场探测设备的需求也越来越高。

9.3.1　机械系统组成

海底底质声学现场探测设备的机械结构如图9-5所示。海底存在复杂的洋流，为提高水下

(a) 框架

(b) 声学探杆

图9-5　海底底质声学现场探测设备

工作的稳定性，设备的外形为六棱柱框架结构。

在海底工作时，设备的整体高度不宜过高。应保证声学探杆在沉积物中能够达到预定贯入深度，同时应尽量降低设备的整体高度，以提高设备在海底的稳定性和贯入传动的平稳性。由滑轮组组成的行程放大机构可扩大声学探杆的行程，如图 9-6 所示。

9.3.2　液压系统工作原理

海底底质声学现场探测设备液压系统工作原理如图 9-7 所示。控制舱发出指令信号，深水电机 4 和液压泵 5 启动。控制单元控制电磁阀 2YA 通电，液压油经过单向阀 6 和电磁阀 9 右位，注入液压缸无杆腔使活塞杆伸出。通过位移传感器 16 和压力传感器 7 测量到的液压缸位移及工作压力，判断声学探杆下插深度及贯入力。当声学探杆下插到设定深度时，深水电机 4 和液压泵 5 关闭。工作完成后，深水电机 4 和液压泵 5 再次启动，电磁阀 1YA 通电，高压油注入液压缸有杆腔，活塞杆缩回，声学探杆提起，位移传感器 16 检测到位后，深水电机 4 和液压泵 5 停止，完成一个工作过程。

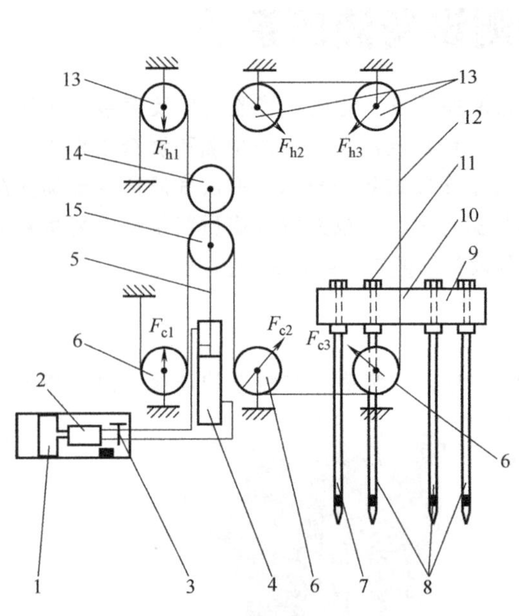

图 9-6　行程放大机构

1—深水电机；2—液压泵；3—电磁阀；4—液压缸；5—活塞杆；6—下定滑轮组；7—发射探杆；8—接收探杆；9—活动压盘；10—锁紧卡环；11—水密插头；12—传动钢丝绳；13—上定滑轮组；14—上动滑轮；15—下动滑轮

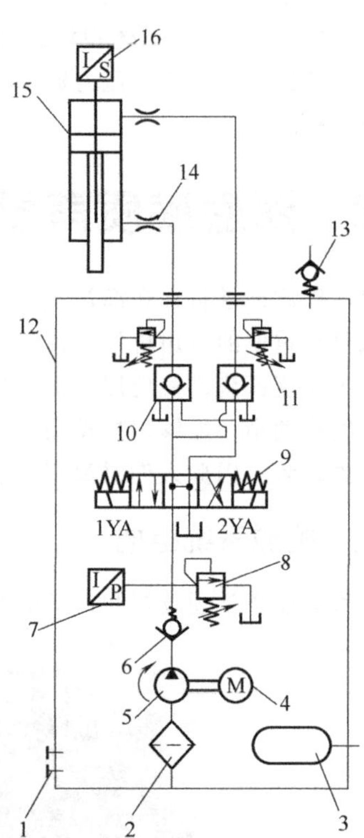

图 9-7　海底底质声学现场探测设备液压系统工作原理

1—接口；2—过滤器；3—蓄能器；4—深水电机；5—液压泵；6、10、13—单向阀；7、16—传感器；8、11—溢流阀；9—电磁阀；12—舱体；14—节流孔；15—液压缸

9.3.3　海底底质声学现场探测设备调试过程中故障分析与排除方法

(1) 主要故障：工作压力上不去

造成此故障现象的可能原因：

① 液压泵 5 本身故障。

② 溢流阀 8 或 11 故障。

③ 电磁阀 9 没动作或阀芯卡住。

④ 节流孔 14 堵塞。

⑤ 集成块本身故障（集成块内的 P 口和 T 口有似通非通现象）。

⑥ 管路泄漏（吸油管路密封不良、压油管路连接处漏油）。

(2) 故障排除过程与方法

第一步：首先检查液压泵。采用更换液压泵的方法来判断。更换液压泵后观察是否达到了压力指标，若达到指标，则证明该故障是液压泵的故障造成的；否则，则证明液压泵无故障。

第二步：检查溢流阀。由于系统采用了先导式溢流阀，所以应检查阻尼孔堵塞以及主阀芯阻尼孔阻塞情况，排除溢流阀故障原因。

第三步：检查电磁阀的电路输出。利用万用表对电磁阀插头的输入电压进行测量，检查电压是否满足使用要求，排除电磁阀控制电路的故障原因。然后进一步观察电磁阀通电后，阀芯是否正常动作，排除电磁阀阀芯卡住的故障原因。

第四步：检查节流孔。检查节流孔的堵塞情况，排除节流孔故障原因。

第五步：检查集成块。对集成块图纸进行进一步审核，检查图纸是否有误，然后检查集成块的加工情况，排除集成块故障原因。

第六步：检查管路泄漏情况。着重检查吸油管路密封性和压油管路的密封性，排除管路故障原因。

9.4 深水水平连接器的液压系统

深水水平连接器依靠其安装工具上的液压系统来实现对海底管道的连接。深水水平连接器在进行对接、对中、驱动锁紧和卡爪合拢等过程中，该液压控制系统发挥了重要作用，因此设计一套安全可靠、精确高效的深水液压系统是研制水平连接器的关键环节。

深水水平连接器结构简图如图 9-8 所示，主要由毂座、定位板、导向环、卡爪、驱动板、驱动环、对中板、ROV（remote-operated vehicle，遥控潜水器）控制面板、后挡板、二次锁紧机构及液压缸组等组成。

水平连接器本体如图 9-9 所示，主要由毂座、卡爪及驱动环等零部件组成，其功能是通过驱动环对卡爪进行合拢与张卡，从而完成对海底管道的连接与分离。

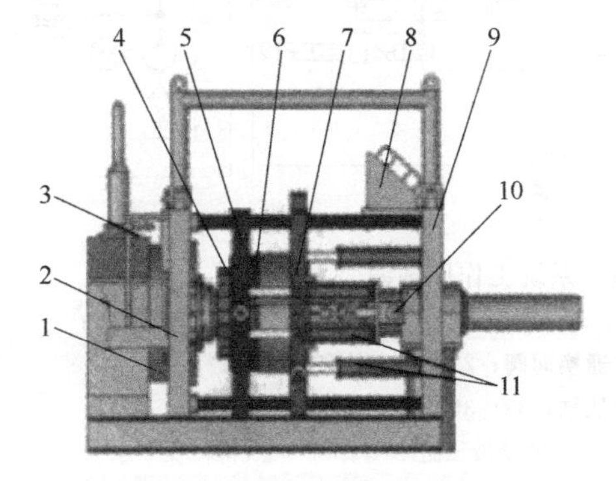

图 9-8　深水水平连接器结构简图

1—毂座；2—定位板；3—导向环；4—卡爪；5—驱动板；6—驱动环；7—对中板；8—ROV 控制面板；9—后挡板；10—二次锁紧机构；11—液压缸组

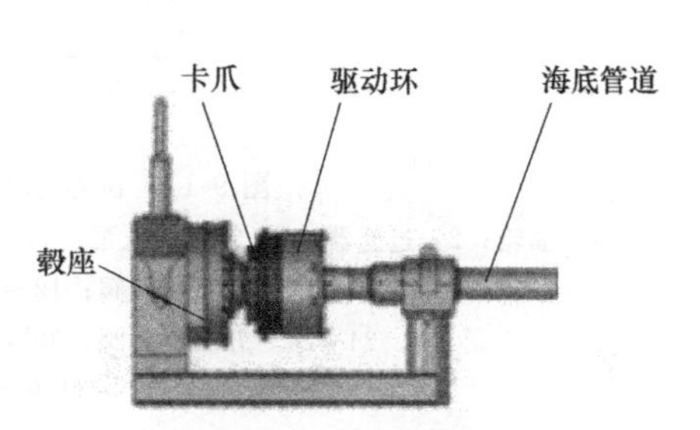

图 9-9　水平连接器本体

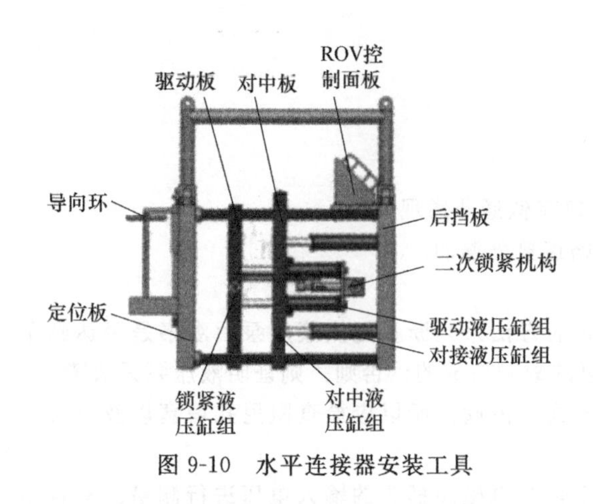

图 9-10 水平连接器安装工具

连接器安装工具如图 9-10 所示，主要由定位板、导向环、驱动板、对中板、ROV 控制面板、后挡板、二次锁紧机构及液压缸组等零部件组成，其功能是通过液压系统来实现对连接器本体的对中、对接和锁紧过程。完成管道连接后，连接器安装工具将撤离海底。

对中板上固定着驱动液压缸组，并连接着对接液压缸组的活塞杆，同时对中板内部装有呈 120° 均匀分布的对中液压缸组。对中板通过对接液压缸组驱动，从而实现卡爪与毂座之间的对接。对中板内部的对中液压缸组通过调速阀进行微调，从而实现卡爪与毂座之间的精确对中。

驱动板连接着驱动液压缸组的活塞杆，同时驱动板内部装有锁紧液压缸组。驱动板通过锁紧液压缸组活塞杆末端的卡钳结构与驱动环绑定在一起，并通过驱动液压缸组的驱动，从而带动驱动环实现卡爪的合拢与张开。

ROV 控制面板作为水平连接器液压系统的控制终端，不仅提供了 ROV 的操作界面，而且是液压阀和液压油源输入端口液压快速接头的承载体，并通过液压管线与各个液压缸连接。

9.4.1 液压系统的工作原理

深水水平连接器液压系统工作原理如图 9-11 所示。

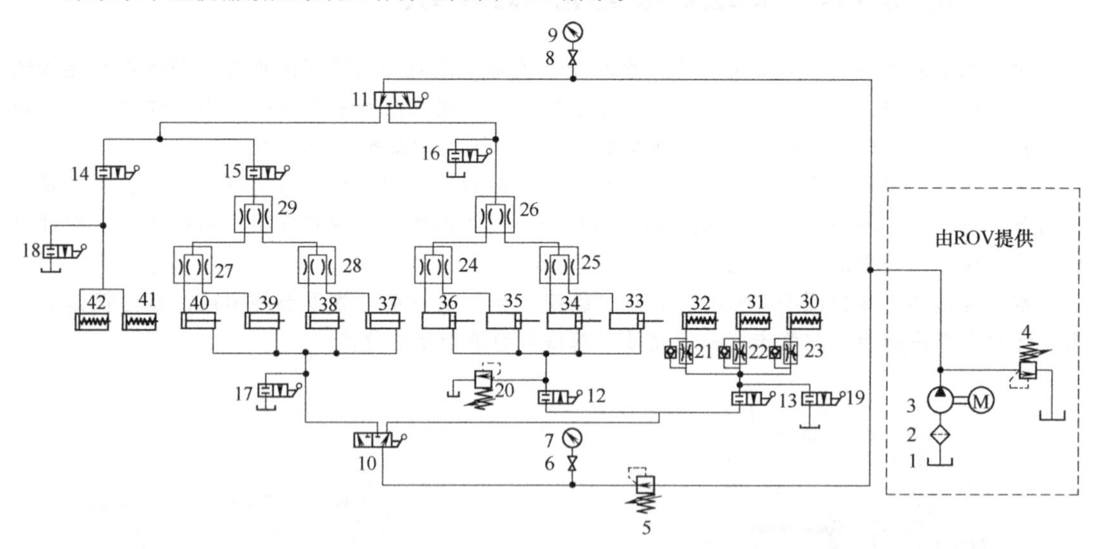

图 9-11 深水水平连接器液压系统工作原理图

1—油箱；2—过滤器；3—定量液压泵；4、20—溢流阀；5—减压阀；6、8—截止阀；7、9—压力表；10、11—二位三通换向阀；12～19—二位二通换向阀；21～23—单向节流阀；24～29—分流集流阀；30～32—对中液压缸；33～36—驱动液压缸；37～40—对接液压缸；41、42—锁紧液压缸

液压系统主要包括如下回路：

(1) 方向控制回路

由二位三通手动换向阀组成液压系统方向控制回路。

(2) 压力控制回路

① 安全回路　由主油路先导式溢流阀组成液压系统的安全回路。

② 减压回路　由先导式定值减压阀组成液压系统的减压回路。

③ 保压回路　由二位二通手动换向阀组成液压系统的保压回路。

④ 卸荷回路　由先导式溢流阀和二位二通手动换向阀组成液压系统的卸荷回路。

(3) 调速回路

由调速阀组成液压系统的调速回路。

(4) 同步控制回路

由分流集流阀组成液压系统的同步控制回路。

液压系统的油源由ROV所携带的定量液压泵提供。

液压系统由两条干路同时向四条支路供给液压油。为使驱动液压缸无杆腔油压高于有杆腔油压，从而推动活塞进给，因此在其中一条干路上设置减压阀5，使得此干路的油压（由压力表7显示）小于另外一条干路的油压（由压力表9显示），形成差动式液压连接。

该液压系统的具体工作过程如下：

① 连接器对中　系统接通油源后，打开二位二通换向阀13，系统开始工作。油液经过压力表7所在的干路进入对中液压缸组30～32的无杆腔，对中液压缸组带动连接器本体进行对中，对中过程结束后关闭二位二通换向阀13。

② 驱动板与驱动环绑定　打开二位二通换向阀14，油液经过压力表9所在的干路进入锁紧液压缸组41、42的无杆腔，锁紧液压缸组将驱动板与驱动环绑定在一起，绑定过程结束后关闭二位二通换向阀14。

③ 连接器对接　打开二位二通换向阀17和二位二通换向阀15，油液经过压力表9所在的干路进入对接液压缸组37～40的无杆腔，对接液压缸组带动连接器进行对接，对接过程结束后关闭二位二通换向阀17和二位二通换向阀15。

④ 卡爪合拢　二位三通换向阀11进行换向，油液经过压力表9所在的干路进入驱动液压缸组33～36的无杆腔，由于在驱动液压缸组所在支路设置了溢流阀20（设定溢流值介于两条干路的供油压力之间），当驱动液压缸组活塞向有杆腔运动，压缩有杆腔内的油液，使有杆腔压力升高达到溢流值时，溢流阀20便接通油箱回路，实现驱动液压缸组带动连接器驱动环完成卡爪合拢过程。

⑤ 解除驱动板与驱动环的绑定　打开二位二通换向阀18，锁紧液压缸组活塞杆在其有杆腔弹簧弹力作用下回撤，解除驱动板与驱动环之间的绑定。

⑥ 驱动板回撤　二位三通换向阀11进行换向，打开二位二通换向阀16和二位二通换向阀12，油液经过压力表7所在的干路进入驱动液压缸组有杆腔（此时由于油压未达到溢流阀20的溢流值，所以溢流阀20并不溢流），驱动液压缸组带动驱动板回撤，驱动板回撤过程结束后关闭二位二通换向阀12。

⑦ 对中液压缸组回撤　打开二位二通换向阀19，对中液压缸组活塞杆在其有杆腔弹簧弹力作用下回撤，使对中液压缸组脱离连接器本体。此时完成液压系统的全部操作，深水水平连接器连接完毕。

9.4.2 深水水平连接器调试过程中故障分析与排除方法

(1) 故障一：卡爪与毂座之间不能对中或对中不精确

① 原因分析

a. 液压泵3本身故障。

b. 溢流阀4故障。

c. 减压阀 5 故障。

d. 换向阀 13 阀芯不能移动。

e. 管路泄漏（吸油管路密封不良、压油管路连接处漏油）。

② 排除方法

第一步：首先检查液压泵。采用更换液压泵的方法来判断。更换液压泵后观察卡爪与毂座之间的对中情况，若实现了卡爪与毂座之间的对中，则证明该故障是液压泵的故障造成的；否则，则证明液压泵无故障。

第二步：检查溢流阀 4。检查阻尼孔堵塞以及主阀芯阻尼孔阻塞情况，排除溢流阀故障原因。

第三步：检查减压阀 5。检查减压阀堵塞情况，排除减压阀故障原因。

第四步：检查换向阀 13 的阀芯移动是否正常，排除换向阀故障原因。

第五步：检查管路泄漏情况，着重检查吸油管路密封性和压油管路的密封性，排除管路故障原因。

(2) 故障二：驱动板与驱动环没有绑定

① 原因分析　由系统动力源故障和管路泄漏引起，详细请见故障一原因 a、b 和 e；除此之外，换向阀 14 阀芯卡死不能移动也是造成此类故障的原因之一。

② 排除方法　首先根据故障一排除方法的第一步、第二步排除系统动力源故障；然后检查换向阀 14 的阀芯移动是否正常，排除换向阀故障原因；再检查管路泄漏情况，着重检查吸油管路密封性和压油管路的密封性，排除管路故障原因。

(3) 故障三：连接器对接失败

① 原因分析　由系统动力源故障和管路泄漏引起，详细请见故障一原因 a、b 和 e；除此之外，换向阀 15 或 17 阀芯卡死不能移动以及分流集流阀 27～28 故障也是造成此类故障的主要原因。

② 排除方法　首先根据故障一排除方法的第一步、第二步排除系统动力源故障；然后检查换向阀 15 和 17 的阀芯移动是否正常，排除换向阀故障原因；再检查分流集流阀 27～28 的阀芯移动是否卡阻，并且查看阀芯上的长通小孔是否堵塞，排除分离集流阀故障原因；最后检查管路泄漏情况，着重检查吸油管路密封性和压油管路的密封性，排除管路故障原因。

(4) 故障四：卡爪不能合拢

① 原因分析　由系统动力源故障和管路泄漏引起，详细请见故障一原因 a、b 和 e；除此之外，造成此种故障的原因还有：

a. 换向阀 11 阀芯不能移动。

b. 分流集流阀 24～26 故障。

c. 溢流阀 20 故障。

② 排除方法

第一步：根据故障一排除方法的第一步、第二步排除系统动力源故障。

第二步：检查分流集流阀 24～26 的阀芯移动是否卡阻和阀芯上的长通小孔是否堵塞，排除分流集流阀故障原因。

第三步：检查溢流阀 20。检查阻尼孔堵塞以及主阀芯阻尼孔阻塞情况，排除溢流阀故障原因。

第四步：检查管路泄漏情况，着重检查吸油管路密封性和压油管路的密封性，排除管路故障原因。

(5) 故障五：驱动板与驱动环不能解除绑定

① 原因分析

a. 换向阀 18 阀芯卡死不能移动。

b. 锁紧液压缸 41～42 弹簧故障，不能撤回。

② 排除方法

第一步：首先检查换向阀 18 的阀芯移动是否正常，排除换向阀故障原因。

第二步：再采用更换锁紧液压缸的方法来判断锁紧液压缸是否故障，更换锁紧液压缸后观察驱动板与驱动环是否解除。若解除，则证明该故障是锁紧液压缸的故障造成的；否则，则证明锁紧液压缸无故障。

(6) 故障六：驱动板不能撤回

① 原因分析　由系统动力源故障和管路泄漏引起，详细请见故障一原因 a、 b 和 e；除此之外，造成此种故障的原因还有：

a. 换向阀 12 阀芯不能移动。

b. 溢流阀 20 故障。

② 排除方法

第一步：根据故障一排除方法的第一步、第二步排除系统动力源故障。

第二步：检查换向阀 12 的阀芯移动是否正常，排除换向阀故障原因。

第三步：再检查溢流阀 20，检查阻尼孔堵塞以及主阀芯阻尼孔阻塞情况，排除溢流阀故障原因。

(7) 故障七：对中液压缸不能撤回

① 原因分析

a. 换向阀 19 阀芯不能移动。

b. 单向节流阀 21～23 故障。

c. 对中液压缸 30～31 弹簧故障，不能撤回。

② 排除方法

第一步：首先检查换向阀 19 的阀芯移动是否正常，排除换向阀故障原因。

第二步：检查单向节流阀 21～23 的节流孔是否堵塞，排除分流集流阀故障原因。

第三步：然后采用更换锁紧液压缸的方法来判断锁紧液压缸是否故障，更换锁紧液压缸后观察驱动板与驱动环是否解除。若解除，则证明该故障是锁紧液压缸的故障造成的；否则，则证明锁紧液压缸无故障。

9.5 深海采矿机器人行走液压系统

随着陆地矿产资源的日益减少，海洋矿产资源开采越来越受到重视。深海采矿车（如图 9-12）作为海洋矿产资源开采系统中的关键装备，其行走性能与采矿车按预定轨迹行走的能力密切相关。深海采矿车的行走履带（如图 9-13）采用液压系统作为动力驱动，使其爬行于海底表面，液压系统作为采矿车行走系统的重要组成部分，其性能将直接影响采矿车在海底的行走和采集能力等。

图 9-12　深海采矿车

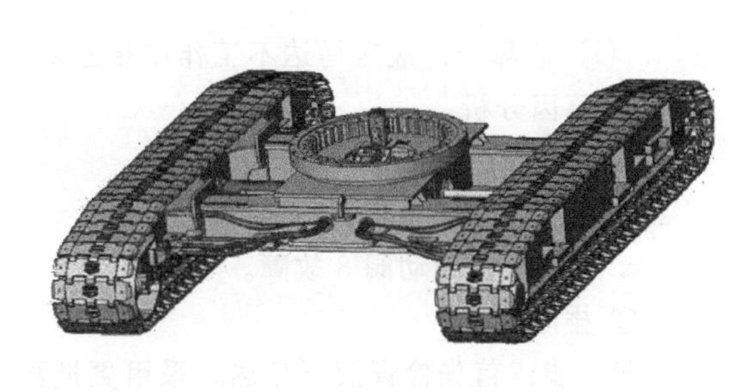

图 9-13　深海采矿车行走履带

9.5.1 液压系统的工作原理

深海采矿机器人行走液压系统工作原理图如图 9-14 所示，采用双泵双回路的分功率变量闭式系统，主要由主变量泵、变量机构、电液比例方向阀、补油单向阀、补油溢流阀、辅助泵、低压溢流阀、双向溢流制动阀、液压马达组成。

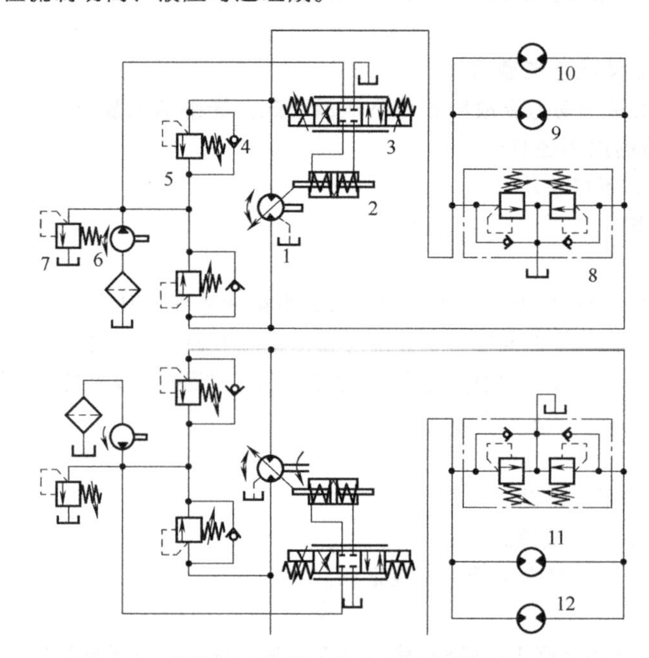

图 9-14 深海采矿机器人行走液压系统工作原理图

1—主变量泵；2—变量机构；3—电液比例方向阀；4—补油单向阀；5—补油溢流阀；6—辅助泵；7—低压溢流阀；8—双向溢流制动阀；9—左侧前履带液压马达；10—左侧后履带液压马达；11—右侧前履带液压马达；12—右侧后履带液压马达

辅助泵 6 除了能为闭式系统进行补油外，还可通过电液比例方向阀 3，控制变量机构 2 的位置，从而可改变变量泵 1 的斜盘倾角，引起变量泵 1 输出流量的变化，实现了模型车前进速度的无级调速。执行机构的液压马达采用并联回路，在执行机构流量输入相同时，并联马达的车辆前进速度低于串联马达的速度，系统驱动力也较大。采用双向溢流制动阀 8 作为履带液压驱动马达的缓冲回路，在液压马达突然停止或反向时，高压油可经过溢流阀流入油箱。油箱可通过单向阀对马达的低压油路补油。通过控制两个输入到电液比例方向阀的电流大小，即可控制左右履带驱动马达的转速，从而实现模型车的启动、停止和转向运动。

9.5.2 深海采矿车行走液压系统在调试过程中的故障分析与排除方法

(1) 故障一：液压马达不工作或转速低

① 原因分析

a. 液压马达 9 或 10 本身故障。

b. 主变量泵 1 故障。

c. 双向溢流制动阀 8 故障。

② 排除方法

第一步：首先检查液压马达。采用更换液压马达的方法来判断。更换液压马达泵后观察马达的转动情况：若马达以预想的转速转动，则证明该故障是液压马达的故障造成的；否则，则证明液压马达无故障。

第二步：检查主变量泵。采用更换主变量泵的方法来判断。更换主变量泵后观察马达的转动情况：若马达以预想的转速转动，则证明该故障是主变量泵的故障造成的；否则，则证明液压泵无故障。

第三步：检查双向溢流制动阀 8。检查阻尼孔堵塞以及主阀芯阻尼孔阻塞情况，排除双向溢流制动阀故障原因。

(2) 故障二：不能实现左或右履带的调速

① 原因分析

a. 辅助泵 6 本身故障。

b. 低压溢流阀 7 故障。

c. 电液比例方向阀 3 故障。

d. 变量机构 2 故障。

② 排除方法

第一步：首先检查辅助泵 6。采用更换辅助泵的方法来判断。更换辅助泵后观察液压马达能否实现调速：若能实现调速功能，则证明该故障是辅助泵的故障造成的；否则，则证明辅助泵无故障。

第二步：检查低压溢流阀 7。检查阻尼孔堵塞以及主阀芯阻尼孔阻塞情况，排除低压溢流阀故障原因。

第三步：检查电液比例方向阀 3。检查比例控制器是否正常工作、阀芯是否出现卡顿现象及是否有脏物堵塞，排除电液比例方向阀故障原因。

第四步：检查变量机构 2。采用更换变量机构的方法来判断。更换变量机构后观察马达是否能实现调速：若能实现调速，则证明该故障是变量机构的故障造成的；否则，则证明变量机构无故障。

(3) 故障三：液压马达突然停止或反向时，系统冲击较大

① 原因分析　此故障主要是由双向溢流制动阀 8 故障引起的。

② 排除方法　可检查双向溢流制动阀 8，检查阻尼孔堵塞以及主阀芯阻尼孔阻塞情况，排除双向溢流制动阀故障原因。

(4) 故障四：系统不能补油

① 原因分析

a. 辅助泵 6 本身故障。

b. 低压溢流阀 7 故障。

c. 补油溢流阀 5 故障。

② 排除方法

第一步：首先检查辅助泵 6。采用更换辅助泵的方法来判断。更换辅助泵后为系统补油，若能实现补油功能，则证明该故障是辅助泵的故障造成的；否则，则证明辅助泵无故障。

第二步：检查低压溢流阀 7。检查阻尼孔堵塞以及主阀芯阻尼孔阻塞情况，排除低压溢流阀故障原因。

第三步：检查补油溢流阀 5。检查阻尼孔堵塞以及主阀芯阻尼孔阻塞情况，排除补油溢流阀故障原因。

9.6 深海采矿悬挂机构液压系统

海底矿产资源十分丰富，如多金属结核、多金属硫化物、富钴结壳等，也属于“人类共同

继承财产”。大力发展深海技术，对海底矿物资源进行开采，有利于解决陆地资源日益枯竭的问题。本节将介绍深海采矿水力提升管下放与回收的重要部分——悬挂机构液压系统的常见故障诊断与排除方法。

9.6.1 深海采矿悬挂机构原理介绍

在目前的技术研究中，国内外学者多采用水力提升的方式将采集的矿石转运到水面支持系统上，其工作流程主要为：首先将深海采矿车、辅助开采车等设备下放至待开采区域，然后对将采集到的海底矿物进行破碎，通过水下中继站对矿物进行暂时储存和处理，最后经过水力提升系统利用扬矿管将矿物送至水面船舶，如图 9-15 所示。然而要使采矿作业能顺利进行，扬矿管等水下设备的安全下放和回收是前提。而要实现下放和回收的工作就需要由悬挂机构来完成。由于受海浪的影响，悬挂机构在回收或下放的过程中采矿船会带着扬矿管一起随着海浪在重力方向上升沉，扬矿管会产生轴向应力和轴向变形，最终导致扬矿管的疲劳损坏。因此，为保证回收和下放水下设备正常进行，在回收和下放过程中还需进行重力方向的升沉补偿，使扬矿管基本上保持匀加速上升或下降。悬挂装置是水面支持系统的核心设备。其主要功能是保证水下开采系统各种重要设备器材平时能够有序在船上存放、维护和保养；下放时能保证有序、准确、快速和安全下放到海底规定位置；起吊回收时能保证有序、准确、快速和安全起吊到母船上来。

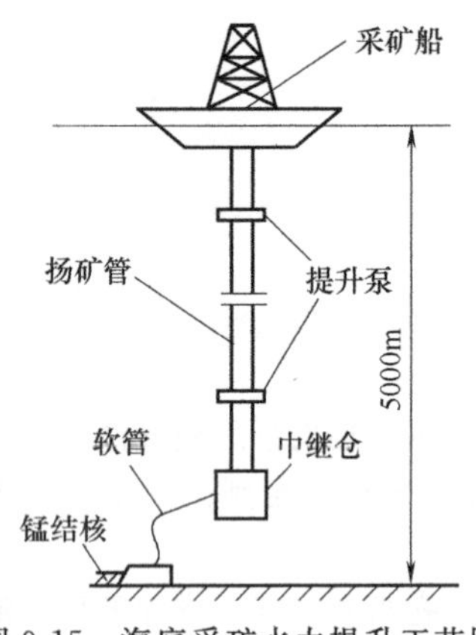

图 9-15　海底采矿水力提升工艺图

9.6.2 深海采矿悬挂机构液压系统工作原理

深海采矿悬挂机构液压系统主要由复合缸（由主动缸和被动缸组成，主动缸套在被动缸中）、蓄能器、电液比例阀、溢流阀等组成，其液压系统工作原理图如图 9-16 所示。

其具体工作原理为：当采矿船利用悬挂机构对扬矿管进行回收时，首先用下卡箍卡住扬矿

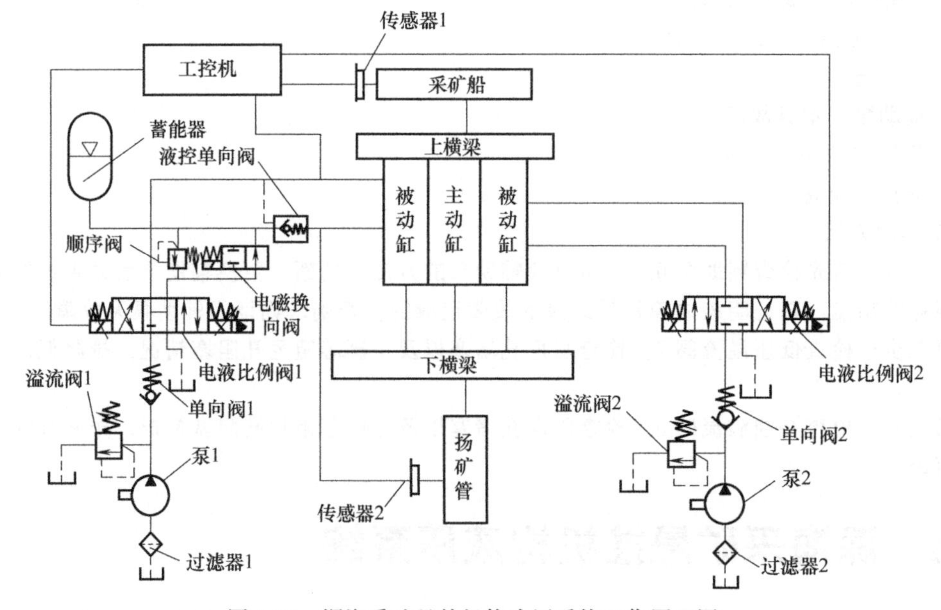

图 9-16　深海采矿悬挂机构液压系统工作原理图

管凸缘，之后，电液比例阀 1 左位通电工作，电磁换向阀不通电右位工作，蓄能器以及泵 1 同时向被动缸有杆腔供油，从而使扬矿管以某个加速度向上运动，此时被动缸为扬矿管提供向上的力。而在整个回收过程中，在波浪激振力的作用下，采矿船会随波浪一起做垂荡运动，当采矿船下沉时，竖直安装在悬挂机构上的缸筒在采矿船的带动下以一个向下的加速度下沉，使得被动缸的活塞与被动缸筒的相对位移变大，进而有杆腔一侧的体积增大，压力减少，扬矿管受力突变，进而对扬矿管产生冲击，使其发生疲劳损坏。所以需要对此液压系统进行升沉补偿，利用传感器 1 和传感器 2 分别检测扬矿管和采矿船的位移，并将信号传送到工控机，工控机进而发布工作指令增大电液比例阀 1 左位的开度，使得流向被动缸有杆腔的流量增大，同时电液比例阀 2 左位通电，向主动缸的有油腔中供油，此时主动缸活塞输出一个向上的拉力。当采矿船随波浪做上升运动时，工作在左位的电液比例阀 1 的开度须减小，进而使流入被动缸有油腔的流量减少，电液比例阀 2 右位通电工作，泵 2 向主动缸的无油腔供油，此时主动缸活塞输出一个向下的推力。当主动缸输出的作用力和阀开度变化所引起的力变化等于缸的摩擦力及受波浪升沉运动导致的被动缸的力变化，则可实现回收过程的升沉补偿，使水下系统不受采矿船深沉运动的影响而基本上处于匀加速上升状态。采矿船对扬矿管进行下放时的工作过程与回收时的工作过程相反。

液控单向阀起锁紧作用，可在拆卸扬矿管时防止漏油。电磁换向阀和顺序阀的作用为：扬矿管在下放过程中电磁换向阀工作在左位、顺序阀工作在小于设定压力下时，系统利用扬矿管在下放过程中自身重力向蓄能器中存储能量；而在回收时，蓄能器可释放油液向有杆腔供油，从而达到节能的目的。

9.6.3　深海采矿悬挂机构液压系统的故障分析与排除方法

(1) 故障一：回收过程中被动缸不动作

造成回收过程被动缸不动作的原因有多种，可以采用逻辑分析法对回收过程的供油回路进行分析，主要有以下几种原因造成。

① 泵不出油。具体原因包括：

a. 液压泵的转向不对；

b. 滤油器严重堵塞、吸油管路严重漏气；

c. 油的黏度太高、油温太低；

d. 油箱油面太低；

e. 泵内部故障，如叶片卡在转子槽中。

以上原因的关键问题是泵不具备基本的工作条件，所以会造成泵不出油的现象，如果发现悬挂机构是由于这些原因无法向回路供油，则可以分别利用以下方法进行故障排除：

a. 改变泵的转向；

b. 清洗滤油器，拧紧吸油管；

c. 调整液压油的牌号，保证油液正常工作；

d. 将液压油加到油箱的规定高度；

e. 拆开泵，查看叶片等零部件是否损坏，如损坏可更换零部件或安装新泵。

② 液压控制元件故障造成油路不通

a. 电磁比例换向阀 1 不换向。这种故障可能是由于机械故障、液压故障和电气故障等造成的。机械故障是指阀芯卡死在阀体孔内，由如阀芯与阀体几何精度差、配合过紧、表面有毛刺或刮伤、阀体安装后变形等原因造成。而液压故障一般是指油液黏度或油温过高、油液太脏等原因造成的阀芯热变形或卡死在中位。电气原因指的是用电不当导致电磁铁不动作，如电气插头与阀连接不牢导致电磁铁无法通电、电流过大烧坏电磁铁、电流过小驱动力不够等。

b. 电磁换向阀卡死在左位。电磁换向阀卡死在左位导致油路不通，其原因与电磁比例换向阀1的故障原因相似，也是由于机械故障、液压故障和电气故障等造成的。

控制阀的卡死等故障造成供油回路不通，在查找故障原因时，利用相关仪器仪表分别检测各控制阀工作是否正常，如果发现悬挂机构是由于控制阀不通造成的，则可以分别利用以下方法进行故障排除：

(a) 针对机械故障，可以提高阀的制造、装配和安装精度；

(b) 针对液压故障，应加强对油液的质量监测，使油的黏度、温升、清洁度、控制压力等应符合要求；

(c) 针对电气故障，正确连线，进一步紧固连接电气插头，正确使用、合理选择，或在电磁铁输入电路中增加限电流元件。

(2) 故障二：下放过程中蓄能器不蓄能

在下放过程中，利用扬矿管自身重力向蓄能器中存储能量，可以在回收过程中达到节能的目的。蓄能器不蓄能的原因主要有三个，一是蓄能器本身发生故障，二是电磁换向阀停留在右位未换向，三是顺序阀未起作用。下面将分别分析这三个原因：

① 蓄能器本身发生故障。充气压力偏高或者蓄能器油囊破裂，导致其不起作用，无法蓄能。

② 电磁换向阀停留在右位未换向。关于电磁换向阀不换向的原因和排除方法可参考故障一。

③ 顺序阀阀口常开。可能是由于顺序阀阀口常开，始终通油不起顺序作用造成的，具体原因包括主阀芯在打开位置上卡死，调压弹簧漏装、断裂或太软等。

针对以上故障原因，可通过以下方法进行排除：

① 对于蓄能器本身故障问题，可先调小蓄能器充气压力，保证蓄能器充气压力小于顺序阀开启压力，如果是由于蓄能器油囊破裂造成的，可更换蓄能器。

② 针对顺序阀阀口常开这一故障，可修配顺序阀使阀芯移动灵活；如果油液杂质太多导致阀芯卡死，可过滤或更换油液；可更换弹簧或补装弹簧；当顺序阀损坏严重时，可更换顺序阀。

(3) 故障三：扬矿管下放和回收过程时快时慢，波浪冲击明显

该液压系统主要是根据所监测到的船体和扬矿管加速度变化来调节电液比例阀的流量开度，以及利用主动油路供油补偿波浪冲击带来的压力变化。因此，扬矿管下放和回收过程时快时慢可能是由于升沉补偿过程故障引起的。其主要原因可能有两个，一是电液比例阀1或2发生故障，二是由于传感器1或2损坏，导致工控机发出的控制指令错误，三是液压泵2不供油。

① 电液比例阀1或2发生故障。

a. 电液比例阀1由于放大器接线错误或使用电压过高，烧坏放大器，导致无法控制电液比例阀的开度大小，不能对波浪冲击起补偿作用；

b. 电液比例阀2卡在中位，无法向主动缸供油。

② 传感器1或2故障。由于传感器1或2发生故障，工控机无法检测到船体或者扬矿管的加速度变化，因此发出错误指令，无法补偿波浪造成的激振力冲击。

③ 液压泵2不供油。具体原因可参考故障一。

针对以上三种情况，可分别采用以下方式解决问题：

a. 正确接线，控制工作电压在放大器的正常工作范围之内；

b. 更换传感器，保证数据传输准确；

c. 按照故障一液压泵的故障排除方法对液压泵2进行故障排除。

第 10 章 液压系统的安装、清洗、调试、使用与维护

随着科学技术的发展，液压传动技术的应用日益广泛，液压设备在国民经济各个行业中所占的比重日益提高。在实际应用过程中，一个设计合理的、并按照规范化操作来使用的液压传动系统，一般来说故障率极少的。但是，如果安装、清洗、调试、使用和维护不当，也会出现各种故障，以致严重影响生产。安装、清洗、调试、使用和维护的优劣，将直接影响到设备的使用寿命、工作性能和产品质量，所以，液压系统的安装、清洗、调试、使用和维护在液压技术中占有相当重要的地位。本章从液压系统的安装、清洗、调试、使用和维护的各个方面加以阐述，最后列举了一个 200 吨棉机液压系统实例。

10.1 液压系统的安装

液压系统的安装，包括液压管路、液压元件（液压泵、液压缸、液压马达和液压阀等）、辅助元件的安装等，其实质就是通过流体连接件（油管与接头的总称）或者液压集成块将系统的各单元或元件连接起来。具体安装步骤（以焊接管路为例）如下：

① 预安装（试装配）流体连接件　弯管，组对油管和元件，点焊接头，使整个管路定位。

② 第一次清洗（分解清洗）　酸洗管路、清洗油箱和各类元件等。

③ 第一次安装　连接成清洗回路及系统。

④ 第二次清洗（系统冲洗）　用清洗油清洗管路。

⑤ 第二次安装　组成正式系统。

⑥ 系统调试　加入实际工作用油，进行正式试车。

10.1.1 流体连接件的安装

液压系统，根据液压控制元件的连接形式，可分为集成式（液压站式）和分散式，无论哪种形式，欲连接成系统，都需要通过流体连接件连接起来。流体连接件中，接头一般直接与集成块或液压元件相连接，工作量主要体现在管路的连接上。所以管路的选择是否合理，安装是否正确，清洗是否干净，对液压系统的工作性能有很大影响。

(1) 管路的选择与检查

在选择管路时，应根据系统的压力、流量以及工作介质、使用环境和元件及管接头的要求，来选择适当口径、壁厚、材质和管路。要求管道必须具有足够的强度，内壁光滑、清洁、无砂、无锈蚀、无氧化铁皮等缺陷，并且配管时应考虑管路的整齐美观以及安装、调试、使用和维护工作的方便性。管路的长度应尽可能短，这样可减少压力损失、延时、振动等现象。常用的吸油、压油、回油管径与泵流量的关系见表 10-1。

检查管路时，若发现管路内外侧已腐蚀或有明显变色，管路被割口，壁内有小孔，管路表面

表 10-1 泵的流量与管径的关系

流量/(L/min)	吸油管/mm	回油管/mm	压油管/mm	流量/(L/min)	吸油管/mm	回油管/mm	压油管/mm
2	5～8	4～5	3～4	56	28～49	25～28	14～25
3	7～11	6～7	4～6	60	29～50	25～29	15～25
5	8～14	7～8	4～7	66	30～53	26～30	15～26
6	10～16	8～10	5～8	76	33～57	28～33	17～28
9	12～20	10～12	6～10	87	35～60	30～35	18～30
11	13～22	11～13	6～11	92	36～62	31～36	18～31
13	14～24	12～14	7～12	100	38～65	33～38	19～33
16	15～26	13～15	8～13	110	40～68	34～40	20～34
18	16～28	14～16	8～14	120	41～70	36～41	21～36
20	17～30	15～17	8～15	130	43～75	37～43	22～37
23	18～32	16～18	10～16	140	45～77	38～45	22～38
25	20～33	16～20	10～16	150	46～80	40～46	23～40
28	20～34	17～20	10～17	160	48～82	41～48	24～41
30	20～36	18～20	10～18	170	49～85	43～49	25～43
32	21～37	18～21	10～18	180	50～88	44～50	25～44
36	22～40	20～22	11～20	190	52～90	45～52	26～45
40	24～40	20～24	12～20	200	53～92	46～53	27～46
46	26～44	22～26	13～22	250	60～104	52～90	29～52
50	27～46	23～27	14～23	300	65～113	57～65	33～57

注：1. 压油管在压力高、流量大、管道短时取大值，反之取小值。

2. 压油管，当 $P<2.5$MPa 时取小值，$P=2.5\sim14$MPa 时取中间值，$P>14$MPa 时取大值。

凹入管路直径的 10%～20%以上（不同系统要求不同），管路伤口裂痕深度为管路壁厚的 10%以上等情况时均不能再使用。

检查长期存放的管路，若发现内部腐蚀严重，应用酸彻底冲洗内壁，清洗干净，再检查其耐用程度。合格后，才能进行安装。

检查经加工弯曲的管路时，应注意管路的弯曲半径不应太小。弯曲曲率太大，将导致管路应力集中增加，降低管路的疲劳强度，同时也最容易出现锯齿形皱纹。大截面的椭圆度不应超过 15%；弯曲处外侧壁厚的减薄量不应超过管路壁厚的 20%；弯曲处内侧部分不允许有扭伤、压坏或凹凸不平的皱纹。弯曲处内外侧部分都不允许有锯齿形或形状不规则的现象。扁平弯曲部分的最小外径应为原管外径的 70%以下。

(2) 管路连接件的安装

① 吸油管的安装及要求 安装吸油管时应符合下列要求：

a. 吸油管要尽量短，弯曲少，管径不能过细，以减少吸油管的阻力，避免吸抽困难，产生吸空、气蚀现象，对于泵的吸程高度，各种泵的要求有所不同，但一般不超过 500mm。

b. 吸油管应连接严密，不得漏气，以免使泵在工作时吸进空气，导致系统产生噪声，以致无法吸油（在泵吸口部分的螺纹，法兰接合面上往往会由于小小的缝隙而漏入空气），因此，建议在泵吸油口处采用密封胶与吸油管连接。

c. 除柱塞泵以外，一般在液压泵吸油管路上应安装滤油器，滤油精度通常为 100～200 目，滤油器的通流能力至少为泵的额定流量的 2 倍。同时要考虑清洗时拆装方便，一般在油箱的设计过程中，在液压泵的吸油过滤器附近开设手孔就是基于这种考虑。

② 回油管的安装及要求 安装回油管时应符合下列要求：

a. 执行机构的主回油路及溢流阀的回油管应伸到油箱液面以下，以防止因油飞溅而混入气泡，同时回油管应切出朝向油箱壁的 45° 斜口。

b. 具有外部泄漏的减压阀、顺序阀、电磁阀等的泄油口与回油管连通时不允许有背压，否则应将泄油口单独接回油箱，以免影响阀的正常工作。

c. 安装成水平面的油管，应有（3/1000）～（5/1000）的坡度。管路过长时，每 500mm 应固定一个夹持油管的管夹。

如图 10-1 是吸油管与回油管在安装时经常遇到的问题。如图 10-1（a）所示，需要注意的是吸油管应采用斜开口，保证吸油顺畅；图 10-1（b）主要问题是吸油口距离油箱壁面及隔板太近；图 10-1（c）显示的是回油管的三种情况，第一种情况是回油管直接接在油箱壁上，第二种情况是回油管太短，当液面低于回油口时，液压油飞溅而混入气泡，第三种情况是回油口太接近吸油口，应增大吸油口与回油口的间距，并在中间设置隔板，以阻挡沉淀杂物及回油管产生的泡沫；图 10-1（d）主要问题是油管过长，在弯曲处会产生气泡；图 10-1（e）显示的是在液压泵吸油过程中，应避免因连接处的凸起结构而产生油液紊流，同时应防止密封圈的漏装，保证接触面清洁及完好，避免在吸油过程中因空气的进入而产生气泡，正确结构如图 10-1（f）所示；如图 10-1（g）所示，当液压泵仅在油箱中时，必须使用吸油管与回油管，吸油管与回油管的距离尽可能大且中间应用隔板隔开。

③ 压油管的安装及要求　压油管的安装位置应尽量靠近设备和基础，同时又要便于支管的连接和检修。为了防止压油管振动，应将管路安装在牢固的地方，在振动的地方要加阻尼来消除振动，或将木块、硬橡胶的衬垫装在管夹上，使金属件不直接接触管路。

④ 橡胶软管的安装及要求　橡胶软管用于两个有相对运动部件之间的连接。安装橡胶软管时应符合下列要求：

a. 要避免急转弯，其弯曲半径 R 应大于 9～10 倍外径，至少应在离接头 6 倍直径处弯曲。若弯曲半径只有规定的 1/2 时就不能使用，否则寿命将大大缩短。

b. 软管的弯曲同软管接头的安装应在同一运动平面上，以防扭转。若软管两端的接头需在二个不同的平面上运动，应在适当的位置安装夹子，把软管分成两部分，使每一部分在同一平面上运动。

c. 软管应有一定余量。由于软管受压时，要产生长度（长度变化约为±4%）和直径的变化，因此弯曲情况下使用时，不能马上从端部接头处开始弯曲；在直接情况下使用时，不能使端部接头和软管间产生拉伸，所以要考虑在长度上留有适当余量，使它保持松弛状态。

d. 软管在安装和工作时，不应有扭转现象；不应与其他管路接触，以免磨损破裂；在连接处应自由悬挂，避免因其自重而产生弯曲。

e. 由于软管在高温下工作时寿命短，所以尽可能使软管安装在远离热源的地方，不得已时要装隔热板或隔热套。

f. 软管过长或伴随有急剧振动的情况下宜用夹子夹牢，但在高压下使用的软管应尽量少用夹子，因软管受压变形，在夹子处会产生摩擦能量损失。

g. 软管要以最短距离或沿设备的轮廓安装，并尽可能平行排列。

h. 必须保证软管、接头与所处的环境条件相容。环境包括：紫外线辐射、阳光、热、臭氧、潮湿、盐水、化学物质、空气污染物等可能导致软管性能较低或引起早期失效的因素。

（3）配管注意事项

① 整个管线要求尽量短，转弯数少，过滤平滑，尽量减少上下弯曲和接头数量并保证管路的伸缩变形。在有活接头的地方，管路的长度应能保证接头的拆卸安装方便。系统中主要管路或辅件能自由拆装，而不影响其他元件。

② 在设备上安装管路时，应布置成平行或垂直方向，注意整齐，管路的交叉要尽量少。

③ 平行或交叉的管路之间应有 10mm 以上的空隙，以防止软管干扰和振动。

④ 管路不能在圆弧部分接合，必须在平直部分接合。法兰盘焊接时，要与管路中心成直角。在有弯曲的管路上安装法兰时，只能安装在管路的直线部分。

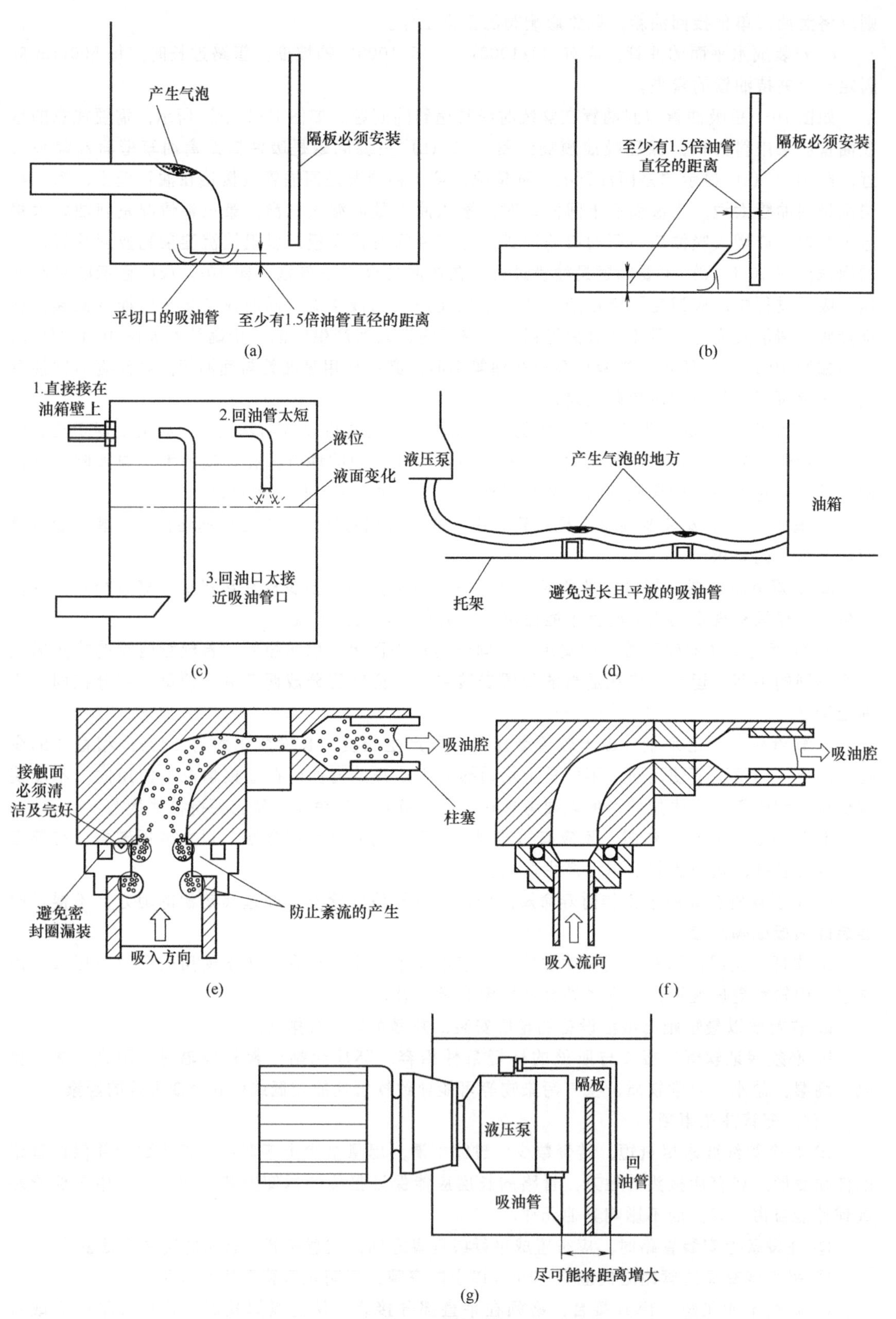

图 10-1 吸油管与回油管安装时的注意事项

⑤ 管路的最高部分应设有排气装置，以便启动时放掉管路中的空气。

⑥ 管道的连接有螺纹连接、法兰连接和焊接三种。可根据压力、管径和材料选定，螺纹连接适用于直径较小的油管，低压管直径在 50mm 以下，高压管直径在 38mm 以下。管径再大时则用法兰连接。焊接成本低，不易泄漏，因此在保证安装拆卸的条件下，应尽量采用对头焊接，以减少管配件。

⑦ 全部管路应进行二次安装。第一次为试安装，将管接头及法兰点焊在适当的位置上，当整个管路确定后，拆下来进行酸洗或清洗，然后干燥、涂油及进行试压。最后安装时不准有砂子、氧化铁皮、铁屑等污物进入管路及元件内。

⑧ 为了保证外形美观，一般焊接钢管的外表面要全部喷面漆，主压力管路一般为红色，控制管路一般为桔红色，回油管路一般为蓝色或浅蓝色，冷却管路一般为黄色。

应当指出的是：随着技术的进步，生产周期日益减少，采用卡套式接头和经酸洗磷化处理过的钢管组成的连接件所连接的液压系统，无须再经过上述复杂的二次安装，根据实际需要，将钢管弯曲成形并截断，去毛刺清理后，可在安装后直接试车。

下面给出正确和错误安装管路（软管）的几个例子，如图 10-2 (a) ～(h) 所示，分别说明如下。

图 10-2 (a) 中软管总成两端装配后不应把软管拉直，应有些松弛。因在压力作用下，软管长度会有些变化，其变化幅度为－4%～＋2%。图 10-2 (b) 中软管的最小弯曲半径必须大于软管允许的最小半径，使之处于自然状态，以避免降低软管的使用寿命。如图 10-2 (c)、(d) 应选择合适的软管长度，弯曲处应与外套有一定的距离。如图 10-2 (e)、(f) 合理使用弯头可以避免使软管产生额外的负载。如图 10-2 (g) 应正确安装和固定软管，避免软管与其他物体摩擦碰撞。必要时，可采用护套保护，如软管必须装在发热物体旁，应使用耐火护套或其他保护措施。如图 10-2 (h) 当软管安装在运动物体上，应留有足够的自由长度。

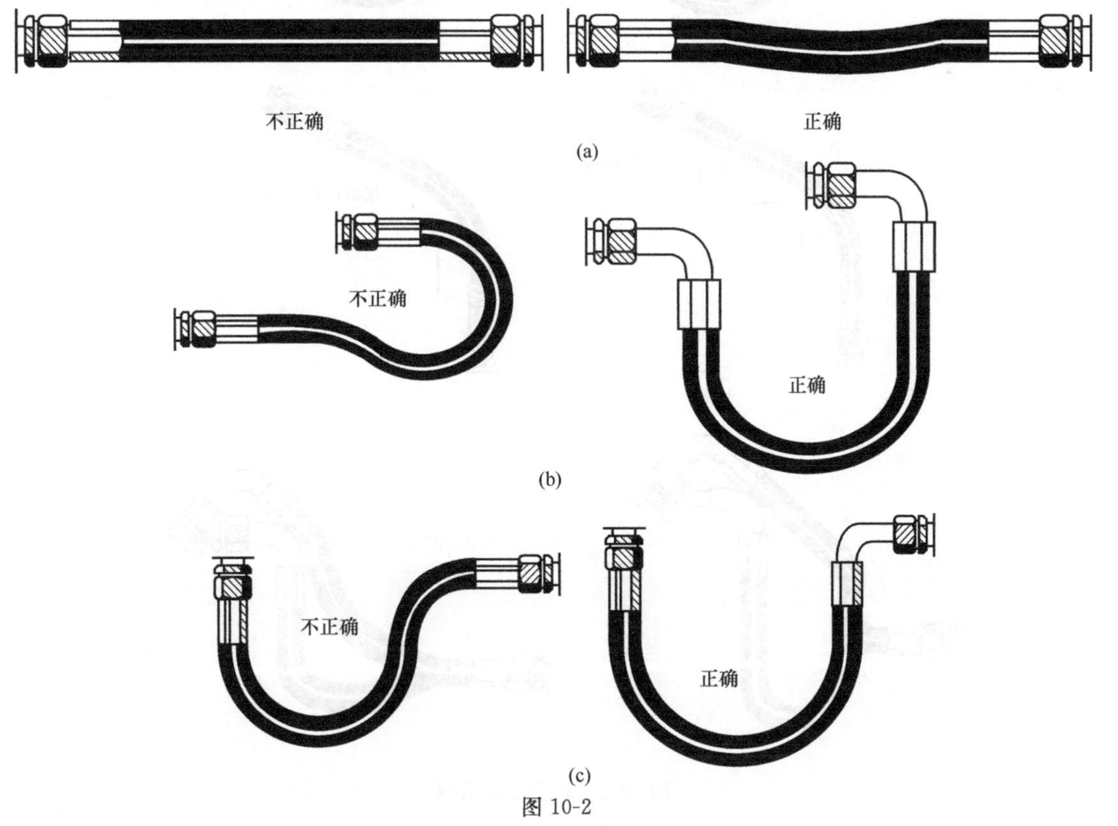

图 10-2

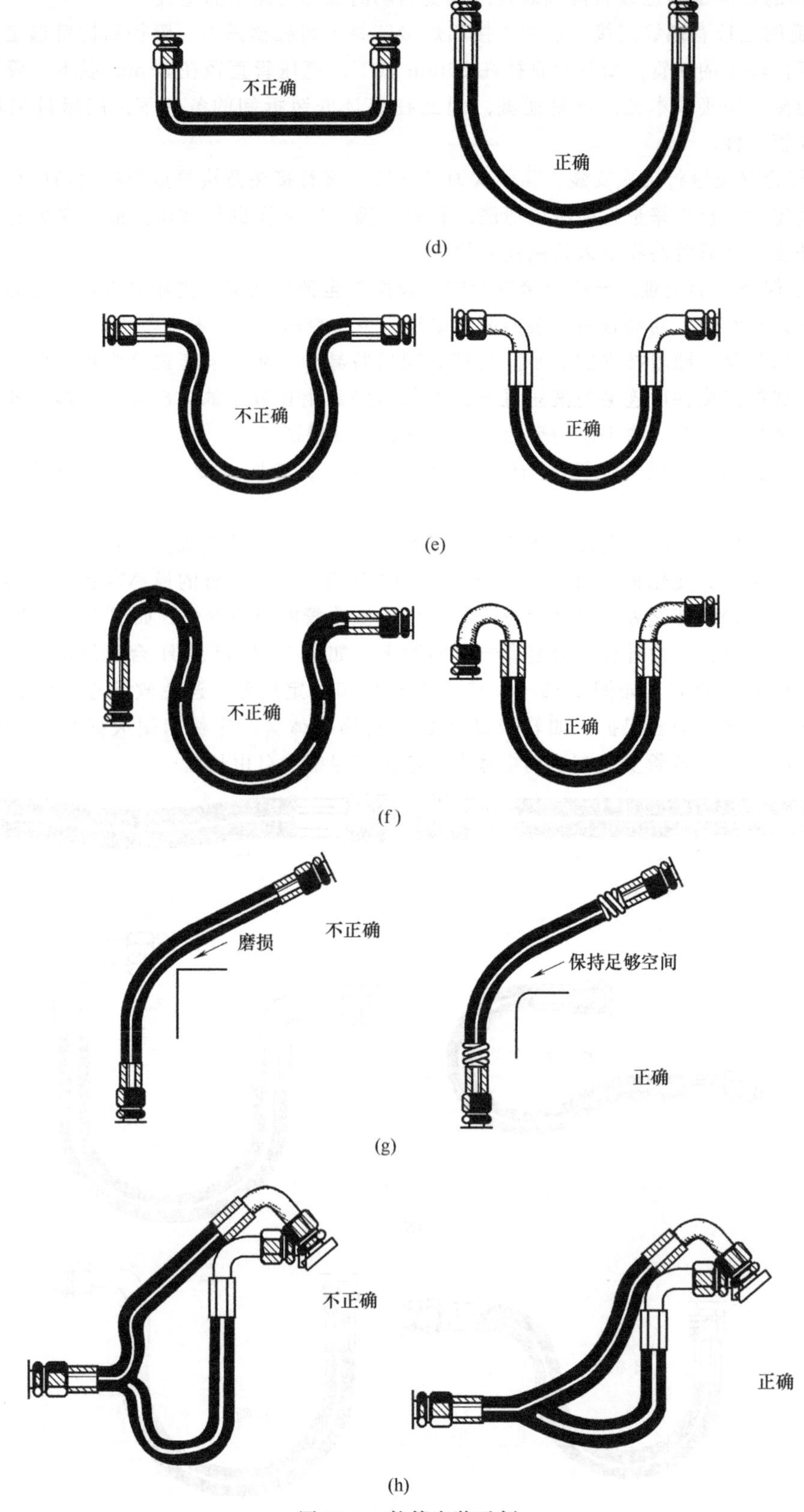

图 10-2 软管安装示例

(4) 选用软管注意事项

影响软管和软管总成寿命的因素有臭氧、氧气、热、日光、雨以及其他一些类似的环境因素。软管和软管总成的储藏、转料、装运和使用过程中，应根据生产日期推行先进先出的方式。

① 选取软管时，应选取生产厂样本中软管所标明的最大推荐工作压力不小于最大系统压力的软管，否则会降低软管的使用寿命甚至损坏软管。

② 软管的选择是根据液压系统设计的最高压力值来确定的。由于液压系统的压力值通常是动态的，有时会出现冲击压力，冲击压力峰值会大大高于系统的最高压力值。但系统一般都有溢流阀，故冲击压力不会影响软管的疲劳寿命。对于冲击特别频繁的液压系统，建议选用特别耐脉冲压力的软管产品。

③ 应在软管质量规范允许温度范围内使用软管，如果工作环境温度超过这一范围，将会影响到软管的寿命，其承压能力也会大大降低。工作环境温度长期过高或过低的系统，建议采用软管护套。软管在使用时如果常与硬物接触或摩擦，建议在软管外部加弹簧护套。软管内径要适当，管径过小会加大管路内介质的流速，使系统发热，降低效率，而且会产生过大的压降，影响整个系统的性能。若软管采用管夹或软管穿过钢板等间隔物时，应注意软管的外径尺寸。

④ 安装前，必须对软管进行检查，包括接头形式、尺寸、长度等，确保正确无误。必须保证软管、接头与所处的环境条件相容，环境包括：紫外线辐射、阳光、热、臭氧、潮湿、盐水、化学物质、空气污染物等可能导致软管性能较低或引起早期失效的因素。软管总成的清洁度等级可能不同，必须保证选取的软管总成的清洁度符合应用要求。

10.1.2　液压元件的安装

各种液压元件的安装和具体要求，在产品说明书中都有详细的说明，在安装时液压元件应用煤油清洗，所有液压元件都要进行压力和密封性能试验。合格后可开始安装，安装前应对各种自动控制仪表进行校验，以避免不准确而造成失误。下面介绍液压元件在安装时应注意的事项。

液压元件安装前，对拆封的液压元件要先查验合格证书和审阅说明书，如果是手续完备的合格产品，又不是长期露天存放内部已经锈蚀了的产品，不需要另做任何试验，也不建议重新清洗拆装。试车时出了故障，在判断准确不得已时才对元件进行重新拆装，尤其对国外产品更不允许随意拆装，以免影响产品出厂时的精度。

(1) 液压阀类元件的安装及要求

① 安装时应注意各阀类元件进油口和回油口的方位。

② 安装的位置无规定时应安装在便于使用、维修的位置上。一般方向控制阀应保持轴线水平安装。注意安装换向阀时，四个螺钉要均匀拧紧，一般以对角线为一组逐渐拧紧。

③ 用法兰安装的阀件，螺钉不能拧得过紧，因过紧有时会造成密封不良。当其必须拧紧，而原密封件或材料不能满足密封要求时，应更换密封件的形式或材料。

④ 有些阀件为了制造、安装方便，往往开有相同作用的两个孔，安装后不用的一个要堵死。

⑤ 需要调整的阀类，通常按顺时针方向旋转，增加流量或压力；逆时针方向旋转，减少流量或压力。

⑥ 在安装时，若有些阀件及连接件购置不到，允许用通过流量超过其额定流量 40% 的液压阀件代用。

(2) 液压缸的安装及要求

液压缸的安装应扎实可靠。配管连接不得有松弛现象，缸的安装面与活塞的滑动面应保持足够的平行度和垂直度。安装液压缸应注意以下事项：

① 脚座固定式的移动缸的中心轴线应与负载作用力的轴线同心，以避免引起侧向力，侧向力容易使密封件磨损及活塞损坏。对移动物体的液压缸，安装时使缸与移动物体在导轨面上的运动方向保持平行，每1m的长度其平行度误差一般不大于0.05mm。

② 安装液压缸体的密封压盖螺钉，其拧紧程度以保证活塞在全行程上移动灵活，无阻滞和轻重不均匀的现象为宜。螺钉拧得过紧，会增加阻力，加速磨损；过松会引起漏油。

③ 在行程大和工作油温高的场合，液压缸的一端必须保持浮动以防止热膨胀的影响。

(3) 液压泵的安装及要求

液压泵布置在单独油箱上时，有两种安装方式：卧式和立式。立式安装，管道和泵等均在油箱内部，便于收集漏油，外形整齐。卧式安装，管道露在外面，安装和维修比较方便。

液压泵一般不允许承受径向负载，因此常用电动机直接通过弹性联轴器来传动。安装时要求电动机与液压泵的轴应有较高的同心度，其偏差应在0.1mm以下，倾斜角不得大于1°，以避免增加泵轴的额外负载并引起噪声。必须用带或齿轮传动时，应使液压泵卸掉径向和轴向负荷。液压马达与泵相似，对某些马达允许承受一定径向或轴向负荷，但不应超过规定允许数值。

液压泵吸油口的安装高度通常规定：距离油面不大于0.5m，某些泵允许有较高的吸油高度。而有一些泵则规定吸油口必须低于油面，个别无自吸能力的泵则需另设辅助泵供油。

安装液压泵还应注意以下事项：

① 液压泵的进口、出口和旋转方向应符合泵上标明的要求，不得反接。

② 安装联轴器时，不要用力敲打泵轴，以免损伤泵的转子。

(4) 辅助元件的安装及要求

除去立体连接件外，液压系统的辅助元件还包括滤油器、蓄能器、冷却和加热器、密封装置以及压力表、压力表开关等。

辅助元件在液压系统中是起辅助作用的，但在安装时也丝毫不容忽视，否则也会严重影响液压系统的正常工作。

辅助元件安装（管道的安装前面已介绍）主要注意下述几点：

① 应严格按照设计要求的位置进行安装，并注意整齐、美观。

② 安装前应用煤油进行清洗、检查。

③ 在符合设计要求情况下，尽可能考虑使用、维修方便。

10.2 液压系统的清洗

在现代液压工业中，液压元件日趋复杂，配合精度的要求愈来愈高，所以在安装液压系统时，万一有杂质或金属粉末混入，将会引起液压元件的磨损或卡死等不良现象，甚至会造成重大事故。因此，为了使液压系统达到令人满意的工作性能和使用寿命，必须确保系统的清洁度，而保证液压系统清洁度的重要措施是系统安装和运转前的清洗工作。当液压系统的安装连接工作结束后，首先必须对该液压系统内部进行清洗。清洗的目的是洗掉液压系统内的焊渣、金属粉末、锈片、密封材料的碎片、油漆、涂料等。对于刚从制造厂购进的液压装置或液压元件，若已清洗干净，可只对现场加工装配的部分进行清洗。液压系统的清洗必须经过第一次清洗和第二次清洗并达到规定的清洁度标准后方可进入调试阶段。

10.2.1 液压系统的清洁度标准

造成液压系统污染的原因很多，有外部的和内在的。液压元件无论怎样清洁，在装配过程中都会弄脏。在安装管路、接头、油箱、滤油器或者加入新的油液时，都会造成污染物从外部进入，但更多的是液压元件在制造时留剩下来而未清除干净的污物。除非液压设备或机器在离开工场前尽可能把污物清除干净，否则很可能会由此引起早期故障。美国汽车工程师学会（SAE）在推荐标准《液压油清洁度等级报告》中，把造成严重故障的污垢微粒称为磨损催化剂，因为这类微粒造成的磨损碎屑又会产生新的更多的碎屑物，即产生典型的磨损联锁式反应。对这些微粒必须特别有效地从系统中清除掉，为此国外制造厂家制定了每台设备或机器离开装配线时冲洗液压系统的工艺程序。冲洗的目的是使清洁度比在工场稳定工况时所希望的更好，即达到所谓出厂清洁度，以减少装配时进入污物而造成的早期故障的可能性。

一个液压系统达到什么程度才算清洁？对这个问题，各国液压专家的意见并不一致，但目前一般把 100：1 的微粒密集度范围作为可接受的系统清洁度标准。这一密集度是指每毫升油液中污垢敏感度的差异。要求清洁度标准亦各有所不同。国外设备厂家目前制定的设备清洗启用时的允许污垢量指标一般为每毫升油液中大于 10μm 的微粒数在 100 到 750 范围内。这一规定，限制了各种液压元件清洗后应达到的允许污垢量，可作为制订清洗液压元件的工艺规程。表 10-2 和表 10-3 分别是用国际标准化组织（ISO）清洁度代号列出的各种液压系统和元件的清洁度要求。

表 10-2 液压系统的清洁度标准

系统类型	ISO 清洁度代号		每毫升油液中大于给定尺寸的微粒数目	
	5μm	15μm	5μm	15μm
污垢敏感系统	13	9	80	5
伺服、高压系统	15	11	320	20
一般液压系统	16	13	640	80
中压系统	18	14	2500	160
低压系统	19	15	5000	320
大间隙低压系统	21	17	20000	1300

表 10-3 液压元件清洁度标准

液压元件	ISO 清洁度代号	
	5μm	15μm
叶片泵、柱塞泵、液压马达	16	13
齿轮泵、马达，摆动液压缸	17	14
控制元件、液压缸、蓄能器	18	15

10.2.2 液压系统的实用清洗方法

（1）常温手洗法

这种方法采用煤油、柴油或浓度为 2%～5%的金属清洗液在常温下浸泡，再用手清洗。这种方法适用于修理后的小批零件，适当提高清洗液温度可提高清洗效果。

（2）加压机械喷洗法

采用 2%～5%的金属清洗液，在适当温度下，加压 0.5～1MPa，从喷嘴中喷出，喷射到零件表面，效果较好，适用于中批零件的清洗。

（3）加温浸洗法

采用 2%～5%的金属清洗液，浸洗 5～15min。为提高清洗效果，可以在清洗液中加入表 10-4 所示的常用添加剂，以提高防锈去污和清洗能力。

（4）蒸汽清洗法

采用有机溶剂（如三氯乙烯、三氯乙烷等）在高温高压下，有效地清除油污层。这种方法是一种生产率高而三废少的清洗法。

表 10-4　清洗液常用添加剂

名称	化学分子式	用量/%	使用场合
磷酸钠	Na_3PO_4	2～5	适用于钢铁、铝、镁，及其合金的清洗防锈
磷酸氢二钠	Na_2HPO_4	2～5	适用于钢铁、铝、镁，及其合金的清洗防锈
亚硝酸钠	$NaNO_2$	2～4	适用于钢铁制件工序间、中间库或封存防锈
无水碳酸钠	Na_2CO_3	0.3～1	配合亚硝酸钠适用于调整 pH 值
苯甲酸钠	C_6H_5COONa	1～5	适用于钢铁及铜合金工序间和封存包装防锈

(5) 超声波清洗法

这种清洗法目前在国内液压元件生产厂普遍采用。超声波的频率比声波高，它可以传播比声波大得多的能量。在液体中传播时，液体分子可得到几十万倍至几百万倍的重力加速度，使液体产生压缩和稀疏作用。压缩部分受压，稀疏部分受拉，受拉的地方就会发生断裂而产生许多气泡形状的小空腔。在很短的瞬间又受压而闭合产生数千至数万个大气压，这种空腔在液体中的产生和消失现象叫做空化作用。借助于空化作用的巨大压力变化，可将附着在物体上的油脂和污尘清洗干净。超声波清洗机就是根据空化作用的原理制成的。图 10-3 为超声波清洗机的工作示意图。

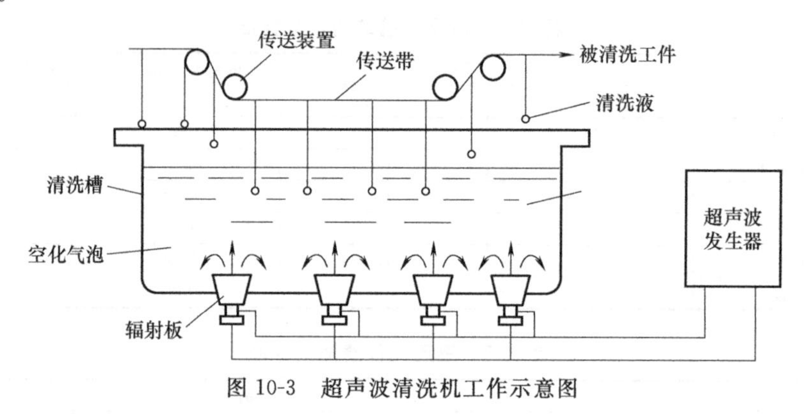

图 10-3　超声波清洗机工作示意图

10.2.3　液压系统的两次清洗

(1) 第一次清洗

液压系统的第一次清洗是在预安装（试装配管）后，将管路全部拆下解体进行的。

第一次清洗应保证把大量的、明显的、可能清洗掉的金属毛刺与粉末、砂粒灰尘、油漆涂料、氧化皮、油渍、棉纱、胶粒等污物全部认真仔细地清洗干净。否则不允许进行液压系统的第一次安装。

第一次清洗时间随液压系统的大小，所需的过滤精度和液压系统的污染程度的不同而定。一般情况下为 1～2 昼夜。当达到预定的清洗时间后，可根据过滤网中所过滤的杂质种类和数量，再确定清洗工作是否结束。

第一次清洗主要是酸洗管路和清洗油箱及各类元件。管路酸洗的方法为：

① 脱脂初洗　去掉油管上的毛刺，用氢氧化钠、硫酸钠等脱脂（去油）后，再用温水清洗。

② 酸洗　在 20%～30%的稀盐酸或 10%～20%的稀硫酸溶液中浸渍和清洗 30～40min（其溶液温度为 40～60℃）后，再用温水清洗。清洗管子须经振动或敲打，以便促使氧化皮脱落。

③ 中和　在 10%的苛性钠溶液中浸渍和清洗 15min（其溶液温度为 30～40℃），再用蒸汽或温水清洗。

④ 防锈处理　在清洁干燥的空气中干燥后，涂上防锈油。当确认清洗合格后，即可进行第

一次安装。

(2) 第二次清洗

液压系统的第二次清洗是在第一次安装连成清洗回路后进行的系统内部循环清洗。

第二次清洗的目的是把第一次安装后残存的污物，如密封碎块、不同品质的洗油和防锈油以及铸件内部冲洗掉的砂粒、金属磨合下来的粉末等清洗干净，而后再进行第二次安装组成正式系统，以保证顺利进行正式的调整试车和投入正常运转。对于刚从制造厂购进的液压设备，若确实已按要求清洗干净，可仅对在现场加工、安装的部分进行清洗。

第二次清洗前的准备及清洗过程的步骤和方法如下。

① 清洗准备

a. 清洗油的准备。清洗油是选择被清洗的机械设备的液压系统工作用油或试车油。不允许使用煤油、汽油、酒精或蒸汽等作清洗介质，以免腐蚀液压元件、管道和油箱。清洗油的用量通常为油箱内油量的 60%～70%。

b. 滤油器的准备。清洗管道上应接上临时的回油滤油器。通常选用滤网精度为 80 目、 150 目的滤油器，供清洗初期后和后期使用，以滤出系统中的杂质与脏物，保持油液干净。

c. 清洗油箱。液压系统清洗前，首先应对油箱进行清洗。清洗后，用绸布或乙烯树脂海绵等将油箱内表面擦干净，才能加入清洗用油，不允许用棉布或纤维擦油箱。有些企业采用和面的面团清理油箱，也会得到较为理想的清理效果。

d. 加热装置的准备。清洗油一般对非耐油橡胶有溶蚀能力。若加热到 50～80℃，则管道内的橡胶泥渣等杂物容易清除。因此，在清洗时要对油液分别进行大约 12h 的加热和冷却。故应准备加热装置。

② 第二次清洗过程　清洗前应将安全溢流阀在其入口处临时切断，将液压缸进出油口隔开，在主油路上连接临时通路，组成独立的清洗回路。对于较复杂的液压系统，可以适当考虑先分区再对各部分进行清洗。

清洗时，一边使泵运转，一边将油加热，使油液在清洗回路中自动循环清洗。为提高清洗效果，回路中换向阀可做一次换向，泵可做转转停停的间歇运动。若备有两台泵时，可交换运转使用。为了提高清洗效果，促使脏物脱落，在清洗过程中可用锤子对焊接部位和管道反复地、轻轻地敲打，锤击时间为清洗时间的 10%～15%。在清洗初期，使用 80 目的过滤网，到预定清洗时间的 60%时，可换用 150 目的过滤网。清洗时间根据液压系统的复杂程度、所需的过滤精度和液压系统的污染程度的不同而有所不同。当达到预定的清洗时间后，可根据过滤网中所过滤的杂质种类和数量，确定是否达到清洗目的而结束第二次清洗工作。

第二次清洗结束后，泵应在油液温度降低后停止运转，以避免外界气温变化引起锈蚀。油箱内的清洗油应全部清洗干净，不得有清洗油残留在油箱内。同时按上述清洗油箱的要求将油箱再次清洗一次，最后进行全面检查，符合要求后再将液压缸、阀等液压元件连接起来，为液压系统第二次安装组成正式系统后的调整试车做好准备。

最后按设计要求组装成正式的液压系统。在正式调整试车前，加入实际运转时所用的工作油液，用空运转断续开车（每隔 3～5min），这样进行 2～3 次后，可以空载连续开车 10min，使整个液压系统进行油液循环。经再次检查，确认回油管处的过滤网中没有杂质后，方可转入试车程序。

10.3　液压系统的调试

液压设备的安装精度检验合格之后，必须进行调整试车，使其在正常运转状态下能够满足生产工艺对设备提出的各项要求，并达到设计时设备的最大生产能力。当液压设备经过修理、保养或重新装配之后，也必须进行调试才能使用。

液压设备调试的主要内容，就是液压系统的运转调试，即不仅要检查系统是否完成设计要求的工作运动循环，而且还应该把组成工作循环的各个动作的力（力矩）、速度、加速度、行程的起点和终点，各动作的时间和整个工作循环的总时间等调整到设计时所规定的数值，通过调试应测定系统的功率损失和油温升高是否有碍于设备的正常运转，否则采取措施加以解决。通过调试还应检验力（力矩）、速度和行程的可调性以及操纵方面的可靠性，否则应予以校正。

液压系统的调试应有书面记载，经过校准手续，纳入设备技术档案，作为该设备投产使用和维修的原始技术依据。

液压系统调试的步骤和方法可按下述进行。

10.3.1 液压系统调试前的准备

液压系统调试前应当做好以下准备工作。

（1）熟悉情况，确定调试项目

调试前，应根据设备使用说明书及有关技术资料，全面了解被调试设备的结构、性能、工作顺序、使用要求和操作方法，以及机械、电气、气动等方面与液压系统的联系，认真研究液压系统各元件的作用，读懂液压原理图，搞清楚液压元件在设备上的安装实际位置及其结构、性能和调整部位，仔细分析液压系统各工作循环的压力变化、速度变化以及系统的功率利用情况，熟悉液压系统用油的牌号和要求。

在掌握上述情况的基础上，确定调试的内容、方法及步骤，准备好调试工具、测量仪表和补接测试管路，制订安全技术措施，以避免人身安全和设备事故的发生。

（2）外观检查

新设备和经过修理的设备均需进行外观检查，其目的是检查影响液压系统正常工作的相关因素。有效的外观检查可以避免许多故障的发生，因此在试车前必须做初步的外观检查。这一步骤的主要内容有以下几点。

① 检查各个液压元件的安装及其管道连接是否正确可靠，例如各液压元件的进出油口及回油口是否正确，液压泵的入口、出口和旋转方向与泵上标明的方向是否相符合等。

② 防止切屑、冷却液、磨粒、灰尘及其他杂质落入油箱，检查各个液压部件的防护装置是否具备和完好可靠。

③ 油箱中的油液牌号和过滤精度是否符合要求，液面高度是否合适。

④ 系统中各液压部件、管道和管接头位置是否便于安装、调节、检查和修理。检查观察用的压力表等仪表是否安装在便于观察的地方。

⑤ 检查液压泵电动机的转动是否轻松、均匀。

对外观检查发现的问题，应改正后才能进行调整试车。

10.3.2 液压系统的调试

液压系统的调整和试车一般不会截然分开，往往是穿插交替进行的。调试的主要内容有单项调整、空载试车和负载试车等。在安装现场对某些液压设备仅能进行空载试车。

（1）空载试车

空载试车是指在不带负载运转的条件下，全面检查液压系统的各液压元件、各种辅助装置和系统内各回路的工作是否正常，工作循环或各种动作的自动换接是否符合要求。

空载试车及调整的方法与步骤如下：

① 间歇启动液压泵，使整个系统滑动部分得到充分的润滑，使液压泵在卸荷状况下运转

（如将溢流阀旋松；或使 M 型换向阀处于中位等），检查液压泵卸荷压力大小是否在允许范围内；观察其运转是否正常，有无刺耳的噪声；油箱中液面是否有过多的泡沫，液位高度是否在规定范围内。

② 使系统在无负载状况下运转，先令液压缸活塞顶在缸盖上或使运动部件顶在挡铁上（若为液压马达则固定输出轴），或用其他方法使运动部件停止，将溢流阀逐渐调节到规定压力值，检查溢流阀在调节过程中有无异常现象。其次让液压缸以最大行程多次往复运动或使液压马达转动，打开系统的排气阀排出积存的空气；检查安全防护装置（如安全阀、压力继电器等）工作的正确性和可靠性，从压力表上观察各油路的压力，并调整安全防护装置的压力值至规定范围内；检查各液压元件及管道的外泄漏、内泄漏是否在允许范围内；空载运转一定时间后，检查油箱的液面下降是否在规定高度范围内。由于油液进入了管道和液压缸中，使油箱下降，甚至会使吸油管上的过滤网露出液面，或使液压系统和机械传动润滑不充分而发出噪声，所以必须及时给油箱补充油液。对于液压机构和管道容量较大而油箱偏小的机械设备，这个问题特别要引起重视。

③ 与电器配合，调整自动工作循环或动作顺序，检查各动作的协调和顺序是否正确；检查启动、换向和速度换接时运动的平稳性，不应有爬行、跳动和冲击现象。

④ 液压系统连续运转一段时间（一般是 30min），检查油液的温升若在允许规定值内（一般工作油温为 35～60℃），空载试车结束后方可进行负载试车。

（2）负载试车

负载试车是使液压系统按设计要求在预定的负载下工作，并检查系统能否实现预定的工作要求。如检查工作部件的力、力矩或运动特性等；检查噪声和振动是否在允许范围内；检查工作部件运动换向和速度换接时的平稳性，不应有爬行、跳动和冲击现象；检查功率损耗情况及连续工作一段时间后的温升情况。

负载试车时，一般是先在低于最大负载的一至两种情况下试车，如果一切正常，则可进行最大负载试车，这样可避免出现设备损坏等事故。

（3）液压系统的调整

液压系统的调整要在系统安装、试车过程中进行，在使用过程中也随时进行一些项目的调整。下面介绍液压系统调整的一些基本项目及方法。

① 液压泵工作压力　调节泵的安全阀或溢流阀，使液压泵的工作压力比液动机最大负载时的工作压力大 10%～20%。

② 快速行程的压力　调节泵的卸荷阀，使其比快速行程所需的实际压力大 15%～20%。

③ 压力继电器的工作压力　调节压力继电器的弹簧，使其低于液压泵工作压力（0.3～0.5MPa）（在工作部件停止或顶在挡铁上时进行）。

④ 换接顺序　调节行程开关、先导阀、挡铁、碰块及自测仪，使换接顺序及其精确度满足工作部件的要求。

⑤ 工作部件的速度及其平衡性　调节节流阀、变量液压泵或变量液压马达、润滑系统及密封装置，使工作部件运动平稳，没有冲击和振动，没有外泄漏，在有负载情况下，速度下降不应超过没有负载时速度的 10%～20%。

10.3.3 液压系统的试压

液压系统试压的目的主要是检查系统、回路的漏油和耐压强度。系统的试压一般都采取分级试验，每升一级，检查一次，逐步升到规定的试验压力。这样可避免事故发生。

试验压力的选择：中、低压应为系统常用工作压力的 1.5～2 倍，高压为系统最大工作压力的 1.2～1.5 倍；在冲击大或压力变化剧烈的回路中，其试验压力应大于尖峰压力；对于橡胶软管，在1.5～2倍系统常用工作压力下应无异常变形，在2～3倍系统常用工作压力下不应受损。

系统试压时，应注意以下事项：

① 试压时，系统的安全阀应调到所选定的试验压力值。

② 在向系统供油时，应将系统放气阀打开，待其空气排除干净后，方可关闭，同时将节流阀打开。

③ 系统中出现不正常声响时，应立即停止试验，待查出原因并排除后，再进行试验。

④ 试验时，必须注意安全保护。

关于液压油在运转调试中的温度问题，要十分注意，一般的液压系统最合适温度为40～50℃，在此温度下工作时液压元件的效率最高，油液的抗氧化性处于最佳状态。如果工作温度超过80℃以上，油液将早期劣化（每增加10℃，油的劣化速度增加2倍），还将引起黏度降低、润滑性能变差，使油膜容易破坏、液压件容易烧伤等。因此液压油的工作温度不宜超过70～80℃，当超过这一温度时，应停机冷却或采取强制冷却措施。

在环境温度较低的情况下，运转调试时，由于油的黏度增大，压力损失和泵的噪声增加，效率降低，同时也容易损伤元件，当环境温度在10℃以下时，属于危险温度，为此要采取预热措施，并降低溢流阀的设定压力，使泵负荷降低，当油温升到10℃以上时再进行正常运转。

10.4 液压系统的使用、维护和保养

随着液压传动技术的发展，采用液压传动的设备越来越多，其应用面也越来越广。这些液压设备中，有很多种常年露天作业，经受风吹、日晒、雨淋，受自然条件的影响较大。为了充分保障和发挥这些设备的工作效能，减少故障发生次数，延长使用寿命，就必须加强日常的维护保养。大量的使用经验表明，预防故障发生的最好办法是加强设备的定期检查。

10.4.1 液压系统的日常检查

液压传动系统发生故障前，往往都会出现一些小的异常现象，在使用中通过充分的日常维护、保养和检查就能够根据这些异常现象及早地发现和排除一些可能产生的故障，以达到尽量减少发生故障的目的。

日常检查的主要内容是检查液压泵启动前后的状态以及停止运转前的状态。日常检查通常是用目视、听觉以及手触感觉等比较简单的方法进行。

（1）工作前的外观检查

大量的泄漏是很容易被发觉的，但在油管接头处少量的泄漏往往不易被人们发现，然而这种少量的泄漏现象却往往就是系统发生故障的先兆，所以对于密封结构必须经常检查和清理，液压机械上软管接头的松动往往就是机械发生故障的先觉症状。如果发现软管和管道的接头因松动而产生少量泄漏，应立即将接头旋紧。例如检查液压缸活塞杆与机械部件连接处的螺纹松紧情况。

（2）泵启动前的检查

液压泵启动前要注意油箱是否按规定加油，加油量以液位计上限为标准。用温度计测量油温，如果油温低于10℃时应使系统在无负载状态下（使溢流阀处于卸荷状态）运转20min以上。

（3）泵启动和泵启动后的检查

液压泵在启动时用开开停停的方法进行启动，重复几次使油温上升，各执行装置运转灵活后再进入正常运转。在启动过程中如泵无输出应立即停止运动，检查原因，当泵启动后，还需

做如下检查:

① 气蚀检查 液压系统在进行工作时，必须观察液压缸的活塞杆在运动时有无跳动现象，在液压缸全部外伸时有无泄漏，在重载时液压泵和溢流阀有无异常噪声，如果噪声很大，这时就是检查气蚀最为理想的时候。

液压系统产生气蚀的主要原因是在液压泵的吸油部分有空气吸入。为了杜绝气蚀现象的产生，必须把液压泵吸油管处所有的接头都旋紧，确保吸油管路的密封，如果在这些接头都旋紧的情况下仍不能清除噪声就需要立即停机做进一步检查。

② 过热的检查 液压泵发生故障的另一个症状是过热。气蚀会产生过热，因为液压泵热到某一温度时，会压缩油液空穴中的气体而产生过热。如果发现因气蚀造成了过热，应立即停车进行检查。

③ 气泡的检查 如果液压泵的吸油侧漏入空气，这些空气就会进入系统并在油箱内形成气泡。液压系统内存在气泡将产生三个问题:一是造成执行元件运动不平稳，影响液压油的体积弹性模量；二是加速液压油的氧化；三是产生气蚀现象。所以要特别防止空气进入液压系统。有时空气也可能从油箱渗入液压系统，所以要经常检查油箱中液压油的油面高度是否符合规定要求，吸油管的管口是否浸没在油面以下，并保持足够的浸没深度。实践经验证明回油管的油口应保证低于油箱中最低油面高度以下 10cm 左右。

在系统稳定工作时，除应随时注意油量、油温、压力等问题外，还要检查执行元件、控制元件的工作情况，注意整个系统漏油和振动。系统经过一段时间的使用后，如出现不良或产生异常现象，且用外部调整的办法不能排除时，可进行分解修理或更换配件。

10.4.2 液压油的使用和维护

液压传动系统中以油液作为传递能量的工作介质。在正确选用油液以后还必须使油液保持清洁，防止油液中混入杂质和污物。经验证明:液压系统的故障 75%以上是由于液压油污染造成的，因此液压油的污染控制十分重要。液压油中的污染物，金属颗粒约占 75%，尘埃约占 15%，其他杂质如氧化物、纤维、树脂等约占 10%。这些污染物中危害最大的是固体颗粒，它使元件有相对运动的表面加速磨损，堵塞元件中的小孔和缝隙，有时甚至使阀芯卡住，造成元件的动作失灵；它还会堵塞液压泵吸油口的滤油器，造成吸油阻力过大，使液压泵不能正常工作，产生振动和噪声。总之，油液中的污染物越多，系统中元件的工作性能下降得越快，因此经常保持油液的清洁是维护液压传动系统的一个重要方面。这些工作做起来并不费事，但却可以收到很好的效果。下列几点可供有关人员维护时参考:

① 液压用油的油库要设在干净的地方，所用的器具如油桶、漏斗、抹布等应保持干净。最好用绸布或涤纶布擦洗，以免纤维沾在元件上堵塞孔道，造成故障。

② 液压用油必须经过严格的过滤，以防止固体杂质损害系统。系统中应根据需要配置粗、精滤油器，滤油器应当经常检查清洗，发现损坏应及时更换。

③ 油箱应加盖密封，防止灰尘落入，在油箱上面应设有空气过滤器。

④ 系统中的油液应经常检查并根据工作情况定期更换。一般在累计工作 1000h 后应当换油，如继续使用，油液将失去润滑性能，并可能具有酸性。可根据具体情况隔半年或一年换油一次，在换油时应将底部积存的污物去掉，将油箱清洗干净，向油箱注油时应通过 120 目以上的滤油器。

⑤ 如果采用钢管输油应把管在油中浸泡 24h，生成不活泼的薄膜后再使用。

⑥ 装拆元件一定要清洗干净，防止污物落入。

⑦ 发现油液污染严重时应查明原因、及时消除。

10.4.3　防止空气进入系统

液压系统中所用的油液可压缩性很小，在一般的情况下它的影响可以忽略不计，但低压空气的可压缩性很大，大约为油液的10000倍，所以即使系统中含有少量的空气，它的影响也是很大的。溶解在油液中的空气，在压力低时就会从油中逸出，产生气泡，形成空穴现象，到了高压区在压力油的作用下这些气泡又很快被击碎，受到急剧压缩，使系统中产生噪声，同时当气体突然受到压缩时会放出大量热量，因而引起局部过热，使液压元件和液压油受到损坏。空气的可压缩性大，还使执行元件产生爬行现象，破坏工作平稳性，有时甚至引起振动，这些都影响到系统的正常工作。油液中混入大量气泡还容易使油液变质，降低油液的使用寿命，因此必须注意防止空气进入液压系统。

根据空气进入系统的不同原因，在使用维护中应当注意下列几点：

① 经常检查油箱中液面高度，其高度应保持在液位计的最低液位和最高液位之间。在最低液位时吸油管口和回油管口也应保持在液面以下，同时须用隔板隔开。

② 应尽量防止系统内各处的压力低于大气压力，同时应使用良好的密封装置，失效的要及时更换，管接头及各接合面处的螺钉都应拧紧，还应及时清洗入口滤油器。

③ 在液压缸上部设置排气阀，以便排出液压缸及系统中的空气。

10.4.4　防止油温过高

机床液压系统中的油液的温度一般希望在30～60℃的范围内，机械的液压传动系统中油液的工作温度一般在30～65℃的范围内较好，如果油温超过这个范围将给液压系统带来许多不良的影响。油温升高后的主要影响有以下几点：

① 油温升高会使油的黏度降低，因而使元件及系统内油的泄漏量增多，这样就会使液压泵的容积效率降低。

② 油温升高会使油的黏度降低，使油液经过节流小孔或隙缝式阀口的流量增大，使原来调节好的工作速度发生变化，特别对液压随动系统来说，将影响其工作的稳定性，降低工作精度。

③ 油温升高黏度降低后相对运动表面的润滑油膜将变薄，这样就会增加机械磨损，在油液不太干净时容易发生故障。

④ 油温升高将使油液的氧化加快，导致油液变质，降低油的使用寿命。沉淀物还会堵塞小孔和缝隙，影响系统正常工作。

⑤ 油温升高将使机械产生热变形，液压阀类元件受热后膨胀，可能会使配合间隙减小，因而影响阀芯的移动，增加磨损，甚至被卡住。

⑥ 油温过高会使密封装置迅速老化变质，丧失密封性能。

引起油温过高的原因很多。有些是属于系统设计不正确造成的，例如油箱容量太小，散热面积不够；系统中没有卸荷回路，在停止工作时液压泵仍在高压溢流；油管太细太长，弯曲过多；或者液压元件选择不当，使压力损失太大等。有些是属于制造上的问题，例如元件加工装配精度不高，相对运动件间摩擦发热过多，或者泄漏严重、容积损失太大等。从使用维护的角度来看，防止油温过高应注意以下几个问题：

a. 注意保持油箱中的正确液位，使系统中的油液有足够的循环冷却条件。

b. 正确选择系统所用油液的黏度。黏度过高，增加油液流动时的能量损失，黏度过低，泄漏就会增加，两者都会使油温升高。当油液变质时也会使液压泵容积效率降低，并破坏相对运动表面间的油膜，使阻力增大，摩擦损失增加，这些都会引起油液的发热，所以也需要经常保持油液干净，并及时更换油液。

c. 在系统不工作时液压泵必须卸荷。

d. 经常注意保持冷却器内水量充足、管路通畅。

10.4.5　检修液压系统的注意事项

液压系统使用一定时期后，会由于各种原因产生异常现象或发生故障。此时若用调整的方法不能排除，可进行分解修理或更换元件。除了清洗后再装配和更换密封件或弹簧这类简单修理之外，重大的分解修理要十分小心，最好到制造厂或有关修理厂检修。

在检修和修理时，一定要做好记录。这种记录对以后发生故障时查找原因有实用价值。同时也可作为判断该设备常常用哪些备件的有关依据。在修理时，要备齐如下常用备件：液压缸的密封，泵轴密封，各种 O 形密封圈。电磁阀和溢流阀的弹簧，压力表，管路过滤元件，管路用的各种管接头、软管、电磁铁以及蓄能器用的隔膜等。此外，还必须备好检修时所需的有关资料：液压设备使用说明书、液压系统原理图、各种液压元件的产品目录、密封填料的产品目录以及液压油的性能表等。

在检修液压系统的过程中，具体应注意如下事项：

① 分解检修的工作场所一定要保持清洁，最好在净化车间内进行。

② 在检修时，要完全卸除液压系统内的液体压力，同时还要考虑好如何处理液压系统的油液问题，在特殊情况下，可将液压系统内的油液排除干净。

③ 在拆卸油管时，事先应将油管的连接部位周围清洗干净，分解后，在油管的开口部位用干净的塑料制品或石蜡纸将油管包扎好。不能用棉纱或破布将油管堵塞住，同时注意防止杂质混入。

④ 在分解比较复杂的管路时，应在每根油管的连接处扎上有编号的白铁皮片或塑料片，以便于装配，不致于将油管装错。

⑤ 在更换橡胶类的密封件时，不要用锐利的工具，更要注意不要碰伤工作表面。

⑥ 在安装或检修时，应将与 O 形密封圈或其他密封件相接触部件的尖角修钝，以免密封圈被尖角或毛刺划伤。

⑦ 分解时，各液压元件和其零部件应妥善保存和放置，不要丢失。

⑧ 液压元件中精度高的加工表面较多，在分解和装配时，不要被工具或其他东西将加工表面碰伤。要特别注意工作环境的布置和准备工作。

⑨ 分解时最好用适当的工具，以免将例如内六角和尖角等结构弄破损或将螺钉拧断等。

⑩ 分解后再装配时，各零部件必须清洗干净。

⑪ 在装配前，O 形密封圈或其他密封件应浸放在油液中，以待使用，在装配时或装配好以后，密封圈不应有扭曲现象，而且要保证其滑动过程中的润滑性能。

⑫ 在安装液压元件或管接头时，不要用过大的拧紧力。尤其要防止液压元件壳体变形、滑阀的阀芯不能滑动以及接合部位漏油等现象。

⑬ 若在重力作用下，液动机（液压缸等）可动部件有可能下降，应当用支承架将可动部件牢牢支撑住。

10.5　200 型棉花打包机液压系统举例

200 型（公称力为 2000kN）的棉花打包机可广泛用于棉花、化纤、麻草类等松散物资的压缩成包。其液压控制系统由油箱、齿轮泵组、柱塞泵组、控制阀站、各执行液压缸、管路等组成。油箱有效容积 1.8m^3。齿轮泵组和柱塞泵组均为组装部件（由底板、电机、液压泵、联轴器组成）。控制阀站分为低压和高压两组，低压阀站控制提箱液压缸、定位液压缸、锁箱及开箱液压缸，高压阀站控制主液压缸动作。本节介绍 200 型棉花打包机液压系统的安装、调试、使用与维护保养及常见故障的排除方法。

10.5.1 200型液压棉花打包机液压系统的安装与调试

200型棉花打包机的液压系统，能够实现打包、提箱（提机架）、锁箱、开箱、定位的自动操作，以提高工作效率。油箱、电机、柱塞泵组、液压阀组单独放置，便于系统的维修保养。系统的压力通过远传压力表YNTC-150在主控制台及时数字显示。系统的主工作泵选用自动变量的柱塞泵，能有效减少电机功率。为便于叙述，首先介绍其工作原理。

(1) 200型棉花打包机液压系统工作原理分析与改进

200型棉花打包机液压系统工作原理如图10-4所示。

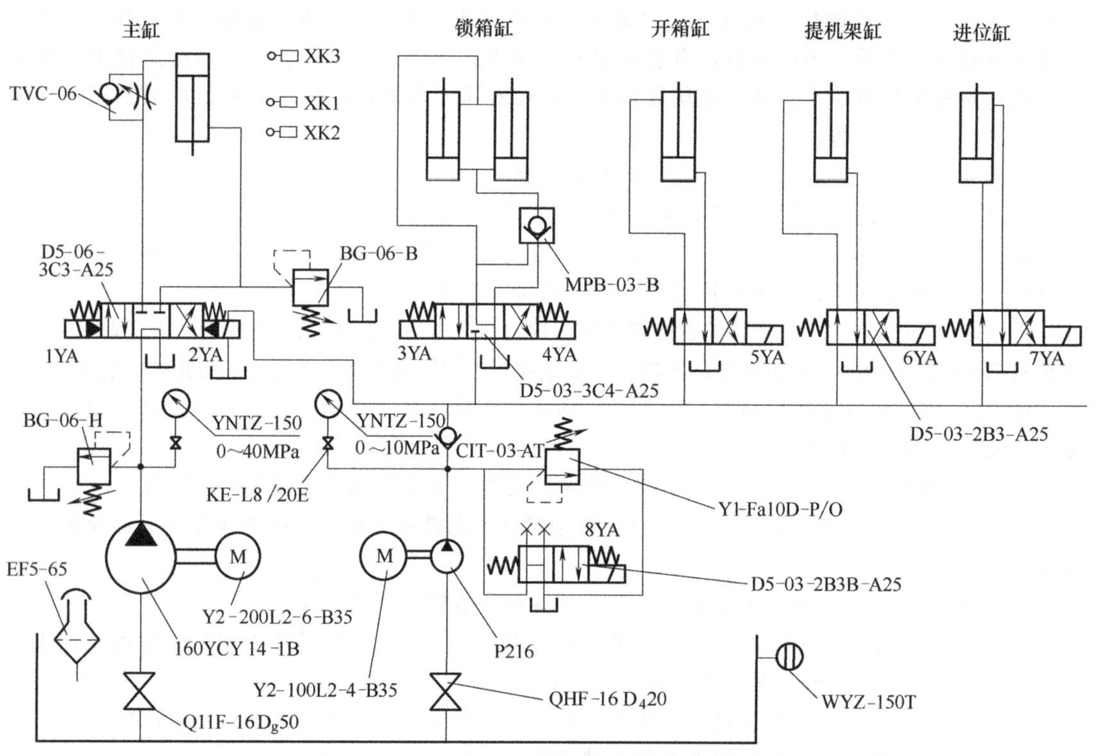

图10-4 200型棉花打包机液压系统工作原理图

这是某企业使用的200型棉花打包机的液压系统工作原理图，从工作原理来看比较简单。该系统的主液压缸（320/260-2000）由20通径电液阀控制上升与下降，电液阀处于中位时，主缸停止在任意位置，此时主液压泵经电液阀的中位卸荷。电液阀采用了外控内泄式，其控制压力来自辅助液压泵。提机架缸、锁箱、开箱、定位缸分别由10通径换向阀控制，其动力来自辅助液压泵，辅助液压泵通过电磁溢流阀（组合阀）卸荷。

通过对原理图的分析可见该液压系统的主液压缸回路设计不合理。由于主液压缸行程较长，所以其动作循环应为：快进→工进→保压→快退，为此在原回路基础上通过增加一个二位三通电液换向阀（二位四通电液换向阀用三个口）组成差动回路；另外原设计采用M型中位机能也欠妥，由于液压缸（垂直安装）靠换向阀的中位停止，而换向阀的中位泄漏，会造成主液压缸的向下移动，存在安全隐患。合理的选择应是H型电液阀加双液控单向阀组成的回路。改进后的液压系统工作原理如图10-5所示。

(2) 200型棉花打包机液压系统的安装

① 油箱必须彻底清洗干净后安装在液压泵规定的位置上，油箱盖必须密封。

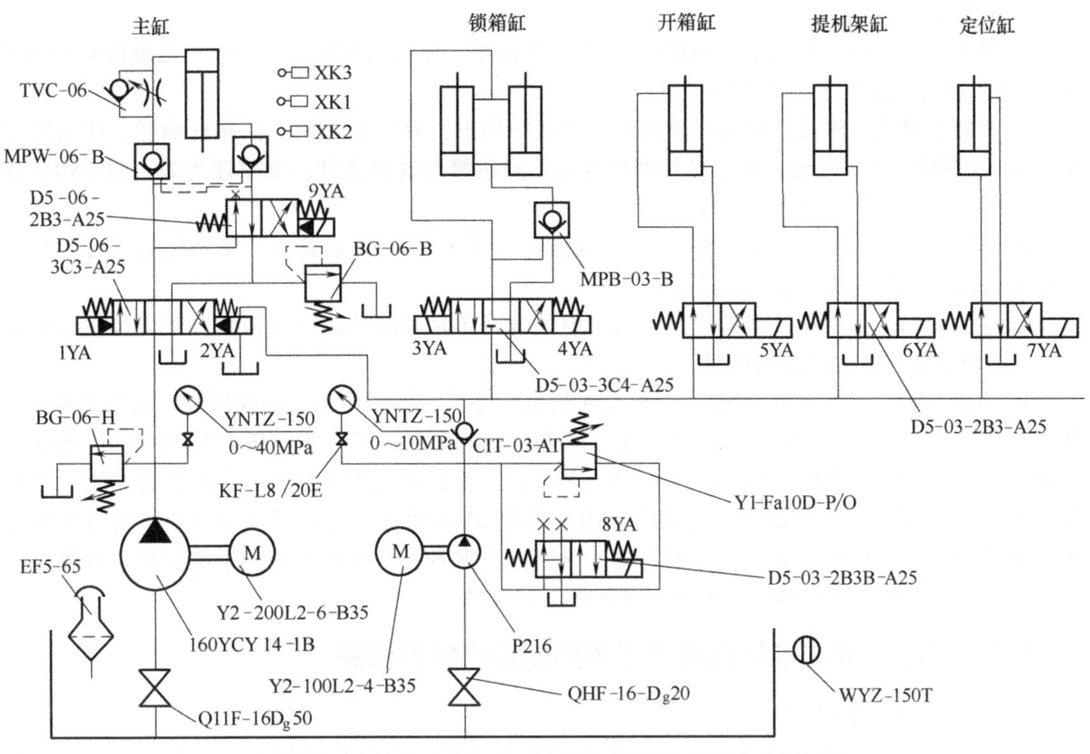

图 10-5 改进后的 200 型棉花打包机液压系统工作原理图

② 轴向柱塞泵-电动机部件安装于规定位置，保证柱塞泵和电动机同轴度要求（0.1mm）。

③ 控制阀组件安装在规定位置。

④ 齿轮泵部件安装于规定位置，保证齿轮泵和电动机同轴度要求（0.1mm）。

⑤ 安装好各液压元件进出油口法兰管接头，并拧紧连接螺钉（不安装任何密封件）。

⑥ 由油箱开始，直至各种液压缸配置各种油管，先采用点焊，然后做好标记，再进行焊接，各焊缝必须保证焊接质量，不得有任何渗漏。

⑦ 酸洗、碱洗并用清水冲洗各油管，不得有任何异物。

⑧ 二次装配各液压油管，并装好各处密封件，连接好各油管，根据需要在各种不同功能的管路上喷涂不同的颜色。

(3) 200 型棉花打包机液压系统的调试

① 调试前准备

a. 向清洁后的油箱中加入过滤后的液压油，液压油的标号： L-HM46。

b. 电动机、电磁铁的接线连好，检查各行程开关接线。用于安全联锁的行程开关是否符合控制要求，控制电压是否正确，必须确认无误。

c. 将泵的进油法兰球阀打开，连接各压力表的压力表开关打开，单向节流阀的开关打开到最大，各溢流阀的调节手柄全部松开。

② 液压系统调试（参照图 10-5）

a. 电机通电。先点动齿轮泵的电机，观察泵的旋向：从电机尾部看应为顺时针方向旋转。

b. 辅助泵调节。启动齿轮泵，先空转 5min；首先给电磁溢流阀 8YA 通电，然后调节溢流阀 Y1-Fa10D-P/O，将压力逐渐升到系统设定的工作压力 5MPa。辅助系统压力通过压力表显示，升压后仔细观察系统的连接管路是否渗漏。

c. 定位缸调节。定位缸在齿轮泵运转后，液压缸活塞杆自动伸出，定位电磁阀 7YA 通电，定位缸活塞杆缩回。

d. 提机架缸试验。电磁换向阀的电磁铁6YA通电，提机架缸活塞杆伸出；电磁换向阀的电磁铁6YA断电，提机架缸活塞杆缩回。

e. 开箱缸调试。液压缸的无杆腔通油，活塞杆伸出；有杆腔通油，活塞杆缩回。使用时为换向阀的电磁铁5YA通电，液压缸活塞杆伸出，到位撞开锁箱连杆，观察压力表，到5MPa备紧调节螺母。观察管路是否有渗漏。

f. 锁箱缸调试。由齿轮泵控制，无杆腔通油，活塞杆伸出锁紧箱门，主液压缸下行到位，开箱液压缸动作后，锁箱液压缸再退回。

g. 主泵调节。点动柱塞泵的电机，电机的正确旋向为顺时针旋转（判断方式同齿轮泵的调节）。启动主泵，同时启动辅助泵。

h. 主缸的调试。主换向阀的电磁铁1YA通电，主缸活塞杆伸出；行程到位，调节主溢流阀BG-06-H的手柄，系统升压。观察压力表，调整溢流阀使主缸无杆腔的压力为16MPa。备紧调节螺母，同时观察管路是否有渗漏。当9YA通电时，主缸实现差动快进。主缸快进与工进的转换由行程开关XK1的位置决定。主换向阀的电磁铁2YA通电，主缸活塞杆缩回，调节单向节流阀的手柄可控制回程的速度。行程到位，调节背压阀BG-06-B的手柄，系统升压。观察压力表，到4MPa后备紧调节螺母，同时观察管路是否渗漏。

10.5.2 200型棉花打包机液压系统的使用与维护保养

(1) 使用注意事项

① 使用前应检查系统中各类元件、附件的调节手轮是否在正确位置，油面是否在正确位置，各管道、紧固螺钉等有无松动。

② 使用过程中应随时检查电机、液压泵的温升，随时观察系统的工作压力，随时检查各高压连接处是否有松动，以免发生异常事故。

③ 本液压系统在运行过程中应对油液的更换情况、附件更换情况、故障处理情况做出详细记录，以便以后的维修、保养及故障分析。

(2) 200型棉花打包机液压系统一般的维护保养

① 油箱中的液压油的标号为L-HM46（代用油为N46），设备连续使用2～3个月就要更换一次油，以后在每个采摘棉花的季节使用机器后更换一次油，换油时，必须彻底清洗油箱，旧油可清洁处理后回收利用，换油工具必须清洁，注油必须用120目以上的滤网过滤，切忌油液中油水混合。

② 空气滤清器及油箱中滤网每半个月要清洗一次，油面要保持正常。

③ 必须经常注意打包机各液压元件的工作状况，执行安全操作规程，发现异响杂声或出现摇晃振动，要立即停车，查明原因并排除障碍后，才可继续使用。

液压系统发生故障，要由外及内，由简到繁，查明原因，确定部位进行修复。

(3) 200型棉花打包机液压系统安全操作与注意事项

① 打包机如向下压缩时由于特殊原因须停止，则停止后不能继续向下压，要向上退回300～500mm后再向下压，以防止液压泵压力迅速变化而损坏液压泵机件。

② 液压泵加油开车后，如停车再开车，一般不需要再加油，但连续停车一星期后，需在液压泵泄油口补充加油。

③ 各法兰平面连接处如有漏油，须均匀紧固各螺钉或更换油封。

④ 系统的主泵为轴向柱塞泵，为了保证泵的使用寿命，故使用前应向泵的泄油口中注入清洁后的液压油，且要求注满。

⑤ 液压系统中的75%以上的故障是油的原因。故系统使用的液压油L-HM46一定要过滤后

再加入油箱中。

⑥ 为了防止液压泵的吸空现象，油箱中加入的液压油的液位，要求达到油箱的 80%，即油标的上限。同时在试验泵之前，一定要检查各泵入口的法兰球阀是否打开。

⑦ 在各泵正式使用前，一定要保证泵的旋向正确，否则会对泵产生极大的破坏。

⑧ 若系统中使用的电液换向阀为 M 型机能，则使用时，一定要首先将辅助泵启动运转。向电液换向阀提供外控油。压力不能低于 5MPa。

⑨ 液压系统中的管路连接，使用的是液压用的厚壁无缝钢管，焊接后应酸洗磷化，除锈、除氧化皮。

10.5.3　200 型棉花打包机液压系统常见故障与排除方法

200 型棉花打包机液压系统常见故障主要有液压泵不变量或不灵活、液压泵建立不起压力或流量不足、液压泵噪声过大、油液和液压泵温升太高、液压泵漏油回油严重、液压泵密封处渗漏等，为方便查阅，将其可能引起的原因与处理方法列于表 10-5。

表 10-5　200 型棉花打包机液压系统常见故障与排除方法

故障	可能引起的原因	处理方法
1. 液压泵不变量或不灵活	1. 变量活塞、伺服阀套小油孔堵塞 2. 伺服活塞卡死或不灵活 3. 弹簧套和弹簧芯卡死或不灵活	1. 清洗各小孔，排除堵塞物 2. 伺服阀套和伺服活塞去毛刺，配研清洗 3. 弹簧套和弹簧芯去毛刺，配研清洗
2. 液压泵建立不起压力或流量不足	1. 吸入管道上安装的滤油器或阀门阻力太大，吸入管道过长，或油箱液面太低 2. 吸入通道上管路接头漏气 3. 油的黏度太大或油温太低	1. 减小吸入管道上的阻力损失，增高油箱的液面 2. 用清洁的黄油涂于吸入通道上各接头处，检查是否漏气 3. 更换较低黏度的油或油箱加热
	配流盘与泵体之间有脏物或配流盘定位销未装好，使配流盘和缸体贴合不好	拆开液压泵，清洗各运动件零件，重新装配
	变量机构的偏角太小，使流量太小，溢流阀建立不起来或未调整好	加大变量机构的偏角以增大流量，检查溢流阀阻尼孔是否堵塞、先导阀是否密封，重新调整好溢流阀
	系统中其他元件的漏损太大	更换有关元件
	压力补偿变量泵达不到液压系统所要求的压力，则还必须检查： 1. 变量机构是否调整至所要求的功率特性 2. 当温度升高时达不到所要求的压力	1. 重新调整泵的变量特性 2. 降低系统温度，或更换由于温度升高而漏损过大的元件
3. 液压泵噪声过大	噪声过大的多数原因是吸油不足，应该检查液压系统： 1. 油的黏度过高，油温低于所允许的工作温度 2. 吸入通道上阻力太大，管道过长弯头太多，油箱油面过低 3. 吸入通道漏气 4. 液压系统漏气（回油管没有插在液面以下）	用以下方法排除故障： 1. 更换油温适合工作温度的油液或启动前加热油箱 2. 减小吸入通道阻力，增高油面 3. 排除漏气（用黄油涂于接头上检查） 4. 把所有的回油管道均插入油面以下 200mm
	如果正常使用过程中液压泵突然噪声增大，则必须停止工作。其原因大多数是柱塞和滑靴的铆接松动，或液压泵内部零件损坏	请制造厂检修，或由有经验的工厂技术人员拆开检修
4. 油液和液压泵温升太高	1. 油的黏度过大 2. 油箱容积太小 3. 液压泵或液压系统漏损过大	1. 更换油液 2. 加大油箱容量，或增加冷却装置 3. 检修有关元件
	油箱油温不高，但液压泵发热可能是以下原因： 1. 液压泵长期在零偏角或低压下运转，使液压泵漏损过大 2. 漏损过大使液压泵发热	1. 液压系统阀门的回油管上分流一根支管通入液压泵回油口下部的放油口内，使泵体内产生循环冷却 2. 检修液压泵

续表

<table>
<tr><th>故障</th><th>可能引起的原因</th><th>处理方法</th></tr>
<tr><td>5. 液压泵漏油回油严重</td><td>配流盘和缸体，变量头和滑靴两对运动件磨损</td><td>检修这两对运动件</td></tr>
<tr><td rowspan="3">6. 液压泵密封处渗漏</td><td>主要是由密封圈损坏老化造成。应具体检查渗漏部分</td><td>拆检密封部位、详细检查O形密封圈和骨架油封损坏部分，及配合部分的划伤、磕碰、毛刺等，并修磨干净，更换新密封圈</td></tr>
<tr><td>端骨架油封处渗漏。其原因包括：
1. 骨架油封磨损
2. 泵轴与电动机轴安装同轴度误差超过说明书规定精度
3. 液压泵与电动机采用同一基础，连接支座或法兰刚性不足
4. 传动轴磨损
5. 液压泵的内渗漏增加，低压腔油压超过0.049MPa，骨架油封损坏</td><td>1. 更换骨架油封
2. 按要求重新校对同轴度并达到规定精度
3. 泵与电动机采用同一基础，更换连接支座或法兰
4. 轻微磨损可用金刚砂纸、油石修正，严重偏磨应返回制造厂更换传动轴
5. 检修两对运动件，更换骨架油封，并在装配油封时应用专用工具，不允许用手锤敲击油封，唇边应位于压力油侧，以保证密封</td></tr>
<tr><td>O形密封圈处渗漏
1. 变量壳体(端盖)与泵壳连接部位渗漏
a. O形密封圈老化
b. 配合部位，如导入角、沟槽划伤，碰伤、不平等，造成密封件切边损坏
c. 油箱内污垢、焊渣铁屑等杂物未清洗干净，运转中随液压油流入密封部位，损坏密封圈
2. 变量壳体上下法兰、拉杆、封头帽、轴端法兰等O形密封圈处渗漏，同“1”项中a、b、c
3. YCY14-1B泵变量壳体上法兰渗漏
a. 密封青壳纸垫损坏
b. 弹簧芯轴磨损增加，渗漏量大
c. 法兰面不平</td><td>1. 更换O形密封圈
a. 由有经验的工人、技术人员拆开变量壳体，(避免变量头脱落碰伤)更换O形密封圈
b. 修正划伤，碰伤部位。更换新密封圈。拧紧螺丝时要对称均匀拧紧，防止密封圈切边
c. 按说明书要求清洗油箱、滤清液压油并严格密闭油箱，更换密封圈
2. 拆开密封部位，处理方法同“1”项中a、b、c
a. 更换青壳纸垫
b. 更换弹簧芯轴，配合间隙0.006～0.01mm
c. 研磨法兰平面</td></tr>
</table>

液压元件产生的故障原因和处理方法见表10-6。

表10-6 液压元件产生的故障原因和处理方法

<table>
<tr><th>液压元件</th><th>现象原因和处理方法</th></tr>
<tr><td rowspan="2">主缸</td><td>一、柱塞不上、不下
1. 原因：溢流阀未调压，溢流阀的主阀芯的阻尼孔堵塞，进油口和回油口处于开启状态
处理：调压，清洗溢流阀、疏通阻尼孔，并正确安装
2. 原因：电液换向阀的先导阀芯卡阻，不动作
处理：推动阀芯，如推不动，复位不灵活，清洗先导阀
3. 原因：齿轮泵未转动，电液换向阀无外部控制油供给
处理：启动齿轮泵，使之正常供给外部控制油
4. 原因：先导阀电磁铁电源断路，电磁铁不动作
处理：检查电气线路，使之正常供电
5. 原因：油箱与柱塞泵管道间的截止阀未打开，柱塞泵无油液输入
处理：开启截止阀</td></tr>
<tr><td>二、柱塞下行压包过程中，未到调定行程时停止不动，系统有一定压力
1. 原因：主液压缸活塞密封不良或密封圈损坏，产生内部串油。
处理：发生这一情况时，可不停车检查，将油箱处的回油管法兰松开后用螺丝刀垫起，观察是否有回油，有回油时为主缸内串油，更换和调整好密封圈，使其密封良好，若仍无回油则是下面的原因
2. 原因：柱塞泵压力不足，滑靴与止推板、配流盘与铜缸体磨损太大，中心弹簧缩短了，内泄漏大，油缸的内泄口回油明显增多
3. 原因：溢流阀主阀芯卡阻，进油口和回油口微量沟通，产生溢流。
处理：清洗溢流阀，使溢流阀主阀芯滑动自如
4. 原因：油箱滤网阻塞或油液供油不足，造成柱塞泵吸空(此种情况，柱塞泵的噪声明显增大)</td></tr>
<tr><td>油液</td><td>溢流阀的阻尼孔经常堵塞，电磁阀，先导阀的阀芯经常卡阻，引起高压系统和低压系统不能正常工作
原因：油液不清洁。
处理：清理油箱，重新过滤油液，补充或更换油液</td></tr>
<tr><td>其他</td><td>开箱液压缸和低压系统的一般故障，大体上与上述相似，可参照处理</td></tr>
</table>

第 11 章 液压系统的设计与故障诊断

11.1 液压系统的设计

液压系统的设计应当满足结构简单、工作安全可靠、效率高、寿命长、经济性好、使用维护方便等条件。液压系统的设计没有固定的统一步骤，根据系统的简繁、借鉴的多寡和设计人员经验的不同，在做法上有所差异。各部分的设计有时还要交替进行，甚至要经过多次反复才能完成。图 11-1 所示为液压系统设计的基本内容和一般流程，初学者可以参照该步骤进行。

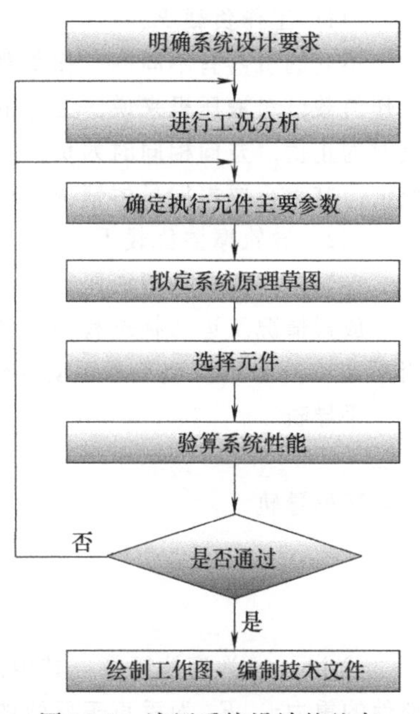

图 11-1 液压系统设计的基本内容和一般流程

11.1.1 明确系统的设计要求

设计要求是做任何设计的依据，液压系统设计时要明确液压系统的动作和性能要求，在设计过程中一般需要考虑以下几个方面：

① 主机概况　包括主机的用途、总体布局、主要结构、技术参数与性能要求；主机对液压系统执行元件在位置布置和空间尺寸上的限制；主机的工艺流程或工作循环、作业环境和条件等。

② 液压系统的任务与要求　包括液压系统应完成的动作，液压执行元件的运动方式（移动、转动或摆动）、连接形式及其工作范围；液压执行元件的负载大小及负载性质，运动速度的大小及其变化范围；液压执行的动作顺序及联锁关系，各动作的同步要求及同步精度；对液压系统工作性能的要求，如运动平稳性、定位精度、转换精度、自动化程度、工作效率、温升、振动、冲击与噪声、安全性与可靠性等；对液压系统的工作方式及控制的要求。

③ 液压系统的工作条件和环境条件　包括周围介质、环境温度、湿度大小、风沙与尘埃情况、外界冲击振动等；防火与防爆等方面的要求。

④ 经济性与成本等方面的要求

11.1.2 分析工况编制负载图

对执行元件的工况进行分析，就是查明每个执行元件在各自工作过程中的速度和负载的变化规律。通常是求出一个工作循环内各阶段的速度和负载值并列表表示，必要时还应做出速度、负载随时间（或位移）变化的曲线图（见图 11-2）。

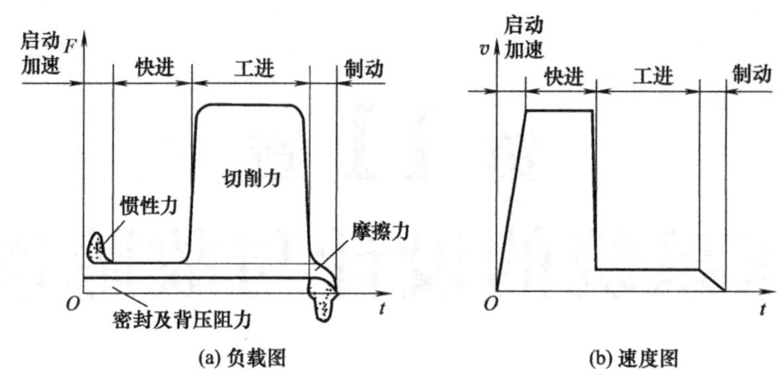

图 11-2 液压系统执行元件的负载图和速度图

在一般情况下，液压传动系统中液压缸承受的负载由六部分组成，即工作负载、导轨摩擦负载、惯性负载、重力负载、密封负载和背压负载，前五部分构成了液压缸所要克服的机械总负载。

(1) 工作负载 F_w

不同的机器有不同的工作负载。对于金属切削机床来说，沿液压缸轴线方向的切削力即为工作负载；对液压机来说，工件的压制抗力即为工作负载。工作负载 F_w 在与液压缸运动方向相反时为正值，方向相同时为负值（如顺铣加工的切削力）。工作负载既可以为定值，也可以为变值，其大小要根据具体情况加以计算，有时还要通过样机实测确定。

(2) 导轨摩擦负载 F_f

导轨摩擦负载是指液压缸驱动运动部件时所受的导轨摩擦阻力，其值与运动部件的导轨形式、放置情况及运动状态有关。各种形式导轨的摩擦负载计算公式可查阅有关手册。机床上常用平导轨和 V 形导轨支承运动部件，其摩擦负载值的计算公式（导轨水平放置时）如下：

平导轨

$$F_f = f(G + F_N) \tag{11-1}$$

V 形导轨

$$F_f = f\frac{G + F_N}{\sin\dfrac{\alpha}{2}} \tag{11-2}$$

式中，f 为摩擦因数，其中，静摩擦因数 f_s 和动摩擦因数 f_K 值参考表 11-1；G 为运动部件的重力；F_N 为垂直于导轨的工作负载；α 为 V 形导轨面的夹角，一般 $\alpha=90°$。

表 11-1 导轨摩擦因数

导轨种类	导轨材料	工作状态	摩擦因数
滑动导轨	铸铁对铸铁	启动	0.16～0.2
		低速运动(v<0.16m/s)	0.1～0.22
		高速运动(v>0.16m/s)	0.05～0.08
	铸铁导轨对滚动体		0.005～0.02
	淬火钢导轨对滚动体		0.003～0.006
静压导轨	铸铁对铸铁		0.005

(3) 惯性负载 F_i

惯性负载是运动部件在启动加速或制动减速时的惯性力，其值可按牛顿第二定律求出，即

$$F_i = ma = \frac{G}{g} \times \frac{\Delta v}{\Delta t} \tag{11-3}$$

式中，g 为重力加速度；Δv 为 Δt 时间内的速度变化值；Δt 为启动、制动或速度转换时

间，Δt 可取 0.01～0.5s，轻载低速时取较小值。

(4) 重力负载 F_g

垂直或倾斜放置的运动部件，在没有平衡的情况下，其自重也成为一种负载。倾斜放置时，只计算重力在运动上的分力。液压缸上行时重力取正值，反之取负值。

(5) 密封负载 F_s

密封负载是指密封装置的摩擦力，其值与密封装置的类型和尺寸、液压缸的制造质量和油液的工作压力有关，F_s 的计算公式详见有关手册。在未完成液压系统设计之前，不知道密封装置的参数，F_s 无法计算，一般用液压缸的机械效率 η_{cm} 加以考虑，η_{cm} 常取 0.90～0.97。

(6) 背压负载 F_b

背压负载是指液压缸回油腔背压所造成的阻力。在系统方案及液压缸结构尚未确定之前，F_b 也无法计算，在负载计算时可暂不考虑。

液压缸的外负载力 F 及液压马达的外负载转矩 T 计算公式见表 11-2，背压压力见表 11-3。

表 11-2　液压缸的外负载力 F 及液压马达的外负载转矩 T 计算公式

工况	计算公式	备　注
启动	$F=\pm F_g+F_n f_s B'v+ks$	F_g、T_g 为外负载，其前负号指负性负载；F_n 为法向力；r 为回转半径；f_s、f_d 分别为外负载与支承面间的静、动摩擦因数；m、I 分别为运动部件的质量及转动惯量；Δv、$\Delta\omega$ 分别为运动部件的速度、角速度变化量；Δt 为加速或减速时间，一般机械 Δt 取 0.1～0.5s，磨床 Δt 取 0.01～0.05s，行走机械 $\Delta v/\Delta t$ 取 0.5～1.5m/s^2；B'、B 均为黏性阻尼系数；v、ω 分别为运动部件的速度及角速度；k 为弹性元件的刚度；k_g 为弹性元件的扭转刚度；s 为弹性元件的线位移；θ 为弹性元件的角位移；F_b 为背压负载，$F_b=p_bA$，其中 p_b 为背压压力，见表 11-3；T_b 为回油腔的背压转矩，$T_b=\dfrac{p_bV}{2\pi}$，其中 V_m 为马达排量
	$T=\pm T_g+F_n f_s r+B\omega\pm k_g\theta$	
加速	$F=\pm F_g+F_n f_d+m\dfrac{\Delta v}{\Delta t}+B'v+ks+F_b$	
	$T=\pm T_g+F_n f_d r+I\dfrac{\Delta\omega}{\Delta t}+B\omega+k_g\theta+T_b$	
匀速	$F=\pm F_g+F_n f_d+B'v+ks+F_b$	
	$T=\pm T_g+F_n f_d r+B\omega+k_g\theta+T_b$	
制动	$F=\pm F_g+F_n f_d-m\dfrac{\Delta v}{\Delta t}+B'v+ks+F_b$	
	$T=\pm T_g+F_n f_d r-I\dfrac{\Delta\omega}{\Delta t}+B\omega+k_g\theta+T_b$	

表 11-3　背压压力

系统类型	背压压力/MPa	系统类型	背压压力/MPa
中低压系统或轻载节流调速系统	0.2～0.5	采用辅助泵补油的闭式油路系统	1～1.5
回油路带调速阀或背压阀的系统	0.5～1.5	采用多路阀的复杂中高压系统(工程机械)	1.2～3

11.1.3　确定系统的主要参数

液压系统的主要参数设计是指确定液压执行元件的工作压力和最大流量。

液压执行元件的工作压力可以根据负载图中的最大负载来选取，见表 11-4，也可以根据主机的类型来选取，见表 11-5。最大流量则由液压执行元件速度图中的最大速度计算出来。工作压力和最大流量的确定都与液压执行元件的结构参数（指液压缸的有效工作面积 A 或液压马达的排量 V_m）有关。一般的做法是先选定液压执行元件的类型及其工作压力 p，再按最大负载和预估的液压执行元件的机械效率求出 A 或 V_m，并通过各种必要的验算、修正和圆整得出标准值后定下这些结构参数，最后再算出最大流量 q_{max} 来。

表 11-4　按负载选择液压执行元件的工作压力

载荷/kN	<5	5～10	>10～20	>20～30	>30～50	>50
工作压力/MPa	<0.8～1	1.5～2	2.5～3	3～4	4～5	≥5～7

表 11-5 按主机类型选择液压执行元件的工作压力

设备类型	机床					农业机械、汽车工业、小型工程机械及辅助机构	工程机械、重型机械、锻压设备、液压支架等	船用系统
	磨床	组合机床、齿轮加工机床、牛头刨床、插床	车床、铣床、镗床	研磨机床	拉床、龙门刨床			
工作压力/MPa	≤1.2	<6.3	2～4	2～5	<10	10～16	16～32	14～25

有些主机（例如机床）的液压系统对液压执行元件的最低稳定速度有较高的要求。这时所确定的液压执行元件的结构参数(有效工作面积)A 或液压马达排量 V_m 还必须符合下述条件:

液压缸

$$\frac{q_{min}}{A} \leqslant V_{min} \tag{11-4}$$

液压马达

$$\frac{q_{min}}{V_m} \leqslant n_{min} \tag{11-5}$$

式中，q_{min} 为节流阀、调速阀或变量泵的最小稳定流量，由产品性能表查出；n_{min} 为最小转速。

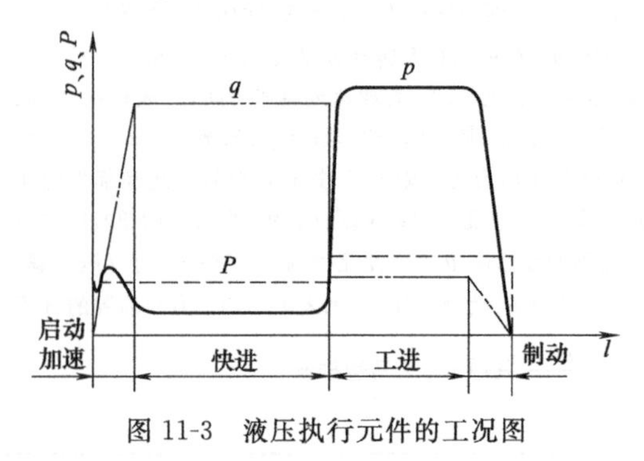

图 11-3 液压执行元件的工况图

液压系统执行元件的工况图是在液压执行元件结构参数确定之后，根据主机工作循环，算出不同阶段中的实际工作压力、流量和功率之后做出的，见图 11-3。工况图显示液压系统在实现整个工作循环时三个参数的变化情况。当系统中有多个液压执行元件时，其工况图应是各个执行件工况图的综合。

液压执行元件的工况图是选择系统中其他液压元件和液压基本回路的依据，也是拟定液压系统方案的依据，原因如下。

① 工况图中的最大压力和最大流量直接影响着液压泵和各种控制阀等液压元件的最大工作压力和最大工作流量。

② 工况图中不同阶段内压力和流量的变化情况决定着液压回路和油源形式的合理选用。

③ 工况图所确定的液压系统主要参数的量值反映着原来设计参数的合理性，为主参数的修改或最后确定提供了依据。

11.1.4 拟定系统原理图

系统原理图是表示系统的组成和工作原理的图样。拟定系统原理图是设计系统的关键，它对系统的性能及设计方案的合理性、经济性具有决定性的影响。

拟定系统原理图包含两项内容：一是通过分析、对比选出合适的基本回路；二是把选出的基本回路进行有机组合，构成完整的系统原理图。

(1) 确定执行元件的形式

液压传动系统中的执行元件主要有液压缸和液压马达，应根据主机动作机构的运动要求来具体选用何种形式。通常，直线运动机构一般采用液压缸驱动，旋转运动机构采用液压马达驱动，但也不尽然。总之，要合理地选择执行元件，综合考虑液-机-电各种传动方式的相互配合，使所设计的液压传动系统更加简单、高效。

(2) 确定回路类型

一般具有较大空间可以存放油箱且不另设散热装置的系统，都采用开式回路；凡允许采用辅助泵进行补油并借此进行冷却油交换来达到冷却目的的系统，都采用闭式回路。通常节流调速系统采用开式回路，容积调速系统采用闭式回路，详见表 11-6。

表 11-6　开式回路系统和闭式回路系统的比较

油液循环方式	开式	闭式
散热条件	较方便，但油箱较大	较复杂，须用辅泵换油冷却
抗污染性	较差，但可采用压力油箱或油箱呼吸器来改善	较好，但油液过滤要求较高
系统效率	管路压力损失大，用节流调速时效率低	管路压力损失较小，容积调速时，效率较高
限速、制动形式	用平衡阀进行能耗限速，用制动阀进行能耗制动，引起油液发热	液压泵由电动机拖动时，限速及制动过程中拖动电机能向电网输电，回收部分能量，即是再生限速（可省去平衡阀）及再生制动
其他	对泵的自吸性能要求高	对泵的自吸性能要求低

(3) 选择合适回路

在拟定系统原理图时，应根据各类主机的工作特点和性能要求，首先确定对主机主要性能起决定性影响的主要回路。例如对于机床液压系统，调速和速度换接回路是主要回路；对于压力机液压系统，调压回路是主要回路。然后再考虑其他辅助回路：有垂直运动部件的系统要考虑平衡回路，有多个执行元件的系统要考虑顺序动作、同步或互不干扰回路，有空载运行要求的系统要考虑卸荷回路，等等。

具体做法如下。

① 制定调速控制方案　根据执行元件工况图上压力、流量和功率的大小以及系统对温升、工作平稳性等方面的要求选择调速回路。

对于负载功率小、运动速度低的系统，采用节流调速回路。对工作平稳性要求不高的执行元件，宜采用节流阀调速回路；在负载变化较大、速度稳定性要求较高的场合，宜采用调速阀调速回路。

对于负载功率大的执行元件，一般都采用容积调速回路，即由变量泵供油，避免过多的溢流损失，提高系统的效率；如果对速度稳定性要求较高，也可采用容积-节流调速回路。

调速方式决定之后，回路的循环形式也随之而定，节流调速、容积-节流调速一般采用开式回路，容积调速大多采用闭式回路。

② 制定压力控制方案　选择各种压力控制回路时，应仔细推敲各种回路在选用时所需注意的问题以及各自特点和适用场合。例如卸荷回路，选择时要考虑卸荷所造成的功率损失及温升、流量和压力的瞬时变化等。

恒压系统如进口节流和出口节流调速回路等，一般采用溢流阀起稳压溢流作用，同时也限定了系统的最高压力。定压容积节流调速回路本身能够定压，不需要采用压力控制阀。另外还可采用恒压变量泵加安全阀的方式。对非恒压系统，如旁路节流调速、容积调速和非定压容积节流调速，其系统的最高压力由安全阀限定。当系统中某一个支路要求有比油源压力低的稳压输出时，可采用减压阀实现。

③ 制定顺序动作控制方案　主机各执行机构的顺序动作，根据设备类型的不同，有的按固定程序进行，有的则是随机的或人工控制的。对于工程机械，操纵机构多为手动，一般用手动多路换向阀控制；对于加工机械，各液压执行元件的顺序动作多数采用行程控制。行程控制普遍采用行程开关控制，因其信号传输方便，而行程阀由于涉及油路的连接，只适用于管路安装较紧凑的场合。

另外还有时间控制、压力控制和可编程序控制等。

选择一些主要液压回路时，还需注意以下几点：

a. 调压回路的选择主要决定于系统的调速方案。在节流调速系统中，一般采用调压回路；在容积调速和容积节流调速或旁路节流调速系统中，则均采用限压回路。

一个油源同时提供两种不同工作压力时，可以采用减压回路。

对于工作时间相比辅助时间较短而功率又较大的系统，可以考虑增加一个卸荷回路。

b. 速度换接回路的选择主要依据换接时位置精度和平稳性的要求。同时还应结构简单、调整方便、控制灵活。

c. 多个液压缸顺序动作回路的选择主要考虑顺序动作的可变换性、行程的可调性、顺序动作的可靠性等。

d. 多个液压缸同步动作回路的选择主要考虑同步精度及系统调整、控制和维护的难易程度等。

(4) 编制整机的系统原理图

整机的系统原理图主要由以上所确定的各回路组合而成，将挑选出来的各个回路合并整理，增加必要的元件或辅助回路，加以综合，构成一个完整的系统。在满足工作机构运动要求及生产率的前提下，力求所涉及的系统结构简单，工作安全可靠，动作平稳，效率高，调整和维护保养方便。

此时应注意以下几个方面的问题。

① 去掉重复多余的元件，力求使系统结构简单，同时要仔细斟酌，避免由于某个元件的去掉或并用而引起相互干扰。

② 增设安全装置，确保设备及操作者的人身安全，如在挤压机控制油路上设置行程阀，只有安全门关闭时才能接通控制油路。

③ 工作介质的净化必须予以足够的重视。特别是对比较精密、重要的以及24h连续作业的设备，可以单独设置一套自循环的油液过滤系统。

④ 对于大型的贵重设备，为确保生产的连续性，在液压系统的关键部位要加设必要的备用回路或备用元件，例如冶金行业普遍采用液压泵用一备一，液压元件应至少有一路备用。

⑤ 为便于系统的安装、维修、检查、管理，在回路上要适当装设一些截止阀、测压点。

⑥ 尽量选用标准的高质量元件和定型的液压装置。

11.1.5 选取液压元件

(1) 液压能源装置设计

液压能源装置是液压系统的重要组成部分。通常有两种形式：一种是液压装置与主机分离的液压泵站；一种是液压装置与主机合为一体的液压泵组（包括单个液压泵）。

① 液压泵站类型的选择　液压泵站的类型如图11-4所示。

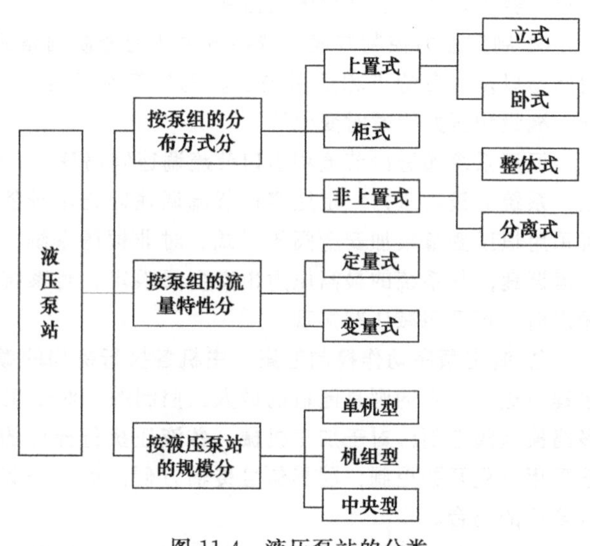

图11-4　液压泵站的分类

液压泵组置于油箱之上的上置式液压泵站，根据电动机安装方式不同，分为立式和卧式两种，如图11-5所示。上置式液压泵站结构紧凑，占地小，被广泛应用于中小功率液压系统中。

非上置式液压泵站按液压泵组与油箱

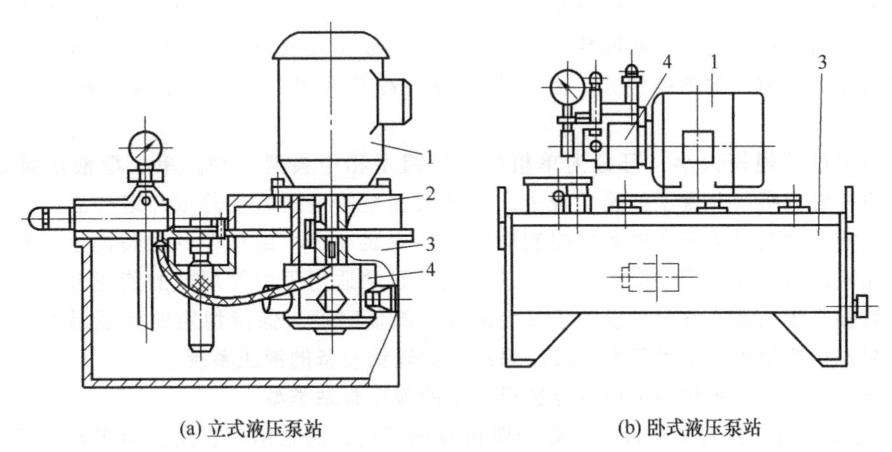

(a) 立式液压泵站　　(b) 卧式液压泵站

图 11-5　上置式液压泵站

1—电动机；2—联轴器；3—油箱；4—液压泵

是否共用一个底座而分为整体式和分离式两种。整体式液压泵站的液压泵组安置形式又有旁置和下置之分，见图 11-6。非上置式液压泵站的液压泵组置于油箱液面以下，有效地改善了液压泵的吸入性能，且装置高度低，便于维修，适用于功率较大的液压系统。

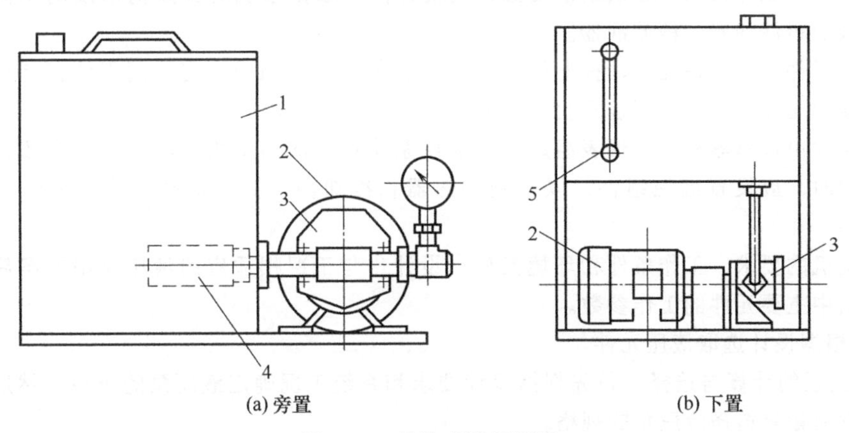

(a) 旁置　　(b) 下置

图 11-6　整体式液压泵站

1—油箱；2—电动机；3—液压泵；4—滤油器；5—液位计

上置式与非上置式液压泵站的比较见表 11-7。

表 11-7　上置式与非上置式液压泵站的比较

项目	上置立式	上置卧式	非上置式
振动	较大		小
清洗油箱	较麻烦		容易
占地面积	小		较大
液压泵工作条件	泵浸在油中，工作条件好，噪声小	一般	好
对液压泵安装的要求	泵与电动机有同轴度要求	①泵与电动机有同轴度要求 ②应考虑液压泵的吸油高度 ③吸油管与泵的连接处密封要求严格	①泵与电动机有同轴度要求 ②吸油管与泵的连接处密封要求严格
应用	中小型液压泵站	中小型液压泵站	较大型液压泵站

柜式液压泵站是将液压泵组和油箱整体置于封闭的柜体内，这种液压泵站一般都将显示仪表和电控按钮布置在面板上，外形整齐美观。又因其液压泵被封闭在柜体内，故不易受外界污染，但维修不大方便，散热条件差，且一般需设有冷却装置。其通常仅被应用于中小功率的系统。

按液压泵站的规模大小，可分为单机型、机组型和中央型三种。单机型液压泵站规模较小，通常将控制阀组一并置于油箱面板上，组成较完整的液压系统总成，这种液压泵站应用较广。机组型液压泵站是将一个或多个控制阀组集中安装在一个或几个专用阀台上，然后两端与液压泵组和液压执行元件相连接的机构，这种液压泵站适用于中等规模的液压系统中。中央型液压泵站常被安置在地下室内，以利于安装配管，降低噪声，保持稳定的环境温度和清洁度，这种液压泵站规模最大，适用于大型液压系统，如轧钢设备的液压系统。

根据上述分析，按系统的工作特点选择合适的液压泵站类型。

② 液压泵站组件的选择　液压泵站一般由液压泵组、油箱组件、过滤器组件、蓄能器组件和温控组件等组成。根据系统实际需要，经深入分析计算后加以选择、组合。

下面分别阐述这些组件的组成及选用时要注意的事项。

液压泵组由液压泵、原动机、联轴器、底座及管路附件等组成。

油箱组件由油箱、面板、空气滤清器、液位显示器等组成，用以储存系统所需的工作介质，散发系统工作时产生的一部分热量，分离介质中的气体并沉淀污物。

过滤器组件是保持工作介质清洁度必备的辅件，可根据系统对介质清洁度的不同要求，设置不同等级的粗滤油器、精滤油器。

蓄能器组件通常由蓄能器、控制装置、支承台架等部件组成。它可用于储存能量、吸收流量脉动、缓和压力冲击，故应按系统的需求而设置，并计算其合理的容量，然后选用。

温控组件由传感器和温控仪表组成。当液压系统自身的热平衡不能使工作介质处于合适的温度范围内时，应设置温控组件，以控制加热器和冷却器，使介质温度始终工作在设定的范围内。

根据主机的要求、工作条件和环境条件，设计出与工况相适应的液压泵站方案后，就可计算液压泵站中主要元件的工作参数。

(2) 根据设计选取液压元件

① 液压泵的计算与选择　首先根据设计要求和系统工况确定液压泵的类型，然后根据液压泵的最大供油量来选择液压泵的规格。

a. 确定液压泵的最大供油压力 p_p。对于执行元件在行程终了才需要最大压力的工况（此时执行元件本身只需要压力不需要流量，但液压泵仍需向系统提供一定的流量，以满足泄漏流量的需要），可取执行元件的最大压力作为泵的最大供油压力。对于执行元件在工作过程中需要最大工作压力的情况，可按下式确定。

$$p_p \geqslant p_1 + \sum \Delta p_1 \tag{11-6}$$

式中，p_1 为执行元件的最大工作压力；$\sum \Delta p_1$ 为从液压泵出口到执行元件入口之间总的压力损失。

$\sum \Delta p_1$ 值较为准确的计算需要管路和元件的布置图确定后才能进行，初步计算时可按经验数据选取。简单系统流速较小时，$\sum \Delta p_1$ 取 0.2～0.5MPa；复杂系统流速较大时，$\sum \Delta p_1$ 取 0.5～1.5MPa。

b. 确定液压泵的最大供油量 q_p。液压泵的最大供油量为

$$q_p \geqslant k_1 \sum q_{max} \tag{11-7}$$

式中，k_1 为系统的泄漏修正系数，k_1 一般取 1.1～1.3，大流量取小值，小流量取大值；$\sum q_{max}$ 为同时动作的执行元件所需流量之和的最大值，对于工作中始终需要溢流的系统，尚需加上溢流阀的最小溢流量，溢流阀的最小溢流量可取其额定流量的 10%。

系统中采用蓄能器供油时，q_p 由系统一个工作周期 T 中的平均流量确定。

$$q_p \geqslant \frac{k_1 \sum q_i}{T} \tag{11-8}$$

式中，q_i 为系统在整个周期中第 i 个阶段内的流量。

如果液压泵的供油量按工进工况选取（如双泵供油方案，其中小流量泵是供给工进工况流量的），其供油量应考虑溢流阀的最小溢流量。

c. 选择液压泵的规格型号。根据以上计算所得的液压泵的最大供油压力和最大供油量以及系统中拟定的液压泵的型式，查阅有关手册或产品样本即可确定液压泵的规格型号。但要注意，所选液压泵的额定流量要大于或等于前面计算所得的液压泵的最大供油量，并且尽可能接近计算值；所选泵的额定压力应大于或等于计算所得的最大供油压力。有时尚需考虑一定的压力储备，使所选泵的额定压力高出计算所得的最大供油压力 25%～60%。泵的额定流量则宜与 q_p 相当，不要超过太多，以免造成过大的功率损失。

d. 选择驱动液压泵的电动机。驱动液压泵的电动机根据驱动功率和泵的转速来选择。

在整个工作循环中，若液压泵的压力和流量比较稳定，即工况图曲线变化比较平稳时，则驱动泵的电动机功率 P 为

$$P = \frac{p_p q_p}{\eta_p} \tag{11-9}$$

式中，p_p 为液压泵的最大供油压力；q_p 为液压泵的实际输出流量；η_p 为液压泵的总效率，数值可见产品样本，一般有上下限，规格大的取上限，变量泵取下限，定量泵取上限。

限压式变量叶片泵的驱动功率可按泵的实际压力-流量特性曲线拐点处功率来计算。特别注意的是，变量柱塞泵的驱动功率按照最大压力与最大流量乘积的 40%来计算。

在工作循环中，泵的压力和流量的变化较大时，即工况图曲线变化比较大时，可分别计算出工作循环中各个阶段所需的驱动功率，然后求其均方根值 P_{cp}。即

$$P_{cp} = \sqrt{\frac{p_1^2 t_1 + p_2^2 t_2 + \cdots + p_n^2 t_n}{t_1 + t_2 + \cdots + t_n}} \tag{11-10}$$

式中，p_1，$p_2 \cdots p_3$ 为一个工作循环中各阶段所需的驱动功率；t_1，$t_2 \cdots t_3$ 为一个工作循环中各阶段所需的时间。

在选择电动机时，应将求得的 P_{cp} 值与各工作阶段的最大功率值比较，若最大功率符合电动机短时超载 25%的范围，则按平均功率选择电动机；否则应按最大功率选择电动机。

应该指出，确定液压泵的原动机时，一定要同时考虑功率和转速两个因素。对电动机来说，除电动机功率满足泵的需要外，电动机的同步转速不应高出额定转速。例如，泵的额定转速为 1000r/min，则电动机的同步转速亦应为 1000r/min，当然，若选择同步转速为 750r/min 的电动机，并且泵的流量能满足系统需要也是可以的。同理，对内燃机来说，也不要使泵的实际转速高于其额定转速。

② 液压控制元件的选用与设计　一个设计的好的液压系统应尽可能多地由标准液压控制元件组成，使自行设计的专用液压控制元件减少到最低限度。但是，有时因某种特殊需要，必须自行设计专用液压控制元件时，课参阅有关液压元件的书籍或资料。这里主要介绍液压控制元件的选用。

选择液压控制元件的主要依据和应考虑的问题见表 11-8。其中最大流量必要时允许短期超过额定流量的 20%，否则会引起发热、噪声、压力损失等的增大和阀性能的下降。此外，选阀时还应注意结构型式、特性曲线、压力等级、连接方式、集成方式及操纵控制方式等问题。

表 11-8 选择液压控制元件的主要依据和应考虑的问题

液压控制元件	主要依据	应考虑的问题
压力控制元件	阀所在油路的最大工作压力和通过该阀的最大实际流量	压力调节范围、流量变化范围、所要求的压力灵敏度和平稳性等
流量控制元件		流量调节范围，流量-压力特性曲线，最小稳定流量，压力与温度的补偿要求，对工作介质清洁度的要求，阀进口压差的大小以及阀的内泄漏大小等
方向控制元件		性能特点，换向频率，响应时间，阀口压力损失的大小以及阀的内泄漏大小等

a. 溢流阀的选择。直动式溢流阀的响应速度快，一般用于流量较小的场合，宜作制动阀、安全阀用；先导式溢流阀的启闭特性好，用于中高压和流量较大的场合，宜作调压阀、背压阀用。

二级同心的先导式溢流阀的泄漏量比三级同心的要小，故在保压回路中常被选用。

先导式溢流阀的最低调定压力一般只能在 0.5～1MPa 范围内。

溢流阀的流量应按液压泵的最大流量选取，并应注意其允许的最小稳定流量，一般来说，最小稳定流量为额定流量的 15%以上。

b. 流量阀的选择。一般中低压流量阀的最小稳定流量为 50～100mL/min；高压流量阀为 2.5～20mL/min。

流量阀的进出口需要有一定的压差，高精度流量约需 1MPa 的压差。

要求工作介质温度变化对液压执行元件运动速度影响小的系统，可选用温度补偿型调速阀。

c. 换向阀的选择。按通过阀的流量来选择结构型式，一般来说，流量在 190L/min 及以上时宜用二通插装阀；190L/min 以下时可采用滑阀型换向阀。70L/min 以下时可用电磁换向阀（一般为 6mm 或 10mm 通径），否则需要选用电液换向阀。

按换向性能等来选择电磁铁类型，交、直流电磁铁的性能比较见表 11-9。

表 11-9 交、直流电磁铁的性能比较

性能	型式		性能	型式	
	交流	直流		交流	直流
响应时间/ms	30	70	寿命	几百万次	几千万次
换向频率/(次/min)	60	120	价格	较便宜	较贵
可靠性	阀芯卡死时，线圈易烧坏	可靠			

直流湿式电磁铁寿命长，可靠性高，故尽可能选用直流湿式电磁换向阀。

在某些特殊场合，还要选用安全防爆型、耐压防爆型、无冲击型以及节能型等电磁铁。

应按系统要求来选择滑阀机能。选择三位换向阀时，应特别注意中位机能，例如，一泵多缸系统，中位机能必须选择 O 型和 Y 型，若回路中有液控单向阀或液压锁时，必须选择 Y 型或 H 型。

d. 单向阀及液控单向阀的选择。应选择开启压力小的单向阀；开启压力较大（0.3～0.5MPa）的单向阀可作背压阀用。

外泄式液控单向阀与内泄式液控单向阀相比，其控制压力低，工作可靠，选用时可优先考虑。

③ 辅助元件的选择

a. 蓄能器的选择。在液压系统中，蓄能器的作用是储存压力能，它也用于减小液压冲击和吸收压力脉动。在选择时可根据蓄能器在液压系统中所起作用，相应地确定其容量。具体可参阅相关手册。

b. 滤油器的选择。滤油器是保持工作介质清洁、使系统正常工作所不可缺少的辅助元件。滤油器应根据其在系统中所处部位及被保护元件对工作介质的过滤精度要求、工作压力、通流能力及其他性能要求而定，通常应注意以下几点：

- 其过滤精度要满足被保护元件或系统对工作介质清洁度的要求；
- 其通流能力应大于或等于实际通过的流量的 2 倍；
- 过滤器的耐压值应大于其安装部位的系统压力；
- 其使用的场合一般应符合产品样本上的说明。

c. 油箱的设计。液压系统中油箱的作用是：储油，保证供给充分的油液；散热，液压系统中由于能量损失所转换的热量大部分由邮箱表面散逸；沉淀油中的杂质；分离油中的气泡，净化油液。

在油箱的设计中具体可参阅相关手册。

d. 冷却器的选择。液压系统如果依靠自然冷却不能保证油温维持在限定的最高温度之下，就需装设冷却器进行强制冷却。

冷却器有水冷和风冷两种。对冷却器的选择主要是依据其热交换量来确定其散热面积及其所需的冷却介质量。具体可参阅相关手册。

e. 加热器的选择。环境温度过低，使油温低于正常工作温度的下限时，则需安装加热器。具体加热方法有蒸汽加热、电加热、管道加热。通常采用电加热器。

使用电加热器时，单个加热器的容量不能选得太大。如功率不够，可多装几个加热器，且加热管部分应全部浸入油中。

根据油的温升和加热时间及有关参数可计算出加热器的发热功率，然后求出所需电加热器的功率。具体可参阅相关手册。

f. 连接件的选择。连接件包括油管和管接头。管件选择是否得当，直接关系到系统能否正常工作和能量损失的大小，一般从强度和允许流速两个方面考虑。

液压传动系统中所用的油管，主要有钢管、紫铜管、钢丝编织或缠绕橡胶软管、尼龙管和塑料管等。油管的规格尺寸大多由所连接的液压元件接口处尺寸决定，只有对一些重要的管道才验算其内径和壁厚。具体可参阅相关手册。

在选择管接头时，除考虑其应有合适的通流能力和较小的压力损失外，还要考虑到装卸维修方便，连接牢固，密封可靠，支承元件的管道要有相应的强度。另外还要使其结构紧凑，体积小，重量轻。

④ 液压系统密封装置选用与设计　在液压传动中，液压元件和系统的密封装置用来防止工作介质的泄漏及外界灰尘和异物的侵入。工作介质的泄漏会给液压系统带来调压不高、效率下降及环境污染等诸多问题，从而损坏液压技术的声誉；外界灰尘和异物的侵入造成的对液压系统的污染，是导致系统工作故障的主要原因。在液压系统的设计过程中，必须正确设计和合理选用密封装置和密封元件，以提高液压系统的工作性能和使用寿命。

a. 影响密封性能的因素。密封性能的好坏与很多因素有关，下面列举其主要方面：密封装置的结构与形式；密封部位的表面加工质量与密封间隙的大小；密封件与接合面的装配质量与偏心程度；工作介质的种类、特性和黏度；工作温度与工作压力；密封接合面的相对运动速度。

b. 密封装置的设计要点。密封装置设计的基本要求是：密封性能良好，并能随着工作压力的增大自动提高其密封性能；所选用的密封件应性能稳定，使用寿命长；动密封装置的动、静摩擦因数要小而稳定，且耐磨；工艺性好，维修方便，价格低廉。

密封装置的设计要点是：明确密封装置的使用条件和工作要求，如负载情况、压力高低、速度大小及其变化范围、使用温度、环境条件、对密封性能的具体要求等；根据密封装置的使用条件和工作要求，正确选用或设计密封结构并合理选择密封件；根据工作介质的种类，合理选用密封材料；对于在尘埃严重的环境中使用的密封装置，还应选用或设计与主密封相适应的防尘装置；所设计的密封装置应尽可能符合国家有关标准的规定并选用标准密封件。

11.1.6 系统性能的验算

估算液压系统性能的目的在于评估设计质量，或从几种方案中评选最佳设计方案。估算内容一般包括：系统压力损失、系统效率、系统发热与温升、液压冲击等。对于要求高的系统，还要进行动态性能验算或计算机仿真。目前对于大多数液压系统，通常只是采用一些简化公式进行估算，以便定性地说明情况。

(1) 系统压力损失估算

液压系统压力损失包括管道内的沿程损失、局部损失以及阀类元件的局部损失三项。计算系统压力损失时，不同的工作阶段要分开计算，回油路上的压力损失要折算到进油路上去。因此，某一工作阶段液压系统总的压力损失为

$$\sum \Delta p=\sum \Delta p_1+\sum\left(\Delta p_2 \frac{A_2}{A_1}\right) \tag{11-11}$$

式中，$\sum \Delta p_1$ 为系统进油路的总压力损失，$\sum \Delta p_1=\sum \Delta p_{1\lambda}+\sum \Delta p_{1\zeta}+\sum \Delta p_{1v}$，其中$\sum \Delta p_{1\lambda}$ 为进油路总的沿程损失，$\sum \Delta p_{1\zeta}$ 为进油路总的局部损失，$\sum \Delta p_{1v}$ 为进油路上阀的总损失，$\sum \Delta p_{1v}=(\sum \Delta p_{n})\left(\frac{q}{q_n}\right)^2$（$\sum \Delta p_n$ 为阀的额定压力损失，由产品样本中查到，q_n 为阀的额定流量，q 为通过阀的实际流量）；$\sum \Delta p_2$ 为系统回油路的总压力损失，$\sum \Delta p_2=\sum \Delta p_{2\lambda}+\sum \Delta p_{2\zeta}+\sum \Delta p_{2v}$，其中$\sum \Delta p_{2\lambda}$ 为回油路总的沿程损失，$\sum \Delta p_{2\zeta}$ 为回油路总的局部损失，$\sum \Delta p_{2v}$ 为回油路上阀的总损失（计算方法同进油路）；A_1 为液压缸进油腔有效工作面积；A_2 为液压缸回油腔有效工作面积。

由此得出液压系统的调整压力（即泵的出口压力）p_T 应为

$$p_T \geqslant p_1+\sum \Delta p \tag{11-12}$$

式中，p_1 为液压缸工作腔压力。

(2) 系统总效率估算

液压系统的总效率 η 与液压泵的效率 η_p、回路效率 η_c 及液压执行元件的效率 η_m 有关，其计算式为

$$\eta=\eta_p \eta_c \eta_m \tag{11-13}$$

其中，各种类型的液压泵及液压马达的效率可查阅有关手册得到，液压缸的效率见表 11-10。回路效率 η_c 按下式计算。

$$\eta_c=\frac{\sum(p_1 q_1)}{\sum(p_p q_p)} \tag{11-14}$$

式中，$\sum(p_1 q_1)$为同时动作的液压执行元件的工作压力与输入流量乘积的总和；$\sum(p_p q_p)$为同时供液的液压泵的工作压力与输出流量乘积的总和。

表 11-10 液压缸空载启动压力及效率

活塞密封圈形式	P_{min}/MPa	η_m
O,L,U,X,Y	0.3	0.96
V	0.5	0.94
活塞环密封	0.1	0.985

系统在一个工作循环周期内的平均回路效率 $\overline{\eta_c}$ 由下式确定。

$$\overline{\eta}_c=\frac{\sum(\eta_{ci}t_i)}{T} \tag{11-15}$$

式中，η_{ci} 为各个工作阶段的回路效率；t_i 为各个工作阶段的持续时间；T 为整个工作循环的周期。

(3) 系统发热温升估算

液压系统的各种能量损失都将转化为热量，使系统工作温度升高，从而产生一系列不利影响。系统中的发热功率主要来自于液压泵、液压执行元件和溢流阀等的功率损失。管路的功率损失一般较小，通常可以忽略不计。

① 系统的发热功率计算方法之一　液压泵的功率损失 $\Delta P_p=P_p(1-\eta_p)$

式中，P_p 为液压泵的输入功率；η_p 为液压泵的总效率。

液压执行元件的功率损失 $\Delta P_m=P_m(1-\eta_m)$

式中，P_m 为液压执行元件的输入功率；η_m 为液压执行元件的总效率。

溢流阀的功率损失 $\Delta p_y=p_y q_y$

式中，p_y 为溢流阀的调定压力；q_y 为溢流阀的溢流量。

系统的总发热功率

$$\Delta P=\Delta P_p+\Delta P_m+\Delta P_y \tag{11-16}$$

② 系统的发热功率计算方法之二　对于回路复杂的系统，功率损失的环节很多，按上述方法计算较繁琐，系统的总发热功率 ΔP 通常采用以下简化方法进行估算。

$$\Delta P=P_p-P_e \tag{11-17}$$

或

$$\Delta P=P_p(1-\eta_p\eta_c\eta_m)=P_p(1-\eta) \tag{11-18}$$

式中，P_p 为液压泵的输入功率；P_e 为液压执行元件的有效功率；η_p 为液压泵的效率；η_c 为液压回路的效率；η_m 为液压执行元件的效率；η 为液压系统的总效率。

③ 系统的散热功率　液压系统中产生的热量，一部分使工作介质的温度升高；一部分经冷却表面散发到周围空气中去。因管路的散热量与其发热量基本持平。所以，一般认为系统产生的热量全部由油箱表面散发。因此，可由式(11-19)计算系统的散热功率 ΔP_0（单位 W）。

$$\Delta P_0=KA(t_1-t_2)\times10^{-3} \tag{11-19}$$

式中，K 为油箱散热系数，$W/(m^2\cdot℃)$，见表 11-11；A 为油箱散热面积，m^2；t_1 为系统中工作介质的温度，℃；t_2 为环境温度，℃。

表 11-11　油箱散热系数　　单位：$W/(m^2\cdot℃)$

散热条件	散热系数	散热条件	散热系数
通风很差	8～9	风扇冷却	23
通风良好	15～17.5	循环水冷却	110～175

④ 系统的温升　当系统的发热功率 ΔP 等于系统的散热功率 ΔP_0 时，即达到热平衡。此时，系统的温升 Δt 为

$$\Delta t=\frac{\Delta P}{KA}\times10^3 \tag{11-20}$$

式中符号的意义同前，$\Delta t=t_1-t_2$。

表 11-12 给出各种机械允许的温升值。当按上式计算出的系统温升超过表 11-12 中数值时，就要设法增大油箱散热面积或增设冷却装置。

表 11-12　各种机械允许的温升值　　单位：℃

设备类型	正常工作温度	最高允许温度	油和油箱允许温升
数控机械	30～50	55～70	≤25
一般机床	30～55	55～70	≤35

续表

设备类型	正常工作温度	最高允许温度	油和油箱允许温升
船舶	30～60	80～90	≤40
机车车辆	40～60	70～80	
冶金车辆、液压机	40～70	60～90	
工程机械、矿山机械	50～80	70～90	

⑤ 散热面积计算　由式（11-20）可计算油箱散热面积 A 为

$$A=\frac{\Delta P\times 10^3}{K\Delta t} \tag{11-21}$$

当油箱三个边的尺寸比例在 1：1：1 到 1：2：3 之间，液面高度为油箱高度的 80%，且油箱通风情况良好时，油箱散热面积 A（单位为 m^2）还可用式（11-22）估算。

$$A=6.5\sqrt[3]{V^2} \tag{11-22}$$

式中，V 为油箱有效容积，m^3。

当系统需要设置冷却装置时，冷却器的散热面积 A_c（单位为 m^2）按下式计算。

$$A_c=\frac{\Delta P-P_0}{K_c\Delta t_m}\times 10^3 \tag{11-23}$$

式中，K_c 为冷却器的散热系数，$W/(m^2\cdot ℃)$，由产品样本查出；Δt_m 为平均温升，℃。

$$\Delta t_m=\frac{t_{j1}+t_{j2}}{2}-\frac{t_{w1}+t_{w2}}{2}$$

式中，t_{j1} 为工作介质进口温度，℃；t_{j2} 为工作介质出口温度，℃；t_{w1} 为冷却水（或风）的进口温度，℃；t_{w2} 为冷却水（或风）的出口温度，℃。

（4）液压冲击估算

液压冲击不仅会使系统产生振动和噪声，而且会使液压元件、密封装置等误动作或损坏进而造成事故。因此，需验算系统中有无产生液压冲击的部位，产生的冲击压力会不会超过允许值以及所采取的减小液压冲击的措施是否奏效等。

11.1.7 绘制工作图、编制技术文件

液压系统的工作原理图确定以后，将液压系统的压力、流量、电动机功率、电磁铁工作电压、液压系统用油牌号等参数明确在技术要求中提出，同时要绘制出执行元件动作循环图、电磁铁动作顺序表等内容。紧接着，绘制工作图。工作图包括液压系统装配图、管路布局图、液压集成块、泵架、油箱、自制零件图等。

（1）液压系统的总体布局

液压系统的总体布局方式有两种：集中式布局与分散式布局。

集中式布局是将整个设备液压系统的执行元件装配在主机上，将液压泵电机组、控制阀组、附件等集成在油箱上组成液压站。这种形式的液压站最为常见，具有外形整齐美观、便于安装维护、外接管路少、可以隔离液压系统的振动、发热对主机精度的影响小等优点。分散式布局是将液压元件根据需要安装在主机相应的位置上，各元件之间通过管路连接起来，一般主机支承件的空腔兼作油箱使用，其特点是占地面积小，节省安装空间，但元件布局零乱，清理油箱不便。

（2）液压阀的配置形式

① 板式配置　这种配置方式是把板式液压元件用螺钉固定在油路板上，油路板上钻、攻有与阀口对应的孔、螺纹，通过油管将各个液压元件按照液压原理图连接起来。其特点是连接方

便，容易改变元件之间的连接关系，但管路较多，目前应用得越来越少。

② 集成式配置　这种配置方式是把液压元件安装在集成块上，集成块既做油路通道使用，又做安装板使用。集成式配置有三种方式：第一种方式是叠加阀式，这种形式的液压元件（换向阀除外）既作控制阀用，又作通道使用，叠加阀用长螺栓固定在集成块上，即可组成所需的液压系统；第二种方式为块式集成结构，集成块式通用的六面体，上下两面是安装或连接面，四周一面安装管接头，其余三面安装液压元件，元件之间通过内部通道连接，一般各集成块与其上面连接的阀具有一定的功能，整个液压系统通过螺钉连接起来；第三种方式为插装式配置，将插装阀按照液压基本回路或特定功能回路插装在集成块上，集成块再通过螺钉连接起来组成液压系统。集成式配置方式应用最为广泛，是目前液压工业的主流，其特点是外接管路少，外观整齐，结构紧凑，安装方便。

(3) 集成块设计

液压阀的配置形式一旦确定，集成块的基本形式也随之确定。现在除插装式集成块外，叠加式、块式集成块均已形成了系列化产品，生产周期大幅度缩短。设计集成块时，除了考虑外形尺寸、油孔尺寸外，还要考虑清理的工艺性、液压元件以及管路的操作空间等因素。中高压液压系统集成块要确保材料的均匀性和致密性，常用材料为 45 钢锻件或热轧方坯，低压液压系统集成块可以采用铸铁材料，集成块表面经发蓝或镀镍处理。

(4) 编制技术文件

编制技术文件包括设计计算说明书、液压系统使用维护说明书、外购、外协、自制件明细、施工管路图等内容。

11.2　液压系统的故障原因分析

液压系统在工作中发生故障的原因很多，主要原因在于设计、制造、使用以及液压油污染等方面存在故障根源；其次在于正常使用条件下存在自然磨损、老化、变质等。本节主要分析由于设计、制造、使用不当和液压油污染引起的故障。

11.2.1　设计原因

液压系统产生故障，一般应首先分析液压系统设计上是否存在问题。设计的合理性是关系到液压系统使用性能的根本问题，这在引进设备的液压系统故障分析过程中表现得相当突出。其原因与国外的生产组织方式有关，国外的制造商，大多数采用互相协作的方式，这就难免出现所设计的液压系统不完全符合设备的使用场合以及要求的情况。笔者在解决从德国引进的水泥生产线的核心设备——立磨液压机的故障过程中充分体现了这一点。立磨液压机的液压系统在工作过程中由于轧辊位移量很小，主要工作在保压状态，所以系统在保压过程中必须使液压泵处于卸荷状态，才能减少系统的发热量，保证液压油的黏度不至于变化太大，从而保证水泥的生产能力。引进设备的液压系统设计上采用了常用的溢流阀带载卸荷方式，显然该设计不合理。设计液压系统时，不仅要考虑液压回路能否完成主机的动作要求，还要注意液压元件布局，特别注意叠加阀设计使用过程中的元件排放位置，例如在由三位换向阀、液控单向阀、单向节流阀组成的回路中，液控单向阀必须与换向阀直接相连，同时换向阀必须采用 Y 型中位机能。而在采用 M 型中位机能的电液换向阀的回路中，或者选用外控方式，或者采用带预压单向阀的内控方式，其目的均为确保液控阀的正常换向。其次要注意油箱设计的合理性、管路布局的合理性等因素。对于使用环境较为恶劣的场合，要注意液压元件外露部分的保护。例如在冶金行业使用的液压缸的活塞杆常裸露在外，被大气中污物所包围。活塞杆在伸出缩回的往复运动中，不仅受到磨粒的磨损与大气中腐蚀性气体的锈蚀，而且在其与导套的配合间隙中还有可能进入污物，污染油液进一步加速了液压缸组件的磨损。如在结构设计时在活塞杆上加装防护套，使其外露部分由套保护起来，则可减少或避免上述危害。有的设计人员为了省事，在油箱图纸的技术要求中提出“油箱内外表面喷绿色垂纹漆”，这样制造商自然就不会对油箱内表面进行酸磷化处理。使用一段时间后，油箱内表面油漆的脱落，还会堵塞液压泵的吸油过滤器，造成液压泵吸空或压力升不高的故障。

11.2.2 制造原因

一般情况下，经过正规生产企业装配、调试出厂后的液压设备，其综合的技术性能是合格的。但在设备维修、需要更换一些新的液压元件时，由于用户采用了劣质液压元件，反而在新元件取代旧元件之后系统出现了故障。因此对元件的制造问题也应认真对待，不容忽视。否则也有可能给液压系统带来预想不到的故障。例如，某造纸机械液压系统中更换了一个双筒精过滤器滤芯，安装后仅 6 天出现了由于小孔堵塞而造成的故障。经过对更换的新购纸芯过滤器的滤芯进行认真检查，发现滤芯在加工制造中受到了严重机械损伤，呈一定规律分布有微孔和裂缝，失去了过滤作用，滤纸的质量低，纸内粘有污物。显而易见这样的滤芯装后不仅起不到过滤的作用，反而本身又构成了一个污染源，给系统造成了不应有的故障。更有甚者，一些家庭作坊式的液压站制造商在液压系统总装时根本不对系统进行冲洗，以装配时的元件清洗取代系统装配时系统的冲洗，使系统内留下了装配过程中带进系统中的污染物，这也是造成系统故障的一个不可轻视的原因。液压系统的清洗，必须借助于液流在一定压力一定速度的情况下，对整个系统的各个回路分别进行冲洗。装配前零件的清洗不能代替装配后的系统冲洗。现在一些正规的液压站专业制造商已把装配后系统冲洗严格用于装配生产中，并把这一技术看成是产品质量保证体系中的一个重要环节，这也是一个行之有效的措施。另外，液压集成块中的毛刺清理的程度也是制造、清洗过程中一个不可忽视的重要环节。

11.2.3 使用原因

液压系统使用维护不当，不仅会使液压设备的故障频率增加，而且会降低设备的使用寿命和使用性能，这在一些新的液压系统用户中体现得较为突出。例如福建某玻璃门窗生产企业新购进一台玻璃涂胶液压设备，该企业的操作人员在液压站未加液压油的情况下就开始了设备调试，结果不到 10min 液压泵抱死、电机烧坏，并且差一点造成人身事故。笔者还遇到了这样一个液压设备用户，由于液压油未达到液位计的最低液位，而企业的供应部门又未能及时购买液压油，为了不影响生产，设备操作者“灵机一动”在油箱中放了两块砖头，液位上来了，设备也开了起来，结果使用了 2 个月左右，由于砖在液压油中的粉化作用，使得砖粉末进入了整个液压系统，造成了整机瘫痪的严重后果。另外，液压设备在使用过程中的超载、超速，维护保养不及时、使用不当等，都可能引起液压系统的故障。

11.2.4 液压油污染的原因

正如在“液压油的污染控制”一节中所述，液压系统的故障 75% 以上是由液压油的污染引起的。在液压系统中，极易造成油液污染的地方是油箱。不少油箱在结构设计和制造上存在着缺陷。最常见的是封闭性油箱设计得不合理，例如在连接处和接管处不加密封，导致污物渗入油箱。污染的油液进入液压系统中，加速液压元件的磨损、锈蚀、堵塞，最后导致故障形成。近几年来许多制造商在油箱结构设计方面对如何减少或杜绝污染物进入油箱的问题都做了不少有益的探索和实践。例如现在采用的全封闭式油箱结构，除只留一个与大气相通的通气孔之外，油箱全部采用封闭结构，所有连接处和接管处设有严格密封装置。加油口盖设置过滤装置构成通气孔，该孔使油箱内液面与大气相通从而保证系统正常工作，同时还可以防止外界污染物进入油箱。由于油箱全密闭，所以泵的吸油口处取消了过滤器，系统所有回油经过总回油管路上的过滤器再回到油箱，从而确保了整个液压系统油液的清洁。这种结构不仅避免了外界污物对油箱内油液的污染，而且由于吸油口去掉了过滤装置，使吸油阻力大大减少，从而避免了空穴现象的发生。笔者在给一家制鞋企业的液压设备处理“液压系统的压力时有时无”这一故障时，发现现场油箱内的油液已经分层，在离液面 200mm 以下有明显的胶状物存在，油箱底部存在不少颗粒状沉淀物，卸下液压泵的过滤器一看，几乎全部被堵塞。很显然，系统的故障是由液压油的污染引起的，通过更换过滤器、更换液压油、清洗油箱，问题得到了圆满的解决。所以，在使用液压油时要把它看作人的血液一样，只有保持足够的清洁度才能确保液压系统的故障率降到最低。

11.3 液压系统的故障特征与诊断步骤

11.3.1 液压系统的故障特征

(1) 液压设备不同运行阶段的故障

① 液压设备调试阶段的故障 液压设备调试阶战的故障率较高，其特征是设计、制造、安装等质量问题交叉在一起。除了机械、电气的问题以外，液压系统常发生的故障有：

a. 外泄漏严重，主要发生在接头和有关元件的端盖连接处。

b. 执行元件运动速度不稳定。

c. 液压阀的阀芯卡死或运动不灵活，导致执行元件动作失灵。有时发现液压阀的阀芯方向装反，要特别注意二位单电控电磁阀。

d. 压力控制元件的阻尼小孔堵塞，造成压力不稳定。

e. 阀类元件漏装弹簧、密封件，造成控制失灵。有时出现管路接错而使系统动作错乱。

f. 液压系统设计不完善。液压元件选择不当，造成系统发热、执行元件同步精度低等故障现象。

② 液压设备运行初期的故障 液压设备经过调试阶段后，便进入正常生产运行阶段，此阶段故障特征是：

a. 管接头因振动而松脱。

b. 密封件质量差，或由于装配不当而被损伤，造成泄漏。

c. 管道或液压元件油道内的毛刺、型砂、切屑等污物在油液的冲击下脱落，堵塞阻尼孔或过滤器，造成压力和速度不稳定。

d. 由于负荷大或外界环境散热条件差，油液温度过高，引起泄漏，因此压力和速度发生变化。

③ 液压设备运行中期的故障 液压设备运行到中期，属于正常磨损阶段，故障率最低，这个阶段液压系统运行状态最佳。但应特别注意定期更换液压油，控制油液的污染程度。

④ 液压设备运行后期的故障 液压设备运行到后期，液压元件因工作频率和负荷的差异，易损件先后开始正常性地超差磨损。此阶段故障率较高，泄漏增加，效率降低。针对这一状况，要对液压元件进行全面检验，对已失效的液压元件应进行修理或更换。以防止因液压设备不能运行而被迫停产。

(2) 突发性故障

这类故障多发生在液压设备运行初期和后期。故障的特征是突发性，故障发生的区域及产生原因较为明显。如发生碰撞，元件内弹簧突然折断，管道破裂，异物堵塞管路通道，密封件损坏等故障现象。

突发性故障往往与液压设备安装不当、维护不良有直接关系。有时由于操作错误也会发生破坏性故障。防止这类故障发生的主要措施是加强设备日常管理维护，严格执行岗位责任制，以及加强操作人员的业务培训。

11.3.2 液压系统的故障诊断步骤

(1) 查找故障液压元件的步骤

液压系统的故障有时是系统中某个元件产生故障造成的，因此，首先需要把出了故障的元件找出来。根据图 11-7 列出的步骤进行检查，就可以找出液压系统中产生故障的元件。

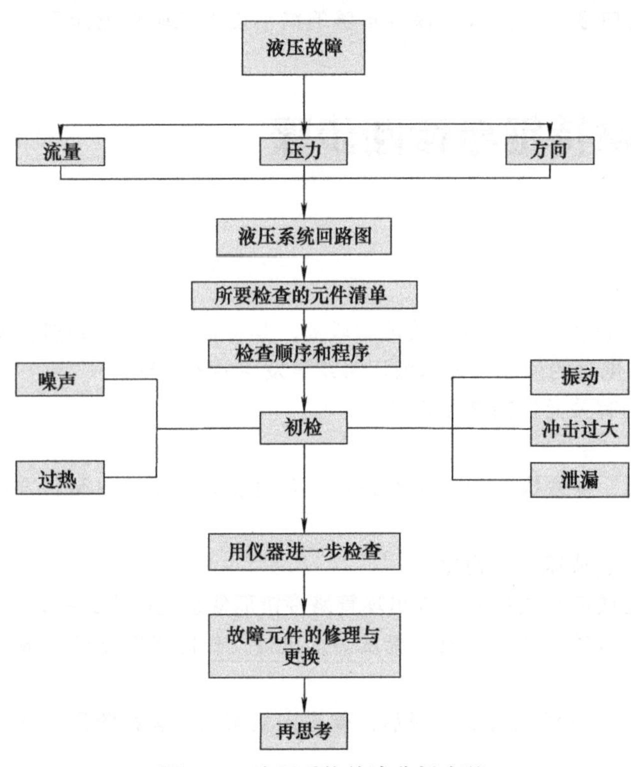

图 11-7 液压系统故障分析步骤

第一步：液压传动设备运转不正常，例如没有运动、运动不稳定、运动方向不正确、运动速度不符合要求、动作顺序错乱、输出力不稳定、泄漏严重、爬行等。无论是什么原因，都可以归纳为流量、压力和方向三大问题。

第二步：审校液压回路图，并检查每个液压元件，确认它的性能和作用，初步评定其质量状况。

第三步：列出与故障相关的元件清单，逐个进行分析。进行这一步时，一要充分利用判断力，二要注意绝不可遗漏对故障有重大影响的元件。

第四步：对清单中所列出的元件按以往的经验和元件检查的难易排列顺序。必要时，列出重点检查的元件和元件的重点检查部位，同时安排测量仪器等。

第五步：对清单中列出的重点检查元件进行初检。初检应判断元件的使用和装配是否合适；元件的测量装置、仪器和测试方法是否合适及元件的外部信号是否合适及对外部信号是否响应等。特别注意某些元件的故障先兆，如过高的温度和噪声、振动和泄漏等。

第六步：如果初检中未查出故障，要用仪器反复检查。

第七步：识别出发生故障的元件，对不合格的元件进行修理或更换。

第八步：在重新启动主机前，必须先认真考虑一下这次故障的原因和后果。如果故障是由污染或油温过高引起的，则应预料到其他元件也有出现故障的可能性，同时对隐患采取相应的措施。例如，若是由污染原因引起了液压泵的故障，则在更换新泵前必须对系统进行彻底清洗和过滤。

(2) 重新启动的步骤

排除液压系统枚障之后，不能操之过急、盲目启动，必须遵照一定的要求和程序启动。否则，旧的故障排除了，新的故障会相继产生。其主要原因是缺乏周密的思考。如前文所述，液压泵由于受到污染而出现故障，那么，污染是怎样引起的？其他液压元件是否也被污染了呢？

图 11-8 为重新启动液压系统的程序框图。

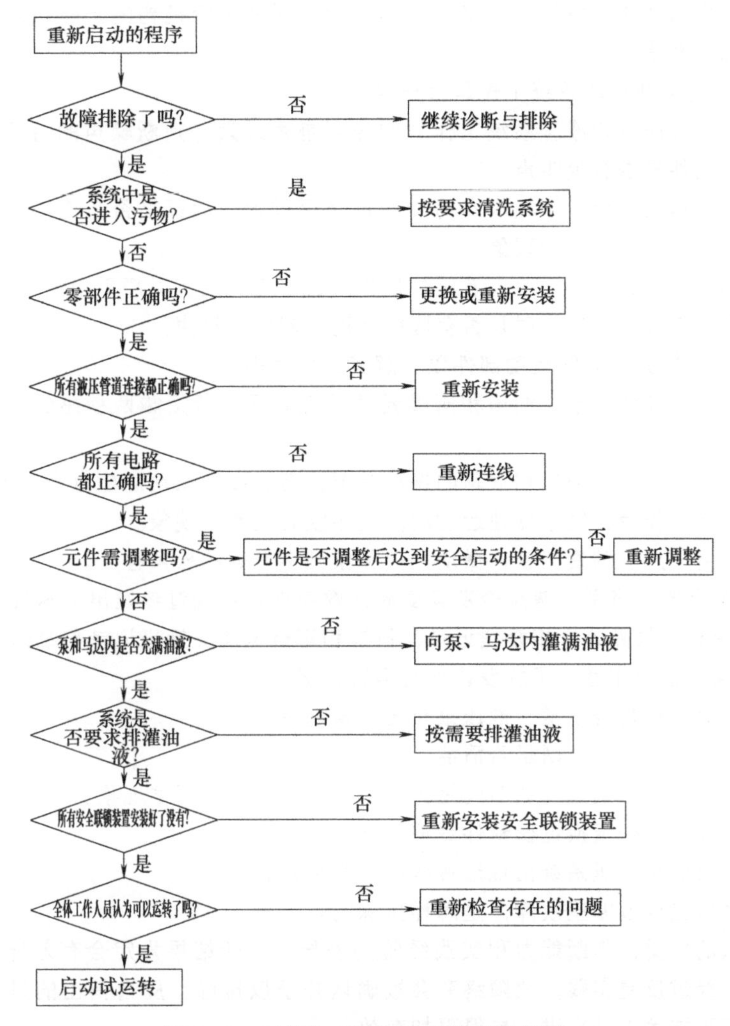

图 11-8　重新启动液压系统的程序框图

11.4　液压系统的故障诊断方法

11.4.1　直观检查法

直观检查法又称初步诊断法，是液压系统故障诊断的一种最为简易且方便易行的方法。这种方法通过“看、听、摸、闻、阅、问”六字口诀进行。直观检查法既可在液压设备工作状态下进行，又可在其非工作状态下进行。

① 看　观察液压系统工作的实际情况。

一看速度，指执行元件运动速度有无变化和异常现象。

二看压力，指液压系统中各压力监测点的压力大小以及变化情况。

三看油液是否清洁、变质，表面是否有泡沫，液位是否在规定的范围内，液压油的黏度是否合适。

四看泄漏，指各连接部位是否有渗漏现象。

五看振动，指液压执行元件在工作时有无跳动现象。

六看产品，根据液压设备加工出来的产品质量，判断执行机构的工作状态、液压系统的工作压力和流量稳定性等。

② 听　用听觉判断液压系统工作是否正常。

一听噪声，听液压泵和液压系统工作时的噪声是否过大并判断噪声的特征，听溢流阀、顺序阀等压力控制元件是否有尖叫声。

二听冲击声，指工作台液压缸换向时冲击声是否过大，活塞是否有撞击缸底的声音，判断换向阀换向时是否有撞击端盖的现象。

三听气蚀和困油的异常声，检查液压泵是否吸进空气，及有无严重困油现象。

四听敲打声，指液压泵运转时是否有因损坏而引起的敲打声。

③ 摸　用手触摸允许摸的运动部件以了解其工作状态。

一摸温升，用手摸液压泵、油箱和阀类元件外壳表面，若接触两秒感到烫手，就应检查温升过高的原因。

二摸振动，用手摸运动部件和管路的振动情况，若有高频振动应检查产生的原因。

三摸爬行，当工作台在轻载低速运动时，用手摸有无爬行现象。

四摸松紧程度，用手触摸挡铁、微动开关和紧固螺钉等的松紧程度。

④ 闻　用嗅觉器官辨别油液是否发臭变质，橡胶件是否因过热发出特殊气味等。

⑤ 阅　查阅有关故障分析和修理记录、日检和定检卡及交接班记录和维修保养情况记录。

⑥ 问　访问设备操作者，了解设备平时运行状况。

一问液压系统工作是否正常，液压泵有无异常现象。

二问液压油更换时间，滤网是否清洁。

三问发生事故前压力或速度调节阀是否调节过，有哪些不正常现象。

四问发生事故前是否更换过密封件或液压件。

五问发生事故前后液压系统出现过哪些不正常现象。

六问过去经常出现过哪些故障，是怎样排除的。

由于每个人的感觉、判断能力和实践经验的差异，判断结果肯定会有差异，但是因于故障原因是特定的，经过反复实践，故障终究会被确认并予以排除。应当指出的是：这种方法对于有实践经验的工程技术人员来讲，显得更加有效。

11.4.2 对比替换法

这种方法常用于在缺乏测试仪器的场合检查液压系统故障，并且经常结合替换法进行。对比替换方法有两种情况：一种情况是用两台型号、性能参数相同的机械进行对比试验，从中查找故障，试验过程中可对机械的可疑元件用新件或完好机械的元件进行代换，再开机试验，如性能变好，则故障所在即知，否则，可继续用同样的方法或其他方法检查其余部件；另一种情况，对于具有相同功能回路的液压系统来说，采用对比替换法更为方便，而且，现在许多系统的连接采用高压软管连接，这为替换法的实施提供了更为方便的条件。遇到可疑元件或要更换另一回路的完好元件时，不需拆卸元件，只要更换相应的软管接头即可。例如在检查三工位母线机（主要完成定位、折弯、冲孔动作）的液压系统故障时，有一个回路工作无压力，因此怀疑液压泵有问题。结果对调了两个液压泵软管的接头，一次就排除了故障存在的可能性。对比替换方法在调试两台以上相同的液压站时非常有效。

例如笔者在调试4台垃圾压缩站压台液压系统（如图11-9所示）时，就充分应用了这种方法。垃圾压缩站液压系统的主油缸（压台）的动作顺序是：快进→工进→快退，快进是通过差动连接来实现的。动作要求是：2YA通电，压台缩回；3YA通电，压台伸出；3YA、4 YA同时通电，压台差动快速伸出。但在调试过程中，实际现象是：2YA通电，压台伸出；3YA通

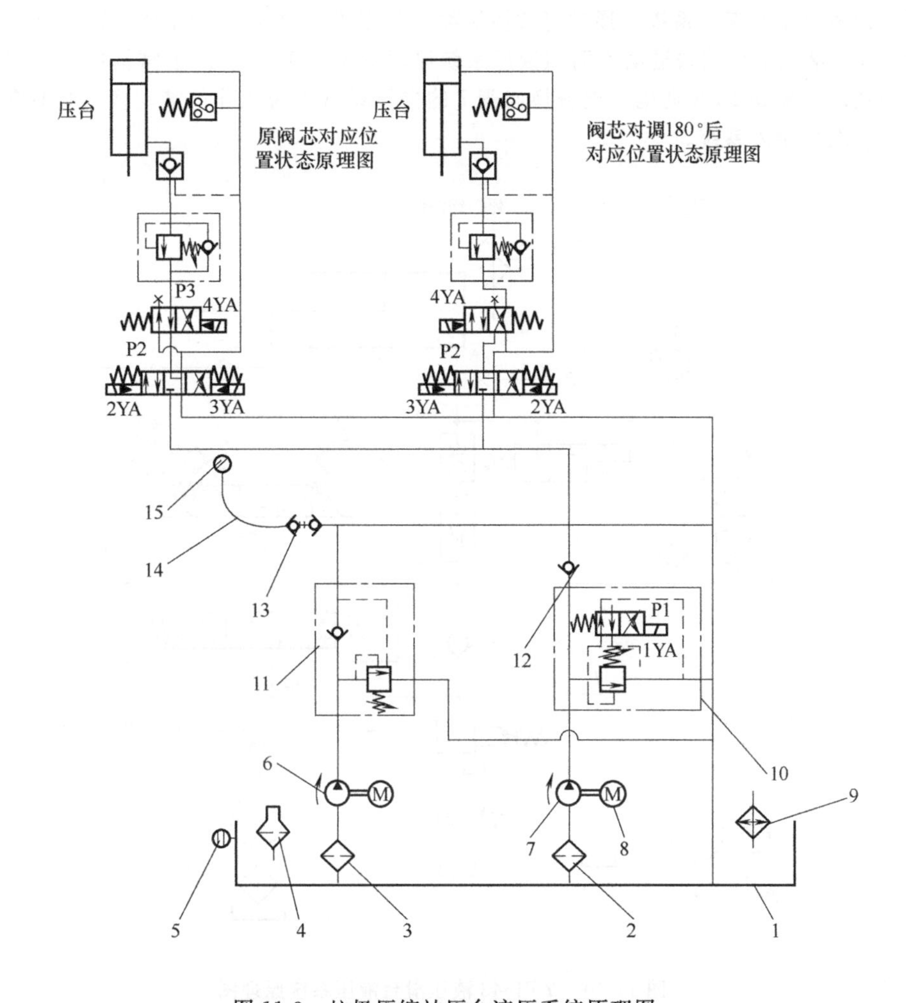

图 11-9　垃圾压缩站压台液压系统原理图

1—油箱；2、3—吸油过滤器；4—空气滤清器；5—液位计；6、7—液压泵；8—电动机；9—冷却器；10—电磁溢流阀；11—卸荷溢流阀；12—单向阀；13—测压接头；14—测压软管；15—压力表

电，压台不动；3YA、4 YA 同时通电，压台慢速伸出。即快进与工进的速度没有区别。为此，我们采用了对比替换方法，首先将有故障的液压站的液压阀对应放在无故障的液压站上，也出现了同样的问题，说明原液压站上的集成块没有问题，这样原因就落在液压阀上。第二步对液压阀进行检查，发现其中控制快进、工进的液压阀的阀芯装反了，将阀芯倒过来以后，将液压阀装在原液压站上，故障现象得以排除。

11.4.3　逻辑分析法

采用逻辑分析法分析液压系统的故障时，可分为两种情况。对较为简单的液压系统，可以根据故障现象，按照动力元件、控制元件、执行元件的顺序在液玉系统原理图的基础上，结合前面的几种方法，正向推理分析故障原因。例如玻璃涂胶设备出现涂不出胶的故障，直观来看就是液压缸的输出力（即压力）不足。根据液压系统原理图来分析，造成压力下降的可能原因有：吸油过滤器堵塞、液压泵内泄漏严重、溢流阀压力调节过低或者溢流阀阻尼孔堵塞、液压缸内泄漏严重、管路连接件泄漏、回油压力过高等等。考虑到这些因素后，再根据已有的检查结果，排除其他因素，逐渐缩小范围，直到解决问题为止。

对于比较复杂的液压系统，通常可按控制油路和工作油路两大部分分别进行分析。例如在分析 YT4543 液压滑台的快进动作时（液压系统原理图见图 11-10），正常情况下主油路为：按下启动按钮，电磁铁 1YA 通电，电液换向阀 7 的先导阀 A 左位工作，液动换向阀 B 在控制压力油作用下将左位接入系统。

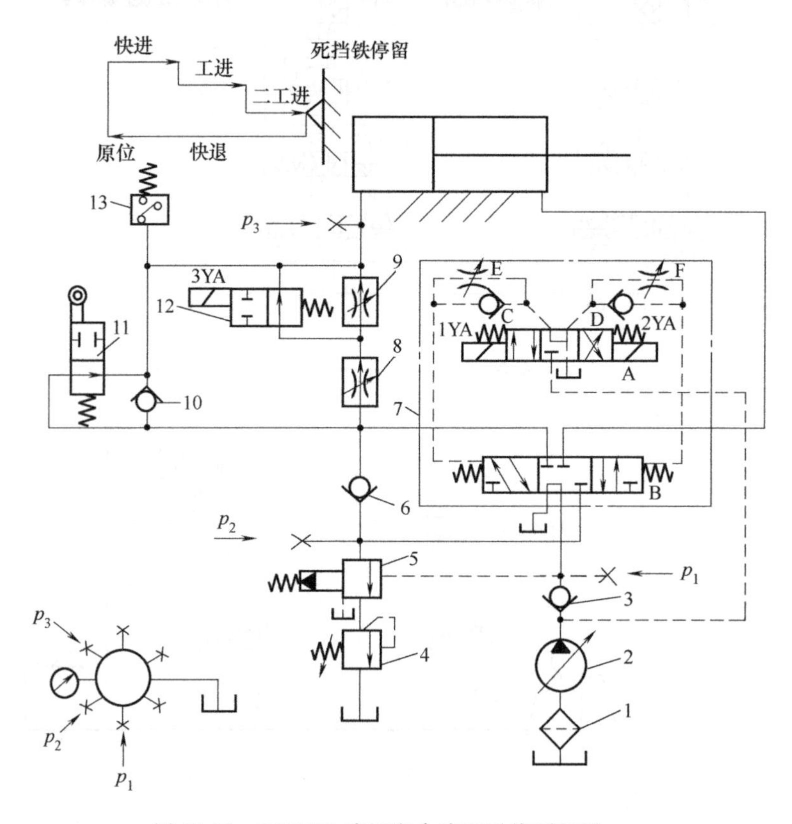

图 11-10 YT4543 液压滑台液压系统原理图

1—滤油器；2—变量泵；3、6、10—单向阀；4—背压阀；5—顺序阀；7—电液换向阀；8、9—调速阀；11—二位二通行程阀；12—二位二通电磁换向阀；13—压力继电器

进油路：油箱→滤油器 1→泵 2→单向阀 3→阀 7→阀 11→液压缸左腔。

回油路：液压缸右腔→阀 7→阀 6→阀 11→液压缸左腔。

液压缸两腔连通，实现差动快进。由于快进阻力小，系统压力低，变量泵输出最大流量。

同理可以分析出控制油路的工作情况。

有了正常情况下的液压原理图，对于出现的故障现象，就可以通过上述分析逐一将故障现象排除。

11.4.4 仪器专项检测法

有些重要的液压设备必须进行定量专项检测，即检测故障发生的根源型参数，为故障判断提供可靠依据。

① 压力 检测液压系统各部位的压力值，分析其是否在允许范围内。

② 流量 检测液压系统各位置的油液流量值是否在正常范围内。

③ 温升 检测液压泵、执行机构、油箱的温度值，分析是否在正常范围内。

④ 噪声 检测异常噪声值，并进行分析，找出噪声源。

应该注意的是：对于有故障嫌疑的液压件要在试验台架上按出厂试验标准进行检测，元件检测要先易后难，不能轻易把重要元件从系统中拆下，甚至盲目解体检查。

⑤ 在线检测 很多液压设备本身配有重要参数的检测仪表，或系统中预留了测量接口，不用拆下元件就能观察或从接口检测出元件的性能参数，为初步诊断提供定量依据。如在液压系统的有关部位和各执行机构中装设压力、流量、位置、速度、液位、温度、过滤阻塞报警等各种监测传感器，某个部位发生异常时，监测仪器均可及时测出技术参数状况，并可在控制屏幕上自动显示，以便于分析研究、调整参数、诊断故障并予以排除。

11.4.5 模糊逻辑诊断方法

故障诊断问题的模糊性质为模糊逻辑在故障诊断中的应用提供了前提。模糊逻辑诊断方法利用模糊逻揖来描述故障原因与故障现象之间的模糊关系，通过隶属函数和模糊关系方程解决故障原因与状态识别问题。

模糊逻辑在故障领域中的应用称为模糊聚类诊断法。它是以模糊集合论、模糊语言变量及模糊逻辑推理为基础的计算机诊断方法，其最大的特征是，能将操作者或专家的诊断经验和知识表示成语言变量描述的诊断规则，然后用这些规则对系统进行诊断。因此，模糊逻辑诊断方法适用于数学模型未知的、复杂的非线性系统的诊断。从信息的观点来看，模糊逻辑诊断是一类规则型的专家系统。

11.4.6 智能诊断方法

对于复杂的故障类型，由于其机理复杂而难于诊断，需要一些经验性知识和诊断策略。专家系统在诊断领域的应用可以解决复杂故障的诊断问题。

液压设备故障诊断专家系统由知识库和推理机组成。知识库中存放各种故障现象、引起故障的原因及原因和现象间的关系，这些都来自有经验的维修人员和领域专家，它集中了多个专家的知识，收集了大量的资料，扣除了个人解决问题时的主观偏见，使诊断结果更接近实际。

一旦液压系统发生故障，通过人机接口将故障现象输入计算机，由计算机根据输入的故障现象及知识库中的知识，按推理机中存放的推理方法推算出故障原因并报告给用户，还可提出维修或预防措施。

目前，故障诊断专家系统存在的问题是缺乏有效的诊断知识表达方法及不确定性推理方法，诊断知识获取困难。

近年来发展起来的神经网络方法，其知识的获取与表达采用双向联想记忆模型，能够存储作为变元概念的客体之间的因果关系，处理不精确的、矛盾的、甚至错误的数据，从而提高了专家系统的智能水平和实时处理能力，是诊断专家系统的发展方向。

11.4.7 基于灰色理论的故障诊断方法

研究灰色系统的有关建模、控模、预测、决策、优化等问题的理论称为灰色理论。通常可以将信息系统分为白色系统、灰色系统和黑色系统。白色系统指系统参数完全已知，黑色系统指系统参数完全未知，灰色系统指部分参数已知而部分参数未知的系统。灰色理论就是通过已知参数来预测未知参数，利用少数据建模从而解决整个系统的未知参数。

实践证明，液压系统发生故障的原因是多方面的、复杂的，既有简单故障，也有多个部位或部件同时发生故障的情况。由于故障检测手段的不完善性、信号获取装置的不稳定性及信息处理方法的近似性，或者缺少有效的观测工具，造成信息不完全，对故障的判断预测带有估计、猜想、假设和臆测等主观想象成分，导致人们对液压系统故障机理的认识带有片面性。另一方面，液压系统是机-电-液系统的复杂组合，在生产过程中产生的故障往往呈现出一定的动态性，这也给液压设备的故障判别带来一定的困难。因此，液压设备、液压系统在运行过程中发生故障与否是确定的，但人们对故障的认识和判别受技术水平的限制，不同的人对故障信息掌握的充分程度不同，会得出不同的诊断结果。由此看出液压系统故障由于掌握信息不完全因而带有一定的灰色性。灰色理论用于液压设备故障诊断就是利用存在的已知信息去推知含有故障模式的不可知信息的特性、状态和发展趋势，其实质也是一个灰色系统的白化问题。

液压设备故障诊断的实质是故障模式识别，采用灰色理论中的灰色关联分析方法，通过设备故障模式与某参考模式之间的接近程度，进行状态识别与故障诊断。这种方法的特点是：建模简单、所需数据少。特别适合用于生产现场的快速诊断。

11.5 150kN 电镦机液压系统的故障诊断实例

11.5.1 设备简介

150kN 电镦机是生产大型机动车气门的液压专用设备，其主要功能是首先将圆柱状合金结构钢通过感应加热，然后再经过液压缸的镦粗成“大蒜头”状，为后续的机械加工做准备。该液压设备共有三个液压缸：夹紧缸、砧子缸、电镦缸。夹紧缸用于夹紧工件，砧子缸用于均匀移动感应电极，电镦缸完成对工件的镦粗动作。

11.5.2 系统工作原理与故障现象

(1) 工作原理

150kN 电镦机液压原理如图 11-11 所示。液压泵启动后，由于电磁阀的电磁铁均处于断电状态，此时夹紧缸处于夹紧工件状态，夹紧缸输出力的大小由减压阀调定；三位电磁换向阀在两端弹簧的作用下处于中位，电镦缸、砧子缸复位，停留在原始位置。对于电镦缸，当三位电磁换向阀左端电磁铁 1YA 通电时，电镦缸无杆腔进油，有杆腔回油，活塞杆伸出，电镦缸处于快进或工进状态（顶锻状态）；当三位电磁换向阀右端电磁铁 2YA 通电时，液压缸有杆腔进油，无杆腔回油，活塞杆缩回；系统压力随着负载的压力而变化，同时变量柱塞泵根据负载大小自动工作在快进（定量泵段）阶段或工进（变量泵段）阶段。对于砧子缸，其主要作用是带动感应加热圈给工件均匀加热，同时要承担电镦缸作用在工件上的部分作用力。砧子缸输出力的大小由减压阀调定。当其三位电磁换向阀左端电磁铁 3YA 通电时，砧子缸下腔进油，上腔回油，活塞杆向上伸出，伸出速度由调速阀调整；当三位电磁换向阀右端电磁铁 4YA 通电时，液压缸上腔进油，下腔回油，活塞杆缩回。当电磁铁 5YA 通电时，夹紧缸松开工件，从而完成一个动作循环。

从工作原理来看， 150kN 电镦机的设计中，电镦缸支路采用了变量泵与节流阀组成的容积节流调速回路，有效解决了轻载快进和重载慢进的矛盾，功率利用合理；砧子缸采用了调速阀的出口节流调速回路，提高了执行元件的运动平稳性，保障了对工件加热的均匀性；夹紧缸采用了断电夹紧工作状态，符合安全操作规程。总体来看，从工作原理的设计角度，该系统的设计是合理的。然而，在该系统的调试过程中却存在着以下故障现象。

(2) 故障现象

① 执行元件（砧子缸、夹紧缸）只能动作一次，减压阀“不起作用”，减压阀后面的压力表显示的是系统压力，并非减压阀的调定压力。

② 电镦缸返程时间太长，要求 10s 以内，实际近 15s，严重影响生产效率（汽车配件为大批量生产，对生产节拍要求很严格）。

③ 开机 20min 后，系统过热。

④ 电镦缸的速度稳定性差，出现了时快时慢的爬行现象。

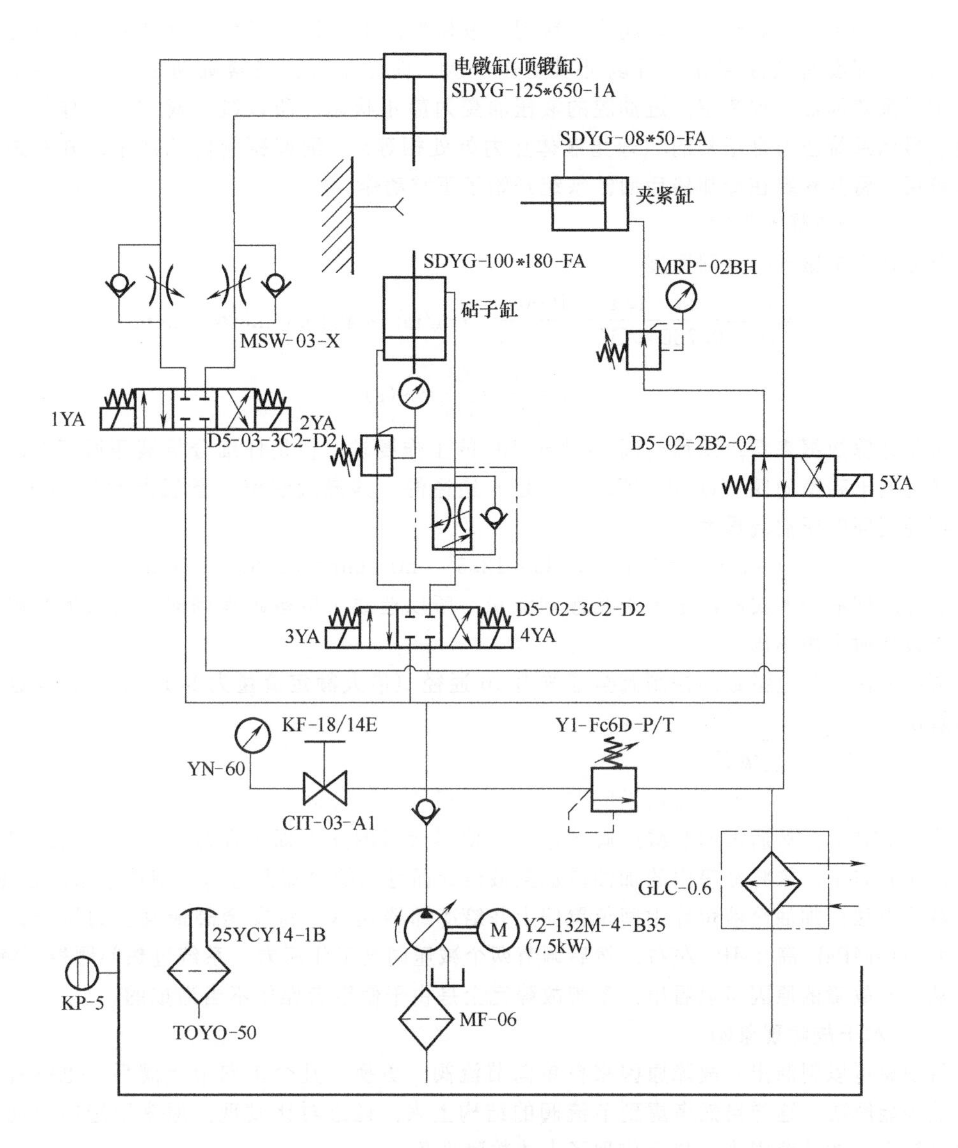

图 11-11 150kN 电镦机液压原理图

11.5.3 原因分析与故障排除

应当指出的是，150kN 电镦机液压系统由于结构上的原因，采用了分离式结构，即液压元件集成在一起，液压泵电机组、冷却器一起安装在油箱上，相互之间通过管路连接。针对以上故障现象，逐一进行分析如下。

(1) 对于故障现象①

通过对现场的考察和询问，得知单独测试液压元件集成单元时，减压阀后的压力表显示的是减压阀的调定压力，并非系统压力，说明该单元本身没有问题。所以将问题集中在液压泵电机组、冷却器、油箱上面，由于系统有压力，所以液压泵电机组的原因也被排除在外，很自然原因出现在冷却器及其连接管路上。经分段现场检查，冷却器本身没有问题，判断原因出现在冷却器出口至油箱的回油管路（钢管连接）上。由于回油钢管需要弯管，现场施工人员采用了灌沙后加热弯曲的方法。加热后，沙子粘在钢管内，造成系统回油路被堵塞。那么如何解释执行元件（砧子缸、夹紧缸）只能动作一次呢？很显然，由于砧子缸、夹紧缸两个执行元件开始时的两个腔都没有油液存在，所以可以动作一次。而砧子缸、夹紧缸两个执行元件动作一次后，由于系统回油路被堵塞，进油腔的液压油变为静止状态，所以减压阀“不起作用”了，而压力表显示系统压力是正常的（静止液体压力处处相等）。清理钢管内的沙子，并在进一步清洗钢管后，将其安装在冷却器后面，系统开始了正常动作。

(2) 对于故障现象②

首先计算电镦缸的返回速度

$$v=\frac{q}{A}=\frac{25\times1.45\times1000}{0.785\times(12.5^2-7^2)}\ \text{cm/min}\approx431\text{cm/min}\approx7.2\text{cm/s}$$

$$t=\frac{s}{v}=\frac{65}{7.2}\approx9(\text{s})$$

仅从计算数据来看，返程时间 9s 小于 10s 的工作要求。但是仔细分析液压原理图，可见控制电镦缸的电磁换向阀（D5-02-3C2-D2）是 6 通径的，其最大额定流量仅为 40L/min，而电镦缸无杆腔返回时所需流量为

$$q=v\times A=431\times0.785\times12.5^2\ \ \text{mL/min}\approx52.86\ \ \text{L/min}$$

显然，回油腔的实际流量大于其额定流量，所以造成了电镦缸返回时间过长的故障。这就是由于设计时考虑不周。

解决方法：将电镦缸的控制阀全部改为 10 通径（最大额定流量为 80L/min），问题得到了圆满解决。

(3) 对于故障现象③

由于现场操作人员不看使用说明书，将安全阀调到了最高压力（打开压力表开关时，指针指到约 32MPa），然后再调节减压阀的压力，使得大量的压力损失在减压阀上，同时操作人员为了试车时省事，未将油箱内的加油量加至液位计而且未给冷却器通水，造成了系统过热。

解决方法：加油至液位计中间位置偏上并给冷却器通水，将安全阀最高压力调至比最大工作压力（13MPa）高 2MPa 左右，然后调节两个减压阀至工作压力，系统过热问题得到解决。

从这一故障的原因可以看出：系统故障完全是由于使用者操作不当造成的。

(4) 对于故障现象④

从现象可以判断出，故障原因来自单向节流阀，更换了几个单向节流阀后，电镦缸爬行现象仍然未能解决，这样自然考虑到节流阀的结构上来，通过对比发现，原来所选的单向节流阀其锥度较大，调节范围小，故而出现了上述故障现象。

解决方法：更换了锥度较小的单向节流阀，问题得到解决。

这里举例所发生的故障出现在系统调试阶段，如果出现在使用一段时间后，液压系统的使用与维护方面的问题会逐渐显示出来，例如液压油的污染引起的种种故障问题。由于现场的故障多种多样，所以读者在现场解决实际问题时，应灵活运用所介绍的故障诊断方法，具体问题具体分析，同时注意积累经验，为液压系统的故障诊断奠定良好的基础。

第 12 章 液压元件试验方法

液压元件试验必须符合相关的国家或行业标准，因此各个生产制造商的元件试验台从原理上讲都是相同的，但由于要求、复合程度、自动化程度不同，表面上看起来有很大差异，但无论如何，液压元件试验必须包括型式试验和出厂试验内容。所谓型式试验是指在产品设计完成后，对产品能否满足技术规范的全部要求进行的严格试验，从而确定设计和生产能否定性。出厂试验是指查明已定型的产品在批量生产过程中的质量稳定性。本章主要对液压泵、液压阀、液压缸的试验方法进行介绍，并介绍了一个超高压液压缸综合性能试验台的实例。

12.1 液压泵试验方法

12.1.1 液压泵空载排量测试方法

(1) 试验相关术语

为便于叙述，将液压泵测试过程中相关术语列于表 12-1 中。

表 12-1 试验相关术语

术语	含 义
额定压力	在规定转速范围内连续运转，并能保证设计寿命的最高输出压力
空载压力	液压泵输出压力不超过 5%的额定压力或 0.5MPa 的输出压力
最高压力	允许短时运转的最高输出压力
额定转速	在额定压力、规定进油条件下，能保证设计寿命的最高转速
最低转速	能保证输出稳定的额定压力所允许的转速最小值
排量	液压泵在没有泄漏的情况下每转一转所输出的油液的体积
公称排量	液压泵几何排量公称值
空载排量	液压泵在空载稳态工况和多种转速下测得的排量
有效排量	在设定压力下测得的实际排量
额定工况	额定压力、额定转速(变量泵在最大排量)条件下的运行工况

(2) 试验油液

试验油液应为 GB/T 7631《润滑剂、工业用油和有关产品》中规定的工作介质液压油，黏度应满足被试元件正常工作的要求，在试验中应标明试验油液在控制温度下的黏度 ν 和密度 ρ。

油液温度要求:

① 试验过程中，除特殊要求外，被试元件进口油液温度控制在 50℃，其温度变动范围应符合表 12-2 的规定。

表 12-2 温度变动允许范围

测试精度	A	B	C
油温变动允许范围/℃	±1.0	±2.0	±4.0

② 在试验过程中应记录下述温度的测量值：

a. 被试元件进口油温；

b. 被试元件出口油温；

c. 流量测量处的油温；

d. 环境温度（离被试元件 2m 范围内）。

(3) 壳体压力

当被试元件壳体内腔的油压影响其性能时，试验时应将壳体内腔的油压控制在该元件所允许的压力范围内。

12.1.2 试验装置及试验回路

(1) 一般要求

① 试验装置应有放气措施，以便在试验前排除系统中的全部自由空气。

② 设计、安装试验装置时，应充分考虑人员和设备的安全。

③ 被试元件的进出油口与压力、温度测量点之间的管道应为直硬管，管道应均匀并与进出油口尺寸一致。

④ 当被试元件进出油管路中有压力控制阀、接头、弯头等影响压力测量精度时，其安装位置离压力测量点的距离，在进口处不小于 $10d$，在出口处不小于 $5d$（d 为被试元件进出油口的通径）。

⑤ 管道中压力测量点的位置应设置在离被试元件进出油口端面 (2～4) d 处。如果该处有因素影响压力稳定等，允许将测量点的位置移动至更远处，但要考虑管路的压力损失。

⑥ 管道中温度测量点的位置应设置在距离压力测量点 (2～4) d 处。

⑦ 在试验系统中应安装满足被试元件过滤精度要求的滤油器。

⑧ 当采用充气油箱来提高被试元件的进口压力时，则应采取适当措施尽量减少吸入或溶入的空气。

(2) 试验回路

液压泵试验的开式回路见图 12-1、图 12-2，若采用图 12-2 的液压系统，则供油压力应保持在规定的范围内。液压泵试验的闭式系统见图 12-3，其补油泵的流量应稍大于系统的总泄漏量。图 12-1、图 12-2、图 12-3 中输出口后面的流量计 5 的安装位置可任选其中之一，若选择在 5b 处安装，则溢流阀后面的压力表 3d、温度计 4d 可以不安装。

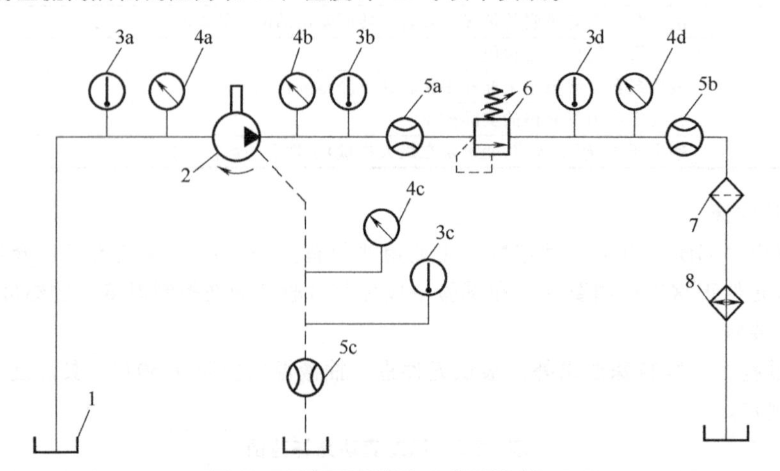

图 12-1 液压泵试验开式系统（一）

1—油箱；2—液压泵；3—温度计；4—压力表；5—流量计；6—溢流阀；7—过滤器；8—冷却器

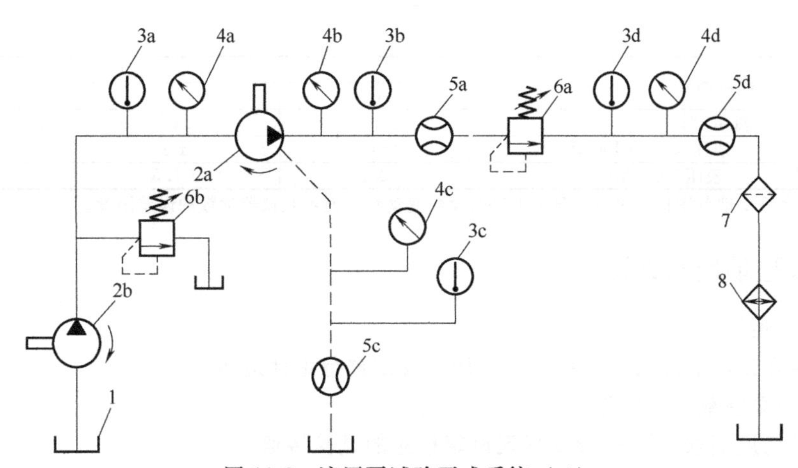

图 12-2 液压泵试验开式系统（二）

1—油箱；2—液压泵；3—温度计；4—压力表；5—流量计；6—溢流阀；7—过滤器；8—冷却器

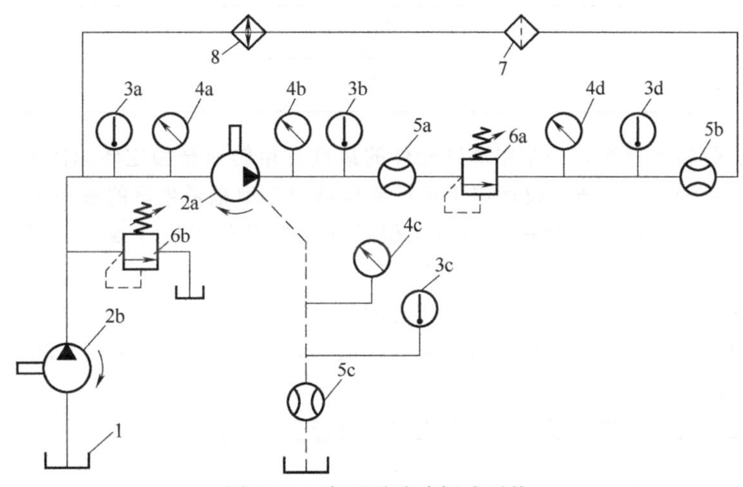

图 12-3 液压泵试验闭式系统

1—油箱；2—液压泵；3—温度计；4—压力表；5—流量计；6—溢流阀；7—过滤器；8—冷却器

(3) 测量准确度及允许误差

测量准确度等级分 A、B、C 三个级别，型式试验的测量准确度等级不应低于 B 级，出厂试验的测量准确度不应低于 C 级，各等级测量系统的允许系统误差应符合表 12-3 规定。

表 12-3 测量系统的允许误差

测量内容		允许误差		
		A	B	C
转速/%		±0.5	±1.0	±2.0
流量/%		±0.5	±1.5	±2.5
压力	表压<0.2MPa/kPa	±1	±3	±5
	表压≥0.2MPa/%	±0.5	±1.5	±2.5
温度/℃		±0.5	±1.0	±2.0

注：测量每个设定点的压力、流量、转速时，应同时测量，测量次数不少于 3 次。

(4) 稳态工况

测量参数的显示值在表 12-4 规定的范围内变动时为稳态工况。

表 12-4 测量参数允许变动范围

测试内容	允许变动范围		
	A	B	C
转速/%	±0.5	±1.0	±2.0

续表

测试内容		允许变动范围		
		A	B	C
流量/%		±0.5	±1.0	±2.5
压力	表压<0.2MPa/kPa	±1	±3	±5
	表压≥0.2MPa/%	±0.5	±1.5	±2.5

注：列出的允许变动范围指从仪器上显示出来的读数变动量，而不是仪器读数的误差限度。

12.1.3 试验项目和方法

(1) 跑合运转

被试元件在试验前应按制造单位或设计的规定进行跑合运转。

(2) 液压泵空载排量试验

根据测试精度要求，按表 12-5 规定设定相应的试验转速。

表 12-5 试验转速

测试精度	转速测量挡数	试验转速
A	≥10	均匀分布
B	≥5	
C	3	
	1	额定转速

① 设定的试验转速应均匀分布在被试元件的最低许用转速至额定转速的范围内并包括最低许用转速和额定转速； 1 挡转速仅适用于已经鉴定或已定型批量生产的液压泵。

② 在相同试验工况中，泵的输入压力应保持在制造单位或设计规定范围内的同一设定值上，输出压力在整个试验过程中应保持恒定。

③ 测量液压泵在空载稳态工况下设定转速的流量 q_v 和转速 n。

④ 对于变量泵应在最大排量和其他要求的排量（如最大排量的 75%、 50%、 25%）的工况下进行上述试验。

⑤ 对于能改变流向的液压泵应在两个流向下进行上述试验。

12.2 齿轮泵试验方法（JB/T 7041—2006）

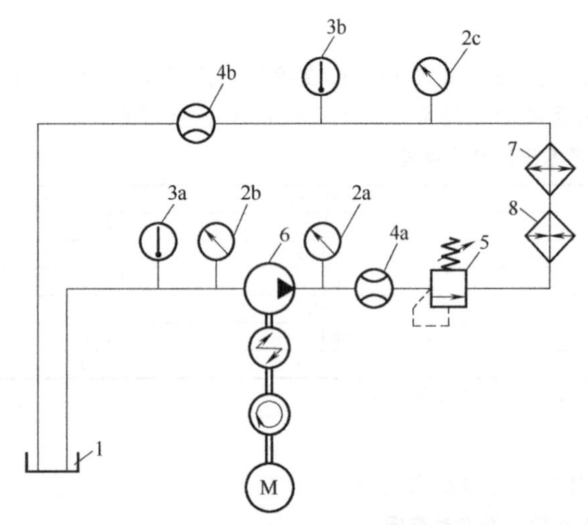

图 12-4 液压泵试验开式系统原理图

1—油箱；2—压力表；3—温度计；4—流量计；5—溢流阀；6—被试泵；7—冷却器；8—加热器

12.2.1 试验油液

① 试验油液应为被试泵适用的工作介质。

② 温度 除明确规定外，型式试验应在 50℃± 2℃下进行，出厂试验应在 50℃± 4℃下进行。

③ 黏度 40℃时的运动黏度为 42～74mm²/s（特殊要求另行规定）。

④ 污染度 试验用油液的固体颗粒污染等级代号不得高于 GB/T 14039—2002 规定的 19/16。

12.2.2 试验装置及试验回路

试验原理图见图 12-4、图 12-5。

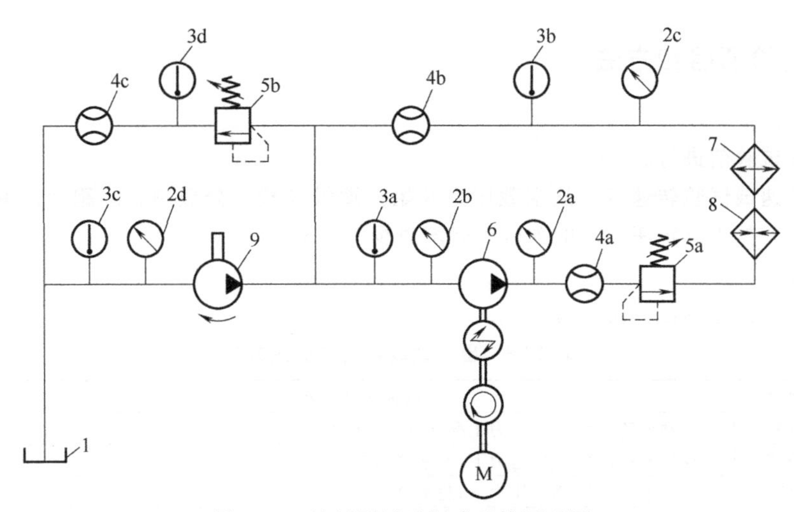

图 12-5 液压泵试验闭式系统原理图

1—油箱；2—压力表；3—温度计；4—流量计；5—溢流阀；6—被试泵；7—冷却器；8—加热器；9—补油泵

12.2.3 试验测试点的位置

① 压力测量点 设置在被试泵进出油口的(2～4)d (d 为管道通径)处。稳态试验时，允许将测量点的位置移至距离被试泵更远处，但必须考虑管路的压力损失。

② 温度测量点 设置在距压力测量点(2～4)d 处，且比压力测量点更远离被试泵。

③ 噪声测量点 测量点的位置和数量符合 GB/T 17483—1998 的规定。

12.2.4 测量准确度和测量系统允许误差

测量准确度等级分 A、 B、 C 三个级别，型式试验的测量准确度不应低于 B 级；出厂试验的测量准确度不应低于 C 级。各等级测量系统的允许误差应符合表 12-6 规定。

表 12-6 测量系统的允许误差

测量参数	允许误差		
	A	B	C
压力(表压力 $p<0.2$MPa)/kPa	±1.0	±3.0	±5.0
压力(表压力 $p\geqslant0.2$MPa)/%	±0.5	±1.5	±2.5
流量/%	±0.5	±1.5	±2.5
转矩/%	±0.5	±1.0	±2.0
转速/%	±0.5	±1.0	±2.0
温度/℃	±0.5	±1.0	±2.0

12.2.5 稳态工况

在稳态工况下，被控参数平均显示值的变化范围应符合表 12-7 的规定。

表 12-7 测量参数平均显示值允许变动范围

测量参数	允许变化范围		
	A	B	C
压力(表压力 $p<0.2$MPa)/kPa	±1.0	±3.0	±5.0
压力(表压力 $p\geqslant0.2$MPa)/%	±0.5	±1.5	±2.5
流量/%	±0.5	±1.5	±2.5
转矩/%	±0.5	±1.0	±2.0
转速/%	±0.5	±1.0	±2.0

12.2.6 试验项目和方法

(1) 跑合

跑合应在试验前进行。

在额定转速或试验转速下，从空载压力开始，逐级加载，分级跑合。跑合时间与压力分级根据需要确定，其中额定压力下的跑合时间不得少于2min。

(2) 出厂试验

出厂试验项目和测试方法见表12-8。

表12-8 出厂试验项目和测试方法

序号	试验项目	试验内容和方法	试验类型
1	排量试验	在额定转速①，空载压力工况下，测量排量	必试
2	容积效率试验	在额定转速①、额定压力下，测量容积效率	必试
3	总效率试验	在额定转速①、额定压力下，测量总效率	抽试
4	超载试验	在额定转速①和下列压力之一工况下进行超载试验： a. 125%的额定压力(当额定压力＜20MPa时)，连续运转1min以上 b. 最高压力或125%的额定压力(当额定压力≥20MPa时)，连续运转1min以上	必试
5	外渗漏检查	在上述试验全过程中，检查各部位的渗漏情况	必试

① 允许采用试验转速代替额定转速，试验转速可由企业根据试验设备条件自行确定，但应保证产品性能。

(3) 型式试验

型式试验项目和测试方法见表12-9。

表12-9 型式试验项目和测试方法

序号	试验项目	试验内容和方法	备注
1	排量验证试验	按GB/T 7936—2012的规定执行	
2	效率试验	在额定转速至最低转速范围内的五个等分转速①下，分别测量空载压力至额定压力范围内至少六个等分压力点的有关效率的各组数据 在额定转速下，进口油温为20～35℃和70～80℃时，分别测量被试泵在空载压力至额定压力范围内至少六个等分压力点②的有关效率的各组数据 绘制50℃油温、不同压力时的功率、流量、效率随转速变化的曲线(图12-6) 绘制20～35℃、50℃、70～80℃油温时，功率、流量、效率随压力变化的曲线(图12-7)	
3	压力振摆检查	在额定工况下，观察并记录被试泵出口压力振摆值	仅适用于额定压力为2.5MPa的齿轮泵
4	自吸试验	在额定转速、空载压力工况下，测量被试泵吸口真空度为零时的排量。以此为基准，逐渐增加吸入阻力，直至排量下降1%时，测量其真空度	
5	噪声试验	在1500r/min的转速下(当额定转速＜1500r/min时，在额定转速下)，并保证进口压力在－16kPa至设计规定的最高进口压力的范围内，分别测量被试泵空载压力至额定压力范围内，至少六个等分压力点②的噪声值	本底噪声值应比泵实测噪声值低10dB(A)以上，否则应进行修正 本项目为考查项目
6	低温试验	使被试泵和进口油温均为－25～－20℃，油液黏度在被试泵所允许的最大黏度范围内，在额定转速、空载压力工况下启动被试泵至少五次	有要求时做此项试验 可以由制造商与用户协商，在工业应用中进行
7	高温试验	在额定工况下，进口油温为90～100℃时，油液黏度在不低于被试泵所允许的最低黏度条件下，连续运转1h以上	
8	低速试验	在输出稳定的额定压力，连续运转10min以上的情况下测量流量、压力数据，计算容积效率并记录最低转速	仅适用于额定压力为10～25MPa的齿轮泵
9	超速试验	在转速为115%额定转速或规定的最高转速时，分别在额定压力和空载压力下连续运转15min以上	

续表

序号	试验项目	试验内容和方法	备注
10	超载试验	在被试泵的进口油温为 80～90℃、额定转速和下列压力之一工况下进行超载实验： a. 125%的额定压力（当额定压力＜20MPa 时），连续运转 b. 最高压力或 125%的额定压力（当额定压力≥20MPa 时）连续运转	仅适用于额定压力为 10～25MPa 的齿轮泵
11	冲击试验	在 80～90℃的进口油温和额定转速、额定压力下进行冲击。冲击波形见图 12-8 规定，冲击频率 20～40 次/min	仅适用于额定压力为 10～25MPa 的齿轮泵
12	满载试验	在额定工况下，被试泵进口油温为 30～60℃时，做连续运转	仅适用于额定压力为 2.5MPa 的齿轮泵
13	效率检查	完成上述规定项目试验后，测量额定工况下的容积效率和总效率	
14	密封性能检查	将被试泵擦干净，如有个别部位不能一次擦干净，运转后产生"假"渗漏现象，允许再次擦干净 静密封：将干净吸水纸压贴于静密封部位，然后取下，纸上如有油迹即存在渗油 动密封：在动密封部位下方放置白纸，于规定时间内纸上不应有油滴	

注：试验项目序号 10～12 属于耐久性试验项目。

① 包括最低转速和额定转速。

② 包括空载压力和额定压力。

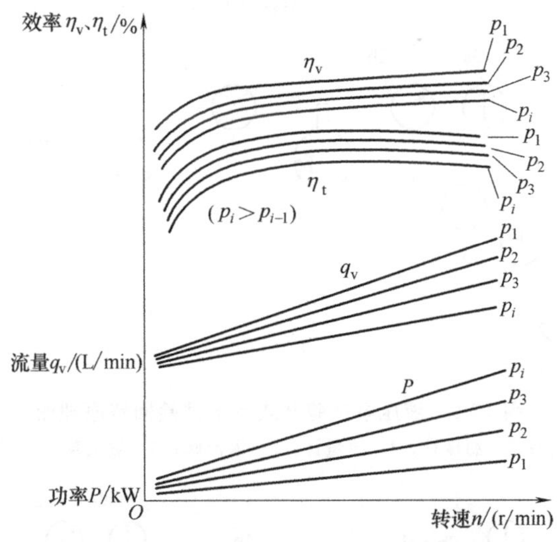

图 12-6 功率、流量、效率随转速变化曲线

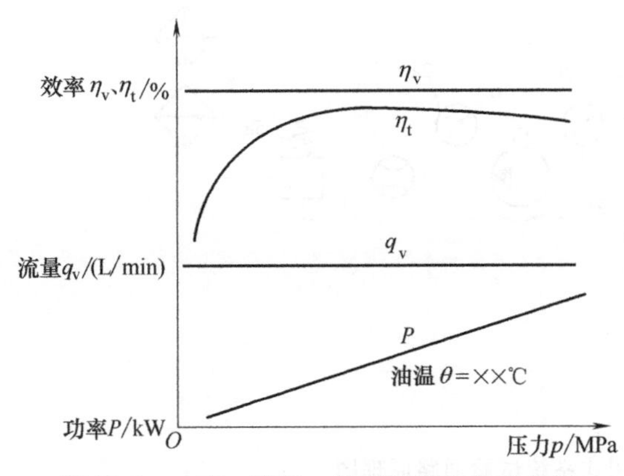

图 12-7 功率、流量、效率随压力变化曲线

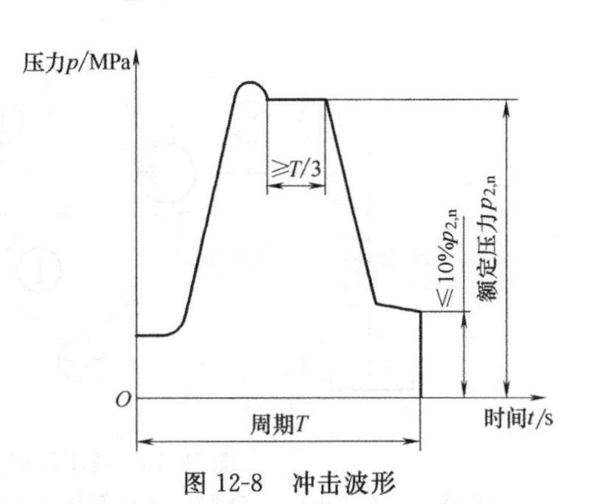

图 12-8 冲击波形

12.3 叶片泵试验方法

12.3.1 试验油液

试验油液应为被试泵适用的工作介质。

① 温度 除明确规定外，型式试验应在50℃±2℃下进行，出厂试验应在50℃±4℃下进行。

② 黏度 40℃时的运动黏度为42～74mm²/s（特殊要求另行规定）。

③ 污染度 试验用油液的固体颗粒污染等级代号不得高于GB/T 14039—2002规定的19/16。

12.3.2 试验装置及试验回路

开式系统试验回路原理图见图12-9，闭式系统试验回路原理图见图12-10。

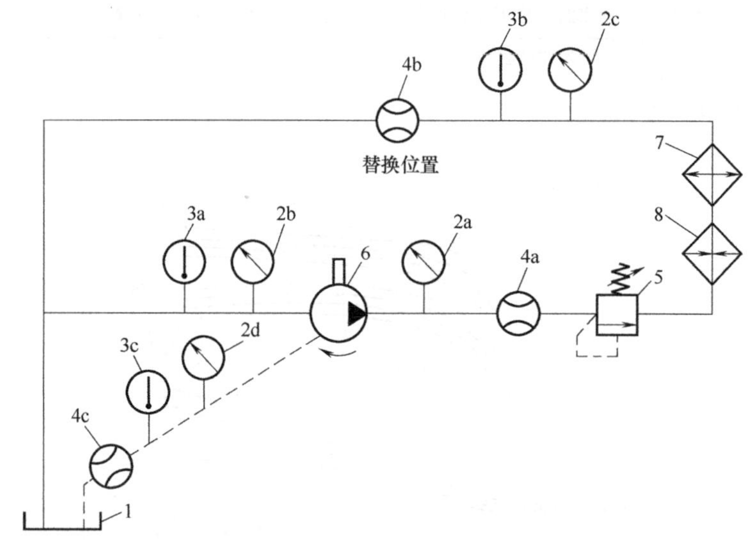

图12-9 液压泵试验开式系统试验回路原理图

1—油箱；2—压力表；3—温度计；4—流量计；5—溢流阀；6—被试泵；7—冷却器；8—加热器

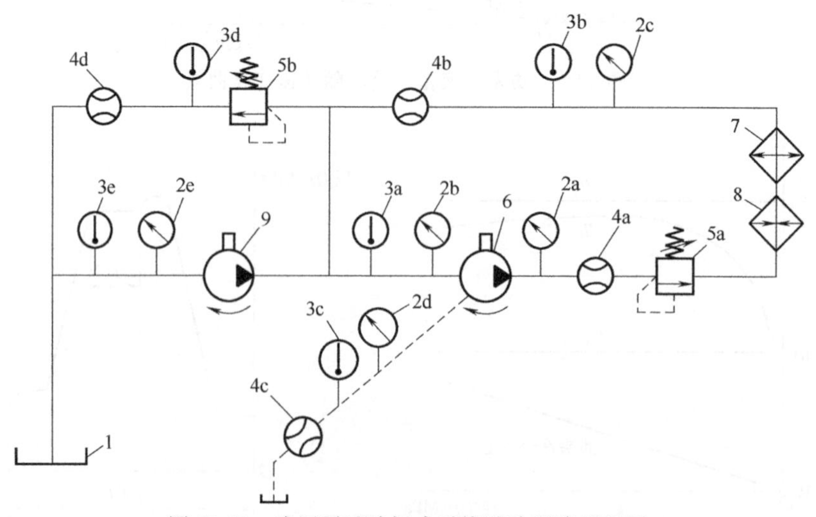

图12-10 液压泵试验闭式系统试验回路原理图

1—油箱；2—压力表；3—温度计；4—流量计；5—溢流阀；6—被试泵；7—冷却器；8—加热器；9—补油泵

12.3.3　试验测试点的位置

① 压力测量点　设置在距被试泵进出油口（2～4）d（d 为管道通径）处。稳态试验时，允许将测量点的位置移至距离被试泵更远处，但必须考虑管路的压力损失。

② 温度测量点　设置在距压力测量点（2～4）d 处，且比压力测量点更远离被试泵。

③ 噪声测量点　测量点的位置和数量符合 GB/T 17483—1998 的规定。

12.3.4　测量准确度和测量系统允许误差

测量准确度等级分 A、B、C 三个级别，型式试验的测量准确度等级不应低于 B 级，出厂试验的测量准确度不应低于 C 级。各等级测量系统的允许误差应符合表 12-6 的规定。

12.3.5　稳态工况

在稳态工况下，被控参数平均显示值的变化范围应符合表 12-7 的规定。

12.3.6　试验项目和方法

（1）跑合

跑合应在试验前进行。

在额定转速或试验转速下，从空载压力开始，逐级加载，分级跑合。跑合时间与压力分级根据需要确定，其中额定压力下的跑合时间不得少于 2min。

（2）出厂试验

出厂试验项目和测试方法见表 12-10。

表 12-10　出厂试验项目和测试方法

序号	试验项目	试验内容和方法	试验类型	备注
1	排量验证试验	按 GB/T 7936—2012 的规定进行(变量泵进行最大排量验证)	必试	
2	容积效率试验	在额定压力(变量泵为 70%截流压力)、额定转速下，测量容积效率(变量泵在最大排量下试验)	必试	
3	压力振摆检验	在额定压力及额定转速下，观察并记录被试泵出口压力振摆值(变量泵在最大排量下试验)	抽试	
4	输出特性试验	在最大排量及额定转速下，调节负载使被试泵出口缓慢地升至截流压力，然后再缓慢地降至空载压力，重复三次，绘制出输出特性曲线	必试	仅对变量泵
5	超载性能试验	在额定转速下，以 125%额定压力连续运转 1min	抽试	仅对定量泵
6	冲击试验	在额定转速下按下述要求连续冲击 10 次以上，冲击频率为 10～30 次/min，截流压力下包压时间大于 $T/3$(T 为循环周期)，卸载压力低于截流压力的 10%	抽试	仅对变量泵
7	密封性检查	在上述全部试验过程中，检查动、静密封部位，不得有外泄流	必试	

（3）型式试验

型式试验项目和测试方法见表 12-9。

12.4　柱塞泵试验方法

12.4.1　试验油液

试验油液应为被试泵适用的工作介质。

① 温度　除明确规定外，型式试验应在 50℃±2℃下进行，出厂试验应在 50℃±4℃下进行。

② 黏度 40℃时的运动黏度为 42～74mm^2/s（特殊要求另行规定）。

③ 污染度 试验用油液的固体颗粒污染等级代号不得高于 GB/T 14039—2002 规定的 19/16。

12.4.2 试验装置及试验回路

试验原理图见图 12-11、图 12-12。

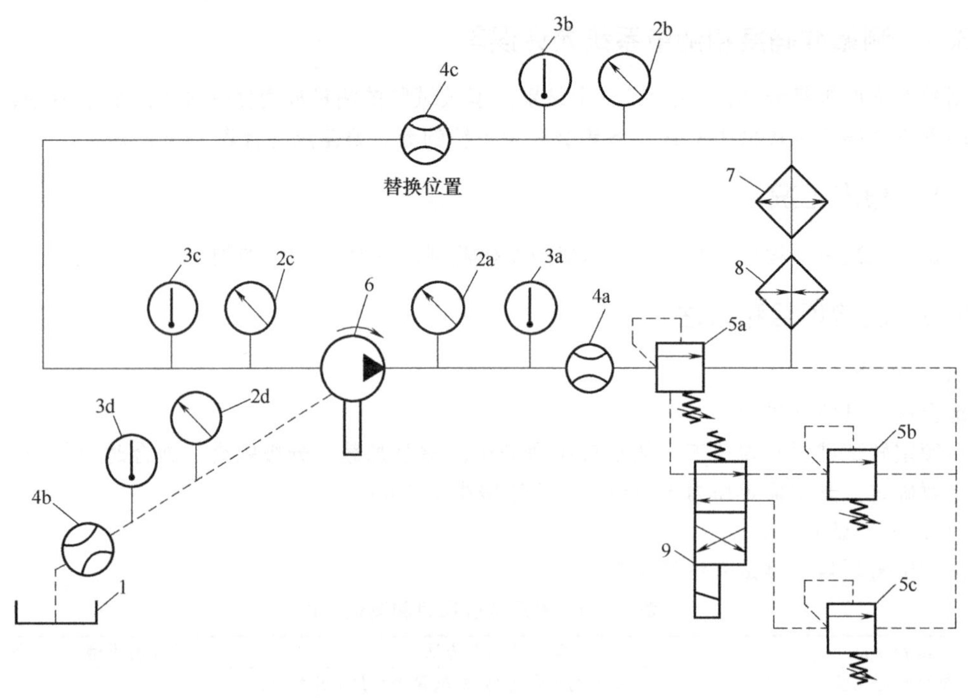

图 12-11 液压泵试验开式系统原理图

1—油箱；2—压力表；3—温度计；4—流量计；5—溢流阀；6—被试泵；7—冷却器；8—加热器；9—电磁换向阀

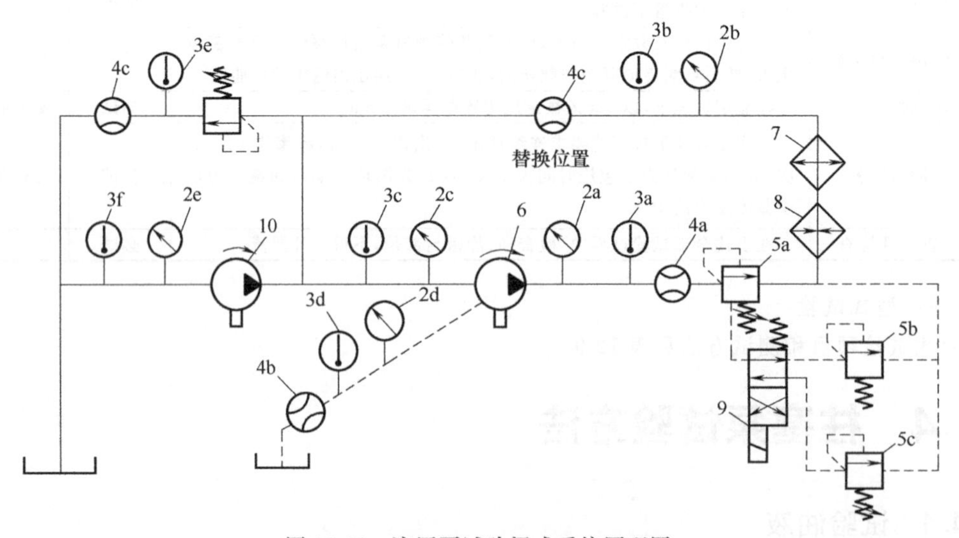

图 12-12 液压泵试验闭式系统原理图

1—油箱；2—压力表；3—温度计；4—流量计；5—溢流阀；6—被试泵；7—冷却器；8—加热器；9—电磁换向阀；10—补油泵

12.4.3 试验测试点的位置

① 压力测量点 设置在距被试泵进出油口（2～4）d（d为管道通径）处。稳态试验时，允许将测量点的位置移至距离被试泵更远处，但必须考虑管路的压力损失。

② 温度测量点 设置在距压力测量点（2～4）d处，且比压力测量点更远离被试泵。

③ 噪声测量点 测量点的位置和数量符合GB/T 17483—1998的规定。

12.4.4 测量准确度和测量系统允许误差

测量准确度等级分A、B、C三个级别，型式试验的测量准确度等级不应低于B级，出厂试验的测量准确度不应低于C级。各等级测量系统的允许误差应符合表12-6规定。

12.4.5 稳态工况

在稳态工况下，被控参数平均显示值的变化范围应符合表12-7的规定。

12.4.6 试验项目和方法

（1）跑合

跑合应在试验前进行。

在额定转速或试验转速下，从空载压力开始，逐级加载，分级跑合。跑合时间与压力分级根据需要确定，其中额定压力下的跑合时间不得少于2min。

（2）出厂试验

出厂试验项目和测试方法见表12-11。

表12-11 出厂试验项目和测试方法

序号	试验项目	试验内容和方法
1	超载试验	在额定转速①和下列压力之一工况下进行超载实验： a. 125%的额定压力（当额定压力<20MPa时），连续运转1min以上 b. 最高压力或125%的额定压力（当额定压力≥20MPa时），连续运转1min以上
2	排量试验	在额定转速①，空载压力工况下，测量排量
3	容积效率试验	在额定转速①、额定压力下，测量容积效率
4	外渗漏检查	在上述试验全过程中，检查各部位的渗漏情况

注：①允许采用试验转速代替额定转速，试验转速可由企业根据试验设备条件自行确定，但应保证产品性能。

（3）型式试验

型式试验项目和测试方法见表12-9。

12.5 液压阀试验方法

12.5.1 流量控制阀试验方法（GB 8104—1987）

（1）试验相关术语

试验相关术语见表12-12。

表12-12 试验相关术语

术语	含义
旁通节流	将一部分流量分流至主油箱或压力较低的回路，以控制执行元件输入流量的一种回路状态
进口节流	控制执行元件的输入流量的一种回路状态
出口节流	控制执行元件的输出流量的一种回路状态
三通旁通节流	流量控制阀自身需要旁通排油口的进口节流回路状态

(2) 试验用油液

① 试验用液压油的固体颗粒污染等级代号不得高于GB/T 14039—2002规定的19/16（有特殊要求时，可另作规定）。

② 在同一温度下，测定不同的油液黏度影响时，要用同一类型但黏度不同的油液。

③ 以液压油为工作介质试验元件时，被试阀进口处的油液温度规定为50℃，采用其他油液为工作介质或有特殊要求时可另作规定。

④ 冷态启动试验时油液温度应低于25℃。在试验开始后允许油液温度上升。

⑤ 选择试验温度时，要考虑该阀是否需要试验温度补偿性能。

(3) 试验回路

用作进口节流和三通旁通节流的流量控制阀试验回路原理图见图12-13；用作出口节流的流量控制阀试验回路原理图见图12-14；用作旁通节流的流量控制阀试验回路原理图见图12-15。

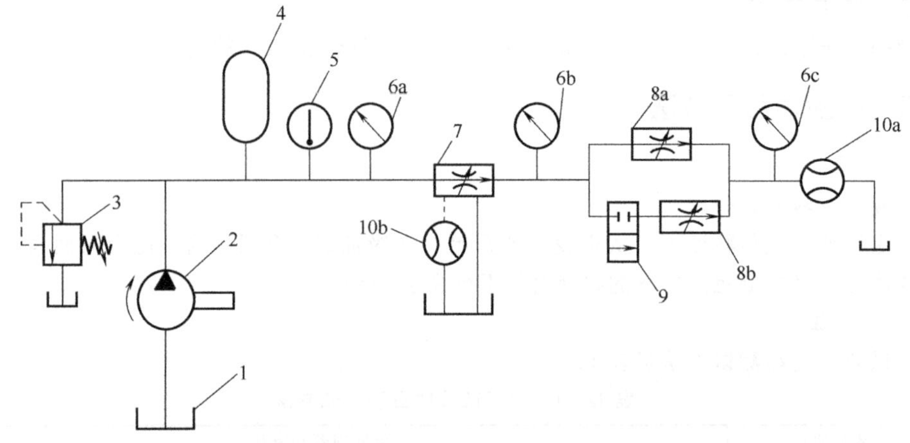

图12-13　流量控制阀用作进口节流和三通旁通节流时的试验回路

1—油箱；2—液压泵；3—溢流阀；4—蓄能器；5—温度计；6—压力表；
7—被试阀；8—节流阀；9—二位二通换向阀；10—流量计

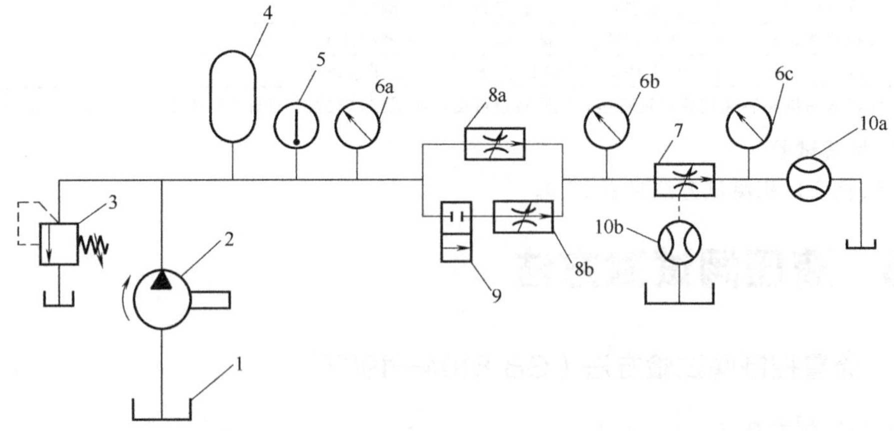

图12-14　流量控制阀用作出口节流的试验回路

1—油箱；2—液压泵；3—溢流阀；4—蓄能器；5—温度计；6—压力表；
7—被试阀；8—节流阀；9—二位二通换向阀；10—流量计

允许采用包含两种或多种试验条件的综合回路，允许在给定的基本回路中增设调节压力、流量和保证试验系统安全工作的原件。

与被试阀连接的管道和管接头的内径应和阀的公称直径相一致。

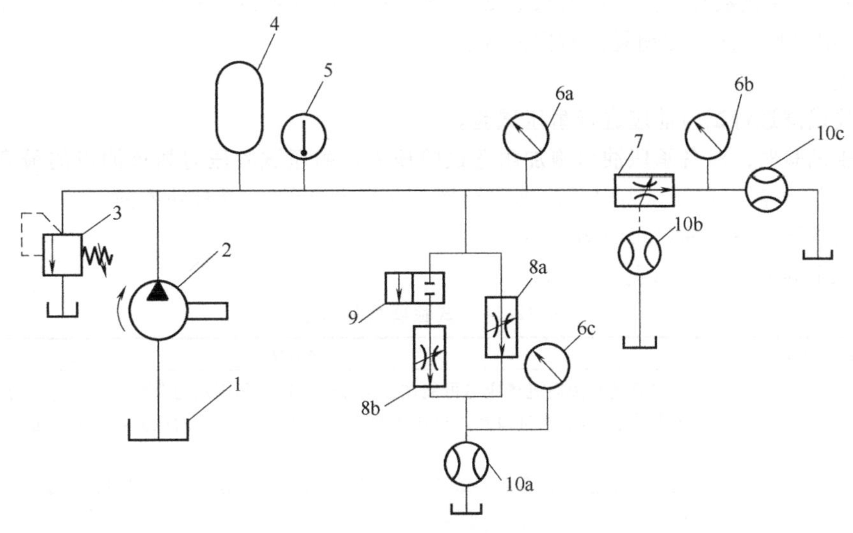

图 12-15　流量控制阀用作旁通节流的试验回路

1—油箱；2—液压泵；3—溢流阀；4—蓄能器；5—温度计；6—压力表；
7—被试阀；8—节流阀；9—二位二通换向阀；10—流量计

液压泵的流量应能调节，液压泵的流量应大于被试阀的试验流量。液压泵的压力脉动量不得大于±0.5MPa。

(4) 测量点位置

① 压力测量点位置

a. 进口压力测量点应设置在扰动源（如阀、弯头）的下游和被试阀上游之间。与扰动源的距离应大于 $10d$，与被试阀的距离为 $5d$。

b. 出口压力测量点应设置在被试阀下游 $10d$ 处。

c. 按 C 级精度测试时，若压力测量点的位置与上述要求不符，应给出相应修正值。

② 温度测量点位置　温度测量点应该设置在被试阀进口压力测量点上 $15d$ 处。

③ 测压孔

a. 测压孔的直径不得小于 1mm，不得大于 6mm。

b. 测压孔的长度不得小于测压孔直径的 2 倍。

c. 测压孔中心线和管道中心线垂直，管道内表面与测压孔交角处应保持尖锐，但不得有毛刺。

d. 测压点与测量仪表之间连接管道的内径不得小于 3mm。

e. 测压点与测量仪表连接时，应排除连接管道中的空气。

(5) 稳态工况

被测参数变化范围不超过表 12-13 的规定范围时为稳态工况。在稳态工况下记录试验参数的测量值。

表 12-13　测量参数允许变动范围

被测参数	测试等级		
	A	B	C
流量/%	±0.5	±1.5	±2.5
压力/%	±0.5	±1.5	±2.5
油温/℃	±1.0	±2.0	±4.0
黏度/%	±5.0	±10.0	±15.0

被测参数测量读数点的数目和所取读数的分布应能反映被试阀在全范围内的性能。为保证试验结果的重复性，应规定测量的时间间隔。

(6) 耐压试验

① 在被试阀进行试验前应进行耐压试验。

② 耐压试验时，对各承压油口施加耐压试验压力。耐压试验压力为该油口的最高工作压力的1.5倍，以2%耐压试验压力每秒的速率递增，保压5min，不得有外渗漏。

③ 耐压试验时各泄油口和油箱相连。

(7) 试验项目和方法（见表12-14）

表12-14 试验项目和方法

序号	试验项目	试验方法
1	稳态流量-压力特性试验	被控流量和旁通流量应尽可能在控制部件设定值和压差的全部范围内进行测量 压力补偿型阀:在进口和出口压力的规定增量下,对指定的压力和流量从最小值至最大值进行测试 无压力补偿型阀:参照GB/T 8107—2012《液压阀 压差-流量特性的测定》有关条款进行测试
2	外泄漏量试验	对有外泄口的流量控制阀应测定外泄漏量。绘出进口压差-流量特性和出口压差-流量特性。进口流量与出口流量之差即为外泄漏量
3	调节控制部件所需“力”(泛指力、力矩、压力)的试验[①]	在被试阀进口和出口压力变化范围内,在各组进出口压力设定值下,改变控制部件的调节设定值,使流量由最小升至最大(正行程),又由最大回至最小(反行程),测定各调节设定值下的对应调节“力” 在每次调至设定位置之前,应连续地对被试阀做10次以上的全行程调节的操作,以避免由于淤塞引起的卡紧力影响测量。同时,应在调至设定位置时起60s内完成读数的测量 每完成10次以上全行程操作后,将控制部件调至设定位置时,要按规定行程的正或反来确定调节动作的方向
4	带压力补偿的流量控制阀瞬态特性试验	在控制部件的调节范围内,测试各调节设定值下的流量对时间的相关特性 进口节流和三通旁通节流的试验回路,按图12-13所示,通过对被试阀的出口造成压力阶跃来进行试验。出口节流和旁通节流的试验回路分别如图12-14和图12-15所示,通过对被试阀进口造成压力阶跃来进行试验 在进行瞬态特性测试时可不考虑外泄漏量的影响 a. 在图12-13至图12-15中,阀9的操作时间应满足下列两个条件: •不得大于响应时间的10% •最大不超过10ms b. 为得到足够的压力梯度,必须限制油液的压缩影响。检查方法见式(12-1),由式(12-1)估算压力梯度。 $$\frac{dp}{dt}=\frac{q_{vs}K_s}{V} \qquad (12\text{-}1)$$ 式中，q_{vs} 是测试开始前设定的稳态流量；K_s 是等熵体积弹性模量；V 是被试阀7与阀8a和8b之间的连通容积；p 是阶跃压力；t 是时间。 式(12-1)估算的压力梯度至少应为实测结果的10倍 c. 瞬态特性试验程序 •关闭阀9，调节被试阀7的控制部件，由流量计读出稳态设定流量 q_{vs}，调节阀8a，读出流量 q_{vs} 流过阀8a时造成的压差 Δp_2（下标“2”表示流量 q_{vs} 单独通过阀8a的工况），用式(12-2)计算： $$K=\frac{q_{vs}}{\sqrt{\Delta p_2}} \qquad (12\text{-}2)$$ 由式(12-2)求出阀8a的系数 K。对图12-13、图12-14和图12-15，Δp_2 分别是压力表6b和6c、6a和6b及6a和6c的读数差 •打开阀9，调节阀8b，读出 q_{vs} 通过阀8a和8b并联油路所造成的压差。（下标“1”表示流量 q_{vs} 通过并联油路的工况），压差 Δp_1 的读法与压差 Δp_2 读法相同

续表

序号	试验项目	试验方法
4	带压力补偿的流量控制阀瞬态特性试验	$$q_v=K\sqrt{\Delta p_1} \quad (12\text{-}3)$$ 在瞬态过程中，当流量 q_{vs} 为式（12-3）时，可以认为是被试阀响应时间的起始时刻，称 q_{vs} 为起始流量 • 操作阀 9（由开至关），造成压力阶跃并进行检测 d. 测试方法： 选择下述方法中的一种进行瞬态特性测试 第一种方法——间接法（采用高频响应压力传感器），用压力传感器测出阀 8a 的瞬时压差 Δp 以式（12-4）求出通过被试阀 7 的瞬时流量 q_v[②] $$q_v=K\sqrt{\Delta p} \quad (12\text{-}4)$$ 第二种方法——直接法（采用高频响应的压力传感器和流量传感器），直接用流量传感器读出瞬时流量。用压力传感器来校核流量传感器相位的准确性

注：① 需测定背压影响时，本项测试只能采用图 12-13 所示回路。

② 在这种方法中允许采用频响较低的流量计，因为它只用来测读稳态流量。

12.5.2 压力控制阀试验方法（GB 8105—1987）

(1) 试验用油液

① 试验用液压油的固体颗粒污染等级代号不得高于 GB/T 14039—2002 规定的 19/16（有特殊要求时，可另作规定）。

② 试验时，因淤塞现象而使在一定的时间间隔内对同一参数进行数次测量所得的测量值不一致时，在试验报告中要注明时间间隔值。

③ 在试验报告中应注明过滤器的安装位置、类型和数量。

④ 在试验报告中应注明油液的固体污染等级及测定污染等级的方法。

⑤ 在同一温度下测定不同油液黏度的影响时，要用同一类型但黏度不同的油液。

⑥ 以液压油为工作介质试验元件时，被试阀进口处的油液温度规定为 50℃，用其他油液作为工作介质或有特殊要求时可另作规定。

⑦ 冷态启动试验时油液温度应低于 25℃，在试验开始前把试验设备和油液保持在某一温度，试验开始以后允许油液温度上升。在试验报告中记录温度、压力和流量对时间的关系。

⑧ 当被试阀有试验温度补偿性能的要求时，可根据试验要求选择试验温度。

(2) 试验回路

① 图 12-16 和图 12-17 分别为溢流阀和减压阀的基本试验回路。允许采用包括两种或多种试验条件的综合试验回路。

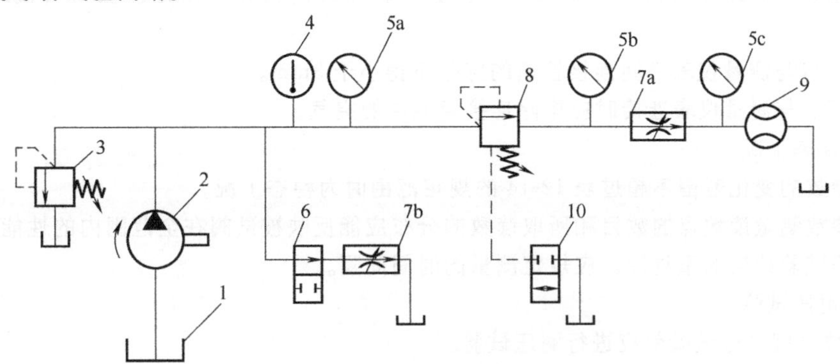

图 12-16 溢流阀试验回路

1—油箱；2—液压泵；3—溢流阀；4—温度计；5—压力表；6—旁通阀；7—节流阀；8—被试阀；9—流量计；10—换向阀

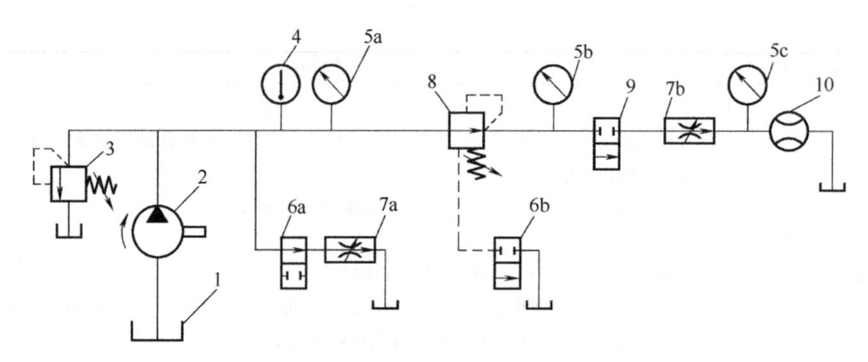

图 12-17 减压阀试验回路

1—油箱；2—液压泵；3—溢流阀；4—温度计；5—压力表；6—旁通阀；
7—节流阀；8—被试阀；9—换向阀；10—流量计

② 油源的流量应能调节。油源流量应大于被试阀的试验流量。油源的压力脉动量不得大于±5MPa，并能允许短时间压力超载20%～30%。

③ 被试阀和试验回路相关部分所组成的表观容积刚度，应保证压力梯度在下列的给定值范围之内。

a. 3000～4000MPa/s。

b. 600～800MPa/s。

c. 120～160MPa/s。

④ 允许在给定的基本试验回路中增设调节压力、流量或保证试验系统安全工作的元件。

⑤ 与被试阀连接的管道和管接头的内径应和被试阀的通径相一致。

(3) 测量点

① 测压点的位置

a. 进口测压点的位置。应设置在扰动源（如阀、弯头）的下游和被试阀上游之间，与扰动源的距离应大于10d，与被试阀的距离为5d。

b. 出口测压点位置。应设置在被试阀下游10d 处。

c. 按C级精度测试时，若测压点的位置与上述要求不符，应给出相应修正值。

② 温度测量点的位置　应设置在被试阀进口测压点上游15d 处。

③ 测压孔

a. 测压孔直径不得小于1mm，不得大于6mm。

b. 测压孔的长度不得小于测压孔直径的2倍。

c. 测压孔中心线和管道中心线垂直，管道内表面与测压孔交角处应保持尖锐，但不得有毛刺。

d. 测压点与测量仪表之间连接管道的内径不得小于3mm。

e. 测压点与测量仪表连接时应排除连接管道中的空气。

(4) 稳态工况

被控参数的变化范围不超过表12-14的规定范围时为稳态工况。

被测参数测量读数点的数目和所取读数的分布应能反映被试阀在全范围内的性能。

为保证试验结果的重复性，应规定测量的时间间隔。

(5) 耐压试验

① 在被试阀进行试验前应进行耐压试验。

② 耐压试验时，应对各承压油口施加耐压试验压力。耐压试验压力为该油口的最高工作压力的1.5倍，以2%耐压试验压力每秒的速率递增，保压5min，不得有外渗漏。

③ 耐压试验时各泄油口和油箱相连。

(6) 试验项目和方法

① 溢流阀

a. 稳态压力-流量特性试验

将被试阀（图 12-16）调定在所需流量和压力值（包括阀的最高和最低压力值）上，然后在每一试验压力值上使流量从零增加到最大值，再从最大值减小到零，测试此过程中被试阀的进口压力。

被试阀的出口压力可为大气压或某一用户所需的压力值。

b. 控制部件调节“力”（泛指力、力矩、压力或输入电量）试验。将被试阀通以所需的工作流量，调节其进口压力，由最低值增加到最高值，再从最高值减小到最低值，测定此过程中为改变进口压力调节控制部件所需的“力”。

为避免淤塞而影响测试值，在测试前应将被试阀的控制部件在其调节范围内至少连续来回操作 10 次以上。每组数据的测试应在 60s 内完成。

c. 流量阶跃压力响应特性试验。将被试阀调定在所需的试验流量与压力下，操纵阀 6，使试验系统压力下降到起始压力（保证被试阀进口处的起始压力值不大于最终稳态压力值的 20%），然后迅速关闭阀 6，使密闭回路中产生一个按规定选用的压力梯度，这时，在被试阀 8 进口处测试被试阀的压力响应。

阀 6 的关闭时间不得大于被试阀响应时间的 10%，最大不超过 10ms。

油的压缩性造成的压力梯度，由表达式$\dfrac{\mathrm{d}p}{\mathrm{d}t}=\dfrac{q_{\mathrm{v}}K_{\mathrm{s}}}{V}$算出，至少应为所测梯度的 10 倍。

压力梯度系指压力从起始稳态压力值与最终稳态压力值之差的 10%上升到 90%的时间间隔内的平均压力变化率。

整个试验过程中，溢流阀 3 的回油路上应无油液通过。

d. 卸压、建压特性试验。

• 最低工作压力试验。当溢流阀是先导控制型式时，可以用一个换向阀 10 切换先导级油路，使被试 8 卸荷，逐点测出各流量时被试阀的最低工作压力。试验方法符合 GB 8107—2012《液压阀　压差-流量特性的测定》有关规定。

• 卸压时间和建压时间试验。将被试阀 8 调定在所需的试验流量与试验压力下，迅速切换阀 10。换向阀 10 切换时，测试被试阀 8 从所控制的压力卸到最低压力值所需的时间和重新建立控制压力值的时间。

阀 10 的切换时间不得大于被试阀响应时间的 10%，最大不超过 10ms。

② 减压阀

a. 稳态压力-流量特性试验。将被试阀 8（图 12-17）调定在所需的试验流量和出口压力值上（包括阀的最高和最低压力值），然后调节流量，使流量从零增加到最大值，再从最大值减小到零，测量此过程中被试阀 8 的出口压力值。

试验过程中应保持被试阀 8 的进口压力稳定在额定压力值上。

b. 控制部件调节“力”（泛指力、力矩或压力）试验。

将被试阀 8 调定在所需的试验流量和出口压力值上，然后调节被试阀的出口压力，使出口压力由最低值增加到最高值，再从最高值减小到最低值，测量在此过程中为改变出口压力值调节控制部件所需的“力”。

为避免淤塞而影响测试值，在测试前应将被试阀的控制部件在其调节范围内至少连续来回操作 10 次以上。每组数据的测试应在 60s 内完成。

c. 进口压力阶跃压力响应特性试验。溢流阀 3 使被试阀 8 的进口压力为所需的值，然后调节被试阀 8 与阀 7a，使被试阀 8 的流量和出口压力调定在所需的试验值上。操纵阀 6a，使整个试验系统压力下降到起始压力（为保证被试阀阀芯的全开度，保证此起始压力不超过被试阀出口压力值的 50%和被试阀调定的进口压力值的 20%）。然后迅速关闭阀 6a，使进油回路中产生一个按规定选用的压力梯度，在被试阀 8 的出口处测量被试阀的出口压力的瞬态响应。

d. 出口流量阶跃压力响应特性试验。溢流阀 3 使被试阀 8 的进口压力为所需的值，然后调节被试阀 8 与 7b，使被试阀 8 的流量和出口压力调定在所需的试验值上。关闭阀 9，使被试阀 8 出口流量为零，然后开启阀 9，使被试阀的出口回路中产生一个流量的阶跃变化。这时，在被试阀 8 的出口处测量被试阀的出口压力瞬态响应。

阀 9 的开启时间不得大于被试阀响应时间的 10%，最大不超过 10ms.

被试阀和阀 7b 之间的油路容积要满足压力梯度的要求，即由公式$\frac{dp}{dt}=\frac{q_vK_s}{V}$计算出的压力梯度必须比实际测出被试阀出口压力响应曲线中的压力梯度大 10 倍以上。式中 V 是被试阀与阀 7b 之间的回路容积；K_s是油液的等熵体积弹性模量；q_v 是流经被试阀的流量。

e. 卸压、建压特性试验。

• 最低工作压力试验。当减压阀是先导控制型式时，可以用一个卸荷控制阀 6b 来将先导级短路，使被试阀 8 卸荷，逐点测出各流量时被试阀的最低工作压力。试验方法符合 GB/T 8107—2012 有关规定。

• 卸压时间和建压时间试验。按溢流阀的卸压时间和建压时间试验步骤进行试验，卸荷控制阀 6b 切换时，测量被试阀 8 从所控制的压力卸到最低压力值所需的时间和重新建立所需压力值的时间。

阀 6b 的切换时间不得大于被试阀响应时间的 10%，最大不超过 10ms。

12.5.3 方向控制阀试验方法电液伺服阀试验方法（GB 8106—1987）

(1) 试验用油液

① 试验用油液

a. 在试验报告中注明试验中使用的油液类型、牌号以及在试验控制温度下的油液的黏度、密度和等熵体积弹性模量。

b. 在同一温度下测定不同的油液黏度对试验的影响时，要用同一类型但黏度不同的油液。

② 油液固体污染等级

a. 在试验系统中，所用的液压油(液)的固体污染等级不得高于 GB/T 14039—2002 规定的 19/16。有特殊试验要求时可另做规定。

b. 试验时，因淤塞现象而使在一定的时间间隔内对同一参数进行数次测量所测得的量值不一致时，要提高过滤器的过滤精度，并在试验报告中注明此时间间隔值。

c. 在试验报告中应注明过滤器的安装位置、类型和数量。

d. 在试验报告中应注明油液的固体污染等级，并注明测定污染等级的方法。

③ 试验温度

a. 以液压油为工作介质试验元件时，被试阀进口处的油液温度为 50℃，用其他油液作为工作介质或有特殊要求时可另做规定。在试验报告中应注明实际的试验温度。

b. 冷态启动试验时，油液温度应低于 25，在试验开始前把试验设备和油液保持在某一温度，试验开始以后允许油液温度上升。在试验报告中记录温度、压力和流量对时间的关系。

(2) 试验回路

① 图 12-18、图 12-19、图 12-20 和图 12-21 为基本试验回路，允许采用包括两种或多种试验条件的综合回路。

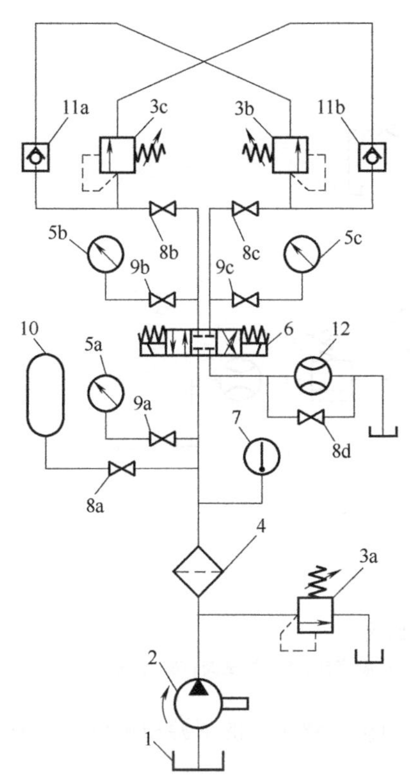

图 12-18　电磁换向阀试验回路

1—油箱；2—液压泵；3—溢流阀；4—过滤器；5—压力表；6—被试阀；7—温度计；8—截止阀；9—压力表开关；10—蓄能器；11—单向阀；12—流量计

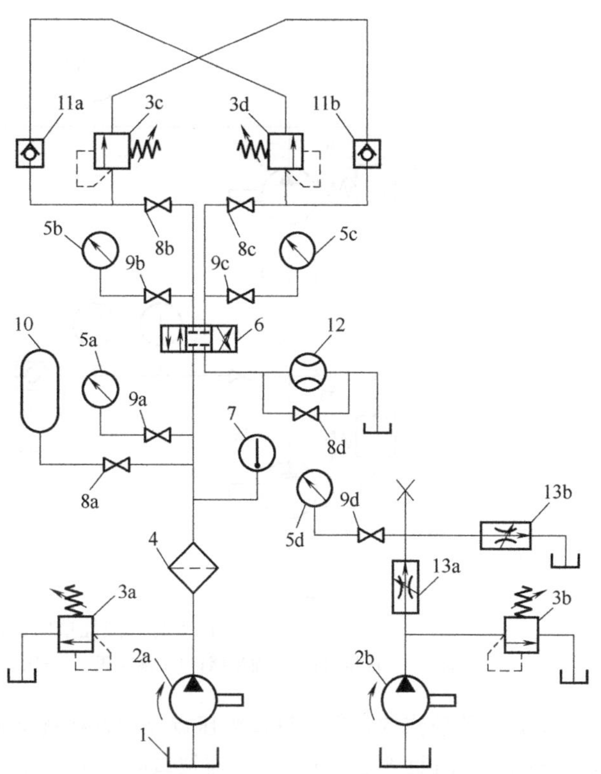

图 12-19　电液换向阀、液动换向阀、手动换向阀试验回路

1—油箱；2—液压泵；3—溢流阀；4—过滤器；5—压力表；6—被试阀；7—温度计；8—截止阀；9—压力表开关；10—蓄能器；11—单向阀；12—流量计；13—节流阀

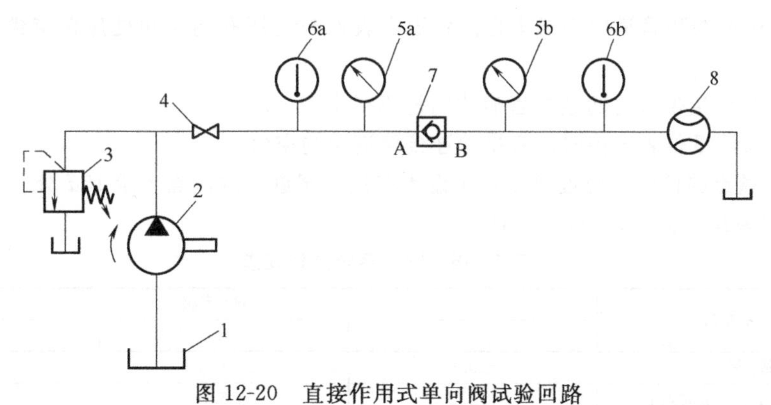

图 12-20　直接作用式单向阀试验回路

1—油箱；2—液压泵；3—溢流阀；4—截止阀；5—压力表；6—温度计；7—被试阀；8—流量计

② 油源的流量应能调节；油源流量应大于被试阀的公称流量；油源的压力脉动量不得大于±0.5MPa。

③ 允许在给定的基本试验回路中增设调节压力和流量的元件，以保证试验系统安全工作。

④ 与被试阀连接的管道和管接头的内径应和被试阀的公称通径相一致。

(3) 测量点

① 测压点的位置

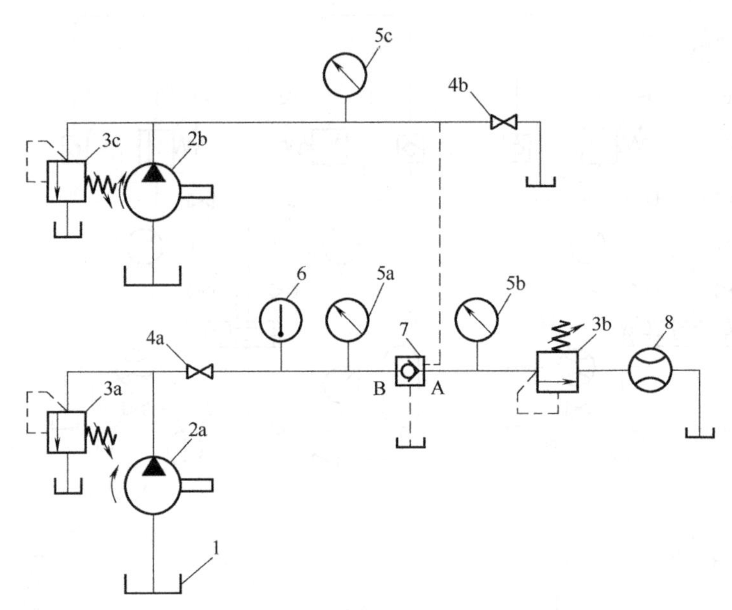

图 12-21 液控单向阀试验回路

1—油箱；2—液压泵；3—溢流阀；4—截止阀；5—压力表；6—温度计；7—被试阀；8—流量计

a. 进口测压点的位置。进口测压点应设置在扰动源（如阀、弯头）的下游和被试阀上游之间，与扰动源的距离应大于 $10d$，与被试阀的距离为 $5d$。

b. 出口测压点的位置。出口测压点应设置在被试阀下游 $10d$ 处。

c. 按 C 级精度测试时，若测压点的位置与上述要求不符，应给出相应修正值。

② 测压孔

a. 测压孔直径不得小于 1mm，不得大于 6mm。

b. 测压孔长度不得小于测压孔直径的 2 倍。

c. 测压孔中心线和管道中心线垂直，管道内表面与测压孔的交角处应保持尖锐，但不得有毛刺。

d. 测压点与测量仪表之间连接管道的内径不得小于 3mm。

e. 测压点与测量仪表连接时，应排除连接管道中的空气。

③ 温度测量点的位置　温度测量点应设置在被试阀进口测压点上游 $15d$ 处。

(4) 试验系统允许误差（表 12-15）

表 12-15　试验系统允许误差

测试仪表参数	测试等级		
	A	B	C
流量/%	±0.5	±1.5	±2.5
压差 $p<200$kPa 表压时/kPa	±2.0	±6.0	±10.0
压差 $p\geqslant200$kPa 表压时/%	±0.5	±1.5	±2.5
温度/℃	±0.5	±1.0	±2.0

(5) 稳态工况

被控参数在表 12-13 规定范围内变化时为稳态工况。在稳态工况下记录试验参数的测量值。

被测参数测量读数点的数目和所取读数的分布，应能反映被试阀在全范围内的性能。

为保证试验结果的重复性，应规定测量的时间间隔。

(6) 耐压试验

① 在被试阀进行试验前应进行耐压试验。

② 耐压试验时，应对各承压油口施加耐压试验压力。耐压试验压力为该油口最大工作压力的 1.5 倍，以 2%耐压试验压力每秒的速率递增，保压 5min，不得有外渗漏。

③ 耐压试验时，各泄油口和油箱相连。

(7) 试验项目和方法

① 换向阀

a. 电磁换向阀。

(a) 试验回路。典型的试验回路如图 12-18。

为减少换向阀试验时的压力冲击，在不改变试验条件的情况下允许在被试阀入口的油路中接入蓄能器。

为保护流量计 12，在不测量时可打开阀 8d。

(b) 稳态压差-流量特性试验。按 GB/T 8107—2012《液压阀　压差-流量特性的测定》的有关规定进行试验。绘制各控制状态下相应阀口之间的稳态压差-流量特性曲线。

(c) 内部泄漏量试验。

试验目的：本试验是为了测定方向阀处于某一工作状态时，具有一定压差又互不相通的阀口之间的油液泄漏量。

试验条件：试验时，每次施加在各油口上的压力应一致，并进行记录。

试验前被试阀至少连续完成 10 次换向全过程。记录最后一次换向到正式测量的时间间隔及测量时间。

试验方法：调整溢流阀 3a，使压力表 5a 的指示压力为被试阀的试验压力；分别从各油口测量被试阀在不同控制状态时的内泄漏量。

绘制内泄漏量曲线。

(d) 工作范围试验。

试验目的：本试验是为了测定换向阀能正常换向的压力和流量的边界值范围。

注：所谓正常换向是指换向信号发出后，换向阀阀芯能在位移的两个方向的全行程上移动。

试验条件：在电磁铁的最高稳态温度下进行试验，此温度应保证在关于线圈有效绝缘等级推荐的范围内。

在额定电压下对线圈连续通电获得电磁铁的湿度。通电时，通过换向阀的流量为零，并使整个阀处在与试验时的油温相等的环境温度中。经过充分激磁，电磁铁温度达到稳定值后开始正式试验。画出电磁铁的温升曲线。

记录每两次换向的间隔时间。

记录试验回路油液温度和固体污染等级。

整个试验期间，电磁铁线圈两端电压保持在预定的值上，并做记录。

试验方法：当电磁铁温度符合要求后，在试验期间使电磁铁线圈电压比额定电压低 10%。将被试阀处于某种通断状态，完全打开溢流阀 3c（或 3a），使压力表 5b（或 5c）的指示压力为最小负载压力，并使通过被试阀的流量从小逐渐加大到某一规定的最大流量值，记录各流量所对应的压力表 5a 的指示压力。

调定溢流阀 3a 及 3c（或 3d），使压力表 5a 的指示压力为被试阀的公称压力。逐渐加大通过被试阀的流量，使换向阀换向。当达到某一流量至换向阀不能正常换向时，降低压力表 5a 的指示压力直到能正常换向为止。按此方法试验，直到某一规定的流量为止。

从重复试验得到的数据中确定换向阀工作范围的边界值。重复试验次数不得少于 6 次。

(e) 瞬态响应试验。

试验目的：本试验是为了测试电磁换向阀在换向时的瞬态响应特性。

试验条件：被试阀输出侧的回路容积应为封闭容积，在试验前充满油液。在试验报告中记录封闭容积的大小、容腔及管道的材料。

在电磁铁额定电压和 (d) 中规定的电磁铁温度条件下进行试验。

试验方法：调整溢流阀 3a 及 3c（或 3d），使压力表 5a 的指示压力为被试阀的试验压力。

调节流量，使通过被试阀的流量为公称压力下转换阀上所对应流量的 80%。

调整好后，接通或切断电磁铁的控制电压。

从表示换向阀阀芯位移对加于电磁铁上的换向信号的响应而记录的瞬态响应曲线中确定滞后时间和响应时间。

从表示换向阀输出口的压力变化对加于电磁铁上的换向信号的响应而记录下来的瞬态响应曲线中确定滞后时间和响应时间。

b. 电液换向阀、液动换向阀、手动换向阀。

(a) 试验回路。典型的试验回路如图 12-19 所示。

(b) 稳态压差-流量特性试验。同电磁换向阀。

(c) 内部泄漏试验。同电磁换向阀。

(d) 工作范围。

试验目的：本试验是为了测定电液换向阀、液动换向阀能正常换向时最小控制压力 p_x 的边界值范围。测定手动换向阀、机动换向阀能正常换向时最小控制压力的边界值的范围。

试验条件：同电磁换向阀。

试验方法：在被试阀的公称压力和公称流量的范围内进行试验。在试验报告中记录试验采用的压力和流量范围值。

调整溢流阀 3a 和 3c（或 3d），使压力表 5a 的指示压力为公称压力。测定被试阀在通过不同流量时的最小控制压力或最小控制力。

对于电磁换向阀，当电磁铁温度符合要求后，在试验期间使电磁铁线圈电压比额定电压低 10%。

对于液动换向阀，根据规定进行下列试验中的一项或两项：

逐步增加控制压力，递增速率不得超过主阀公称压力的 2%每秒。

阶跃地增加控制压力，其斜率不得低于 700MPa/s。

从重复试验得到的数据中，确定阀的最小控制压力或最小控制力的边界值范围。重复试验次数不得少于 6 次。

(e) 瞬态响应试验。

试验目的：本试验是为了测定电液换向阀、液动换向阀在换向时主阀的瞬态响应特性。

试验条件：被试阀输出侧的回路容积应为封闭容积，在试验前充满油液。在试验报告中记录封闭容积的大小及容腔和管道的材料。

对于电液换向阀，在电磁铁额定电压和 a. (d) 中规定的电磁铁温度条件下进行试验。

对于液动换向阀，控制回路中压力的变化率应能使液动阀迅速动作。

试验方法：调整溢流阀 3a 及 3c（或 3b）。

使压力表 5a 的指示压力为被试阀的公称压力，通过流量为被试阀的公称流量，使换向阀换向。

记录阀芯位移或输出压力的响应曲线，确定滞后时间及响应时间。

② 单向阀

a. 试验回路。直接作用式单向阀试验回路见图 12-20。

液控单向阀试验回路见图 12-21。

当流动方向从 A 口到 B 口时，在控制油口上施加或不施加压力的情况下进行试验。当流动方向从 B 口到 A 口时，则在控制油口上施加控制压力进行试验。

b. 稳态压差-流量特性试验。按 GB8107 的有关规定进行试验，并绘制稳态压差-流量特性曲线。

c. 直接作用式单向阀的最小开启力 p_{0min} 试验。

本试验目的是确定被试阀的最小开启力 p_{0min}。

在被试阀 7b 的压力为大气压时，使 A 口压力 p_A 由零逐渐升高，直到 p_B 有油液流出为止。记录此时的压力值，重复试验几次。由试验的数据来确定阀的最小开启压力 p_{0min}。

d. 液控单向阀控制压力 p_x 试验。

(a) 试验目的。本试验是为了测试使液控单向阀反向开启并保持全开所必需的最小控制压力 p_x。

测试液控单向阀在规定的压力 p_A、 p_B 和流量 q_v 的范围内，使阀关闭的最大控制压力 p_{xc}

(b) 测试方法。当液控单向阀反向未开启前，在规定的 p_B 范围内保持 p_B 为某一定值（p_{Bmax}、0.75p_{Bmax}、0.5p_{Bmax}、0.25p_{Bmax} 和 p_{Bmin}），控制压力 p_x 由零逐渐增加，直到反向通过液控单向阀的流量达到所选择的流量 q_v 值为止。

记录控制压力 p_x 和对应的流量 q_v，重复试验几次。由所记录的数据来确定使阀开启并通过所选择的流量 q_v 值时的最小控制压力 p_x。绘制阀的开启压力 p_{xo}-流量 q_v 关系曲线。

在控制油口上施加控制压力 p_x，保证被试阀处于全开状态，使 p_A 值处于尽可能低的条件下，选择某一流量 q_v 通过被试阀，逐渐降低 p_x 值，直到单向阀完全关闭为止。

记录控制压力 p_x 和流量 q_v 重复试验几次。由记录的数据来确定使阀关闭的最大控制压力 p_{xcmax}。绘制液控单向阀关闭压力 p_{xcmax}-流量 q_v 关系曲线。

e. 泄漏量试验。泄漏量试验的测量时间至少应持续 5min。

试验报告中应注明试验时的油液温度、油液的类型、牌号和黏度。

(a) 直接作用式单向阀。试验时，应将被试阀反向安装。

A 口处于大气压下， B 口接入规定的压力值。在一定的时间间隔内（至少 5min），测量从 A 口流出的泄漏量，记录测量时间间隔值、泄漏量及 p_B 值。

(b) 液控单向阀。 A 口和控制油口处于大气压力下， B 口接入规定的压力值。在一定的时间间隔内（至少 5min），测量从 A 口流出的泄漏量。记录测量的时间间隔值、泄漏量及 p_B 值。

此方法也适合测量从泄油口流出的泄漏量。

12.6 液压缸试验方法（GB/T 15622—2005）

本试验方法介绍了双作用液压缸和单作用液压缸的试验方法，不适用于组合式液压缸。

12.6.1 试验相关术语（表 12-16）

表 12-16 试验相关术语

术语	含 义
最低启动压力	液压缸启动的最低压力
无杆腔	液压缸没有活塞杆的一腔
有杆腔	液压缸有活塞杆的一腔
负载效率	液压缸实际输出力与理论输出力的比值

12.6.2 试验用油液

① 黏度 40℃时的运动黏度为29～74mm^2/s（特殊要求另行规定）。

② 温度 除特殊规定外，型式试验时应在50℃±2℃下进行；出厂试验应在50℃±4℃下进行。

③ 清洁度 试验系统油液的固体颗粒污染等级代号不得高于GB/T 14039—2002规定的19/16。

④ 相容性 试验用油液与被试液压缸的密封件材料相容。

12.6.3 试验装置及试验回路

试验装置见图12-22、图12-23，试验回路见图12-24、图12-25、图12-26。

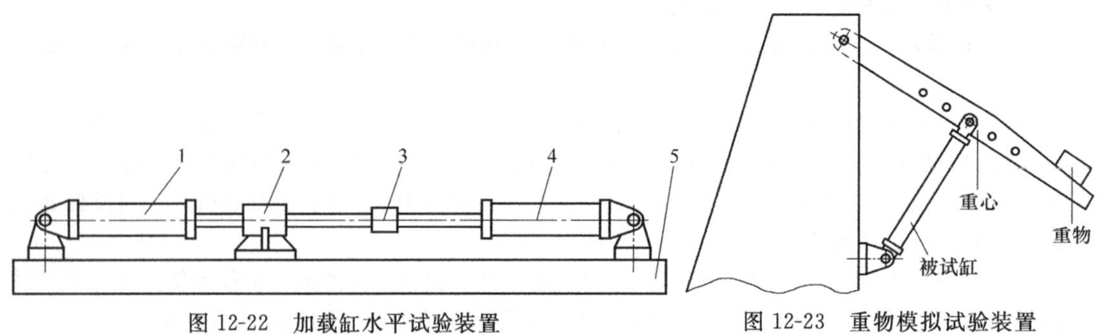

图12-22 加载缸水平试验装置

1—加载缸；2—轴承支座；3—接头；4—被试缸；5—实验台架

图12-23 重物模拟试验装置

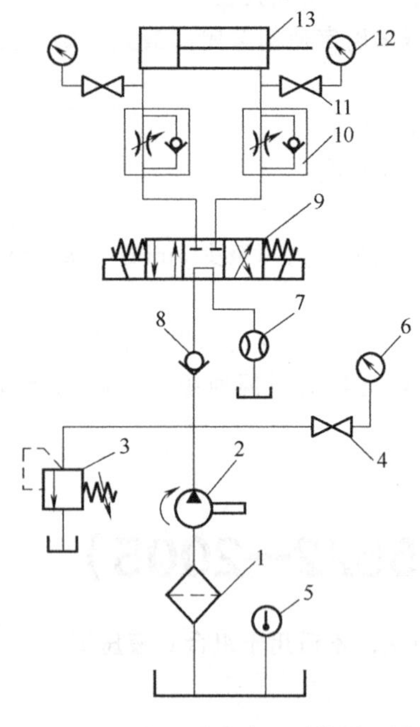

图12-24 出厂试验液压系统原理图

1—过滤器；2—液压泵；3—溢流阀；4、11—压力表开关；5—温度计；6、12—压力表；7—流量计；8—单向阀；9—三位四通电磁换向阀；10—单向节流阀；13—被试缸

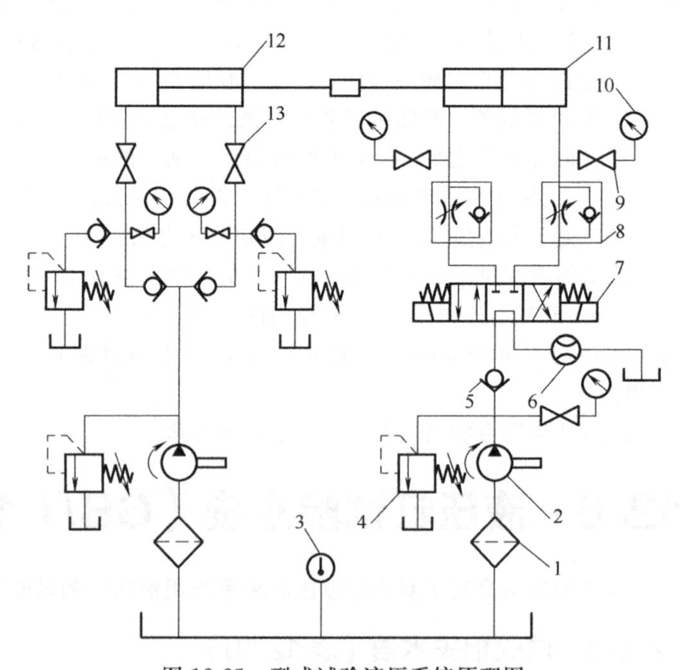

图12-25 型式试验液压系统原理图

1—过滤器；2—液压泵；3—温度计；4—溢流阀；5—单向阀；6—流量计；7—三位四通电磁换向阀；8—单向节流阀；9—压力表开关；10—压力表；11—被试缸；12—加载缸；13—截止阀

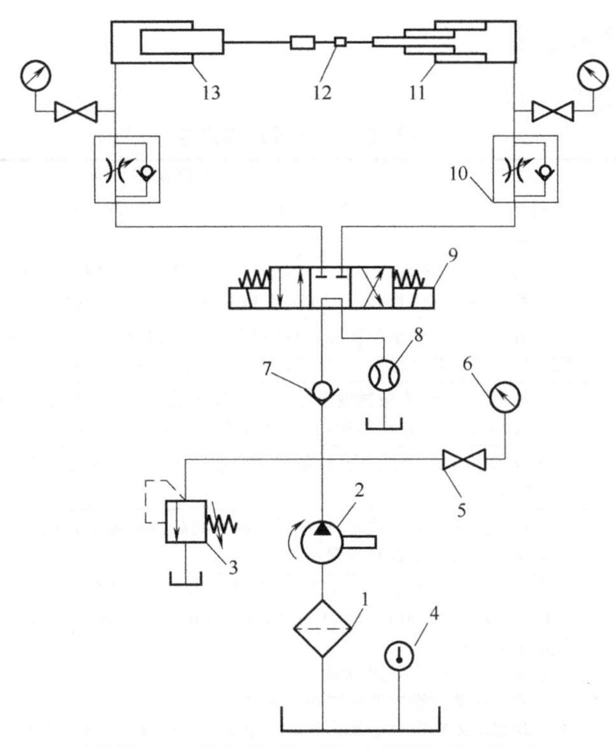

图 12-26　多级液压缸试验台液压系统原理图

1—过滤器；2—液压泵；3—溢流阀；4—温度计；5—压力表开关；6—压力表；7—单向阀；8—流量计；9—三位四通电磁换向阀；10—单向节流阀；11—被试缸；12—测力计；13—加载缸

12.6.4　测量准确度

型式试验的测量准确度等级不得低于 B 级，出厂试验的测量准确度等级不得低于 C 级。

12.6.5　测量系统允许误差

测量系统的允许误差应符合表 12-17 的规定。

表 12-17　测量系统的允许误差

测量参数		测量系统的允许误差	
		B 级	C 级
压力	在 0.2MPa 表压以下时/kPa	±3.0	±5.0
	在等于或大于 0.2MPa 表压时/%	±1.5	±2.5
温度/℃		±1.0	±2.0
力/%		±1.0	±1.5
流量/%		±1.5	±2.5

12.6.6　稳态工况

各项被控参数在表 12-18 规定范围内变化，方允许记录各个参数。

表 12-18　测量参数允许变动范围

被控参数		平均显示值允许变化范围	
		B 级	C 级
压力	在 0.2MPa 表压以下时/kPa	±3.0	±5.0
	在等于或大于 0.2MPa 表压时/%	±1.5	±2.5
温度/℃		±2.0	±4.0
流量/%		±1.5	±2.5

12.6.7 试验项目和方法

试验项目和方法见表 12-19。

表 12-19 试验项目和方法

序号	试验项目	试验方法
1	试运行	调整试验系统压力,使被试液压缸能在无负载工况下启动,并全程往复运动数次,排尽液压缸内空气
2	启动压力特性试验	试运转后,在无负载工况下,调整溢流阀,使无杆腔(双活塞杆液压缸,两腔均可)压力逐渐升高,至液压缸启动时,记录下的启动压力即为最低启动压力
3	耐压试验	将被试液压缸活塞分别停在行程两端(单作用液压缸处于行程极限位置),分别向工作腔施加 1.5 倍的公称压力,型式试验保压 2min,出厂试验包压 10s
4	耐久性试验	在额定压力下,将被试液压缸以设计要求最高速度连续运行,速度误差±10%。一次连续运行 8h 以上。在试验期间,被试液压缸的零件均不得进行调整。记录累计行程
5	内泄漏试验	将被试液压缸工作腔进油,加压至额定压力或用户指定压力,测定经活塞泄至未加压腔的泄漏量
6	外泄漏试验	进行 2、3、4、5 项试验时,检测活塞杆密封处的泄漏量,检查缸体各静密封处,接合面处和可调节机构处是否有渗漏现象
7	低压下的泄漏试验	当液压缸内径大于 32mm 时,在最低压力为 0.5MPa(5bar)下;当液压缸内径小于等于 32mm 时,在 1MPa(10bar)压力下,使液压缸全行程往复运动 3 次以上,每次在行程端部停留至少 10s 在试验过程进行下列检测: ①检查运动过程中液压缸是否振动或爬行 ②观察活塞杆密封处是否有油液泄漏。当试验结束时,出现在活塞杆上的油膜应不足以形成油滴或油环 ③检查所有静密封处是否有油液泄漏 ④检查液压缸安装的节流和(或)缓冲元件是否有油液泄漏 ⑤如果液压缸是焊接结构,应检查焊接缝处是否有油液泄漏
8	缓冲试验	将被试液压缸工作腔的缓冲阀全部松开,调节试验压力为公称压力的 50%,以设计的最高速度运行,检测当运行至缓冲阀全部关闭时的缓冲效果
9	负载效率试验	将测力计安装在被试液压缸的活塞杆上,使被试液压缸保持匀速运动,按 $\eta=\frac{W}{pA}$ 计算出在不同压力 p 下的负载效率 η,并绘制负载效率特性曲线。其中,W 为实际输出压力;A 为活塞有效面积
10	高温试验	在额定压力下,向被试液压缸输入 90℃的工作油液,全行程往复运行 1h
11	行程检验	将被试液压缸活塞或柱塞分别停在行程两端极限位置,测量其行程长度

型式试验: 1、2、3、4、5、6、7、8、9、10、11 项。

出厂试验: 1、2、3、5、6、7、8、11 项。

12.7 超高压液压缸综合性能试验台

12.7.1 超高压液压缸综合性能试验台基本信息

试验介质推荐使用 46 号抗磨液压油。

工作介质温度范围 20～60℃。

压力范围: 63MPa (高压可达 63MPa, 低压 5MPa)。

12.7.2 试验回路及原理

试验对象: 以液压油为工作介质的液压缸。超高压液压缸出厂试验原理图见图 12-27, 超高压液压缸综合性能试验台原理图见图 12-28。

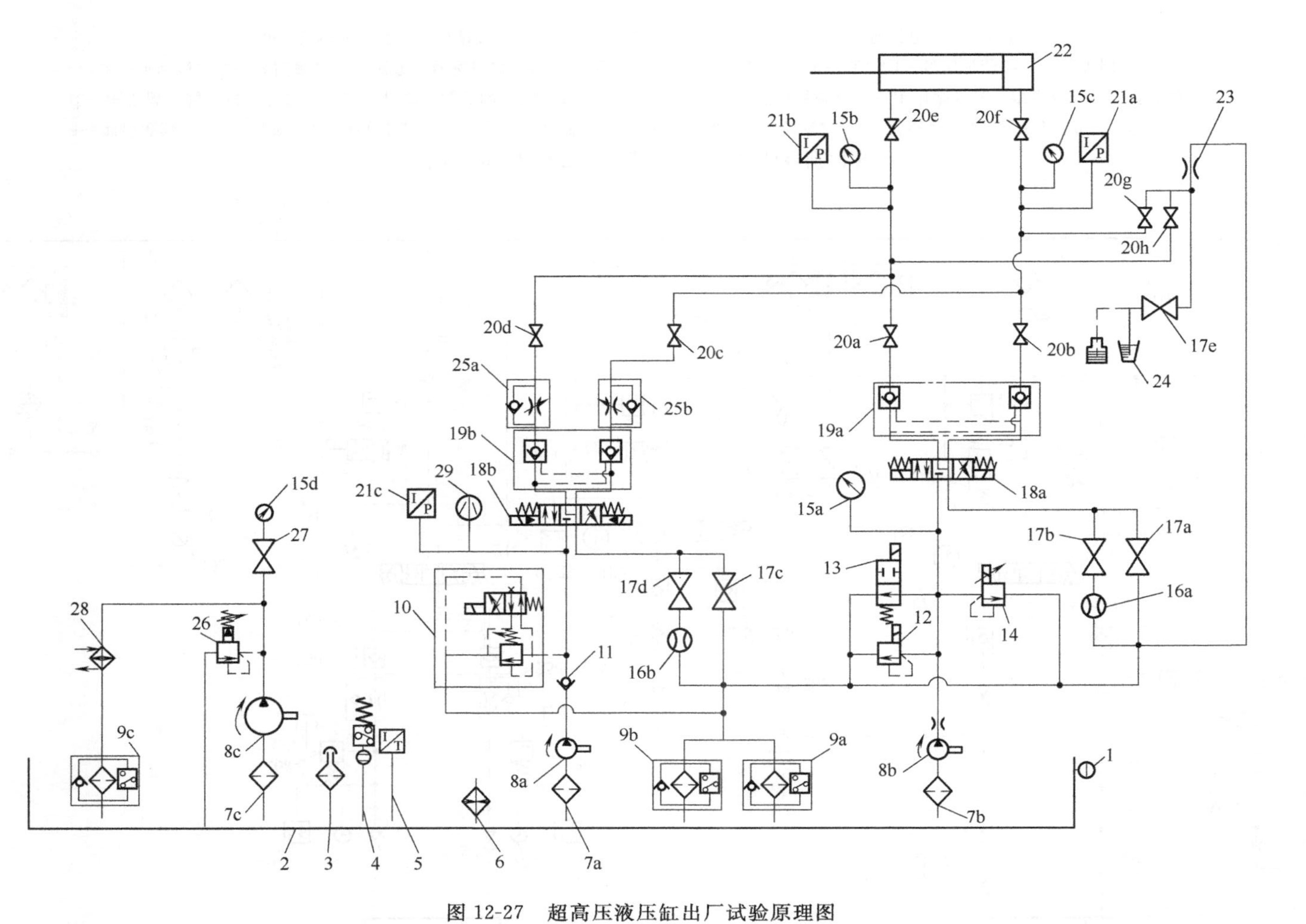

图 12-27　超高压液压缸出厂试验原理图

1—液位液温计；2—油箱；3—空气过滤器；4—液位控制器；5—温度变送器；6—加热器；7—过滤器；8—液压泵；9—回油过滤器；10—电磁溢流阀；11—单向阀；12—直动式溢流阀；13—截止式溢流阀；14—比例溢流阀；15—压力表；16—流量计；17—低压球阀；18—换向阀；19—液压锁；20—超高压球阀；21—压力变送器；22—被试缸；23—阻尼孔；24—量杯；25—单向节流阀；26—溢流阀；27—压力表开关；28—冷却器；29—电接点压力表

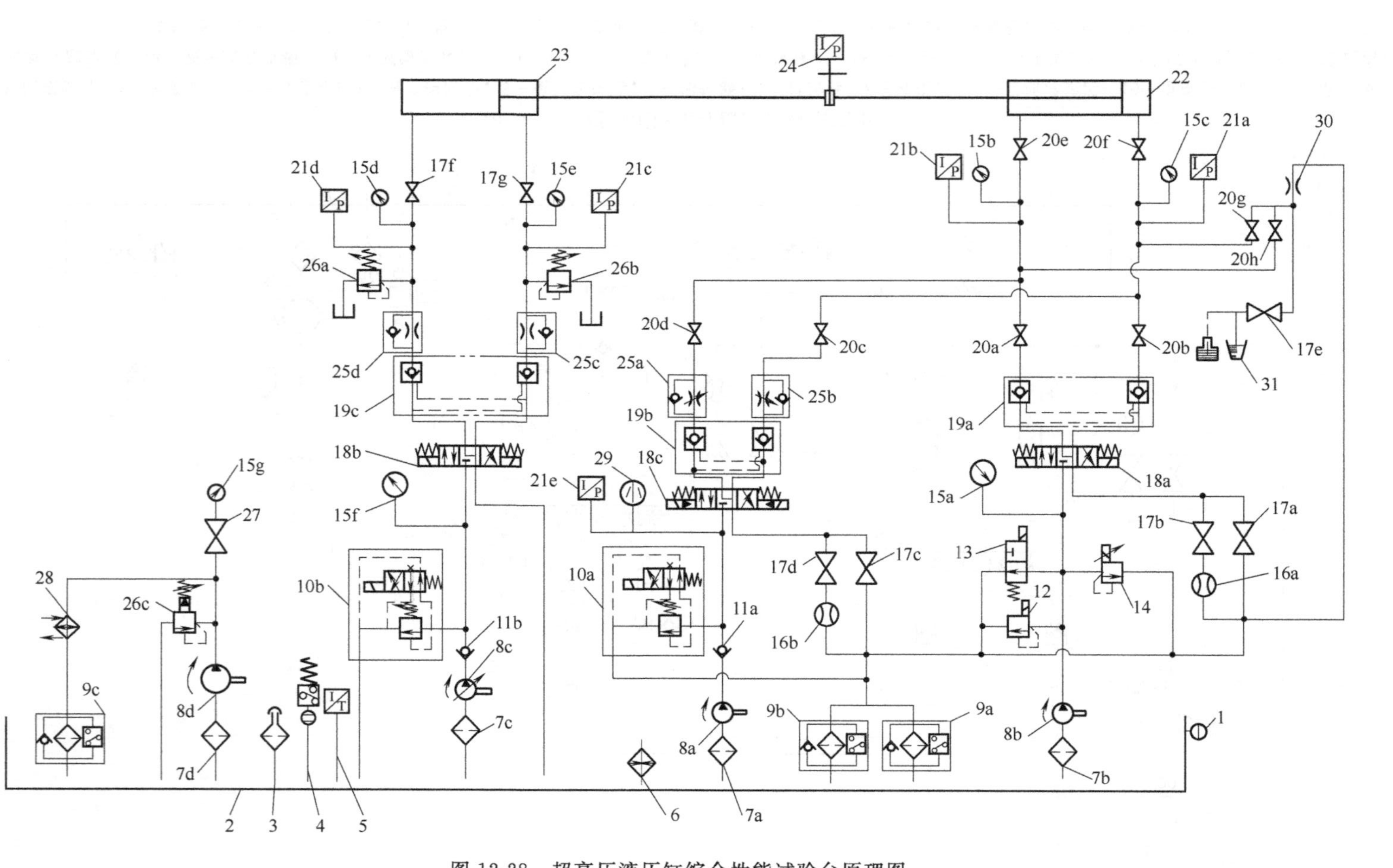

图 12-28 超高压液压缸综合性能试验台原理图

1—液位液温计；2—油箱；3—空气过滤器；4—液位控制器；5—温度变送器；6—加热器；7—过滤器；8—液压泵；9—回油过滤器；10—电磁溢流阀；11—单向阀；12—直动式溢流阀；13—截止式溢流阀；14—比例溢流阀；15—压力表；16—流量计；17—低压球阀；18—换向阀；19—液压锁；20—超高压球阀；21—压力变送器；22—被试缸；23—加载缸；24—拉力传感器；25—单向节流阀；26—溢流阀；27—压力表开关；28—冷却器；29—电接点压力表；30—阻尼孔；31—量杯

由图 12-27、图 12-28 可知，图 12-27 其实是图 12-28 功能的一部分，所以超高压液压缸综合性能试验台不仅可以进行超高压液压缸的出厂试验，还能进行超高压液压缸的型式试验。为了方便理解，在介绍系统的原理时，皆以图 12-28 所标的序号为准。

由于该液压系统为超高压系统，在整个试验过程中，操作人员离液压系统距离很近，因此，该液压系统的安全性在设计选型时应摆在首位。该系统的油箱 2 不仅包含液位液温计 1、空气过滤器 3、加热器 6，还包括液位控制器 4、温度变送器 5，能随时监视工作介质的情况。

该液压系统具有独立的过滤回路，过滤回路由过滤器 7d、液压泵 8d、冷却器 28、回油过滤器 9c 组成，可以连续清除系统内的杂质，保证系统内的清洁，并可由压力表 15g 显示过滤回路的压力。回油过滤器 9 由过滤器、压力继电器、单向阀组成，保证了过滤回路的正常工作，为了保险起见，液压泵 8d 的出油口处又并联了一个溢流阀 26c。液压泵 8d 可以选用叶片泵来减小噪声。

驱动加载缸 23 运动的回路为加载回路，加载回路用变量液压泵 8c 来供油，并在其出口处安装一个单向阀 11b 来防止油液回流。换向阀 18b 用来控制加载缸 23 的运动方向；换向阀 18b 采用 Y 型中位机能，用来减少液压冲击并用液压锁 19c 来锁定加载缸 23 的位置；加载缸的运行速度由变量液压泵 8c、单向节流阀 25c、25d 来控制；为了防止回路中压力过高，在加载缸 23 的进出油口分别安装溢流阀 26a、26b 来保证油路的安全，同时加载缸 23 进出油口分别安装有压力变送器 21d、压力表 15d、压力变送器 21c、压力表 15e 来显示并获取油路中的压力。

被试缸 22 采用双泵供油，液压泵 8a 为低压大流量泵，泵 8b 为高压小流量泵，两个回路分别由两个超高压球阀来控制油路的通断（液压泵 8a 由超高压球阀 20d、20c 控制，液压泵 8b 由超高压球阀 20a、20b 控制），两个回路共用一个回油路。为了增加系统的安全性，回油路中采用并联的两个回油过滤器（9a、9b），为防止两油路互相串通，在各自的回油路上安装有低压球阀（17a、17b、17c、17d），并分别装有流量计 16a 和流量计 16b，用以测量回油路上的流量。低压大流量油路的方向由换向阀 18c 控制，流量大小由单向节流阀（25a、25b）调节，并在回路中安装有液压锁 19b 用于锁紧液压缸。高压小流量油路的工作压力由比例溢流阀 14 调定，直动式溢流阀 12 作为安全阀来使用，截止式溢流阀 13 在系统卸荷时使用，被试缸 22 的运动方向由换向阀 18a 控制，并在回路中安装有液压锁 19a 用于锁紧液压缸。被试缸 22 的进出口均装有超高压球阀（20e、20f）、压力表（15b、15c）、压力变送器（21b、21a），用于保证系统的正常工作和及时获取油路中的压力信号。此外，油路上还并联了一个泄漏检测回路，由超高压球阀（20g、20h）来控制油路的通断，泄漏检测回路中连接有量杯 31。

12.7.3 试验项目和方法

试验项目和方法见表 12-19。

12.7.4 系统特点

① 该系统具有独立的过滤回路，可以连续清除系统内的杂质，保证系统内的清洁。

② 该系统安全性高，系统在超高压力情况下工作，能保证操作人员的人身安全。系统采用超高压阀球阀等耐高压液压元件，保证系统能在不同工作压力情况下正常工作。

③ 压力传感器用于精确显示压力值，其精度为 0.25%，具有高响应的特性。可实时准确获取液压缸的启动压力及实时工作压力。

④ 系统采用双泵供油，低压时由低压大流量泵供油，高压时低压大流量泵卸荷，由高压小流量泵提供试验所需的高压力，大大降低了能耗。

附　录

一、液压元件故障及其排除（附表 1~附录 13）

附表 1　齿轮泵（含泵的共性）常见故障及其排除

故障现象	原因分析	关键问题	排除措施
输油量不足	①吸油管或滤油器堵塞 ②油液黏度过大 ③泵转速太高 ④端面间隙或周向间隙过大 ⑤溢流阀等失灵	①吸油不畅 ②严重泄漏 ③旁通回油	①滤油器应常清洗，通油能力要为泵流量的 2 倍 ②油液黏度、泵的转速、吸油高度等应按规定选用 ③检修泵的配合间隙 ④检修溢流阀等元件
压力提不高	①端面间隙或周向间隙过大 ②溢流阀等失灵 ③供油量不足	①泄漏严重 ②流量不足	①检修泵使输油量和配合间隙达到规定要求 ②检修溢流阀等元件，消除泄漏环节
噪声过大	①泵的制造质量差，如齿形精度不高、接触不良、困油槽位置误差、齿轮泵内孔与端面不垂直、泵盖上两轴承孔轴线不平行等 ②电机的振动、联轴器安装时的同轴度误差 ③吸油管安装时密封不严、油管弯曲、伸入液面以下太浅、泵安装位置太高 ④吸油黏度过高 ⑤滤油器堵塞或通流能力小 ⑥溢流阀等动作迟缓	噪声与振动有关，可归纳为三类因素： ①机械 ②空气（气穴现象） ③油液（液压冲击等）	①提高泵的制造精度 ②电机装防振垫，联轴器安装时同轴度误差应在 0.1mm 以下 ③吸油管安装要严防漏气、油管不要弯曲、油管伸入液面应为油深的 2/3，泵的吸油高度不大于 500mm ④油液黏度选择要合适 ⑤定期清洗滤油器 ⑥拆选溢流阀，使阀芯移动灵活
过热	①油液黏度过高或过低 ②齿轮和侧板等相对运动件摩擦严重 ③油箱容积过小，泵散热条件差	①泵内机件、油液因摩擦、搅动和泄漏等能量损失过大 ②散热性能差	①更换成黏度合适的液压油 ②修复有关零件，使机械摩擦损失减少 ③改善泵和油箱的散热条件
泵不打油	①泵转向不对 ②油面过低 ③滤油器堵塞	泵的密封工作容积由小变大时要从油箱吸油，由大变小时要排油	①驱动泵的电机转向应符合要求 ②保证吸油管能进油
主要磨损件	①齿顶和两侧面 ②泵体内壁的吸油腔侧 ③侧盖端面 ④泵轴与滚针的接触处	①泵内机件受到不平衡的径向力 ②轴孔与端面垂直度较差	①减小不平衡的径向力 ②提高泵的制造精度 ③端面间隙应控制在 0.02～0.05mm

附表 2 叶片泵常见故障及其排除

故障现象	原因分析	排除措施
输油量不足、压力提不高	①配流盘端面和内孔严重磨损 ②叶片和定子内表面接触不良或磨损严重 ③叶片与叶片槽配合间隙过大 ④叶片装反	①修磨配流盘 ②修磨或重配叶片 ③修复定子内表面、转子叶片槽 ④重装叶片
泵不打油	①叶片与叶片槽配合太紧 ②油液黏度过大 ③油液太脏 ④配流盘安装后变形，使高低压油区连通	①保证叶片能在叶片槽内灵活移动，形成密封的工作容积 ②过滤油液，油的黏度要合适 ③修整配流盘和壳体等零件，使之接触良好
噪声过大	①配流盘上未设困油槽或困油槽长度不够 ②定子内表面磨损或刮伤 ③叶片工作状态较差	①配流盘上应按要求开设困油槽 ②抛光修复定子内表面 ③研磨叶片使其与转子叶片槽、定子、配流盘等接触良好
主要磨损件	①定子内表面 ②转子两端面和叶片槽 ③叶片顶部和两侧面 ④配流盘端面和内孔	①定子可抛光修复或翻转180°后使用 ②采用研磨或磨削的方法修复转子 ③叶片采用磨削法修复，叶片顶部磨损严重时可调头使用 ④配流盘可采用研磨或磨削法修复，内孔磨损严重时可将内孔扩大后镶上轴套

附表 3 轴向柱塞泵常见故障及其排除

故障现象	原因分析	排除措施
供油量不足、压力提不高	①配流盘与缸体的接触面严重磨损 ②柱塞与缸体柱塞孔的配合面磨损 ③泵或系统有严重的内泄漏 ④控制变量机构的弹簧没有调整好	①修复或更换磨损零件 ②紧固各管接头和结合部位 ③调整好变量机构弹簧
泵不打油	①泵的中心弹簧损坏，柱塞不能伸出 ②变量机构的斜盘倾角太小，在零位卡死 ③油液黏度过高或工作温度过低	①更换中心弹簧 ②修复变量机构，使斜盘倾角变化灵活 ③选择合适的油液黏度，控制工作油温在15℃以上
噪声过大	①泵内零件严重磨损或损坏 ②回油管露出油箱油面 ③吸油阻力过大 ④吸油管路有空气进入	①修复或更换零件 ②回油管应插入油面以下200mm ③加大吸油管径 ④用黄油涂在管接头上进行检查，重新紧固后排除空气
变量机构失灵	①变量机构阀芯卡死 ②变量机构阀芯与阀套间的磨损严重或遮盖量不够 ③变量机构控制油路堵塞 ④变量机构与斜盘间的连接部位磨损严重，转动失灵	①拆开清洗，必要时更换阀芯 ②修复有关的连接部件
主要磨损件	①柱塞磨损后成腰鼓形 ②缸体柱塞孔、缸体与配流盘接触的端面 ③配流盘端面 ④斜盘与滑履的摩擦面	①更换柱塞 ②以缸体外圆为基准来精磨和抛光端面，柱塞孔可采用珩磨法修复 ③可在平板上研磨修复斜盘和配流盘的磨损面，表面粗糙度不高于0.2μm，平面度应在0.005mm以内

附表4 液压马达常见故障及其排除

故障现象	原因分析	关键问题	排除措施
输出转速较低	①液压马达端面间隙、径向间隙等过大,油液黏度过小,配合件磨损严重 ②形成旁通,如溢流阀失灵	①泄漏严重 ②供油量少	①油液黏度、泵的转速等应符合规定要求 ②检修液压马达的配合间隙 ③修复溢流阀等元件
输出转矩较低	①液压马达端面间隙等过大或配合件磨损严重 ②供油量不足或旁通 ③溢流阀等失灵	①密封容积泄漏,影响压力提高 ②调压过低	①检修液压马达的配合间隙或更换零件 ②检修泵和溢流阀等元件,使供油压力正常
噪声过大	①液压马达制造精度不高,如齿轮液压马达的齿形精度、接触精度、内孔与端面垂直度、配合间隙等 ②个别零件损坏,如轴承保持架、滚针轴承的滚针断裂,扭力弹簧变形,定子内表面刮伤等 ③联轴器松动或同轴度差 ④管接头漏气、滤油器堵塞	噪声与振动有关,主要由机械噪声、流体噪声和空气噪声三大部分组成	①提高液压马达的制造精度 ②检修或更换损坏了的零件 ③重新安装安装联轴器 ④管件等连接要严密,滤油器应经常清洗

附表5 液压缸常见故障及其排除

故障现象	原因分析	关键问题	排除措施
移动速度下降	①泵、溢流阀等有故障,系统未供油或供油量少 ②缸体与活塞配合间隙太大、活塞上的密封件磨坏、缸体内孔圆柱度超差、活塞左右两腔互通 ③油温过高,油液黏度太低 ④流量元件选择不当,压力元件调压过低	①供油量不足 ②严重泄漏 ③外载过大	①检修泵、阀等元件,并进行合理选择和调节 ②提高液压缸的制造和装配精度 ③保证密封件的质量和工作性能 ④检查发热温升原因,选用合适的液压油黏度
推力不足	①液压缸内泄漏严重,如密封件磨损、老化、损坏或唇口装反 ②系统调定压力过低 ③活塞移动时阻力太大,如缸体与活塞、活塞杆与导向套等配合间隙过小,液压缸制造、装配等精度不高 ④脏物等进入滑动部位	①缸内工作压力过低 ②移动时阻力增加	①更换或重装密封件 ②重新调整系统压力 ③提高液压缸的制造和装配精度 ④过滤或更换油液
工作台产生爬行	①液压缸内有空气或油液中有气泡,如从泵、缸等负压处吸入外界空气 ②液压缸无排气装置 ③缸体内孔圆柱度超差、活塞杆局部或全长弯曲、导轨精度差、楔铁等调得过紧或弯曲 ④导轨润滑不良,出现干摩擦	①液压缸内有空气 ②液压缸工作系统刚性差 ③摩擦力或阻力变化大	①拧紧管接头,减少进入系统的空气 ②设置排气装置,在工作之前应先将缸内空气排除 ③缸至换向阀间的管道容积要小,以免该管道中存气排不尽 ④提高缸和系统的制造和安装精度 ⑤在润滑油中加添加剂
缸的缓冲装置故障,即终点速度过慢或出现撞击噪声	①固定式节流缓冲装置配合间隙过小或过大 ②可调式节流缓冲装置调节不当,节流过度或处于全开状态 ③缓冲装置制造和装配不良,如镶在缸盖上的缓冲环脱落、单向阀装反或阀座密封不严	①缓冲作用过大 ②缓冲装置失去作用	①更换不合格的零件 ②调节缓冲装置中的节流元件至合适位置并紧固 ③提高缓冲装置制造和装配质量

续表

故障现象	原因分析	关键问题	排除措施
缸有较大外泄漏	①密封件质量差，活塞杆明显拉伤 ②液压缸制造和装配质量差，密封件磨损严重 ③油温过高或油的黏度过低	①密封失效 ②活塞杆拉伤	①密封件质量要好，保管、使用要合理，密封件磨损严重时要及时更换 ②提高活塞杆和沟槽尺寸等的制造精度 ③油的黏度要合适，检查温升原因并排除

附表 6 方向阀常见故障及其排除

故障现象	原因分析	关键问题	排除措施
阀芯不能移动	①阀芯卡死在阀体孔内，如阀芯与阀体几何精度差，配合过紧，表面有毛刺或刮伤，阀体安装后变形，复位弹簧太软、太硬或扭曲 ②油液黏度太高、油液过脏、油温过高、热变形卡死 ③控制油路无油或控制压力不够 ④电磁铁损坏等	①机械故障 ②液压故障 ③电气故障	①提高阀的制造、装配和安装精度 ②更换弹簧 ③油的黏度、温升、清洁度、控制压力等应符合要求 ④修复或更换电磁铁
电磁铁线圈烧坏	①供电电压太高或太低 ②线圈绝缘不良 ③推杆过长 ④电磁铁铁芯与阀芯的同轴度误差 ⑤阀芯卡死或回油口背压过高	①电压不稳定或电气质量差 ②阀芯不到位	①电压的变化值应在额定电压的 10%以内 ②尽量选用直流电磁铁 ③修磨推杆 ④重新安装、保证同轴度 ⑤防止阀芯卡死，控制背压
换向冲击、振动与噪声	①采用大通径的电磁换向阀 ②液动阀阀芯移动可调装置有故障 ③电磁铁铁芯的吸合面接触不良 ④推杆过长或过短 ⑤固定电磁铁的螺钉松动	①阀芯移动速度过快 ②电磁铁吸合不良	①大通径时采用电液换向阀 ②修复或更换可调装置中的单向阀和节流阀 ③修复并紧固电磁铁 ④推杆长度要合适
通过的流量不足或压降过大	①推杆过短 ②复位弹簧太软	开口量不足	更换合适的推杆和弹簧
液控单向阀油液不逆流	①控制压力过低 ②背压过高 ③控制阀芯或单向阀芯卡死	单向阀打不开	①背压高时可采用复式或外泄式液控单向阀 ②消除控制管路的泄漏和堵塞 ③修复或清洗，使阀芯移动灵活
单向阀类逆方向不密封	①密封锥面接触不均匀，如锥面与导向圆柱面轴线的同轴度误差较大 ②复位弹簧太软或变形	①密封带接触不良 ②阀芯在全开位置上卡死	①提高阀的制造精度 ②更换弹簧，修复密封带 ③过滤油液

附表 7 先导式溢流阀常见故障及其排除

故障现象	原因分析	关键问题	排除措施
无压力或压力升不高	①先导阀或主阀弹簧漏装、折断、弯曲或太软 ②先导阀或主阀锥面密封性差 ③主阀芯在开启位置卡死或阻尼被堵 ④遥控口直接通油箱或该处有严重泄漏	主阀阀口开得过大	①更换弹簧 ②配研密封锥面 ③清洗阀芯，过滤或更换油液，提高阀的制造精度 ④设计时不能将遥控口直接通油箱

续表

故障现象	原因分析	关键问题	排除措施
压力很高调不下来	①进、出油口接反 ②先导阀弹簧弯曲等使该阀打不开 ③主阀芯在关闭状态下卡死	主阀阀口闭死	①重装进、出油管 ②更换弹簧 ③控制油的清洁度和各零件的加工精度
压力波动不稳定	①配合间隙或阻尼孔时而被堵，时而脏物被油液冲走 ②阀体变形、阀芯划伤等原因使主阀芯运动不规则 ③弹簧变形，阀芯移动不灵 ④供油泵的流量和压力脉动	主阀阀口的变化不规则	①过滤或更换油液 ②修复或更换有关零件 ③更换弹簧 ④提高供油泵的工作性能
振动和噪声	①阀芯配合不良，阀盖松动等 ②调压弹簧装偏、弯曲等，使锥阀产生振荡 ③回油管高出油面或贴近油箱底面 ④系统有空气混入	存在机械振动、液压冲击和空气	①修研配合面，拧紧各处螺钉 ②更换弹簧，提高阀的装配质量 ③回油管应离油箱底面50mm以上 ④紧固管接头、排除系统空气

附表8　减压阀常见故障及其排除

故障现象	原因分析	关键问题	排除措施
出口压力过高，不起减压作用	①调压弹簧太硬、弯曲或变形，先导阀打不开 ②主阀芯在全开位置上卡死 ③先导阀的回油管道不通，如未接油箱、堵塞或背压大	主阀阀口开得过大	①更换弹簧 ②修复或更换零件，过滤或更换油液 ③回油管应单独接入油箱，防止细长、弯曲等使阻力太大
出口压力过低，不好控制与调节	①先导锥阀处有严重内、外泄漏 ②调压弹簧漏装、断裂或过软 ③主阀芯在接近闭死状态时卡住	主阀阀口开得过小	①配研锥阀的密封带，结合面处螺钉应拧紧以防外泄 ②更换弹簧 ③修复或更换零件，提高油的清洁度
出口压力不稳定	①配合间隙和阻尼小孔时堵时通 ②弹簧太软及变形，使阀芯移动不灵 ③阀体和阀芯变形、刮伤、几何精度差等	主阀芯移动不规则	①过滤或更换油液 ②更换弹簧 ③修复或更换零件

附表9　顺序阀常见故障及其排除

故障现象	原因分析	关键问题	排除措施
始终通油，不起顺序作用	①主阀芯在打开位置上卡死 ②单向阀在打开位置上卡死或单向阀密封不良 ③调压弹簧漏装、断裂或太软	阀口常开	①修配零件使阀芯移动灵活，单向阀密封带应不漏油 ②过滤或更换油液 ③更换弹簧或补装
该通时打不开阀口	①主阀芯在关闭位置卡死 ②控制油路堵塞或控制压力不够 ③调压弹簧太硬或调压过高 ④泄漏管中背压太高	阀口闭死	①提高零件制造精度和油的清洁度 ②清洗管道，提高控制压力，防止泄漏 ③更换弹簧，调压适当 ④泄漏管应单独接入油箱

续表

故障现象	原因分析	关键问题	排除措施
压力控制不灵	①调压弹簧变形、失效 ②弹簧调定值与系统不匹配 ③滑阀移动时阻力变化太大	①调压不合理 ②弹簧力、摩擦力等变化无规律	①更换弹簧 ②各压力元件的调整值之间不应有矛盾 ③提高零件的几何精度，调整修配间隙，使阀芯移动灵活

附表 10 压力继电器常见故障及其排除

故障现象	原因分析	关键问题	排除措施
无信号输出	①进油管变形，管接头漏油 ②橡皮薄膜变形或失去弹性 ③阀芯卡死 ④弹簧出现永久变形或调压过高 ⑤接触螺钉、杠杆等调节不当 ⑥微动开关损坏	压力信号没有转换成电信号	①更换管子，拧紧管接头 ②更换薄膜片 ③清洗、配研阀芯 ④更换弹簧，合理调整 ⑤合理调整杠杆等位置 ⑥更换微动开关
灵敏度差	①阀芯移动时摩擦力过大 ②转换机构等装配不良，运动件失灵 ③微动开关接触行程太长	信号转换迟缓	①装配、调整要合理，使阀芯等动作灵活 ②合理调整杠杆等的位置
易发误信号	①进油口阻尼孔太大 ②系统冲击压力太大 ③电气系统设计不当	出现不该有的信号转换	①适当减小阻尼孔 ②在控制管路上增设阻尼管以减弱压力冲击 ③电气系统设计应考虑必要的联锁等

附表 11 流量控制阀常见故障及其排除

故障现象	原因分析	关键问题	排除措施
不起节流作用或调节范围小	①阀的配合间隙过大，有严重的内泄漏 ②单向节流阀中的单向阀密封不良或弹簧变形 ③流量阀在大开口时阀芯卡死 ④流量阀在小开口时节流口堵塞	通过流量阀的液体过多	①修复阀体或更换阀芯 ②研磨单向阀阀座，更换弹簧 ③拆开清洗并修复 ④冲刷、清洗，过滤油液
执行机构运动速度不稳定，有时快时慢或跳动现象	①节流口堵塞的周期性变化，即时堵时通 ②泄漏的周期性变化 ③负载的变化 ④油温的变化 ⑤各类补偿装置（负载、温度）失灵，不起稳速作用	通过阀的流量不稳定	①严格过滤油液或更换新油 ②对负载变化较大、速度稳定性要求较高的系统应采用调速阀 ③控制温升，在油温升高和稳定后，再调一次节流阀开口 ④复调速阀中的减压阀或温度补偿装置

附表 12 滤油器常见故障及其排除

故障现象	原因分析	关键问题	排除措施
系统产生空气和噪声	①对滤油器缺乏定期维护和保养 ②滤油器的通流能力选择较小 ③油液太脏	泵进口滤油器堵塞	①定期清洗滤油器 ②泵进口滤油器的通流能力应比泵的流量大一倍 ③油液使用 2000～3000h 后应更换新油

续表

故障现象	原因分析	关键问题	排除措施
滤油器滤芯变形或击穿	①滤油器严重堵塞 ②滤网或骨架强度不够	通过滤油器的压降过大	①提高滤油器的结构强度 ②采用带有堵塞发信装置的滤油器 ③设计带有安全阀的旁通油路
网式滤油器金属网与骨架脱焊	①采用锡铅焊料，熔点仅为183℃ ②焊接点数少，焊接质量差	焊料熔点较低，结合强度不够	①改用高熔点的银镉焊料 ②提高焊接质量
烧结式滤油器滤芯掉粒	①烧结质量较差 ②滤芯严重堵塞	滤芯颗粒间结合强度差	①更换滤芯 ②提高滤芯制造质量 ③定期更换油液

附表13 密封件常见故障及其排除

故障现象	原因分析	关键问题	排除措施
内、外泄漏	①密封圈预变形量小，如沟槽尺寸过大、密封圈尺寸过小 ②油压作用下密封圈不起密封作用，如密封件老化、失效，唇形密封圈装反	密封处接触应力过小	①密封沟槽尺寸与选用的密封圈尺寸要配套 ②重装唇形密封圈，密封件保管、使用要合理 ③V形密封圈可以通过调整来控制泄漏
密封件过早损坏	①装配时孔口棱边划伤密封圈 ②运动时刮伤密封圈，如密封沟槽、沉割槽等处有锐边，配合表面粗糙 ③密封件老化，如长期保管、长期停机等 ④密封件失去弹性，如变形量过大、工作油温太低	使用、维护等不符合要求	①孔口最好采用圆角 ②修磨有关锐边，提高配合表面质量 ③密封件保管期不宜高于一年，坚持早进早出，定期开机 ④密封件变形量应合理，适当提高工作油温
密封件扭曲、挤入间隙等	①油压过高，密封圈未设支承环或挡圈 ②配合间隙过大	受侧压过大，变形过度	①增加挡圈 ②采用X形密封圈，少用Y形或O形密封圈

二、液压回路和系统故障及其排除（附表14-附表26）

附表14 供油回路常见故障及其排除

故障现象	原因分析	关键问题	排除措施
泵不出油	①液压泵的转向有误 ②滤油器严重堵塞、吸油管路严重漏气 ③油的黏度过高，油温过低 ④油箱油面过低 ⑤泵内部故障，如叶片卡在转子槽中，变量泵在零流量位置上卡住 ⑥新泵启动时，空气被堵，排不出去	不具备泵工作的基本条件	①改变泵的转向 ②清洗滤油器，拧紧吸油管 ③油的黏度、温度要合适 ④油面应符合规定要求 ⑤新泵启动前最好先向泵内灌油，以免干摩擦磨损等 ⑥在低压下放走排油管中的空气
泵的温度过高	①泵的效率太低 ②液压回路效率太低，如采用单泵供油、节流调速等，导致油温太高 ③泵的泄油管接入吸油管	过大的能量损失转换成热能	①选用效率高的液压泵 ②选用节能型的调速回路、双泵供油系统，增设卸荷回路等 ③泵的外泄管应直接回油箱 ④对泵进行风冷

续表

故障现象	原因分析	关键问题	排除措施
泵源的振动与噪声	①电机、联轴器、油箱、管件等的振动 ②泵内零件损坏，困油和流量脉动严重 ③双泵供油合流处液体撞击 ④溢流阀回油管液体冲击 ⑤滤油器堵塞，吸油管漏气	存在机械、液压和空气三种噪声因素	①注意装配质量和防振、隔振措施 ②更换损坏零件，选用性能好的液压泵 ③合流点距泵口应大于200mm ④增大回油管直径 ⑤清洗滤油器，拧紧吸油管

附表 15　方向控制回路常见故障及其排除

故障现象	原因分析	关键问题	排除措施
执行元件不换向	①电磁铁吸力不足或损坏 ②电液换向阀的中位机能呈卸荷状态 ③复位弹簧太软或变形 ④内泄式阀形成过大背压 ⑤阀的制造精度差，油液太脏等	①推动换向阀阀芯的主动力不足 ②背压阻力等过大 ③阀芯卡死	①更换电磁铁，改用液动阀 ②液动换向阀类采用中位卸荷时，要设置压力阀，以确保启动压力 ③更换弹簧 ④采用外泄式换向阀 ⑤提高阀的制造精度和油液清洁度
三位换向阀的中位机能选择不当	①一泵驱动多缸的系统，中位机能误用H型、M型等 ②中位停车时要求手调工作台的系统误用O型、M型等 ③中位停车时要求液控单向阀立即关闭的系统，误用了O型机能，造成缸停止位置偏离了指定位置	不同的中位机能油路连接不同，特性也不同	①中位机能应用O型、Y型等 ②中位机能应采用Y型、H型等 ③中位机能应采用Y型等
锁紧回路工作不可靠	①利用三位换向阀的中位锁紧，但滑阀有配合间隙 ②利用单向阀类锁紧，但锥阀密封带接触不良 ③缸体与活塞间的密封圈损坏	①阀内泄漏 ②缸内泄漏	①采用液控单向阀或双向液压锁，锁紧精度高 ②单向阀密封锥面可用研磨法修复 ③更换密封件

附表 16　压力控制回路常见故障及其排除

故障现象	原因分析	关键问题	排除措施
压力调不上去或压力过高	各压力阀的具体情况有所不同	各压力阀本身的故障	详见各压力阀的故障及排除
YF型高压溢流阀，当压力调至较高值时，发出尖叫声	三级同心结构的同轴度较差，主阀芯贴在某一侧做高频振动，调压弹簧发生共振		①安装时要正确调整三级结构的同轴度 ②选用合适的黏度，控制温升
利用溢流阀遥控口卸荷时，系统产生强烈的振动和噪声	①遥控口与二位二通阀之间有配管，它增加了溢流阀的控制腔容积，该容积越大，压力越不稳定 ②长配管中易残存空气，引起大的压力波动，导致弹性系统自激振动	机、液、气各因素产生的振动和共振	①配管直径宜在 ϕ6mm 以下，配管长度应在1m以内 ②可选用电磁溢流阀实现卸荷功能
两个溢流阀的回油管道连在一起时易产生振动和噪声	溢流阀为内卸式结构，因此回油管中压力冲击、背压等将直接作用在导阀上，引起控制腔压力的波动，激起振动和噪声		①每个溢流阀的回油管应单独接回油箱 ②回油管必须合流时应加粗合流管 ③将溢流阀从内泄改为外泄式

续表

故障现象	原因分析	关键问题	排除措施
减压回路中，减压阀的出口压力不稳定	①主油路负载若有变化，当最低工作压力低于减压阀的调整压力时，则减压阀的出口压力下降 ②减压阀外泄油路有背压时其出口压力升高 ③减压阀的导阀密封不严，则减压阀的出口压力要低于调定值	控制压力有变化	①减压阀后应增设单向阀，必要时还可加蓄能器 ②减压阀的外泄管道一定要单独回油箱 ③修研导阀的密封带 ④过滤油液
压力控制原理的顺序动作回路有时工作不正常	①顺序阀的调整压力太接近于先动作执行件的工作压力，与溢流阀的调定值也相差不多 ②压力继电器的调整压力同样存在上述问题	压力调定值不匹配	①顺序阀或压力继电器的调整压力应高于先动作缸工作压力约0.5～1MPa ②顺序阀或压力继电器的调整压力应低于溢流阀的调整压力0.5～1MPa
	某些负载很大的工况下，按压力控制原理工作的顺序动作回路会出现Ⅰ缸动作尚未完成而已发出使Ⅱ缸动作的误信号	设计原理不合理	①改为按行程控制原理工作的顺序动作回路 ②可设计成双重控制方式

附表 17 速度控制回路常见故障及其排除

故障现象	原因分析	关键问题	排除措施
快速不快	①差动快速回路调整不当等，未形成差动连接 ②变量泵的流量没有调至最大值 ③双泵供油系统的液控卸荷阀调压过低	流量不够	①调节好液控顺序阀，保证快进时实现差动连接 ②调节变量泵的偏心距或斜盘倾角至最大值 ③液控卸荷阀的调整压力要大于快速运动时的油路压力
快进转工进时冲击较大	快进转工进采用二位二通电磁阀	速度转换阀的阀芯移动速度过快	用二位二通行程阀来代替电磁阀
执行机构不能实现低速运动	①节流口堵塞，不能再调小 ②节流阀的前后压差调得过大	通过流量阀的流量无法调小	①过滤或更换油液 ②正确调整溢流阀的工作压力 ③采用低速、性能更好的流量阀
负载增加时速度显著下降	①节流阀不适用于变载系统 ②调速阀在回路中装反 ③调速阀前后的压差太小，其减压阀不能正常工作 ④泵和液压马达的泄漏增加	进入执行元件的流量减小	①变速系统可采用调速阀 ②调速阀在安装时一定不能接反 ③调压要合理，保证调速阀前后的压力差有0.5～1MPa ④提高泵和液压马达的容积效率

附表 18 液压系统执行元件运动速度故障及其排除

故障现象	原因分析	关键问题	排除措施
快速不快	见附表 17		
快进转工进时冲击较大			
低速性能差			
速度稳定性差	见附表 11、附表 17		
低速爬行	见附表 5		

续表

故障现象	原因分析	关键问题	排除措施
工进速度过快，流量阀调节不起作用	①快进用的二位二通行程阀在工进时未全部关闭 ②流量阀内泄严重	进入缸的流量太多	①调节好行程挡块，务必在工进时关闭二位二通行程阀 ②更换流量阀
工进时缸突然停止运动	单泵多缸工作系统，快慢速运动的干扰现象	压力取决于系统中的最小载荷	采用各种干扰回路
磨床类工作台往复进给速度不相等	①缸两端泄漏不等或单端泄漏 ②往复运动时摩擦阻力差距大，如油封松紧调得不一样	往复运动时两腔控制流量不等	①更换密封件 ②合理调节两端的油封松紧
调速范围较小	①低速调不出来 ②元件泄漏严重 ③调压太高使元件泄漏增加，压差增大	最高速度和最低速度都不易达到	①见附表 17 ②更换磨损严重的元件 ③压力不可调得过高

附表 19　液压系统工作压力故障及其排除

故障现象	原因分析	关键问题	排除措施
系统无压力	见附表 7、附表 16		
压力调不高			
压力调不下来			
缸输出推力不足	见附表 5		
打坏压力表	①启动液压系统时，溢流阀弹簧未放松 ②溢流阀进、出油口接反 ③溢流阀在闭死位置卡住 ④压力表的量程选择过小	冲击压力过高	①系统启动前，必须放松溢流阀的弹簧 ②正确安装溢流阀 ③提高阀的制造精度和油液清洁度 ④压力表的量程最好比泵的额定压力高出 1/3
系统工作压力从 40MPa 降至 10MPa 后再调不上去	①内密封件损坏 ②合用并联的二位二通阀未切断 ③阀的安装连接板内部串油	某部严重泄漏	①更换密封件 ②调整好二位二通阀的切换机构 ③更换安装连接板
系统工作不正常	①液压元件磨损严重 ②系统泄漏增加 ③系统发热温升 ④引起振动和噪声	系统压力调整过高	系统调压要合适
磨床类工作台往复推力不相等	①缸的制造精度差 ②缸安装时其轴线与导轨的平行度有误差 ③缸两侧的油封松紧不一	往复运动时摩擦阻力不等	①提高液压缸的制造精度 ②轴线固定式液压缸一定要调整好它与导轨的平行度 ③合理调节两侧油封的松紧度

附表 20　液压系统油温过高及其控制

原因分析	关键问题	控制方法
①油路设计不合理，能耗太大 ②油源系统压力调整过高 ③阀类元件规格选择过小 ④管道尺寸过小、过长或弯曲太多 ⑤停车时未设计卸荷回路 ⑥油路中过多地使用调速阀、减压阀等元件 ⑦油液黏度过大或过小	液压元件和液压回路等效率低、发热严重	①见附表 14 ②在满足使用前提下，压力应调低 ③阀类元件的规格应按实际工作情况选择 ④管道设计宜粗、短、直 ⑤增设卸荷回路 ⑥使用液压元件应注意节能 ⑦选用合适的油液黏度

续表

原因分析	关键问题	控制方法
①油箱容积设计较小,箱内流道设计不利于热交换 ②油箱散热条件差,如某自动线油箱全部设在地下不通风处 ③系统未设冷却装置或冷却系统损坏	系统散热条件差	①油箱容积宜大,流道设计要合理 ②油箱位置应能自然通风,必要时可设冷却装置,并加强维护 ③液压系统适宜的油温最好控制在20～55℃,也可放宽至15～65℃

附表21 液压系统泄漏及其控制

原因分析	关键问题	控制方法
①各管接头处结合不严,有外泄漏 ②元件接合面处接触不良,有外泄漏 ③元件阀盖与阀体接合面处有外泄漏 ④活塞与活塞杆连接不好,存在泄漏 ⑤阀类元件壳体等存在各种铸造缺陷	静连接件间出现间隙	①拧紧管接头,可涂密封胶 ②接触面要平整,不可漏装密封件 ③接触面要平整,紧固力要均匀,可涂密封胶或增设软垫、密封件等 ④连接牢固并加密封件 ⑤消除铸件的铸造缺陷
①间隙密封的间隙量过大,零件的几何精度和安装精度较差 ②活塞、活塞杆等处密封件损坏或唇口装反 ③黏度过低,油温过高 ④调压过高 ⑤多头的特殊液压缸,易造成活塞上密封件损坏 ⑥选用的元件结构陈旧、泄漏量大 ⑦其他详见附表13	动连接件间配合间隙过大或密封件失效	①严格控制间隙密封的间隙量,提高相配件的制造精度和安装精度 ②更换密封件,注意带唇口密封件的安装方位 ③黏度选用应合适,降低油温 ④压力调整合理 ⑤尽量少用特殊液压缸,以免密封件过早损坏 ⑥选用性能较好的新系列阀类 ⑦见附表13

附表22 液压系统的振动、噪声及其控制

原因分析	关键问题	控制方法
液压泵和泵源的振动和噪声	振动和噪声来自机械、液压、空气三个方面	①见附表1～附表3、附表12和附表14 ②高压泵的噪声较大,必要时可采用隔离罩或隔离室
液压马达的振动和噪声		见附表4
液压缸的振动和噪声		见附表5
液压阀的振动和噪声		见附表6、附表7
压力控制回路的振动和噪声		①见附表16 ②在液压回路上可安装消声器或蓄能器
①管道细长互相碰击 ②管道发生共振 ③油箱吸油管距回油管太近		①加大管子间距离 ②增设管夹等固定装置 ③吸油管应远离回油管 ④在振源附近可安装一段减振软管

附表23 液压系统的冲击及其控制

原因分析	关键问题	控制方法
换向阀迅速关闭时的液压冲击: ①电磁换向阀切换速度过快,电磁换向阀的节流缓冲器失灵 ②磨床换向回路中先导阀、主阀等制动过猛 ③中位机能采用O型	由液流和运动部件的惯性造成	①见附表6 ②减小制动锥锥角或增加制动锥长度 ③中位机能从O型改为H型 ④缩短换向阀至液压缸的管路

续表

原因分析	关键问题	控制方法
活塞在行程中间位置突然被制动或减速时的液压冲击： ①快进或工进转换过快 ②液压系统调压过高 ③溢流阀动作迟缓	由液流和运动部件的惯性造成	①电磁阀改为行程阀，行程阀阀芯的移动可采用双速转换 ②调压应合理 ③采用动态特性好的溢流阀 ④可在缸的出入口设置反应快、灵敏度高的小型安全阀或波纹型蓄能器，也可局部采用橡胶软管
液压缸行程终点产生的液压冲击		采用可变节流的终点缓冲装置
液压缸负载突然消失时产生的冲击	运动部件产生加速冲击	回路应增设背压阀或提高背压力
液压缸内存有大量空气		排除缸内空气

附表 24　液压卡紧及其控制

原因分析	关键问题	控制方法
①阀设计有问题，使阀芯受到不平衡的径向力 ②阀芯加工成倒锥，且安装有偏心 ③阀芯有毛刺、碰伤凸起部、弯曲、形位公差超差等质量问题 ④干式电磁铁推杆动密封处摩擦阻力大，复位弹簧太软	阀芯受到较大的不平衡径向力，产生的摩擦阻力可大到几百牛顿	①设计时尽量使阀芯径向受力平衡，如可在阀芯上加工出若干条环形均压槽 ②允许阀芯有小的顺锥，安装应同心 ③提高加工质量，进行文明生产 ④采用湿式电磁铁，更换弹簧
①过滤器严重堵塞 ②液压油长期不更换，老化、变质	油液中杂质太多	①清洗滤油器，采用过滤精度为 5～25μm 的精滤油器 ②更换新油
①阀芯与阀体间配合间隙过小 ②油液温升过大	阀芯热变形后尺寸变大	①运动件的配合间隙应合适 ②降低油温，避免零件热变形后卡死

附表 25　液压系统的气穴、气蚀及其控制

原因分析	关键问题	控制方法
①液压系统存在负压区，如自吸泵进口压力很低，液压缸急速制动时有压力冲击腔，也有负压腔 ②液压系统存在减压区和低压区，如减压阀进、出口压力之比过大，节流口的喉部压力值降到很低	溶解在油中的空气分离出来	①防止泵进口滤油器堵塞，油管要粗而短，吸油高度小于 500mm，泵的自吸真空度不要超过泵本身所规定的最高自吸真空度 ②防止局部地区压降过大、下游压力过低，因为气体在液体中的溶解量与压力成正比，一般应控制阀的进、出口压力之比不大于 3.5
①回油管露出液面 ②管道、元件等密封不良 ③在负压区空气容易侵入	外界空气混入系统	①回油管应插入油面以下 ②油箱设计应利于气泡分离 ③在负压区要特别注意密封和拧紧管接头
气穴的产生和破灭会造成局部地区高压、高温和液压冲击，使金属表面呈蜂窝状而逐渐剥落(气蚀)	避免产生气穴，提高液压件材料的强度和耐腐蚀性能	①青铜和不锈钢材料的耐气蚀性比铸铁和碳素钢好 ②提高材料的硬度也能提高它的耐腐蚀性能

附表 26　液压系统工作可靠性及其控制

故障环节	工作可靠性问题	控制方法
设计	①单泵多缸工作系统易出现各缸快、慢速相互干扰问题 ②采用时间控制原理的顺序动作回路工作可靠性差	①采用快、慢速互不干扰回路 ②顺序动作回路应采用压力控制原理或行程控制原理

续表

故障环节	工作可靠性问题	控制方法
设计	③采用调速阀的流量控制同步回路工作可靠性差 ④设计的各缸联锁或转换等控制信号不符合工艺要求 ⑤选用的液压元件性能差 ⑥回路设计考虑不周 ⑦设计时对系统的温升、泄漏、噪声、冲击、液压卡紧、气穴、污染等考虑不周	③同步回路宜采用容积控制原理或检测反馈式控制原理 ④应按工艺特点进行设计，必要时可设置双重信号控制 ⑤采用新系列的液压元件 ⑥尽可能用最少的元件组成最简单的回路，对重要部位可增设一套备用回路 ⑦设计时应充分考虑影响系统正常工作的各种因素
制造、装配和安装	①液压元件制造质量差，如复合阀中的单向阀不密封等 ②装配时阀芯与阀体的同轴度差、弹簧扭曲、个别零件漏装或装反等 ③安装时液压缸轴线与导轨不平行，元件进、出油口装反等	确保各元件和机构的制造、装配和安装配合安装精度
调整	①顺序阀的开启压力调整不当，造成自动工作循环错乱或动作不符合要求 ②压力继电器调整不当，造成误发或不发信号 ③溢流阀调压过高，造成系统温升、低速性能差、元件磨损等 ④行程阀挡块位置调整不当，使阀口开闭不严	①调压要合适 ②挡块位置要调准
使用和维护	①不注意液压油的品质 ②油箱或活塞杆外伸部位等混进杂质、水分或灰尘 ③使用者缺乏对液压传动的了解，如压力调得过高、不会排除缸内空气等	①采用黏度合适的通用液压油或抗磨液压油，不使用性能差的机械油 ②应定期清洗滤油器和更换油液 ③避免系统的各部位进入有害杂质 ④使用液压设备者应具有必要的液压知识

参考文献

[1] 刘永健，胡培金．液压故障诊断分析［M］．北京：人民交通出版社，1998.
[2] 盛兆顺．设备状态监测与故障诊断技术及应用［M］．北京：化学工业出版社，2003.
[3] 程虎．虚拟仪器的现状和发展趋势［J］．现代科学仪器，1999 (4).
[4] 徐小力．机电设备监测与诊断现代技术［M］．北京：中国宇航出版社，2003.
[5] 张兆国，包春江．机械故障诊断与维修［M］．北京：中国农业出版社，2004.
[6] 王仲生．智能检测与控制技术［M］．西安：西北工业大学出版社，2002.
[7] 李晓厚，李国君，孙继君．液压系统故障诊断技术的应用与发展［J］．农机使用与维修，2005 (1).
[8] 刘建设．机械设备液压系统故障诊断技术的现状及展望［J］．现代机械，2003 (2).
[9] 章宏甲．液压传动［M］．2版．北京：机械工业出版社，2014.
[10] 张铁，司癸卯．工程建设机械液压系统分析与故障诊断［M］．青岛：中国石油大学出版社，2005.
[11] 陈玉良．基于灰色理论的液压设备故障诊断［J］．液压与气动，2005 (7).
[12] 周宏林．液压系统故障智能诊断技术的研究与发展［J］．机械制造与自动化，2004，33 (2).
[13] 李越．液压系统故障诊断的基本方法与步骤［J］．中国设备工程，2001.
[14] 陆望龙．实用液压机械故障排除与修理大全［M］．长沙：湖南科学技术出版社，2007.
[15] 黄志坚．液压设备故障分析与技术改进［M］．武汉：华中理工大学出版社，1999.
[16] 黄志坚，袁周，等．液压设备故障诊断与监测实用技术［M］．北京：机械工业出版社，2005.
[17] 赵应樾．常用液压缸与其修理［M］．上海：上海交通大学出版社，1996.
[18] 赵应樾．液压马达［M］．上海：上海交通大学出版社，2000.
[19] 赵应樾．常用液压阀与其修理［M］．上海：上海交通大学出版社，1999.
[20] 赵应樾．名优机械液压系统及其修理［M］．上海：上海交通大学出版社，2002.
[21] 刘忠，等．工程机械液压传动原理、故障诊断与排除［M］．北京：机械工业出版社，2005.
[22] 李壮云．液压元件与系统［M］．3版．北京：机械工业出版社，2014.
[23] 张利平．液压站设计与使用维护［M］．北京：化学工业出版社．2013.
[24] 周士昌．液压系统设计图集［M］．北京：机械工业出版社．2003.
[25] 许福玲，陈尧明．液压与气压传动［M］．3版．北京：机械工业出版社，2007.
[26] 刘延俊．液压与气压传动［M］．3版．北京：机械工业出版社，2014.
[27] 张红．液压技术的展望［J］．合肥联合大学学报．2000．(4)：104-106.
[28] 明仁雄，万会雄．液压与气压传动［M］．北京：国防工业出版社，2008.
[29] 姜继海，宋锦春，高常识．液压与气压传动［M］．北京：高等教育出版社，2009.
[30] 左健民．液压与气压传动［M］．4版．北京：机械工业出版社，2014.
[31] 王积伟，章宏甲，黄谊．液压传动［M］．2版．北京：机械工业出版社，2014.
[32] 何存兴．液压元件［M］．北京：机械工业出版社．1982.
[33] 周士昌．液压系统设计［M］．北京：机械工业出版社．2004.
[34] 俞启荣．液压传动［M］．北京：机械工业出版社，1990.
[35] 袁承训．液压与气压传动［M］．2版．北京：机械工业出版社，2014.
[36] 章宏甲，黄谊，王积伟．液压与气压传动［M］．北京：机械工业出版社，2000.
[37] 王广怀．液压技术应用［M］．哈尔滨：哈尔滨工业大学出版社，2001.
[38] 张群生．液压与气压传动［M］．2版．北京：机械工业出版社，2008.
[39] 贾铭新．液压传动与控制［M］．3版．北京：国防工业出版社，2010.
[40] 路甬祥．液压气动技术手册［M］．北京：机械工业出版社，2002.
[41] 何存兴．液压传动与气压传动［M］．2版．武汉：华中科技大学出版社，2004.
[42] 刘延俊，李兆文，陈正洪，等．对丁基胶涂布机液压系统的分析与改进［J］．液压与气动，2001 (12).
[43] 刘延俊，赵秀华，何力明．对引进立磨液压机液压系统的分析与改进［J］．液压与气动，2003 (5).
[44] 刘延俊，谢玉东．液压系统故障诊断技术的现状及发展趋势［J］．液压与气动，2006 (5).
[45] 刘延俊，王辉，顾国利．轮胎脱模机三缸同步液压系统的设计［J］．液压与气动，2006 (6).
[46] 刘延俊，臧贻娟，孔祥臻．双立柱带锯机液压系统的设计［J］．机床与液压，2005 (5).

[47] 刘延俊，于刚，陈兆乾. 一种自行设计制造的液压弯管机 [J]. 机床与液压，2006 (9).
[48] 朱世久，孙健民. 液压传动 [M]. 济南：山东科学技术出版社，1995.
[49] 陶幸珍，张希营. 玻璃钢拉挤机液压比例系统研究 [J]. 液压与气动，2010 (10).
[50] 刘延俊，液压与气压传动 [M]. 4 版. 北京：机械工业出版社，2019.
[51] 刘延俊，薛钢，海洋智能装备液压技术 [M]. 北京：化学工业出版社，2019.
[52] 刘延俊，波浪能发电装置设计与制造 [M]. 北京：化学工业出版社，2019.
[53] 刘延俊. 液压元件及系统的原理、使用与维修 [M]. 北京：化学工业出版社，2010.
[54] 刘延俊. 液压系统使用与维修 [M]. 2 版. 北京：化学工业出版社，2015.
[55] 刘延俊. 液压回路与系统 [M]. 北京：化学工业出版社，2009.
[56] 刘延俊. 液压元件使用指南 [M]. 北京：化学工业出版社，2007.
[57] 郭凤祥. 4000 米 Argo 剖面浮标液压系统设计与节能优化研究 [D]. 济南：山东大学，2020.
[58] 陈志. 锚泊浮台波浪能供电装置液压系统研制与功率特性研究 [D]. 济南：山东大学，2020.
[59] 薛钢，刘延俊，季念迎，等. 海底底质声学现场探测设备机械系统研究 [J]. 大连理工大学学报，2017，57 (03)：252-258.
[60] 周水根. 5000M 深海采矿悬挂机构的研究 [D]. 广州：广东工业大学，2010.
[61] 唐蒲华，郝诗明，卜英勇. 深海采矿模型车液压系统的设计 [J]. 液压与气动，2011 (11)：30-31.